Hochschultext

A. Langenbach

Monotone Potentialoperatoren

in Theorie und Anwendung

Springer-Verlag
Berlin Heidelberg New York 1977

Professor Dr. Arno Langenbach
Sektion Mathematik der Humboldt-Universität Berlin

Vertriebsrecht für alle sozialistischen Länder:
VEB Deutscher Verlag der Wissenschaften, DDR-108 Berlin

AMS Subject Classification (1970): 35J60; 47H05; 47H15; 49D15; 49H05; 73C99; 73E99; 73H05.

ISBN-13: 978-3-540-08071-8 e-ISBN-13: 978-3-642-66556-1
DOI: 10.1007/978-3-642-66556-1

Softcover reprint of the hardcover 1st edition 1977

Vorwort

In der angewandten Funktionalanalysis sind in den letzten Jahrzehnten verschiedene relativ abgeschlossene Theorien zur Lösung nichtlinearer Probleme entstanden, unter denen die Methode der monotonen Operatoren und die Variationsmethoden mit Potentialoperatoren einen hervorragenden Platz einnehmen.

Die „Monotonietheorie“ entstand vornehmlich im Rahmen der funktionalanalytischen Behandlungsweise von Randwertproblemen für elliptische Differentialgleichungen. In engem Zusammenhang mit diesen Randwertproblemen entwickelte sich auch die Theorie der Potentialoperatoren. Potentialoperatoren sind Gradienten differenzierbarer Funktionale; sie treten daher zwangsläufig bei der Anwendung von Variationsmethoden auf.

Mit Hilfe monotoner Potentialoperatoren kann man elliptische Differentialgleichungen modellieren und lösen, die aus einem Variationsprinzip hergeleitet werden können.

Ein ausgereiftes Konzept dieser Methode und seine Realisierung, die von der Modellierung bis zur konstruktiven Lösung reichte, fand sich bereits in dem 1950 erschienenen Buch von S. G. Michlin [65], dem weitere Bücher dieses Autors folgten [68], [69]. Im Jahre 1956 erschienen zwei Bücher über nichtlineare Operatoren in der Funktionalanalysis von M. A. Krasnosel'skij [38] und M. M. Vajnberg [87] mit Anwendungen in der Theorie der Integralgleichungen. In dem Buch von M. M. Vajnberg wurden gelegentlich monotone Potentialoperatoren benutzt. Der Monotoniebegriff selbst wurde jedoch später geprägt, siehe R. I. Kačurovskij [31], G. J. Minty [70].

In jüngerer Zeit erschienen mehrere vorzügliche Monographien, die nichtlinearen Operatoren, insbesondere auch der Monotonietheorie und den Potentialoperatoren gewidmet sind. Diese gehen in ihren Anwendungen weit über elliptische Differentialgleichungen hinaus und behandeln Aufgaben aus allen Bereichen der mathematischen Physik. Wir verweisen dabei besonders auf die Bücher von J. L. Lions [61], M. M. Vajnberg [88] und H. Gajewski, K. Gröger und K. Zacharias [16].

Der Plan zu vorliegendem Buch entstand lange vor Erscheinen der letztgenannten Werke. Es sollte jüngeren Hörern den Zugang zu einem Seminar über Probleme der angewandten Funktionalanalysis erleichtern. Unter den Anwendungsbereichen profitierte besonders die Kontinuumsmechanik von der Entwicklung der nichtlinearen Funktionalanalysis. Es bot sich daher ein großer Leserkreis für ein Buch an, welches über den Weg der funktionalanalytischen Modellierung nichtlinearer Probleme der Mechanik eine Einführung in die Theorie der Operatorgleichungen mit monotonen Potentialoperatoren gibt.

Gerade die Aktualität, die die Entstehung des Buches begünstigte, verzögerte seine Realisierung und ließ den ursprünglichen Plan im Verlauf der verschiedenen Entstehungsjahre nicht ungeschoren. Das endgültige Konzept, das sich schließlich herausschälte, läßt sich etwa wie folgt beschreiben.

In einem einleitenden Teil, der die Kapitel I und II umfaßt, werden die beiden Ausgangspunkte — die Theorie der Operatorgleichungen mit monotonen Operatoren sowie der konvexen Minimum-Probleme und die analytische Festkörpermechanik — eingeführt. Diese Einführung begnügt sich mit der im Anwendungsteil erforderlichen Allgemeinheit. In der Mechanik führen wir Zustandsgrößen — nicht im streng physikalischen Verständnis — als solche Größen ein, die für einen gegebenen Betrachter ein materielles System ausreichend beschreiben. Diese Größen werden funktionalanalytisch als Elemente linearer Räume gedeutet. Jedes materielle System ist Naturgesetzen unterworfen, die als Relationen zwischen den Zustandsgrößen geschrieben und als Operatorgleichungen aufgefaßt werden.

Diese Betrachtungsweise in linearen Räumen bringt es mit sich, daß Feststellungen über das Verhalten materieller Systeme unter unendlich großen Kräften und in unendlich ferner Zeit getroffen werden müssen. Für solche Aussagen fehlt in der Regel eine nachprüfbare Grundlage, so daß wir uns allein vom Streben nach möglichst einfacher Beschreibung leiten lassen können.

Die Nutzung äquivalenter Formulierungen von Erhaltungsprinzipien und Gleichgewichtsbedingungen gestattet überdies einen weitgehenden Verzicht auf die Verwendung von Differentialgleichungen als Ausgangspunkt für die mathematische Problemstellung. Operatorgleichungen leiten wir nach Möglichkeit direkt aus Variationsprinzipien der Mechanik her.

Kapitel III enthält die Synthese der Kapitel I und II. Technisch wichtige Problemstellungen der Festkörpermechanik aus dem zweiten Kapitel werden als Operatorgleichungen modelliert und mit funktionalanalytischen Hilfsmitteln aus dem ersten Kapitel gelöst. Der überwiegende Teil der hier ausgewählten Probleme läßt sich auf Gleichungen mit stark monotonem und Lipschitz-stetigem Operator im Hilbertraum zurückführen. Solche Gleichungen gestatten die Anwendung zuverlässiger konstruktiver Lösungsmethoden aus Kapitel V.

Hervorragende Bedeutung erhält daher die Auswahl eines geeigneten Hilbertraumes für die Zustandsgrößen der zu lösenden Aufgabe, in dem eine derart befriedigende Modellierung möglich ist. Methoden zur Auswahl und Anpassung geeigneter Funktionenräume werden in diesem Kapitel an Beispielen ausführlich behandelt.

Im umfangreichsten Kapitel IV werden Familien von Operatorgleichungen mit Parameterraum, also abstrakte implizite Funktionen behandelt. Vielen Problemstellungen der Mechanik ist diese Form der Modellierung besser angepaßt. Sie gestattet Aussagen über die Änderung der Zustandsgrößen eines materiellen Systems unter veränderlichen äußeren Bedingungen, über Stabilität und Bifurkation. Manche Problemstellungen enthalten überdies schon von der Formulierung her solche variablen Parameter, beispielsweise lastähnliche Parameter in Eigenwert- und Beulproblemen, zeitähnliche Parameter in den Fließtheorien und quasistatischen Deformationsprozessen. Unter der Auflösung einer impliziten Operatorfunktion verstehen wir die Konstruktion eines Operators auf dem Parameterraum, der die vorgegebene Gleichungsfamilie identisch befriedigt. Die Diskussion des Lösungsoperators in Beispielen der Mechanik ermöglicht qualitative Aussagen über das Verhalten eines materiellen Systems unter veränderlichen Bedingungen wie Temperatur-, Last- oder Zeitabhängigkeit. Speziell für eindimensionale Parameter definieren die Lösungsoperatoren Trajektorien im Hilbert- oder Banachraum. Diese Betrachtungen führen im Fall differenzierbarer Trajektorien zur Theorie der Operator-Differentialgleichungen, für die Anwendungsbeispiele in der Beul- und Fließtheorie betrachtet werden.

Breiten Raum nehmen in Kapitel IV naturgemäß die nichtlinearen Eigenwert- und Bifurkationsprobleme ein. Dabei werden die Probleme verschiedenartig modelliert, die Lösungsmöglichkeiten werden in der einen oder anderen Richtung soweit verfolgt, wie es der gewählte Rahmen des Buches gestattet. Wenn dabei im Verlauf der Lösung eines Problems etliche neue Fragestellungen auftauchen und bisweilen ungelöst bleiben, so liegt das in der Absicht des Autors. Denn während sich die lineare Theorie der Randwertprobleme in der Festkörpermechanik organisch in die nichtlineare Betrachtungsweise einfügte und ihr wesentlicher Bestandteil blieb, erfordert die nichtlineare Eigenwerttheorie wegen des fortfallenden Superpositionsprinzips völlig neue Denkanstöße. Wir verwenden die Eigenwerttheorie dort, wo es zu zeigen gilt, daß eine Gleichung mehr als eine Lösung besitzt. In der Mehrzahl technischer Anwendungen ist nicht die Eigenlösung Ziel der Berechnungen, sondern ein Stabilitätsbereich im Parameterraum, der durch Eigenwerte eingegrenzt werden kann.

Der § 5 des vierten Kapitels gibt eine Einführung in die Theorie der Operator-Differentialgleichungen. Auch in dieser Einführung stehen Modellierungsfragen im Vordergrund. Mit Hilfe von Monotoniemethoden gelingt der Übergang zur Normalform. Die Existenz einer Operator-Differentialgleichung in der plastischen Fließtheorie ist unter Mechanik-Spezialisten auch heute noch Streitobjekt. Die in § 5 angebotene Gleichung beendet diesen Streit noch nicht, da die bei der Herleitung gewonnene Information nicht ausreicht, einen Lösbarkeitsnachweis zu führen.

Kapitel V schließlich ist Folgen von lösbaren Problemen mit monotonen Potentialoperatoren gewidmet. Hinter dieser Überschrift verbergen sich zwei wesentlich verschiedene Bestandteile. Im ersten Fall ist das Grenzproblem wieder ein Problem der gleichen Art, im zweiten erhalten wir ein entartetes Problem. Da der Sinn einer Approximation in irgendeiner Vereinfachung besteht, approximieren wir im ersten Fall durch endlichdimensionale oder lineare Probleme und kommen so zu den konstruktiven Methoden, denen die §§ 1 und 2 gewidmet sind. Mit Hilfe solcher Methoden gelingt es schließlich, statische Probleme der Elastomechanik und Plastizitätstheorie, die sonst mit Hilfe von Randwertproblemen für nichtlineare partielle Differentialgleichungen modelliert werden, durch Folgen linearer eindeutig auflösbarer algebraischer Gleichungssysteme zu modellieren. Dabei ist nicht die Lösung der Differentialgleichung Ausgangspunkt der Approximation durch Folgen, sondern Differentialgleichung und Gleichungsfolge sind lediglich zwei verschiedene Formulierungen eines gemeinsamen Erhaltungsprinzips der Mechanik.

Im abschließenden § 3 des fünften Kapitels werden einige Modelle betrachtet, in denen die Lösung der Operatorgleichung eine zusätzliche Nebenbedingung erfüllen muß. Die approximierenden Folgen weisen gegenüber dem Grenzproblem wieder wesentliche Vereinfachungen auf. Im Fall des Torsionsproblems mit vorgegebenem Moment ist die Nebenbedingung eine Projektion, und die approximierenden Gleichungen sind linear und eindeutig lösbar. Interessante Grenzfälle ergeben sich in der Plastizitätstheorie. Wollte man dort die entsprechenden Differentialgleichungen aufschreiben, so erhielte man eine Approximation gemischt elliptisch-hyperbolischer Gleichungen durch elliptische Gleichungen. Die in § 3 behandelten Probleme sind für die Technik von großer Bedeutung.

Folgen von Gleichungen in Hilberträumen sind manchmal der Formulierung einer Gleichung in allgemeineren Räumen äquivalent. Schon in Kapitel III, § 4, wird ein solcher Banachraum konstruiert, der die Behandlung von Funktionalen mit gegebenen Wachstumseigenschaften ermöglicht. Vergleicht man jedoch die verschiedenen Anwendungen auf das elastisch-plastische Torsionsproblem, so erweist sich die Methode von Kapitel V als einfacher und erfolgreicher.

Mit diesem Buch möchten wir zwei Leserkreise ansprechen: den an mechanisch-technischen Anwendungen interessierten Mathematiker und den an mathematischen Modellen und Lösungsmethoden interessierten Ingenieur. Studenten mathematisch-technischer Richtungen finden in den zahlreichen offenen Fragen Ansatzpunkte für eigene fortführende Arbeiten.

Die verwendeten funktionalanalytischen Hilfsmittel bleiben — von wenigen Ausnahmen abgesehen — auf den Hilbertraum beschränkt und werden für diesen fast vollständig dargestellt. Dem in der Funktionalanalysis nicht heimischen Leser empfehlen wir, in Zweifelsfällen ein Lehrbuch zu Rate zu ziehen. Ähnlich halten wir es mit der Kontinuumsmechanik. Ihre Grundlagen werden im zweiten Kapitel ausführlich erörtert und im Hinblick auf spätere Anwendungen für spezielle Problemstellungen erweitert oder spezifiziert. Der mit den Methoden der Mechanik nicht vertraute Leser sollte wiederum ein breiter angelegtes Lehrbuch konsultieren. Die Titel einiger Lehrbücher findet man in den Kommentaren zu den Kapiteln I und II.

Gewiß wird dem einen oder anderen Leser jeweils die funktionalanalytische oder die mechanische Einführung als zu knapp oder zu umständlich erscheinen. Überwindet er diese Hürde, so wird ihn der dabei gewonnene Einblick in die jeweils andere Seite offensichtlich entschädigen. Die Beschränkung auf Hilbertraumtechniken in der Funktionalanalysis und auf den Gültigkeitsbereich einiger Variationsprinzipien in der Festkörpermechanik halten den erforderlichen Lernaufwand wahrscheinlich in zumutbaren Grenzen.

In diesem Buch bieten wir keine abschließend gelösten Probleme. In der mechanischen, mathematischen oder speziell funktionalanalytischen Modellierung jedes aufgegriffenen Problems sind abweichende Fragestellungen möglich, ebenso bei Einzigkeits- und Existenzaussagen, der konstruktiven und numerischen Behandlung bis hin zur Rückinterpretation der erzielten Ergebnisse in die Sprache der Mechanik und Technik. Das Buch erfüllt seine Aufgabe, wenn es den Leser dazu anregt, selbständig neue Fragen aufzuwerfen und ihnen nachzugehen. Im Interesse einer geschlossenen Darstellung haben wir auf Literaturhinweise im Text weitgehend verzichtet. Diesen Mangel sollen die Kommentare am Ende eines jeden Kapitels ausgleichen. Auch dort sind die Hinweise keineswegs vollständig. Sie wurden hauptsächlich als erwünschte Ergänzung des Grundtextes ausgewählt. Sollte es dabei geschehen sein, daß ich einen Gedanken benutzt und seinen Autor vergessen habe, so bitte ich um Verzeihung.

Meinen herzlichen Dank möchte ich all denen entrichten, die mich bei der Niederschrift des Buches unterstützten. In besonderer Weise gilt dieser Dank meinem einstigen Lehrer, Prof. S. G. Michlin in Leningrad, meinen Kollegen und Mitarbeitern im Seminar Prof. R. Kluge, Dr. H. Gajewski, Dr. K. Gröger, Dr. R. Hünlich und Frau Dr. B. Wegner, die Teile des Manuskripts durchlasen und durch ihre Hinweise verbesserten. Schließlich gilt mein Dank dem VEB Deutscher Verlag der Wissenschaften für die Geduld und Unterstützung bei der Drucklegung des Werkes sowie dem Druckhaus „Maxim Gorki", Altenburg, für den sorgfältig ausgeführten Formelsatz.

Berlin, im Herbst 1976 Arno Langenbach

Inhalt

I. Gleichungen in abstrakten Räumen

§ 1. Einführung

Zunächst betrachten wir irgendwelche Mengen $\mathfrak{M}$ von Elementen. Sind $\mathfrak{M}_1$ und $\mathfrak{M}_2$ solche Mengen, so wollen wir die Menge aller eindeutigen Abbildungen von $\mathfrak{M}_1$ in $\mathfrak{M}_2$ als Paar $(\mathfrak{M}_1, \mathfrak{M}_2)$ schreiben. Sind uns eine Abbildung $A \in (\mathfrak{M}_1, \mathfrak{M}_2)$ und ein Element $x_2 \in \mathfrak{M}_2$ gegeben, so mag die Gleichung

$$Ax_1 = x_2 \tag{1.1}$$

Lösungen $x_1 \in \mathfrak{M}_1$ haben oder nicht. Die Frage der Existenz einer oder verschiedener Lösungen der Gleichung (1.1), ihrer Auffindung oder Approximation kann für einige einfach zu beschreibende Klassen von Abbildungen A und Mengen $\mathfrak{M}_1$, $\mathfrak{M}_2$ befriedigend beantwortet werden.

Einen Überblick über lösbare Gleichungen und Lösungsmethoden soll Kapitel I geben.

Gewöhnlich versehen wir die vorkommenden Mengen mit einer Metrik[1]) $\varrho \in (\mathfrak{M} \times \mathfrak{M}, \mathfrak{R})$; diese genügt den bekannten Axiomen

$$\varrho(x, y) = \varrho(y, x),$$
$$\varrho(x, y) \geqq 0,$$
$$\varrho(x, y) = 0 \text{ genau dann, wenn } x = y \text{ ist},$$
$$\varrho(x, y) \leqq \varrho(x, z) + \varrho(z, y)$$

für $x, y, z \in \mathfrak{M}$.

Metrisierte Mengen heißen *metrische Räume*; zur Kennzeichnung wählen wir $\mathfrak{F}$. Eine Teilmenge $\mathfrak{F}_1 \subseteq \mathfrak{F}$ können wir ebenfalls als metrischen Raum ansehen, indem wir die Metrik einschränken.

Die Teilmenge

$$\mathfrak{K}(x_0, \varepsilon) = \{x \in \mathfrak{F};\, \varrho(x, x_0) < \varepsilon\}$$

---

[1]) Wir verwenden die üblichen Symbole der Mengentheorie und bezeichnen mit $\mathfrak{R}$ die Menge der reellen Zahlen.

heißt *offene Kugel* in $\mathfrak{F}$ mit dem *Zentrum* x_0 und dem *Radius* $\varepsilon > 0$. Wie üblich nennen wir eine Menge $\mathfrak{B} \subseteq \mathfrak{F}$ *offen*, wenn zu jedem $x \in \mathfrak{B}$ eine Kugel $\mathfrak{K}(x, \varepsilon(x)) \subseteq \mathfrak{B}$ existiert. Eine Menge $\mathfrak{G} \subseteq \mathfrak{F}$ heißt *Gebiet*, wenn sie offen und zusammenhängend ist.

Mit $\overline{\mathfrak{N}}$ bezeichnen wir die *Abschließung* von $\mathfrak{N}$ in $\mathfrak{F}$, und $\mathfrak{N} \cap \overline{\mathfrak{F} \setminus \mathfrak{N}} = \partial\mathfrak{N}$ ist der *Rand* von $\mathfrak{N} \subseteq \mathfrak{F}$. Ist $\mathfrak{G}$ ein Gebiet, so gilt $\partial\mathfrak{G} = \overline{\mathfrak{G}} \setminus \mathfrak{G}$.

Eine Menge $\mathfrak{B} \subseteq \mathfrak{F}$ heißt *beschränkt*, wenn sie in einer Kugel enthalten ist, *kompakt*, wenn ihre Elementenmenge endlich ist oder wenn man aus jeder Folge $\{x_n\} \subseteq \mathfrak{B}$ eine Teilfolge $\{x_n'\}$ auswählen kann, die gegen ein Element $x \in \mathfrak{B}$ konvergiert:

$$\lim_{n\to\infty} \varrho(x, x_n') = 0.$$

Sind $\mathfrak{F}_1$, $\mathfrak{F}_2$ metrische Räume, so heißt die Abbildung $A \in (\mathfrak{F}_1, \mathfrak{F}_2)$ *beschränkt*, wenn die Bildmenge $A(\mathfrak{F}_0)$ jeder beschränkten Teilmenge $\mathfrak{F}_0 \subseteq \mathfrak{F}_1$ in $\mathfrak{F}_2$ beschränkt ist. Eine stetige Abbildung $A \in (\mathfrak{F}_1, \mathfrak{F}_2)$ heißt *vollstetig*, wenn die Bildmenge $A(\mathfrak{F}_0)$ jeder beschränkten Teilmenge $\mathfrak{F}_0 \subseteq \mathfrak{F}_1$ eine kompakte Abschließung in $\mathfrak{F}_2$ besitzt.

Häufig sind die in Betracht gezogenen metrischen Räume überdies lineare normierte Räume oder Teilmengen davon.

Ein linearer Vektorraum $\mathfrak{M}$[1]) heißt *normiert*, wenn eine Abbildung $\|\cdot\| \in (\mathfrak{M}, \mathfrak{R})$ erklärt ist, die den Normaxiomen genügt:

$$\|x\| \geqq 0,$$

$$\|x\| = 0 \text{ genau dann, wenn } x = \theta \text{ das Nullelement ist,}$$

$$\|\lambda x\| = |\lambda| \, \|x\|,$$

$$\|x + y\| \leqq \|x\| + \|y\| \quad \text{für } \lambda \in \mathfrak{R},\ x, y \in \mathfrak{M}.$$

Zur Kennzeichnung linearer normierter Räume wählen wir $\mathfrak{X}$.

Ein linearer normierter Raum $\mathfrak{X}$ ist mit der Metrik $\varrho(x, y) = \|x - y\|$ ein metrischer Raum. Sind $\mathfrak{X}_1, \mathfrak{X}_2, \ldots, \mathfrak{X}_n$ lineare normierte Räume mit den Normen $\|\cdot\|_1, \|\cdot\|_2, \ldots, \|\cdot\|_n$, so wird die Menge aller n-Tupel $(x_1, x_2, \ldots, x_n)$ mit $x_i \in \mathfrak{X}_i$, $i = 1, 2, \ldots, n$, zum linearen normierten Raum $\mathfrak{X}_1 \times \mathfrak{X}_2 \times \cdots \times \mathfrak{X}_n$ mit der Norm

$$\|\cdot\|_1 + \|\cdot\|_2 + \cdots + \|\cdot\|_n.$$

Im metrischen Raum $\mathfrak{F}$ heißt eine Folge $\{x_n\} \subseteq \mathfrak{F}$ *Fundamentalfolge*, wenn zu jedem $\varepsilon > 0$ ein Index $n_0(\varepsilon)$ existiert, so daß für alle $p \geqq 0$

$$\varrho(x_{n+p}, x_n) < \varepsilon$$

gilt, falls $n \geqq n_0$ ist. $\mathfrak{F}$ heißt *vollständig*, wenn jede Fundamentalfolge in $\mathfrak{F}$ einen Grenzwert besitzt. Nach HAUSDORFF besitzt jeder nicht vollständige Raum $\mathfrak{F}$ eine bis auf Isometrie eindeutig bestimmte Vervollständigung. Ein vollständiger linearer normierter Raum $\mathfrak{X}$ heißt *Banachraum*; wir bezeichnen ihn mit $\mathfrak{B}$.

1. Lineare Operatoren

Die Abbildung A eines linearen normierten Raumes $\mathfrak{X}_1$ in einen linearen normierten Raum $\mathfrak{X}_2$, also $A \in (\mathfrak{X}_1, \mathfrak{X}_2)$, nennen wir auch *Operator*. $D_A = \mathfrak{X}_1$ ist der *Definitionsbereich* des Operators A, $A(\mathfrak{X}_1) \subseteq \mathfrak{X}_2$ sein *Wertebereich*.

[1]) Wir betrachten lineare Vektorräume nur über dem Körper der reellen Zahlen.

Ein Operator $A \in (\mathfrak{X}_1, \mathfrak{X}_2)$ heißt *additiv*, wenn

$$A(x_1 + y_1) = Ax_1 + Ay_1, \qquad x_1, y_1 \in \mathfrak{X}_1,$$

und *homogen* (ersten Grades), wenn

$$A(\lambda x_1) = \lambda A x_1, \qquad \lambda \in \mathfrak{R}, \qquad x_1 \in \mathfrak{X}_1,$$

ist. Ein additiver und homogener Operator heißt *linear*.

Ein linearer Operator $A \in (\mathfrak{X}_1, \mathfrak{X}_2)$ ist genau dann *beschränkt*, wenn die Ungleichung

$$\|Ax_1\|_2 \leqq c\|x_1\|_1, \qquad x_1 \in \mathfrak{X}_1, \tag{1.2}$$

für eine Konstante $c > 0$ gilt. Die Menge $[\mathfrak{X}_1, \mathfrak{X}_2] \subseteq (\mathfrak{X}_1, \mathfrak{X}_2)$ aller linearen beschränkten Operatoren wird mit

$$\|A\| = \sup_{\|x_1\| \leqq 1} \|Ax_1\|_2 \tag{1.3}$$

zum *linearen normierten Raum*. Dieser Raum ist *vollständig*, wenn $\mathfrak{X}_2$ vollständig ist.

Speziell ist die Menge $[\mathfrak{X}_1, \mathfrak{R}]$ aller beschränkten linearen Funktionale auf $\mathfrak{X}_1$ ein Banachraum. Dieser wird der zu $\mathfrak{X}_1$ *duale* Raum genannt und mit $\mathfrak{X}_1^*$ bezeichnet.

Ein linearer Operator $A \in (\mathfrak{X}_1, \mathfrak{X}_2)$ heißt *definit*, wenn die Ungleichung

$$\|Ax_1\|_2 \geqq m\|x_1\|_1, \qquad x_1 \in \mathfrak{X}_1, \tag{1.4}$$

für eine Konstante $m > 0$ erfüllt ist.

Satz 1.1. *Ein linearer Operator $A \in (\mathfrak{X}_1, \mathfrak{X}_2)$ besitzt genau dann einen beschränkten inversen Operator, wenn er definit ist.*

Beweis. i) Ein inverser Operator existiert dann und nur dann, wenn aus $Ax_1 = Ay_1$ immer $x_1 = y_1$ folgt. Da A linear ist, $Ax_1 - Ay_1 = A(x_1 - y_1)$, existiert der inverse Operator genau dann, wenn die Gleichung $Ax_1 = \theta_2$ nur die Lösung $x_1 = \theta_1$ besitzt. Der definite Operator besitzt also ein Inverses A^{-1}. Setzen wir in (1.4) $x_1 = A^{-1}x_2$ ein, so folgt

$$\|A^{-1}x_2\|_1 \leqq \frac{1}{m}\|x_2\|_2.$$

Aus dieser Ungleichung folgt die Beschränktheit, da A^{-1} offensichtlich linear ist.

ii) Der Operator A besitze ein beschränktes Inverses A^{-1}, etwa

$$\|A^{-1}x_2\|_1 \leqq c\|x_2\|_2, \qquad c > 0.$$

Wir setzen $m = 1/c$, $x_2 = Ax_1$ und erhalten (1.4).

Für definite lineare Operatoren A ist die Gleichung (1.1) eindeutig lösbar, falls bekannt ist, daß x_2 dem Wertebereich von A angehört. Gerade diese Zugehörigkeit ist aber praktisch selten feststellbar.

Wir erwähnen noch eine spezielle Klasse von linearen Abbildungen. Zwei lineare normierte Räume $\mathfrak{X}_1, \mathfrak{X}_2$ heißen *isometrisch*, wenn es eine eineindeutige lineare Abbildung $E \in [\mathfrak{X}_1, \mathfrak{X}_2]$ von $\mathfrak{X}_1$ auf $\mathfrak{X}_2$ gibt, für die $\|Ex_1\|_2 = \|x_1\|_1$, $x_1 \in \mathfrak{X}_1$, gilt. Die Abbildung E wird auch *isometrischer Isomorphismus* genannt.

§ 2. Lineare Funktionale und reflexive Räume

Es sei $\mathfrak{B}$ ein Banachraum, $\mathfrak{B}^*$, der Raum der linearen beschränkten Funktionale auf $\mathfrak{B}$, der zu $\mathfrak{B}$ duale Raum. Es sei $f \in \mathfrak{B}^*$; den Wert des Funktionals f im Element $x \in \mathfrak{B}$ bezeichnen wir auch mit $\langle f, x \rangle$.

Definition 2.1. Man sagt, eine Folge $\{x_n\} \subseteq \mathfrak{B}$ *konvergiert schwach* gegen $x \in \mathfrak{B}$, wenn

$$\lim_{n\to\infty} \langle f, x_n \rangle = \langle f, x \rangle \quad \text{für alle } f \in \mathfrak{B}^* \tag{2.1}$$

gilt. Wir schreiben auch $x_n \underset{n\to\infty}{\rightharpoonup} x$.

Eine Teilmenge $\mathfrak{G} \subseteq \mathfrak{B}$ heiße *schwach kompakt*, wenn jede Folge $\{x_n\} \subseteq \mathfrak{G}$ eine Teilfolge $\{x_n'\} \subseteq \{x_n\}$ enthält, die gegen ein Element $x \in \mathfrak{G}$ schwach konvergiert.

Es sei $\{x_n\} \subseteq \mathfrak{B}$ eine Folge; aus $\lim\limits_{n\to\infty} \|x_n - x\| = 0$ folgt auch

$$\lim_{n\to\infty} |\langle f, x_n \rangle - \langle f, x \rangle| = 0 \quad \text{für alle } f \in \mathfrak{B}^*,$$

da

$$|\langle f, x_n \rangle - \langle f, x \rangle| = |\langle f, x_n - x \rangle| \leqq \|f\| \, \|x_n - x\|$$

ist. Konvergenz in $\mathfrak{B}$ bedeutet gleichzeitig auch schwache Konvergenz. Die Umkehrung gilt im allgemeinen nicht.

Das Vorhandensein von zwei verschiedenen Konvergenzbegriffen auf $\mathfrak{B}$ führt auch zu verschiedenen Formulierungen der Stetigkeit von Abbildungen und anderer topologischer Eigenschaften.

Sind $\mathfrak{B}_1$, $\mathfrak{B}_2$ Banachräume, so nennen wir einen Operator $A \in (\mathfrak{B}_1, \mathfrak{B}_2)$ *stetig*, wenn aus $x_n \to x$ stets $Ax_n \to Ax$ folgt; *verstärkt stetig*, wenn aus $x_n \rightharpoonup x$ stets $Ax_n \to Ax$ folgt; *schwach stetig*, wenn aus $x_n \rightharpoonup x$ stets $Ax_n \rightharpoonup Ax$ folgt, und schließlich *demistetig*, wenn aus $x_n \to x$ stets $Ax_n \rightharpoonup Ax$ folgt.

In der Literatur sind zuweilen andere Bezeichnungen gebräuchlich.

Da Konvergenz und Stetigkeit in der Operatorentheorie zwangsläufig eine fundamentale Rolle spielen, wollen wir die für unsere Ausführungen wichtigsten Raumtypen mit ihren dualen Räumen ausführlicher charakterisieren. Wir verzichten dabei auf einige Beweise, die den Rahmen dieses Buches sprengen würden. Der Leser findet sie in den meisten Lehrbüchern der Funktionalanalysis.

Satz 2.1 (über die ausreichende Anzahl von Funktionalen). *Es sei $\mathfrak{B}$ ein Banachraum. Zu jedem Element $x \in \mathfrak{B}$ gibt es ein Element $f \in \mathfrak{B}^*$ mit $\langle f, x \rangle = \|x\|$ und $\|f\| = 1$.*

Da $\mathfrak{B}^*$ selbst ein Banachraum ist, kann man den Raum $(\mathfrak{B}^*)^* = \mathfrak{B}^{**}$ bilden. Es sei $x_0 \in \mathfrak{B}$ ein fest gewähltes Element. Durch die Vorschrift

$$\Phi_{x_0}(f) = \langle f, x_0 \rangle, \qquad f \in \mathfrak{B}^*, \tag{2.2}$$

definieren wir ein Element $\Phi_{x_0} \in \mathfrak{B}^{**}$. Denn für $\alpha, \beta \in \mathfrak{R}$, $g, f \in \mathfrak{B}^*$ gilt

$$\Phi_{x_0}(\alpha g + \beta f) = \alpha g(x_0) + \beta f(x_0) = \alpha \Phi_{x_0}(g) + \beta \Phi_{x_0}(f)$$

und

$$|\Phi_{x_0}(f)| = |f(x_0)| \leqq \|f\| \, \|x_0\|. \tag{2.3}$$

Aus der letzten Ungleichung ersehen wir, daß $\|\Phi_{x_0}\| \leqq \|x_0\|$ ist. Andererseits gibt es nach Satz 2.1 ein Funktional $f_0 \in \mathfrak{B}^*$,

$$f_0(x_0) = \|x_0\| = \Phi_{x_0}(f_0) = \|x_0\| \, \|f_0\|,$$

da $\|f_0\| = 1$ ist. Zusammen mit (2.3) ergibt sich

$$\|\Phi_{x_0}\| = \|x_0\|.$$

Wir können nun den isometrischen Isomorphismus $E \in (\mathfrak{B}, \mathfrak{B}^{**})$ durch die Vorschrift

$$Ex_0 = \Phi_{x_0}, \qquad x_0 \in \mathfrak{B},$$

einführen. Die Linearität von E erfordert für $\alpha, \beta \in \mathfrak{R}$, $x_1, x_2 \in \mathfrak{B}$

$$\alpha\Phi_{x_1} + \beta\Phi_{x_2} = \Phi_{\alpha x_1 + \beta x_2}.$$

Wir zeigen die Existenz der Umkehrabbildung E^{-1}. Die Annahme $\Phi_{x_1}(f) = \Phi_{x_2}(f)$ für alle $f \in \mathfrak{B}^*$ führt sofort zur Gleichung

$$\Phi_{x_1 - x_2}(f) = 0 \quad \text{für alle } f \in \mathfrak{B}; \tag{2.4}$$

wählt man nach Satz 2.1 speziell ein solches Funktional f_1, für welches $f_1(x_1 - x_2) = \|x_1 - x_2\|$ ist, so sieht man leicht, daß die Gleichung (2.4) nur vom Funktional $\Phi_\theta \in \mathfrak{B}^{**}$ erfüllt werden kann, also ist $x_1 = x_2$.

Der Wertebereich von E ist ein linearer und wegen der Isometrie auch abgeschlossener Unterraum von $\mathfrak{B}^{**}$. Speziell kann $E(\mathfrak{B}) = \mathfrak{B}^{**}$ sein; in diesem Fall heißt $\mathfrak{B}$ *reflexiv*.

1. Endlichdimensionale Räume

Die weitaus meisten Näherungsverfahren zur Konstruktion von Elementen abstrakter Räume, speziell zur Approximation der Lösungen von Operatorgleichungen, lassen sich in endlichdimensionalen Räumen formulieren.

Im n-dimensionalen linearen Vektorraum gibt es n linear unabhängige Elemente, die den Raum aufspannen. Jedes solche System von n linear unabhängigen Elementen $x_1, x_2, \ldots, x_n$ heißt auch *Basis* in diesem Raum.

Es sei $\mathfrak{X}_n$ ein linearer normierter Raum, $\mathfrak{X}_n = \mathfrak{L}\{x_1, x_2, \ldots, x_n\}$, die *lineare Hülle* der Basis $x_1, x_2, \ldots, x_n$. Dann läßt sich jedes Element $x \in \mathfrak{X}_n$ eindeutig in der Form

$$x = \sum_{k=1}^{n} \alpha_k(x)\, x_k, \qquad \alpha_k \in \mathfrak{R}, \qquad k = 1, 2, \ldots, n, \tag{2.5}$$

darstellen.

Satz 2.2. *Es sei $\{x_k\}_{k=1}^{k=n}$ eine fest gewählte Basis im n-dimensionalen linearen normierten Raum $\mathfrak{X}_n$, $a = (\alpha_1, \alpha_2, \ldots, \alpha_n) \in \mathfrak{R}^n$. Dann ist die Abbildung $E \in (\mathfrak{R}^n, \mathfrak{X}_n)$,*

$$Ea = \sum_{k=1}^{n} \alpha_k x_k,$$

ein in beiden Richtungen stetiger Isomorphismus von $\mathfrak{R}^n$ auf $\mathfrak{X}_n$.

Beweis. Der Operator E ist offensichtlich linear.

i) Es sei $\{a_m\} \subseteq \mathfrak{R}^n$ eine konvergente Folge,

$$\lim_{m\to\infty} \|a_m - a\| = 0 \quad \text{für ein } a \in \mathfrak{R}^n.$$

Ist

$$Ea_m = \sum_{k=1}^{n} \alpha_k^{(m)} x_k, \qquad Ea = \sum_{k=1}^{n} \alpha_k x_k,$$

so gilt

$$\|Ea_m - Ea\| = \left\| \sum_{k=1}^{n} (\alpha_k^{(m)} - \alpha_k)\, x_k \right\| \leqq \sum_{k=1}^{n} |\alpha_k^{(m)} - \alpha_k| \max_{1\leqq k\leqq n} \|x_k\|$$

$$= \|a_m - a\| \max_{1\leqq k\leqq n} \|x_k\| \xrightarrow[m\to\infty]{} 0.$$

Somit ist E stetig.

ii) Es sei nun $\{x_m\}$ eine konvergente Folge,

$$\lim_{m\to\infty} \|x_m - x\| = 0 \quad \text{für ein } x \in \mathfrak{X}_n.$$

Ist

$$E^{-1}x_m = a_m = (\alpha_1^{(m)}, \alpha_2^{(m)}, \ldots, \alpha_n^{(m)}), \qquad E^{-1}x = a = (\alpha_1, \alpha_2, \ldots, \alpha_n),$$

so ist

$$\lim_{m\to\infty} |\alpha_k^{(m)} - \alpha_k| = 0, \qquad k = 1, 2, \ldots, n,$$

zu zeigen.

Nehmen wir das Gegenteil an, so gibt es ein $\varepsilon > 0$, ein $k_0 \in \{1, 2, \ldots, n\}$ und ein m_0 derart, daß

$$|\alpha_{k_0}^{(m)} - \alpha_{k_0}| \geqq \varepsilon, \qquad m = m_0, m_0 + 1, \ldots,$$

ist. In diesem Fall finden wir

$$\lim_{m\to\infty} \frac{\|x_m - x\|}{\|E^{-1}(x_m - x)\|} = 0.$$

Mit $\dfrac{x_m - x}{\|E^{-1}(x_m - x)\|} = y_m$ haben wir $\lim\limits_{m\to\infty} y_m = 0$, aber $\|E^{-1}y_m\| = 1$, $m = 1,2,\ldots$ Nun ist die Sphäre $S_n = \{a \in \mathfrak{R}^n;\ \|a\| = 1\}$ kompakt in $\mathfrak{R}^n$; wir wählen eine Folge $\{E^{-1}y_m'\} \subseteq \{E^{-1}y_m\}$ aus, die gegen ein Element $b \in S_n$ konvergiert. Die Abbildung E ist stetig, $\theta = \lim\limits_{m\to\infty} y_m' = \lim\limits_{m\to\infty} E(E^{-1}y_m') = Eb$, wegen der Existenz von E^{-1} also $b = \theta$, $b \notin S_n$. Der erzielte Widerspruch beweist die Stetigkeit von E^{-1}.

Aus Satz 2.2 leiten wir einige für das weitere wichtige Folgerungen ab.

Korollar 2.2.1. *Jeder endlichdimensionale lineare normierte Raum $\mathfrak{X}_n$ ist vollständig, also Banachraum.*

Der Beweis folgt aus der Vollständigkeit von $\mathfrak{R}^n$, wenn man berücksichtigt, daß der Isomorphismus E^{-1} aus Satz 2.2 Fundamentalfolgen in Fundamentalfolgen überführt. Denn E^{-1} ist ein stetiger, folglich auch beschränkter linearer Operator auf $\mathfrak{X}_n$,

$$\|E^{-1}x_{n+p} - E^{-1}x_n\| \leqq \|E^{-1}\| \, \|x_{n+p} - x_n\|, \qquad x_{n+p}, x_n \in \mathfrak{X}_n.$$

Korollar 2.2.2. *Jeder endlichdimensionale Unterraum eines linearen normierten Raumes $\mathfrak{X}$ ist abgeschlossen.*

Beweis. Korollar 2.2.1.

Korollar 2.2.3. *Eine Teilmenge des n-dimensionalen Banachraumes $\mathfrak{X}_n$ ist genau dann kompakt, wenn sie beschränkt und abgeschlossen ist.*

Der Beweis folgt aus der gleichen Eigenschaft des speziellen n-dimensionalen Banachraumes $\mathfrak{R}^n$ und der Existenz des Homöomorphismus E aus Satz 2.2.

Wir gehen nun zur Untersuchung des dualen Raumes $\mathfrak{X}_n{}^*$ über.

Satz 2.3. *Mit $\mathfrak{X}_n$ ist auch $\mathfrak{X}_n{}^*$ n-dimensionaler Banachraum.*

Beweis. Wir gehen von der Darstellung (2.5) aus. Mit $a = E^{-1}x$, $a = (\alpha_1, \alpha_2, \ldots, \alpha_n)$ ist $\alpha_k \in (\mathfrak{X}_n, \mathfrak{R})$ nach Satz 2.2 stetig, $k = 1, 2, \ldots, n$. So aufgefaßt, sind die Koeffizienten α_k in der Zerlegung (2.5) Elemente des dualen Raumes $\mathfrak{X}_n{}^*$. Es sei $f \in \mathfrak{X}_n{}^*$ beliebig. Aus der Darstellung (2.5) erhält man

$$\langle f, x\rangle = \sum_{k=1}^{n} \langle \alpha_k, x\rangle \langle f, x_k\rangle = \sum_{k=1}^{n} \langle \alpha_k, x\rangle \beta_k. \tag{2.6}$$

Wir können die Beziehung (2.6) so interpretieren, daß $\mathfrak{X}_n{}^* = \mathfrak{L}\{\alpha_1, \alpha_2, \ldots, \alpha_n\}$ ist. Die Elemente $\alpha_1, \alpha_2, \ldots, \alpha_n$ sind dabei linear unabhängig. Setzen wir nämlich $\sum_{k=1}^{n} \beta_k \alpha_k = \theta$ voraus, also $\sum_{k=1}^{n} \beta_k \langle \alpha_k, x\rangle = 0$ für alle $x \in \mathfrak{X}_n$, so genügt es, speziell die Elemente x_i, $i = 1, 2, \ldots, n$, einzusetzen, für die man aus (2.5) $\langle \alpha_k, x_i\rangle = \delta_{ik}$, $i, k = 1, 2, \ldots, n$, erhält, um $\beta_k = 0$, $k = 1, 2, \ldots, n$, zu folgern. Satz 2.3 ist damit bewiesen.

Aus den Darstellungen (2.5), (2.6) erhält man

Korollar 2.3.1. *Der endlichdimensionale Banachraum ist reflexiv.*

Korollar 2.3.2. *Im endlichdimensionalen Banachraum $\mathfrak{X}_n$ konvergiert eine Folge $\{y_m\} \subseteq \mathfrak{X}_n$ genau dann schwach gegen ein Element $y \in \mathfrak{X}_n$, wenn*

$$\lim_{m\to\infty} \|y_m - y\| = 0$$

ist.

Beweis. Im Anschluß an die Bemerkung zur Definition der schwachen Konvergenz genügt es zu zeigen, daß eine schwach konvergente Folge in der Metrik von $\mathfrak{X}_n$ konvergiert. Ist

$$\lim_{m\to\infty} \langle f, y_m - y\rangle = 0 \quad \text{für alle } f \in \mathfrak{X}_n{}^*, \tag{2.7}$$

so gilt dies auch für die Basiselemente $\alpha_1, \alpha_2, \ldots, \alpha_n \in \mathfrak{X}_n^*$. Verwenden wir für die Folgenglieder y_m, $m = 1, 2, \ldots$, und den schwachen Grenzwert y die Darstellung (2.5) in der Form

$$y_m - y = \sum_{k=1}^{n} \langle \alpha_k, y_m - y \rangle x_k,$$

so folgt $\lim_{m \to \infty} \|y_m - y\| = 0$ aus (2.7) und Satz 2.2.

Korollar 2.3.3. *Im endlichdimensionalen Banachraum $\mathfrak{X}_n$ ist eine Teilmenge $\mathfrak{G} \subseteq \mathfrak{X}_n$ genau dann schwach kompakt, wenn sie kompakt ist.*

Beweis. Korollar 2.3.2.

2. Hilberträume

Ein linearer Vektorraum $\mathfrak{M}$ heißt *unitär*, wenn ein Skalarprodukt $(x, y) = a(x, y)$, $a \in (\mathfrak{M} \times \mathfrak{M}, \mathfrak{R})$, erklärt ist, welches folgenden Axiomen genügt:

$$(x, y) = (y, x),$$
$$(x, x) \geqq 0,$$
$$(x, x) = 0 \text{ nur dann, wenn } x = \theta \text{ das Nullelement ist,}$$
$$(\lambda x, y) = \lambda(x, y),$$
$$(x + y, z) = (x, z) + (y, z) \quad \text{für } \lambda \in \mathfrak{R},\ x, y, z \in \mathfrak{M}.$$

Einen unitären Raum bezeichnen wir mit $\mathfrak{U}$.

Satz 2.4. *Ein unitärer Raum $\mathfrak{U}$ ist mit $\|x\| = \sqrt{(x, x)}$ ein linearer normierter Raum.*

Beweis. Zunächst gilt für $x, y \in \mathfrak{U}$, $\alpha \in \mathfrak{R}$

$$0 \leqq (x + \alpha y, x + \alpha y) = (x, x) + 2\alpha(x, y) + \alpha^2(y, y)$$

oder

$$(x, x)\,(y, y) - (x, y)^2 \geqq 0.$$

In der Form

$$|(x, y)| \leqq \sqrt{(x, x)}\,\sqrt{(y, y)} = \|x\|\,\|y\| \tag{2.8}$$

ist diese Ungleichung als Schwarzsche Ungleichung bekannt. Mit ihrer Hilfe läßt sich die Dreiecksungleichung für die Norm beweisen:

$$\|x + y\|^2 = (x + y, x + y) = \|x\|^2 + 2(x, y) + \|y\|^2 \leqq (\|x\| + \|y\|)^2,$$

also $\|x + y\| \leqq \|x\| + \|y\|$. Die übrigen Normeigenschaften sind leicht aus der Definition des Skalarprodukts abzulesen.

Ein vollständiger unitärer Raum wird *Hilbertraum* genannt. Wir bezeichnen ihn mit $\mathfrak{H}$. Ein Hilbertraum ist gleichzeitig auch Banachraum.

Lemma 2.1. *Das Skalarprodukt ist ein stetiges Funktional auf* $\mathfrak{U} \times \mathfrak{U}$.

Beweis. Sind $\{x_n\}, \{y_n\} \subseteq \mathfrak{U}$ Folgen mit den Grenzwerten $x \in \mathfrak{U}$ bzw. $y \in \mathfrak{U}$, $\lim_{n\to\infty} (\|x_n - x\| + \|y_n - y\|) = 0$, so gilt

$$|(x_n, y_n) - (x, y)| = |(x_n - x, y_n) + (x, y_n - y)|$$
$$\leqq (\|x_n - x\| \, \|y_n\| + \|y_n - y\| \, \|x\|) \xrightarrow[n\to\infty]{} 0,$$

da $\|y_n\| \leqq \|y_n - y\| + \|y\| \leqq \|y\| + 1$ ist, falls wir $n \geqq n_0$ und n_0 so groß wählen, daß $\|y_n - y\| \leqq 1$ für $n \geqq n_0$ ist.

Aus dem bewiesenen Lemma ersehen wir speziell, daß die für beliebiges $y \in \mathfrak{U}$ erklärte Abbildung $(\cdot, y) \in (\mathfrak{U}, \mathfrak{R})$ Element von $\mathfrak{U}^*$ ist.

Lemma 2.2. *Ist* $\mathfrak{H}_0$ *ein abgeschlossener Unterraum im Hilbertraum* $\mathfrak{H}$, *dann gibt es zu jedem Element* $y \in \mathfrak{H}$ *ein „nächstgelegenes" Element* $u \in \mathfrak{H}_0$, *welches durch die Bedingung*

$$\|u - y\|^2 = \min_{v \in \mathfrak{H}_0} \|v - y\|^2 \tag{2.9}$$

eindeutig bestimmt ist. u *wird orthogonale Projektion von* y *auf* $\mathfrak{H}_0$ *genannt.*

Beweis. Lemma 2.2 ist ein Spezialfall des später formulierten Satzes 4.1.

Sind $x, y \in \mathfrak{H}$, $(x, y) = 0$, so nennt man die Elemente x, y *orthogonal.*

Satz 2.5. *Ist* $\mathfrak{H}_0$ *ein abgeschlossener Unterraum des Hilbertraumes* $\mathfrak{H}$, *so besitzt jedes Element* $y \in \mathfrak{H}$ *eine eindeutig bestimmte Zerlegung*

$$y = u_0 + v \tag{2.10}$$

mit $u_0 \in \mathfrak{H}_0$ *und* v *orthogonal zu allen Elementen von* $\mathfrak{H}_0$ (*orthogonal zu* $\mathfrak{H}_0$).

Beweis. Es sei u_0 die orthogonale Projektion von y auf $\mathfrak{H}_0$. Für beliebig fixiertes $h \in \mathfrak{H}_0$ ist die Funktion

$$\alpha(\tau) = \|u_0 + \tau h - y\|^2, \qquad \tau \in \mathfrak{R},$$

stetig differenzierbar und nach Lemma 2.2 $\alpha'(0) = 0$. Da

$$\alpha(\tau) = \|u_0 - y\|^2 + 2\tau(h, u_0 - y) + \tau^2\|h\|^2$$

ist, erhalten wir $0 = (h, u_0 - y)$, $h \in \mathfrak{H}_0$, und $y = u_0 + (y - u_0)$ ist die gewünschte Darstellung.

Zum Beweis der Einzigkeit nehmen wir im Gegensatz zur Behauptung einmal an, daß es zwei verschiedene Zerlegungen (2.10) für $y \in \mathfrak{H}$ gibt, etwa $y = u_0 + v_0 = u_1 + v_1$ mit $u_0, u_1 \in \mathfrak{H}_0$ und $(v_0, h) = (v_1, h) = 0$ für $h \in \mathfrak{H}_0$. Dann ist aber $u_0 - u_1 = v_1 - v_0$, folglich $(u_0 - u_1, h) = 0$ für $h \in \mathfrak{H}_0$, speziell auch $(u_0 - u_1, u_0 - u_1) = 0$ oder $u_0 = u_1$ (und $v_0 = v_1$), q. e. d.

Wie man leicht sieht, ist die Menge $\mathfrak{H}_1 \subseteq \mathfrak{H}$ der zu einem abgeschlossenen Unterraum $\mathfrak{H}_0 \subseteq \mathfrak{H}$ orthogonalen Elemente wieder ein abgeschlossener Unterraum von $\mathfrak{H}$. Satz 2.5 liefert somit die Zerlegung $\mathfrak{H} = \mathfrak{H}_0 \oplus \mathfrak{H}_1$.

Satz 2.6. *Jedes Funktional* $f \in \mathfrak{H}^*$ *besitzt die Darstellung*

$$\langle f, u\rangle = (v, u), \qquad u \in \mathfrak{H}, \tag{2.11}$$

mit einem eindeutig bestimmten Element $v \in \mathfrak{H}$. *Dabei gilt* $\|f\| = \|v\|$.

Beweis. Ist $f = \theta_*$, so wählen wir $v = \theta$. Andernfalls ist $\mathfrak{H}_0 = \{u \in \mathfrak{H}; \langle f, u\rangle = 0\}$ ein abgeschlossener Unterraum von $\mathfrak{H}$. In der Zerlegung $\mathfrak{H} = \mathfrak{H}_0 \oplus \mathfrak{H}_1$ ist $\mathfrak{H}_1$ eindimensional. Sind nämlich zwei Elemente $v_1, w_1 \in \mathfrak{H}_1$ gegeben, so finden wir ein $\tau \in \mathfrak{R}$ derart, daß

$$\langle f, v_1 - \tau w_1\rangle = \langle f, v_1\rangle - \tau\langle f, w_1\rangle = 0,$$

also $(v_1 - \tau w_1) \in \mathfrak{H}_0 \cap \mathfrak{H}_1$ oder $v_1 = \tau w_1$ ist, da der Durchschnitt $\mathfrak{H}_0 \cap \mathfrak{H}_1$ nur das Nullelement enthält. Ist nun $y \in \mathfrak{H}$ beliebig, so gilt $y = u_0 + \lambda w_1$ mit $u_0 \in \mathfrak{H}_0$ und einem von y unabhängigen Element $w_1 \in \mathfrak{H}_1$, $\|w_1\| = 1$. Dann ist $\lambda = (y, w_1)$ und $\langle f, y\rangle = (w_1\langle f, w_1\rangle, y)$, womit die Darstellung (2.11) bewiesen ist.

Angenommen, es gibt neben der Darstellung (2.11) noch die Darstellung $\langle f, u\rangle = (\tilde{v}, u)$, $u \in \mathfrak{H}$. Wir subtrahieren von (2.11) und finden sofort $(v - \tilde{v}, u) = 0$ für alle $u \in \mathfrak{H}$ oder $v = \tilde{v}$. Mit Hilfe der Schwarzschen Ungleichung gewinnen wir aus (2.11) die Abschätzung $|\langle f, u\rangle| \leqq \|v\|\,\|u\|$, also $\|f\| \leqq \|u\|$. Andererseits ist $\langle f, v\rangle = \|v\|^2$, folglich

$$\|v\| = \left\langle f, \frac{v}{\|v\|}\right\rangle \leqq \sup_{u \ni \mathfrak{H}, \|u\| \leqq 1} |\langle f, u\rangle| = \|f\|,$$

zusammen $\|f\| = \|v\|$, q. e. d.

Korollar 2.6.1. *Die Räume* $\mathfrak{H}$ *und* $\mathfrak{H}^*$ *sind linear isometrisch (isomorph und isometrisch).*

Beweis. Satz 2.6, wenn wir als isometrischen Isomorphismus $E \in (\mathfrak{H}^*, \mathfrak{H})$ die durch (2.11) definierte Abbildung $Ef = v$ wählen. Mit dem Skalarprodukt

$$(f, g)_* = (Ef, Eg), \qquad f, g \in \mathfrak{H}^*,$$

wird $\mathfrak{H}^*$ zum Hilbertraum.

Korollar 2.6.2. *Der Hilbertraum* $\mathfrak{H}$ *ist reflexiv.*

Beweis. Es sei $\Phi \in \mathfrak{H}^{**}$; nach Satz 2.6 gibt es ein $g_0 \in \mathfrak{H}^*$ derart, daß

$$\langle \Phi, f\rangle = (g_0, f)_*, \qquad f \in \mathfrak{H}^*,$$

oder

$\langle \Phi, f\rangle = (Eg_0, Ef) = \langle f, Eg_0\rangle$ ist. Die letzte Darstellung bedeutet Reflexivität von $\mathfrak{H}$.

3. Separable Hilberträume

Definition 2.2. Eine Folge $\{e_k\} \subseteq \mathfrak{H}$ heißt *abzählbares Orthonormalsystem (ON-System)* im Hilbertraum $\mathfrak{H}$, wenn $(e_k, e_j) = \delta_{kj}$, $k, j = 1, 2, \ldots$ ist. Das ON-System heißt *vollständig*, wenn ein zu allen Elementen des ON-Systems $\{e_k\}$ orthogonales Element $u \in \mathfrak{H}$ sich notwendig als Nullelement θ erweist.

Definition 2.3. Ein nicht endlichdimensionaler Hilbertraum $\mathfrak{H}$ heißt *separabel*, wenn es eine in $\mathfrak{H}$ überall dichte Folge gibt oder wenn es in $\mathfrak{H}$ ein abzählbares vollständiges ON-System gibt.

Beide Definitionen der Separabilität sind äquivalent.

Die Elemente eines endlichen oder abzählbaren ON-Systems sind offenbar linear unabhängig. Umgekehrt kann man jede endliche oder abzählbare Menge von linear unabhängigen Elementen in $\mathfrak{H}$ durch eine Folge nicht entarteter Lineartransformationen orthonormieren (Schmidtsches Orthogonalisierungsprinzip).

Separable Hilberträume kommen den endlichdimensionalen Räumen am nächsten. In ihnen gilt ein Analogon der Zerlegung beliebiger Elemente nach einer Basis. Diese Zerlegung stellt im allgemeinen Fall eine Reihe dar. Reihen werden in linearen normierten Räumen als Grenzwerte ihrer Partialsummen eingeführt.

Lemma 2.3. *Es sei* $u = \sum_{k=1}^{\infty} \alpha_k u_k$ *eine konvergente Reihe im unitären Raum* $\mathfrak{U}$, *d. h.*

$$\{\alpha_k\} \subseteq \mathfrak{R}, \qquad \{u_k\} \subseteq \mathfrak{U}, \qquad u \in \mathfrak{U}, \qquad \lim_{n\to\infty} \left\| \sum_{k=1}^{n} \alpha_k u_k - u \right\| = 0 .$$

Mit beliebigem $x \in \mathfrak{U}$ *gilt dann*

$$(u, x) = \sum_{k=1}^{\infty} \alpha_k (u_k, x) . \tag{2.12}$$

Beweis. Es ist

$$\left| (u, x) - \sum_{k=1}^{n} \alpha_k (u_k, x) \right| = \left| \left(u - \sum_{k=1}^{n} \alpha_k u_k, x \right) \right| \leqq \left\| u - \sum_{k=1}^{n} \alpha_k u_k \right\| \, \|x\| \xrightarrow[n\to\infty]{} 0 ,$$

Eine konvergente Reihe im unitären Raum $\mathfrak{U}$ kann also gliedweise skalar multipliziert werden.

Lemma 2.4. *Es sei* $\mathfrak{H}$ *ein Hilbertraum,* $\{e_k\}$ *ein ON-System in* $\mathfrak{H}$, $\{\alpha_k\} \subseteq \mathfrak{R}$. *Die Reihe* $\sum_{k=1}^{\infty} \alpha_k e_k$ *konvergiert genau dann, wenn die Reihe* $\sum_{k=1}^{\infty} \alpha_k^2$ *konvergiert.*

Beweis. (i) Es sei $s = \sum_{k=1}^{\infty} \alpha_k e_k \in \mathfrak{H}$. Aus Lemma 2.3 gewinnen wir $\alpha_k = (s, e_k)$.

Wiederum aus Lemma 2.3 folgt dann die Beziehung

$$\|s\|^2 = (s, s) = \sum_{k=1}^{\infty} \alpha_k^2 .$$

(ii) Konvergiert die Reihe $\sum_{k=1}^{\infty} \alpha_k^2$, so gilt das Cauchy-Kriterium: Zu jedem $\varepsilon > 0$

gibt es ein $n_0(\varepsilon)$ derart, daß $\sum_{k=n+1}^{n+p} \alpha_k^2 < \varepsilon$ für $n \geqq n_0$ ist. Andererseits erhalten wir für die Partialsummen $s_n = \sum_{k=1}^{n} \alpha_k e_k$ die Beziehung

$$\|s_{n+p} - s_n\|^2 = \left(\sum_{k=n+1}^{n+p} \alpha_k e_k, \sum_{i=n+1}^{n+p} \alpha_i e_i \right) = \sum_{k=n+1}^{n+p} \alpha_k^2 < \varepsilon$$

für $n \geqq n_0$. Die Partialsummen bilden daher eine Fundamentalfolge, die definitionsgemäß im Hilbertraum konvergiert, q. e. d.

Es sei $\mathfrak{H}$ ein Hilbertraum, $\{e_k\} \subseteq \mathfrak{H}$ ein ON-System. Jedem Element $f \in \mathfrak{H}$ können wir die Fourierreihe

$$s = \sum_{k=1}^{\infty} (f, e_k) e_k \tag{2.13}$$

zuordnen. Aus der Ungleichung

$$\left\| f - \sum_{k=1}^{n} (f, e_k) e_k \right\|^2 \geqq 0,$$

die für $n = 1, 2, \ldots$ richtig ist, ergibt sich zunächst

$$\left(f - \sum_{k=1}^{n} (f, e_k) e_k, f - \sum_{j=1}^{n} (f, e_j) e_j \right) = \|f\|^2 - \sum_{k=1}^{n} (f, e_k)^2 \geqq 0$$

und durch Grenzübergang für $n \to \infty$ die *Besselsche Ungleichung*

$$\sum_{k=1}^{\infty} (f, e_k)^2 \leqq \|f\|^2. \tag{2.14}$$

Lemma 2.4 zeigt, daß die Fourierreihe immer konvergiert. Im allgemeinen braucht ihr Grenzwert jedoch nicht das zugeordnete Element f zu sein.

Satz 2.7. *Ist $\{e_k\}$ ein vollständiges ON-System im Hilbertraum $\mathfrak{H}$ und $f \in \mathfrak{H}$, dann gilt*

$$f = \sum_{k=1}^{\infty} (f, e_k) e_k \tag{2.15}$$

und

$$\|f\|^2 = \sum_{k=1}^{\infty} (f, e_k)^2. \tag{2.16}$$

Beweis. Die Gleichung (2.16) erhält man nach Lemma 2.3 sofort aus (2.15) durch Skalarmultiplikation mit f. Die Konvergenz der rechten Seite in (2.15) ist, wie Lemma 2.4 zeigt, eine Folge der Besselschen Ungleichung; $s = \sum_{k=1}^{\infty} (f, e_k) e_k$ ist Element von $\mathfrak{H}$. Es sei nun e_j ein beliebiges Element des ON-Systems. Wir finden

$$(f - s, e_j) = (f, e_j) - (f, e_j) = 0 \quad \text{oder} \quad f = s$$

wegen der Vollständigkeit des ON-Systems, q. e. d.

4. Räume mit schwach kompakter Kugel

Im endlichdimensionalen Banachraum ist die abgeschlossene Kugel $\overline{\mathfrak{K}(x_0, 1)}$, wie wir sahen, kompakt. Schon im separablen Hilbertraum $\mathfrak{H}$ ist dieses Resultat nicht mehr allgemein gültig. Wir betrachten beispielsweise das vollständige ON-System $\{e_k\}_{k=1}^{\infty}$. Wir finden $\{e_k\} \subseteq \overline{\mathfrak{K}(\theta, 1)}$ und

$$\|e_{k+p} - e_k\|^2 = (e_{k+p} - e_k, e_{k+p} - e_k) = \|e_{k+p}\|^2 + \|e_k\|^2 = 2.$$

Das ON-System $\{e_k\}$ enthält keine Fundamentalfolge. Dabei zeigt Satz 2.7 $e_k \underset{k\to\infty}{\rightharpoonup} \theta$. Denn wir folgern aus (2.16), daß $\lim\limits_{k\to\infty} (f, e_k) = 0$ für jedes Element $f \in \mathfrak{H}$ und mit Satz 2.6 auch $\lim\limits_{k\to\infty} \langle g, e_k\rangle = 0$ für jedes Element $g \in \mathfrak{H}^*$ ist.

Satz 2.8. *Ist $\mathfrak{H}$ ein separabler Hilbertraum, dann ist jede Kugel $\overline{\mathfrak{K}(x_0, \nu)} = \{x \in \mathfrak{H};\ \|x - x_0\| \leqq \nu\}$ schwach kompakt.*

Beweis. Wir zeigen diese Eigenschaft speziell für die Kugel $\overline{\mathfrak{K}(\theta, 1)}$; der allgemeine Fall ergibt sich daraus. Es sei $\{x_n\}$ eine Folge, $\|x_n\| \leqq 1$, $n = 1, 2, \ldots$ Mit $\mathfrak{H}$ ist nach Korollar 2.6.1 auch $\mathfrak{H}^*$ separabel. Wir wählen eine in $\mathfrak{H}^*$ überall dichte Folge $\{g_m\}$. Die Zahlenfolge $\{\langle g_1, x_k\rangle\}$ ist beschränkt,

$$|\langle g_1, x_k\rangle| \leqq \|g_1\|\,\|x_k\| \leqq \|g_1\|;$$

man erhält eine konvergente Teilfolge $\{\langle g_1, x_{k_1}\rangle\}$. Ähnlich ist die Folge $\{\langle g_2, x_{k_1}\rangle\}$ beschränkt und enthält die konvergente Teilfolge $\{\langle g_2, x_{k_2}\rangle\}$. Setzt man diesen Auswahlprozeß fort, so gelangt man zu einer Teilfolge $\{x_{k_k}\} = \{x_k'\} \subseteq \{x_k\}$, die die Eigenschaft „$\{\langle g_m, x_k'\rangle\}$ ist Fundamentalfolge für $m = 1, 2, \ldots$" besitzt. Sind nun ein Element $g \in \mathfrak{H}^*$ und ein $\varepsilon > 0$ vorgegeben, so existiert ein g_{m_0} derart, daß $\|g - g_{m_0}\| < \frac{\varepsilon}{4}$ ist. Ist überdies $k_0\left(\frac{\varepsilon}{2}\right)$ so gewählt, daß $|\langle g_{m_0}, x'_{k+p} - x_k'\rangle| < \frac{\varepsilon}{2}$ für $k \geqq k_0$ ist, so finden wir für $k \geqq k_0$

$$\begin{aligned}|\langle g, x'_{k+p} - x_k'\rangle| &\leqq |\langle g - g_{m_0}, x'_{k+p} - x_k'\rangle| + |\langle g_{m_0}, x'_{k+p} - x_k'\rangle| \\ &< \|g - g_{m_0}\|\,(\|x'_{k+p}\| + \|x_k'\|) + \frac{\varepsilon}{2} < \varepsilon.\end{aligned}$$

Die Folge $\{\langle g, x_k'\rangle\}$ ist also für jedes $g \in \mathfrak{H}^*$ Fundamentalfolge. Mit Hilfe der Funktionale $\Phi_k \in \mathfrak{H}^{**}$,

$$\langle \Phi_k, g\rangle = \langle g, x_k'\rangle, \qquad g \in \mathfrak{H}^*,\ k = 1, 2, \ldots,$$

definieren wir das Funktional $\Phi \in (\mathfrak{H}^*, \mathfrak{R})$,

$$\Phi(g) = \lim_{k\to\infty} \langle \Phi_k, g\rangle.$$

Das Funktional Φ ist linear:

$$\Phi(\lambda_1 g_1 + \lambda_2 g_2) = \lim_{k\to\infty} \langle \lambda_1 g_1 + \lambda_2 g_2, x_k'\rangle = \lambda_1 \Phi(g_1) + \lambda_2 \Phi(g_2).$$

Das Funktional Φ ist beschränkt: Aus $|\langle \Phi_k, g\rangle| = |\langle g, x_k'\rangle| \leqq \|g\|$ folgt $|\Phi(g)| \leqq \|g\|$. Also ist $\Phi \in \mathfrak{H}^{**}$ und wegen der Reflexivität von $\mathfrak{H}$ auch $\langle \Phi, g\rangle = \langle g, z\rangle$ für ein $z \in \mathfrak{H}$ und alle $g \in \mathfrak{H}^*$.

Wir erinnern uns an die Definition von $\Phi \in \mathfrak{H}^{**}$:

$$\langle g, z\rangle = \lim_{k\to\infty} \langle g, x_k'\rangle \quad \text{für alle } g \in \mathfrak{H}^*,$$

also $x_k' \underset{k\to\infty}{\rightharpoonup} z$.

Überdies gilt $\|z\| = \|\Phi\| \leqq 1$, somit $z \in \overline{\mathfrak{K}(\theta, 1)}$, q. e. d.

Das im Satz 2.8 erhaltene Ergebnis läßt sich wesentlich erweitern.

Satz 2.9. *Ist $\mathfrak{B}$ ein reflexiver Banachraum, dann ist jede beschränkte, konvexe und abgeschlossene Teilmenge $\mathfrak{G} \subseteq \mathfrak{B}$ schwach kompakt.*

Beweis siehe z. B. [95]; Konvexität siehe § 4.

Häufig verwendet wird eine gewisse Umkehrung der letzten Aussage.

Satz 2.10. *Es sei $\{x_n\}$ eine Folge im linearen normierten Raum $\mathfrak{X}$; $x_n \rightharpoonup x \in \mathfrak{X}$. Dann gilt* $\sup_n \|x_n\| < \infty$.

Beweis siehe [95].

§ 3. Minimum-Probleme und Gleichungen mit Potentialoperatoren

Es sei $\mathfrak{X}$ ein linearer normierter Raum, $\Phi \in (\mathfrak{X}, \mathfrak{R})$ ein Funktional auf $\mathfrak{X}$. Speziell mag Φ ein stetiges Funktional sein. Ist nun $\mathfrak{G} \subseteq \mathfrak{X}$ eine kompakte Teilmenge, so gibt es ein Element $x_0 \in \mathfrak{G}$ mit der Eigenschaft

$$\Phi(x) - \Phi(x_0) \geqq 0, \qquad x \in \mathfrak{G}.$$

Wir nennen x_0 *Minimalelement* von Φ auf $\mathfrak{G}$ oder auch *Lösung* des Minimum-Problems für Φ auf $\mathfrak{G}$. Auf beliebigen Teilmengen $\mathfrak{G} \subseteq \mathfrak{X}$ besitzt das Minimum-Problem für stetige Funktionale Φ nicht immer eine Lösung. Minimum-Probleme stehen in engem Zusammenhang mit Operatorgleichungen.

Definition 3.1. Es sei $\mathfrak{X}$ ein linearer normierter Raum, $\Phi \in (\mathfrak{X}, \mathfrak{R})$ ein Funktional. Gilt in einem Element $x_0 \in \mathfrak{X}$

$$\lim_{\tau\to 0} \frac{\Phi(x_0 + \tau h) - \Phi(x_0)}{\tau} = \langle P x_0, h\rangle \tag{3.1}$$

für $h \in \mathfrak{X}$ und ein Element $Px_0 \in \mathfrak{X}^*$, so heißt Φ in x_0 *differenzierbar*. Ist $\mathfrak{X}_0 \subseteq \mathfrak{X}$ ein Unterraum, Φ in jedem Element $x \in \mathfrak{X}_0$ differenzierbar, so heißt Φ auf $\mathfrak{X}_0$ *differen-*

zierbar. Die durch (3.1) erklärte Abbildung $P \in (\mathfrak{X}_0, \mathfrak{X}^*)$ heißt *Potentialoperator* mit dem Potential Φ; wir schreiben auch $P = \operatorname{grad} \Phi$.

Für Operatoren gibt es verschiedene Möglichkeiten, den Begriff der Differenzierbarkeit einzuführen.

Definition 3.2. Sind $\mathfrak{X}_1, \mathfrak{X}_2$ lineare normierte Räume, so heißt der Operator $A \in (\mathfrak{X}_1, \mathfrak{X}_2)$ *im Element* $x_1 \in \mathfrak{X}_1$ *Fréchet-differenzierbar*, wenn die Zerlegung

$$A(x_1 + h_1) - Ax_1 = B(x_1)\, h_1 + W(x_1, h_1), \qquad h_1 \in \mathfrak{X}_1, \tag{3.2}$$

mit linearem Operator $B(x_1) \in [\mathfrak{X}_1, \mathfrak{X}_2]$, $W(x_1, \cdot) \in (\mathfrak{X}_1, \mathfrak{X}_2)$ und

$$\lim_{\|h_1\|_1 \to 0} \frac{\|W(x_1, h_1)\|_2}{\|h_1\|_1} = 0 \tag{3.3}$$

gilt.

Definition 3.3. Es sei $\mathfrak{X}$ ein linearer normierter Raum. Der Operator $A \in (\mathfrak{X}, \mathfrak{X}^*)$ heißt *im Element* $x_0 \in \mathfrak{X}$ *schwach differenzierbar*, wenn ein linearer Operator $B(x_0) \in (\mathfrak{X}, \mathfrak{X}^*)$ mit der Eigenschaft

$$\lim_{\tau \to 0} \left\langle \frac{A(x_0 + \tau h) - Ax_0}{\tau} - B(x_0)\, h, g \right\rangle = 0 \tag{3.4}$$

für $h, g \in \mathfrak{X}$ existiert.

Ein Operator A heißt *auf einem Unterraum* $\mathfrak{X}_0 \subseteq D_A$ *Fréchet-differenzierbar* bzw. *schwach differenzierbar*, wenn er die entsprechende Eigenschaft in jedem Element $x \in \mathfrak{X}_0$ besitzt.

Den Operator $B(x_1) \in [\mathfrak{X}_1, \mathfrak{X}_2]$ aus der Definition 3.2 nennen wir *Fréchet-Ableitung* von A und schreiben auch $A'(x_1)$. Analog heißt der Operator $B(x_0) \in (\mathfrak{X}, \mathfrak{X}^*)$ in der Definition 3.3 *schwache Ableitung* des Operators A und wird ebenfalls mit $A'(x_0)$ bezeichnet. Diese Bezeichnung erklärt sich daraus, daß die Fréchet-Ableitung $A'(x_0)$ eines Operators $A \in (\mathfrak{X}, \mathfrak{X}^*)$ gleichzeitig auch schwache Ableitung ist. Existiert nämlich die Fréchet-Ableitung $B(x_0)$, also

$$A(x_0 + \tau h) - Ax_0 = \tau B(x_0)\, h + W(x_0, \tau h),$$
$$\lim_{\tau \to 0} \frac{\|W(x_0, \tau h)\|}{|\tau|} = 0,$$

so gilt

$$\left| \left\langle \frac{A(x_0 + \tau h) - Ax_0}{\tau} - B(x_0) h, g \right\rangle \right| \leq \frac{\|W(x_0, \tau h)\|}{|\tau|} \|g\| \xrightarrow[\tau \to 0]{} 0.$$

Neben der Fréchet-Differenzierbarkeit und der schwachen Differenzierbarkeit benötigen wir in einigen Fällen auch andere Differenzierbarkeitseigenschaften von Operatoren, die dann spezifisch erklärt werden müssen.

Funktionale und Operatoren, die auf ihrem Definitionsbereich nicht stetig oder differenzierbar sind, können durchaus stetige und differenzierbare Einschränkungen besitzen. Stetigkeit und Differenzierbarkeit können besonders bei Einschränkungen auf endlichdimensionale Unterräume erwartet werden. Zur Formulierung eines Kriteriums für Potentialoperatoren benötigen wir die folgende Definition.

Definition 3.4. Die auf dem Unterraum $\mathfrak{X}_0 \subseteq \mathfrak{X}$ erklärte schwache Ableitung $A' \in (\mathfrak{X}_0, (\mathfrak{X}, \mathfrak{X}^*))$ eines Operators $A \in (\mathfrak{X}, \mathfrak{X}^*)$ heiße *stetig* in $\mathfrak{R}_n(\mathfrak{X}_0)$, wenn die reelle Funktion

$$\varphi(\tau_1, \tau_2, \ldots, \tau_n) = \left\langle A'\left(x_0 + \sum_{i=1}^{n} \tau_i x_i\right) h, g\right\rangle$$

für beliebig fixierte Elemente $x_0, x_1, \ldots, x_n \in \mathfrak{X}_0$, $h, g \in \mathfrak{X}$ auf dem Einheitswürfel $\mathfrak{J}^n$,

$$\mathfrak{J}^n = \{(\tau_1, \tau_2, \ldots, \tau_n) \in \mathfrak{R}^n; 0 \leqq \tau_i \leqq 1, i = 1, 2, \ldots, n\}$$

stetig ist.

Satz 3.1. *Es sei $\mathfrak{X}$ ein linearer normierter Raum, $P \in (\mathfrak{X}, \mathfrak{X}^*)$ ein auf $\mathfrak{X}$ schwach differenzierbarer Operator, $P' \in (\mathfrak{X}, (\mathfrak{X}, \mathfrak{X}^*))$ stetig in $\mathfrak{R}_2(\mathfrak{X})$. Überdies gelte die Symmetriebedingung*

$$\langle P'(x)\, g, h\rangle = \langle P'(x)\, h, g\rangle, \qquad x, g, h \in \mathfrak{X}. \tag{3.5}$$

Dann ist P Potentialoperator mit dem Potential

$$\Phi_P(x) = \int_0^1 \langle P(\tau x), x\rangle\, d\tau. \tag{3.6}$$

Das Potential (3.6) *ist bis auf eine additive Konstante eindeutig bestimmt.*

Beweis. Wir beginnen mit der letzten Behauptung. P sei Potentialoperator mit dem Potential Φ. Es gilt also

$$\lim_{\tau \to 0} \frac{\Phi(x + \tau h) - \Phi(x)}{\tau} = \langle Px, h\rangle, \qquad x, h \in \mathfrak{X}. \tag{3.7}$$

Wir setzen $\alpha(\sigma) = \Phi(\sigma x)$, $\sigma \in \mathfrak{R}$. Die Funktion α ist stetig und sogar stetig differenzierbar. Diese Eigenschaften folgen aus der angenommenen Beziehung (3.7) und der schwachen Differenzierbarkeit von P auf $\mathfrak{X}$. Folglich ist

$$\alpha(1) = \alpha(0) + \int_0^1 \alpha'(\sigma)\, d\sigma$$

und tatsächlich

$$\Phi(x) = \Phi(0) + \int_0^1 \langle P(\sigma x), x\rangle\, d\sigma.$$

Um die Eigenschaft (3.7) zu zeigen, betrachten wir zunächst die Differenz

$$\begin{aligned}\Phi_P(x + h) - \Phi_P(x) &= \int_0^1 \langle P(\sigma x + \sigma h), x + h\rangle\, d\sigma - \int_0^1 \langle P(\sigma x), x\rangle\, d\sigma \\ &= \int_0^1 \langle P(\sigma x + \sigma h) - P(\sigma x), x\rangle\, d\sigma + \int_0^1 \langle P(\sigma x + \sigma h), h\rangle\, d\sigma\end{aligned}$$

für zwei beliebig gewählte Elemente $x, h \in \mathfrak{X}$. Nach den Voraussetzungen des Satzes besitzen die Funktionen

$$\left.\begin{aligned}\lambda(\sigma, \tau) &= \langle P(\tau x + \sigma h), x\rangle,\\ \mu(\sigma, \tau) &= \langle P(\tau x + \sigma h), h\rangle,\end{aligned}\right\}\quad \tau, \sigma \in \mathfrak{R},$$

stetige partielle Ableitungen. Denn nach (3.4) ist z. B.

$$\frac{\partial \lambda(\sigma, \tau)}{\partial \sigma} = \lim_{\Delta\sigma \to 0} \frac{\langle P(\tau x + \sigma h + \Delta\sigma h) - P(\tau x + \sigma h), x\rangle}{\Delta\sigma} = \langle P'(\tau x + \sigma h)\, h, x\rangle.$$

Wegen der Stetigkeit von P' in $\mathfrak{R}_2(\mathfrak{X})$ ist diese Ableitung stetig in $\mathfrak{R}^2$ und daher

$$\begin{aligned}\int_0^1 \langle P(\tau x + \tau h) - P(\tau x), x\rangle\, d\tau &= \int_0^1 [\lambda(\tau, \tau) - \lambda(0, \tau)]\, d\tau\\ &= \int_0^1 d\tau \int_0^\tau \langle P'(\tau x + \sigma h)\, h, x\rangle\, d\sigma = \int_0^1 d\tau \int_0^\tau \langle P'(\tau x + \sigma h)\, x, h\rangle\, d\sigma\\ &= \int_0^1 d\sigma \int_\sigma^1 \langle P'(\tau x + \sigma h)\, x, h\rangle\, d\tau = \int_0^1 d\sigma \int_\sigma^1 \frac{\partial \mu(\sigma, \tau)}{\partial \tau}\, d\tau\\ &= \int_0^1 \langle P(x + \sigma h), h\rangle\, d\sigma - \int_0^1 \langle P(\sigma x + \sigma h), h\rangle\, d\sigma.\end{aligned}$$

Hieraus folgt

$$\Phi_P(x + h) - \Phi_P(x) = \int_0^1 \langle P(x + \sigma h), h\rangle\, d\sigma. \tag{3.8}$$

Mit Hilfe des Mittelwertsatzes finden wir nun die Beziehung

$$\Phi_P(x + \tau h) - \Phi_P(x) = \tau \langle P(x + \tau\sigma_0(\tau)\, h, h\rangle \tag{3.9}$$

für beliebiges $\tau \in \mathfrak{R}$ und $0 \leqq \sigma_0(\tau) \leqq 1$, die den Grenzwert (3.7) liefert, q. e. d.

1. Minimum-Probleme

Definition 3.5.[1]) Es sei $\mathfrak{X}$ ein linearer normierter Raum. Ein Operator $A \in (\mathfrak{X}, \mathfrak{X}^*)$ heißt *monoton*, wenn die Ungleichung

$$\langle Au - Av, u - v\rangle \geqq 0, \qquad u, v \in \mathfrak{X}, \tag{3.10}$$

[1]) Ist $\mathfrak{X} = \mathfrak{H}$ ein Hilbertraum und $A \in (\mathfrak{H}, \mathfrak{H})$, so können wir den Operator $\tilde{A} \in (\mathfrak{H}, \mathfrak{H}^*)$, $\langle \tilde{A}u, h\rangle = (Au, h)$, $u, h \in \mathfrak{H}$, definieren. $\tilde{A}$ ist monoton, wenn die Ungleichung

$$(Au - Av, u - v) \geqq 0, \qquad u, v \in \mathfrak{H}, \tag{3.10'}$$

gilt. Ist die Gleichheit in (3.10) nur bei $u = v$ möglich, so nennen wir A *strikt monoton*. Schließlich heißt A *stark monoton*, wenn die strengere Ungleichung

$$\langle Au - Av, u - v\rangle \geqq \gamma\|u - v\|^2, \qquad u, v \in \mathfrak{X}, \tag{3.11}$$

für ein $\gamma = \text{const} > 0$ erfüllt ist. Einen strikt monotonen linearen Operator $B \in (\mathfrak{X}, \mathfrak{X}^*)$ nennen wir *positiv*. Ist der Operator B überdies stark monoton, so wird er auch *positiv definit* genannt.

Differenzierbare Operatoren mit positiver Ableitung sind monoton, wie das folgende Lemma zeigt.

Lemma 3.1. *Es sei $\mathfrak{X}$ ein linearer normierter Raum, der Operator $A \in (\mathfrak{X}, \mathfrak{X}^*)$ sei schwach differenzierbar auf $\mathfrak{X}$. Sind die Operatoren $A'(x) \in (\mathfrak{X}, \mathfrak{X}^*)$, $x \in \mathfrak{X}$, positiv, so ist A strikt monoton. Gilt indessen*

$$\langle A'(x)\, h, h\rangle \geqq \gamma\|h\|^2 \qquad \text{für } x, h \in \mathfrak{X} \tag{3.12}$$

für eine von $x, h \in \mathfrak{X}$ unabhängige Konstante $\gamma \geqq 0$, so ist A monoton, wenn $\gamma = 0$, und stark monoton, wenn $\gamma > 0$ ist.

Umgekehrt folgt aus der Monotoniebeziehung $\langle A(x + h) - Ax, h\rangle \geqq \gamma\|h\|^2$ für $x, h \in \mathfrak{X}$ und eine Konstante $\gamma \geqq 0$, daß $A'(x)$ die Bedingung (3.12) mit dem gleichen γ erfüllt.

Beweis. Zu zwei beliebig gewählten Elementen $x, h \in \mathfrak{X}$ definieren wir die Funktion $\alpha(t) = \langle A(x + th), h\rangle$, $t \in \mathfrak{R}$. Diese ist nach den Voraussetzungen des Lemmas differenzierbar, also gilt nach dem Mittelwertsatz

$$\begin{aligned}\langle A(x + h) - Ax, h\rangle &= \alpha(1) - \alpha(0) = \alpha'(\tau)\\ &= \langle A'(x + \tau h)\, h, h\rangle \text{ mit einem } \tau \in [0, 1].\end{aligned} \tag{3.13}$$

Die Beziehung (3.13) beweist den ersten Teil der Aussagen des Lemmas. Zum Beweis der Rückrichtung betrachten wir die Funktion

$$\beta(t) = \langle A(x + th) - Ax, th\rangle, \qquad t \in (0, 1).$$

Aus den Voraussetzungen des Lemmas folgt

$$\gamma\|h\|^2 \leqq \lim_{t \to 0+} \frac{\beta(t)}{t^2} = \langle A'(x)\, h, h\rangle,$$

q. e. d.

Wir betrachten nun die Gleichung

$$Pu = f \tag{3.14}$$

---

stark monoton, wenn

$$(Au - Av, u - v) \geqq \gamma\|u - v\|^2 \tag{3.11'}$$

für $u, v \in \mathfrak{H}$ gilt. Wir nennen einen Operator $A \in (\mathfrak{H}, \mathfrak{H})$ demnach *monoton*, wenn er die Ungleichung (3.10′) erfüllt, *strikt monoton*, wenn die Gleichheit in (3.10′) nur bei $u = v$ möglich ist, und *stark monoton*, wenn er die Ungleichung (3.11′) erfüllt.

mit gegebenem Element $f \in \mathfrak{X}^*$ und strikt monotonem Potentialoperator $P \in (\mathfrak{X}, \mathfrak{X}^*)$. Diese Gleichung besitzt höchstens eine Lösung in $\mathfrak{X}$, da aus der Gleichung $Pu = Pv$ sofort $\langle Pu - Pv, u - v\rangle = 0$ und somit $u = v$ folgt.

Satz 3.2. *Bedingungen wie in Satz 3.1. Überdies sei P' positiv:*

$$\langle P'(x)\, g, g\rangle > 0, \qquad x, g \in \mathfrak{X},\ g \neq \theta. \tag{3.15}$$

Ist das Element $u_0 \in \mathfrak{X}$ Lösung der Gleichung (3.14), *so realisiert es das absolute Minimum des Funktionals*

$$\Psi(u) = \int_0^1 \langle P(\tau u), u\rangle\, d\tau - \langle f, u\rangle. \tag{3.16}$$

Dabei ist u_0 das einzige Minimalelement des Funktionals (3.16).

Beweis. Es sei $h \in \mathfrak{X}$ beliebig gewählt. Dann gilt mit (3.8)

$$\begin{aligned}\Psi(u_0 + h) - \Psi(u_0) &= \int_0^1 \langle P(u_0 + \sigma h), h\rangle\, d\sigma - \langle f, h\rangle \\ &= \int_0^1 \langle P(u_0 + \sigma h) - Pu_0, \sigma h\rangle \frac{d\sigma}{\sigma}.\end{aligned} \tag{3.17}$$

Nach Lemma 3.1 und Bedingung (3.15) ist der Operator $P \in (\mathfrak{X}, \mathfrak{X}^*)$ strikt monoton auf $\mathfrak{X}$. Dann folgt aber aus der Beziehung (3.17) die Ungleichung $\Psi(u_0 + h) > \Psi(u_0)$ für beliebige $h \in \mathfrak{X}$, $h \neq \theta$, q. e. d.

Unser Ziel soll es sein, die Gleichung (3.14) zu lösen. Zu diesem Zweck kehren wir nun die Fragestellung in Satz 3.2 um.

Satz 3.3. *Der Operator $P \in (\mathfrak{X}, \mathfrak{X}^*)$ genüge den gleichen Bedingungen wie in Satz* 3.1.: *Er ist schwach differenzierbar auf $\mathfrak{X}$, P' stetig in $\mathfrak{R}_2(\mathfrak{X})$ und symmetrisch,*

$$\langle P'(x)\, g, h\rangle = \langle P'(x)\, h, g\rangle, \qquad x, g, h \in \mathfrak{X}.$$

Besitzt das Funktional (3.16) *im Element $u_0 \in \mathfrak{X}$ einen stationären Punkt*[1]), *so erfüllt u_0 die Gleichung* (3.14).

Beweis. Es sei $\Psi(u)$ das Funktional (3.16), $h \in \mathfrak{X}$ ein beliebig gewähltes Element,

$$\alpha(\tau) = \Psi(u_0 + \tau h), \qquad \tau \in \mathfrak{R}.$$

Die Funktion α ist stetig differenzierbar. Der Voraussetzung gemäß ist $\alpha'(0) = 0$ oder

$$0 = \lim_{\tau \to 0} \frac{\Psi(u_0 + \tau h) - \Psi(u_0)}{\tau} = \langle Pu_0 - f, h\rangle.$$

[1]) Unter einem *stationären Punkt* des Funktionals $\Psi \in (\mathfrak{X}, \mathfrak{R})$ verstehen wir zunächst ein (möglicherweise lokales) Minimal- oder Maximalelement. Bei einem differenzierbaren Funktional können wir allgemein solche Punkte $u_0 \in \mathfrak{X}$ als stationär bezeichnen, in denen $\alpha'(0) = 0$, $\alpha(\tau) = \Psi(u_0 + \tau h)$, $\tau \in (-\tau_h, \tau_h)$, für beliebig fixierte Elemente $h \in \mathfrak{X}$ und geeignete $\tau_h > 0$ ist.

In dieser Grenzwertbeziehung ist $h \in \mathfrak{X}$ beliebig, also

$$\|Pu_0 - f\| = 0 \quad \text{oder} \quad Pu_0 = f,$$

q. e. d.

2. Lösung von Minimum-Problemen

Notwendige Bedingung für die Existenz eines Minimums ist offenbar die Existenz einer unteren Schranke. Wir begnügen uns mit zwei Beispielen.

Definition 3.6. Es sei $\mathfrak{X}$ ein linearer normierter Raum, $A \in (\mathfrak{X}, \mathfrak{X}^*)$. Der Operator A heißt *koerziv*, wenn eine stetige, monoton wachsende Funktion $\gamma(\tau)$, $0 \leqq \tau < \infty$, existiert, so daß $\lim\limits_{\tau \to \infty} \gamma(\tau) = +\infty$ und

$$\langle Au, u\rangle \geqq \gamma(\|u\|), \qquad u \in \mathfrak{X}, \tag{3.18}$$

ist.

Definition 3.7. Ein Operator $A \in (\mathfrak{X}, \mathfrak{X}^*)$ heißt *hemistetig*, wenn die Funktion $\alpha(\tau) = \langle A(u + \tau h), g\rangle$, $\tau \in \mathfrak{R}$, für beliebig gewählte $u, g, h \in \mathfrak{X}$ stetig ist.

Wir betrachten nun das Funktional (3.16) für einen koerziven hemistetigen Operator P.

Lemma 3.2. *Auf dem linearen normierten Raum $\mathfrak{X}$ sei der Operator $P \in (\mathfrak{X}, \mathfrak{X}^*)$ koerziv und hemistetig. Dabei genüge die Funktion γ in der Ungleichung* (3.18) *der Bedingung $\gamma(\tau)/\tau$ stetig in $t \geqq 0$ und*

$$\frac{\gamma(\tau)}{\tau} \geqq \varrho = \text{const} > \|f\| \tag{3.19}$$

für ein τ_0 und $\tau \geqq \tau_0$. Dann ist das Funktional $\Psi \in (\mathfrak{X}, \mathfrak{R})$,

$$\Psi(u) = \int_0^1 \langle P(\tau u), u\rangle \, d\tau - \langle f, u\rangle, \qquad u \in \mathfrak{X}, \tag{3.16}$$

unterhalbbeschränkt.

Beweis. Offenbar gilt

$$\Psi(u) \geqq \int_0^1 \gamma(\tau\|u\|) \frac{d\tau}{\tau} - \|f\| \, \|u\| = \beta(\|u\|) = \int_0^{\|u\|} \left[\frac{\gamma(\sigma)}{\sigma} - \|f\|\right] d\sigma.$$

Aus (3.19) ersehen wir, daß die in $0 \leqq \vartheta < \infty$ stetige Funktion $\beta(\vartheta)$ in $[\tau_0, +\infty)$ monoton wächst. Sie nimmt also ein endliches Minimum an. Dann ist aber Ψ unterhalbbeschränkt, q. e. d.

Lemma 3.3. *Es sei $P \in (\mathfrak{X}, \mathfrak{X}^*)$ schwach differenzierbar auf $\mathfrak{X}$, P' stetig in $\mathfrak{R}_1(\mathfrak{X})$ und positiv definit,*

$$\langle P'(x)\, g, g\rangle \geqq \gamma\|g\|^2, \qquad x, g \in \mathfrak{X}. \tag{3.20}$$

Dann ist das Funktional (3.16) *unterhalbbeschränkt.*

Beweis. Gehen wir von der Formel

$$\langle Pu - P\theta, h\rangle = \int_0^1 \langle P'(\tau u)\, u, h\rangle\, d\tau \tag{3.21}$$

aus, die für beliebig gewählte Elemente $u, h \in \mathfrak{X}$ gültig ist, dann ist

$$\langle Pu, u\rangle \geqq \langle P\theta, u\rangle + \gamma\|u\|^2.$$

P ist damit koerziv und die Bedingung (3.19) erfüllt. Lemma 3.2 beweist nun unsere Behauptung.

Zur Lösung des Minimum-Problems für ein unterhalbbeschränktes Funktional $\Phi \in (\mathfrak{X}, \mathfrak{R})$ auf dem linearen normierten Raum $\mathfrak{X}$ sind gewisse Forderungen an die Stetigkeit von Φ und die Vollständigkeit des Raumes notwendig.

Definition 3.8. Es sei $\mathfrak{X}$ ein linearer normierter Raum, $x_0 \in \mathfrak{X}$. Das Funktional $\Phi \in (\mathfrak{X}, \mathfrak{R})$ heißt in x_0 *unterhalbstetig* (*verstärkt unterhalbstetig*), wenn für jede Folge $\{h_n\} \subseteq \mathfrak{X}$ mit der Eigenschaft $\lim\limits_{n\to\infty} \|h_n\| = 0$ $\left(\lim\limits_{n\to\infty} \langle f, h_n\rangle = 0 \text{ für alle } f \in \mathfrak{X}^*\right)$ die Ungleichung

$$\underline{\lim}_{n\to\infty} \Phi(x_0 + h_n) \geqq \Phi(x_0) \tag{3.22}$$

gilt. Das Funktional Φ heißt *unterhalbstetig* bzw. *verstärkt unterhalbstetig* auf $\mathfrak{X}$, wenn es die entsprechende Eigenschaft in jedem Element $x_0 \in \mathfrak{X}$ besitzt.

Satz 3.4. *Es sei $\mathfrak{X}$ ein linearer normierter Raum, $P \in (\mathfrak{X}, \mathfrak{X}^*)$ ein auf $\mathfrak{X}$ schwach differenzierbarer Operator, P' stetig in $\mathfrak{R}_2(\mathfrak{X})$, symmetrisch und positiv.*[1] *Dann ist das Funktional Φ_P,*

$$\Phi_P(u) = \int_0^1 \langle P(\tau u), u\rangle\, d\tau,$$

verstärkt unterhalbstetig auf $\mathfrak{X}$.

Beweis. Es sei $\{h_n\}$ eine Folge in $\mathfrak{X}$, $\lim\limits_{n\to\infty} \langle f, h_n\rangle = 0$ für $f \in \mathfrak{X}^*$. Wegen der Beziehung (3.8) gilt für ein beliebiges Element $x_0 \in \mathfrak{X}$

$$\begin{aligned}\Phi_P(x_0 + h_n) - \Phi_P(x_0) &= \int_0^1 \langle P(x_0 + \sigma h_n), h_n\rangle\, d\sigma \\ &= \langle Px_0, h_n\rangle + \int_0^1 \langle P(x_0 + \sigma h_n) - Px_0, h_n\rangle\, d\sigma.\end{aligned}$$

Nun ist P nach Lemma 3.1 strikt monoton, also

$$\Phi_P(x_0 + h_n) - \Phi_P(x_0) \geqq \langle Px_0, h_n\rangle,$$

woraus wegen $Px_0 \in \mathfrak{X}^*$ die Grenzwertbeziehung (3.22) für Φ_P folgt, q. e. d.

---

[1]) Wir sagen von einem Operator $P \in (\mathfrak{X}, \mathfrak{X}^*)$ kurz: P' ist *symmetrisch* (*positiv, positiv definit*), wenn $P'(x)$ für jedes $x \in \mathfrak{X}$ diese Eigenschaft besitzt.

Satz 3.5. *Bedingungen wie in Satz 3.4. Überdies sei P' positiv definit. Dann besitzt das Minimum-Problem für das Funktional $\Psi \in (\mathfrak{X}, \mathfrak{R})$,*

$$\Psi(u) = \int_0^1 \langle P(\tau u), u\rangle \, d\tau - \langle f, u\rangle, \tag{3.16}$$

auf jedem vollständigen Unterraum $\mathfrak{X}_0 \subseteq \mathfrak{X}$ ein eindeutig bestimmtes Minimalelement $u_0 \in \mathfrak{X}$. Jede Minimalfolge des Funktionals (3.16) in $\mathfrak{X}_0$ konvergiert gegen u_0.

Beweis. Es sei $d = \inf_{u \in \mathfrak{X}_0} \Psi(u)$ die nach Lemma 3.3 endliche untere Grenze von Ψ auf $\mathfrak{X}_0$, $\{u_n\} \subseteq \mathfrak{X}_0$ eine Minimalfolge, $\lim_{n\to\infty} \Psi(u_n) = d$. Wir erklären nun das Funktional $\Theta_\Psi \in (\mathfrak{X} \times \mathfrak{X}, \mathfrak{R})$,

$$\Theta_\Psi(u, v) = \frac{1}{2}\Psi(u) + \frac{1}{2}\Psi(v) - \Psi\left(\frac{u+v}{2}\right). \tag{3.23}$$

Wir wählen beliebige Elemente $v, u = v + h \in \mathfrak{X}$ aus; unter Verwendung der Beziehung (3.8) finden wir

$$\Theta_\Psi(v + h, v) = \frac{1}{2}\left[\Psi(v) - \Psi\left(v + \frac{h}{2}\right)\right] + \frac{1}{2}\left[\Psi(v + h) - \Psi\left(v + \frac{h}{2}\right)\right]$$

$$= \frac{1}{2}\int_0^1 \left\langle P\left(v + \frac{h}{2} + \sigma\frac{h}{2}\right) - P\left(v + \sigma\frac{h}{2}\right), \frac{h}{2}\right\rangle d\sigma.$$

Der Operator $P \in (\mathfrak{X}, \mathfrak{X}^*)$ ist nach Lemma 3.1 stark monoton; hieraus folgt

$$\Theta_\Psi(v + h, v) \geqq \gamma\|h\|^2, \qquad v, h \in \mathfrak{X}, \tag{3.24}$$

für eine Konstante $\gamma > 0$.

Es sei nun $\{u_n\} \subseteq \mathfrak{X}_0$ die erwähnte Minimalfolge und ein $\varepsilon > 0$ vorgegeben. Dann existiert ein Index $n_0(\varepsilon)$, so daß $\Psi(u_n) < d + \varepsilon$ für $n \geqq n_0$ ist. Aus (3.23) erhalten wir für $u = u_k$, $v = u_l$, $k, l \geqq n_0$,

$$\Theta_\Psi(u_k, u_l) < \frac{1}{2}(d + \varepsilon) + \frac{1}{2}(d + \varepsilon) - d = \varepsilon,$$

zusammen mit (3.24) also

$$\frac{\varepsilon}{\gamma} > \|u_k - u_l\|^2.$$

Die Minimalfolge ist somit eine Fundamentalfolge und besitzt einen Grenzwert $u_0 \in \mathfrak{X}_0$. Dieser Grenzwert hängt nicht von der zufällig gewählten Minimalfolge ab. Vereinigt man nämlich zwei Minimalfolgen, so erhält man wiederum eine konvergente Minimalfolge.

Sicher ist

$$d = \inf_{u \in \mathfrak{X}_0} \Psi(u) \leqq \Psi(u_0). \tag{3.25}$$

Das lineare Funktional $f \in \mathfrak{X}^*$ ist auf $\mathfrak{X}$ wie auf $\mathfrak{X}_0$ verstärkt stetig. Nach Satz 3.4 ist dann Ψ auf $\mathfrak{X}_0$ verstärkt unterhalbstetig, also

$$d = \lim_{n\to\infty} \Psi(u_n) \geqq \Psi(u_0).$$

Mit (3.25) ergibt sich daraus $\Psi(u_0) = d$, u_0 ist Minimalelement. Der Satz ist damit bewiesen.

Satz 3.5 bildet die Grundlage zur Lösung der Ausgangsgleichung (3.14), etwa in der folgenden Formulierung.

Korollar 3.5.1. *Es sei $\mathfrak{B}$ ein Banachraum, $P \in (\mathfrak{B}, \mathfrak{B}^*)$ schwach differenzierbar auf $\mathfrak{B}$, P' stetig in $\mathfrak{R}_2(\mathfrak{B})$, symmetrisch und positiv definit. Dann besitzt die Gleichung*

$$Pu = f \tag{3.14}$$

für jedes gegebene $f \in \mathfrak{B}^*$ genau eine Lösung $u_0 \in \mathfrak{B}$.

Beweis. Die Bedingungen in Satz 3.5 sind für $\mathfrak{X} = \mathfrak{X}_0 = \mathfrak{B}$ erfüllt. Das Minimum-Problem für das Funktional (3.16) besitzt dann eine eindeutig bestimmte Lösung $u_0 \in \mathfrak{B}$. u_0 ist stationärer Punkt dieses Funktionals und genügt nach Satz 3.3 der Gleichung (3.14). Da der Operator P auf $\mathfrak{B}$ stark monoton ist (Lemma 3.1), ist u_0 die einzige Lösung der Gleichung (3.14), q. e. d.

Schließlich zeigt der Beweis zu Satz 3.5 Möglichkeiten zur Erweiterung des Operators $P \in (\mathfrak{X}, \mathfrak{X}^*)$ bzw. des Lösungsbegriffs auf.

Korollar 3.5.2. *Bedingungen wie in Satz* 3.5. *Überdies sei der lineare normierte Raum $\mathfrak{X}$ dicht im Banachraum $\mathfrak{B}$, $\overline{\mathfrak{X}} = \mathfrak{B}$. Dann definieren die Minimalfolgen des Funktionals* (3.16) *in $\mathfrak{X}$ für jedes $f \in \mathfrak{B}^*$ ein eindeutig bestimmtes Element $u_0 \in \mathfrak{B}$. Erweist sich, daß $u_0 \in \mathfrak{X}$ ist, so ist u_0 auch einzige Lösung der Gleichung* (3.14) *in $\mathfrak{X}$.*

Beweis. Es gilt zunächst $\mathfrak{X}^* = \mathfrak{B}^*$.[1]) Nach Lemma 3.3 ist das Funktional (3.16) unterhalbbeschränkt auf $\mathfrak{X}$. Wie im Beweis zu Satz 3.5 zeigt man, daß jede Minimalfolge dieses Funktionals in $\mathfrak{X}$ auch eine Fundamentalfolge darstellt. Der Grenzwert $u_0 \in \mathfrak{B}$ hängt nicht von der zufällig gewählten Minimalfolge ab, wovon man sich durch Vereinigung verschiedener Minimalfolgen überzeugen kann.

Ist speziell $u_0 \in \mathfrak{X}$, dann ist gewiß

$$d = \inf_{x\in\mathfrak{X}} \Psi(u) \leqq \Psi(u_0).$$

Aus $\lim_{n\to\infty} \Psi(u_n) = d$, $\lim_{n\to\infty} u_n = u_0$ und der Unterhalbstetigkeit des Funktionals Ψ auf $\mathfrak{X}$ ($\Psi(u) = \Phi_P(u) - \langle f, u\rangle$ ist nach Satz 3.4 sogar verstärkt unterhalbstetig) folgt $\Psi(u_0) = d$. Satz 3.3 beweist nun die Aussage.

[1]) Genau genommen gilt diese Gleichheit nur im Sinne einer Isometrie: Ist $f \in \mathfrak{X}^*$, so besitzt es eine eindeutig bestimmte Fortsetzung $\tilde{f} \in \mathfrak{B}^*$. Umgekehrt besitzt $\tilde{f} \in \mathfrak{B}^*$ immer eine eindeutig bestimmte Einschränkung $f \in \mathfrak{X}^*$. Die Zuordnung $Ef = \tilde{f}$ ist linear und isometrisch.

Definition 3.9. Den in Korollar 3.5.2 eindeutig definierten Grenzwert $u_0 \in \mathfrak{B}$ der Minimalfolgen des Funktionals (3.16) nennen wir *verallgemeinerte Variationslösung* der Gleichung (3.14).

3. Gleichungen mit nicht notwendig differenzierbaren Potentialoperatoren

Die Tatsache, daß die Differenzierbarkeit der Operatoren in einigen vorangegangenen Sätzen hauptsächlich zum Beweis der Beziehung (3.8) verwendet wurde, legt den Gedanken nahe, nicht differenzierbare Operatoren zu betrachten, die die Bedingung (3.8) erfüllen. Tatsächlich spielen solche Operatoren in einigen Anwendungen eine Rolle.

Satz 3.6. *Es sei $\mathfrak{B}$ ein Banachraum, $P \in (\mathfrak{B}, \mathfrak{B}^*)$ ein stark monotoner hemistetiger Operator, der die verallgemeinerte Symmetriebedingung*

$$\int_0^1 \langle P(\tau u), u\rangle \, d\tau - \int_0^1 \langle P(\tau v), v\rangle \, d\tau = \int_0^1 \langle P\big(v + \tau(u - v)\big), u - v\rangle \, d\tau, \quad u, v \in \mathfrak{B}, \tag{3.8}$$

erfüllt.

i) *Dann ist P Potentialoperator auf $\mathfrak{B}$ mit dem Potential*

$$\Phi_P(u) = \int_0^1 \langle P(\tau u), u\rangle \, d\tau.$$

ii) *Das Funktional*

$$\Psi(u) = \Phi_P(u) - \langle f, u\rangle$$

besitzt für jedes $f \in \mathfrak{B}^*$ ein eindeutig bestimmtes Minimalelement $u_0 \in \mathfrak{B}$.

iii) *u_0 ist einzige Lösung der Gleichung $Pu = f$.*

Beweis. i) Wir beweisen zunächst die Differenzierbarkeit des Funktionals Φ_P, also die Beziehung (3.1) für $x_0 \in \mathfrak{B}$. Wegen (3.8) gilt

$$\frac{1}{\sigma} \left[\Phi_P(x_0 + \sigma h) - \Phi_P(x_0)\right] = \int_0^1 \langle P(x_0 + \sigma\tau h), h\rangle \, d\tau.$$

Da die Funktion

$$\alpha(\tau) = \langle P(x_0 + \sigma\tau h), h\rangle, \qquad \tau \in \mathfrak{R},$$

für beliebig gewählte Elemente $x_0, h \in \mathfrak{B}$ und $\sigma \in \mathfrak{R}$ stetig ist, erhalten wir nach Anwendung des Mittelwertsatzes und anschließenden Grenzübergang $\sigma \to 0$ den Grenzwert (3.1).

ii) Das Funktional $\Psi \in (\mathfrak{B}, \mathfrak{R})$ ist unterhalbbeschränkt. Denn aus der Monotoniebedingung

$$\langle Pu - Pv, u - v\rangle \geqq \gamma \|u - v\|^2, \qquad u, v \in \mathfrak{B}, \tag{3.11}$$

für ein $\gamma > 0$ folgt speziell für $v = \theta$ die Koerzivität von P mit der Bedingung (3.19)' und Lemma 3.2 bestätigt die Behauptung.

Es sei nun $d = \inf_{u \in \mathfrak{B}} \Psi(u)$, $\{u_n\} \subseteq \mathfrak{B}$ eine Minimalfolge, $\lim_{n\to\infty} \Psi(u_n) = d$. Mit beliebigen Elementen $u, v \in \mathfrak{B}$, $u = v + h$ finden wir wie im Beweis zu Satz 3.5

$$\begin{aligned} \Theta_\Psi(v + h, v) &= \frac{1}{2}\left[\Psi(v) - \Psi\left(v + \frac{h}{2}\right)\right] + \frac{1}{2}\left[\Psi(v + h) - \Psi\left(v + \frac{h}{2}\right)\right] \\ &= \frac{1}{2}\int_0^1 \left\langle P\left(v + \frac{h}{2} + \sigma\frac{h}{2}\right) - P\left(v + \sigma\frac{h}{2}\right), \frac{h}{2}\right\rangle d\sigma \end{aligned}$$

wegen (3.8), folglich mit (3.11)

$$\Theta_\Psi(v + h, v) \geqq \frac{\gamma}{8}\|h\|^2.$$

Wir können so wieder schließen, daß die Minimalfolgen einen gemeinsamen Grenzwert $u_0 \in \mathfrak{B}$ besitzen: es gilt dann $\Psi(u_0) \geqq d$.

Schließlich ist Ψ auf $\mathfrak{B}$ verstärkt unterhalbstetig. Ist nämlich $x_0 \in \mathfrak{B}$, $\{h_n\} \subseteq \mathfrak{B}$, $\lim_{n\to\infty} \langle g, h_n\rangle = 0$ für jedes $g \in \mathfrak{B}^*$, so gilt mit (3.8) wie im Beweis zu Satz 3.4

$$\begin{aligned} &\Psi(x_0 + h_n) - \Psi(x_0) \\ &= \langle Px_0, h_n\rangle + \int_0^1 \langle P(x_0 + \sigma h_n) - Px_0, h_n\rangle\, d\sigma - \langle f, h_n\rangle \\ &\geqq \langle Px_0 - f, h_n\rangle \xrightarrow[n\to\infty]{} 0, \end{aligned}$$

da $Px_0, f \in \mathfrak{B}^*$ ist. Aus $\Psi(u_0) \geqq d$ und

$$\Psi(u_0) \leqq \varliminf_{n\to\infty} \Psi(u_n) = \lim_{n\to\infty} \Psi(u_n) = d$$

folgt $\Psi(u_0) = d$.

iii) Die Beziehung (3.17), auf die sich der Beweis zu Satz 3.3 stützt, bleibt, wie unter i) gezeigt, gültig, also $\langle Pu_0 - f, h\rangle = 0$, $h \in \mathfrak{B}$, q. e. d.

§ 4. Minimum-Probleme für konvexe Funktionale

Definition 4.1. Es sei $\mathfrak{X}$ ein linearer normierter Raum. Eine Teilmenge $\mathfrak{G} \subseteq \mathfrak{X}$ heißt *konvex*, wenn mit $x, y \in \mathfrak{G}$ und $0 \leqq \alpha \leqq 1$

$$\alpha x + (1 - \alpha)\, y \in \mathfrak{G}$$

ist.

Definition 4.2. Das Funktional $\Phi \in (\mathfrak{X}, \mathfrak{R})$ heißt *konvex* auf der Teilmenge $\mathfrak{G} \subseteq \mathfrak{X}$, wenn $\mathfrak{G}$ konvex und

$$\Theta_\Phi(x, y) = \frac{1}{2}\,\Phi(x) + \frac{1}{2}\,\Phi(y) - \Phi\left(\frac{x+y}{2}\right) \geqq 0, \qquad x, y \in \mathfrak{G}, \tag{4.1}$$

ist.

Das Funktional Φ heiße *strikt konvex*, wenn die Gleichheit in (4.1) nur bei $x = y$ gilt, *stark konvex*, wenn

$$\Theta_\Phi(x, y) \geqq \gamma \|x - y\|^2, \qquad x, y \in \mathfrak{G}, \tag{4.2}$$

für eine Konstante $\gamma > 0$ gilt.

Wir sahen in § 3, daß ein stark monotoner Potentialoperator auf dem linearen normierten Raum $\mathfrak{X}$ ein auf $\mathfrak{X}$ stark konvexes Potential besitzt.

Nun gibt es zahlreiche interessante Anwendungen von Minimum-Problemen für konvexe Funktionale auf konvexen — nicht aber linearen — Teilmengen des Definitionsbereichs. Ein einfaches Beispiel stellt die konvexe Projektion dar.

Satz 4.1. *In einem unitären Raum $\mathfrak{U}$ sei eine vollständige*[1]) *konvexe Teilmenge $\mathfrak{G} \subseteq \mathfrak{U}$ gegeben. Dann gibt es zu jedem Element $w_0 \in \mathfrak{U}$ genau ein Element $g \in \mathfrak{G}$, welches das Minimum des konvexen Funktionals $\Phi(u) = \|u - w_0\|^2$ realisiert.*

Beweis. Das Funktional Φ ist auf $\mathfrak{G}$ offensichtlich unterhalbbeschränkt, $\inf_{u \in \mathfrak{G}} \Phi(u) = d \geqq 0$. Ferner gilt für beliebig gewählte Elemente $x, y \in \mathfrak{U}$

$$\frac{1}{2}\,\|x\|^2 + \frac{1}{2}\,\|y\|^2 - \left\|\frac{x+y}{2}\right\|^2 - \left\|\frac{x-y}{2}\right\|^2 = 0.$$

Setzen wir darin $x = u - w_0$, $y = v - w_0$, so ergibt sich

$$\Theta_\Phi(u, v) = \frac{1}{4}\,\|u - v\|^2.$$

Also ist Φ auf $\mathfrak{G}$ stark konvex. Ist nun $\{u_n\} \subseteq \mathfrak{G}$ eine Minimalfolge für Φ, $\varepsilon > 0$,

$$\Phi(u_k) < d + \varepsilon, \qquad \Phi(u_l) < d + \varepsilon, \qquad \Phi\left(\frac{u_k + u_l}{2}\right) \geqq d,$$

so finden wir

$$\varepsilon > \Theta_\Phi(u_k, u_l) = \frac{1}{4}\,\|u_k - u_l\|^2.$$

Also ist $\{u_n\}$ Fundamentalfolge. Wegen der Vollständigkeit von $\mathfrak{G}$ finden wir ein $g \in \mathfrak{G}$ derart, daß $\lim_{n\to\infty} u_n = g$ ist. Durch Vereinigung verschiedener Minimalfolgen überzeugen wir uns, daß g nicht von der zufällig gewählten Minimalfolge abhängt, daher eindeutig bestimmt ist. Offenbar ist Φ stetig auf $\mathfrak{U}$, also

$$d = \lim_{n\to\infty} \Phi(u_n) = \Phi(g),$$

q. e. d.

[1]) $\mathfrak{G}$ ist selbst metrischer Raum; dieser Raum sei vollständig.

Durch das in Satz 4.1 gefundene Minimalelement $g = P_{\mathfrak{G}} w_0$ definieren wir einen Operator $P_{\mathfrak{G}} \in (\mathfrak{U}, \mathfrak{U})$. Die Abbildung $P_{\mathfrak{G}}$ heißt auch *konvexe Projektion* auf $\mathfrak{G}$, da sie jedem Element $w_0 \in \mathfrak{U}$ das „nächstgelegene" Element $g \in \mathfrak{G}$ zuordnet. Die Gleichung

$$x = P_{\mathfrak{G}} x \tag{4.3}$$

besitzt als Lösungen genau die Elemente von $\mathfrak{G}$, oder $\mathfrak{G}$ ist die Fixpunktmenge des Operators $P_{\mathfrak{G}}$.

Zur Vorbereitung von allgemeineren Minimum-Problemen beweisen wir einige Lemmata.

Lemma 4.1. *Es sei $\mathfrak{G}$ eine konvexe Menge in $\mathfrak{X}$, $x_1, x_2, \ldots, x_n \in \mathfrak{G}$. Für beliebig gegebene Zahlen α_k, $k = 1, 2, \ldots, n$, $0 \leqq \alpha_k \leqq 1$ mit $\sum_{k=1}^{n} \alpha_k = 1$ ist die konvexe Kombination $x = \sum_{k=1}^{n} \alpha_k x_k$ Element von $\mathfrak{G}$.*

Beweis. Die Behauptung ist richtig für $n = 2$ Elemente. Es sei $n > 2$, und wir nehmen an, unsere Aussage ist richtig für k Elemente, $k = 2, 3, \ldots, n - 1$. Es sei $\beta_i = \frac{\alpha_i}{(1 - \alpha_n)}$, $i = 1, 2, \ldots, n - 1$. Dann gilt $y = \sum_{i=1}^{n-1} \beta_i x_i \in \mathfrak{G}$, da $0 \leqq \beta_i \leqq 1$, $i = 1, 2, \ldots, n - 1$, und $\sum_{i=1}^{n-1} \beta_i = 1$ ist. Folglich gilt auch

$$(1 - \alpha_n)\, y + \alpha_n x_n = x \in \mathfrak{G},$$

q. e. d.

Lemma 4.2. *Es sei $\mathfrak{G}$ eine konvexe Menge in $\mathfrak{X}$, $\Phi \in (\mathfrak{X}, \mathfrak{R})$ unterhalbstetig und konvex auf $\mathfrak{G}$. Dann gilt für jedes $\alpha \in [0, 1]$ und beliebig gewählte Elemente $x, y \in \mathfrak{G}$*

$$\Phi\big(\alpha x + (1 - \alpha)\, y\big) \leqq \alpha \Phi(x) + (1 - \alpha)\, \Phi(y). \tag{4.4}$$

Beweis. Wir zeigen zuerst, daß (4.4) für alle Zahlen

$$\alpha_n = \sum_{k=1}^{n} \frac{\varepsilon_k}{2^k} \quad \text{mit} \quad \varepsilon_k = 0 \quad \text{oder} \quad 1 \quad \text{und} \quad \alpha_0 = 1$$

gilt. Unsere Behauptung ist richtig für α_0 und $\alpha_1 = 0$ oder $1/2$; wir nehmen die Ungleichung (4.4) nun für alle Zahlen α_i, $i = 1, 2, \ldots, n - 1$, als richtig an. Für $\varepsilon_n = 0$ kommen die Zahlen α_n schon als α_{n-1} vor, und (4.4) ist richtig. Es sei daher $\varepsilon_n = 1$, $\alpha_n = \alpha_{n-1} + \frac{1}{2^n}$. Wir schreiben

$$\alpha_n x + (1 - \alpha_n)\, y = \frac{[y + \alpha_{n-1}(x - y)] + \left[y + \left(\alpha_{n-1} + \frac{1}{2^{n-1}}\right)(x - y)\right]}{2}.$$

Man sieht leicht, daß $\alpha_{n-1}^{*} = \alpha_{n-1} + \frac{1}{2^{n-1}}$ eine der Zahlen ist, für die unsere Induktionsannahme gilt. Wir finden

$$\begin{aligned}
&\Phi\big(\alpha_n x + (1-\alpha_n)\, y\big)\\
&\leqq \frac{1}{2}\,\Phi\big(\alpha_{n-1}x + (1-\alpha_{n-1})\, y\big) + \frac{1}{2}\,\Phi\big(\alpha_{n-1}^* x + (1-\alpha_{n-1}^*)\, y\big)\\
&\leqq \frac{1}{2}\,[\alpha_{n-1}\,\Phi(x) + (1-\alpha_{n-1})\,\Phi(y)] + \frac{1}{2}\,[\alpha_{n-1}^*\,\Phi(x) + (1-\alpha_{n-1}^*)\,\Phi(y)]\\
&= \alpha_n\Phi(x) + (1-\alpha_n)\,\Phi(y)\,.
\end{aligned}$$

Damit ist (4.4) für alle Zahlen α_n, $n = 0, 1, \ldots$, bewiesen.

Ist nun $\alpha \in [0, 1]$ beliebig, so finden wir eine Folge $\{\alpha_n\} \subseteq [0, 1]$ mit $\lim\limits_{n\to\infty} \alpha_n = \alpha$. Wir schreiben (4.4) zunächst für α_n und gehen zum Grenzwert über. So finden wir

$$\Phi\big(\alpha x + (1-\alpha)\, y\big) \leqq \underline{\lim_{n\to\infty}}\, \Phi\big(\alpha_n x + (1-\alpha_n)\, y\big) \leqq \alpha\Phi(x) + (1-\alpha)\,\Phi(y)\,,$$

q. e. d.

Wir können nun die Ungleichung (4.4) auf beliebige konvexe Kombinationen in $\mathfrak{G}$ ausdehnen.

Lemma 4.3. *Das Funktional* $\Phi \in (\mathfrak{X}, \mathfrak{R})$ *sei konvex und unterhalbstetig in* $\mathfrak{G} \subseteq \mathfrak{X}$, $x_1, x_2, \ldots, x_n \in \mathfrak{G}$. *Ist* $y = \sum_{i=1}^{n} \alpha_i x_i$ *eine konvexe Kombination, also* $\alpha_i \in [0, 1]$, $i = 1, 2, \ldots, n$, *und* $\sum_{i=1}^{n} \alpha_i = 1$, *so gilt*

$$\Phi(y) = \Phi\left(\sum_{i=1}^{n} \alpha_i x_i\right) \leqq \sum_{i=1}^{n} \alpha_i \Phi(x_i)\,. \tag{4.5}$$

Beweis. Nach Lemma 4.2 ist unsere Behauptung richtig für konvexe Kombinationen aus zwei Elementen. Wir nehmen an, sie sei bereits für k Elemente bewiesen, $k = 2, 3, \ldots, n-1$. Dann gilt

$$y = (1-\alpha_n) \sum_{i=1}^{n-1} \frac{\alpha_i}{1-\alpha_n}\, x_i + \alpha_n x_n\,,$$

folglich

$$\Phi(y) \leqq (1-\alpha_n)\,\Phi\left(\sum_{i=1}^{n-1} \frac{\alpha_i}{1-\alpha_n}\, x_i\right) + \alpha_n\Phi(x_n) \leqq \sum_{i=1}^{n-1} \alpha_i\Phi(x_i) + \alpha_n\Phi(x_n)\,;$$

die Behauptung ist auch für $k = n$ richtig, q. e. d.

1. Minimalelemente in beschränkten konvexen Mengen

In § 3 begannen wir mit der Bemerkung, daß das Minimum-Problem für stetige Funktionale auf kompakten Mengen immer eine Lösung besitzt. Eigenschaften des Funktionals und seines Definitionsbereichs stehen bei der Lösung des Minimum-Problems immer in engem Zusammenhang.

Satz 4.2. *Das Funktional* $\Phi \in (\mathfrak{X}, \mathfrak{R})$ *sei auf der schwach kompakten Teilmenge* $\mathfrak{G} \subseteq \mathfrak{X}$ *verstärkt unterhalbstetig. Dann ist das Minimum-Problem für* Φ *auf* $\mathfrak{G}$ *lösbar.*

Beweis. Das Funktional Φ ist unterhalbbeschränkt auf $\mathfrak{G}$. Nehmen wir nämlich das Gegenteil an, so finden wir eine Folge $\{x_n\} \subseteq \mathfrak{G}$ mit der Eigenschaft

$$\Phi(x_n) < -n, \qquad n = 1, 2, \ldots \tag{4.6}$$

Wir können nun eine Teilfolge $\{x_n'\} \subseteq \{x_n\}$ auswählen, die schwach gegen ein Element $x \in \mathfrak{G}$ konvergiert; $x_n' \underset{n\to\infty}{\rightharpoonup} x$. Da das Funktional Φ verstärkt unterhalbstetig ist, gilt folglich die Ungleichung

$$\underline{\lim}_{n\to\infty} \Phi(x_n') \geqq \Phi(x),$$

die (4.6) widerspricht.

Es sei nun $\{u_n\} \subseteq \mathfrak{G}$ eine Minimalfolge,

$$d = \inf_{u\in\mathfrak{G}} \Phi(u) = \lim_{n\to\infty} \Phi(u_n).$$

Wir wählen wiederum eine Teilfolge $\{u_n'\} \subseteq \{u_n\}$ aus, $u_n' \underset{n\to\infty}{\rightharpoonup} u \in \mathfrak{G}$. Die Ungleichungen $\Phi(u) \geqq d$, $\Phi(u) \leqq \underline{\lim}_{n\to\infty} \Phi(u_n') = d$ zeigen, daß u Lösung des Minimum-Problems ist, q. e. d.

Man sieht sofort, daß Satz 4.2 direkt mit dem eingangs zitierten Minimum-Problem für stetige Funktionale auf kompakten Mengen in Verbindung steht. Wir verstehen dabei kompakt und stetig im Sinne der schwachen Topologie auf $\mathfrak{G}$.

Speziell für konvexe Funktionale kann man sich von der manchmal unbequemen Forderung der verstärkten Unterhalbstetigkeit befreien. Wir benötigen dazu ein Lemma, welches leicht zu formulieren, dessen Beweis jedoch mühsam ist. Wir begnügen uns mit einem Zitat.

Lemma 4.4. *Es sei* $\mathfrak{X}$ *ein linearer normierter Raum,* $\{x_n\} \subseteq \mathfrak{X}$ *eine Folge, die schwach gegen ein Element* $x \in \mathfrak{X}$ *konvergiert. Dann gibt es eine Folge konvexer Kombinationen* $\{y_n\}$,

$$y_n = \sum_{i=1}^{n} \alpha_i^{(n)} x_i, \; \alpha_i^{(n)} \in [0, 1], \; i = 1, 2, \ldots, n,$$

$$\sum_{i=1}^{n} \alpha_i^{(n)} = 1, \qquad n = 1, 2, \ldots,$$

derart, daß $\lim_{n\to\infty} \|y_n - x\| = 0$ ist.

Beweis siehe z. B. [95].

Lemma 4.5. *Das Funktional* $\Phi \in (\mathfrak{X}, \mathfrak{R})$ *sei auf* $\mathfrak{G} \subseteq \mathfrak{X}$ *konvex und unterhalbstetig. Dann ist* Φ *verstärkt unterhalbstetig auf* $\mathfrak{G}$.

Beweis. Definitionsgemäß ist $\mathfrak{G}$ konvex. Gegeben sei eine Folge $\{x_n\} \subseteq \mathfrak{G}$, $x_n \underset{n\to\infty}{\rightharpoonup} x$, $x \in \mathfrak{G}$. Wir wählen nun eine Teilfolge $\{x_n'\} \subseteq \{x_n\}$ aus, die der Bedingung

$$\lim_{n\to\infty} \Phi(x_n') = \underline{\lim}_{n\to\infty} \Phi(x_n)$$

genügt. Da mit der Folge $\{x_n'\}_{n=1}^{\infty}$ auch die verkürzten Folgen $\{x_n'\}_{n=k}^{\infty}$, $k = 1, 2, \ldots$, den schwachen Grenzwert x besitzen, können wir für jedes $k = 1, 2, \ldots$ eine Folge $\{y_{km}\}_{m=1}^{\infty}$ konvexer Kombinationen $y_{km} = \sum_{i=k}^{k+m} \alpha_i^{(k,m)} x_i'$ finden, so daß $\lim_{m\to\infty} \|y_{km} - x\| = 0$, $k = 1, 2, \ldots$, ist. Nach Lemma 4.3 gilt nun

$$\Phi(y_{km}) \leqq \sum_{i=k}^{k+m} \alpha_i^{(k,m)} \Phi(x_i') \leqq \max_{k \leqq i \leqq k+m} \Phi(x_i'), \qquad k = 1, 2, \ldots \tag{4.7}$$

Ferner folgt aus der Unterhalbstetigkeit

$$\Phi(x) \leqq \varliminf_{m\to\infty} \Phi(y_{km}) \leqq \sup_m \Phi(y_{km}), \qquad k = 1, 2, \ldots,$$

und weiter mit (4.7)

$$\Phi(x) \leqq \sup_{k \leqq i} \Phi(x_i'), \qquad k = 1, 2, \ldots$$

Gehen wir mit k zum Grenzwert über, so finden wir schließlich

$$\Phi(x) \leqq \lim_{k\to\infty} \Phi(x_k') = \varliminf_{n\to\infty} \Phi(x_n),$$

q. e. d.

Lemma 4.5 liefert nun in Verbindung mit Satz 4.2

Korollar 4.2.1. *Das Funktional $\Phi \in (\mathfrak{X}, \mathfrak{R})$ sei auf der schwach kompakten Teilmenge $\mathfrak{G} \subseteq \mathfrak{X}$ konvex und unterhalbstetig. Dann ist das Minimum-Problem für Φ auf $\mathfrak{G}$ lösbar.*

Speziell findet Korollar 4.2.1 Anwendung für beschränkte konvexe und abgeschlossene Teilmengen $\mathfrak{G} \subseteq \mathfrak{B}$ eines reflexiven Banachraumes $\mathfrak{B}$ (vgl. § 2).

Im allgemeinen kann ein konvexes Funktional unter den Bedingungen von Satz 4.2 oder Korollar 4.2.1 mehr als ein Minimalelement haben. Jede schwach konvergente Teilfolge einer Minimalfolge konvergiert dann schwach gegen ein Minimalelement dieses Funktionals. Denn Teilfolgen einer Minimalfolge sind selbst Minimalfolgen. Schärfere Aussagen lassen sich für stark konvexe Funktionale erzielen.

2. Minimalelemente stark konvexer Funktionale

Satz 4.3. *Es sei $\mathfrak{B}$ ein Banachraum, $\Phi \in (\mathfrak{B}, \mathfrak{R})$ unterhalbstetig, unterhalbbeschränkt und stark konvex auf der abgeschlossenen (nicht unbedingt beschränkten) Teilmenge $\mathfrak{G} \subseteq \mathfrak{B}$. Dann nimmt Φ in einem eindeutig bestimmten Element $u \in \mathfrak{G}$ sein Minimum an. Jede Minimalfolge konvergiert gegen u.*

Beweis. Es sei $\inf_{x\in\mathfrak{G}} \Phi(x) = d$, $\{u_n\} \subseteq \mathfrak{G}$ eine Minimalfolge, $\lim_{n\to\infty} \Phi(u_n) = d$. Für $\varepsilon > 0$, $\Phi(u_i) < d + \varepsilon$, $\Phi(u_k) < d + \varepsilon$ finden wir

$$\Theta_\Phi(u_i, u_k) = \frac{1}{2}\Phi(u_i) + \frac{1}{2}\Phi(u_k) - \Phi\left(\frac{u_i + u_k}{2}\right) < \varepsilon.$$

Wegen (4.2) ist $\{u_n\}$ also Fundamentalfolge und besitzt einen Grenzwert $u \in \mathfrak{G}$. Aus $\Phi(u) \geqq d$,

$$d = \lim_{n\to\infty} \Phi(u_n) = \varliminf_{n\to\infty} \Phi(u_n) \geqq \Phi(u)$$

folgt $\Phi(u) = d$.

Die Einzigkeit des Minimalelementes u beweist man durch Vereinigung verschiedener Minimalfolgen.

Varianten des eben bewiesenen Satzes haben wir schon in den Sätzen 3.5, 3.6 und 4.1 erwähnt und bewiesen.

Speziell im reflexiven Banachraum $\mathfrak{B}$ erweist sich nun die Bedingung der Unterhalbbeschränktheit eines stark konvexen Funktionals als überflüssig.

Lemma 4.6. *Das Funktional $\Phi \in (\mathfrak{B}, \mathfrak{R})$ sei unterhalbstetig und stark konvex auf der abgeschlossenen (nicht unbedingt beschränkten) Teilmenge $\mathfrak{G} \subseteq \mathfrak{B}$ im reflexiven Banachraum $\mathfrak{B}$. Dann ist Φ auch unterhalbbeschränkt auf $\mathfrak{G}$.*

Beweis. Ist $\mathfrak{G}$ beschränkt in $\mathfrak{B}$, so ist $\mathfrak{G}$ auch schwach kompakt (§ 2). Unsere Aussage folgt dann schon aus Korollar 4.2.1. Es sei $\mathfrak{G}$ nun unbeschränkt. Es gilt zunächst

$$\frac{1}{2}\,\Phi(x + x_0) > -\gamma\|x\|^2 + \frac{1}{2}\,\Phi(x_0), \tag{4.8}$$

falls $x + x_0 \in \mathfrak{G}$ und $\|x\| > \nu$ ist. In (4.8) ist x_0 ein fixiertes Element in $\mathfrak{G}$, $\nu > 0$ eine hinreichend große Zahl, $\gamma > 0$ die Konstante in der Ungleichung (4.2). Zum Beweis der Ungleichung (4.8) nehmen wir einmal das Gegenteil an: Es gibt eine Folge $\{x_n + x_0\} \subseteq \mathfrak{G}$, $\|x_n\| > n$, so daß

$$\frac{1}{2}\,\Phi(x_n + x_0) \leqq -\gamma\|x_n\|^2 + \frac{1}{2}\,\Phi(x_0), \qquad n = 1, 2, \ldots,$$

ist. Aus der letzten Ungleichung und der Bedingung (4.2) gewinnen wir eine Folge weiterer Ungleichungen. Da $\mathfrak{G}$ konvex ist, sind mit x_0, $x + x_0 \in \mathfrak{G}$ auch die Elemente

$$\left(1 - \frac{1}{2^i}\right) x_0 + \frac{1}{2^i}\,(x + x_0) = x_0 + \frac{1}{2^i}\,x, \qquad i = 1, 2, \ldots,$$

in $\mathfrak{G}$ enthalten. Es gilt dann

$$\Phi\left(\frac{x_n}{2} + x_0\right) \leqq \frac{1}{2}\,\Phi(x_n + x_0) + \frac{1}{2}\,\Phi(x_0) - \gamma\|x_n\|^2 \leqq -\,2\gamma\|x_n\|^2 + \Phi(x_0),$$

allgemeiner

$$\Phi\left(\frac{x_n}{2^i} + x_0\right) \leqq -\,\frac{\gamma}{2^{i-1}}\,\|x_n\|^2\left(1 + \sum_{k=0}^{i-1} \frac{1}{2^k}\right) + \Phi(x_0), \qquad i, n = 1, 2, \ldots \tag{4.9}$$

Die Ungleichungen (4.9) beweisen wir durch vollständige Induktion. Für fixiertes n und $i = 1$ ist (4.9) richtig, wie wir eben sahen. Angenommen, wir haben (4.9) bereits für n und $i = 1, 2, \ldots, k-1$ bewiesen. Nun ist

$$\Phi\left(\frac{x_n}{2^k}+x_0\right) \leqq \frac{1}{2}\,\Phi\left(\frac{x_n}{2^{k-1}}+x_0\right)+\frac{1}{2}\,\Phi(x_0)-\gamma\left\|\frac{x_n}{2^{k-1}}\right\|^2$$

$$\leqq -\frac{\gamma}{2^{k-1}}\|x_n\|^2\left(1+\sum_{j=0}^{k-2}\frac{1}{2^j}\right)-\frac{\gamma}{2^{k-1}\,2^{k-1}}\|x_n\|^2+\Phi(x_0)$$

$$= -\frac{\gamma}{2^{k-1}}\|x_n\|^2\left(1+\sum_{j=0}^{k-1}\frac{1}{2^j}\right)+\Phi(x_0).$$

Aus der nunmehr bewiesenen Ungleichung (4.9) erhalten wir weiter

$$\Phi\left(\frac{x_n}{2^i}+x_0\right) \leqq -\frac{\gamma}{2^{i-1}}\left(3-\left(\frac{1}{2}\right)^{i-1}\right)\|x_n\|^2+\Phi(x_0)$$

$$\leqq -\frac{\gamma}{2^{i-2}}\|x_n\|^2+\Phi(x_0), \qquad i, n = 1, 2, \ldots,$$

oder für $2^{i_n-2} \leqq \|x_n\| \leqq 2^{i_n-1}$, $n = 1, 2, \ldots$,

$$\Phi\left(\frac{x_n}{2^{i_n}}+x_0\right) \leqq -\gamma n+\Phi(x_0) \xrightarrow[n\to\infty]{} -\infty. \tag{4.10}$$

Es sei

$$\mathfrak{G}_1 = \left\{x \in \mathfrak{G};\ \|x-x_0\| \leqq \frac{1}{2}\right\}.$$

Als Durchschnitt von zwei abgeschlossenen konvexen Mengen in $\mathfrak{B}$ ist $\mathfrak{G}_1$ selbst konvex und abgeschlossen. Überdies ist $\mathfrak{G}_1$ beschränkt, $\left\{\frac{x_n}{2^{i_n}}+x_0\right\} \subseteq \mathfrak{G}_1$. Die Beziehung (4.10) widerspricht dann Korollar 4.2.1; dieser Widerspruch beweist die Ungleichung (4.8). Es sei

$$\mathfrak{G}_2 = \{x \in \mathfrak{G};\ \|x\| \leqq \nu\}.$$

Auf $\mathfrak{G}_2$ besitzt Φ eine endliche untere Grenze $d = \inf_{x\in\mathfrak{G}_2} \Phi(x)$. Es sei $x + x_0 \in \mathfrak{G}$ beliebig gewählt, $\|x\| > \nu$. Dann ist $x_0 + \frac{x}{2^i} \in \mathfrak{G}$ für jedes $i = 1, 2, \ldots$ Wir finden ein i_0 derart, daß $\frac{\nu}{2} < \frac{\|x\|}{2^{i_0}} \leqq \nu$ ist. Für dieses i_0 gilt

$$x_0+\frac{x}{2^{i_0}} \in \mathfrak{G}_2, \qquad x_0+\frac{x}{2^{i_0-k}} \in \mathfrak{G}\setminus\mathfrak{G}_2,$$

falls $k = 1, 2, \ldots, i_0$ ist.

Durch wiederholte Anwendung der Ungleichungen (4.2) und (4.8) erhalten wir

$$d \leqq \Phi\left(x_0+\frac{x}{2^{i_0}}\right) \leqq \frac{1}{2}\,\Phi\left(x_0+\frac{x}{2^{i_0-1}}\right)+\frac{1}{2}\,\Phi(x_0)-\gamma\left\|\frac{x}{2^{i_0-1}}\right\|^2$$

$$\leqq \Phi\left(x_0+\frac{x}{2^{i_0-1}}\right) \leqq \cdots \leqq \Phi(x_0+x),$$

also $d = \inf_{x\in\mathfrak{G}} \Phi(x)$, q. e. d.

Satz 4.3 und Lemma 4.6 ergeben das

Korollar 4.3.1. *Das Funktional $\Phi \in (\mathfrak{B}, \mathfrak{R})$ sei stark konvex und unterhalbstetig auf der abgeschlossenen Teilmenge $\mathfrak{G} \subseteq \mathfrak{B}$ im reflexiven Banachraum $\mathfrak{B}$. Dann nimmt Φ in einem eindeutig bestimmten Element $x_0 \in \mathfrak{B}$ sein Minimum an. Jede Minimalfolge konvergiert gegen x_0.*

§ 5. Gleichungen mit kontraktiven Operatoren

1. Metrische Räume

Definition 5.1. Es sei $\mathfrak{F}$ ein metrischer Raum. Eine Abbildung $A \in (\mathfrak{F}, \mathfrak{F})$ heißt *kontraktiv,* wenn die Ungleichung

$$\varrho(Ax, Ay) \leqq \alpha\varrho(x, y), \qquad x, y \in \mathfrak{F}, \tag{5.1}$$

für eine Konstante α, $0 < \alpha \leqq 1$, erfüllt ist. Wir nennen A *strikt kontraktiv,* wenn in (5.1) $0 < \alpha < 1$ gesetzt werden kann.

Es sei $A \in (\mathfrak{F}, \mathfrak{F})$; jede Lösung der Gleichung

$$Ax = x \tag{5.2}$$

nennt man *Fixpunkt* dieser Abbildung. Die Fixpunktmenge der Abbildung A kann als Menge der invarianten Elemente bei der Abbildung A gedeutet werden.

Als Beispiel für eine Abbildung mit vorgegebener Fixpunktmenge lernten wir die konvexe Projektion (Gleichung (4.3)) kennen. In manchen Fällen läßt sich eine allgemeinere Gleichung so umformen, daß eine äquivalente Gleichung der Form (5.2), also ein Fixpunktproblem entsteht. Für Gleichungen (5.2) mit strikt kontraktivem Operator A gibt es ein einfaches, jedoch außerordentlich brauchbares Kriterium für die Existenz von Fixpunkten, das *Prinzip der kontrahierenden Abbildungen,* auch *Banachscher Fixpunktsatz* genannt.

Satz 5.1. *Es sei $\mathfrak{F}$ ein vollständiger metrischer Raum, $A \in (\mathfrak{F}, \mathfrak{F})$. Überdies gelte (5.1) für ein $\alpha \in (0, 1)$ und $x, y \in \mathfrak{F}$. Dann existiert genau eine Lösung der Gleichung (5.2).*

Beweis. Mit einem beliebigen Element $x_0 \in \mathfrak{F}$ bilden wir die Folge

$$x_n = Ax_{n-1}, \qquad n = 1, 2, \ldots \tag{5.3}$$

Für den Abstand zweier aufeinanderfolgender Folgenglieder finden wir

$$\varrho(x_{n+1}, x_n) = \varrho(Ax_n, Ax_{n-1}) \leqq \alpha\varrho(x_n, x_{n-1}) \leqq \alpha^n\varrho(x_1, x_0) = \alpha^n\varrho(Ax_0, x_0).$$

$\varrho(Ax_0, x_0)$ stellt einen Wert für den Defekt des Operators A im Element x_0 dar. Die Folge (5.3) definiert eine Fundamentalfolge, denn es gilt

$$\begin{aligned}\varrho(x_{n+p+1}, x_n) &\leqq \varrho(x_{n+p+1}, x_{n+p}) + \cdots + \varrho(x_{n+1}, x_n)\\ &\leqq (\alpha^{n+p} + \cdots + \alpha^n)\, \varrho(Ax_0, x_0),\end{aligned}$$

also

$$\varrho(x_{n+p+1}, x_n) \leqq \frac{\alpha^n}{1-\alpha} \varrho(Ax_0, x_0). \tag{5.4}$$

Die rechte Seite in (5.4) stellt wegen $0 < \alpha < 1$ eine Nullfolge dar. Die Folge (5.3) besitzt dann einen Grenzwert $y \in \mathfrak{F}$. Ferner gilt

$$\begin{aligned}\varrho(Ay, y) &\leqq \varrho(Ay, x_{n+1}) + \varrho(x_{n+1}, y) = \varrho(Ay, Ax_n) + \varrho(x_{n+1}, y)\\ &\leqq \alpha\varrho(x_n, y) + \varrho(x_{n+1}, y) \xrightarrow[n\to\infty]{} 0\end{aligned}$$

und folglich $Ay = y$.

Die Einzigkeit der Lösung beweist man leicht vom Gegenteil: Ist $Ax_1 = x_1$, $Ax_2 = x_2$, so gilt

$$\varrho(x_1, x_2) = \varrho(Ax_1, Ax_2) \leqq \alpha\varrho(x_1, x_2),$$

woraus sich $\varrho(x_1, x_2) = 0$ ergibt wegen $\alpha \in (0, 1)$, q. e. d.

Das Beweisverfahren ist, wie man sieht, konstruktiv. Es eignet sich zur Konstruktion von Näherungslösungen, wenn der Operator A selbst durch eine konstruktive Vorschrift gegeben ist. Zu diesem Zweck fassen wir die Folge (5.3) als Approximationsverfahren auf. Aus der Ungleichung (5.4) folgt eine Fehlerabschätzung durch den Defekt von A in x_0. Da $\varrho(x_n, \cdot) \in (\mathfrak{F}, \mathfrak{R})$ stetig ist, erhält man für $p \to \infty$

$$\varrho(x_n, y) \leqq \frac{\alpha^n}{1-\alpha} \varrho(Ax_0, x_0). \tag{5.5}$$

In (5.5) ist y die Lösung der Gleichung (5.2), x_n die n-te Näherung.

2. Kontraktive und monotone Operatoren im Hilbertraum

Es sei $\mathfrak{H}$ ein Hilbertraum, $T \in (\mathfrak{H}, \mathfrak{H})$ ein kontraktiver Operator. Ist T strikt kontraktiv, so besitzt die Gleichung

$$Tu = u \tag{5.6}$$

nach Satz 5.1 genau eine Lösung. Wir untersuchen nun Gleichungen (5.6), in denen der Operator T der allgemeineren Bedingung

$$\|Tu - Tv\| \leqq \|u - v\|, \qquad u, v \in \mathfrak{H}, \tag{5.7}$$

genügt. Wie man am identischen Operator $E \in (\mathfrak{H}, \mathfrak{H})$, $Ex = x$, $x \in \mathfrak{H}$, sieht, kann ein kontraktiver Operator beliebig viele Fixpunkte haben. Die Fixpunktmenge des identischen Operators ist der ganze Raum $\mathfrak{H}$. Andererseits überzeugt man sich am Beispiel einer Translation $A \in (\mathfrak{H}, \mathfrak{H})$, $Ax = x + x_0$, $x \in \mathfrak{H}$, $\|x_0\| \neq 0$, davon, daß die Fixpunktmenge eines kontraktiven Operators auch leer sein kann. Es erweist sich aber, daß man über die Fixpunktmenge eines kontraktiven Operators nähere Angaben machen kann. Zu diesem Zweck stellen wir zunächst einen wichtigen Zusammenhang zwischen kontraktiven und monotonen Operatoren her.

Lemma 5.1. *Es sei* $T \in (\mathfrak{H}, \mathfrak{H})$ *ein kontraktiver Operator,* E *der identische Operator auf* $\mathfrak{H}$. *Dann ist* $A = E - T$ *monoton auf* $\mathfrak{H}$. *Ist* T *überdies strikt kontraktiv, so ist* A *stark monoton.*

Beweis. Es sei $\|Tu - Tv\| \leqq \alpha \|u - v\|$, $u, v \in \mathfrak{H}$. Dann gilt

$$(Au - Av, u - v) = \|u - v\|^2 - (Tu - Tv, u - v)$$
$$\geqq (1 - \alpha) \|u - v\|^2. \tag{5.8}$$

Aus der Ungleichung (5.8) folgen unsere Aussagen.

Definition 5.2. Ein Operator $A \in (\mathfrak{H}, \mathfrak{H})$ heißt *radialstetig,* wenn die Funktion

$$\varphi(s) = \big(A(u + sv), v\big), \qquad s \in \mathfrak{R}, \tag{5.9}$$

für beliebig fixierte $u, v \in \mathfrak{H}$ stetig ist.

Lemma 5.2. *Der Operator* $A \in (\mathfrak{H}, \mathfrak{H})$ *sei radialstetig und monoton. Ein Element* $u \in \mathfrak{H}$ *ist genau dann Lösung der Gleichung* $Au = \theta$, *wenn es die Variationsungleichung*

$$(Av, v - u) \geqq 0 \quad \textit{für alle } v \in \mathfrak{H} \tag{5.10}$$

erfüllt.

Beweis. Aus der Monotonieeigenschaft $(Au - Av, u - v) \geqq 0$ erhalten wir (5.10), falls $Au = \theta$ ist. Genügt ein Element $u \in \mathfrak{H}$ der Ungleichung (5.10), so wählen wir mit einem beliebig fixierten Element $w \in \mathfrak{H}$ ein Element $v = u - sw$, $s \in (0, 1)$. In der Ungleichung $\big(A(u - sw), w\big) \geqq 0$, $s \in (0, 1)$, können wir dann zur Grenze für $s \to 0+$ übergehen und erhalten $(Au, w) \geqq 0$. Anstelle des Elements w kann auch $-w$ fixiert werden. Insgesamt ergibt sich daraus $Au = \theta$, q. e. d.

Satz 5.2. *Es sei* $A \in (\mathfrak{H}, \mathfrak{H})$ *ein radialstetiger monotoner Operator. Dann ist die Menge* $\mathfrak{M}_A = \{u \in \mathfrak{H};\, Au = \theta\}$ *konvex und abgeschlossen.*

Beweis. Es sei $\{u_n\} \subseteq \mathfrak{M}_A$, $u_n \to u$. Die Elemente u_n, $n = 1, 2, \ldots$, erfüllen die Variationsungleichungen $(Av, v - u_n) \geqq 0$ für alle $v \in \mathfrak{H}$, aus denen wir im Grenzwert die Ungleichung $(Av, v - u) \geqq 0$ für alle $v \in \mathfrak{H}$ erhalten. Nach Lemma 5.2 ist $u \in \mathfrak{M}_A$.

Zu gegebenen $u_1, u_2 \in \mathfrak{M}_A$ bilden wir nun die Elemente

$$u_t = tu_1 + (1 - t)\, u_2 \quad \text{für} \quad t \in [0, 1].$$

Wir finden dann

$$(Av, v - u_t) = t(Av, v - u_1) + (1 - t)\,(Av, v - u_2) \geqq 0,$$

mit Hilfe von Lemma 5.2 daraufhin $u_t \in \mathfrak{M}_A$, q. e. d.

Korollar 5.2.1. *Der Operator* $T \in (\mathfrak{H}, \mathfrak{H})$ *sei kontraktiv. Dann ist seine Fixpunktmenge* $\mathfrak{F}_T = \{u \in \mathfrak{H};\, Tu = u\}$ *konvex und abgeschlossen.*

Der Beweis folgt aus Satz 5.2, da der Operator $A = E - T$ monoton und offensichtlich stetig ist.

Lemma 5.3. *Der Operator* $A \in (\mathfrak{H}, \mathfrak{H})$ *sei radialstetig und monoton. Gibt es eine Folge* $\{u_n\} \subseteq \mathfrak{H}$ *mit der Eigenschaft* $u_n \rightharpoonup u$, $\|Au_n\| \to 0$, *so gilt* $Au = \theta$.

Beweis. Der monotone Operator $A \in (\mathfrak{H}, \mathfrak{H})$ erfüllt die Ungleichungen

$$(Au_n - Av, u_n - v) \geqq 0, \qquad v \in \mathfrak{H}, \qquad n = 1, 2, \ldots$$

Gehen wir in diesen Ungleichungen zur Grenze über, so erhalten wir $(Av, v - u) \geqq 0$ für alle $v \in \mathfrak{H}$ und nach Lemma 5.2 schließlich $Au = \theta$, q. e. d.

Die bisher bewiesenen Sätze und Lemmata lassen zu, daß die Fixpunktmenge eines kontraktiven Operators leer ist. Bevor wir uns jedoch mit dem Existenznachweis für Fixpunkte beschäftigen, wollen wir ein Auswahlprinzip erörtern.

Es sei $T \in (\mathfrak{H}, \mathfrak{H})$ ein kontraktiver Operator; seine Fixpunktmenge $\mathfrak{F}_T$ sei nicht leer, $v_0 \in \mathfrak{H}$ ein beliebig fixiertes Element. Dann wird nach Korollar 5.2.1 durch die konvexe Projektion (siehe Satz 4.1) ein eindeutig bestimmter Fixpunkt $u_0 = P_{\mathfrak{F}_T} v_0 \in \mathfrak{F}_T$ ausgewählt. u_0 ist der dem Element v_0 „nächstgelegene" Fixpunkt von T.

Lemma 5.4.[1]) *Es sei* $\mathfrak{F} \subseteq \mathfrak{H}$ *eine konvexe und abgeschlossene Teilmenge. Die konvexe Projektion* $u_0 = P_{\mathfrak{F}} v_0$ *ist eindeutig durch die Variationsungleichung*

$$(v_0 - u_0, u_0 - v) \geqq 0, \qquad v \in \mathfrak{F}, \tag{5.11}$$

bestimmt.

Beweis. Es sei $v \in \mathfrak{F}$ beliebig, $u_0 = P_{\mathfrak{F}} v_0$, $u_\tau = u_0 + \tau(v - u_0)$, $\tau \in (0, 1)$. Dann gilt

$$\begin{aligned}\|v_0 - u_0\|^2 \leqq \|v_0 - u_\tau\|^2 &= (v_0 - u_\tau, v_0 - u_\tau)\\ &= \|v_0 - u_0\|^2 - 2\tau(v - u_0, v_0 - u_0) + \tau^2\|v - u_0\|^2\end{aligned}$$

oder

$$0 \leqq 2(v_0 - u_0, u_0 - v) + \tau\|v - u_0\|^2, \qquad \tau \in (0, 1).$$

Aus der letzten Ungleichung ersieht man unmittelbar, daß $u_0 = P_{\mathfrak{F}} v_0$ dann und nur dann gilt, wenn (5.11) erfüllt ist, q. e. d.

Lemma 5.3 zeigt eine Möglichkeit auf, Lösungen der Gleichung (5.6) mit kontraktivem Operator T zu konstruieren. Diese Möglichkeit wird im Beweis des folgenden Satzes genutzt.

---

[1]) Man bemerkt, daß die konvexe Projektion $P_{\mathfrak{F}} \in (\mathfrak{H}, \mathfrak{H})$ selbst ein kontraktiver Operator mit der Fixpunktmenge $\mathfrak{F}$ ist. Zum Beweis wählen wir zwei beliebige Elemente $u, v \in \mathfrak{H}$. Die Ungleichung (5.11) liefert nun

$$(v - P_{\mathfrak{F}} v, P_{\mathfrak{F}} v - P_{\mathfrak{F}} u) \geqq 0$$

und

$$-(u - P_{\mathfrak{F}} u, P_{\mathfrak{F}} v - P_{\mathfrak{F}} u) \geqq 0,$$

insgesamt also

$$(v - u, P_{\mathfrak{F}} v - P_{\mathfrak{F}} u) \geqq \|P_{\mathfrak{F}} v - P_{\mathfrak{F}} u\|^2.$$

Nach Anwendung der Schwarzschen Ungleichung erhalten wir daraus

$$\|P_{\mathfrak{F}} v - P_{\mathfrak{F}} u\| \leqq \|v - u\|.$$

Satz 5.3. *Es sei $T \in (\mathfrak{H}, \mathfrak{H})$ ein kontraktiver Operator, der die beschränkte, abgeschlossene und konvexe Teilmenge $\mathfrak{G} \subseteq \mathfrak{H}$ in sich abbildet. Für fest gewählte $k \in (0, 1)$ und $v \in \mathfrak{G}$ ist $T_k \in (\mathfrak{G}, \mathfrak{G})$, $T_k u = kTu + (1 - k)\, v$, $u \in \mathfrak{G}$, eine strikt kontraktive Abbildung mit dem einzigen Fixpunkt $u_k \in \mathfrak{G}$.*

Ist $\{k_n\} \subseteq (0, 1)$, $\lim\limits_{n\to\infty} k_n = 1$, so konvergiert die Folge $\{u_{k_n}\} \subseteq \mathfrak{G}$ der Fixpunkte von T_{k_n} gegen einen Fixpunkt u des Operators T in $\mathfrak{G}$. Der Fixpunkt u ist die konvexe Projektion von v auf $\mathfrak{F}_T \cap \mathfrak{G}$, $u = P_{\mathfrak{F}_T \cap \mathfrak{G}} v$.

Beweis. Da $\mathfrak{G}$ durch den Operator T in sich abgebildet wird, ist mit $u, v \in \mathfrak{G}$ auch $T_k u \in \mathfrak{G}$. Als abgeschlossene Teilmenge von $\mathfrak{H}$ ist $\mathfrak{G}$ ein vollständiger metrischer Raum; ist $u_1, u_2 \in \mathfrak{G}$, so gilt

$$\varrho(T_k u_1, T_k u_2) = \|T_k u_1 - T_k u_2\| = k\|Tu_1 - Tu_2\| \leqq k\|u_1 - u_2\| = k\varrho(u_1, u_2).$$

Für jedes $k \in (0, 1)$ besitzt die Abbildung $T_k \in (\mathfrak{G}, \mathfrak{G})$ nach Satz 5.1 genau einen Fixpunkt $u_k \in \mathfrak{G}$. Die Folge $\{u_{k_n}\} \subseteq \mathfrak{G}$ ist beschränkt, da $\mathfrak{G}$ beschränkt vorausgesetzt ist. Beschränkte, konvexe und abgeschlossene Mengen sind in $\mathfrak{H}$ schwach kompakt; wir können demnach eine Teilfolge $\{k_n'\} \subseteq \{k_n\}$ auswählen, so daß $u_{k_n'} \underset{n\to\infty}{\rightharpoonup} u \in \mathfrak{G}$ gilt. Nun ist

$$\begin{aligned} u_{k_n'} - Tu_{k_n'} &= u_{k_n'} - \{k_n' Tu_{k_n'} + (1 - k_n')\, v\} \\ &\quad + (1 - k_n')\, v - (1 - k_n')\, Tu_{k_n'} \\ &= (1 - k_n')\, (v - Tu_{k_n'}). \end{aligned}$$

$\mathfrak{G}$ ist beschränkt, $Tu_{k_n'} \in \mathfrak{G}$; mit dem Faktor $1 - k_n'$ konvergiert $\|u_{k_n'} - Tu_{k_n'}\|$ gegen Null. Mit Hilfe von Lemma 5.3 folgern wir $Tu = u$.

Wie soeben bewiesen, enthält die Fixpunktmenge $\mathfrak{F}_T$ ein Element von $\mathfrak{G}$. Insbesondere ist dann $\mathfrak{F}_T \cap \mathfrak{G}$ nicht leer, konvex und abgeschlossen. Das Element $u_0 = P_{\mathfrak{F}_T \cap \mathfrak{G}} v$ ist also erklärt.

Definitionsgemäß gilt

$$(1 - k_n')\, u_{k_n'} + k_n'(u_{k_n'} - Tu_{k_n'}) = (1 - k_n')\, v. \tag{5.12}$$

$u_0 = P_{\mathfrak{F}_T \cap \mathfrak{G}} v$ ist ein Fixpunkt von T, also

$$(1 - k_n')\, u_0 + k_n'(u_0 - Tu_0) = (1 - k_n')\, u_0. \tag{5.13}$$

Wir subtrahieren (5.13) von (5.12) und bilden das Skalarprodukt mit $u_{k_n'} - u_0$; mit $A = E - T$ finden wir

$$\begin{aligned} &(1 - k_n')\, (u_{k_n'} - u_0, u_{k_n'} - u_0) + k_n'(Au_{k_n'} - Au_0, u_{k_n'} - u_0) \\ &= (1 - k_n')\, (v - u_0, u_{k_n'} - u_0) \end{aligned}$$

oder

$$(1 - k_n')\, \|u_{k_n'} - u_0\|^2 \leqq (1 - k_n')\, (v - u_0, u_{k_n'} - u_0),$$

da A monoton ist. In der Ungleichung

$$\|u_{k_n'} - u_0\|^2 \leqq (v - u_0, u - u_0) + (v - u_0, u_{k_n'} - u)$$

berücksichtigen wir die Variationsungleichung (5.11) für die konvexe Projektion u_0, so daß erst recht

$$\|u_{k_n'} - u_0\|^2 \leqq (v - u_0, u_{k_n'} - u)$$

gültig ist. Aus $u_{k_n'} \underset{n\to\infty}{\rightharpoonup} u$ folgt somit $u_{k_n'} \xrightarrow[n\to\infty]{} u_0$. Insbesondere ist dann $u_0 = u$. Das letzte Ergebnis zeigt, daß die Folge $\{u_{k_n}\}$ einen und nur einen Häufungspunkt besitzt, nämlich u_0; Satz 5.3 ist damit vollständig bewiesen.

3. Gleichungen mit Lipschitz-stetigen, stark monotonen Operatoren

Ein Operator $A \in (\mathfrak{H}, \mathfrak{H})$, der die Bedingung

$$\|Au - Av\| \leqq \nu\|u - v\|, \quad u, v \in \mathfrak{H}, \tag{5.14}$$

mit einer Konstante $\nu > 0$ erfüllt, wird *Lipschitz-stetig* genannt.

Satz 5.4. *Auf dem Hilbertraum $\mathfrak{H}$ sei $A \in (\mathfrak{H}, \mathfrak{H})$ ein stark monotoner und Lipschitz-stetiger Operator. Dann ist A ein Homöomorphismus (eine eineindeutige in beiden Richtungen stetige Abbildung) des Raumes $\mathfrak{H}$ auf sich selbst. Für ein beliebig gewähltes Element $f \in \mathfrak{H}$ ist $u = A^{-1}f$ Grenzwert der Folge $\{u_n\} \subseteq \mathfrak{H}$,*

$$u_n = u_{n-1} - \beta(Au_{n-1} - f), \qquad n = 1, 2, \ldots, \tag{5.15}$$

mit beliebigem Anfangswert $u_0 \in \mathfrak{H}$ und fest gewähltem $\beta \in [\gamma/\nu^2, 2\gamma/\nu^2)$.[1] *$\gamma$ und ν sind die Konstanten aus den Ungleichungen* (3.11') *bzw.* (5.14).

Beweis. Mit A ist auch der Operator $T \in (\mathfrak{H}, \mathfrak{H})$ erklärt, $Tu = u - \beta(Au - f)$. Wir finden

$$\begin{aligned}\|Tu - Tv\|^2 &= \|u - v - \beta(Au - Av)\|^2\\ &= \|u - v\|^2 - 2\beta(Au - Av, u - v) + \beta^2\|Au - Av\|^2.\end{aligned}$$

A ist stark monoton,

$$(Au - Av, u - v) \geqq \gamma\|u - v\|^2, \qquad u, v \in \mathfrak{H}. \tag{5.16}$$

---

[1]) Eine genauere Diskussion des Kurvenverlaufs $\varkappa(\beta)$ ergibt $\varkappa(0) = 1$ und $\varkappa'(0) = -2\gamma$ sowie $\varkappa(2\gamma/\nu^2) = 1$. Es ist daher $|\varkappa(\beta)| < 1$ genau dann, wenn $\beta \in (0, 2\gamma/\nu^2)$ ist. Die Fehlerabschätzung (5.5) aus dem Banachschen Fixpunktsatz liefert uns nun eine Abschätzung für den Abstand der Näherung u_n zur Lösung u_* der Gleichung $Au = f$, nämlich

$$\|u_* - u_n\| \leqq \frac{[\varkappa(\beta)]^{n/2}}{1 - \sqrt{\varkappa(\beta)}}.$$

Die Wahl $\beta \in [\gamma/\nu^2, 2\gamma/\nu^2)$ bedeutet demnach einen möglichen Kompromiß zwischen größtmöglicher Schrittweite β und minimaler Kontraktionskonstante $\sqrt{\varkappa}$ im Interesse einer schnellen Approximation für nicht allzu große n.

Mit (5.14) erhalten wir die Abschätzung

$$\|Tu - Tv\|^2 \leqq \varkappa(\beta)\,\|u - v\|^2, \qquad u, v \in \mathfrak{H}. \tag{5.17}$$

Die Funktion $\varkappa(\beta) = 1 - 2\beta\gamma + \beta^2\nu^2$, $\beta \in \mathfrak{R}$, nimmt ihr Minimum in $\beta = \beta_0$ an; aus $0 = \varkappa'(\beta_0)$ ergibt sich $\beta_0 = \gamma/\nu^2$ und $\varkappa(\beta_0) = 1 - \gamma^2/\nu^2$. Die Ungleichungen (5.14) und (5.16) ergeben zusammen

$$\gamma\|u - v\|^2 \leqq (Au - Av, u - v) \leqq \nu\|u - v\|^2, \qquad u, v \in \mathfrak{H},$$

also $\gamma/\nu \leqq 1$. Wir fordern schließlich $\varkappa(\beta) < 1$ und finden $0 < \beta < \beta_1 = 2\gamma/\nu^2$.

Für $\beta \in [\beta_0, \beta_1)$ ist der Operator T strikt kontraktiv,

$$\|Tu - Tv\| \leqq \sqrt{\varkappa(\beta)}\,\|u - v\|, \qquad u, v \in \mathfrak{H}. \tag{5.18}$$

Nach Satz 5.1 besitzt die Gleichung $Tv = v$ genau eine Lösung $u \in \mathfrak{H}$; u ist Grenzwert der Folge $\{u_n\} \subseteq \mathfrak{H}$, $u_n = Tu_{n-1}$, $n = 1, 2, \ldots$, mit beliebigem Anfangswert $u_0 \in \mathfrak{H}$. Die Gleichung $Tv = v$ ist offensichtlich der Gleichung $Av = f$ äquivalent, und die Folge $\{Tu_{n-1}\}$ ist genau die Folge (5.15). Die Abbildung $A \in (\mathfrak{H}, \mathfrak{H})$ ist eineindeutig. Die Stetigkeit der Abbildung $A^{-1} \in (\mathfrak{H}, \mathfrak{H})$ folgt aus der Ungleichung (5.16). Setzt man nämlich dort $u = A^{-1}f$, $v = A^{-1}g$ ein, so erhält man

$$\gamma\|A^{-1}f - A^{-1}g\|^2 \leqq \|f - g\|\,\|A^{-1}f - A^{-1}g\|$$

oder

$$\|A^{-1}f - A^{-1}g\| \leqq \frac{1}{\gamma}\,\|f - g\|.$$

Die Abbildung A ist sogar in beiden Richtungen Lipschitz-stetig. Satz 5.4 ist damit vollständig bewiesen.

Zwischen monotonen Operatoren und kontraktiven Abbildungen bestehen, wie wir sahen, enge Wechselbeziehungen. Ähnliche Wechselbeziehungen ergaben sich auch bei Minimum-Problemen für konvexe Funktionale und monotonen Operatoren. Damit steht uns für die Behandlung von Gleichungen mit monotonen Operatoren ein ansehnlicher mathematischer Apparat zur Verfügung. Die Weiterentwicklung und das Studium der Anwendungsmöglichkeiten dieses Apparates bilden den Inhalt der folgenden Kapitel.

§ 6. Kommentare

Gleichungen und Minimum-Probleme lassen sich mit funktionalanalytischen Hilfsmitteln am einfachsten im reflexiven Banachraum beschreiben und lösen. Bei der Einführung solcher Räume beschränken wir uns in § 2 vornehmlich auf die zwei einfachsten Spezialfälle, den endlichdimensionalen Raum und den Hilbertraum. Der separable Hilbertraum kann durch endlichdimensionale Räume approximiert (ausgeschöpft) werden. Auf dieser Eigenschaft begründen wir später einige effektive Verfahren zur Konstruktion von Lösungen und Minimalelementen (Kap. V, §§ 1 und 2). Zuweilen verwenden wir auch allgemeinere Banachräume, um spezielle asymptotische Eigenschaften besser modellieren zu können, z. B. in Kap. III, § 4, und Kap. IV, § 2. In diesem Fall reichen die Darlegungen des einführenden § 2 nicht aus. Hierzu einige Literaturhinweise.

Der Satz über die ausreichende Anzahl von linearen beschränkten Funktionalen (Satz 2.1) ist für den Hilbertraum trivial; dort leistet das Funktional $f \in (\mathfrak{H}, \mathfrak{H}^*)$, $f = (x, \cdot)$ das Verlangte. Den Beweis von Satz 2.1 findet man in [29]. In Lehrbuchform gibt es eine ausführliche Darstellung der Hilbert- und Banachräume bei Kantorowitsch und Akilow [29], Yosida [95], Ljusternik und Sobolew [64].

Die in § 3 für lineare normierte Räume formulierten notwendigen und hinreichenden Bedingungen für Lösungen von Minimum-Problemen und Gleichungen mit stark monotonen Potentialoperatoren werden gewöhnlich direkt für Banachräume formuliert, vgl. Gajewski, Gröger und Zacharias [16], Vajnberg [87, 88]. Die starke Konvexität kann dabei durch schwächere Bedingungen ersetzt werden. Einen derartigen Existenzsatz findet man auch in Kap. IV, Korollar 2.1.1. Die Betrachtung von Minimum-Problemen auf linearen normierten Räumen, die Teilmengen von Hilbert- oder Banachräumen sind, eröffnet sinnvolle Erweiterungsmöglichkeiten, vgl. Langenbach [42]. Auch die einzige partielle Differentialgleichung, die wir in diesem Buch direkt untersuchen (Kap. V, Gleichung (2.10)), wird lediglich auf einem unitären Raum definiert; mit Hilfe des Korollars 3.5.2 wird dort eine verallgemeinerte Variationslösung konstruiert. Bei diesem Zugang entfallen die sonst üblichen majorisierenden Wachstumsbedingungen. Andere Anwendungsmöglichkeiten ergeben sich in einer auf Minimalprinzipien aufgebauten Mechanik sowie bei Optimierungsproblemen. Zu den letzten siehe Lions [62]. Diese beiden Richtungen sind im Buch jedoch nicht vertreten.

Die in § 4 wiedergegebenen Existenzsätze für Lösungen konvexer Minimum-Probleme findet man teilweise in ähnlicher Form bei Vajnberg [87, 88], verschiedene Verallgemeinerungen bei Poljak [76]. Die Unterhalbbeschränktheit stark konvexer Funktionale im reflexiven Banachraum wurde von Gajewski [14] bewiesen. Die in § 5 angeführten Sätze über kontraktive Operatoren gehen auf Browder [4, 5] zurück. In den Anwendungen treffen wir sie lediglich in Kap. V, § 3. Der als Lemma von Browder-Petryshyn [6] bekannte Satz 5.4 dagegen ist universell anwendbar und findet sich in den Kapiteln III bis V in fast allen Abschnitten wieder.

II. Einige Gleichungen aus der mathematischen Theorie der deformierbaren Festkörper

§ 1. Die Grundgleichungen

Einen materiellen Körper identifizieren wir im allgemeinen mit einem beschränkten Gebiet $\Omega \subseteq \Re^3$, seine Oberfläche mit dem Rand $\partial\Omega$ dieses Gebiets. $\partial\Omega$ sei immer stückweise glatt. Wir sagen, der Körper hat das *Volumen* Ω.

Es soll angenommen werden, daß der Zustand des betrachteten Körpers durch einen endlichen Satz von Zustandsgrößen beschrieben werden kann. Als Zustandsgrößen kommen Konstanten oder Funktionen der Punkte von Ω bzw. $\partial\Omega$ in Frage, ebenso Vektoren und Tensoren, deren Komponenten wiederum Funktionen der Punkte von Ω bzw. $\partial\Omega$ sind.

Die in der Mechanik übliche *Summenkonvention* verwenden wir für kleine lateinische Indizes, die in der Regel die Zahlen 1, 2, 3 durchlaufen. Wiederholen sich solche Indizes in einem Ausdruck, so wird über alle vorkommenden Werte dieser Indizes summiert.

Es sei $\{e_1, e_2, e_3\}$, oder kurz e_i, das ON-System $\{(1, 0, 0), (0, 1, 0), (0, 0, 1)\}$ in $\Re^3$. Ein Punkt $x = (x_1, x_2, x_3)$, oder kurz x_i, hat dann gerade die Darstellung $x = e_k x_k$. Ist e_i' ein anderes ON-System in $\Re^3$ mit

$$(e_k', e_l) = \alpha_{kl}, \qquad \mathrm{Det}\, \alpha_{kl} = 1, \tag{1.1}$$

so ist $x = e_k x_k = (e_k, e_l')\, e_l' x_k = e_l' x_l'$. Nun ist der Punkt $x' = (x_1', x_2', x_3')$ auch ein Element des dreidimensionalen euklidischen Raumes (Hilbertraumes), wir nennen diesen Raum $\Re'^3$.

Mit Hilfe der Transformation

$$x_l' = \alpha_{lk} x_k \tag{1.2}$$

erzeugen wir einen isometrischen Isomorphismus von $\Re^3$ auf $\Re'^3$. Denn wegen der Beziehungen

$$\alpha_{ki}\alpha_{kj} = \alpha_{ik}\alpha_{jk} = \delta_{ij}$$

finden wir

$$(x', y') = x_k' y_k' = \alpha_{ki}\alpha_{kj} x_i x_j = x_i y_i = (x, y).$$

Man sieht leicht, daß sich die Räume $\mathfrak{R}^3$ und $\mathfrak{R}'^3$ nur durch eine unterschiedliche Lage ihrer ON-Systeme unterscheiden, sie sind gegeneinander um das Nullelement gedreht. Wir identifizieren solche Räume mit Hilfe des Isomorphismus (1.2) und nennen ihre Elemente *Vektoren*.

Sind die Elemente $x = e_k x_k$ und $y = e_k y_k$ Vektoren, so ist auch

$$x \times y = \begin{vmatrix} e_1 & e_2 & e_3 \\ x_1 & x_2 & x_3 \\ y_1 & y_2 & y_3 \end{vmatrix}$$

ein Vektor.

Eine *Matrix* $T = \{t_{kl}\}$, oder einfach t_{kl}, kann als linearer Operator aufgefaßt werden, $T \in [\mathfrak{R}^3, \mathfrak{R}^3]$, $Tx = e_k t_{kl} x_l$, $x \in \mathfrak{R}^3$. Die Matrix T bildet genau dann Vektoren in Vektoren ab, wenn ihre Komponenten beim Übergang zum ON-System e_i' der Bedingung

$$t'_{kl} = \alpha_{km}\alpha_{ln} t_{mn} \tag{1.3}$$

genügen. Mit Hilfe des Transformationsgesetzes (1.3) identifizieren wir auch die Räume beschränkter linearer Operatoren auf unterschiedlich gedrehten Räumen $\mathfrak{R}^3$. Matrizen, die dem Transformationsgesetz (1.3) genügen, heißen *Tensoren*.

Der Zustand eines Körpers im Gleichgewicht kann unabhängig von der Drehung des Raumes $\mathfrak{R}^3$ betrachtet werden. Vom mathematischen Standpunkt mag jedoch ein bestimmtes ON-System bevorzugt werden. Da jede mathematische Beschreibung auf Vereinfachungen angewiesen ist, können — zufällig oder beabsichtigt — auch Zustandsgrößen auftreten, die von der Wahl eines ON-Systems abhängen. Vektor- oder Tensorcharakter werden im Einzelfall nachgewiesen.

In diesem Kapitel betrachten wir in der Regel nur stetige Funktionen. Insbesondere sind Funktionen der Punkte eines Körpers mit dem Volumen Ω immer als stetig in $\bar{\Omega} = \Omega \cup \partial\Omega$ vorausgesetzt. Wird irgendeine Ableitung einer Funktion in Betracht gezogen, so setzen wir voraus, daß die Funktion selbst und alle ihre Ableitungen bis zur benötigten Ordnung im Definitionsbereich stetig sind.

Zur Herleitung von Gleichungen, Ungleichungen und Randbedingungen gehen wir in diesem Kapitel folgendermaßen vor: Wir gehen von der Annahme aus, daß uns tatsächlich ein Zustand der untersuchten Art bekannt ist, d. h., sämtliche Zustandsgrößen sind uns bekannt und genügen als Funktionen den obengenannten Stetigkeitsbedingungen. Bei zeitlich veränderlichen Zuständen gelten entsprechende Voraussetzungen auch für die Zeitabhängigkeit der Zustandsgrößen.

Auf Grund allgemeiner Gesetzmäßigkeiten leiten wir Relationen zwischen den Zustandsgrößen her. Diese schreiben wir in der Form von Gleichungen, Ungleichungen, Randbedingungen und Integralbeziehungen (Variationsgleichungen). Dabei wird in keiner Weise irgendeine Vollständigkeit der Relationen angestrebt.

In solchen Gesetzmäßigkeiten kommen Ausdrücke vor, die sich zur Definition von Funktionalen und Operatoren eignen. In den folgenden Kapiteln werden wir mit ihrer Hilfe die ursprünglich für einen konkreten Zustand formulierten Relationen ausdehnen auf Operator- und Funktionalgleichungen für Klassen von Zuständen, die oft mit ihrem Vorbild nur eine entfernte Ähnlichkeit besitzen.

Immerhin wird es in einigen Fällen möglich sein, einen minimalen Satz von Informationen über die Zustandsgrößen durch Auflösung dieser Operator- und Funktionalgleichungen soweit zu ergänzen, daß der interessierende Zustand eindeutig rekonstruiert werden kann. Dabei werden wir uns von den Stetigkeitsvoraussetzungen dieses Kapitels befreien, wenn es sinnvoll erscheint. Wir sprechen dann von *schwachen* oder *verallgemeinerten Lösungen* eines Problems. Dieses Vorgehen erscheint besonders dann angebracht, wenn die gegebenen Informationen in keiner anderen Weise zu einem vollständigen Satz von Zustandsgrößen führen.

Wir betrachten einen Körper mit dem Volumen Ω. Er sei belastet durch Volumenkräfte

$$K(x) = e_k X_k(x), \qquad K \in (\Omega, \mathfrak{R}^3),$$

mit der Resultierenden $\int_\Omega K \, d\Omega$

sowie durch Oberflächenkräfte

$$T(x) = e_k T_k(x), \qquad T \in (\partial\Omega, \mathfrak{R}^3),$$

mit der Resultierenden $\int_\Omega T \, d\partial\Omega$.

Durch diese Lasten wird der Körper deformiert, d. h., seine Punkte $x \in \bar{\Omega}$ erfahren Verschiebungen und nehmen die Lage $x + u(x)$ ein, $u \in (\bar{\Omega}, \mathfrak{R}^3)$.

Betrachtet man den Abstand zweier benachbarter Punkte x und $x + dx$ vor und nach der Beladung, so ergibt sich

$$ds^2 = (dx, dx) = dx_k \, dx_k$$

vor der Beladung und

$$ds'^2 = \|x + dx + u(x + dx) - x - u(x)\|^2 = (dx + du, dx + du)$$
$$= (dx_k + du_k)(dx_k + du_k).$$

Wegen $du_k = u_{k,l} dx_l$[1]) finden wir

$$ds'^2 - ds^2 = 2 dx_k \, du_k + du_k \, du_k,$$

also

$$ds'^2 - ds^2 = 2u_{k,l} \, dx_k \, dx_l + u_{i,k} \, dx_k \, u_{i,l} \, dx_l = 2\varepsilon_{kl} \, dx_k \, dx_l. \tag{1.4}$$

Deutet man die Koeffizienten $\delta_{kl} + 2\varepsilon_{kl}$ als Koeffizienten der metrischen Fundamentalform ds'^2 in dem durch die Deformation des Körpers bei der Beladung ver-

---

[1]) Kleine lateinische Indizes nach einem Komma bezeichnen partielle Ableitungen; ausführlicher heißt diese Zeile

$$du_k = \sum_{l=1}^{3} \frac{\partial u_k}{\partial x_l} dx_l, \qquad k = 1, 2, 3.$$

Wir verwenden Differentiale auch als Linearteile endlicher Differenzen.

zerrten kartesischen Koordinatensystem, so ist einzusehen, daß die Größen ε_{kl} einen symmetrischen Tensor darstellen, den *Verzerrungstensor* $E = \{\varepsilon_{kl}\}$,

$$\varepsilon_{kl} = \frac{1}{2} (u_{k,l} + u_{l,k} + u_{i,k} u_{i,l}). \tag{1.5}$$

Bei kleinen Verzerrungen kann man in den Komponenten ε_{kl} die quadratischen Glieder weglassen. Wir schreiben dann $E = \{\gamma_{kl}\}$,

$$\gamma_{kl} = \frac{1}{2} (u_{k,l} + u_{l,k}). \tag{1.6}$$

(1.6) stellt tatsächlich wieder einen Tensor dar, nämlich den symmetrischen Anteil des Tensors $du/dx = \{u_{k,l}\}$.

Bei der Beladung eines Körpers stellt sich ein innerer Spannungszustand ein, der durch den *Spannungstensor*

$$S = \{\sigma_{ik}(x)\}$$

beschrieben wird. Eine Vorstellung von diesem Tensor erhält man durch folgende Überlegungen. Zunächst identifizieren wir den deformierten Körper, der sich unter der gegebenen Belastung durch Volumenkräfte K und Oberflächenkräfte T im Gleichgewicht befinden soll, mit einem starren Körper gleichen Volumens bei gleicher Belastung (Einfrieren der Verzerrungen). Es müssen also die Gleichgewichtsbedingungen eines starren Körpers gelten, und zwar für das gesamte Volumen Ω wie auch für jedes Teil davon. Für $\Omega' \subseteq \Omega$ gilt demnach

$$\int_{\Omega'} K(x)\, d\Omega' + \int_{\partial\Omega'} T(n, x)\, d\partial\Omega' = 0, \tag{1.7}$$

$$\int_{\Omega'} x \times K(x)\, d\Omega' + \int_{\partial\Omega'} x \times T(n, x)\, d\partial\Omega' = 0. \tag{1.8}$$

In (1.7), (1.8) haben wir auf die Abhängigkeit der Oberflächenkräfte oder Spannungen von der Richtung der äußeren Normalen an $\partial\Omega'$ hingewiesen: Mit $n(x) = e_k n_k(x)$ bezeichnen wir den *Einheitsvektor der äußeren Normalen* im Punkt $x \in \partial\Omega'$. Einfache Überlegungen zeigen, daß $T(n, x) = -T(-n, x)$ ist. Weitere Information erhält man aus der folgenden Betrachtung. Es sei Ω' speziell eine dreiseitige Pyramide mit der Spitze in x, den Normalen $-e_k$ auf den Seitenflächen und n auf der Grundfläche. Dann liefert die Gleichgewichtsbedingung (1.7) im Grenzwert bei verschwindender Höhe der Pyramide zunächst die Beziehung

$$T(n, x) = T(e_k, x)\, n_k(x). \tag{1.9}$$

Schreibt man $T(e_k, x) = e_l \sigma_{kl}$, so ergibt sich aus (1.9) sofort der Tensorcharakter der Matrix $S = \{\sigma_{ik}\}$. Setzen wir nämlich in (1.9) speziell $n = e_\varkappa'$ für $\varkappa \in \{1, 2, 3\}$, so folgt

$$\begin{aligned} T(e_i', x) &= e_m' \sigma'_{im}(x) = T(e_k, x)\, (e_i', e_k) = e_l \sigma_{kl}(x)\, (e_i', e_k) \\ &= (e_l, e_m')\, (e_i', e_k)\, \sigma_{kl}(x)\, e_m' = \alpha_{ik}\, \alpha_{ml}\, \sigma_{kl}(x)\, e_m', \end{aligned}$$

also die Tensortransformation (1.3).

Kehrt man nun zu beliebigen Teilgebieten $\Omega' \subseteq \Omega$ zurück, so liefert die Anwendung des Gaußschen Satzes auf (1.7) unter Berücksichtigung von (1.9) die Gleichgewichtsbedingungen

$$\sigma_{kl,k}(x) + X_l(x) = 0, \qquad x \in \Omega,$$

während aus (1.8)

$$\sigma_{kl}(x) = \sigma_{lk}(x), \qquad x \in \Omega, \tag{1.10}$$

folgt. Es gilt also auch

$$\sigma_{kl,l}(x) + X_k(x) = 0, \qquad x \in \Omega. \tag{1.11}$$

Wendet man (1.9) speziell auf $\partial\Omega$ an, so ergibt sich mit Rücksicht auf (1.10)

$$T_k(x) = \sigma_{kl}(x)\, n_l(x), \qquad x \in \partial\Omega.\text{[1]} \tag{1.12}$$

Während die Gleichungen (1.11) den symmetrischen Spannungstensor S mit der Volumenkraft K verknüpfen, stellt (1.12) eine Beziehung zwischen S und den Oberflächenkräften T her.

Im Gegensatz zum starren Körper leisten beim deformierbaren Körper auch die inneren Kräfte eine virtuelle Arbeit. Die sinngemäße Übertragung des Prinzips der virtuellen Verschiebungen[2]) auf den deformierbaren Körper lautet

$$\int_\Omega (K, \delta u)\, d\Omega + \int_{\partial\Omega} (T, \delta u)\, d\partial\Omega - \delta A = 0. \tag{1.13}$$

Hierin stellt $-\delta A$ die *virtuelle Arbeit der inneren Kräfte* dar. Unter Benutzung von (1.12) findet man für kleine virtuelle Verschiebungen

$$\begin{aligned}\delta A &= \int_\Omega (K, \delta u)\, d\Omega + \int_{\partial\Omega} \sigma_{kl} n_l\, \delta u_k\, d\partial\Omega \\ &= \int_\Omega (K, \delta u)\, d\Omega + \int_\Omega (\sigma_{kl}\, \delta u_k)_{,l}\, d\Omega = \int_\Omega \sigma_{kl}\, \delta\gamma_{kl}\, d\Omega \end{aligned} \tag{1.14}$$

wegen (1.11).

An dieser Stelle ist der Hinweis angebracht, daß Ω in der Variationsgleichung (1.13) das Volumen des deformierten Körpers darstellt. V. V. Novožilov hat in [75] nachgewiesen, daß folgende Vereinfachungen sinnvoll sind:

1. Geometrisch lineare Theorie bei sehr kleinen Verzerrungen. Neben der Verwendung der γ_{ik} anstelle der wirklichen Verzerrungen ε_{ik} wird in (1.13) Ω als das Volumen des undeformierten Körpers angesehen.
2. Geometrisch nichtlineare Theorie bei kleinen Verzerrungen. Es werden die wirklichen Verzerrungen ε_{ik} verwendet; die Gleichung (1.13) wird auf das Volumen Ω des undeformierten Körpers bezogen, jedoch gilt dann

$$\delta A = \int_\Omega \sigma_{kl}\, \delta\varepsilon_{kl}\, d\Omega. \tag{1.15}$$

---

[1]) Spannungstensoren auf $\partial\Omega$ werden als Randwerte verstanden.

[2]) Als virtuelle Verschiebungen $\delta u(x) = e_k\, \delta u_k(x)$, $x \in \bar{\Omega}$, bezeichnet man solche (denkbaren) Verschiebungen der Punkte eines materiellen Körpers, die unter gegebenen Bedingungen der Bewegung oder Befestigung geometrisch möglich sind.

Die Begründung solcher Vereinfachungen ist rein geometrischer Natur; sie ist unabhängig von den Materialgesetzen, denen der betrachtete Körper unterliegt.

Speziell für elastische Körper soll gelten, daß ihr Zustand durch die Belastung

$$K(x) = e_k X_k(x), \qquad x \in \Omega, \qquad T(x) = e_k T_k(x), \qquad x \in \partial\Omega,$$

die Verschiebungen

$$u(x) = e_k u_k(x), \qquad x \in \bar{\Omega},$$

die Verzerrungstensoren

$$E(x) = \{\varepsilon_{kl}(x)\} \quad \text{bzw.} \quad E(x) = \{\gamma_{kl}(x)\}, \qquad x \in \Omega,$$

und die Spannungstensoren

$$S(x) = \{\sigma_{kl}(x)\}, \qquad x \in \Omega,$$

vollständig beschrieben wird. $K(x), \ldots, S(x)$ sind die früher erwähnten Zustandsgrößen.

Ändert sich die Belastung des Körpers im Zeitraum (t_α, t_β), so werden auch die übrigen Zustandsgrößen zeitabhängig sein:

$$K(t, x), \ldots, S(t, x), \qquad t \in (t_\alpha, t_\beta), \qquad x \in \Omega \quad \text{bzw.} \quad x \in \partial\Omega.$$

Überdies sei nach unseren Vorstellungen über einen elastischen Körper die im Körper gespeicherte Arbeit durch die Zustandsgröße E — die Verzerrungstensoren — bereits eindeutig bestimmt,

$$A = \int_\Omega \hat{A}(\varepsilon_{ik})\, d\Omega. \tag{1.16}$$

Da die wirklich vorhandenen Verschiebungen auch virtuelle Verschiebungen sind, gilt (1.15),

$$dA = \int_\Omega \sigma_{kl}\, d\varepsilon_{kl}\, d\Omega.$$

Die Änderung des Volumens soll vernachlässigt werden, also folgern wir

$$\sigma_{ik} = \frac{\partial \hat{A}}{\partial \varepsilon_{ik}}. \tag{1.17}$$

Die Relationen (1.17) stellen ein allgemeines Elastizitätsgesetz dar. In die Gleichgewichtsbedingungen (1.11) eingesetzt, ergeben sie drei Differentialgleichungen für drei Verschiebungen u_i. Die Funktion $\hat{A}(\varepsilon_{ik})$ kennzeichnet das elastische Material, aus dem der betrachtete Körper besteht. $\hat{A}$ wird gewöhnlich aus Versuchen empirisch bestimmt und kann als bekannt angenommen werden. Einige Eigenschaften dieser Funktion folgen auch aus geometrischen Überlegungen.

Bei elastisch isotropem Material hängt die spezifische Arbeit $\hat{A}$ nicht von der Drehung des Raumes bzw. von der Orientierung des Körpers im Raum ab. Da die Tensorkomponenten ε_{ik} jedoch orientierungsabhängig sind, kann $\hat{A}$ nur von solchen Funktionen der Tensorkomponenten abhängen, die orientierungsunabhängig sind, den *Tensorinvarianten*.

Die Funktion

$$a_1 = \varepsilon_{kk} \tag{1.18}$$

kennzeichnet die *spezifische Volumenänderung*. Bei der Orientierung durch das ON-System e_i' gilt

$$a_1' = \varepsilon'_{kk} = \alpha_{km}\alpha_{kn}\varepsilon_{mn} = \varepsilon_{mm} = a_1 .$$

Eine weitere Invariante ist

$$a_2 = \varepsilon_{ij}\varepsilon_{ij} . \tag{1.19}$$

Denn bei der Transformation (1.3) erhalten wir

$$\begin{aligned} a_2' &= \varepsilon'_{ij}\varepsilon'_{ij} = \alpha_{im}\alpha_{jn}\varepsilon_{mn}\alpha_{ir}\alpha_{js}\varepsilon_{rs} \\ &= \alpha_{im}\alpha_{ir}\alpha_{jn}\alpha_{js}\varepsilon_{mn}\varepsilon_{rs} = \delta_{mr}\,\delta_{ns}\varepsilon_{mn}\varepsilon_{rs} \\ &= \varepsilon_{mn}\varepsilon_{mn} = a_2 . \end{aligned}$$

a_2 kennzeichnet die *spezifische Formänderung*. Eine weitere Invariante ist $a_3 = |\varepsilon_{kl}|$ — die *Determinante des Verzerrungstensors*. Jede andere Invariante des Verzerrungstensors ist eine Funktion der schon beschriebenen Invarianten a_1, a_2, a_3. Gewöhnlich nimmt man

$$\hat{A}(\varepsilon_{ik}) = \hat{A}(a_1, a_2) \tag{1.20}$$

an.

Das einfachste Elastizitätsgesetz (1.17) ist linear in den Verschiebungen. Man nennt es das *Hookesche Gesetz*. Der Ansatz

$$\hat{A} = \frac{\lambda}{2} a_1^2 + \mu a_2 \tag{1.21}$$

führt bei kleinen Verzerrungen $\varepsilon_{ik} \approx \gamma_{ik}$ auf die Beziehungen

$$\sigma_{ij} = \lambda a_1 \delta_{ij} + 2\mu\gamma_{ij}, \qquad a_1 = \gamma_{kk} . \tag{1.22}$$

Der Ansatz (1.21) enthält zwei Elastizitätskonstanten λ, μ. In der technischen Literatur sind auch andere Konstanten gebräuchlich, der *Gleitmodul* G, der *Youngmodul* E, der *Kompressionsmodul* k und die *Poissonzahl* ν. Die Umrechnung erfolgt nach den Formeln

$$\left.\begin{aligned} E &= \frac{\mu(3\lambda + 2\mu)}{\lambda + \mu}, \qquad \nu = \frac{\lambda}{2(\lambda + \mu)}, \qquad G = \mu, \\ \lambda &= \frac{E\nu}{(1+\nu)(1-2\nu)}, \qquad \mu = \frac{E}{2(1+\nu)}, \\ k &= \lambda + \frac{2}{3}\mu = \frac{E}{3(1-2\nu)} . \end{aligned}\right\} \tag{1.23}$$

Die Beziehungen (1.22) kann man nach den Verzerrungen γ_{ik} auflösen. Man gewinnt zunächst die *Spur*

$$b_1 = \sigma_{kk} = (3\lambda + 2\mu)\, a_1 = 3k a_1 . \tag{1.24}$$

Die Tensorvariante $b_1/3 = \sigma$ wird *mittlere Zugspannung* genannt. Sie ist also der spezifischen Volumenänderung a_1 proportional. Mit (1.24) und den Bezeichnungen (1.23) erhalten wir aus (1.22) sofort

$$\gamma_{ik} = \frac{1}{2G} \sigma_{ik} - \frac{\nu}{E} b_1 \delta_{ik}. \tag{1.25}$$

Die Verwendung der Größen γ_{ik} anstelle der Verzerrungen ε_{ik} (geometrische Linearität) und des Hookeschen Gesetzes (physikalische Linearität) führt auf Probleme, die sowohl in den auftretenden Gleichungen wie auch in den Randbedingungen linear sind. Häufig muß man von einer der Linearisierungen, manchmal sogar von beiden absehen, so daß folgende Kombinationen in Betracht kommen:

1. Geometrisch und physikalisch lineare Probleme; z. B. massive Körper bei geringer Belastung.
2. Geometrisch nichtlineare, physikalisch lineare Probleme; z. B. biegsame Platten und Stäbe.
3. Geometrisch lineare, physikalisch nichtlineare Probleme; z. B. elastisch-plastische Deformation massiver Körper.
4. Geometrisch und physikalisch nichtlineare Probleme; z. B. biegsame Platten aus nichtmetallischen Werkstoffen.

Die geometrische Nichtlinearität wird durch die metrische Fundamentalform ds'^2 des deformierten Körpers und die Änderungen in Volumen und Oberfläche wiedergegeben. Bei der Formulierung der physikalischen Nichtlinearität kann man von der Arbeit der inneren (elastischen) Kräfte ausgehen.

Bei der Behandlung nichtlinear elastischer Körper gehen wir von der Variationsgleichung

$$\int_{\Omega} (K, \delta u)\, d\Omega + \int_{\partial\Omega} (T, \delta u)\, d\Omega - \delta \int_{\Omega} \hat{A}(a_1, a_2)\, d\Omega = 0 \tag{1.26}$$

aus. Wie schon aus den Bemerkungen zur Variationsgleichung (1.13) hervorgeht, beziehen wir uns dabei auf das Volumen des undeformierten Körpers. Die Gleichung (1.26) enthält in impliziter Form Gleichgewichts- und Randbedingungen.

§ 2. Das elastische Gleichgewicht dünner Platten

Als *Platte* bezeichnet man einen zylindrischen Körper von sehr geringer Höhe, der folglich das Volumen

$$\Omega = \Omega_2 \times (-h, h) \quad \text{mit} \quad (x_1, x_2) \in \Omega_2, \quad x_3 \in (-h, h), \quad h \ll d(\Omega_2)^{1)},$$

besitzt.

[1]) $d(\Omega_2)$ bezeichnet den Durchmesser des Gebiets Ω_2,

$$d(\Omega_2) = \sup \sqrt{(x_1 - x_1^0)^2 + (x_2 - x_2^0)^2},$$

wenn $(x_1, x_2), (x_1^0, x_2^0) \in \Omega_2$ sind.

Für Platten ist die Vernachlässigung der quadratischen Glieder in den Deformationen ε_{kl} aus (1.5) im allgemeinen nicht zulässig, da mindestens die Verschiebung u_3 (Durchbiegung) bedeutend sein kann. VON KÁRMÁN hat eine Theorie vorgeschlagen, die von folgenden Annahmen ausgeht:

1. Die Verschiebungen verteilen sich linear über die Dicke der Platte (die für $x_3 = 0$ berechneten Größen erhalten eine Tilde)

$$u_i(x_1, x_2, x_3) = u_i(x_1, x_2, 0) + u_{i,3}(x_1, x_2, 0)\, x_3 = \tilde{u}_i + \tilde{u}_{i,3} x_3. \tag{2.1}$$

2. Die mit Punkten der undeformierten Platte identifizierten Normalen an die Mittelfläche werden nicht deformiert,

$$\varepsilon_{i3} = \gamma_{i3} = 0. \tag{2.2}$$

Damit ergeben sich aus (2.1)

$$u_1 = \tilde{u}_1 - \tilde{u}_{3,1} x_3, \qquad u_2 = \tilde{u}_2 - \tilde{u}_{3,2} x_3, \qquad u_3 = \tilde{u}_3. \tag{2.3}$$

3. In den quadratischen Gliedern der Verzerrungen werden nur Ableitungen von u_3 beibehalten,

$$\left.\begin{aligned}
\varepsilon_{11} &= u_{1,1} + \frac{1}{2} u_{3,1}^2 = \tilde{u}_{1,1} + \frac{1}{2} \tilde{u}_{3,1}^2 - \tilde{u}_{3,11} x_3,\\
\varepsilon_{22} &= u_{2,2} + \frac{1}{2} u_{3,2}^2 = \tilde{u}_{2,2} + \frac{1}{2} \tilde{u}_{3,2}^2 - \tilde{u}_{3,22} x_3,\\
\varepsilon_{12} &= \frac{1}{2} (u_{1,2} + u_{2,1}) + \frac{1}{2} u_{3,1} u_{3,2}\\
&= \frac{1}{2} (\tilde{u}_{1,2} + \tilde{u}_{2,1}) + \frac{1}{2} \tilde{u}_{3,1} \tilde{u}_{3,2} - \tilde{u}_{3,12} x_3.
\end{aligned}\right\} \tag{2.4}$$

Zur Anwendung des Prinzips der virtuellen Verschiebungen nehmen wir die gespeicherte Arbeit der elastischen Kräfte mit $A = \int_\Omega \hat{A}(a_1, a_2)\, d\Omega$ an. Über diese Arbeit machen wir uns folgende Vorstellungen. Es sei $e = (\varepsilon_{11}, \varepsilon_{22}, \varepsilon_{12}) \in \mathfrak{R}^3$ ein Punkt mit den nichtverschwindenden Verzerrungen aus (2.4); e ist kein Vektor. Es sei

$$\Gamma[e, e] = \varepsilon_{11}^2 + \alpha \varepsilon_{11} \varepsilon_{22} + \varepsilon_{22}^2 + \beta^2 \varepsilon_{12}^2 \tag{2.5}$$

eine positiv definite quadratische Form, etwa

$$\Gamma[e, e] \geqq \varkappa \|e\|^2, \qquad \varkappa > 0, \tag{2.6}$$

$\varrho(\xi)$, $\xi \geqq 0$, eine stetige Funktion,

$$\varrho(\xi) \geqq \varrho_0 = \text{const} > 0, \qquad \xi \geqq 0. \tag{2.7}$$

Wir setzen nun

$$\hat{A}(a_1, a_2) = \int\limits_0^{\Gamma[e,e]} \varrho(\xi)\, d\xi\,.^{1)} \tag{2.8}$$

Die Annahme von (2.8) führt zu einem Elastizitätsgesetz, welches neben zwei Elastizitätskonstanten α, β noch die Materialfunktion $\varrho(\xi)$ enthält. Für

$$\varrho(\xi) = \varrho_0 = \frac{\lambda}{2} + \mu, \qquad \alpha = \frac{2\lambda}{\lambda + 2\mu}, \qquad \beta = \frac{2\mu}{\lambda + 2\mu} \tag{2.9}$$

erhalten wir den durch (2.2) vereinfachten Ansatz (1.21), der auf das Hookesche Gesetz zurückführt. Andererseits spielt der Ansatz (2.8) eine bedeutende Rolle in der plastischen Deformationstheorie (siehe § 3).

Die Arbeit der äußeren Kräfte möge von einer über die Plattendicke konstanten Volumenkraft $K = -e_k q_k(x_1, x_2)$ herrühren. Dann erhalten wir aus (1.26) die Gleichung

$$\delta \int\limits_{\Omega_2} \left[\int\limits_{-h}^{h} \int\limits_0^{\Gamma[e,e]} \varrho(\xi)\, d\xi\, dx_3 + 2h q_k(x_1, x_2)\, \tilde{u}_k \right] d\Omega_2 = 0. \tag{2.10}$$

Die virtuelle Arbeit der Oberflächenkraft $-e_3 T_3$, die auf der Plattenoberseite $\Omega_2 \times \{h\}$ wirkt, ist

$$-\delta \int\limits_{\Omega_2} T_3 \tilde{u}_3\, d\Omega_2. \tag{2.11}$$

Eine Oberflächenlast kann also in (2.10) durch eine veränderte Volumenkraft $-q_3{}^* = -q_3 - T_3/2h$ berücksichtigt werden.

1. Theorie der linear elastischen biegsamen Platte

In der Gleichung (2.10) setzen wir formal $\varrho = \mathrm{const}$,

$$\delta \int\limits_{\Omega_2} \left[\int\limits_{-h}^{h} \varrho(\varepsilon_{11}^2 + \alpha \varepsilon_{11} \varepsilon_{22} + \varepsilon_{22}^2 + \beta^2 \varepsilon_{12}^2)\, dx_3 + 2h q_i \tilde{u}_i \right] d\Omega_2 = 0. \tag{2.12}$$

Die Formeln (2.4) gestatten uns, die innere Integration auszuführen. Mit

$$\left.\begin{aligned} \int\limits_{-h}^{h} \varepsilon_{11}^2\, dx_3 &= \int\limits_{-h}^{h} \left(\tilde{u}_{1,1} + \frac{1}{2} \tilde{u}_{3,1}^2 - \tilde{u}_{3,11} x_3 \right)^2 dx_3 \\ &= 2h \left(\tilde{u}_{1,1} + \frac{1}{2} \tilde{u}_{3,1}^2 \right)^2 + \frac{2h^3}{3} \tilde{u}_{3,11}^2, \end{aligned}\right| \tag{2.13}$$

---

[1]) Im Ansatz (2.8) ist $\hat{A}$ keine Tensorinvariante, wenn die Konstanten α, β in (2.5) willkürlich gewählt werden. Elastische Anisotropie der Platten folgt auch aus der Annahme (2.2), ist also beabsichtigt.

$$\begin{aligned}
\int_{-h}^{h} \varepsilon_{11}\varepsilon_{22}\,dx_3 &= \int_{-h}^{h} \left(\tilde{u}_{1,1} + \frac{1}{2}\,\tilde{u}_{3,1}^2 - \tilde{u}_{3,11}x_3\right)\left(\tilde{u}_{2,2} + \frac{1}{2}\,\tilde{u}_{3,2}^2 - \tilde{u}_{3,22}x_3\right) dx_3 \\
&= 2h\left(\tilde{u}_{1,1} + \frac{1}{2}\,\tilde{u}_{3,1}^2\right)\left(\tilde{u}_{2,2} + \frac{1}{2}\,\tilde{u}_{3,2}^2\right) + \frac{2h^3}{3}\,\tilde{u}_{3,11}\tilde{u}_{3,22}, \\
\int_{-h}^{h} \varepsilon_{22}^2\,dx_3 &= \int_{-h}^{h} \left(\tilde{u}_{2,2} + \frac{1}{2}\,\tilde{u}_{3,2}^2 - \tilde{u}_{3,22}x_3\right)^2 dx_3 \\
&= 2h\left(\tilde{u}_{2,2} + \frac{1}{2}\,\tilde{u}_{3,2}^2\right)^2 + \frac{2h^3}{3}\,\tilde{u}_{3,22}^2, \\
\int_{-h}^{h} \varepsilon_{12}^2\,dx_3 &= \int_{-h}^{h} \left[\frac{1}{2}\left(\tilde{u}_{1,2} + \tilde{u}_{2,1}\right) + \frac{1}{2}\,\tilde{u}_{3,1}\tilde{u}_{3,2} - \tilde{u}_{3,12}x_3\right]^2 dx_3 \\
&= \frac{h}{2}\left(\tilde{u}_{1,2} + \tilde{u}_{2,1} + \tilde{u}_{3,1}\tilde{u}_{3,2}\right)^2 + \frac{2h^3}{3}\,\tilde{u}_{3,12}^2
\end{aligned} \tag{2.13}$$

erhalten wir die Variationsgleichung

$$\begin{aligned}
\int_{\Omega_2} \varrho \Bigg\{ & 4h\left(\tilde{u}_{1,1} + \frac{1}{2}\,\tilde{u}_{3,1}^2\right)\left(\delta\tilde{u}_{1,1} + \tilde{u}_{3,1}\,\delta\tilde{u}_{3,1}\right) \\
& + \frac{4h^3}{3}\,\tilde{u}_{3,11}\,\delta\tilde{u}_{3,11} + 2\alpha h\left(\tilde{u}_{1,1} + \frac{1}{2}\,\tilde{u}_{3,1}^2\right)\left(\delta\tilde{u}_{2,2} + \tilde{u}_{3,2}\,\delta\tilde{u}_{3,2}\right) \\
& + 2\alpha h\left(\tilde{u}_{2,2} + \frac{1}{2}\,\tilde{u}_{3,2}^2\right)\left(\delta\tilde{u}_{1,1} + \tilde{u}_{3,1}\,\delta\tilde{u}_{3,1}\right) + \frac{2\alpha h^3}{3}\,\tilde{u}_{3,11}\,\delta\tilde{u}_{3,22} + \frac{2\alpha h^3}{3}\,\tilde{u}_{3,22}\,\delta\tilde{u}_{3,11} \\
& + 4h\left(\tilde{u}_{2,2} + \frac{1}{2}\,\tilde{u}_{3,2}^2\right)\left(\delta\tilde{u}_{2,2} + \tilde{u}_{3,2}\,\delta\tilde{u}_{3,2}\right) + \frac{4h^3}{3}\,\tilde{u}_{3,22}\,\delta\tilde{u}_{3,22} \\
& + \beta^2 h\left(\tilde{u}_{1,2} + \tilde{u}_{2,1} + \tilde{u}_{3,1}\tilde{u}_{3,2}\right)\left(\delta\tilde{u}_{1,2} + \delta\tilde{u}_{2,1} + \tilde{u}_{3,1}\,\delta\tilde{u}_{3,2} + \tilde{u}_{3,2}\,\delta\tilde{u}_{3,1}\right) \\
& + \frac{4\beta^2 h^3}{3}\,\tilde{u}_{3,12}\,\delta\tilde{u}_{3,12} + \frac{2h}{\varrho}\,q_i(x_1, x_2)\,\delta\tilde{u}_i \Bigg\}\, d\Omega_2 = 0.
\end{aligned} \tag{2.14}$$

Für die virtuellen Verschiebungen wählen wir ein Feld $\delta u(x_1, x_2, x_3)$, welches in der Umgebung des Plattenrandes verschwindet. Ein solches (finites) Feld ist sicher mit allen Bewegungsbeschränkungen verträglich, die durch etwaige Randbedingungen gegeben sind. Bei partiellen Integrationen in (2.14) verschwinden also alle Integrale über den Rand der Mittelfläche. Wir verwenden ferner die Bezeichnungen $\tilde{\varepsilon}_{11}, \tilde{\varepsilon}_{12}, \tilde{\varepsilon}_{22}$; $\tilde{\varepsilon}_{11} = \varepsilon_{11}(x_1, x_2, 0)$ usw. Anstelle der Variationsgleichung (2.14) erhalten wir dann drei Differentialgleichungen, indem wir die Koeffizienten bei den unabhängigen

Variationen $\delta \tilde{u}_k$ gleich Null setzen. Die Gleichungen lauten

$$\left.\begin{aligned}
&-4h\tilde{\varepsilon}_{11,1} - 2\alpha h\tilde{\varepsilon}_{22,1} - 2\beta^2 h\tilde{\varepsilon}_{12,2} + \frac{2h}{\varrho}\, q_1(x_1, x_2) = 0,\\
&-2\alpha h\tilde{\varepsilon}_{11,2} - 4h\tilde{\varepsilon}_{22,2} - 2\beta^2 h\tilde{\varepsilon}_{12,1} + \frac{2h}{\varrho}\, q_2(x_1, x_2) = 0,\\
&-4h(\tilde{\varepsilon}_{11}\tilde{u}_{3,1})_{,1} + \frac{4h^3}{3}\,\tilde{u}_{3,1111} - 2\alpha h(\tilde{\varepsilon}_{11}\tilde{u}_{3,2})_{,2}\\
&-2\alpha h(\tilde{\varepsilon}_{22}\tilde{u}_{3,1})_{,1} + \frac{2\alpha h^3}{3}\,\tilde{u}_{3,1122} + \frac{2\alpha h^3}{3}\,\tilde{u}_{3,2211}\\
&-4h(\tilde{\varepsilon}_{22}\tilde{u}_{3,2})_{,2} + \frac{4h^3}{3}\,\tilde{u}_{3,2222} - 2\beta^2 h(\tilde{\varepsilon}_{12}\tilde{u}_{3,1})_{,2}\\
&-2\beta^2 h(\tilde{\varepsilon}_{12}\tilde{u}_{3,2})_{,1} + \frac{4\beta^2 h^3}{3}\,\tilde{u}_{3,1212} + \frac{2h}{\varrho}\, q_3(x_1, x_2) = 0.
\end{aligned}\right\} \tag{2.15}$$

Bei der Umformung dieser Gleichungen ist es vorteilhaft, die Spannungen entsprechend den Formeln (1.17) einzuführen. Mit

$$\hat{A}(a_1, a_2) = \varrho\left(\varepsilon_{11}^2 + \alpha\varepsilon_{11}\varepsilon_{22} + \varepsilon_{22}^2 + \beta^2\left[\frac{\varepsilon_{12} + \varepsilon_{21}}{2}\right]^2\right)$$

finden wir

$$\left.\begin{aligned}
\sigma_{11} &= \frac{\partial\hat{A}}{\partial\varepsilon_{11}} = \varrho(2\varepsilon_{11} + \alpha\varepsilon_{22}),\\
\sigma_{22} &= \frac{\partial\hat{A}}{\partial\varepsilon_{22}} = \varrho(\alpha\varepsilon_{11} + 2\varepsilon_{22}),\\
\sigma_{12} = \sigma_{21} &= \frac{\partial\hat{A}}{\partial\varepsilon_{12}} = \frac{\partial\hat{A}}{\partial\varepsilon_{21}} = \varrho\beta^2\varepsilon_{12},
\end{aligned}\right\} \tag{2.16}$$

erhalten damit die bekannten Gleichungen der ebenen Elastizitätstheorie

$$\frac{\partial\tilde{\sigma}_{11}}{\partial x_1} + \frac{\partial\tilde{\sigma}_{12}}{\partial x_2} = q_1, \qquad \frac{\partial\tilde{\sigma}_{12}}{\partial x_1} + \frac{\partial\tilde{\sigma}_{22}}{\partial x_2} = q_2 \tag{2.17}$$

und die eigentliche *Plattengleichung*

$$\begin{gathered}
\frac{2}{3}\, h^2\varrho\left[\frac{\partial^4\tilde{u}_3}{\partial x_1{}^4} + (\alpha + \beta^2)\frac{\partial^4\tilde{u}_3}{\partial x_1{}^2\,\partial x_2{}^2} + \frac{\partial^4\tilde{u}_3}{\partial x_2{}^4}\right]\\
= \tilde{\sigma}_{11}\frac{\partial^2\tilde{u}_3}{\partial x_1{}^2} + 2\tilde{\sigma}_{12}\frac{\partial^2\tilde{u}_3}{\partial x_1\,\partial x_2} + \tilde{\sigma}_{22}\frac{\partial^2\tilde{u}_3}{\partial x_2{}^2} - q_3(x_1, x_2) + q_1\frac{\partial\tilde{u}_3}{\partial x_1} + q_2\frac{\partial\tilde{u}_3}{\partial x_2},
\end{gathered} \tag{2.18}$$

in der die Gleichungen (2.17) noch einmal benutzt werden.

Wir nehmen nun an, daß die Komponenten der Volumenkraft parallel zur Mittelebene der undeformierten Platte verschwinden,

$$q_1 \equiv q_2 \equiv 0. \tag{2.19}$$

Sind die Bedingungen (2.19) erfüllt, so kann man die Gleichungen (2.17) durch den Ansatz

$$\tilde{\sigma}_{11} = \frac{\partial^2 \Phi}{\partial x_2{}^2}, \qquad \tilde{\sigma}_{22} = \frac{\partial^2 \Phi}{\partial x_1{}^2}, \qquad \tilde{\sigma}_{12} = -\frac{\partial^2 \Phi}{\partial x_1\, \partial x_2} \tag{2.20}$$

befriedigen. Eine Kompatibilitätsbedingung für Φ ist implizit schon im Ansatz (2.4) enthalten. Setzt man hier nämlich $x_3 = 0$

$$\left.\begin{aligned} &\tilde{\varepsilon}_{11} = \tilde{u}_{1,1} + \frac{1}{2}\,\tilde{u}_{3,1}^2, \qquad \tilde{\varepsilon}_{22} = \tilde{u}_{2,2} + \frac{1}{2}\,\tilde{u}_{3,2}^2, \\ &2\tilde{\varepsilon}_{12} = \tilde{u}_{1,2} + \tilde{u}_{2,1} + \tilde{u}_{3,1}\tilde{u}_{3,2} \end{aligned}\right\} \tag{2.21}$$

und eliminiert die Verschiebungen $\tilde{u}_1$, $\tilde{u}_2$, so erhält man

$$\tilde{\varepsilon}_{11,22} + \tilde{\varepsilon}_{22,11} - 2\tilde{\varepsilon}_{12,12} = \tilde{u}_{3,21}^2 - \tilde{u}_{3,22}\tilde{u}_{3,11}, \tag{2.22}$$

wie man durch Nachprüfen feststellt.

Andererseits gilt nach (2.16)

$$\left.\begin{aligned} \varepsilon_{11} &= \frac{1}{\varrho(4-\alpha^2)}\,(2\sigma_{11} - \alpha\sigma_{22}), \\ \varepsilon_{22} &= \frac{1}{\varrho(4-\alpha^2)}\,(-\alpha\sigma_{11} + 2\sigma_{22}), \\ \varepsilon_{12} &= \frac{1}{\varrho\beta^2}\,\sigma_{12}, \end{aligned}\right\} \tag{2.23}$$

also

$$\begin{aligned} &\frac{1}{\varrho(4-\alpha^2)}\left[2\left(\tilde{\sigma}_{11,22} + \tilde{\sigma}_{22,11} - \frac{4-\alpha^2}{\beta^2}\,\tilde{\sigma}_{12,12}\right) - \alpha(\tilde{\sigma}_{22,22} + \tilde{\sigma}_{11,11})\right] \\ &= \tilde{u}_{3,21}^2 - \tilde{u}_{3,22}\tilde{u}_{3,11}. \end{aligned} \tag{2.24}$$

Setzen wir in (2.24) das Spannungspotential Φ aus (2.20) ein, so erhalten wir die Gleichung

$$\begin{aligned} &\frac{\partial^4 \Phi}{\partial x_1{}^4} + \frac{\partial^4 \Phi}{\partial x_2{}^4} + \tau\,\frac{\partial^4 \Phi}{\partial x_1{}^2\,\partial x_2{}^2} = \vartheta\left[\left(\frac{\partial^2 \tilde{u}_3}{\partial x_1\,\partial x_2}\right)^2 - \frac{\partial^2 \tilde{u}_3}{\partial x_1{}^2}\,\frac{\partial^2 \tilde{u}_3}{\partial x_2{}^2}\right], \\ &\tau = \frac{4-\alpha^2}{\beta^2} - \alpha, \qquad \vartheta = \frac{\varrho(4-\alpha^2)}{2}, \end{aligned} \tag{2.25}$$

die gemeinsam mit der Gleichung

$$\frac{D}{2h}\left[\frac{\partial^4 \tilde{u}_3}{\partial x_1^4} + (\alpha + \beta^2)\frac{\partial^4 \tilde{u}_3}{\partial x_1^2\,\partial x_2^2} + \frac{\partial^4 \tilde{u}_3}{\partial x_2^4}\right]$$

$$= \frac{\partial^2 \Phi}{\partial x_2^2}\frac{\partial^2 \tilde{u}_3}{\partial x_1^2} - 2\frac{\partial^2 \Phi}{\partial x_1\,\partial x_2}\frac{\partial^2 \tilde{u}_3}{\partial x_1\,\partial x_2} + \frac{\partial^2 \Phi}{\partial x_1^2}\frac{\partial^2 \tilde{u}_3}{\partial x_2^2} - q_3(x_1, x_2), \tag{2.26}$$

$$D = \frac{4}{3} h^3 \varrho,$$

aus (2.18) betrachtet werden muß.

Für die Wahl der Konstanten ϱ, α, β^2 gibt es verschiedene Möglichkeiten. Sollen die Spannungs-Verzerrungsbeziehungen (2.16) mit dem Hookeschen Gesetz (1.22) übereinstimmen, so liefert der Vergleich

$$\left.\begin{aligned} &\varrho_1 = \frac{\lambda + 2\mu}{2} = \frac{E}{2}\frac{1-\nu}{(1-2\nu)(1+\nu)}, \qquad \alpha_1 = \frac{\lambda}{\varrho_1} = \frac{2\nu}{1-\nu}, \\ &\beta_1^2 = \frac{2\mu}{\varrho_1} = 2\,\frac{1-2\nu}{1-\nu}. \end{aligned}\right\} \tag{2.27}$$

In der Literatur sind die Werte

$$\varrho_2 = \frac{E}{2(1-\nu^2)}, \qquad \alpha_2 = 2\nu, \qquad \beta_2^2 = 2(1-\nu) \tag{2.28}$$

üblich. Man erhält sie — übrigens nicht ganz folgerichtig — wenn man (2.23) mit (1.25) in Übereinstimmung bringt, wobei σ_{33} vernachlässigt wird. Im Gegensatz zur Annahme (2.2) ergibt sich dann

$$\varepsilon_{33} = -\frac{\nu}{E}(\sigma_{11} + \sigma_{22}).$$

Beide Varianten liefern $\alpha + \beta^2 = 2$; in der Variante (2.28) haben die in den Gleichungen (2.25), (2.26) vorkommenden Konstanten die Werte

$$\alpha + \beta^2 = 2, \qquad \tau = 2, \qquad \vartheta = E, \qquad D = \frac{2}{3}\frac{Eh^3}{1-\nu^2}.$$

Da für den Kompressionsmodul $k > 0$ angenommen werden muß (vgl. (1.24)), erhalten wir mit $E > 0$, daß $\nu \in (0, 1/2)$ ist. Die quadratische Form $\Gamma[e, e]$ in (2.5) ist daher für beide Varianten positiv definit. Es gilt

$$\varkappa_1 \|e\|^2 \leqq \Gamma[e, e] \leqq \varkappa_2 \|e\|^2 \tag{2.29}$$

mit

$$\varkappa_1 = \min\left\{1 - \frac{\alpha}{2}, \beta^2\right\}, \qquad \varkappa_2 = \max\left\{1 + \frac{\alpha}{2}, \beta^2\right\}. \tag{2.30}$$

Mit

$$1 - \frac{\alpha_1}{2} = \frac{1-2\nu}{1-\nu} > 0, \qquad 1 - \frac{\alpha_2}{2} = 1 - \nu > 0$$

gilt auch $\varkappa_1 > 0$, also (2.6). Wir können die Variationsgleichung (2.12) daher tatsächlich als Spezialfall der allgemeineren Gleichung (2.10) auffassen.

Abschließend stellen wir noch das in der Literatur nach VON KÁRMÁN genannte Gleichungssystem der zweiten Variante heraus,

$$\left.\begin{aligned} \Delta^2\Phi &= EL(\tilde{u}_3, \tilde{u}_3), \\ \Delta^2\tilde{u}_3 &= \frac{2h}{D}\left[-2L(\tilde{u}_3, \Phi) - q_3(x_1, x_2)\right]. \end{aligned}\right\} \tag{2.31}$$

Hierin ist

$$\Delta^2\tilde{u}_3 = \Delta(\Delta\tilde{u}_3), \qquad \Delta\tilde{u}_3 = \tilde{u}_{3,11} + \tilde{u}_{3,22},$$

$$L(\tilde{u}_3, \tilde{u}_3) = \tilde{u}_{3,12}^2 - \tilde{u}_{3,11}\tilde{u}_{3,22},$$

$L(\tilde{u}_3, \Phi)$ die entsprechende Bilinearform,

$$D = \frac{2}{3}\,\frac{Eh^3}{1-\nu^2}.$$

Unter möglichen Randbedingungen für $\tilde{u}_3$, Φ wählen wir hier nur die einfachsten aus: Die Bedingungen

$$\tilde{u}_3 = \tilde{u}_{3,1} = \tilde{u}_{3,2} = 0 \qquad \text{auf } \partial\Omega_2 \tag{2.32}$$

kennzeichnen eine Befestigungsart; man spricht von der *eingespannten Platte*. Entsprechende Bedingungen für Φ

$$\Phi = \Phi_{,1} = \Phi_{,2} = 0 \qquad \text{auf } \partial\Omega_2 \tag{2.33}$$

sind nach (2.20) erfüllt, wenn alle Spannungen am Rande der Mittelfläche $\partial\Omega_2$ verschwinden. Kann man die Spannungen $\tilde{\sigma}_{11}$, $\tilde{\sigma}_{22}$, $\tilde{\sigma}_{12}$ in der Mittelfläche überhaupt vernachlässigen, so setzt man $\Phi \equiv 0$ und erhält die lineare Gleichung

$$\Delta^2\tilde{u}_3 = -\frac{2h}{D}\,q_3 \tag{2.34}$$

für die Durchbiegung $\tilde{u}_3$.

2. Eine geometrisch lineare Theorie nichtlinear elastischer Platten

Wir betrachten in diesem Abschnitt eine Platte mit möglicherweise veränderlicher Dicke und setzen daher für das Volumen die folgende Eigenschaft voraus:

$$\Omega = \Omega_2 \times \big(-h(x_1, x_2), h(x_1, x_2)\big),$$

genauer

$$(x_1, x_2, x_3) \in \Omega, \quad \text{wenn} \quad (x_1, x_2) \in \Omega_2, -h(x_1, x_2) < x_3 < h(x_1, x_2).$$

Dabei sei $0 < h(x_1, x_2) < h, h \ll d(\Omega_2)$.

Im übrigen folgen wir der allgemeinen Theorie und nehmen dort die entsprechenden Vereinfachungen vor.

Die Mittelfläche $x_3 = 0$ betrachten wir als neutrale Schicht und vernachlässigen $\tilde{u}_1, \tilde{u}_2$ in (2.3); in den Verzerrungen vernachlässigen wir überdies die quadratischen Glieder, so daß nun

$$\left.\begin{aligned} &\gamma_{11} = -\tilde{u}_{3,11}x_3, \qquad \gamma_{22} = -\tilde{u}_{3,22}x_3, \qquad \gamma_{12} = -\tilde{u}_{3,12}x_3, \\ &\gamma_{i3} = 0 \end{aligned}\right\} \tag{2.35}$$

vorausgesetzt ist. Die Arbeit der inneren Kräfte erklären wir mit Hilfe der quadratischen Form

$$\Gamma[e, e] = \frac{1}{2}(3a_2 - a_1^2) = \gamma_{11}^2 - \gamma_{11}\gamma_{22} + \gamma_{22}^2 + 3\gamma_{12}^2. \tag{2.36}$$

Damit ergibt sich

$$A = \int_\Omega \int_0^\Gamma \varrho(\xi)\, d\xi\, d\Omega, \tag{2.37}$$

worin Γ durch (2.36) definiert ist. Die entsprechende Darstellung für $\hat{A}$ erhalten wir aus der allgemeineren Form (2.8), wenn in (2.5) $\alpha = -1, \beta^2 = 3$ gesetzt wird. Äußere Kräfte mögen senkrecht zur Mittelfläche Ω_2 wirken. Die Variationsgleichung unserer elastischen Platte lautet demnach

$$\delta \int_{\Omega_2} \left\{ \int_{-h(x_1,x_2)}^{h(x_1,x_2)} \int_0^\Gamma \varrho(\xi)\, d\xi\, dx_3 + 2h(x_1, x_2)\, q_3(x_1, x_2)\, \tilde{u}_3 \right\} d\Omega_2 = 0 \tag{2.38}$$

oder nach Ausführung der Variation

$$\begin{aligned} \int_{\Omega_2} \Bigg\{ &\int_{-h(x_1,x_2)}^{h(x_1,x_2)} \varrho(\Gamma)\, (2\gamma_{11}\, \delta\gamma_{11} - \gamma_{11}\, \delta\gamma_{22} - \gamma_{22}\, \delta\gamma_{11} \\ &+ 2\gamma_{22}\, \delta\gamma_{22} + 6\gamma_{12}\, \delta\gamma_{12})\, dx_3 + 2hq_3\, \delta\tilde{u}_3 \Bigg\} d\Omega_2 = 0. \end{aligned}$$

Dabei ist

$$\Gamma[e, e] = x_3^2(\tilde{u}_{3,11}^2 - \tilde{u}_{3,11}\tilde{u}_{3,22} + \tilde{u}_{3,22}^2 + 3\tilde{u}_{3,12}^2). \tag{2.39}$$

Die Integration über x_3 kann ausgeführt werden. Mit den Bezeichnungen

$$\left.\begin{aligned} &H[\tilde{u}_3, \tilde{u}_3] = \frac{\Gamma[e, e]}{x_3^2}, \\ &\int_{-h(x_1,x_2)}^{h(x_1,x_2)} \varrho(x_3^2 H[\tilde{u}_3, \tilde{u}_3])\, x_3^2\, dx_3 = g(x_1, x_2, H[\tilde{u}_3, \tilde{u}_3]) \end{aligned}\right\} \tag{2.40}$$

ergibt sich

$$\int_{\Omega_2} \{g(x_1, x_2, H[\tilde{u}_3, \tilde{u}_3]) (2\tilde{u}_{3,11}\delta\tilde{u}_{3,11} - \tilde{u}_{3,11}\delta\tilde{u}_{3,22} - \tilde{u}_{3,22}\delta\tilde{u}_{3,11} + 2\tilde{u}_{3,22}\delta\tilde{u}_{3,22} + 6\tilde{u}_{3,12}\delta\tilde{u}_{3,12}) + 2h(x_1, x_2)\, q_3(x_1, x_2)\, \delta\tilde{u}_3\}\, d\Omega_2 = 0. \tag{2.41}$$

Wenn wir lediglich finite[1]) Verschiebungen $\delta\tilde{u}_3$ zulassen, erhalten wir nach partieller Integration und den üblichen Orthogonalitätsbetrachtungen die Differentialgleichung

$$\frac{\partial^2}{\partial x_1^2}\left[g(x_1, x_2, H[\tilde{u}_3, \tilde{u}_3])\left(2\frac{\partial^2\tilde{u}_3}{\partial x_1^2} - \frac{\partial^2\tilde{u}_3}{\partial x_2^2}\right)\right] + \frac{\partial^2}{\partial x_2^2}\left[g(x_1, x_2, H[\tilde{u}_3, \tilde{u}_3])\left(2\frac{\partial^2\tilde{u}_3}{\partial x_2^2} - \frac{\partial^2\tilde{u}_3}{\partial x_1^2}\right)\right] + 6\frac{\partial^2}{\partial x_1\,\partial x_2}\left[g(x_1, x_2, H[\tilde{u}_3, \tilde{u}_3])\frac{\partial^2\tilde{u}_3}{\partial x_1\,\partial x_2}\right] + 2h(x_1, x_2)\, q_3(x_1, x_2) = 0. \tag{2.42}$$

Wir betrachten einige Beispiele von Randbedingungen. Die *eingespannte* Platte ist wieder durch die rein geometrischen Bedingungen gekennzeichnet, daß die Durchbiegung $\tilde{u}_3$ am Plattenrand mit ihren Ableitungen verschwindet:

$$\tilde{u}_3 = 0, \tag{2.43}$$

$$\tilde{u}_{3,1} = \tilde{u}_{3,2} = 0 \quad \text{auf} \quad \partial\Omega_2. \tag{2.44}$$

Die *aufliegende* Platte genügt der Randbedingung (2.43) und einer statischen Randbedingung, die aus der Variationsgleichung (2.41) gewonnen werden kann.

Wir lassen diesmal ein Feld von virtuellen Verschiebungen zu, dem nur die Randbedingung (2.43) auferlegt wird. Unter Berücksichtigung der Gleichung (2.42) gewinnt man dann aus der Variationsgleichung (2.41) durch partielle Integration die Variationsgleichung

$$\int_{\partial\Omega_2} g\{(2\tilde{u}_{3,11} - \tilde{u}_{3,22})\,\delta\tilde{u}_{3,1}n_1 + (2\tilde{u}_{3,22} - \tilde{u}_{3,11})\,\delta\tilde{u}_{3,2}n_2 + 6\tilde{u}_{2,12}\,\delta\tilde{u}_{3,1}n_2\}\, d\partial\Omega_2 - \int_{\partial\Omega_2}\left\{\frac{\partial}{\partial x_1}[g(2\tilde{u}_{3,11} - \tilde{u}_{3,22})]\, n_1 + \frac{\partial}{\partial x_2}[g(2\tilde{u}_{3,22} - \tilde{u}_{3,11})]\, n_2 + 6\frac{\partial}{\partial x_2}[g\tilde{u}_{3,12}]\, n_1\right\}\delta\tilde{u}_3\, d\partial\Omega_2 = 0, \tag{2.45}$$

---

[1]) Ist $\Omega \subseteq \Re^m$ ein Gebiet, so heißt die Funktion $\varphi \in (\Omega, \Re)$ *finit*, wenn ihr Träger $\vartheta(\varphi) = \{x \in \Omega;\ \varphi(x) \neq 0\}$ in Ω kompakt ist. Eine Vektorfunktion heißt *finit*, wenn ihre Komponenten finit sind.

in welcher das letzte Integral auf Grund der Randbedingung (2.43) verschwindet. Die verbleibende Gleichung

$$\int_{\partial\Omega_2} g\{(2\tilde{u}_{3,11} - \tilde{u}_{3,22})\, \delta\tilde{u}_{3,1} n_1 + (2\tilde{u}_{3,22} - \tilde{u}_{3,11})\, \delta\tilde{u}_{3,2} n_2$$

$$+ 6\tilde{u}_{3,12}\, \delta\tilde{u}_{3,1} n_2\}\, d\partial\Omega_2 = 0 \tag{2.46}$$

kann in folgender Weise umgeformt werden. Man setzt unter Berücksichtigung der Randbedingung (2.43) für $\delta\tilde{u}_3$

$$\delta\tilde{u}_{3,1} = -n_2 \frac{\partial\delta\tilde{u}_3}{\partial s} + n_1 \frac{\partial\delta\tilde{u}_3}{\partial n} = n_1 \frac{\partial\delta\tilde{u}_3}{\partial n},$$

$$\delta\tilde{u}_{3,2} = n_1 \frac{\partial\delta\tilde{u}_3}{\partial s} + n_2 \frac{\partial\delta\tilde{u}_3}{\partial n} = n_2 \frac{\partial\delta\tilde{u}_3}{\partial n}$$

und erhält

$$\int_{\partial\Omega_2} g(x_1, x_2, H[u_3, u_3])\, \{(2\tilde{u}_{3,11} - \tilde{u}_{3,22})\, n_1{}^2$$

$$+ (2\tilde{u}_{3,22} - \tilde{u}_{3,11})\, n_2{}^2 + 6\tilde{u}_{3,12} n_1 n_2\} \frac{\partial\delta\tilde{u}_3}{\partial n}\, d\partial\Omega_2 = 0. \tag{2.47}$$

Um das Randintegral in (2.47) statisch zu deuten, führen wir nach den Formeln (1.17) die Spannungen ein. Mit

$$\hat{A} = \int_0^{\Gamma} (\varrho\xi)\, d\xi,$$

$$\Gamma = \gamma_{11}^2 - \gamma_{11}\gamma_{22} + \gamma_{22}^2 + \frac{3}{4}(\gamma_{12} + \gamma_{21})^2$$

ergeben sich die Beziehungen

$$\left.\begin{aligned} \sigma_{11} &= \frac{\partial\hat{A}}{\partial\gamma_{11}} = \varrho(\Gamma)\,(2\gamma_{11} - \gamma_{22}), \\ \sigma_{22} &= \frac{\partial\hat{A}}{\partial\gamma_{22}} = \varrho(\Gamma)\,(2\gamma_{22} - \gamma_{11}), \\ \sigma_{12} &= \frac{\partial\hat{A}}{\partial\gamma_{12}} = \varrho(\Gamma)\, 3\gamma_{12}. \end{aligned}\right\} \tag{2.48}$$

Führt man die in der Plattentheorie gebräuchlichen Momente

$$G_1 = \int_{-h(x_1,x_2)}^{h(x_1,x_2)} \sigma_{11} x_3\, dx_3, \qquad G_2 = \int_{-h(x_1,x_2)}^{h(x_1,x_2)} \sigma_{22} x_3\, dx_3, \qquad K = \int_{-h(x_1,x_2)}^{h(x_1,x_2)} \sigma_{12} x_3\, dx_3 \tag{2.49}$$

ein, so findet man mit (2.35), (2.40)

$$\left.\begin{aligned} G_1 &= -g(x_1, x_2, H[\tilde{u}_3, \tilde{u}_3])\,(2\tilde{u}_{3,11} - \tilde{u}_{3,22}), \\ G_2 &= -g(x_1, x_2, H[\tilde{u}_3, \tilde{u}_3])\,(2\tilde{u}_{3,22} - \tilde{u}_{3,11}), \\ K &= -3g(x_1, x_2, H[\tilde{u}_3, \tilde{u}_3])\,\tilde{u}_{3,12}. \end{aligned}\right\} \tag{2.50}$$

Man folgert nun in der üblichen Weise aus (2.47) die Randbedingung

$$G_1 n_1^2 + G_2 n_2^2 + 2K n_1 n_2 = 0. \tag{2.51}$$

Die Bedingung (2.51) ergibt sich auch aus folgenden Überlegungen. Der in (1.12) mit den Spannungen σ_{ik} verknüpfte Vektor der Oberflächenkräfte $T(x_1, x_2, x_3)$ besitzt auf dem Plattenrand $(x_1, x_2) \in \partial\Omega_2$, $-h(x_1, x_2) \leqq x_3 \leqq h(x_1, x_2)$, die Normalkomponente

$$T_\nu = T_1 n_1 + T_2 n_2 = \sigma_{11} n_1^2 + \sigma_{22} n_2^2 + 2\sigma_{12} n_1 n_2. \tag{2.52}$$

Diese Normalkomponente erzeugt das Biegemoment

$$G_\nu = \int\limits_{-h(x_1,x_2)}^{h(x_1,x_2)} T_\nu x_3\, dx_3 = G_1 n_1^2 + G_2 n_2^2 + 2K n_1 n_2. \tag{2.53}$$

Bei einer aufliegenden Platte muß das Biegemoment G_ν verschwinden, es gilt also (2.51). Diese Bedingung ergibt sich, wie wir sahen, als natürliche Randbedingung aus der Variationsgleichung (2.41).

Gilt

$$g(x_1, x_2, H[\tilde{u}_3, \tilde{u}_3]) \neq 0 \qquad \text{auf } \partial\Omega_2, \tag{2.54}$$

so sind die Randbedingungen der aufliegenden Platte für die Gleichung (2.42) linear und lauten

$$\tilde{u}_3(x_1, x_2) = 0, \qquad (x_1, x_2) \in \partial\Omega_2, \tag{2.43}$$

und

$$(2\tilde{u}_{3,11} - \tilde{u}_{3,22})\, n_1^2 + (2\tilde{u}_{3,22} - \tilde{u}_{3,11})\, n_2^2 + 6\tilde{u}_{3,12} n_1 n_2 = 0$$
$$\text{auf } \partial\Omega_2. \tag{2.55}$$

Die Bedingung (2.54) wird sicherlich verletzt, wenn der Plattenrand zur Schneide ausgebildet ist, da mit $h(x_1, x_2)$ auch $g(x_1, x_2, H[\tilde{u}_3, \tilde{u}_3])$ verschwindet.

In ähnlicher Weise wie die aufliegende Platte kann auch die *freie* Platte behandelt werden. Wir verzichten hier auf die Herleitung einer weiteren nichtlinearen Randbedingung, die in diesem Fall die Bedingung (2.43) ersetzt [43]. Bei der Untersuchung der Variationsgleichung (2.38) für die freie Platte unterliegen die Variationen $\delta\tilde{u}_3$ keinen Randbedingungen.

3. Ein Beulproblem für mäßig nichtlineare Platten

Die Platte mit dem Volumen $\Omega = \Omega_2 \times (-h, h)$ beschreiben wir durch die Variationsgleichung (2.10). Überdies sei $q_3 \equiv 0$; die Platte ist also parallel zur Mittelebene belastet. Zusätzlich schränken wir die Variationen ein und fordern $\delta u_1 \equiv \delta u_2 \equiv 0$, $\delta u_3 = \delta \tilde{u}_3(x_1, x_2) = 0$, falls $(x_1, x_2) \in \partial\Omega_2$ ist. Die Variationsgleichung lautet nun

$$\left.\begin{aligned} 0 &= \delta \int_{\Omega_2} \int_{-h}^{h} \int_0^{\Gamma} \varrho(\xi)\, d\xi\, dx_3\, d\Omega_2 = \delta A\,, \\ \Gamma &= \varepsilon_{11}^2 + \alpha\varepsilon_{11}\varepsilon_{22} + \varepsilon_{22}^2 + \beta^2\varepsilon_{12}^2. \end{aligned}\right\} \tag{2.56}$$

Für die Verzerrungen wählen wir die Relationen (2.4), (2.2). Aus ihnen ergibt sich

$$\begin{aligned} \delta\Gamma &= (2\varepsilon_{11} + \alpha\varepsilon_{22})\,(\tilde{u}_{3,1}\,\delta\tilde{u}_{3,1} - x_3\,\delta\tilde{u}_{3,11}) \\ &\quad + (2\varepsilon_{22} + \alpha\varepsilon_{11})\,(\tilde{u}_{3,2}\,\delta\tilde{u}_{3,2} - x_3\,\delta\tilde{u}_{3,22}) \\ &\quad + \varepsilon_{12}\beta^2(\tilde{u}_{3,1}\,\delta\tilde{u}_{3,2} + \tilde{u}_{3,2}\,\delta\tilde{u}_{3,1} - 2x_3\,\delta\tilde{u}_{3,12})\,. \end{aligned} \tag{2.57}$$

Über (1.17) erhalten wir die Spannungen (vgl. (2.16), (2.48))

$$\left.\begin{aligned} \sigma_{11} &= \varrho(\Gamma)\,(2\varepsilon_{11} + \alpha\varepsilon_{22})\,, \\ \sigma_{22} &= \varrho(\Gamma)\,(\alpha\varepsilon_{11} + 2\varepsilon_{22})\,, \\ \sigma_{12} &= \varrho(\Gamma)\,\beta^2\varepsilon_{12}\,. \end{aligned}\right\} \tag{2.58}$$

Setzen wir (2.57), (2.58) in die Variationsgleichung (2.56) ein, so ergibt sich nach partieller Integration

$$\begin{aligned} &-\int_{\Omega_2} \int_{-h}^{h} [(\sigma_{11}\tilde{u}_{3,1})_{,1} + (\sigma_{12}\tilde{u}_{3,1})_{,2} + (\sigma_{12}\tilde{u}_{3,2})_{,1} + (\sigma_{22}\tilde{u}_{3,2})_{,2}]\,\delta\tilde{u}_3 dx_3\, d\Omega_2 \\ &-\int_{\Omega_2} \int_{-h}^{h} \varrho(\Gamma)\, x_3[(2\varepsilon_{11} + \alpha\varepsilon_{22})\,\delta\tilde{u}_{3,11} + (\alpha\varepsilon_{11} + 2\varepsilon_{22})\,\delta\tilde{u}_{3,22} + 2\beta^2\varepsilon_{12}\delta\tilde{u}_{3,12}]\, dx_3\, d\Omega_2 = 0. \end{aligned} \tag{2.59}$$

Als weitere Vereinfachung der Variationsgleichung (2.59) wäre denkbar, daß wir den „Elastizitätsmodul" $\varrho(\Gamma)$ in der Variablen x_3 als gerade ansehen. Bei dieser Annahme ersetzen wir im Argument Γ die Verzerrungen $\varepsilon_{11}, \varepsilon_{22}, \varepsilon_{12}$ durch $\gamma_{11}, \gamma_{22}, \gamma_{12}$ aus (2.35), also Γ durch

$$\Gamma_0 = x_3^2(\tilde{u}_{3,11}^2 + \alpha\tilde{u}_{3,11}\tilde{u}_{3,22} + \tilde{u}_{3,22}^2 + \beta^2\tilde{u}_{3,12}^2) = x_3^2 H[\tilde{u}_3, \tilde{u}_3]. \tag{2.60}$$

In der Gleichung

$$\int_{\Omega_2} \int_{-h}^{h} \varrho(\Gamma_0)\, \delta\Gamma\, dx_3\, d\Omega_2 = 0 \tag{2.61}$$

benutzen wir ferner die Gleichgewichtsbedingungen

$$\left.\begin{aligned}\frac{\partial\sigma_{11}}{\partial x_1}+\frac{\partial\sigma_{12}}{\partial x_2}&=q_1(x_1,x_2,x_3)-\frac{\partial\sigma_{13}}{\partial x_3},\\\frac{\partial\sigma_{12}}{\partial x_1}+\frac{\partial\sigma_{22}}{\partial x_2}&=q_2(x_1,x_2,x_3)-\frac{\partial\sigma_{23}}{\partial x_3}\end{aligned}\right\}\qquad(2.62)$$

und führen die Plattenkräfte

$$T_1=\int_{-h}^{h}\sigma_{11}\,dx_3,\qquad T_2=\int_{-h}^{h}\sigma_{22}\,dx_3,\qquad T_{12}=\int_{-h}^{h}\sigma_{12}\,dx_3\qquad(2.63)$$

ein. Aus (2.62) ergeben sich die Gleichgewichtsbedingungen

$$\frac{\partial T_1}{\partial x_1}+\frac{\partial T_{12}}{\partial x_2}=Q_1(x_1,x_2),\qquad\frac{\partial T_{12}}{\partial x_1}+\frac{\partial T_2}{\partial x_2}=Q_2(x_1,x_2)\qquad(2.64)$$

mit den äußeren Kräften

$$Q_l(x_1,x_2)=\int_{-h}^{h}q_l(x_1,x_2,x_3)\,dx_3-\sigma_{l3}(x_1,x_2,h)+\sigma_{l3}(x_1,x_2,-h),\qquad l=1,2.\qquad(2.65)$$

Die Gleichung (2.61) lautet, wenn wir wie in (2.40) die Bezeichnung

$$g(H[\tilde u_3,\tilde u_3])=\int_{-h}^{h}x_3^2\,\varrho(\Gamma_0)\,dx_3\qquad(2.66)$$

einführen,

$$\begin{aligned}&2\int_{\Omega_2}g(H[\tilde u_3,\tilde u_3])\,H[\tilde u_3,\delta\tilde u_3]\,d\Omega_2\\&=\int_{\Omega_2}(T_1\tilde u_{3,11}+2T_{12}\tilde u_{3,12}+T_2\tilde u_{3,22}+Q_1\tilde u_{3,1}+Q_2\tilde u_{3,2})\,\delta\tilde u_3\,d\Omega_2,\end{aligned}\qquad(2.67)$$

wobei $H[\tilde u_3,\delta\tilde u_3]$ die $H[\tilde u_3,\tilde u_3]$ entsprechende Bilinearform darstellt.

Für homogene Randbedingungen in $\tilde u_3$ ist die Variationsgleichung (2.67) bei beliebig vorgegebenen Kräften T_1, T_2, T_{12}, Q_1, Q_2, die natürlich den Gleichungen (2.64) genügen müssen, mit $\tilde u_3\equiv 0$ erfüllt. Im Fall $\tilde u_3\equiv 0$ ist die Mittelfläche der Platte nicht gewölbt. Einfache Experimente zeigen, daß neben dem ebenen Gleichgewicht auch gewölbte Gleichgewichtszustände möglich sind. Wir bezeichnen die Gleichung (2.67) als *Beulgleichung* mäßig nichtlinearer Platten.

§ 3. Ebene Probleme der elastisch-plastischen Deformationstheorie

Plastische Körper zeigen bei Beladung und Entladung verschiedenartiges Verhalten. Es gibt verschiedene mathematische Theorien, die sich mit der Deformation plastischer Körper beschäftigen. Plastisches Verhalten zeigen alle Metalle bei höheren Temperaturen, auch Beton und die meisten Kunststoffe. Genauere Experimente zeigen, daß fast jede elastische Deformation von mehr oder weniger bedeutenden plastischen Erscheinungen begleitet ist.

In der elastisch-plastischen Deformationstheorie identifiziert man den plastischen Körper mit einem nichtlinear elastischen Körper gleichen Volumens, etwa Ω, und nimmt die Arbeit der inneren Kräfte mit

$$A = \frac{2G}{3} \int_\Omega \int_0^{\Gamma(a_1,a_2)} \varrho(\xi)\, d\xi\, d\Omega + \frac{k}{2} \int_\Omega a_1^2\, d\Omega \tag{3.1}$$

an. Hierin ist

$$\Gamma(a_1, a_2) = \frac{3a_2 - a_1^2}{2}, \qquad a_1 = \gamma_{ii}, \qquad a_2 = \gamma_{ij}\gamma_{ij} \tag{3.2}$$

eine Invariante des linearisierten Verzerrungstensors; wir beschränken uns damit auf kleine Verzerrungen. Für Γ ist auch die Schreibweise

$$\Gamma(a_1, a_2) = \frac{3}{2}\, e_{ij} e_{ij} \tag{3.2'}$$

mit dem *Verzerrungsdeviator*

$$e_{ij} = \left(\delta_{ijkl} - \frac{1}{3}\,\delta_{ij}\,\delta_{kl}\right)\gamma_{kl}, \qquad \delta_{ijkl} = \frac{1}{2}\,(\delta_{ik}\,\delta_{jl} + \delta_{il}\,\delta_{jk})$$

gebräuchlich.

Diese Beschreibung steht in offensichtlichem Widerspruch zu den eingangs erwähnten Eigenschaften eines plastischen Körpers. Sie hat sich jedoch in einem gut abgegrenzten Anwendungsbereich durchgesetzt, vgl. [30]. Es ist verschiedentlich gezeigt worden — wir gehen darauf noch in § 4 ein —, daß bei der Untersuchung statischer Zustände, denen eine einmalige proportionale Beladung vorangegangen ist, nichtlinear elastische und elastisch-plastische Körper voneinander nicht zu unterscheiden sind.

Aus den für elastische Körper gültigen Beziehungen (1.17) und der in (3.1), (3.2) festgelegten Arbeit der inneren Kräfte gewinnen wir die Spannungs-Verzerrungsbeziehungen

$$\sigma_{ik} = \left[k - \frac{2}{3}\,G\varrho(\Gamma)\right] a_1\,\delta_{ik} + 2G\varrho(\Gamma)\,\gamma_{ik}. \tag{3.3}$$

Für $\varrho \equiv 1$ stimmt (3.3) mit den Spannungs-Verzerrungsbeziehungen des Hookeschen Gesetzes (1.22) überein. In die Gleichgewichtsbedingungen (1.11) eingesetzt, ergibt (3.3) ein System von drei nichtlinearen partiellen Differentialgleichungen für die Verschiebungen u_k. Auch die Variationsgleichung (1.26) ist mit der Arbeit (3.1), (3.2) anwendbar. Wie ein Vergleich der Voraussetzungen zeigt, kann die in § 2 dargelegte Theorie nichtlinear elastischer Platten auch als Theorie elastisch-plastischer Platten bei vernachlässigbar kleiner Arbeit der Volumenänderung ($k = 0$) gedeutet werden. Natürlich kann der Anteil der Volumenänderung auch in (2.37) berücksichtigt werden.

Wie in der Theorie der nichtlinear elastischen Körper kommen in der elastisch-plastischen Deformationstheorie zwei positive Materialkonstanten G, k und eine empirisch zu ermittelnde Materialfunktion $\varrho(\xi)$, $0 \leqq \xi < \infty$, vor. Ein typisches Diagramm zeigt Abb. 1. Der grob gestrichelte Strahl in dieser Abbildung stellt das Hookesche Gesetz dar $\left(\varrho(\xi) \equiv 1\right)$.

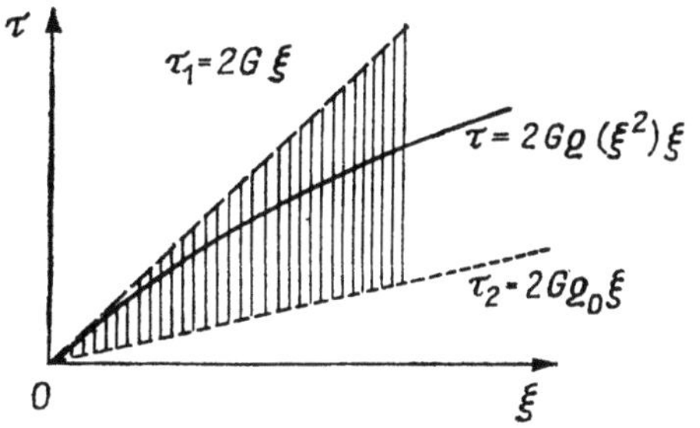

Abb. 1

Neben erforderlichen Stetigkeits- und Differenzierbarkeitseigenschaften kann man annehmen, daß die Funktion $\varrho(\xi)$, $\xi \geqq 0$, folgenden Ungleichungen genügt:

$$1 \geqq \varrho(\xi) \geqq \varrho_0 > 0, \tag{3.4}$$

$$\frac{d\tau}{d\xi} - \frac{\tau}{\xi} \leqq 0 \quad \text{oder} \quad \varrho'(\xi) \leqq 0. \tag{3.5}$$

Die Ungleichungen (3.4) besagen, daß die Kurve $\tau(\xi)$ im schraffierten Sektor verläuft; (3.5) bedeutet, daß $\tau(\xi)$ konkav ist.

1. Elastisch-plastische Torsionsstäbe

Wir betrachten wieder einen zylindrischen Körper mit dem Volumen $\Omega = \Omega_2 \times (0, l)$, setzen diesmal jedoch $l \gg d(\Omega_2)$ voraus. Die Grundfläche dieses Zylinders ($x_3 = 0$) ist befestigt, die Seitenfläche $\partial\Omega_2 \times [0, l]$ frei von jeglicher Last:

$$u_i(x_1, x_2, 0) = 0, \qquad (x_1, x_2) \in \Omega_2, \qquad i = 1, 2, \tag{3.6}$$

$$T(x) = 0, \qquad x \in \partial\Omega_2 \times [0, l]. \tag{3.7}$$

Am Endquerschnitt $\Omega_2 \times \{l\}$ des Zylinders erzeugt die Last ein resultierendes Moment um die Achse $x_1 = x_2 = 0$, die so gelegt ist, daß sie den geometrischen Ort der Schwerpunkte aller Querschnitte $\Omega_2 \times \{x_3\}$, $0 \leqq x_3 \leqq l$, bildet. Es gilt daher

$$\int_{\Omega_2} [x_1 T_2(x_1, x_2, l) - x_2 T_1(x_1, x_2, l)]\, d\Omega_2 = M, \tag{3.8}$$

während die anderen Momente und die Komponenten der resultierenden Last $\int_{\Omega_2} T(x_1, x_2, l)\, d\Omega_2$ verschwinden. Den so belasteten Zylinder nennen wir *Torsionsstab*.

Ausdrücklich sei zugelassen, daß der Querschnitt Ω_2 mehrfach zusammenhängend sein darf, so daß auch Hohlstäbe betrachtet werden können.

Man nimmt an, daß sich die Stabquerschnitte unter der Einwirkung des Torsionsmomentes M um die Stabachse drehen. Diese Verdrehung wird durch den Winkel $\alpha(x_3)$ beschrieben und linear angenommen:

$$\alpha(x_3) = \omega x_3, \qquad \omega = \frac{\alpha(l)}{l}. \tag{3.9}$$

Für kleine Verschiebungen ist dann der Ansatz

$$u_1(x) = -\omega x_2 x_3, \qquad u_2(x) = \omega x_1 x_3, \qquad u_3(x) = \omega \varphi(x_1, x_2), \tag{3.10}$$
$$x = e_k x_k \in \bar{\Omega}_2 \times [0, l],$$

gerechtfertigt. Die Funktion $\varphi(x_1, x_2)$ kennzeichnet die Verwölbung eines beliebigen Querschnitts. Der Ansatz (3.10) erfüllt die Randbedingungen (3.6) und liefert die Verzerrungen

$$\left.\begin{aligned} &\gamma_{11} = \gamma_{22} = \gamma_{33} = \gamma_{12} = 0, \\ &\gamma_{13} = \frac{\omega}{2}\left(\frac{\partial\varphi}{\partial x_1} - x_2\right), \qquad \gamma_{23} = \frac{\omega}{2}\left(\frac{\partial\varphi}{\partial x_2} + x_1\right). \end{aligned}\right\} \tag{3.11}$$

Für die Spannungen erhalten wir aus (3.3) und (3.11)

$$\left.\begin{aligned} &\sigma_{11} = \sigma_{22} = \sigma_{33} = \sigma_{12} = 0, \\ &\sigma_{13} = \omega G \varrho(\Gamma)\left(\frac{\partial\varphi}{\partial x_1} - x_2\right), \qquad \sigma_{23} = \omega G \varrho(\Gamma)\left(\frac{\partial\varphi}{\partial x_2} + x_1\right), \end{aligned}\right\} \tag{3.12}$$

$$\Gamma = 3(\gamma_{13}^2 + \gamma_{23}^2) = \frac{3}{4}\,\omega^2\left[\left(\frac{\partial\varphi}{\partial x_1} - x_2\right)^2 + \left(\frac{\partial\varphi}{\partial x_2} + x_1\right)^2\right]. \tag{3.13}$$

Durch die Beziehungen (3.10) bis (3.13) werden alle Zustandsgrößen des elastisch-plastischen Torsionsstabes als Funktionen des Drehwinkels pro Längeneinheit ω und der Verwölbung $\varphi(x_1, x_2)$, $x \in \bar{\Omega} \times [0, l]$, dargestellt.

Vernachlässigt man im Prinzip der virtuellen Verschiebungen die Volumenkräfte, so gilt

$$\frac{2G}{3}\,\delta \int_{\Omega} \int_0^{\Gamma} \varrho(\xi)\, d\xi\, d\Omega = \int_{\partial\Omega} (T, \delta u)\, d\partial\Omega. \tag{3.14}$$

Wir finden

$$\partial\Omega = \big(\partial\Omega_2 \times (0, l)\big) \cup (\bar{\Omega}_2 \times \{0\}) \cup (\bar{\Omega}_2 \times \{l\}),$$

$$T(x) = 0, \qquad x \in \partial\Omega_2 \times (0, l), \qquad \delta u_1(x) = \delta u_2(x) = 0,\; x \in \bar{\Omega}_2 \times \{0\},$$

wegen (3.6), (3.7). Schließlich ist

$$T_3(x) = \sigma_{3k}(x)\, n_k(x) = 0, \qquad x \in \bar{\Omega}_2 \times \{0\},$$

da $n_1(x) = n_2(x) = \sigma_{33}(x) = 0$, $x \in \bar{\Omega}_2 \times \{0\}$, ist.

Nach diesen Vorbereitungen erhalten wir mit (1.12)

$$\int\limits_{\partial\Omega} (T, \delta u)\, d\partial\Omega = \int\limits_{\Omega_2\times\{l\}} T_k \delta u_k\, d\Omega_2 = \int\limits_{\Omega_2\times\{l\}} \sigma_{k3}\delta u_k\, d\Omega_2$$
$$= \int\limits_{\Omega_2\times\{l\}} (\sigma_{13}\delta u_1 + \sigma_{23}\delta u_2)\, d\Omega_2, \tag{3.15}$$

da $n_1(x) = n_2(x) = \sigma_{33}(x) = 0$, $n_3(x) = 1$, $x \in \Omega_2 \times \{l\}$, ist.

Als unabhängige Variationen wählen wir $\delta\omega$, $\delta\varphi$. Es ist dann nach (3.10)

$$\delta u_1 = -\delta\omega x_2 x_3, \qquad \delta u_2 = \delta\omega x_1 x_3, \qquad \delta u_3 = \varphi\delta\omega + \omega\delta\varphi \tag{3.16}$$

und

$$\delta\Gamma = \frac{3\omega}{2}\,\delta\omega \left[\left(\frac{\partial\varphi}{\partial x_1} - x_2\right)^2 + \left(\frac{\partial\varphi}{\partial x_2} + x_1\right)^2\right]$$
$$+ \frac{3}{2}\,\omega^2 \left[\left(\frac{\partial\varphi}{\partial x_1} - x_2\right)\frac{\partial\delta\varphi}{\partial x_1} + \left(\frac{\partial\varphi}{\partial x_2} + x_1\right)\frac{\partial\delta\varphi}{\partial x_2}\right]. \tag{3.17}$$

Gehen wir mit (3.15) bis (3.17) in (3.14) ein, so kommen wir zur Variationsgleichung

$$G\omega^2 \int\limits_{\Omega_2} \varrho(\Gamma) \left[\left(\frac{\partial\varphi}{\partial x_1} - x_2\right)\frac{\partial\delta\varphi}{\partial x_1} + \left(\frac{\partial\varphi}{\partial x_2} + x_1\right)\frac{\partial\delta\varphi}{\partial x_2}\right] d\Omega_2$$
$$+ \left\{G\omega \int\limits_{\Omega_2} \left[\left(\frac{\partial\varphi}{\partial x_1} - x_2\right)^2 + \left(\frac{\partial\varphi}{\partial x_2} + x_1\right)^2 d\Omega_2 - M\right\}\delta\omega = 0. \tag{3.18}$$

Nutzen wir die Willkür in den Variationen, so erhalten wir die Gleichungen

$$\frac{\partial}{\partial x_1}\left[\varrho(\Gamma)\left(\frac{\partial\varphi}{\partial x_1} - x_2\right)\right] + \frac{\partial}{\partial x_2}\left[\varrho(\Gamma)\left(\frac{\partial\varphi}{\partial x_2} + x_1\right)\right] = 0, \qquad x \in \Omega_2, \tag{3.19}$$

$$M = \frac{4}{3}\,\frac{G}{\omega} \int\limits_{\Omega_2} \varrho(\Gamma)\Gamma\, d\Omega_2 \tag{3.20}$$

und die Randbedingung

$$\frac{\partial\varphi}{\partial n} = x_2 n_1(x) - x_1 n_2(x), \qquad x \in \partial\Omega_2, \tag{3.21}$$

die die Zustandsgrößen M, ω, φ miteinander verknüpfen.

2. Virtuelle Verschiebungen und virtuelle Änderungen des Spannungszustandes

Gegeben sei ein deformierbarer Körper mit dem Volumen Ω und ein Satz von Zustandsgrößen

$$K(x), \quad x \in \Omega, \qquad T(x), \quad x \in \partial\Omega, \qquad u(x), \quad x \in \bar{\Omega},$$

$$E(x) = \{\gamma_{ik}(x)\}, \qquad S(x) = \{\sigma_{ik}(x)\}, \qquad x \in \Omega.$$

Dabei sei $\partial\Omega = \partial\Omega' \cup \partial\Omega''$, $\partial\Omega' \cap \partial\Omega'' = \emptyset$,

$$u_k(x) = \alpha_k(x), \qquad x \in \partial\Omega', \tag{3.22}$$

$$\sigma_{ik}(x)\, n_k(x) = T_i(x), \qquad x \in \partial\Omega''. \tag{3.23}$$

Neben den wirklich vorhandenen Zustandsgrößen betrachten wir ein beliebiges Feld von Verschiebungen $\hat{u}(x)$, $x \in \bar{\Omega}$, welches die Bedingung (3.22) erfüllt: $\hat{u}(x) = e_k\alpha_k(x)$, $x \in \partial\Omega'$. Wir nennen es *geometrisch zulässig.*

Ein beliebiges Feld von Spannungstensoren $\hat{S}(x) = \{\hat{\sigma}_{ik}(x)\}$ heiße *statisch zulässig,* wenn es die Bedingung (3.23) erfüllt,

$$\hat{\sigma}_{ik}(x)\, n_k(x) = T_i(x), \qquad x \in \partial\Omega'',$$

und wenn es den Gleichgewichtsbedingungen (1.11) genügt,

$$\hat{\sigma}_{ik,k}(x) + X_i(x) = 0, \qquad x \in \Omega.$$

Aus einem beliebig vorgegebenen Feld von statisch zulässigen Spannungstensoren läßt sich im allgemeinen kein stetiges Verschiebungsfeld konstruieren.

Es sei nun $\hat{u}(x)$, $x \in \bar{\Omega}$, irgendein Feld von geometrisch zulässigen Verschiebungen, $\hat{S}(x)$, $x \in \Omega$, irgendein Feld von statisch zulässigen Spannungstensoren. Dann gilt

$$\int_\Omega \hat{\sigma}_{kl}\hat{\gamma}_{kl}\, d\Omega = \int_\Omega (K, \hat{u})\, d\Omega + \int_{\partial\Omega'} \hat{\sigma}_{kl} n_l \alpha_k\, d\partial\Omega' + \int_{\partial\Omega''} (T, \hat{u})\, d\partial\Omega''. \tag{3.24}$$

Den Nachweis erbringt man durch partielle Integration:

$$\int_{\partial\Omega'} \hat{\sigma}_{kl} n_l \alpha_k\, d\partial\Omega' + \int_{\partial\Omega''} (T, \hat{u})\, d\partial\Omega'' = \int_{\partial\Omega} \hat{\sigma}_{kl} n_l \hat{u}_k\, d\partial\Omega = \int_\Omega (\hat{\sigma}_{kl}\hat{u}_k)_{,l}\, d\Omega$$

$$= -\int_\Omega (K, \hat{u})\, d\Omega + \int_\Omega \hat{\sigma}_{kl} \frac{1}{2} (\hat{u}_{k,l} + \hat{u}_{l,k})\, d\Omega.$$

Die Integralbeziehung (3.24) umfaßt das *Prinzip der virtuellen Verschiebungen.* Wir überzeugen uns davon, indem wir ein Feld von virtuellen Verschiebungen $\delta u(x)$, $x \in \bar{\Omega}$, wählen, welches auf $\partial\Omega'$ verschwindet. Sind $u(x)$, $x \in \bar{\Omega}$, die wirklich vorhandenen Verschiebungen, so ist das Feld $\hat{u}(x) = u(x) + \delta u(x)$, $x \in \bar{\Omega}$, geometrisch zulässig. Da natürlich auch die Verschiebungen $u(x)$, $x \in \bar{\Omega}$, geometrisch zulässig sind, folgt aus (3.24)

$$\int_\Omega \hat{\sigma}_{kl}\delta\gamma_{kl}\, d\Omega = \int_\Omega (K, \delta u)\, d\Omega + \int_{\partial\Omega} (T, \delta u)\, d\Omega.$$

Das Prinzip der virtuellen Verschiebungen gilt demnach für jedes statisch zulässige Feld von Spannungstensoren, erst recht also für die wirklich vorhandenen Spannungen.

Neben dem Prinzip der virtuellen Verschiebungen enthält die Integralbeziehung (3.24) noch ein zu jenem duales Prinzip, das *Prinzip der virtuellen Änderungen des Spannungszustandes*. Zur Herleitung dieses Prinzips wählen wir als geometrisch zulässige Verschiebungen $\hat{u}(x)$ die wirklich vorhandenen Verschiebungen $u(x)$, $x \in \bar{\Omega}$. In der Eigenschaft der statisch zulässigen Spannungen $\hat{\sigma}_{kl}(x)$ wählen wir einmal die wirklich vorhandenen Spannungen $\sigma_{kl}(x)$, $x \in \Omega$, zum anderen die Spannungen $\sigma_{kl}(x) + \delta\sigma_{kl}(x)$, wobei die Variationen $\delta\sigma_{kl}$ für homogene Rand- und Gleichgewichtsbedingungen statisch zulässig sind,

$$\delta\sigma_{kl}(x)\, n_l(x) = 0, \qquad x \in \partial\Omega'', \tag{3.25}$$

$$\delta\sigma_{kl,l}(x) = 0, \qquad x \in \Omega. \tag{3.26}$$

Aus (3.24) ergibt sich damit

$$\int_{\Omega} \gamma_{kl}\delta\sigma_{kl}\, d\Omega = \int_{\partial\Omega'} \delta\sigma_{kl} n_l \alpha_k\, d\partial\Omega'. \tag{3.27}$$

Die Integralbeziehung (3.27) stellt das erwähnte Prinzip der virtuellen Änderungen des Spannungszustandes dar.

Wir betrachten nun speziell einen nichtlinear elastischen Körper. Der Spannungstensor $S = \{\sigma_{kl}\}$ besitzt die Invarianten

$$b_1 = \sigma_{ii}, \qquad b_2 = \sigma_{ij}\sigma_{ij}. \tag{3.28}$$

Da in einem elastischen Körper die inneren Kräfte Potentialcharakter besitzen und der Ausdruck $d\hat{A} = \sigma_{ij}\, d\gamma_{ij}$ ein Differential darstellt, muß auch

$$dA^* = \gamma_{ij}\, d\sigma_{ij} = d(\gamma_{ij}\sigma_{ij}) - \sigma_{ij}\, d\gamma_{ij}$$

ein Differential darstellen. Wir erhalten das Elastizitätsgesetz

$$\gamma_{ij} = \frac{\partial A^*}{\partial\sigma_{ij}}. \tag{3.29}$$

Speziell zur Beschreibung elastisch-plastischer Körper wählen wir

$$A^*(b_1, b_2) = \frac{1}{18k}\, b_1{}^2 + \frac{1}{6G}\int_0^{\Psi} \eta(\tau)\, d\tau, \tag{3.30}$$

$$\begin{aligned} \Psi &= \frac{3b_2 - b_1{}^2}{2} = \frac{3}{2}\, s_{ij}s_{ij} \\ &= \sigma_{11}^2 + \sigma_{22}^2 + \sigma_{33}^2 - \sigma_{11}\sigma_{22} - \sigma_{11}\sigma_{33} - \sigma_{22}\sigma_{33} + 3(\sigma_{12}^2 + \sigma_{13}^2 + \sigma_{23}^2). \end{aligned} \tag{3.31}$$

s_{ij} stellt darin den *Spannungsdeviator* dar,

$$s_{ij} = \left(\delta_{ijkl} - \frac{1}{3}\delta_{ij}\delta_{kl}\right)\sigma_{kl}, \qquad \delta_{ijkl} = \frac{1}{2}(\delta_{ik}\delta_{jl} + \delta_{il}\delta_{jk}),$$

die Invariante $\Psi(b_1, b_2)$ ist als Summe von Quadraten nichtnegativ.

Das nichtlineare Elastizitätsgesetz (3.29) lautet dann

$$\gamma_{ik} = \left(\frac{1}{9k} - \frac{1}{6G}\eta(\Psi)\right)b_1\delta_{ik} + \frac{1}{2G}\eta(\Psi)\,\sigma_{ik}. \tag{3.32}$$

Aus (3.32) erhalten wir die Beziehung

$$\Gamma = \frac{3a_2 - a_1^2}{2} = \left[\frac{1}{2G}\eta(\Psi)\right]^2 \Psi$$

und durch Vergleich mit (3.3) $\eta(\Psi)\,\varrho(\Gamma) \equiv 1$.

Entspricht dem nichtlinearen Elastizitätsgesetz (3.3) die Materialfunktion $\tau = 2G\varrho(\xi^2)\,\xi$ in Abb. 1, so ist das Elastizitätsgesetz (3.32) identisch mit (3.3), wenn wir als Materialfunktion die inverse Funktion

$$\xi = \frac{1}{2G}\eta(\tau^2)\,\tau$$

wählen. Nimmt man für die Materialfunktion $\tau(\xi)$ (Abb. 1) die Ungleichungen (3.4), (3.5) als erfüllt an, so kann man für die inverse Funktion $\xi(\tau)$ die Ungleichungen

$$1 \leqq \eta(\tau) \leqq \frac{1}{\varrho_0}, \tag{3.33}$$

$$\eta'(\tau) \geqq 0 \tag{3.34}$$

erwarten.

3. Die Prandtlsche Spannungsfunktion im Torsionsproblem

Da im Torsionsproblem die Volumenkräfte $K(x)$, $x \in \Omega$, vernachlässigt werden, ist das Feld von Spannungstensoren

$$\left.\begin{aligned} &\hat{S}(x) = \{\hat{\sigma}_{ik}(x)\}, \qquad x \in \Omega_2 \times (0, l),\\ &\hat{\sigma}_{11} = \hat{\sigma}_{22} = \hat{\sigma}_{33} = \hat{\sigma}_{12} = 0,\\ &\hat{\sigma}_{13}(x) = \hat{\sigma}_{13}(x_1, x_2), \qquad \hat{\sigma}_{23}(x) = \hat{\sigma}_{23}(x_1, x_2) \end{aligned}\right\} \tag{3.35}$$

statisch zulässig, wenn

$$\frac{\partial\hat{\sigma}_{13}}{\partial x_1} + \frac{\partial\hat{\sigma}_{23}}{\partial x_2} = 0, \tag{3.36}$$

$$\hat{\sigma}_{13}n_1 + \hat{\sigma}_{23}n_2 = 0, \qquad x \in \partial\Omega_2 \times (0, l) \tag{3.37}$$

$$\hat{\sigma}_{13}(x) = T_1(x), \qquad \hat{\sigma}_{23}(x) = T_2(x), \qquad x \in \overline{\Omega_2} \times \{l\}, \tag{3.38}$$

ist. Die Gleichung (3.36) ist mit einer Spannungsfunktion $\hat{U}(x_1, x_2)$ erfüllt, wenn

$$\hat{\sigma}_{13} = \frac{\partial \hat{U}}{\partial x_2}, \qquad \hat{\sigma}_{23} = -\frac{\partial \hat{U}}{\partial x_1} \tag{3.39}$$

gesetzt wird. Die Randbedingung (3.37) lautet dann $\hat{U}(x_1, x_2) = \text{const}, (x_1, x_2) \in \partial\Omega_2$; für ein einfach zusammenhängendes Gebiet Ω_2 (Vollstab) kann

$$\hat{U}(x_1, x_2) = 0, \qquad (x_1, x_2) \in \partial\Omega_2, \tag{3.40}$$

angenommen werden.

Wenn wir für die wirklich vorhandenen Spannungen die Gestalt (3.35) annehmen, vereinfacht sich mit

$$\sigma_{13} = \frac{\partial U}{\partial x_2}, \qquad \sigma_{23} = -\frac{\partial U}{\partial x_1} \tag{3.41}$$

das für den elastisch-plastischen Torsionsstab angenommene nichtlineare Elastizitätsgesetz (3.32) zu

$$\gamma_{i3}(x) = \frac{1}{2G}\,\eta(\Psi)\,\sigma_{i3}(x), \qquad x \in \Omega_2 \times (0, l), \qquad i = 1, 2,$$

$$\Psi = 3\left[\left(\frac{\partial U}{\partial x_1}\right)^2 + \left(\frac{\partial U}{\partial x_2}\right)^2\right],$$

so daß das Prinzip der virtuellen Änderungen des Spannungszustandes (3.27) mit den Variationen $\delta\sigma_{i3} = \hat{\sigma}_{i3}$, $i = 1, 2$, $\delta U = \hat{U}$ aus (3.39) unter Berücksichtigung von (3.40) eine einfache Form erhält. Es gilt

$$\int\limits_{\Omega} \gamma_{kl}\delta\sigma_{kl}\, d\Omega = 2\int\limits_{\Omega}\left(\gamma_{13}\frac{\partial\delta U}{\partial x_2} - \gamma_{23}\frac{\partial\delta U}{\partial x_1}\right) d\Omega$$

$$= \frac{l}{G}\int\limits_{\Omega_2}\eta(\Psi)\left[\frac{\partial U}{\partial x_1}\frac{\partial\delta U}{\partial x_1} + \frac{\partial U}{\partial x_2}\frac{\partial\delta U}{\partial x_2}\right] d\Omega_2. \tag{3.42}$$

Da $\partial\Omega' = (\Omega_2 \times \{0\}) \cup (\Omega_2 \times \{l\})$ ist und die vorgegebenen Verschiebungen (3.10) auf $\overline{\Omega_2} \times \{0\}$ verschwinden, erhalten wir wegen (3.40), (3.10)

$$\int\limits_{\partial\Omega'} \delta\sigma_{kl} n_l \alpha_k\, d\partial\Omega' = 2l\omega \int\limits_{\Omega_2} \delta U\, d\Omega_2. \tag{3.43}$$

Mit

$$\Psi[U, \delta U] = 3\left(\frac{\partial U}{\partial x_1}\frac{\partial\delta U}{\partial x_1} + \frac{\partial U}{\partial x_2}\frac{\partial\delta U}{\partial x_2}\right) \tag{3.44}$$

ergibt sich aus (3.42), (3.43) die Variationsgleichung

$$\int\limits_{\Omega_2} \eta(\Psi)\,\Psi[U, \delta U]\, d\Omega_2 = 6G\omega \int\limits_{\Omega_2} \delta U\, d\Omega_2 \tag{3.45}$$

mit der Randbedingung

$$U(x_1, x_2) = \delta U(x_1, x_2) = 0, \qquad (x_1, x_2) \in \partial\Omega_2. \tag{3.46}$$

Wir vermerken schließlich, daß wir in das Torsionsmoment (3.8)

$$T_1(x_1, x_2, l) = \sigma_{13} = \frac{\partial U}{\partial x_2}, \qquad T_2(x_1, x_2, l) = \sigma_{23} = -\frac{\partial U}{\partial x_1}$$

einsetzen können und wegen (3.40)

$$M = 2 \int_{\Omega_2} U(x_1, x_2)\, d\Omega_2 \tag{3.47}$$

erhalten. Erinnern wir uns an die Definition (3.9) von ω, so nimmt die rechte Seite in der Variationsgleichung (3.43) die Gestalt $\alpha(l)\, \delta M$ an, wie zu erwarten war.

4. Der ebene elastisch-plastische Spannungszustand

Ist in einem zylindrischen Körper mit dem Volumen $\Omega = \Omega_2 \times (-h, h)$

$$\left.\begin{aligned} &S(x) = \{\sigma_{ik}(x)\}, \\ &\sigma_{13} = \sigma_{23} = \sigma_{33} = 0, \\ &\sigma_{11}(x) = \sigma_{11}(x_1, x_2), \qquad \sigma_{22}(x) = \sigma_{22}(x_1, x_2), \\ &\sigma_{12}(x) = \sigma_{12}(x_1, x_2), \qquad x \in \Omega_2 \times (-h, h), \end{aligned}\right\} \tag{3.48}$$

so sagen wir, daß ein *ebener Spannungszustand* in Ω vorliegt. Ein ebener Spannungszustand wird annähernd in solchen Platten realisiert, die parallel zur Mittelfläche $\Omega_2 \times \{0\}$ belastet sind und dabei nicht ausbeulen. Wir sprechen dann von *Scheiben*. Kann man die Volumenkräfte vernachlässigen, so lauten die Gleichgewichtsbedingungen (1.11) für den Spannungszustand (3.48)

$$\sigma_{11,1} + \sigma_{12,2} = 0, \qquad \sigma_{12,1} + \sigma_{22,2} = 0. \tag{3.49}$$

Man kann die Gleichungen durch die *Airysche Spannungsfunktion* befriedigen,

$$\sigma_{11} = \frac{\partial^2 U}{\partial x_2^2}, \qquad \sigma_{22} = \frac{\partial^2 U}{\partial x_1^2}, \qquad \sigma_{12} = -\frac{\partial^2 U}{\partial x_1 \partial x_2}. \tag{3.50}$$

Wir nehmen an, daß die Komponenten $\bar{\Omega}_2 \times \{-h\}$ und $\bar{\Omega}_2 \times \{h\}$ des Plattenrandes frei von Last sind und daß $T(x) = T(x_1, x_2)$ am Plattenrand $\partial\Omega_2 \times (-h, h)$ vorgegeben ist. In diesem Fall lautet das Prinzip der virtuellen Änderungen des Spannungszustandes

$$\int_{\Omega} \gamma_{ik} \delta\sigma_{ik}\, d\Omega = 0, \tag{3.51}$$

wenn

$$\delta\sigma_{11} = \frac{\partial^2 \delta U}{\partial x_2^2}, \qquad \delta\sigma_{22} = \frac{\partial^2 \delta U}{\partial x_1^2}, \qquad \delta\sigma_{12} = -\frac{\partial^2 \delta U}{\partial x_1 \partial x_2} \tag{3.52}$$

mit $\delta U(x) = \delta U(x_1, x_2)$ gewählt wird und die homogenen Randbedingungen

$$0 = \delta U(x_1, x_2) = \delta U_{,1} = \delta U_{,2} = \delta U_{,11} = \delta U_{,22} = \delta U_{,12}, \quad (x_1, x_2) \in \partial\Omega_2, \tag{3.53}$$

erfüllt sind, so daß die Spannungen

$$\hat{\sigma}_{11}(x) = \frac{\partial^2(U + \delta U)}{\partial x_2^{\,2}}, \quad \hat{\sigma}_{22}(x) = \frac{\partial^2(U + \delta U)}{\partial x_1^{\,2}}, \quad \hat{\sigma}_{12} = -\frac{\partial^2(U + \delta U)}{\partial x_1\, \partial x_2}$$

statisch zulässig sind.

Die Verzerrungen γ_{ik} entnehmen wir dem nichtlinearen Elastizitätsgesetz (3.32) und setzen (3.50) in (3.51) ein. Dann lautet die Variationsgleichung (3.51) mit

$$\left.\begin{aligned} b_1 &= \sigma_{11} + \sigma_{22} = \Delta U, \\ \Psi[U, \delta U] &= U_{,11}\delta U_{,11} + U_{,22}\delta U_{,22} - \frac{1}{2} U_{,11}\delta U_{,22} \\ &\quad - \frac{1}{2} U_{,22}\delta U_{,11} + 3U_{,12}\delta U_{,12} \end{aligned}\right\} \tag{3.54}$$

wie folgt:

$$\int\limits_{\Omega_2} \left\{\frac{1}{3k} \Delta U \, \Delta\delta U + \frac{1}{G} \eta(\Psi[U, U]) \, \Psi[U, \delta U]\right\} d\Omega_2 = 0. \tag{3.55}$$

In manchen Aufgaben ist $U(x_1, x_2)$ die einzige nicht vorgegebene Zustandsgröße.

§ 4. Probleme der elastisch-plastischen Fließtheorie

Wir betrachten einen Körper mit dem Volumen Ω, dessen Zustand sich im Zeitintervall $[t_a, t_e]$ quasistatisch ändert, d. h., der Körper befindet sich zu jedem Zeitpunkt $t \in [t_a, t_e]$ in einem Gleichgewichtszustand, wie er in § 1 beschrieben ist. Der Begriff „Zeit" ist dabei unwesentlich; ein beliebiger mit der Zeit monoton wachsender reeller Parameter wird von uns als Zeit angesprochen. Die partielle Ableitung einer Größe u nach t bezeichnen wir mit $\dot{u}$.

Wir fixieren einen beliebigen Zeitpunkt $t \in (t_a, t_e)$ und nehmen an, daß der Zustand des Körpers durch folgenden Satz von Zustandsgrößen beschrieben wird:

die Volumenkräfte $K(x, t) = e_k X_k(x, t)$, $x \in \Omega$,
und ihre Ableitungen $\dot{K}(x, t) = e_k \dot{X}_k(x, t)$,
die Oberflächenkräfte $T(x, t) = e_k T_k(x, t)$, $x \in \partial\Omega$,
und ihre Ableitungen $\dot{T}(x, t) = e_k \dot{T}_k(x, t)$,
die Verschiebungen $u(x, t) = e_k u_k(x, t)$, $x \in \bar{\Omega}$,
und ihre Ableitungen $\dot{u}(x, t) = e_k \dot{u}_k(x, t)$,
den Verzerrungstensor $E(x, t) = \{\gamma_{kl}(x, t)\} = \{\gamma_{lk}(x, t)\}$, $x \in \Omega$,

seine Ableitung $\dot{E}(x, t) = \{\dot{\gamma}_{kl}(x, t)\} = \{\dot{\gamma}_{lk}(x, t)\}$,
den Spannungstensor $S(x, t) = \{\sigma_{kl}(x, t)\} = \{\sigma_{lk}(x, t)\}$, $x \in \Omega$,
seine Ableitung $\dot{S}(x, t) = \{\dot{\sigma}_{kl}(x, t)\} = \{\dot{\sigma}_{lk}(x, t)\}$,
die reelle Beladungsfunktion $f(x, t)$, $x \in \Omega$.

Aus § 1 sind uns folgende Beziehungen zwischen den Zustandsgrößen bekannt:

$$\sigma_{kl,l}(x, t) + X_k(x, t) = 0, \qquad x \in \Omega, \tag{4.1}$$

$$\sigma_{kl}(x, t)\, n_l(x, t) = T_k(x, t), \qquad x \in \partial\Omega. \tag{4.2}$$

Die Feststellung quasistatischer Veränderungen bedeutet überdies

$$\dot{\sigma}_{kl,l}(x, t) + \dot{X}_k(x, t) = 0 \tag{4.3}$$

und — kleine Verzerrungen und Verschiebungen vorausgesetzt —

$$\dot{\sigma}_{kl}(x, t)\, n_l(x, t) = \dot{T}_k(x, t). \tag{4.4}$$

Die Verzerrungen nehmen wir mit

$$\gamma_{kl}(x, t) = \frac{1}{2}\left(u_{k,l}(x, t) + u_{l,k}(x, t)\right), \qquad x \in \Omega, \tag{4.5}$$

ihre Ableitungen mit

$$\dot{\gamma}_{kl}(x, t) = \frac{1}{2}\left(\dot{u}_{k,l}(x, t) + \dot{u}_{l,k}(x, t)\right) \tag{4.6}$$

an. Überdies zerlegen wir die Verzerrungen in einen elastischen Anteil $\gamma^e_{kl}(x, t)$ und einen plastischen Anteil $\gamma^p_{kl}(x, t)$,

$$\left.\begin{aligned} \gamma_{kl}(x, t) &= \gamma^e_{kl}(x, t) + \gamma^p_{kl}(x, t), \\ \dot{\gamma}_{kl}(x, t) &= \dot{\gamma}^e_{kl}(x, t) + \dot{\gamma}^p_{kl}(x, t). \end{aligned}\right\} \tag{4.7}$$

Der elastische Anteil der Verzerrungen möge dem linearen Hookeschen Gesetz (1.22), (1.25) folgen.

Zur Vereinfachung der Betrachtungsweise führen wir für Tensoren t_{ik} den Raum $\mathfrak{R}^9$ mit dem invarianten Skalarprodukt $t_{ik}r_{ik}$ ein. Ein linearer Operator $P = \{p_{iklm}\}$ auf diesem Vektorraum, der Tensoren in Tensoren überführt, heißt *Tensor vierter Stufe*.

Das Hookesche Gesetz (1.22), (1.25) erhält nun die Form

$$\sigma_{ij}(x, t) = E_{ijkl}\gamma^e_{kl}(x, t), \qquad \dot{\sigma}_{ij}(x, t) = E_{ijkl}\dot{\gamma}^e_{kl}(x, t), \qquad x \in \Omega. \tag{4.8}$$

Darin ist E_{ijkl} ein Tensor vierter Stufe,

$$E_{ijkl} = \lambda\delta_{ij}\delta_{kl} + 2\mu\delta_{ijkl}, \qquad \delta_{ijkl} = \frac{1}{2}\left(\delta_{ik}\delta_{jl} + \delta_{il}\delta_{jk}\right). \tag{4.9}$$

Dieser Tensor besitzt ein Inverses, den Tensor E^{-1}_{ijkl},

$$E^{-1}_{ijkl} = -\frac{3k-2G}{18kG}\delta_{ij}\delta_{kl} + \frac{1}{2G}\delta_{ijkl}. \tag{4.10}$$

Wir schreiben das Hookesche Gesetz nun auch in der Form

$$\left.\begin{aligned} \gamma^e_{kl}(x,t) &= E^{-1}_{klij}\sigma_{ij}(x,t), \\ \dot\gamma^e_{kl}(x,t) &= E^{-1}_{klij}\dot\sigma_{ij}(x,t), \qquad x \in \Omega. \end{aligned}\right\} \tag{4.11}$$

Man verifiziert leicht, daß die Relationen (1.22) und (4.8) bzw. (1.25) und (4.11) für $\gamma_{kl} = \gamma^e_{kl}$ identisch sind.

Das entscheidende Kennzeichen einer plastischen Fließtheorie ist die Berücksichtigung ungleichen Verhaltens des plastischen Materials bei Beladung und Entladung. Dieses Kennzeichen haben wir schon in der Einleitung zu § 3 erwähnt, nicht aber berücksichtigt.

Experimente haben gezeigt, daß es im elastisch-plastischen Körper unter Last elastische und plastische Zonen geben kann, $\Omega = \Omega^e \cup \Omega^p$, $\Omega^e \cap \Omega^p = \emptyset$. In einem Punkt $x \in \Omega^e$ — der *elastischen Zone* — findet immer eine elastische Beladung oder Entladung statt. Im Punkt $y \in \Omega^p$ — der *plastischen Zone* — kann elastische Entladung oder plastische Beladung erfolgen. Bei zwei Versuchen mit gleicher äußerer Last können die plastischen Zonen $\Omega_1{}^p$ und $\Omega_2{}^p$ verschieden sein. Das plastische Material speichert in einer Art Gedächtnis die vorangegangenen Zustände bis zum betrachteten Zeitpunkt t.

Dieses Erscheinungsbild eines elastisch-plastischen Körpers kann mit Hilfe der erwähnten Beladungsfunktion $f(x, t)$ beschrieben werden.

Wir setzen voraus, daß sich der Körper zum Zeitpunkt $t = t_a$ im spannungslosen und deformationslosen Zustand befand,

$$\sigma_{ik}(x, t_a) = 0, \qquad \gamma_{ik}(x, t_a) = 0, \qquad x \in \Omega,$$

und erklären die invariante spezifische Arbeit

$$q(x,t) = \int_{t_a}^{t} \sigma_{ij}(x,\tau)\,\dot\gamma^p_{ij}(x,\tau)\,d\tau, \qquad x \in \Omega. \tag{4.12}$$

In dem schon eingeführten Raum $\mathfrak{R}^9$ der Tensoren stellen die symmetrischen Tensoren (bei entsprechender Identifizierung der symmetrischen Komponenten) den Unterraum $\mathfrak{R}^6$ dar. In diesem Raum sei eine Familie von Hyperflächen (Beladungsflächen)

$$\mathfrak{F}(S, q) = \{S \in \mathfrak{R}^6;\, f(S, q) = 0\}, \qquad S = \{\sigma_{ik}\}, \qquad q \in \mathfrak{R}, \tag{4.13}$$

mit folgenden Eigenschaften gegeben:

1. Für jedes $q \in \mathfrak{R}$ besteht der Raum $\mathfrak{R}^6 \setminus \mathfrak{F}(S, q)$ aus zwei durchschnittsfremden Komponenten, dem konvexen Inneren $\big(f(S, q) < 0\big)$ und dem Äußeren $\big(f(S, q) > 0\big)$ von $\mathfrak{F}$. Das Nullelement $\theta \in \mathfrak{R}^6$ liegt im Inneren von $\mathfrak{F}$.

2. $f_{ij}(S, q) \underset{\text{Def}}{=} \frac{\partial}{\partial \sigma_{ij}} f(S, q)$ ist für $q \in \mathfrak{R}$ ein symmetrischer Tensor.

3. Der Punkt $x \in \Omega$ befindet sich zum Zeitpunkt $t \in (t_a, t_e)$

$$\text{im} \left\{ \begin{array}{l} \text{elastischen} \\ \text{plastischen} \end{array} \right\} \text{Zustand, wenn} \left\{ \begin{array}{l} f(S(x, t), q(x, t)) < 0, \\ f(S(x, t), q(x, t)) = 0 \end{array} \right\} \tag{4.14}$$

ist.

4. Im Punkt $x \in \Omega$ findet eine

$$\left\{ \begin{array}{l} \text{Entladung} \\ \text{Beladung} \end{array} \right\} \text{statt, wenn } f_{ij}(S(x, t), q(x, t))\, \dot{\sigma}_{ij}(x, t) \left\{ \begin{array}{l} < 0, \\ \geqq 0 \end{array} \right\} \tag{4.15}$$

ist.

5. Bei Beladung im Punkt $x \in \Omega^p$ bleibt der plastische Zustand in x erhalten, d. h., aus

$$f(S(x, t), q(x, t)) = 0 \quad \text{und} \quad f_{ij}(S(x, t), q(x, t))\, \dot{\sigma}_{ij}(x, t) \geqq 0$$

folgt

$$\frac{d}{dt} f(S(x, t), q(x, t)) = 0. \tag{4.16}$$

Die Funktion $f(S(x, t), q(x, t))$ stellt die unter den Zustandsgrößen aufgeführte Beladungsfunktion $f(x, t)$ dar. Da sie Auskunft über die im Körper vorhandene elastische Zone Ω^e $(f(x, t) < 0)$ bzw. die plastische Zone Ω^p $(f(x, t) = 0)$ gibt, stellt sie in manchen technischen Problemen die einzig interessierende Zustandsgröße dar.

Der durch die Beladungsfunktion fixierte Zustand des Körpers geht auch in die Formulierung des Materialgesetzes ein, das die plastischen Verzerrungsgeschwindigkeiten mit dem Spannungszustand und seiner Änderung verknüpft:

6. $\dot{\gamma}^p_{ij}(x, t) = \lambda(x, t)\, f_{ij}(S(x, t), q(x, t))$[1] (4.17)

für $x \in \Omega^p$ und $f_{ij}(x, t)\, \dot{\sigma}_{ij}(x, t) \geqq 0$.

Der Faktor $\lambda(x, t)$ ergibt sich aus der Eigenschaft 5; aus (4.16) folgt mit (4.17)

$$f_{ij}(S(x, t), q(x, t))\, \dot{\sigma}_{ij} + \lambda(x, t) \frac{\partial f}{\partial q} f_{ij} \sigma_{ij} = 0 \tag{4.18}$$

und daher

$$\lambda(x, t) = - \frac{f_{ij}(S(x, t), q(x, t))\, \dot{\sigma}_{ij}(x, t)}{\dfrac{\partial f(S(x, t), q(x, t))}{\partial q} f_{ij}(S(x, t), q(x, t))\, \sigma_{ij}(x, t)}, \tag{4.19}$$

falls $x \in \Omega^p$ und $f_{ij}(x, t)\, \dot{\sigma}_{ij}(x, t) \geqq 0$ ist.

---

[1]) Das Irreversibilitätspostulat für plastische Deformationen erfordert $\lambda(x, t) \geqq 0$, vgl. etwa [23].

7. $\dot{\gamma}^p_{ij}(x, t) = 0, \qquad x \in \Omega,$

wenn

$$f(S(x, t), q(x, t)) < 0 \quad \text{oder} \quad f_{ij}(S(x, t), q(x, t))\, \dot{\sigma}_{ij}(x, t) < 0 \tag{4.20}$$

ist.

Die Beziehungen (4.17) und (4.20) kombinieren wir zu einem Materialgesetz, das das nichtlineare Elastizitätsgesetz (3.32) der Deformationstheorie ersetzt. Zunächst führen wir die Funktion $g_1 \in (\mathfrak{R}^6 \times \mathfrak{R}, \mathfrak{R})$ ein[1]),

$$g_1(S, q) = \begin{cases} 0 \quad \text{für} \quad f(S, q) < 0, \\ -\left[\dfrac{\partial f(S, q)}{\partial q} f_{ij}(S, q)\, \sigma_{ij}\right]^{-1} \quad \text{für} \quad f(S, q) = 0. \end{cases} \tag{4.21}$$

Dann schreiben wir mit der Sprungfunktion $\Theta \in (\mathfrak{R}, \mathfrak{R})$, $\Theta(\tau) = \begin{cases} 0 & \text{für} \quad \tau < 0, \\ 1 & \text{für} \quad \tau \geqq 0, \end{cases}$

$$\dot{\gamma}_{ij}(x, t) = \{E^{-1}_{ijkl} + g_1(S(x, t), q(x, t))\, \Theta(f_{mn}\dot{\sigma}_{mn}) \times f_{ij}(S(x, t), q(x, t))\, f_{kl}(S(x, t), q(x, t))\}\, \dot{\sigma}_{kl}(x, t), \qquad x \in \Omega. \tag{4.22}$$

1. Von-Misessche Körper

Mit der Annahme einer speziellen Beladungsfunktion $f(S, q)$ entscheiden wir uns für eine bestimmte Fließtheorie oder ein bestimmtes elastisch-plastisches Material. Als *von-Misesschen Körper* bezeichnen wir einen deformierbaren Körper aus elastisch-plastischem Material, welches durch eine Fließtheorie beschrieben werden kann, der die Beladungsfunktion

$$f(S, q) = \frac{1}{2} s_{ij}s_{ij} - s_0^2 - \varrho(q) \tag{4.23}$$

zugrunde liegt. In dieser Beladungsfunktion ist

$$s_{ij} = \left(\delta_{ijkl} - \frac{1}{3}\delta_{ij}\delta_{kl}\right)\sigma_{kl}, \qquad \delta_{ijkl} = \frac{1}{2}(\delta_{ik}\delta_{jl} + \delta_{il}\delta_{jk}), \tag{4.24}$$

der Spannungsdeviator, $s_0 = \text{const} > 0$, $\varrho(q)$ die Verfestigungsfunktion mit den Eigenschaften

$$\varrho(0) = 0, \qquad \varrho'(q) > 0, \qquad \lim_{q \to \infty} \varrho(q) = \infty. \tag{4.25}$$

[1]) Wir weichen hier von der einleitend zu diesem Kapitel getroffenen Vereinbarung ab, als Zustandsgrößen nur stetige und differenzierbare Funktionen zu betrachten.

Das Materialgesetz (4.22) lautet dann

$$\dot{\gamma}_{ij}(x, t) = \{E^{-1}_{ijkl} + g_1(S, q)\, \Theta(s_{mn}\dot{\sigma}_{mn})\, s_{ij}s_{kl}\}\, \dot{\sigma}_{kl} \tag{4.26}$$

mit

$$g_1(S, q) = \begin{cases} 0 & \text{für} \quad f(S, q) < 0, \\ [\varrho'(q)\, s_{mn}s_{mn}]^{-1} & \text{für} \quad f(S, q) = 0, \end{cases} \tag{4.27}$$

da offensichtlich $s_{ii} = 0$, folglich

$$f_{mn} = \frac{\partial f}{\partial \sigma_{mn}} = \frac{\partial f}{\partial s_{ij}} \frac{\partial s_{ij}}{\partial \sigma_{mn}} = s_{ij} \left(\delta_{ijmn} - \frac{1}{3}\, \delta_{ij}\delta_{mn}\right) = s_{mn}$$

und

$$s_{mn}s_{mn} = s_{mn} \left(\delta_{mnkl} - \frac{1}{3}\, \delta_{mn}\delta_{kl}\right) \sigma_{kl} = s_{mn}\sigma_{mn}$$

ist.

Wir sagen, im Punkt $x \in \Omega$ findet ein *einfacher Beladungsvorgang* statt, wenn

$$\left.\begin{aligned} &\sigma_{ij}(x, t) = \sigma^0_{ij}(x)\,(t - t_a), \qquad t \in [t_a, t_e], \\ &\text{und} \\ &q(x, t_a) = 0 \end{aligned}\right\} \tag{4.28}$$

ist. Bei einfachem Beladungsvorgang ist in x

$$s_{mn}(x, t)\, \dot{\sigma}_{mn}(x, t) = s^0_{mn}(x)\, s^0_{mn}(x)\, (t - t_a) \geqq 0, \qquad t \in [t_a, t_e], \tag{4.29}$$

folglich

$$\Theta\big(s_{mn}(x, t)\, \dot{\sigma}_{mn}(x, t)\big) = 1, \qquad t \in [t_a, t_e].$$

Zu Beginn der Beladung ($t = t_a$) befinde sich x in der elastischen Zone Ω^e; es ist

$$f\big(S(x, t_a), 0\big) = f(x, t_a) < 0.$$

Die Invariante

$$T(x, t) = \frac{1}{2}\, s_{ij}(x, t)\, s_{ij}(x, t) = \frac{1}{2}\, s^0_{ij}(x)\, s^0_{ij}(x)\, (t - t_a)^2 = T^0(x)\, (t - t_a)^2$$

wächst monoton mit t. Wegen (4.20) gilt

$$f(x, t) < 0, \qquad q(x, t) = 0, \qquad t \in [t_a, t_*),\ t_* = \frac{s_0}{\sqrt{T^0(x)}},$$

also $x \in \Omega^e$, falls $t \in [t_a, t_*)$, und wegen (4.29)

$$f(x, t) = 0, \quad \varrho\big(q(x, t)\big) = T(x, t) - s_0{}^2, \qquad t \in [t_*, t_e],$$

also $x \in \Omega^p$, falls $t \in [t_*, t_e]$ ist.

Für einen einfachen Beladungsvorgang vereinfacht sich das Materialgesetz (4.26). Da dort die Ableitung $\varrho'(q)$ eingeht, bilden wir zunächst das nach (4.25) existierende Inverse $\varrho^{-1}\left(T(x, t) - s_0^2\right)$, $t \in [t_*, t_e]$. Dann ist

$$g_1\big(S(x, t), q(x, t)\big) = \begin{cases} 0 & \text{für} \quad t \in [t_a, t_*), \\ \dfrac{\varrho^{-1'}\left(T(x, t) - s_0^2\right)}{2T(x, t)} & \text{für} \quad t \in [t_*, t_e] \end{cases}$$

und

$$\begin{aligned} \dot{\gamma}_{ij}^p &= g_1(S, q)\, s_{ij} s_{kl} \dot{\sigma}_{kl} \\ &= \begin{cases} 0 & \text{für} \quad t \in [t_a, t_*), \\ \varrho^{-1'}\big(T(x, t) - s_0^2\big)\, s_{ij}^0 & \text{für} \quad t \in [t_*, t_e]. \end{cases} \end{aligned} \tag{4.30}$$

Wenn wir nun berücksichtigen, daß sich der betrachtete Körper zum Zeitpunkt $t = t_a$ im deformationslosen Zustand befunden hat, ergibt sich aus (4.30)

$$\gamma_{ij}^p(x, t) = \int_{t_a}^{t} \dot{\gamma}_{ij}^p(x, \tau)\, d\tau, \qquad t \in [t_a, t_e]. \tag{4.31}$$

Bevor wir die Integration ausführen, führen wir die invariante Materialfunktion

$$g(T) = \begin{cases} 0 & \text{für} \quad 0 \leqq T < s_0^2, \\ \varrho^{-1'}(T - s_0^2) & \text{für} \quad T \geqq s_0^2 \end{cases} \tag{4.32}$$

ein. Mit dieser Materialfunktion schreiben wir

$$\begin{aligned} \gamma_{ij}^p(x, t) &= \int_{t_a}^{t} g\big(T(x, \tau)\big)\, d\tau s_{ij}^0 \\ &= \frac{1}{\sqrt{T(x, t)}} \int_0^{\sqrt{T(x,t)}} g(\eta^2)\, d\eta s_{ij}(x, t) = \eta_1\big(T(x, t)\big)\, s_{ij}(x, t). \end{aligned} \tag{4.33}$$

Zusammen mit (4.9), (4.7) erhalten wir die integrierte Form des Materialgesetzes für einen einfachen Beladungsvorgang:

$$\left.\begin{aligned} \gamma_{ij}(x, t) &= H_{ijkl}\big(T(x, t)\big)\, \sigma_{kl}(x, t), \qquad t \in [t_a, t_e], \\ H_{ijkl} &= \left[\frac{1}{2G} + \eta_1\big(T(x, t)\big)\right] \delta_{ijkl} \\ &\quad - \left[\frac{3k - 2G}{18kG} + \frac{1}{3}\, \eta_1\big(T(x, t)\big)\right] \delta_{ij}\delta_{kl}. \end{aligned}\right\} \tag{4.34}$$

In (4.34) sind die Beziehungen (4.24) und (4.11) berücksichtigt.

Wir vergleichen nun das integrierte Materialgesetz (4.34) für einen einfachen Beladungsvorgang mit dem nichtlinearen Elastizitätsgesetz (3.32) der elastisch-plastischen Deformationstheorie. Die Invarianten Ψ und T sind durch die Beziehung

$$\Psi = \frac{3b_2 - b_1^2}{2} = 3T = \frac{3}{2} s_{ij}s_{ij} \tag{4.35}$$

miteinander verknüpft. Weiterhin können wir in (3.32) speziell

$$\eta(\Psi) = 1 + 2G\eta_1 \left(\frac{\Psi}{3}\right) \tag{4.36}$$

einsetzen, wobei die Eigenschaften (3.33), (3.34) und (4.25) durchaus verträglich sind. Dann sind die Beziehungen (3.32) und (4.34) identisch, was man leicht nachprüft.

In dieser Identität kann man die Begründung für eine Anwendung der Deformationstheorie zur Beschreibung des Gleichgewichtszustandes elastisch-plastischer Körper sehen. Allerdings muß vorausgesetzt werden, daß dieser Zustand durch einen einfachen Beladungsvorgang in allen Punkten des Körpers erreicht wurde. Außerdem müssen nicht differenzierbare Materialfunktionen $\eta(\Psi)$ zugelassen werden.

§ 5. Elastisch-idealplastische Körper

Einen von-Misesschen Körper (vgl. § 4) ohne Verfestigung nennen wir einen *Prandtl-Reußschen Körper* oder auch *elastisch-idealplastisch*. Da die Beladungsfunktion

$$f(S) = \frac{1}{2} s_{ij}s_{ij} - s_0^2 \tag{5.1}$$

nicht mehr von q abhängt, bleibt der Faktor $\lambda(x, t)$ in der Fließbedingung (4.17) zunächst unbestimmt;

$$\dot{\gamma}_{ij} = E^{-1}_{ijkl}\dot{\sigma}_{kl} + \lambda(x, t)\, s_{ij}, \tag{5.2}$$

$$\lambda(x, t) = \mu(x, t)\, \Theta(s_{mn}\dot{s}_{mn})\, \Theta(2s_0^2 - s_{ij}s_{ij}) \geqq 0. \tag{5.3}$$

Überdies wollen wir elastisch-idealplastische Körper als *plastisch inkompressibel* ansehen,

$$\gamma^p_{ii}(x, t) = 0, \qquad x \in \Omega, \qquad t \in [t_a, t_e]. \tag{5.4}$$

Wir untersuchen nun einen elastisch-idealplastischen Körper mit dem Volumen Ω, der mit einem Teil seiner Oberfläche befestigt ist, etwa

$$u_k(x, t) = 0, \qquad x \in \partial\Omega', \qquad t \in [t_a, t_e], \tag{5.5}$$

während auf $\partial\Omega'' = \partial\Omega \setminus \partial\Omega'$ Oberflächenkräfte vorgegeben sind,

$$\left.\begin{aligned} \sigma_{kl}(x, t)\, n_l(x, t) &= T_k(x, t), \\ \dot{\sigma}_{kl}(x, t)\, n_l(x, t) &= \dot{T}_k(x, t), \end{aligned}\right\} x \in \partial\Omega'', \qquad t \in [t_a, t_e]. \tag{5.6}$$

Wir betrachten den Zustand dieses Körpers zum Zeitpunkt $t \in (t_a, t_e)$ unter einer Voraussetzung über seine Vorgeschichte. Es wird angenommen, daß in einem Punkt $x \in \Omega$, in dem der plastische Zustand zum Zeitpunkt $t_* \in (t_a, t)$ erreicht wurde $\big(f(x, t_*) = 0\big)$, der Spannungszustand unverändert erhalten blieb: $S(x, t') = S(x, t_*)$, $t' \in [t_*, t]$. Unter dieser Voraussetzung kann das Materialgesetz (5.2) integriert werden; wir erhalten

$$\gamma_{ij}(x, t) = E^{-1}_{ijkl}\sigma_{kl}(x, t) + \tau(x, t)\, s_{ij}(x, t), \qquad x \in \Omega. \tag{5.7}$$

In der Bedingung (5.7) ist $t \in (t_a, t_e)$ der von uns gewählte Zeitpunkt, $\tau(x, t) \geqq 0$, $x \in \Omega$. Neben dem wirklich vorhandenen Feld von Spannungstensoren $\sigma_{ik}(x, t)$, $x \in \Omega$, führen wir wie in der elastisch-plastischen Deformationstheorie ein Feld $\hat{\sigma}_{ik}(x)$, $x \in \Omega$, von statisch zulässigen Spannungstensoren ein. Darunter verstehen wir diesmal ein Tensorfeld, welches den Bedingungen

$$\hat{\sigma}_{ik}(x)\, n_k(x) = T_k(x, t), \qquad x \in \partial\Omega'', \tag{5.8}$$

$$\hat{\sigma}_{ik,k}(x) + X_i(x, t) = 0, \qquad x \in \Omega, \tag{5.9}$$

$$f(\hat{S}) = \frac{1}{2}\, \hat{s}_{ij}(x)\, \hat{s}_{ij}(x) - s_0^2 \leqq 0 \tag{5.10}$$

genügt. Dabei ist $\hat{s}_{ij}(x)$ das dem Tensorfeld $\hat{\sigma}_{ij}(x)$ entsprechende Deviatorfeld (4.24).

Wir formulieren nun ein *Variationsprinzip*, das Prinzip *von Haar und von Kármán* [20]:

Unter der Bedingung (5.7) nimmt das Funktional

$$\Psi(S) = \frac{1}{2} \int_\Omega E^{-1}_{ijkl}\hat{\sigma}_{ij}(x)\, \hat{\sigma}_{kl}(x)\, d\Omega \tag{5.11}$$

auf der Menge aller statisch zulässigen Tensorfelder $\hat{\sigma}_{kl}$ sein Minimum im wirklich vorhandenen Spannungszustand σ_{kl} an.

Zur Herleitung dieses Prinzips knüpfen wir an das Prinzip der virtuellen Änderungen des Spannungszustandes (3.27) an. Die wirklich vorhandenen Verschiebungen $u(x, t)$, $x \in \bar{\Omega}$, sind im Sinne von § 3 geometrisch zulässig, die Spannungen $\hat{\sigma}_{ik}(x)$ statisch zulässig, so daß mit Rücksicht auf (5.5) die Beziehung (3.24) die Form

$$\int_\Omega \hat{\sigma}_{kl}(x)\, \gamma_{kl}(x, t)\, d\Omega = \int_\Omega \big(K(x, t), u(x, t)\big)\, d\Omega + \int_{\partial\Omega''} \big(T(x, t), u(x, t)\big)\, d\partial\Omega'' \tag{5.12}$$

annimmt. Schreibt man (5.12) nun für die wirklich vorhandenen (und damit statisch zulässigen) Spannungen auf und subtrahiert, so ergibt sich

$$\int_\Omega \big(\hat{\sigma}_{kl}(x) - \sigma_{kl}(x, t)\big)\, \gamma_{kl}(x, t)\, d\Omega = 0. \tag{5.13}$$

Daraus gewinnt man nach der Aufteilung (4.7) der Verzerrungen in einen elastischen und einen plastischen Anteil

$$\int_\Omega [\hat{\sigma}_{kl}(x) - \sigma_{kl}(x, t)]\, \gamma^{p}_{kl}(x, t)\, d\Omega = -\int_\Omega [\hat{\sigma}_{kl}(x) - \sigma_{kl}(x, t)]\, E^{-1}_{klij}\sigma_{ij}(x, t)\, d\Omega. \tag{5.14}$$

Wir betrachten nun die Differenz der Funktionalwerte

$$\begin{aligned}\Psi(\hat{S}) - \Psi(S) &= \frac{1}{2}\int_\Omega E_{ijkl}^{-1}[\hat{\sigma}_{ij}(x)\,\hat{\sigma}_{kl}(x) - \sigma_{ij}(x,t)\,\sigma_{kl}(x,t)]\,d\Omega \\ &= \frac{1}{2}\int_\Omega E_{ijkl}^{-1}\{[\hat{\sigma}_{ij}(x) - \sigma_{ij}(x,t)]\,[\hat{\sigma}_{kl}(x) - \sigma_{kl}(x,t)] \\ &\qquad - 2[\sigma_{ij}(x,t) - \hat{\sigma}_{ij}(x)]\,\sigma_{kl}(x,t)\}\,d\Omega \\ &= \frac{1}{2}\int_\Omega E_{ijkl}^{-1}[\hat{\sigma}_{ij}(x) - \sigma_{ij}(x,t)]\,[\hat{\sigma}_{kl}(x) - \sigma_{kl}(x,t)]\,d\Omega \\ &\quad + \int_\Omega [\sigma_{ij}(x,t) - \hat{\sigma}_{ij}(x)]\,\gamma_{ij}^p(x,t)\,d\Omega \qquad (5.15)\end{aligned}$$

(wegen (5.14)). Aus der plastischen Inkompressibilitätsbedingung (5.4) folgern wir

$$[\sigma_{ij}(x,t) - \hat{\sigma}_{ij}(x)]\,\gamma_{ij}^p(x,t) = [s_{ij}(x,t) - \hat{s}_{ij}(x)]\,\gamma_{ij}^p(x,t).$$

Das Volumen Ω zerlegen wir in elastische und plastische Bereiche, $\Omega = \Omega^e(t) \cup \Omega^p(t)$. Für $x \in \Omega^e(t)$ gilt $f(S(x,t)) < 0$, somit $\gamma_{ij}^p(x,t) = 0$, $x \in \Omega^e(t)$.

Andererseits ist für $x \in \Omega^p(t)$

$$\frac{1}{2}\,s_{ij}(x,t)\,s_{ij}(x,t) = s_0^2,$$

$$\frac{1}{2}\,\hat{s}_{ij}(x)\,\hat{s}_{ij}(x) \leqq s_0^2$$

wegen (5.10). Aus (5.7) folgt noch $\gamma_{ij}^p(x,t) = \tau(x,t)\,s_{ij}(x,t)$. Insgesamt erhalten wir die Abschätzung

$$\begin{aligned}\frac{1}{2}\int_\Omega [\sigma_{ij}(x,t) - \hat{\sigma}_{ij}(x)]\,\gamma_{ij}^p(x,t)\,d\Omega &= \int_{\Omega^p} \tau(x,t)\left[s_0^2 - \frac{1}{2}\,s_{ij}(x,t)\,\hat{s}_{ij}(x)\right] d\Omega^p \\ &\geqq \int_{\Omega^p} \tau(x,t)\left[s_0^2 - s_0\sqrt{\frac{1}{2}\,\hat{s}_{ij}(x)\,\hat{s}_{ij}(x)}\right] d\Omega^p \geqq 0.\end{aligned}$$

In dieser Ungleichung berücksichtigen wir $\tau(x,t) \geqq 0$, die Gültigkeit der Cauchy-Ungleichung

$$|s_{ij}\hat{s}_{ij}| \leqq \sqrt{s_{ij}s_{ij}}\,\sqrt{\hat{s}_{ij}\hat{s}_{ij}}$$

für positive quadratische Formen und die Bedingung (5.10). Das formulierte Minimum-Prinzip folgt nun aus der Positivität der quadratischen Form $E_{ijkl}^{-1}t_{ij}t_{kl}$ für alle symmetrischen Tensoren $t_{kl} \in \mathfrak{R}^9$ (vgl. (4.10)).

1. Das Traglastprinzip

Elastisch-idealplastische Körper können sich wegen der fehlenden Materialverfestigung nur bei a-priori beschränkten Belastungen im quasistatischen Gleichgewicht befinden.

Der Körper mit dem Volumen Ω sei mit einem Teil $\partial\Omega'$ seiner Oberfläche befestigt, während auf $\partial\Omega'' = \partial\Omega \setminus \partial\Omega'$ Oberflächenkräfte vorgegeben sind. Es gelten also die Bedingungen (5.5), (5.6). Volumenkräfte sollen nicht vorhanden sein, so daß die Gleichgewichtsbedingungen

$$\sigma_{ik,k}(x, t) = 0, \qquad x \in \Omega, \qquad t \in [t_a, t_e], \tag{5.16}$$

erfüllt sind. Ein Feld von Spannungstensoren $\hat{\sigma}_{ik}$ heißt zum Zeitpunkt $t \in [t_a, t_e]$ *statisch zulässig*, wenn die Bedingungen

$$\left.\begin{array}{ll} \hat{\sigma}_{ik}(x)\, n_k(x) = T_i(x, t), & x \in \partial\Omega'', \\ \hat{\sigma}_{ik,k}(x) = 0, & x \in \Omega, \\ \frac{1}{2}\, \hat{s}_{ij}\hat{s}_{ij} - s_0^2 \leqq 0, & x \in \Omega, \end{array}\right\} \tag{5.17}$$

erfüllt sind. Die wirklich vorhandenen Spannungen $\sigma_{ik}(x, t)$ sind statisch zulässig.

Wir betrachten den Fall proportionaler Beladung durch Oberflächenkräfte,

$$T(x, t) = (t - t_a)\, T(x), \qquad x \in \partial\Omega''. \tag{5.18}$$

Bei $t = t_a$ befindet sich der Körper verabredungsgemäß im spannungs- und deformationslosen Zustand, was mit (5.18) verträglich ist. Wir fixieren die Last zum Zeitpunkt $t^* > t_a$ und setzen

$$T(x, t) = (t^* - t_a)\, T(x), \qquad t \geqq t^*.$$

Die Last $T^*(x) = T(x, t^*) = (t^* - t_a)\, T(x)$ heißt *Grenzlast* zum Zeitpunkt t^*, wenn erstmalig ein quasistatischer Gleichgewichtszustand mit nicht identisch verschwindenden Verzerrungsgeschwindigkeiten bei konstanter Last T^* eintreten kann. Bei Überschreiten des Zeitpunktes t^* ist eine Verletzung des elastisch-plastischen Gleichgewichts zu erwarten, die im allgemeinen zur Zerstörung des Körpers führt.

Zum Zeitpunkt $t \in [t_a, t^*]$ befindet sich der Körper noch im quasistatischen Gleichgewicht. Die Zahl

$$\lambda_t = \frac{t^* - t_a}{t - t_a} \geqq 1$$

heißt *Sicherheitsfaktor* zum Zeitpunkt t. Ist $t \in [t_a, t^*]$, $\sigma_{ik}(x, t^*)$ der wirklich vorhandene Spannungstensor zur Grenzlast $T(x, t^*)$, λ_t der Sicherheitsfaktor zum Zeitpunkt t, so ist $\frac{1}{\lambda_t}\, \sigma_{ik}(x, t^*)$ ein statisch zulässiges Feld von Spannungstensoren zum Zeitpunkt t.

Wir nennen nun eine Zahl $\lambda \geqq 1$ einen *statisch zulässigen Multiplikator* zum Zeitpunkt $t \in [t_a, t^*]$, wenn zur Last $\lambda T(x, t)$, $x \in \partial\Omega''$, ein statisch zulässiges Feld $\hat{\sigma}_{ik}(x)$, $x \in \Omega$, von Spannungstensoren existiert. Die Zahlen $\lambda \in [1, \lambda_t]$ sind statisch zulässige Multiplikatoren.

Das Traglastprinzip besagt, daß λ_t zum Zeitpunkt $t \in [t_a, t^*]$ der größtmögliche statisch zulässige Multiplikator ist. Zum Beweis untersuchen wir den der Grenzlast $T^*(x)$ entsprechenden Spannungstensor $\sigma_{ik}(x, t^*)$. Der Grenzzustand ist charakterisiert durch die Bedingungen

$$\dot{\sigma}_{ik,k}(x, t^*) = 0, \qquad x \in \Omega, \tag{5.19}$$

$$\dot{\sigma}_{ik}(x, t^*)\, n_k(x) = 0, \qquad x \in \partial\Omega'', \tag{5.20}$$

$$\dot{u}_k(x, t^*) = 0, \qquad x \in \partial\Omega'. \tag{5.21}$$

Aus (5.20), (5.21) ergibt sich

$$\int_{\partial\Omega} \dot{\sigma}_{ik}(x, t^*)\, n_k(x)\, \dot{u}_i(x, t^*)\, d\partial\Omega = 0$$

und nach partieller Integration unter Berücksichtigung von (4.6), (5.19)

$$\int_{\Omega} \dot{\sigma}_{ik}(x, t^*)\, \dot{\gamma}_{ik}(x, t^*)\, d\Omega = 0. \tag{5.22}$$

Mit dem Materialgesetz (5.2) ergibt sich aus (5.22)

$$0 = \int_{\Omega} \dot{\sigma}_{ik}(x, t^*)\, E^{-1}_{iklm} \dot{\sigma}_{lm}(x, t^*)\, d\Omega + \int_{\Omega} \lambda(x, t^*)\, s_{ik}(x, t^*)\, \dot{\sigma}_{ik}(x, t^*)\, d\Omega. \tag{5.23}$$

Das zweite Integral in (5.23) verschwindet wegen (5.3), im ersten Integral ist $E^{-1}_{iklm} \dot{\sigma}_{ik} \dot{\sigma}_{lm}$ eine positiv definite quadratische Form, so daß insgesamt

$$\dot{\sigma}_{ik}(x, t^*) = 0, \qquad x \in \Omega, \tag{5.24}$$

gefolgert werden muß. Im Grenzzustand verschwinden die Spannungsänderungen.

Es sei nun $\lambda \geqq 1$ ein statisch zulässiger Multiplikator zum Zeitpunkt $t \in [t_a, t^*]$, $\hat{\sigma}_{ik}(x)$, $x \in \Omega$, das zugehörige statisch zulässige Feld von Spannungstensoren,

$$\hat{\sigma}_{ik}(x)\, n_k(x) = \lambda(t - t_a)\, T_i(x) = \lambda T_i(x, t).$$

Wir zeigen

$$\int_{\Omega} \big(\sigma_{ik}(x, t^*) - \hat{\sigma}_{ik}(x)\big)\, \dot{\gamma}^p_{ik}(x, t^*)\, d\Omega \geqq 0. \tag{5.25}$$

Die plastische Inkompressibilität (5.4) vorausgesetzt, erhalten wir die Beziehungen

$$\int_{\Omega} [\sigma_{ik}(x, t^*) - \hat{\sigma}_{ik}(x)] \, \dot{\gamma}_{ik}^{p}(x, t^*) \, d\Omega$$

$$= \int_{\Omega^p} [s_{ik}(x, t^*) - \hat{s}_{ik}(x)] \, \dot{\gamma}_{ik}^{p}(x, t^*) \, d\Omega^p$$

$$= \int_{\Omega^p} \lambda(x, t^*) \, [s_{ik}(x, t^*) - \hat{s}_{ik}(x)] \, s_{ik}(x, t^*) \, d\Omega^p$$

$$= 2 \int_{\Omega^p} \lambda(x, t^*) \left[s_0^2 - \frac{1}{2} \, \hat{s}_{ik}(x) \, s_{ik}(x, t^*) \right] d\Omega^p \geqq 0$$

wegen $\lambda(x, t^*) \geqq 0$ und $\frac{1}{2} \, \hat{s}_{ij}(x) \, \hat{s}_{ij}(x) - s_0^2 \leqq 0$ aus (5.17). Aus der Identität (5.24) ergibt sich mit (4.11) die Identität $\dot{\gamma}_{ik}^{e}(x, t^*) = 0, x \in \Omega$. Damit folgt dann aus der Ungleichung (5.25)

$$\int_{\Omega} [\sigma_{ik}(x, t^*) - \hat{\sigma}_{ik}(x)] \, \dot{\gamma}_{ik}(x, t^*) \, d\Omega \geqq 0. \tag{5.26}$$

Hieraus ersehen wir unmittelbar

$$\int_{\partial\Omega''} [T_i(x, t^*) - \lambda T_i(x, t)] \, \dot{u}_i(x, t^*) \, d\partial\Omega'' \geqq 0$$

oder

$$\left(1 - \frac{\lambda}{\lambda_t}\right) \int_{\partial\Omega''} T_i(x, t^*) \, \dot{u}_i(x, t^*) \, d\partial\Omega'' \geqq 0. \tag{5.27}$$

Das Integral in der Ungleichung (5.27) stellt die resultierende Leistung der äußeren Kräfte zum Zeitpunkt t^* dar, ist daher nichtnegativ[1]). Es folgt $\lambda \leqq \lambda_t$, also die Behauptung des Traglastprinzips. Die eingangs erwähnte a-priori-Beschränkung der äußeren Belastung, unter der sich ein elastisch-idealplastischer Körper im Gleichgewicht befinden kann, erhält durch das Traglastprinzip die folgende Formulierung.

Gibt es zur Oberflächenkraft $T(x)$, $x \in \partial\Omega''$, ein statisch zulässiges Feld $\hat{\sigma}_{ik}(x)$ von Spannungstensoren, so liegt diese Last — proportionale Beladung vorausgesetzt — nicht über der erreichbaren Grenzlast.

[1]) Die Annahme, daß die resultierende Leistung der Grenzlast nichtnegativ ist, ist allgemein üblich (vgl. [30], S. 250). Wir möchten sie sicherheitshalber in die Definition eines elastisch-idealplastischen Körpers einbeziehen.

§ 6. Kommentare

Die Grundzüge der Elastizitätstheorie findet man beispielsweise in den Büchern von KAUDERER [32] und PRAGER [80] sowie in den Artikeln von TREFFTZ [86] oder SNEDDON und BERRY [83] im Handbuch der Physik. Einer ausführlichen Diskussion geometrisch und physikalisch nichtlinearer Beziehungen in der Elastizitätstheorie ist das Buch von NOVOŽILOV [75] gewidmet. Dort finden sich auch Hinweise, die bei der Herleitung der Gleichgewichtsbedingungen für dünne Platten in § 2 benutzt wurden. Eine abweichende Herleitung der sogenannten Kármánschen Plattengleichungen findet man bei VOL'MIR [92]. In dem Buch von WLASSOW [91], S. 391—394, werden schwach geneigte Schalen beschrieben, die einer Verallgemeinerung der Kármánschen Gleichungen genügen und im Grenzfall in jene übergehen. Nichtlinear elastische oder elastisch-plastische Platten wurden von ILJUŠIN [26] betrachtet, dessen Gleichungen jedoch eine gegenüber (2.42) etwas abweichende Form aufweisen. Eine Beulgleichung der Form (2.67) wurde in der Literatur nicht erwähnt. Die in § 3 dargestellte Deformationstheorie geht auf HENCKY [21] zurück. Einige der hier angeführten Einzelprobleme findet man bei KAČANOV [30], weitere Problemstellungen, auch für Kriechprobleme, bei LANGENBACH [42]. Die mathematische Formulierung der elastisch-plastischen Fließtheorie ist weniger einheitlich und stimmt nur in den Grundzügen mit der Darstellung in § 4 überein, deren wesentliche Postulate der Dissertation von R. HÜNLICH [23] entnommen sind. Wir verweisen auch auf das Buch von R. HILL [22], wo wir insbesondere die Theorie der von-Misesschen Körper mit Verfestigung und ein mit den Beziehungen (4.26), (4.27) vergleichbares Materialgesetz finden.

Die Kopplung von Beladungs- und Entladungsvorgängen mittels (monotoner) Sprungfunktionen geht auf HÜNLICH [23] zurück. Im Spezialfall der elastisch-idealplastischen Körper gibt es wieder eine im großen und ganzen einheitliche Theorie, die wir z. B. bei PRAGER und HODGE [78] nachlesen können. In dieser Theorie eignet sich das von HAAR und VON KÁRMÁN [20] vorgeschlagene Variationsprinzip vorzüglich zur Anwendung der Theorie monotoner Potentialoperatoren. Einen anderen Zugang beschreiben SOKOLOVSKIJ [85] und PRAGER und HODGE [78] mit Hilfe von Charakteristikenmethoden, nach denen die Gleitlinien als typisches Deformationsbild plastischer Körper berechnet werden können. Die Formulierung des ingenieurtechnisch wichtigen Traglastprinzips für Prandtl-Reußsche Körper stammt von DRUCKER, GREENBERG und PRAGER [7], vgl. auch PRAGER und HODGE [78] und PRAGER [79].

Literaturhinweise zu Lösungen verschiedener Teilprobleme befinden sich in den Kommentaren zu den folgenden Kapiteln.

III. Konkretisierung und Lösung von Operatorgleichungen und Minimum-Probleme

§ 1. Gleichungen in Funktionenräumen

Wir betrachten Räume, deren Elemente Funktionen sind. Es sei $\Omega \subseteq \Re^m$ ein Gebiet. Dann bildet die Menge aller Funktionen $f \in (\Omega, \Re)$ einen linearen Vektorraum, ebenso die Menge $C(\Omega) \subseteq \mathfrak{M}$ aller in Ω stetigen Funktionen und die Menge $C(\bar{\Omega}) \subseteq C(\Omega)$ aller in $\bar{\Omega} = \Omega \cup \partial\Omega$ stetigen Funktionen.

Bei Anwendungen sind in der Regel solche Räume erforderlich, in denen die wichtigsten analytischen Operationen — Integration und Differentiation — erklärt werden können. Dafür einige Beispiele. Als *Multiindex* bezeichnet man ein m-Tupel $\alpha = (\alpha_1, \alpha_2, \ldots, \alpha_m)$ von natürlichen Zahlen. Dann ist $|\alpha| = \alpha_1 + \alpha_2 + \cdots + \alpha_m$. Es sei ferner $x = (x_1, x_2, \ldots, x_m) \in \Re^m$; mit $C_k(\bar{\Omega})$ bezeichnen wir den linearen Vektorraum der mit allen ihren partiellen Ableitungen

$$D_\alpha f = \frac{\partial^{|\alpha|} f}{\partial x_1^{\alpha_1}\, \partial x_2^{\alpha_2} \cdots \partial x_m^{\alpha_m}}, \qquad |\alpha| \leqq k,$$

in $\bar{\Omega}$ stetigen Funktionen. Eine Ableitung $D_\alpha f$ heißt in $\bar{\Omega}$ *stetig*, wenn sie auf $\partial\Omega$ eindeutig bestimmte Randwerte besitzt und mit ihren Randwerten in $\bar{\Omega}$ stetig ist.

Ist Ω beschränkt, so ist der Raum $C(\bar{\Omega})$ mit der Čebyšev-Norm

$$\|f\|_C = \max_{x \in \bar{\Omega}} |f(x)| \tag{1.1}$$

ein Banachraum. Ebenso sind die Bäume $C_k(\bar{\Omega})$ mit den Normen

$$\|f\|_{C_k} = \sum_{|\alpha|=1}^{k} \|D_\alpha f\|_C + \|f\|_C \tag{1.2}$$

Banachräume.

Eine Funktion $\varphi \in C_k(\bar{\Omega})$ heißt *finit*, wenn sie außerhalb einer kompakten Teilmenge von Ω identisch verschwindet. Die Teilmenge aller finiten Funktionen in $C_k(\bar{\Omega})$ stellt wieder einen linearen Vektorraum dar, den wir mit $\dot{C}_k(\Omega)$ bezeichnen. Der Raum $\dot{C}_k(\Omega)$ ist auch für unbeschränkte Gebiete $\Omega \subseteq \Re^m$ erklärt. Mit $\dot{C}_\infty(\Omega)$

bezeichnen wir den linearen Vektorraum der beliebig oft differenzierbaren Funktionen aus $\dot{C}_k(\Omega)$.

Es sei $\Omega \subseteq \mathfrak{R}^m$ ein beliebiges Gebiet und $p \geqq 1$. Dann bildet die Menge $L_p(\Omega)$ der in Ω meßbaren Funktionen, deren Betrag zur p-ten Potenz integrierbar ist, einen linearen Vektorraum. Meßbarkeit und Integrierbarkeit verstehen wir dabei im Sinne von LEBESGUE. $L_p(\Omega)$ wird mit der Norm

$$\|f\|_{L_p} = \left[\int_\Omega |f(x)|^p dx\right]^{1/p} = \left[\int_\Omega |f(x)|^p d\Omega\right]^{1/p} \tag{1.3}$$

zum Banachraum. Dieser Raum ist separabel. Speziell ist $L_2(\Omega)$ ein separabler Hilbertraum mit dem Skalarprodukt

$$(f, g)_{L_2} = \int_\Omega f(x)\, g(x)\, dx. \tag{1.4}$$

Der Raum $\dot{C}_\infty(\Omega)$ kann als Unterraum von $L_2(\Omega)$ betrachtet werden. Dann ist $\dot{C}_\infty(\Omega)$ dicht in $L_2(\Omega)$. Ist Ω beschränkt, so gilt $\dot{C}_\infty(\Omega) \subseteq C_k(\bar{\Omega}) \subseteq L_2(\Omega)$; somit ist dann auch $C_k(\bar{\Omega})$ ein in $L_2(\Omega)$ dichter Unterraum.

In einem (nicht notwendig beschränkten) Gebiet $\Omega \subseteq \mathfrak{R}^m$ kann man verallgemeinerte Ableitungen mit Hilfe einer Integralbeziehung erklären. Sind u, v meßbare Funktionen, $u, v \in (\Omega, \mathfrak{R})$, so wird v als *verallgemeinerte Ableitung* $D_\alpha u$ von u bezeichnet, wenn die Beziehung

$$\int_\Omega \left\{u(x) \frac{\partial^{|\alpha|}\varphi(x)}{\partial x_1^{\alpha_1} \partial x_2^{\alpha_2} \cdots \partial x_m^{\alpha_m}} + (-1)^{|\alpha|+1} \varphi(x)\, v(x)\right\} dx = 0 \tag{1.5}$$

für alle $\varphi \in \dot{C}_{|\alpha|}(\Omega)$ gültig ist.

Die Teilmenge $W_p^l(\Omega)$ aller Funktionen $u \in L_p(\Omega)$, die sämtliche verallgemeinerten Ableitungen der Ordnung l in $L_p(\Omega)$ besitzen, stellen mit der Norm

$$\|u\|_{W_p^l} = \left[\|u\|_{L_p}^p + \sum_{|\alpha|=l} \|D_\alpha u\|_{L_p}^p\right]^{1/p} \tag{1.6}$$

einen separablen Banachraum dar.

Zu den Räumen $L_p(\Omega)$ und $W_p^l(\Omega)$ sind einige Erklärungen erforderlich. Eigentlich sind (1.3) und (1.6) keine Normen, sondern Halbnormen. Man identifiziert aber in $L_p(\Omega)$ alle Elemente, die fast überall in Ω verschwinden, mit dem Nullelement, oder man nennt sie zum Nullelement *äquivalent* und faktorisiert dann nach der Äquivalenzklasse, die das Nullelement enthält. Auf diese Weise wird (1.3) zur Norm. In $W_p^l(\Omega)$ ist eine Funktion zum Nullelement äquivalent, wenn sie mit ihren verallgemeinerten Ableitungen der Ordnung l fast überall in Ω verschwindet. Die Elemente der linearen normierten Räume $L_p(\Omega)$ und $W_p^l(\Omega)$ sind eigentlich Klassen zueinander äquivalenter Funktionen. In der Literatur ist es jedoch üblich, die Faktorräume L_p und W_p^l nicht von den sie erzeugenden Funktionenräumen zu unterscheiden. Diese Inkonsequenz kann kaum zu Mißverständnissen führen, wenn eine gewisse Vorsicht in der Interpretation der Aussagen beobachtet wird. Wird beispielsweise ausgesagt, daß ein Element $u \in L_p(\Omega)$ stetig ist, so ist die Äquivalenzklasse gemeint, die den stetigen Vertreter u enthält. Diese Interpretation ist eindeutig, da (1.3) auf dem Unterraum der in Ω stetigen und mit ihrem Betrag zur p-ten Potenz integrierbaren Funktionen wirklich eine Norm ist. Eine Äquivalenzklasse aus $L_p(\Omega)$ kann höchstens einen stetigen Vertreter enthalten.

Nach diesem Hinweis zur vorsichtigen Interpretation werden auch wir die Faktorräume L_p und $W_p{}^l$ wie Funktionenräume behandeln. Das gleiche gilt für ähnliche, noch zu definierende Räume. Den Begriff Funktionenraum verwenden wir nur für lineare Vektorräume.

1. Operatorgleichungen mit positiven Bilinearformen

Ein Skalarprodukt auf $\mathfrak{R}^k$ nennen wir auch *positive Bilinearform* und schreiben

$$(x, y)_k = a_k(x, y), \qquad a_k \in (\mathfrak{R}^k \times \mathfrak{R}^k, \mathfrak{R}).$$

Wir sagen, die bilineare Operation T erzeugt ein *Skalarprodukt* auf dem Funktionenraum $\mathfrak{U}(\Omega)$, wenn ein Funktionenraum $\mathfrak{U}_1(\Omega)$ und eine lineare Abbildung $G \in (\mathfrak{U}, \mathfrak{U}_1{}^k)$ existieren, so daß für $u, v \in \mathfrak{U}(\Omega)$ und $T[u, v]\,(x) \underset{\text{Def}}{=} a_k(Gu(x), Gv(x))$ die Funktion $T[u, v] \in L_1(\Omega)$ ist und $\int\limits_\Omega T[u, v]\,(x)\,dx$ ein Skalarprodukt auf $\mathfrak{U}(\Omega)$ darstellt. Die bilineare Operation T nennen wir dann *positive Bilinearform* auf $\mathfrak{U}(\Omega)$.

Als Beispiel für unitäre Funktionenräume, deren Skalarprodukt durch eine positive Bilinearform erzeugt wird, nennen wir die Banachräume $W_2{}^l(\Omega)$ mit der Norm (1.6) für $p = 2$ oder

$$\|u\|_{W_2{}^l} = \Big[\|u\|_{L_2}^2 + \sum_{|\alpha|=l} \|D_\alpha u\|_{L_2}^2\Big]^{1/2}.$$

Der Ausdruck

$$(u, v)_{W_2{}^l} = \int\limits_\Omega T[u(x), v(x)]\,dx \tag{1.7}$$

ist mit der positiven Bilinearform

$$T[u, v] = uv + \sum_{|\alpha|=l} D_\alpha u D_\alpha v \tag{1.8}$$

ein Skalarprodukt auf $W_2{}^l$.

Dem Raum $\mathfrak{U}$ entspricht hier der Hilbertraum $W_2{}^l(\Omega)$, und G ist in diesem Fall ein linearer Operator, der jedem Element $u \in W_2{}^l(\Omega)$ einen Vektor von Funktionen zuordnet, dessen Komponenten durch die Funktion u selbst und alle ihre verallgemeinerten Ableitungen $D_\alpha u$ der Ordnung l gegeben sind. G ist eine Abbildung von $W_2{}^l$ in $(L_2)^k$, wobei $k - 1$ die Anzahl der partiellen Ableitungen l-ter Ordnung bei m Variablen darstellt.

Nun sei $\mathfrak{H}(\Omega)$ ein Hilbertraum, dessen Skalarprodukt durch eine positive Bilinearform erzeugt wird, wir schreiben kurz

$$(u, v)_{\mathfrak{H}} = \int\limits_\Omega T[u, v]\,dx. \tag{1.9}$$

Ferner sei eine stetig differenzierbare reelle Funktion $\varphi(t)$, $t \geqq 0$, gegeben, die den Wachstumsbeschränkungen

$$\mu \geqq \varphi(t) \geqq \varphi_0 > 0, \qquad t \geqq 0, \tag{1.10}$$

$$\nu \geqq \frac{d[\varphi(t^2)\, t]}{dt} \geqq \psi_0 > 0, \qquad t \geqq 0, \tag{1.11}$$

unterliegt. μ, ν, φ_0, ψ_0 sind darin Konstanten. Nach der Vorschrift

$$\langle Au, w\rangle = \int_\Omega \varphi(T[u, u])\, T[u, w]\, dx, \qquad u, w \in \mathfrak{H}, \tag{1.12}$$

erklären wir einen Operator $A \in (\mathfrak{H}, \mathfrak{H}^*)$. Denn für $u, w \in \mathfrak{H}$ gilt nach (1.10) und der Schwarzschen Ungleichung für positive Bilinearformen und Integrale

$$|\langle Au, w\rangle| \leqq \mu \int_\Omega |T[u, w]|\, dx \leqq \mu \int_\Omega (T[u, u])^{1/2}\, (T[w, w])^{1/2}\, dx$$
$$\leqq \mu \left(\int_\Omega T[u, u]\, dx\right)^{1/2} \left(\int_\Omega T[w, w]\, dx\right)^{1/2} dx \leqq \mu \|u\|\, \|w\|.$$

Au ist also für jedes $u \in \mathfrak{H}$ ein lineares beschränktes Funktional auf $\mathfrak{H}$.

Satz 1.1. *Der durch* (1.12) *erklärte Operator* $A \in (\mathfrak{H}, \mathfrak{H}^*)$ *ist unter den Bedingungen* (1.10), (1.11) *auf* $\mathfrak{H}$ *Lipschitz-stetig und stark monoton.*

Beweis. (i) Zur Abschätzung der Differenz

$$\langle Au - Av, w\rangle = \int_\Omega \{\varphi(T[u, u])\, T[u, w] - \varphi(T[v, v])\, T[v, w]\}\, dx \tag{1.13}$$

bemerken wir, daß $T[u, u]$, $T[v, v]$ und $|T[u, v]| \leqq (T[u, u])^{1/2}\, (T[v, v])^{1/2}$ integrierbare Funktionen sind, wie aus der Definition des Raumes $\mathfrak{H}$ hervorgeht. Diese Funktionen sind folglich in fast allen $x \in \Omega$ endlich, so daß dort eine Taylorzerlegung des Integranden in (1.13) vorgenommen werden kann. Daher gilt für fast alle $x \in \Omega$

$$\left.\begin{aligned} \varphi(T[u, u])\, T[u, w] &= \varphi(T[v, v])\, T[v, w] + \varphi(T_\vartheta)\, T[u - v, w] \\ &\quad + 2\varphi'(T_\vartheta)\, T[v + \vartheta(u - v), u - v]\, T[v + \vartheta(u - v), w], \\ T_\vartheta &= T[v + \vartheta(u - v), v + \vartheta(u - v)], \qquad 0 \leqq \vartheta(x) \leqq 1. \end{aligned}\right\} \tag{1.14}$$

Setzt man (1.14) in (1.13) ein, so ergibt sich

$$\langle Au - Av, w\rangle = \int_\Omega \{\varphi(T_\vartheta)\, T[u - v, w]$$
$$+ 2\varphi'(T_\vartheta)\, T[v + \vartheta(u - v), u - v]\, T[v + \vartheta(u - v), w]\}\, dx. \tag{1.15}$$

Aus den Bedingungen (1.10), (1.11) ergibt sich

$$\nu \geqq \varphi(t^2) + 2\varphi'(t^2)\, t^2 > 0, \qquad \mu \geqq \varphi(t^2) > 0,$$

folglich auch

$$2|\varphi'(t^2)|\, t^2 \leqq \mu + \nu.$$

Mit der Schwarzschen Ungleichung für positive Bilinearformen erhalten wir dann aus (1.15) die Abschätzung

$$|\langle Au - Av, w\rangle| \leqq \int_\Omega \{\varphi(T_\vartheta) + 2|\varphi'(T_\vartheta)|\, T_\vartheta\} \times (T[u - v, u - v])^{1/2} (T[w, w])^{1/2}\, dx \tag{1.16}$$

für beliebige $u, v, w \in \mathfrak{H}$ und folglich

$$\|Au - Av\| \leqq (2\mu + \nu)\, \|u - v\|, \qquad u, v \in \mathfrak{H}. \tag{1.17}$$

(ii) Wir führen nun die stetige Funktion $\varphi'^{-}(t) = \min\{0, \varphi'(t)\}$, $t \geqq 0$, ein. Setzt man in (1.15) $w = u - v$, so ergibt sich

$$\langle Au - Av, u - v\rangle \geqq \int_\Omega \{\varphi(T_\vartheta) + 2\varphi'^{-}(T_\vartheta)\, T_\vartheta\}\, T[u - v, u - v]\, dx, \quad u, v \in \mathfrak{H}. \tag{1.18}$$

Wir wenden uns wieder den Ungleichungen (1.10), (1.11) zu. In einem gegebenen Punkt $x \in \Omega$ ist dann $\varphi'^{-}(T_\vartheta(x)) = \varphi'(T_\vartheta(x))$ oder $\varphi'^{-}(T_\vartheta(x)) = 0$; in beiden Fällen gilt also

$$\varphi(T_\vartheta(x)) + 2\varphi'^{-}(T_\vartheta(x))\, T_\vartheta(x) \geqq \min\{\varphi_0, \psi_0\} = \varkappa_0. \tag{1.19}$$

Aus (1.8) folgt mit (1.19)

$$\langle Au - Av, u - v\rangle \geqq \varkappa_0\, \|u - v\|^2, \qquad u, v \in \mathfrak{H}. \tag{1.20}$$

Die Ungleichungen (1.17), (1.20) beweisen die Behauptung des Satzes.

Korollar 1.1.1. *Bedingungen wie in Satz* 1.1. *Es sei $\Lambda \in \mathfrak{H}^*$ beliebig vorgegeben. Dann besitzt die Gleichung*

$$\int_\Omega \varphi(T[u, u])\, T[u, w]\, dx = \langle \Lambda, w\rangle, \qquad w \in \mathfrak{H}, \tag{1.21}$$

genau eine Lösung $u \in \mathfrak{H}$.

Beweis. Nach dem Rieszschen Darstellungssatz I.2.6 besitzt jedes Funktional $g \in \mathfrak{H}^*$ die eindeutig bestimmte Darstellung

$$\langle g, u\rangle = (v, u), \qquad u \in \mathfrak{H}, \quad \text{mit} \quad \|g\| = \|v\|.$$

Es sei daher $\langle Au, w\rangle = (\tilde{A}u, w)$, $u \in \mathfrak{H}$, $\langle \Lambda, w\rangle = (f, w)$. Die Gleichung (1.21) erhält dann die Form

$$\tilde{A}u = f \tag{1.22}$$

mit gegebenem Element $f \in \mathfrak{H}$ und gesuchtem $u \in \mathfrak{H}$. Nach Satz 1.1 finden wir

$$\|\tilde{A}u - \tilde{A}v\| = \|Au - Av\| \leqq (2\mu + \nu)\, \|u - v\|$$

und

$$(\tilde{A}u - \tilde{A}v, u - v) \geqq \varkappa_0 \|u - v\|^2 \quad \text{für} \quad u, v \in \mathfrak{H}.$$

Der Operator $\tilde{A} \in (\mathfrak{H}, \mathfrak{H})$ erfüllt also die Bedingungen in Satz I.5.4. Unsere Behauptung ist offenbar in den Aussagen jenes Satzes enthalten.

2. Minimum-Probleme für Funktionale mit positiven quadratischen Formen

Die „Spur" einer positiven Bilinearform nennen wir *positive quadratische Form.* Den Begriff der schwachen Differenzierbarkeit von Operatoren haben wir in der Definition I.3.3 festgelegt.

Satz 1.2. *Die Funktion* $\varphi(t)$, $t \geqq 0$, *sei stetig differenzierbar und genüge den Ungleichungen*

$$0 \leqq \varphi(t) \leqq \mu, \qquad 0 \leqq \frac{d[\varphi(t^2)\, t]}{dt} \leqq \nu, \qquad t \geqq 0. \tag{1.23}$$

Dann ist der durch (1.12) *definierte Operator* $A \in (\mathfrak{H}, \mathfrak{H}^*)$ *schwach differenzierbar auf* $\mathfrak{H}$.

Beweis. Wir fixieren beliebige Elemente $v, h, w \in \mathfrak{H}$ und betrachten die reelle Funktion

$$\chi(t) = \left\langle \frac{A(v + th) - Av}{t}, w \right\rangle, \quad t \in [0, 1]. \tag{1.24}$$

Zur Berechnung dieser Funktion können wir die Darstellung (1.15) verwenden. Ersetzt man darin u durch $v + th$, so ergibt sich

$$\left.\begin{aligned} \chi(t) = \int_\Omega \{&\varphi(T_\vartheta)\, T[h, w] \\ &+ 2\varphi'(T_\vartheta)\, T[v + \vartheta th, h]\, T[v + \vartheta th, w]\}\, dx, \qquad t \in [0, 1], \\ T_\vartheta = T[&v + \vartheta th, v + \vartheta th], \qquad 0 \leqq \vartheta(x, t) \leqq 1. \end{aligned}\right\} \tag{1.25}$$

Zur Begründung des Grenzüberganges für $t \to 0+$ unter dem Integral (1.25) stützen wir uns auf das Majorantenkriterium von Lebesgue. Es sei $\{t_n\}$ eine beliebige Nullfolge in [0, 1]. Für den Integranden von $\chi(t_n)$ finden wir mit den Ungleichungen (1.23) die Majorante

$$s(x) = (2\mu + \nu)\, (T[h, h])^{1/2}\, (T[w, w])^{1/2}, \tag{1.26}$$

die nicht mehr von den Werten t_n abhängt. Aus der Definition des Raumes $\mathfrak{H}$ ergibt sich $s \in L_1(\Omega)$. Der Grenzwertsatz von Lebesgue liefert damit

$$\lim_{t \to 0+} \chi(t) = \chi(0)$$

oder

$$\begin{aligned} \langle A'(v)\, h, w\rangle = \int_\Omega \{\varphi(T[v, v])\, T[h, w] + 2\varphi'(T[v, v])\, T[v, h]\, T[v, w]\}\, dx, \\ v, h, w \in \mathfrak{H}, \end{aligned} \tag{1.27}$$

q. e. d.

Aus (1.27) ersieht man unschwer, daß der Operator $A'(v) \in (\mathfrak{H}, \mathfrak{H}^*)$ in jedem Element $v \in \mathfrak{H}$ nicht nur linear, sondern überdies beschränkt ist, denn es gilt

$$|\langle A'(v)\, h, w\rangle| = |\chi(0)| \leqq \int_\Omega s(x)\, dx \leqq (2\mu + \nu)\, \|h\|\, \|w\|,$$

folglich

$$\|A'(v)\| \leqq 2\mu + \nu. \tag{1.28}$$

Auch die Symmetrie der Ableitung $A'(v)$,

$$\langle A'(v)\, h, w\rangle = \langle A'(v)\, w, h\rangle, \qquad v, h, w \in \mathfrak{H}, \tag{1.29}$$

folgt direkt aus der Darstellung (1.27).

Lemma 1.1. *Bedingungen wie in Satz* 1.2; *dann ist die durch* (1.27) *definierte Ableitung des Operators* A, $A' \in \big(\mathfrak{H}, (\mathfrak{H}, \mathfrak{H}^*)\big)$, *stetig in* $\mathfrak{R}_2(\mathfrak{H})$.

Beweis. Mit fest gewählten Elementen $u_0, u_1, u_2, h, g \in \mathfrak{H}$ bilden wir nach der Formel (1.27) die reelle Funktion

$$\langle A'(u_0 + \tau_1 u_1 + \tau_2 u_2)\, h, g\rangle = \chi(\tau_1, \tau_2), \qquad 0 \leqq \tau_1, \tau_2 \leqq 1,$$

$$\begin{aligned}\chi(\tau_1, \tau_2) = \int_\Omega \{&\varphi(T[u_0 + \tau_1 u_1 + \tau_2 u_2, u_0 + \tau_1 u_1 + \tau_2 u_2])\, T[h, g] \\ &+ 2\varphi'(T[u_0 + \tau_1 u_1 + \tau_2 u_2, u_0 + \tau_1 u_1 + \tau_2 u_2]) \\ &\times T[u_0 + \tau_1 u_1 + \tau_2 u_2, h]\, T[u_0 + \tau_1 u_1 + \tau_2 u_2, g]\}\, dx.\end{aligned} \tag{1.30}$$

Der Integrand in (1.30) besitzt, wie schon erwähnt, die Majorante $s \in L_1(\Omega)$ aus (1.26). Der Integrand in der Differenz

$$\chi(\tau_1 + \delta\tau_1, \tau_2 + \delta\tau_2) - \chi(\tau_1, \tau_2), \qquad (\tau_1 + \delta\tau_1), (\tau_2 + \delta\tau_2) \in [0, 1],$$

besitzt daher die Majorante $2s(x)$. In fast allen Punkten $x \in \Omega$ verschwindet in diesem Integranden der Grenzwert für $\langle|\delta\tau_1| + |\delta\tau_2|\rangle \to 0$; das Majorantenkriterium von LEBESGUE liefert damit die Stetigkeit der Funktion $\chi(\tau_1, \tau_2)$ in $\mathfrak{F}^2 = [0, 1] \times [0, 1]$, q. e. d.

Satz 1.3. *Bedingungen wie in Satz* 1.1. *Dann ist der durch* (1.12) *erklärte Operator* $A \in (\mathfrak{H}, \mathfrak{H}^*)$ *Potentialoperator. Die Gleichung* (1.21) *ist dem Minimum-Problem*

$$\Psi(u) \equiv \int_0^1 \langle A(\tau u), u\rangle\, d\tau - \langle \Lambda, u\rangle = \underset{u \in \mathfrak{H}}{\mathrm{Min}} \tag{1.31}$$

äquivalent. Dieses besitzt eine eindeutig bestimmte Lösung $u_0 \in \mathfrak{H}$.

Beweis. Wir stützen uns auf die Sätze I.3.1, I.3.2 und I.3.3. Die Voraussetzungen in den Sätzen I.3.1, I.3.3 sind für $\mathfrak{X} = \mathfrak{H}(\Omega)$ und $P = A$, wie wir eben gezeigt haben (Satz 1.2, Lemma 1.1), mit den Bedingungen (1.10), (1.11) in Satz 1.1 erfüllt. Daraus ergibt sich der Potentialcharakter von A und die eine Richtung des Äquivalenzsatzes: Die Lösung des Minimumproblems (1.31) erfüllt die Gleichung (1.21). Daß $A'(v) \in (\mathfrak{H}, \mathfrak{H}^*)$ für alle $v \in \mathfrak{H}$ positiv ist, folgt aus der Darstellung (1.27):

$$\begin{aligned}\langle A'(v)\, h, h\rangle &= \int_\Omega \{\varphi(T[v, v])\, T[h, h] + 2\varphi'(T[v, v])\, (T[v, h])^2\}\, dx \\ &\geqq \int_\Omega \big(\varphi(T) + 2\varphi'^{-}(T)\, T\big)\, T[h, h]\, dx \geqq \varkappa_0 \|h\|^2.\end{aligned} \tag{1.32}$$

In (1.32) haben wir wieder

$$\varphi'^{-}(T) = \min\{0, \varphi'(T)\} \qquad \text{für } T = T[v, v]$$

eingeführt und die Abschätzung (1.19) benutzt. $A'(v)$ ist sogar positiv definit.[1])

Mit (1.32) sind auch die Bedingungen in Satz I.3.2 erfüllt, so daß die Äquivalenz der Gleichung (1.21) mit dem Minimum-Problem (1.31) gesichert ist. Die Existenz einer eindeutig bestimmten Lösung der Gleichung (1.21) (und damit eines eindeutig bestimmten Minimalelementes in (1.31)) folgt aus Korollar I.1.1.

Korollar 1.3.1. *Bedingungen* (1.10), (1.11); *dann konvergiert jede Minimalfolge des Funktionals* $\Psi(u)$ *aus* (1.31) *in* $\mathfrak{H}(\Omega)$ *gegen ein eindeutig bestimmtes Minimalelement.*

Beweis. Satz I.3.5 für $\mathfrak{X} = \mathfrak{X}_0 = \mathfrak{H}(\Omega)$ und $P = A$.

Haben wir die an den Operator $P = A$ gestellten Voraussetzungen in den Sätzen I.3.1 bis I.3.5 einmal überprüft, so ist die Bemerkung angebracht, daß wir zum Beweis von Korollar I.1.1 den Satz I.5.4 nicht mehr benötigen. Die Lösbarkeit der Gleichung (1.21) folgt auch über die Äquivalenz zum Minimum-Problem (1.31) aus Korollar I.3.1.

Wir können zur weiteren Untersuchung der Gleichung (1.21) demnach sowohl die Theorie der Gleichungen mit kontraktiven Operatoren wie auch die Theorie der Minimum-Probleme für konvexe Funktionale heranziehen. Der Nutzen, den man aus einem derart vielseitigen mathematischen Apparat ziehen kann, wird besonders in Kapitel V deutlich.

3. Funktionenräume mit positiven Bilinearformen

Definition 1.1. Ein beschränktes Gebiet $\Omega \subseteq \mathfrak{R}^m$ nennen wir *normal*, wenn sein Rand $\partial\Omega$ die Anwendung des Gaußschen Satzes (oder der partiellen Integration) zuläßt:

$$\int_{\Omega} \sum_{i=1}^{m} u_i(x) \frac{\partial v_i}{\partial x_i} dx = \int_{\partial\Omega} \sum_{i=1}^{m} u_i(x)\, v_i(x) \cos(n, x_i)\, d\partial\Omega - \int_{\Omega} \sum_{i=1}^{m} v_i \frac{\partial u_i}{\partial x_i} dx \quad (1.33)$$

für beliebige Elemente $u_i, v_i \in C_1(\bar{\Omega})$, $i = 1, 2, \ldots, m$. n kennzeichnet die Richtung der äußeren Normale an $\partial\Omega$.

Wenn wir künftig von einem beschränkten Gebiet $\Omega \subseteq \mathfrak{R}^m$ sprechen, werden wir es in der Regel stillschweigend als normal voraussetzen. Bezüglich der erstrebten Anwendungen bedeutet diese Annahme keine wesentliche Einschränkung.

Bei der Definition von Hilberträumen mittels positiver Bilinearformen spielen zwei Ungleichungen eine Rolle, die nach FRIEDRICHS bzw. POINCARÉ benannt werden. Die Herleitung der Friedrichsschen Ungleichung ist nicht schwierig.

[1]) Da uns aus Satz 1.1 schon bekannt ist, daß der Operator $A \in (\mathfrak{H}, \mathfrak{H}^*)$ stark monoton ist, können wir auch aus Lemma I.3.1 folgern, daß $A'(v) \in (\mathfrak{H}, \mathfrak{H}^*)$ für jedes $v \in \mathfrak{H}$ positiv definit ist.

Es sei Ω ein beschränktes Gebiet, $\mathring{C}_1(\bar{\Omega})$ der Unterraum derjenigen Elemente von $C_1(\bar{\Omega})$, die auf $\partial\Omega$ verschwinden. Ohne Beschränkung der Allgemeinheit können wir annehmen, daß Ω Teilmenge eines Würfels

$$\mathfrak{G}_a = \{x \in \mathfrak{R}^m; 0 \leqq x_i \leqq a,\ i = 1, 2, \ldots, m\}$$

ist. Es sei $u \in \mathring{C}_1(\bar{\Omega})$ beliebig. Wir erklären dann die Fortsetzung $\tilde{u} \in C(\mathfrak{G}_a)$,

$$\tilde{u}(x) = \begin{cases} u(x) & \text{für } x \in \Omega, \\ 0 & \text{für } x \in \mathfrak{G}_a \setminus \Omega. \end{cases}$$

Wählen wir einen Punkt $x^0 \in \Omega$, $x^0 = (x_1{}^0, x_2{}^0, \ldots, x_m{}^0)$, so trifft der Strahl $x_i = x_i{}^0$, $i = 2, 3, \ldots, m$, $x_1 \leqq x_1{}^0$, im Punkt $x^1 = (x_1{}^1, x_2{}^0, \ldots, x_m{}^0)$ den Rand $\partial\Omega$. Es gilt dann

$$u(x^0) = \int\limits_{x_1{}^1}^{x_1{}^0} \frac{\partial u}{\partial x_1}\,(\xi, x_2{}^0, \ldots, x_m{}^0)\,d\xi,$$

somit

$$u^2(x^0) \leqq (x_1{}^0 - x_1{}^1) \int\limits_{x_1{}^1}^{x_1{}^0} \left(\frac{\partial u}{\partial x_1}\,(\xi, x_2{}^0, \ldots, x_m{}^0)\right)^2 d\xi$$

$$\leqq a \int\limits_0^a \left(\frac{\partial \tilde{u}}{\partial x_1}\,(\xi, x_2{}^0, \ldots, x_m{}^0)\right)^2 d\xi$$

und

$$\int\limits_{\mathfrak{G}_a} \tilde{u}^2(x)\,dx \leqq a^2 \int\limits_{\mathfrak{G}_a} \left(\frac{\partial u}{\partial x_1}\right)^2 dx$$

oder nach Weglassen der verschwindenden Integrale über $\mathfrak{G}_a \setminus \Omega$

$$\int\limits_\Omega u^2(x)\,dx \leqq a^2 \int\limits_\Omega \left(\frac{\partial u}{\partial x_1}\right)^2 dx \leqq a^2 \int\limits_\Omega \sum_{i=1}^m \left(\frac{\partial u}{\partial x_i}\right)^2 dx. \tag{1.34}$$

Die Beziehung (1.34) ist die gesuchte *Friedrichssche Ungleichung*, die für alle $u \in \mathring{C}_1(\bar{\Omega})$ gültig ist. Die von uns seltener benutzte *Poincarésche Ungleichung* lautet

$$\int\limits_\Omega u^2(x)\,dx \leqq \alpha^2 \left(\int\limits_\Omega u(x)\,dx\right)^2 + \beta^2 \int\limits_\Omega \sum_{i=1}^m \left(\frac{\partial u}{\partial x_i}\right)^2 dx \tag{1.35}$$

für $u \in C_1(\bar{\Omega})$. Sie ist nicht für alle beschränkten Gebiete gültig.

Definition 1.2. Ein beschränktes normales Gebiet Ω, in welchem die Poincarésche Ungleichung (1.35) für alle $u \in C_1(\bar{\Omega})$ gilt, nennen wir *regulär*.

Auch die Regularitätsforderung ist bei den meisten Anwendungen eine belanglose Einschränkung. Ein beschränktes Gebiet $\Omega \subseteq \mathfrak{R}^m$ mit stückweise glattem Rand ist sowohl normal als auch regulär (vgl. [16]).

Zunächst geben wir einige Beispiele für Funktionenräume mit beschränktem Definitionsbereich an.

(i) Es sei $\Omega \subseteq \Re^m$ beschränkt und normal. Auf dem Raum

$$\mathring{C}_2(\bar{\Omega}) = C_2(\bar{\Omega}) \cap \mathring{C}_1(\bar{\Omega}) \subseteq L_2(\Omega)$$

ist der Laplace-Operator $-\Delta \in \left(\mathring{C}_2(\bar{\Omega}), L_2(\Omega)\right)$ erklärt,

$$\Delta u = \sum_{i=1}^{m} \frac{\partial^2 u}{\partial x_i^2}.$$

Es gilt

$$(-\Delta u, v)_{L_2} = \int_\Omega \sum_{i=1}^{m} \frac{\partial u}{\partial x_i} \frac{\partial v}{\partial x_i}, \qquad u, v \in \mathring{C}_2, \tag{1.36}$$

wegen der Randbedingung

$$u(x) = 0, \qquad x \in \partial\Omega, \tag{1.37}$$

für $u \in \mathring{C}_2$ und (1.33). Der Operator

$$Gu = \left(\frac{\partial u}{\partial x_1}, \frac{\partial u}{\partial x_2}, \ldots, \frac{\partial u}{\partial x_m}\right), \qquad G \in \left(W_2^1(\Omega), \left(L_2(\Omega)\right)^m\right),$$

definiert über die positive Bilinearform $(a, b)_m = \sum_{i=1}^{m} a_i b_i$ auf $\Re^m$ die positive Bilinearform

$$T_{-\Delta}[u, v] = \sum_{i=1}^{m} \frac{\partial u}{\partial x_i} \frac{\partial v}{\partial x_i} = (Gu, Gv)_m \tag{1.38}$$

und das Skalarprodukt

$$(u, v)_{-\Delta} = \int_\Omega T_{-\Delta}[u, v]\, dx \tag{1.39}$$

auf dem Raum $\mathring{C}_2(\bar{\Omega})$, der damit zum unitären Raum wird. Daß (1.39) die Axiome eines Skalarprodukts auf $\mathring{C}_2$ erfüllt, ist unmittelbar aus (1.38) ersichtlich, wenn man die Ungleichung (1.34) berücksichtigt. Wir betten vergleichsweise den Raum $\mathring{C}_2$ in den Hilbertraum W_2^1 mit dem Skalarprodukt (1.7), (1.8) für $l = 1$ ein,

$$(u, v)_{W_2^1} = \int_\Omega u(x)\, v(x)\, dx + \int_\Omega T_{-\Delta}[u, v]\, dx.^{1)} \tag{1.40}$$

Offensichtlich gilt $(u, u)_{-\Delta} = \|u\|^2_{-\Delta} \leqq \|u\|^2_{W_2^1}$. Berücksichtigt man (1.34), so findet man weiter

$$\|u\|_{-\Delta} \leqq \|u\|_{W_2^1} \leqq \sqrt{1 + a^2}\, \|u\|_{-\Delta}, \qquad u \in \mathring{C}_2; \tag{1.41}$$

---

[1]) Diese Einbettung ist möglich, da für $u \in \mathring{C}_2(\bar{\Omega})$ sowohl u als auch $\frac{\partial u}{\partial x_i}$, $i = 1, 2, \ldots, m$, Elemente des Raumes $L_2(\Omega)$ sind. Mit $\varphi \in \mathring{C}_1(\Omega)$ gilt dann die Integralbeziehung (1.5) für $|\alpha| = 1$ wegen (1.33). Die punktweise definierten partiellen Ableitungen von u sind gleichzeitig auch die verallgemeinerten Ableitungen, daher ist also $u \in W_2^1(\Omega)$.

die Skalarprodukte (1.39) und (1.40) erzeugen also äquivalente Metriken. Die Abschließung von $\mathring{C}_2(\bar{\Omega})$ in $W_2^1(\bar{\Omega})$ bezeichnen wir mit $\mathring{W}_2^1(\Omega)$. Aus (1.34) folgt dann

$$\sqrt{\gamma}\,\|u\|_{L_2} \leqq \|u\|_{W_2^1}, \qquad u \in \mathring{W}_2^1, \tag{1.42}$$

mit der positiven Konstante $\gamma = \dfrac{1}{a^2}$.

Der Raum $W_2^1(\Omega)$ ist vollständig. Diese Eigenschaft folgt aus der Vollständigkeit des Raumes $L_2(\Omega)$. Ist nämlich $\{u_n\} \subseteq W_2^1$ eine Fundamentalfolge, so existieren die Grenzwerte

$$u = \lim_{n\to\infty} u_n, \qquad v_i = \lim_{n\to\infty} \frac{\partial u_n}{\partial x_i}, \qquad i = 1, 2, \ldots, m, \text{ in } L_2(\Omega).$$

Erst recht gilt dann

$$(u, v)_{L_2} = \lim_{n\to\infty} (u_n, v)_{L_2}, \qquad (v_i, v)_{L_2} = \lim_{n\to\infty} \left(\frac{\partial u_n}{\partial x_i}, v\right)_{L_2} \tag{1.43}$$

für beliebige Elemente $v \in L_2$. Insbesondere gilt (1.43) für $v \in \dot{C}_1(\Omega)$. Dann kann man aber in der Integralbeziehung $\int\limits_\Omega \left\{u_n(x) \dfrac{\partial v}{\partial x_i} + v(x) \dfrac{\partial u_n}{\partial x_i}\right\} dx = 0$, die — vgl. (1.5) — für $i = 1, 2, \ldots, m$ und $n = 1, 2, \ldots$ richtig ist, zum Grenzwert übergehen und erhält

$$\int\limits_\Omega \left\{u(x) \frac{\partial v}{\partial x_i} + v(x)\, v_i(x)\right\} dx = 0, \qquad i = 1, 2, \ldots, m, \qquad v \in \dot{C}_1.$$

Der Grenzwert $u \in L_2$ besitzt demnach die verallgemeinerten Ableitungen $v_i = \dfrac{\partial u}{\partial x_i} \in L_2$; es gilt $u \in W_2^1$.

In der üblichen Weise zeigt man, daß u auch Grenzwert der betrachteten Fundamentalfolge in W_2^1 ist.

Mit W_2^1 ist auch der abgeschlossene Unterraum $\mathring{W}_2^1$ vollständig. Die Metrik auf $\mathring{W}_2^1$ wird durch das Skalarprodukt (1.39) erzeugt. Die Beziehung (1.36) charakterisiert diesen Raum als energetischen Raum des auf $\mathring{C}_2$ definierten Operators $-\Delta$.[1])

(ii) Diesmal sei Ω ein beschränktes reguläres Gebiet in $\mathfrak{R}^m$. Den Raum $C_2(\bar{\Omega})$ fassen wir als Unterraum von $W_2^1(\Omega)$ auf. Auf W_2^1 ist $r \in (W_2^1, \mathfrak{R})$,

$$r(u) = \int\limits_\Omega u(x)\,dx, \qquad u \in W_2^1, \tag{1.44}$$

ein lineares beschränktes Funktional. Denn man findet mit der Schwarzschen Ungleichung

$$r(u) \leqq \sqrt{\operatorname{mes} \Omega} \left(\int\limits_\Omega u^2(x)\,dx\right)^{1/2} = \sqrt{\operatorname{mes} \Omega}\,\|u\|_{L_2} \leqq \sqrt{\operatorname{mes} \Omega}\,\|u\|_{W_2^1}.$$

Wir definieren nun den Unterraum $\tilde{C}_2(\bar{\Omega}) \subseteq C_2(\bar{\Omega})$,

$$\tilde{C}_2(\bar{\Omega}) = \left\{u \in C_2(\bar{\Omega});\ \int\limits_\Omega u(x)\,dx = 0\right\}. \tag{1.45}$$

[1]) Vgl. S. G. Michlin [66].

Die Abschließung von $\tilde{C}_2$ in $W_2{}^1$ bezeichnen wir mit $\tilde{W}_2{}^1(\Omega)$. Mit $W_2{}^1$ ist auch $\tilde{W}_2{}^1$ vollständig. Da sich die Eigenschaft $r(u) = 0$ wegen der Stetigkeit des Funktionals r von $\tilde{C}_2$ auf $\tilde{W}_2{}^1$ überträgt, gilt

$$\int_\Omega u(x)\,dx = 0, \qquad u \in \tilde{W}_2{}^1(\Omega). \tag{1.46}$$

Auf $\tilde{W}_2{}^1$ definieren wir das Skalarprodukt (1.39)

$$(u, v)_{-\Delta} = \int_\Omega T_{-\Delta}[u, v]\,dx, \qquad u, v \in \tilde{W}_2{}^1. \tag{1.47}$$

Mit Hilfe der Poincaréschen Ungleichung (1.35) beweist man

$$(u, u)_{-\Delta} = \|u\|^2_{-\Delta} \leqq \|u\|_{W_2{}^1} \leqq (1 + \beta^2)\,\|u\|^2_{-\Delta}, \qquad u \in \tilde{W}_2{}^1. \tag{1.48}$$

Der Raum $\tilde{W}_2{}^1$ ist also auch mit dem Skalarprodukt (1.47) ein Hilbertraum. Die Hilberträume $\mathring{W}_2{}^1$, $\tilde{W}_2{}^1$ werden mit Hilfe der gleichen positiven Bilinearform des Raumes $\Re^m$ über den Gradientenoperator $G \in (W_2{}^1, (L_2)^m)$ bzw. dessen Einschränkungen definiert. Beide Räume sind Unterräume von $W_2{}^1$ und L_2.

(iii) $\Omega \subseteq \Re^m$ sei wieder beschränkt und regulär. Wieder gehen wir von dem Raum $\mathring{C}_2(\bar{\Omega})$ aus. Auf diesem Raum kann man den Operator $G_2 \in \left(\mathring{C}_2, (L_2)^k\right)$, $k = m^2$,[1])

$$G_2 u = \left(\frac{\partial^2 u}{\partial x_1{}^2}, \frac{\partial^2 u}{\partial x_1 \partial x_2}, \ldots, \frac{\partial^2 u}{\partial x_m{}^2}\right), \tag{1.49}$$

einführen. Mit Hilfe der positiven Bilinearform $(a, b)_k = \sum_{i=1}^{k} a_i b_i$ führen wir auf $\mathring{C}_2$ das Skalarprodukt

$$(u, v)_{\Delta^2} = \int_\Omega T_{\Delta^2}\,[u, x]\,dx, \qquad u, v \in \mathring{C}_2(\bar{\Omega}), \tag{1.50}$$

mit

$$T_{\Delta^2}[u, v] = (G_2 u, G_2 v)_k \tag{1.51}$$

ein. Offensichtlich gilt

$$(u, v)_{\Delta^2} = \int_\Omega \sum_{i,j=1}^{m} \frac{\partial^2 u}{\partial x_i\,\partial x_j}\,\frac{\partial^2 v}{\partial x_i\,\partial x_j}\,dx, \tag{1.52}$$

also $\|u\|^2_{\Delta^2} \leqq 2\|u\|^2_{W_2{}^2}$, vgl. (1.7), (1.8) für $l = 2$. Andererseits gilt für $u \in \mathring{C}_2(\bar{\Omega})$ die Friedrichssche Ungleichung (1.34):

$$\frac{1}{a^2}\int_\Omega u^2(x)\,dx \leqq \int_\Omega T_{-\Delta}[u, u]\,dx = \int_\Omega \sum_{i=1}^{m}\left(\frac{\partial u}{\partial x_i}\right)^2 dx. \tag{1.53}$$

---

[1]) Es gibt in $\mathring{C}_2(\bar{\Omega})$ wie in $W_2{}^2(\Omega)$ nur $m\,\dfrac{m+1}{2}$ verschiedene zweite partielle Ableitungen; wir finden es jedoch einfacher, mit allen Ableitungen zu rechnen.

Es sei $j \in \{1, 2, \ldots, m\}$; wegen $\dfrac{\partial u}{\partial x_j} \in C_1(\bar{\Omega})$ und der vorausgesetzten Regularität von Ω können wir die Poincarésche Ungleichung anwenden,

$$\int\limits_{\Omega} \left(\frac{\partial u}{\partial x_j}\right)^2 dx \leqq \alpha^2 \left(\int\limits_{\Omega} \frac{\partial u}{\partial x_j}\, dx\right)^2 + \beta^2 \int\limits_{\Omega} \sum_{i=1}^{m} \left(\frac{\partial^2 u}{\partial x_i\, \partial x_j}\right)^2 dx.$$

Die Gaußsche Integralformel (1.33) liefert nun

$$\int\limits_{\Omega} \frac{\partial u}{\partial x_j}\, dx = \int\limits_{\partial\Omega} u(x) \cos(n, x_j)\, d\partial\Omega = 0$$

wegen $u(x) = 0,\ x \in \partial\Omega$. Letztlich erhalten wir aus (1.53)

$$\frac{1}{a^2} \int\limits_{\Omega} u^2(x)\, dx \leqq \beta^2 \|u\|_{\Delta^2}^2$$

oder

$$\|u\|_{\Delta^2} \leqq \sqrt{2}\, \|u\|_{W_2^2} \leqq \sqrt{2(1 + a^2\beta^2)}\, \|u\|_{\Delta^2}, \qquad u \in \mathring{C}_2. \tag{1.54}$$

(1.52) ist somit tatsächlich ein Skalarprodukt auf $\mathring{C}_2$. Der Raum $W_2^2(\Omega)$ ist vollständig. Diese Eigenschaft beweist man in der gleichen Weise, wie wir die Vollständigkeit des Raumes $W_2^1(\Omega)$ im Beispiel (i) bewiesen haben. Man kann also $\mathring{C}_2(\bar{\Omega})$ in W_2^2 abschließen und erhält einen Unterraum $\mathring{W}_2^2(\Omega)$, der mit dem Skalarprodukt (1.52) vollständig, also Hilbertraum ist. Auf $\mathring{W}_2^2(\Omega)$ bleiben die Ungleichungen (1.54) gültig. Aus der beiläufig hergeleiteten Ungleichung $\|u\|_{-\Delta} \leqq \beta \|u\|_{\Delta^2}$ für $u \in \mathring{C}_2(\bar{\Omega})$ sowie (1.41) und (1.54) folgt die Einbettung $\mathring{W}_2^2 \subseteq \mathring{W}_2^1$. Die Metrik des Hilbertraumes $\mathring{W}_2^2$ wird durch die positive Bilinearform T_{Δ^2} aus (1.51) erzeugt. Der Raum $\mathring{W}_2^2$ enthält einige energetische Räume des biharmonischen Operators Δ^2; daher die Bezeichnung.

§ 2. Gleichungen mit Lipschitz-stetigen stark monotonen Operatoren im Hilbertraum

Die in § 1 entwickelte Theorie der Operatorgleichungen mit positiven Bilinearformen eignet sich gut zur Anwendung auf Variationsgleichungen. Im Hinblick auf solche Anwendungen sind einige Erweiterungen angebracht. Insbesondere soll eine präzise Fassung des Begriffes „Variation“ in einigen Anwendungsbeispielen vorbereitet werden.

Wir gehen wieder von einer positiven Bilinearform $(x, y)_k = a_k(x, y)$ des Raumes $\mathfrak{R}^k$, einem Gebiet $\Omega \subseteq \mathfrak{R}^m$, einem Paar von Funktionenräumen $\mathfrak{U}(\Omega)$, $\mathfrak{U}_1(\Omega)$ und einer Abbildung $G \in (\mathfrak{U}, \mathfrak{U}_1^k)$ aus. Diesmal sei

$$Gu = G'u + G_0, \tag{2.1}$$

G' eine lineare Abbildung, G_0 eine konstante Abbildung, $a_k(Gu, Gv) \in L_1(\Omega)$ für $u, v \in \mathfrak{U}$. Elementare Umformungen ergeben

$$a_k(Gu, G'v) = a_k(Gu, Gv) - a_k(Gu, G\theta),$$
$$a_k(G'u, G'v) = a_k(Gu, Gv) - a_k(G\theta, Gv) - a_k(Gu, G\theta) + a_k(G\theta, G\theta),$$

so daß mit $a_k(Gu, Gv) \in L_1(\Omega)$ auch

$$a_k(Gu, G'v) \in L_1(\Omega), \qquad a_k(G'u, G'v) \in L_1(\Omega)$$

ist. Wir fixieren nun Elemente $v, h \in \mathfrak{U}$ und wählen ein x^0 derart, daß mit $Gv_0 = Gv(x^0)$, $Gh_0 = Gh(x^0)$ die Bilinearformen $a_k(Gv_0, Gv_0)$, $a_k(Gh_0, Gh_0)$ und somit auch

$$|a_k(Gv_0, Gh_0)| \leqq \sqrt{a_k(Gv_0, Gv_0)}\, \sqrt{a_k(Gh_0, Gh_0)}$$

endlich ist. Für diese Wahl kommen fast alle $x \in \Omega$ in Frage. Dann ist die Funktion $\beta \in (\mathfrak{R}, \mathfrak{R})$,

$$\beta(t) = a_k\big(G(v_0 + th_0), G(v_0 + th_0)\big), \qquad t \in \mathfrak{R}, \tag{2.2}$$

ein Polynom zweiten Grades; man findet

$$\beta(t) = t^2 a_k(G'h_0, G'h_0) + 2t a_k(Gv_0, G'h_0) + a_k(Gv_0, Gv_0).$$

Es sei nun

$$\left.\begin{aligned} \beta(0) &= a_k(Gv_0, Gv_0) = T[v_0, v_0], \\ \frac{\beta'(0)}{2} &= a_k(Gv_0, G'h_0) = \delta T[v_0, h_0], \\ \frac{\beta''(0)}{2} &= a_k(G'h_0, G'h_0) = \delta^2 T[h_0, h_0], \end{aligned}\right\} \tag{2.3}$$

so daß sich schließlich die Formel

$$\beta(t) = T[v_0 + th_0, v_0 + th_0] = t^2 \delta^2 T[h_0, h_0] + 2t\delta T[v_0, h_0] + T[v_0, v_0] \tag{2.4}$$

ergibt. Als Funktionen von $x \in \Omega$ sind sämtliche Koeffizienten des Polynoms $\beta(t)$ Elemente des Raumes $L_1(\Omega)$.

Wir fordern nun wie in § 1: Auf $\mathfrak{U}$ sei

$$(u, v) \underset{\text{Def}}{=} \int_\Omega \delta^2 T[u, v]\,(x)\, dx = \int_\Omega a_k\big(G'u(x), G'v(x)\big)\, dx \tag{2.5}$$

ein Skalarprodukt.

Mit den beschriebenen Hilfsmitteln führen wir den Operator einer Variationsgleichung ein.

Lemma 2.1. *Die Funktion $\varphi(t)$, $t \geqq 0$, sei meßbar und beschränkt. Dann definiert die Vorschrift*

$$\langle Pu, w\rangle = \int_\Omega \varphi(T[u, u])\delta T[u, w]\, dx, \qquad u, w \in \mathfrak{U}, \tag{2.6}$$

einen Operator $P \in (\mathfrak{U}, \mathfrak{U}^*)$.

Beweis. Es sei etwa $|\varphi(t)| \leqq \mu = \text{const}$ für $t \geqq 0$. Dann ist $\mu|\delta T[u, w]|$ eine integrierbare Majorante für (2.6). Das Integral existiert also für alle $u, w \in \mathfrak{U}$ und stellt überdies ein lineares Funktional bezüglich $w \in \mathfrak{U}$ dar. Es bleibt zu zeigen, daß dieses Funktional auch beschränkt ist. Aus der Schwarzschen Ungleichung für positive Bilinearformen folgt zunächst

$$|\delta T[u, w]| = |a_k(Gu, G'w)| \leqq \sqrt{T[u, u]}\,\sqrt{\delta^2 T[w, w]} \tag{2.7}$$

und nach nochmaliger Anwendung der Schwarzschen Ungleichung

$$|\langle Pu, w\rangle| \leqq \mu \left(\int_\Omega T[u, u]\, dx\right)^{1/2} \|w\|, \tag{2.8}$$

q. e. d.

Satz 2.1. *Die Funktion $\varphi(t)$, $t \geqq 0$, sei stetig differenzierbar und genüge den Bedingungen* (1.10), (1.11). *Dann ist der durch* (2.6) *definierte Operator $P \in (\mathfrak{U}, \mathfrak{U}^*)$ auf $\mathfrak{U}$ Lipschitz-stetig und stark monoton.*

Beweis. Man folgt dem Beweis von Satz 1.1 und erhält bei beliebig gewählten $u, v, w \in \mathfrak{U}$ für fast alle $x \in \Omega$ die Taylorzerlegung

$$\left.\begin{aligned} \varphi(T[u, u])\, \delta T[u, w] &= \varphi(T[v, v])\, \delta T[v, w] + \varphi(T_\vartheta)\, \delta^2 T[u - v, w] \\ &\quad + 2\varphi'(T_\vartheta)\, \delta T[v + \vartheta(u - v), u - v]\, \delta T[v + \vartheta(u - v), w] \\ \text{mit } T_\vartheta &= T[v + \vartheta(u - v), v + \vartheta(u - v)] \text{ und } 0 \leqq \vartheta(x) \leqq 1. \end{aligned}\right\} \tag{2.9}$$

Aus der Zerlegung (2.9) ergibt sich mit (2.7) die Abschätzung

$$\begin{aligned} &|\langle Pu - Pv, w\rangle| \\ &\leqq \int_\Omega \{\varphi(T_\vartheta) + 2\,|\varphi'(T_\vartheta)|\, T_\vartheta\} \sqrt{\delta^2 T[u - v, u - v]}\, \sqrt{\delta^2 T[w, w]}\, dx. \end{aligned}$$

Berücksichtigt man die Ungleichungen

$$0 \leqq \varphi(t^2) \leqq \mu, \qquad 2|\varphi'(t^2)|\, t^2 \leqq \mu + \nu, \qquad t \in \mathfrak{R}, \tag{2.10}$$

die aus den Bedingungen (1.10), (1.11) gefolgert werden können, so erhält man

$$|\langle Pu - Pv, w\rangle| \leqq (2\mu + \nu)\, \|u - v\|\, \|w\|,$$

also

$$\|Pu - Pv\| \leqq (2\mu + \nu)\, \|u - v\|, \tag{2.11}$$

da $w \in \mathfrak{U}$ beliebig ist. P ist also Lipschitz-stetig. Speziell für $w = u - v$ erhält man mit der Zerlegung (2.9)

$$\left.\begin{aligned} &\langle Pu - Pv, u - v\rangle \geqq \int_\Omega \{\varphi(T_\vartheta) + 2\varphi'^-(T_\vartheta)\, T_\vartheta\}\, \delta^2 T[u - v, u - v]\, dx, \\ &\varphi'^-(t^2) = \min\{0, \varphi'(t^2)\}, \qquad t \in \mathfrak{R}. \end{aligned}\right\} \tag{2.12}$$

Aus (2.12) folgt

$$\langle Pu - Pv, u - v\rangle \geqq \varkappa_0 \|u - v\|^2, \qquad u, v \in \mathfrak{U}, \quad \text{mit} \quad \varkappa_0 = \min\{\varphi_0, \psi_0\}, \tag{2.13}$$

q. e. d.

Korollar 2.1.1. *Bedingungen wie in Satz 2.1. Überdies sei $\mathfrak{U}(\Omega)$ mit dem Skalarprodukt* (2.5) *ein Hilbertraum. Dann besitzt die Gleichung*

$$Pu = \Lambda \tag{2.14}$$

oder

$$\int_\Omega \varphi(T[u, u])\, \delta T[u, w]\, dx = \langle \Lambda, w \rangle, \qquad w \in \mathfrak{U}, \tag{2.15}$$

für jedes $\Lambda \in \mathfrak{U}^*$ genau eine Lösung $u \in \mathfrak{U}$.

Der Beweis ist eine wörtliche Wiederholung des Beweises von Korollar 1.1.1.

In entsprechender Weise kann auch die Theorie der Minimum-Probleme mit positiven quadratischen Formen aus § 1 erweitert werden.

1. Die Operatorgleichung eines elastisch-plastischen Torsionsproblems

In Kap. II, § 3, wurde für die Verwölbung $\varphi \in (\Omega_2, \mathfrak{R})$ eines Stabquerschnitts Ω_2 die Variationsgleichung (II.3.18) hergeleitet. Wir nehmen den Drehwinkel pro Längeneinheit ω als gegeben an. Dann verbleibt uns die Gleichung

$$\int_{\Omega_2} \varrho(\Gamma[\varphi, \varphi])\, \delta\Gamma[\varphi, h]\, dx = 0 \tag{2.16}$$

mit

$$\Gamma[\varphi, \varphi] = \frac{3}{4}\, \omega^2 \left[\left(\frac{\partial \varphi}{\partial x_1} - x_2\right)^2 + \left(\frac{\partial \varphi}{\partial x_2} + x_1\right)^2\right]. \tag{2.17}$$

Die Gleichung (2.16) soll für alle zulässigen virtuellen Änderungen der Verwölbung $h = \delta\varphi \in (\Omega_2, \mathfrak{R})$ gültig sein. $\Gamma[\varphi, \varphi]$ ist nach (II.3.13) eine quadratische Invariante des Verzerrungstensors, $\Omega_2 \subseteq \mathfrak{R}^2$ ein beliebiger Stabquerschnitt, also ein beschränktes einfach oder mehrfach zusammenhängendes Gebiet, welches wir ohne weiteres als normal und regulär annehmen können.

Eine über Ω_2 konstante Verwölbung entspricht einer Verschiebung des Stabes in Richtung seiner Achse. Tatsächlich wird eine solche Verschiebung durch die Randbedingungen (II.3.6) noch nicht ausgeschlossen. Wir fordern daher zusätzlich

$$\int_{\Omega_2} \varphi(x_1, x_2)\, dx = 0. \tag{2.18}$$

Die in den Beziehungen (2.16) bis (2.18) enthaltene Information ist notwendig und — wie wir zeigen wollen — auch ausreichend zur eindeutigen Beschreibung der elastisch-plastischen Torsion von Stäben. Dies bedeutet insbesondere, daß bei vorgegebenem Drehwinkel pro Längeneinheit ω auf die übrigen von uns hergeleiteten Beziehungen zur Beschreibung des Torsionszustandes verzichtet werden kann. Unberücksichtigt bleibt beispielsweise die Randbedingung (II.3.21).

Ist die Verwölbung φ einmal bestimmt, so ergibt sich aus (II.3.10) der Verschiebungsvektor in $\bar{\Omega} = \bar{\Omega}_2 \times [0, l]$, aus (II.3.11) der Verzerrungstensor, aus (II.3.12) der Spannungstensor, aus (II.3.20) das Torsionsmoment. Damit sind dann alle nicht identisch verschwindenden Zustandsgrößen des Torsionsproblems bekannt.

Zur Formulierung einer Operatorgleichung fixieren wir zunächst den Definitionsbereich. Wegen der Bedingung (3.18) bietet sich der Hilbertraum $\widetilde{W}_2{}^1(\Omega_2)$ aus dem Beispiel (ii) in § 1 als Raum von Verwölbungsfunktionen φ an:

$$(x, y)_2 = \frac{3}{4}\,\omega^2 \sum_{i=1}^{2} x_i y_i$$

ist eine positive Bilinearform auf $\Re^2$, $G_t \in \left(W_2{}^1, (L_2)^2\right)$,

$$G_t\varphi = \left(\frac{\partial\varphi}{\partial x_1} - x_2, \frac{\partial\varphi}{\partial x_2} + x_1\right) \tag{2.19}$$

eine Abbildung der Form (2.1) mit $G_0 = (-x_2, x_1)$,

$$G_t{}'\varphi = \left(\frac{\partial\varphi}{\partial x_1}, \frac{\partial\varphi}{\partial x_2}\right),$$

$$(G_t u, G_t v)_2 = \frac{3}{4}\,\omega^2 \left[\left(\frac{\partial u}{\partial x_1} - x_2\right)\left(\frac{\partial v}{\partial x_1} - x_2\right) + \left(\frac{\partial u}{\partial x_2} + x_1\right)\left(\frac{\partial v}{\partial x_2} + x_1\right)\right]$$
$$= \Gamma[u, v] \in L_1(\Omega_2) \qquad \text{für } u, v \in \widetilde{W}_2{}^1(\Omega_2).$$

Schließlich stimmt das Skalarprodukt

$$(u, v) = \int_{\Omega_2} \delta^2\Gamma[u, v]\,dx = \int_{\Omega_2} (G_t{}'u, G_t{}'v)_2\,dx$$
$$= \frac{3}{4}\,\omega^2 \int_{\Omega_2} \left(\frac{\partial u}{\partial x_1}\frac{\partial v}{\partial x_1} + \frac{\partial u}{\partial x_2}\frac{\partial v}{\partial x_2}\right) dx, \tag{2.20}$$

sehen wir von dem konstanten Faktor $\frac{3}{4}\,\omega^2$ einmal ab, mit dem Skalarprodukt (1.38), (1.47) auf $\widetilde{W}_2{}^1(\Omega_2)$ für $m = 2$ überein.

Empirische Betrachtungen über die Materialfunktion $\varrho(\xi)$, $\xi \geqq 0$, führten zu den Ungleichungen (II.3.4), (II.3.5). Diese Ungleichungen sind spezieller als die Ungleichungen (1.10), (1.11) für $\varrho(\xi) = \varphi(\xi)$. Übernehmen wir die Bedingungen

$$\mu \geqq \varrho(t) \geqq \varphi_0 > 0, \tag{2.21}$$

$$\nu \geqq \frac{d[\varrho(t^2)\,t]}{dt} \geqq \psi_0 > 0, \qquad t \geqq 0, \tag{2.22}$$

für die stetig differenzierbare Materialfunktion $\varrho(t)$, so definiert die Vorschrift

$$\langle P_t\varphi, h\rangle = \int_{\Omega_2} \varrho(\Gamma[\varphi, \varphi])\,\delta\Gamma[\varphi, h]\,dx \tag{2.23}$$

für $\varphi, h \in \widetilde{W}_2{}^1(\Omega_2)$ nach Lemma 2.1 und Satz 2.1 einen Lipschitz-stetigen und stark monotonen Operator $P_t \in (\widetilde{W}_2{}^1, \widetilde{W}_2{}^{1*})$ auf dem Hilbertraum $\widetilde{W}_2{}^1(\Omega_2)$. Ist $\mathfrak{G} \subseteq \widetilde{W}_2{}^1(\Omega_2)$ ein abgeschlossener Unterraum, so definieren wir den Operator $P_{t,\mathfrak{G}} \in (\mathfrak{G}, \mathfrak{G}^*)$ durch die Vorschrift

$$\langle P_{t,\mathfrak{G}}\varphi, h\rangle = \int_{\Omega_2} \varrho(\Gamma[\varphi, \varphi])\,\delta\Gamma[\varphi, h]\,dx \qquad \text{für } \varphi, h \in \mathfrak{G}.$$

Die Gleichung $P_{t,\mathfrak{S}}\varphi = \theta$ nennen wir *Einschränkung* der Gleichung $P_t\varphi = \theta$ auf $\mathfrak{S}$. Der Begriff Einschränkung bezieht sich dabei auf die Lösung wie auf die zulässigen Variationen. Als Methode wird die Einschränkung von Variationen in der Mechanik dazu benutzt, um zusätzliche Anforderungen oder Nebenbedingungen zu berücksichtigen. Wird der Raum $\mathfrak{S}$ sogar endlichdimensional vorausgesetzt — man spricht dann von einem *System mit endlich vielen Freiheitsgraden* —, so erhalten wir die in Kapitel V untersuchten Gleichungen der Projektionsverfahren.

Mit P_t sind natürlich auch die Operatoren $P_{t,\mathfrak{S}}$ stark monoton und Lipschitz-stetig.

Satz 2.2. *Unter den Bedingungen* (2.21), (2.22) *besitzt die Gleichung* $P_t\varphi = \theta$ *mit dem Operator* P_t *aus* (2.23) *für jede stetig differenzierbare Materialfunktion* $\varrho(\xi)$, $\xi \geqq 0$, *genau eine Lösung in* $\widetilde{W}_2^1(\Omega_2)$. *Auf jedem abgeschlossenen Unterraum* $\mathfrak{S} \subseteq \widetilde{W}_2^1(\Omega_2)$ *besitzt die eingeschränkte Gleichung* $P_{t,\mathfrak{S}}\varphi = \theta$ *unter den gleichen Bedingungen an* ϱ *ebenfalls genau eine Lösung.*

Beweis. Korollar 2.1.1.

Die Gleichung $P_t\varphi = \theta$ stimmt mit der Variationsgleichung (2.16) bzw. (II.3.18) für $\delta\omega = 0$ überein, wenn wir beliebige Verwölbungsfunktionen $\varphi \in \widetilde{W}_2^1(\Omega_2)$ und beliebige virtuelle Änderungen $\delta\varphi$ dieser Verwölbungsfunktionen aus dem gleichen Raum zulassen. Beschränken wir uns auf den Unterraum $\widetilde{C}_2(\Omega_2)$, so besitzt die Gleichung (2.16) dort höchstens eine Lösung. Die Existenz einer Lösung $\varphi \in \widetilde{C}_2(\Omega_2)$ kann aber unter vernünftigen Voraussetzungen über den Querschnitt des Stabes nachgewiesen werden, [46].

Man mag schließlich fragen, ob die Zulassung beliebiger $h \in \widetilde{W}_2^1(\Omega_2)$ als virtuelle Änderungen der Verwölbungsfunktion noch sinnvoll ist. Die Berechtigung, solche Variationen h zuzulassen, ergibt sich aus folgenden Überlegungen.

Es sei φ eine Verwölbungsfunktion und $P_t\varphi \in \widetilde{W}_2^{1*}$. Die Gleichung (2.16), also $\langle P_t\varphi, h\rangle = 0$, möge für beliebige $h \in \widetilde{C}_2(\Omega_2)$ mit $\|h\| \leqq \varkappa = \text{const}$ erfüllt sein. Aus der Linearität des Funktionals $P_t\varphi$ ergibt sich dann sofort

$$\langle P_t\varphi, h\rangle = 0 \qquad \text{für alle } h \in \widetilde{C}_2(\Omega_2).$$

Schließlich folgert man aus der Stetigkeit von $P_t\varphi$ daß die Gleichung (2.16) auch für alle $h \in \widetilde{W}_2^1(\Omega_2)$ gelten muß, da $\widetilde{C}_2$ in $\widetilde{W}_2^1$ dicht liegt.

2. Die Operatorgleichung des ebenen elastisch-plastischen Spannungszustandes

Der mechanische Zustand einer elastisch-plastischen Scheibe kann bei vernachlässigbaren Volumenkräften durch eine einzige Funktion $U \in (\Omega_2, \mathfrak{R})$ — die *Airysche Spannungsfunktion* — beschrieben werden. Ω_2 ist die Mittelfläche der Scheibe, ein ebenes Gebiet, welches wir als beschränkt und regulär voraussetzen wollen. Die Oberflächenkräfte geben wir mit Hilfe einer statisch zulässigen Funktion $w \in (\Omega_2, \mathfrak{R})$ vor und setzen

$$U(x_1, x_2) = w(x_1, x_2) + u(x_1, x_2). \tag{2.24}$$

Das Prinzip der virtuellen Änderungen des Spannungszustandes lieferte die Variationsgleichung (II.3.54), (II.3.55),

$$\int_{\Omega_2} \left\{\frac{1}{3k} \Delta U \, \Delta\delta U + \frac{1}{G} \eta(\Psi[U, U]) \, \Psi[U, \delta U]\right\} dx = 0 \tag{2.25}$$

mit

$$\Psi[U, \delta U] = \frac{\partial^2 U}{\partial x_1{}^2} \frac{\partial^2 \delta U}{\partial x_1{}^2} + \frac{\partial^2 U}{\partial x_2{}^2} \frac{\partial^2 \delta U}{\partial x_2{}^2} - \frac{1}{2} \frac{\partial^2 U}{\partial x_1{}^2} \frac{\partial^2 \delta U}{\partial x_2{}^2} - \frac{1}{2} \frac{\partial^2 U}{\partial x_2{}^2} \frac{\partial^2 \delta U}{\partial x_1{}^2} + 3 \frac{\partial^2 U}{\partial x_1 \, \partial x_2} \frac{\partial^2 \delta U}{\partial x_1 \, \partial x_2}. \tag{2.26}$$

Den Randbedingungen (II.3.53) entsprechend fordern wir für u und $\delta U = b$

$$u(x_1, x_2) = b(x_1, x_2) = D_\alpha u(x_1, x_2) = D_\alpha b(x_1, x_2) = 0, \quad |\alpha| = 1, 2, \quad (x_1, x_2) \in \partial\Omega_2. \tag{2.27}$$

Die Funktion U erzeugt über die Formeln (II.3.48), (II.3.50) ein Feld von Spannungstensoren; entsprechende Spannungstensoren werden durch die Funktionen u, b erzeugt. Die Randbedingungen (2.27) besagen, daß die Oberflächenkräfte auf dem Plattenrand $\partial\Omega_2 \times [-h, h]$ vorgegeben sind, daß überdies mit w auch die Funktionen $U = w + u$ und $U + \delta U = w + u + b$ statisch zulässig sind.

Bei der Formulierung der Operatorgleichung greifen wir auf § 1, Beispiel (iii), zurück. Es sei $w \in W_2{}^2(\Omega_2)$; dann besitzt die Abbildung $G_{\mathfrak{w}}u \in \left(\mathring{W}_2{}^2, (L_2)^4\right)$,

$$G_{\mathfrak{w}}u = \left(\frac{\partial^2(w+u)}{\partial x_1{}^2}, \frac{\partial^2(w+u)}{\partial x_1 \, \partial x_2}, \frac{\partial^2(w+u)}{\partial x_2 \, \partial x_1}, \frac{\partial^2(w+u)}{\partial x_2{}^2}\right) \tag{2.28}$$

die Form (2.1) mit

$$G_{\mathfrak{w}}'u = \left(\frac{\partial^2 u}{\partial x_1{}^2}, \frac{\partial^2 u}{\partial x_1 \, \partial x_2}, \frac{\partial^2 u}{\partial x_2 \, \partial x_1}, \frac{\partial^2 u}{\partial x_2{}^2}\right),$$

$$G_0 = \left(\frac{\partial^2 w}{\partial x_1{}^2}, \frac{\partial^2 w}{\partial x_1 \, \partial x_2}, \frac{\partial^2 w}{\partial x_2 \, \partial x_1}, \frac{\partial^2 w}{\partial x_2{}^2}\right). \tag{2.29}$$

Auf R^4 ist

$$(x, y)_4 = x_1 y_1 + x_4 y_4 - \frac{1}{2} x_1 y_4 - \frac{1}{2} x_4 y_1 + \frac{3}{2} (x_2 y_2 + x_3 y_3) \tag{2.30}$$

ein Skalarprodukt und

$$\frac{1}{2} \sum_{i=1}^{4} x_i{}^2 \leqq (x, x)_4 \leqq \frac{3}{2} \sum_{i=1}^{4} x_i{}^2. \tag{2.31}$$

Definiert man

$$\Psi[U, U] = (G_{\mathfrak{w}}u, G_{\mathfrak{w}}u)_4 = T[u, u], \tag{2.32}$$

so ist

$$\Psi[U, \delta U] = \delta T[u, b]$$

und

$$(u, b) = \int_{\Omega_2} \delta^2 T[u, b]\, dx = \int_{\Omega_2} (G_{\mathfrak{w}}'u, G_{\mathfrak{w}}'b)_4\, dx \tag{2.33}$$

ein Skalarprodukt auf $\mathring{W}_2{}^2(\Omega_2)$. Aus den Ungleichungen (2.31) ist sogar ersichtlich, daß die durch (2.33) und (1.52) für $m = 2$ auf $\mathring{W}_2{}^2(\Omega_2)$ erzeugten Normierungen äquivalent sind. Daher ist $\mathring{W}_2{}^2$ auch mit dem Skalarprodukt (2.33) ein Hilbertraum.

Die Vorschrift

$$\langle P_{\mathfrak{w}}u, b\rangle = \int_{\Omega_2} \eta(T[u, u])\, \delta T[u, b]\, dx, \qquad u, b \in \mathring{W}_2{}^2(\Omega_2), \tag{2.34}$$

definiert nach Lemma 2.1 und Satz 2.1 für jede stetig differenzierbare Materialfunktion $\eta(t)$, $t \geqq 0$, die den Bedingungen

$$\mu \geqq \eta(t) \geqq \varphi_0 > 0, \tag{2.35}$$

$$\nu \geqq \frac{d[\eta(t^2)\, t]}{dt} \geqq \psi_0 > 0, \qquad t \geqq 0, \tag{2.36}$$

genügt, einen Lipschitz-stetigen und stark monotonen Operator $P_{\mathfrak{w}} \in (\mathring{W}_2{}^2, \mathring{W}_2{}^{2*})$. Die Bedingungen (2.35), (2.36) für die Materialfunktion $\eta(t)$ sind mit den empirischen Bedingungen (II.3.33), (II.3.34) verträglich.

Um auf die Gleichung (2.25) zu kommen, definieren wir noch den linearen Operator $Q_{\mathfrak{w}} \in (\mathring{W}_2{}^2, \mathring{W}_2{}^{2*})$,

$$\langle Q_{\mathfrak{w}}u, b\rangle = \int_{\Omega_2} \Delta(w + u)\, \Delta b\, dx. \tag{2.37}$$

Wir finden

$$\langle Q_{\mathfrak{w}}u - Q_{\mathfrak{w}}v, b\rangle = \int_{\Omega_2} \Delta(u - v)\, \Delta b\, dx$$

und folglich

$$\begin{aligned} &|\langle Q_{\mathfrak{w}}u - Q_{\mathfrak{w}}v, b\rangle| \\ &\leqq \left[\int_{\Omega_2} \left(\frac{\partial^2(u - v)}{\partial x_1{}^2} + \frac{\partial^2(u - v)}{\partial x_2{}^2}\right)^2 dx\right]^{1/2} \left[\int_{\Omega_2} \left(\frac{\partial^2 b}{\partial x_1{}^2} + \frac{\partial^2 b}{\partial x_2{}^2}\right)^2 dx\right]^{1/2} \\ &\leqq 2\left(\int_{\Omega_2} \delta^2 T[u - v, u - v]\, dx\right)^{1/2} \left(\int_{\Omega_2} \delta^2 T[b, b]\, dx\right)^{1/2}. \end{aligned} \tag{2.38}$$

Aus (2.37) folgt die Monotonieeigenschaft

$$\langle Q_{\mathfrak{w}}u - Q_{\mathfrak{w}}v, u - v\rangle \geqq 0 \qquad \text{für } u, v \in \mathring{W}_2{}^2(\Omega_2). \tag{2.39}$$

Für die Gleichung (2.25) ergibt sich damit der folgende Auflösungssatz.

Satz 2.3. *Unter den Bedingungen* (2.35), (2.36) *besitzt die Gleichung*

$$\frac{1}{3k}\, Q_{\mathfrak{w}}u + \frac{1}{G}\, P_{\mathfrak{w}}u = \theta \tag{2.40}$$

mit den Operatoren $Q_{\mathfrak{w}}$ *aus* (2.37), $P_{\mathfrak{w}}$ *aus* (2.34) *und Konstanten* k, $G > 0$ *für jede stetig differenzierbare Materialfunktion* $\eta(\xi)$, $\xi \geqq 0$, *genau eine Lösung in* $\mathring{W}_2^2(\Omega_2)$. *In jedem abgeschlossenen Unterraum von* $\mathring{W}_2^2(\Omega_2)$ *besitzt die entsprechend eingeschränkte Gleichung ebenfalls genau eine Lösung.*

Beweis. Korollar 2.1.1.

Der Raum $\mathring{C}_2(\bar{\Omega}_2)$ der in $\bar{\Omega}_2$ zweimal stetig differenzierbaren und auf $\partial\Omega_2$ verschwindenden Funktionen ist im Hilbertraum $\mathring{W}_2^2(\Omega_2)$ dicht enthalten. Die Randbedingungen (2.27) werden daher im Definitionsbereich $\mathring{W}_2^2$ der Gleichung (2.40) ungenügend berücksichtigt. Anders ausgedrückt: Der Definitionsbereich $\mathring{W}_2^2$ der Gleichung (2.40) enthält sicher auch statisch nicht zulässige Elemente im Sinne der ursprünglichen Aufgabenstellung.

Die Bedingungen (2.27) erzeugen einen Unterraum von $\mathring{C}_2(\Omega_2)$. Die Einschränkung der Gleichung (2.40) auf die Abschließung dieses Unterraumes in $\mathring{W}_2^2(\Omega_2)$ erhält jedoch nach Satz 2.3 die eindeutige Lösbarkeit.

Die Variationsgleichung (2.25) läßt sich auch in einer Form schreiben, die eine Abschwächung der Bedingungen (2.35), (2.36) zuläßt. Zu diesem Zweck wählen wir den Definitionsbereich zunächst in der Form

$$C_{\mathfrak{w}} = \{u \in \mathring{C}_2(\bar{\Omega}_2) \cap C_3(\bar{\Omega}_2);\, D_\alpha u(x) = 0,\, x \in \partial\Omega_2,\, |\alpha| = 1, 2\}. \tag{2.41}$$

Da Ω_2 normal vorausgesetzt ist, finden wir durch Anwendung der partiellen Integration für $u, b \in C_{\mathfrak{w}}$

$$\begin{aligned}\int_{\Omega_2} \frac{\partial^2 u}{\partial x_1\,\partial x_2}\,\frac{\partial^2 b}{\partial x_1\,\partial x_2}\,dx &= -\int_{\Omega_2} \frac{\partial u}{\partial x_1}\,\frac{\partial^3 b}{\partial x_1\,\partial x_2^2}\,dx \\ &= \int_{\Omega_2} \frac{\partial^2 u}{\partial x_1^2}\,\frac{\partial^2 b}{\partial x_2^2}\,dx = \int_{\Omega_2} \frac{\partial^2 u}{\partial x_2^2}\,\frac{\partial^2 b}{\partial x_1^2}\,dx\end{aligned} \tag{2.42}$$

oder

$$\int_{\Omega_2} \Delta u\, \Delta b\, dx = \int_{\Omega_2} \sum_{i,j=1}^{2} \frac{\partial^2 u}{\partial x_i\,\partial x_j}\,\frac{\partial^2 b}{\partial x_i\,\partial x_j}\,dx. \tag{2.43}$$

Es sei $W_{\mathfrak{w}}$ die Abschließung von $C_{\mathfrak{w}}$ in $\mathring{W}_2^2(\Omega_2)$. Die Identität (2.43) bleibt sicher auch für $u, b \in W_{\mathfrak{w}}$ richtig.

Auf $W_{\mathfrak{w}}$ ist der Operator $Q_{\mathfrak{w}}$ in der Gleichung (2.40) stark monoton. Dann genügt einfache Monotonie des Operators $P_{\mathfrak{w}}$, um die Aussage in Satz 2.3 zu rechtfertigen. $P_{\mathfrak{w}}$ ist noch monoton auf $W_{\mathfrak{w}}$, wenn die Bedingungen (2.35), (2.36) mit $\varphi_0 = \psi_0 = 0$ erfüllt sind.

Abschließend können wir feststellen, daß der mechanische Zustand einer elastisch-plastischen Scheibe nach Vorgabe einer statisch zulässigen Spannungsfunktion $w \in W_2^2(\Omega_2)$ durch die Variationsgleichung (2.25) eindeutig bestimmt wird, wenn Materialgesetz und Definitionsbereich der Gleichung in der angegebenen Weise erklärt werden können.

Als statisch zulässige Spannungsfunktion kann die Airysche Funktion einer linear elastischen Scheibe gleichen Volumens bei gleichen Randbedingungen verwendet werden. Diese Funktion genügt der Variationsgleichung (2.25), in der formal $\eta(\xi) = 1$, $\xi \geqq 0$ und $U = w$ gesetzt wird.

3. Stark monotone Operatoren in der Theorie nichtlinear elastischer Platten

In der geometrisch linearen Theorie nichtlinear elastischer Platten wird der Zustand durch die senkrecht zur Mittelebene wirkende Last $q = q_3(x_1, x_2)$ und die Ausbiegung $u = \mathring{u}_3(x_1, x_2)$, $(x_1, x_2) \in \Omega_2$, beschrieben. Die anderen Zustandsgrößen ergeben sich daraus.

Die Größen q und u sind durch die Variationsgleichung (II.2.38) oder (II.2.41) miteinander verknüpft,

$$\int_{\Omega_2} g(x_1, x_2, H[u, u])\, H[u, \delta u]\, dx = -\int_{\Omega_2} h(x_1, x_2)\, q(x_1, x_2)\, \delta u(x_1, x_2)\, dx, \tag{2.44}$$

$$\begin{aligned} H[u, \delta u] = {} & \frac{\partial^2 u}{\partial x_1^2}\frac{\partial^2 \delta u}{\partial x_1^2} - \frac{1}{2}\frac{\partial^2 u}{\partial x_1^2}\frac{\partial^2 \delta u}{\partial x_2^2} - \frac{1}{2}\frac{\partial^2 u}{\partial x_2^2}\frac{\partial^2 \delta u}{\partial x_1^2} \\ & + \frac{\partial^2 u}{\partial x_2^2}\frac{\partial^2 \partial u}{\partial x_2^2} + 3\frac{\partial^2 u}{\partial x_1\,\partial x_2}\frac{\partial^2 \delta u}{\partial x_1\,\partial x_2}, \end{aligned} \tag{2.45}$$

$$g(x_1, x_2, \xi) = \int_{-h(x_1,x_2)}^{h(x_1,x_2)} \varrho(\tau^2\xi)\, \tau^2\, d\tau, \tag{2.46}$$

$\varrho(\xi)$, $\xi \geqq 0$, ist eine Materialfunktion.

Die Platte sei am Rande so befestigt, daß dort eine Ausbeulung verhindert wird,

$$u(x_1, x_2) = \delta u(x_1, x_2) = 0, \qquad (x_1, x_2) \in \partial\Omega_2. \tag{2.47}$$

Als Definitionsbereich der Gleichung (2.44) bietet sich zunächst der Raum $\mathring{W}_2^2(\Omega_2)$ an. Ungeachtet ihrer ganz unterschiedlichen Bedeutung sind die Formen (2.45) und (2.26) formal die gleichen.

Mit der Abbildung

$$G_{\mathfrak{p}} u = \left(\frac{\partial^2 u}{\partial x_1^2}, \frac{\partial^2 u}{\partial x_1\,\partial x_2}, \frac{\partial^2 u}{\partial x_2\,\partial x_1}, \frac{\partial^2 u}{\partial x_2^2}\right), \qquad u \in \mathring{W}_2^2(\Omega_2),$$

und der positiven Bilinearform $(x, y)_4$ aus (2.30) ist

$$(u, b) = \int_{\Omega_2} (G_{\mathfrak{p}} u, G_{\mathfrak{p}} b)_4\, dx = \int_{\Omega_2} H[u, b]\, dx \tag{2.48}$$

ein Skalarprodukt auf $\mathring{W}_2^2(\Omega_2)$.

Speziell für $h(x_1, x_2) = h_0 = \text{const}$ ist

$$g(\xi) = \int_{-h_0}^{h_0} \varrho(\tau^2\xi)\, \tau^2\, d\tau \tag{2.49}$$

eine Materialfunktion, für welche die Bedingungen (1.10), (1.11) sinnvoll erscheinen:

$$\mu_1 \geqq g(\xi) \geqq \varphi_1 > 0,$$
$$\nu_1 \geqq \frac{dg(\xi^2)\,\xi}{d\xi} \geqq \psi_1 > 0. \tag{2.50}$$

Die stetig differenzierbare Materialfunktion $g(\xi)$ möge den Bedingungen (2.50) genügen. Dann definiert die Beziehung

$$\langle Su, \delta u\rangle = \int_{\Omega_2} g(H[u, u])\, H[u, \delta u]\, dx, \qquad \delta u \in \mathring{W}_2^2(\Omega_2), \tag{2.51}$$

einen stark monotonen und Lipschitz-stetigen Operator $S \in (\mathring{W}_2^2, \mathring{W}_2^{2*})$. Die Gleichung $Su = \Lambda$ besitzt somit nach Korollar 1.1.1 für jedes vorgegebene $\Lambda \in \mathring{W}_2^{2*}$ genau eine Lösung $u \in \mathring{W}_2^2(\Omega_2)$. Es bleibt zu klären, für welche Belastungen $q(x_1, x_2)$, $(x_1, x_2) \in \Omega_2$, die Formel

$$\langle \Lambda, \delta u\rangle = -h_0 \int_{\Omega_2} q\delta u\, dx \tag{2.52}$$

ein Funktional $\Lambda \in \mathring{W}_2^{2*}$ definiert.

Es sei $q \in L_2(\Omega_2)$; dann gilt nach der Schwarzschen Ungleichung

$$|\langle \Lambda, \delta u\rangle| \leqq h_0 \|q\|_{L_2} \|\delta u\|_{L_2}.$$

Andererseits ist nach unserer Definition des Skalarprodukts auf $\mathring{W}_2^2$

$$\|\delta u\|^2_{\mathring{W}_2^2} = \int_{\Omega_2} H[\delta u, \delta u]\, dx \geqq \frac{1}{2} \int_{\Omega_2} \sum_{i,j=1}^{2} \left(\frac{\partial^2 \delta u}{\partial x_i\, \partial x_j}\right)^2 dx$$
$$\geqq \frac{1}{2a^2\beta^2} \int_{\Omega_2} \delta u^2\, dx, \qquad a, \beta = \text{const}. \tag{2.53}$$

Die erste Ungleichung in (2.53) folgt aus (2.31), die zweite erhielten wir für $\delta u \in \mathring{W}_2^2$ schon bei der Herleitung der Ungleichung (1.54). Wir finden schließlich

$$|\langle \Lambda, \delta u\rangle| \leqq 2h_0 a^2\beta^2 \|q\|_{L_2} \|\delta u\|_{\mathring{W}_2^2}. \tag{2.54}$$

Damit erzeugt eine Last $q \in L_2(\Omega_2)$ über die Formel (5.52) ein Funktional $\Lambda \in \mathring{W}_2^2$. Unsere Betrachtungen schließen wir wieder mit einem Satz ab.

Satz 2.4. *Für stetig differenzierbare Materialfunktionen $\varrho(\xi)$, $\xi \geqq 0$, die den Bedingungen*

$$\mu \geqq \varrho(\xi) \geqq \varphi_0 > 0, \tag{2.55}$$
$$\nu \geqq \frac{d[\varrho(\xi^2)\,\xi]}{d\xi} \geqq \psi_0 > 0 \tag{2.56}$$

genügen, konstante Plattenstärke $2h(x_1, x_2) = 2h_0 > 0$ und vorgegebene Last $q \in L_2(\Omega_2)$ besitzt die Plattengleichung

$$\int_{\Omega_2} g(H[u, u])\, H[u, \delta u]\, dx = -h_0 \int_{\Omega_2} q\delta u\, dx, \qquad \delta u \in \mathring{W}_2^2, \tag{2.57}$$
$$g(\xi) = \int_{-h_0}^{h_0} \varrho(\tau^2\xi)\, \tau^2 d\tau, \qquad \xi \geqq 0,$$

genau eine Lösung $u \in \mathring{W}_2^2(\Omega_2)$.

Beweis. Wegen der Symmetrie des Integranden ist

$$g(\xi) = 2 \int_0^{h_0} \varrho(\tau^2 \xi)\, \tau^2\, d\tau, \qquad \xi \geqq 0,$$

folglich

$$g'(\xi) = 2 \int_0^{h_0} \varrho'(\tau^2 \xi)\, \tau^2 \tau^2\, d\tau, \qquad \xi \geqq 0,$$

und

$$\frac{d[g(\xi^2)\, \xi]}{d\xi} = 2 \int_0^{h_0} \frac{d[\varrho(\tau^2 \xi^2)\, \tau\xi]}{d(\tau\xi)}\, \tau^2\, d\tau, \qquad \xi \geqq 0.$$

Die Ungleichungen (2.55), (2.56) ziehen daher die Ungleichungen (2.50) nach sich, etwa mit

$$\varphi_1 = \frac{2}{3}\, h_0^3 \varphi_0, \qquad \mu_1 = \frac{2}{3}\, h_0^3 \mu, \qquad \psi_1 = \frac{2}{3}\, h_0^3 \psi_0, \qquad \nu_1 = \frac{2}{3}\, h_0^3 \nu.$$

Korollar 1.1.1 vervollständigt dann den Beweis.

Bei den Randbedingungen (2.47) spricht man von aufliegenden Platten (vgl. Abb. 2a).

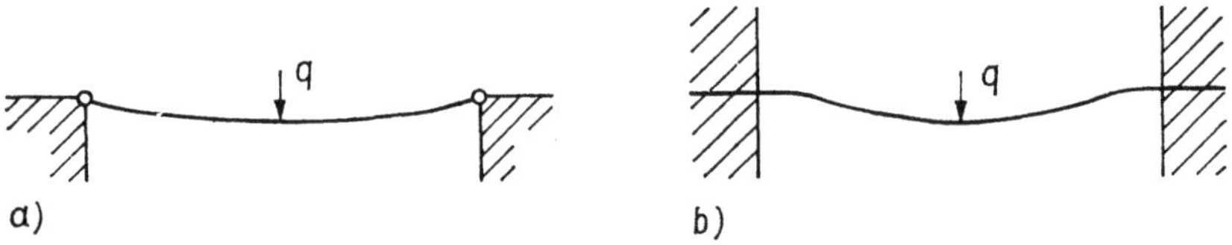

Abb. 2

Zur Beschreibung einer eingespannten Platte (Abb. 2b) gehen wir vom Definitionsbereich $\dot{C}_2(\Omega_2)$ der in Ω_2 finiten und zweimal stetig differenzierbaren Funktionen aus. Die Abschließung von $\dot{C}_2(\Omega_2)$ in $\mathring{W}_2^2(\Omega_2)$ nennen wir W_e. Natürlich ist W_e mit dem Skalarprodukt (2.48) nun ein Hilbertraum. Jede Last $q \in L_2(\Omega_2)$ erzeugt über die Formel (2.52) ein Funktional $\Lambda \in W_e^*$. Man kann aber auch andere Bedingungen dafür finden.

Lemma 2.2. *Die Funktion $q \in C(\Omega_2)$ möge die Darstellung*

$$q(x_1, x_2) = \sum_{i,j=1}^{2} \frac{\partial^2 q_{ij}}{\partial x_i\, \partial x_j} \qquad \text{mit} \qquad q_{ij} \in L_2(\Omega_2) \cap C_2(\Omega_2) \tag{2.58}$$

besitzen. Dann erzeugt q über die Formel (2.52) *ein Funktional $\tilde{\Lambda} \in W_e^*$.*

Beweis. Für jedes $\delta u \in \dot{C}_2(\Omega_2)$ gelten die Integralidentitäten

$$\int_{\Omega_2} q_{ij}(x)\, \frac{\partial^2 \delta u}{\partial x_i\, \partial x_j}\, dx = \int_{\Omega_2} \delta u(x)\, \frac{\partial^2 q_{ij}}{\partial x_i\, \partial x_j}\, dx, \qquad i, j = 1, 2. \tag{2.59}$$

Die Integration in (2.59) erstreckt sich nur über den kompakten Träger von δu, so daß die Integrale erklärt sind. Aus diesen Identitäten ergibt sich

$$\int_{\Omega_2} q\,\delta u\,dx = \int_{\Omega_2} \delta u(x) \sum_{i,j=1}^{2} \frac{\partial^2 q_{ij}}{\partial x_i\,\partial x_j}\,dx = \int_{\Omega_2} \sum_{i,j=1}^{2} q_{ij}(x) \frac{\partial^2 \delta u}{\partial x_i\,\partial x_j}\,dx \tag{2.60}$$

und

$$\left|\int_{\Omega_2} q\,\delta u\,dx\right| \leqq \sum_{i,j=1}^{2} \|q_{ij}\|_{L_2} \left\|\frac{\partial^2 \delta u}{\partial x_i\,\partial x_j}\right\|_{L_2}$$

$$\leqq \sigma \left(\sum_{i,j=1}^{2} \left\|\frac{\partial^2 \delta u}{\partial x_i\,\partial x_j}\right\|_{L_2}^2\right)^{1/2} \leqq \sqrt{2}\,\sigma \left(\int_{\Omega_2} H[\delta u, \delta u]\,dx\right)^{1/2} \tag{2.61}$$

mit $\sigma = \left(\sum_{i,j=1}^{2} \|q_{ij}\|_{L_2}^2\right)^{1/2}$.

Aus der Abschätzung (2.61) wird ersichtlich, daß die Abbildung $\Lambda \in \left(\dot{C}_2(\Omega_2), \Re\right)$,

$$\Lambda(\delta u) = -h_0 \int_{\Omega_2} q(x)\,\delta u(x)\,dx,$$

auf dem in W_e dichten Unterraum $\dot{C}_2(\Omega_2)$ linear und beschränkt ist. Sie besitzt daher eine eindeutig bestimmte Erweiterung $\tilde{\Lambda} \in W_e^*$, q. e. d.

Man kann sich davon überzeugen, daß die in (2.58) dargestellten Lasten nicht mehr integrierbar zu sein brauchen. Es sei etwa eine Rechteckplatte mit der Mittelfläche

$$\Omega_r = \{(x_1, x_2) \in \Re^2;\ 0 < x_1 < a,\ 0 < x_2 < b\}$$

im undeformierten Zustand vorgegeben. $q_1(x_1, x_2) = \dfrac{1}{x_1^{1/4}}$, $(x_1, x_2) \in \Omega_r$, ist Element von $L_2(\Omega_r)$, denn es ist

$$\int_{\Omega_r} q_1^2(x_1, x_2)\,dx = \int_0^b dx_2 \int_0^a x_1^{-1/2}\,dx_1 = 2b\sqrt{a}.$$

Die Last $q = \dfrac{\partial^2 q_1}{\partial x_1^2} = \dfrac{5}{16}\,x_1^{-9/4}$ genügt den Bedingungen in Lemma 2.2, ist aber offensichtlich nicht integrierbar.

Satz 2.5. *Es sei Ω_2 die Mittelfläche einer Platte — ein reguläres Gebiet in $\Re^2$. Bedingungen über Materialfunktion und Plattenstärke wie in Satz 2.4. Die Last $q \in (\Omega_2, \Re)$ genüge den Bedingungen in Lemma 2.2. Dann besitzt die Plattengleichung*

$$\int_{\Omega_2} g(H[u, u])\,H[u, \delta u]\,dx = -h_0 \int_{\Omega_2} q(x)\,\delta u(x)\,dx, \qquad u \in \dot{C}_2(\Omega_2), \tag{2.62}$$

mit der stetig differenzierbaren Materialfunktion (2.49) *unter den Bedingungen* (2.50) *genau eine Lösung $u \in W_e$.*

Beweis. Mit dem Operator $S \in (W_e, W_e^*)$ aus (2.51) und dem Funktional $\tilde{\Lambda} \in W_e^*$ aus dem Lemma 2.2 schreibt man die Gleichung (2.62) in der Form $Su = \tilde{\Lambda}$. Korollar 1.1.1 beweist dann die Behauptung.

Ein Vergleich der bewiesenen Sätze 2.4 und 2.5 legt die Vermutung nahe, daß die eingespannte Platte gegenüber der aufliegenden Platte im allgemeinen eine größere Tragfähigkeit besitzt. Solche Aussagen treffen jedoch nur im Rahmen einer bestimmten Theorie zu und bedürfen in jedem konkreten Fall einer weiteren Bestätigung.

Der in Lemma 2.2 betrachtete Spezialfall der Erzeugung linearer Funktionale in W_2^l-Räumen über das Skalarprodukt in L_2 führt im allgemeinen Fall zur Erklärung von Distributionen endlicher Ordnung.

4. Platten mit scharfer Kante

Versucht man in der bisher geübten Weise die funktionalanalytische Beschreibung einer Platte, deren Dicke, etwa auf einem Teil des Randes, verschwindet, so wird man mit entartenden Gleichungen konfrontiert. Entartenden Gleichungen wird in Theorie und Anwendungen monotoner Operatoren breiter Raum eingeräumt. Noch vor dem Entstehen einer allgemeinen Theorie monotoner Operatoren haben V. I. Višik [90], V. K. Sacharov [81], S. G. Michlin [67] und K. Gröger [17] Beiträge über entartende Gleichungen geliefert.

In manchen Fällen ist es möglich, die Entartung mit Hilfe einer geeigneten Gewichtsfunktion zu kompensieren, so daß die einfachen Ergebnisse über stark monotone Operatoren Verwendung finden können. Eben diesen Weg wollen wir an einem einfachen Beispiel erläutern. Wir untersuchen die eingespannte Rechteckplatte mit der Mittelfläche

$$\Omega_{\mathrm{r}} = \{(x_1, x_2) \in \mathfrak{R}^2;\, 0 < x_1 < a,\, 0 < x_2 < b\}$$

im undeformierten Zustand. Die obere bzw. untere Begrenzungsfläche mögen durch die Gleichungen $x_3 = \pm h(x_1)$, $(x_1, x_2) \in \Omega_{\mathrm{r}}$, gegeben sein. Wir wählen speziell eine Funktion $h \in C([0, a])$ mit der Eigenschaft

$$h(0) = 0, \qquad h(x_1) \geqq \min\{\vartheta x_1^{\eta}, h_0\} \tag{2.63}$$

für positive Konstanten ϑ, η, h_0. Unsere Platte besitzt also eine scharfe Kante bei $x_1 = 0$, $0 \leqq x_2 \leqq b$.

Unter diesen Voraussetzungen ist mit der stetig differenzierbaren Materialfunktion $\varrho(\xi)$, $\xi \geqq 0$, die weiterhin den Bedingungen (2.55), (2.56) genügen soll, auch die Funktion

$$g(x_1, x_2, \xi) = 2 \int_0^{h(x_1)} \varrho(\tau^2 \xi)\, \tau^2\, d\tau, \qquad \xi \geqq 0, \tag{2.64}$$

für jeden Punkt $(x_1, x_2) \in \Omega_{\mathrm{r}}$ in ξ stetig und stetig differenzierbar. Mit (2.55), (2.56) erhalten wir die Abschätzungen

$$\frac{2}{3}\,\mu h^3(x_1) \geqq g(x_1, x_2, \xi) \geqq \frac{2}{3}\,\varphi_0 h^3(x_1), \tag{2.65}$$

$$\frac{2}{3}\,\psi_0 h^3(x_1) \geqq \frac{\partial[g(x_1, x_2, \xi^2)\xi]}{\partial \xi} \geqq \frac{2}{3}\,\nu h^3(x_1). \tag{2.66}$$

Als Definitionsbereich der Variationsgleichung (2.44) wählen wir zunächst den Raum $\dot{C}_2(\Omega_\mathfrak{r})$. Allerdings erscheint der Raum $W_\mathfrak{e}$ mit dem Skalarprodukt

$$(u, v) = \int_{\Omega_\mathfrak{r}} H[u, v]\, dx, \qquad u, v \in W_\mathfrak{e},$$

als Vervollständigung von $\dot{C}_2(\Omega_\mathfrak{r})$ nun ungeeignet, da die rechten Seiten in den Abschätzungen (2.65), (2.66) für $(x_1, x_2) \in \Omega_\mathfrak{r}$ nicht mehr nach unten durch positive Konstanten abgeschätzt werden können. Wir beschreiten daher einen anderen Weg.

Auf $\dot{C}_2(\Omega_\mathfrak{r})$ ist

$$(u, v)_\mathfrak{r} = \int_{\Omega_\mathfrak{r}} h^3(x_1)\, H[u, v]\; dx \tag{2.67}$$

ein Skalarprodukt. Diese Eigenschaft ergibt sich aus den folgenden Betrachtungen:

Es sei

$$\Omega_{\mathfrak{r},\tau} = \{(x_1, x_2) \in \Omega_\mathfrak{r};\, x_1 > \tau\}, \qquad 0 < \tau < a;$$

dann ist $\Omega_\mathfrak{r} = \bigcup_{0<\tau<a} \Omega_{\mathfrak{r},\tau}$. Wir fixieren ein $\tau \in (0, a)$. Die Einschränkung einer Funktion $u \in \dot{C}_2(\Omega_\mathfrak{r})$ auf $\Omega_{\mathfrak{r},\tau}$ sei u_τ. Für $u \in \dot{C}_1(\Omega_\mathfrak{r})$ gilt

$$u_\tau(x_1, x_2) = \int_a^{x_1} \frac{\partial u}{\partial x_1}\,(t, x_2)\, dt$$

und

$$\int_{\Omega_{\mathfrak{r},\tau}} u_\tau^2\,(x_1, x_2)\, dx \leqq a^2 \int_{\Omega_{\mathfrak{r},\tau}} \left[\left(\frac{\partial u}{\partial x_1}\right)^2 + \left(\frac{\partial u}{\partial x_2}\right)^2\right] dx.$$

Weiterhin finden wir für $u \in \dot{C}_2(\Omega_\mathfrak{r})$ in der gleichen Weise

$$\int_{\Omega_{\mathfrak{r},\tau}} u_\tau^2(x_1, x_2)\, dx \leqq a^4 \int_{\Omega_{\mathfrak{r},\tau}} \sum_{i,j=1}^{2} \left(\frac{\partial^2 u}{\partial x_i\, \partial x_j}\right)^2 dx$$

und schließlich

$$\int_{\Omega_{\mathfrak{r},\tau}} h^3(x_1)\, H[u_\tau, u_\tau]\, dx \geqq \varkappa_\tau^3 \int_{\Omega_{\mathfrak{r},\tau}} H[u_\tau, u_\tau]\, dx$$

$$\geqq \frac{1}{2}\,\varkappa_\tau^2 \int_{\Omega_{\mathfrak{r},\tau}} \sum_{i,j=1}^{2} \left(\frac{\partial^2 u}{\partial x_i\, \partial x_j}\right)^2 dx \geqq \frac{\varkappa_\tau^3}{2a^4} \int_{\Omega_{\mathfrak{r},\tau}} u_\tau^2\, dx \tag{2.68}$$

mit $\varkappa_\tau = \min\,\{\vartheta\tau^\eta, h_0\}$ wegen (2.31) und (2.63). Gilt nun $(u, u)_\mathfrak{r} = 0$, so folgt $u_\tau(x_1, x_2) \equiv 0$ für jedes $\tau \in (0, a)$, also $u(x_1, x_2) \equiv 0$. Die Formel (2.67) definiert tatsächlich ein Skalarprodukt auf $\dot{C}_2(\Omega_\mathfrak{r})$.

Unser nächstes Ziel ist die Vervollständigung des unitären Raumes $\dot{C}_2(\Omega_\mathfrak{r})$ mit dem Skalarprodukt (2.67) zu einem Hilbertraum $W_\mathfrak{r}$ mit dem gleichen Skalarprodukt.

Lemma 2.3. *Die in $\Omega_\mathfrak{r}$ erklärten meßbaren Vektorfunktionen*

$$w = (w_{11}, w_{12}, w_{21}, w_{22}),$$

für die

$$\|w\|_\mathfrak{r} = \left[\int_{\Omega_\mathfrak{r}} h^3(x_1)\,(w, w)_4\,dx\right]^{1/2} \tag{2.69}$$

mit dem Skalarprodukt (2.30) *auf* $\mathfrak{R}^4$ *endlich ist, bilden mit der Norm* (2.69) *einen Banachraum* $M_\mathfrak{r}$.

Beweis. Zum Nachweis der Normeigenschaften genügt es, das Identitätsaxiom zu verifizieren. Wir finden für jedes $\tau \in (0, a)$

$$\|w\|_\mathfrak{r}^2 \geqq \frac{1}{2}\,\varkappa_\tau^3 \int_{\Omega_{\mathfrak{r},\tau}} \sum_{i,j=1}^{2} w_{ij}^2\,dx.$$

Die Annahme $\|w\|_\mathfrak{r} = 0$ führt zur Aussage $w_{ij}(x_1, x_2) = 0$ fast überall in $\Omega_\mathfrak{r}$, $i, j = 1, 2$. w ist dann dem Nullvektor äquivalent.

Wir beweisen nun die Vollständigkeit. Es sei $\{w_n\}$ eine Fundamentalfolge in $M_\mathfrak{r}$. Zu $\varepsilon > 0$ gibt es ein $n_0(\varepsilon)$ derart, daß

$$\int_{\Omega_\mathfrak{r}} h^3(x_1)\,(w_{n+p} - w_n, w_{n+p} - w_n)_4\,dx < \varepsilon, \qquad \text{falls } n \geqq n_0 \text{ ist,}$$

und für $\tau \in (0, a)$

$$\frac{1}{2}\,\varkappa_\tau^3 \int_{\Omega_{\mathfrak{r},\tau}} \sum_{i,j=1}^{2} (w_{ij,n+p} - w_{ij,n})^2\,dx < \varepsilon, \qquad n \geqq n_0.$$

Der Raum $L_2(\Omega_{\mathfrak{r},\tau})$ ist vollständig für jedes $\tau \in (0, a)$. Da $\Omega_\mathfrak{r} = \bigcup_{0<\tau<a} \Omega_{\mathfrak{r},\tau}$ ist, gibt es eine in $\Omega_\mathfrak{r}$ erklärte Vektorfunktion w mit der Eigenschaft

$$\|w_\tau - w_{\tau n}\|_{(L_2(\Omega_{\mathfrak{r},\tau}))^4} \xrightarrow[n\to\infty]{} 0,$$

worin wie bisher w_τ die Einschränkung von w auf $\Omega_{\mathfrak{r},\tau}$ bezeichnet. Etwa für $\tau_i = a/i$, $i = 1, 2, \ldots$, können wir auch $\Omega_\mathfrak{r} = \bigcup_{i=1}^{\infty} \Omega_{\mathfrak{r},\tau_i}$ schreiben. Daraus ersieht man, daß es eine Teilfolge $\{w_{n_j}\} \subseteq \{w_n\}$ gibt, so daß $w_{n_j}(x_1, x_2) \xrightarrow[j\to\infty]{} w(x_1, x_2)$ für fast alle $(x_1, x_2) \in \Omega_\mathfrak{r}$ gilt. Nach dem Lemma von Fatou gilt

$$\int_{\Omega_\mathfrak{r}} h^3(x_1)\,(w, w)_4\,dx \leqq \varliminf_{j\to\infty} \int_{\Omega_\mathfrak{r}} h^3(x_1)\,(w_{n_j}, w_{n_j})_4\,dx;$$

da für eine geeignete Konstante δ und alle n_j

$$\|w_{n_j}\|_\mathfrak{r}^2 = \int_{\Omega_\mathfrak{r}} h^3(x_1)\,(w_{n_j}, w_{n_j})_4\,dx \leqq \delta$$

ist, gilt $w \in M_\mathfrak{r}$. Schließlich erhalten wir nach dem gleichen Lemma

$$\|w - w_{n_j}\|_\mathfrak{r}^2 \leqq \varliminf_{k\to\infty} \int_{\Omega_\mathfrak{r}} h^3(x_1)\,(w_{n_j} - w_{n_k}, w_{n_j} - w_{n_k})_4\,dx$$

oder

$$\|w - w_{n_j}\|_\mathfrak{r}^2 < \varepsilon,$$

falls $n_j \geqq n_0(\varepsilon)$, und

$$\|w - w_n\|_\mathfrak{r} \leqq \|w - w_{n_j}\|_\mathfrak{r} + \|w_{n_j} - w_n\|_\mathfrak{r} < 2\sqrt{\varepsilon},$$

falls $n, n_j \geqq n_0$ ist. Lemma 2.3 ist damit bewiesen.

Lemma 2.4. *Der unitäre Raum $\dot{C}_2(\Omega_\mathfrak{r})$ mit dem Skalarprodukt* (2.67) *besitzt eine Vervollständigung $W_\mathfrak{r}$ mit dem gleichen Skalarprodukt.*

Beweis. Die Hausdorffsche Vervollständigung von $\dot{C}_2(\Omega_\mathfrak{r})$ bezüglich der durch (2.67) induzierten Metrik bezeichnen wir mit $\tilde{W}_\mathfrak{r}$. Die Elemente von $\tilde{W}_\mathfrak{r}$ sind Klassen $\mathfrak{M}$ konfinaler Fundamentalfolgen; falls $\{u_n\} \in \mathfrak{M}$ ist, wird $\|\mathfrak{M}\| = \lim\limits_{n\to\infty} \|u_n\|_\mathfrak{r}$ definiert.

Es sei $\{u_n\} \subseteq \dot{C}_2(\Omega_\mathfrak{r})$ eine Fundamentfolge; zu $\varepsilon > 0$ existiert ein $n_0(\varepsilon)$ derart, daß

$$\int_{\Omega_\mathfrak{r}} h^3(x_1)\,H[u_{n+p} - u_n, u_{n+p} - u_n]\,dx$$
$$= \int_{\Omega_\mathfrak{r}} h^3(x_1)\,\big(G_\mathfrak{p}(u_{n+p} - u_n), G_\mathfrak{p}(u_{n+p} - u_n)_4\big)\,dx < \varepsilon$$

ist, falls $n \geqq n_0$ ist. Dabei ist wie früher

$$G_\mathfrak{p} u = \left(\frac{\partial^2 u}{\partial x_1^2}, \frac{\partial^2 u}{\partial x_1\,\partial x_2}, \frac{\partial^2 u}{\partial x_2\,\partial x_1}, \frac{\partial^2 u}{\partial x_2^2}\right).$$

Die Folge $\{G_\mathfrak{p} u_n\}$ von Vektorfunktionen konvergiert nach Lemma 2.3 in $M_\mathfrak{r}$ gegen eine Vektorfunktion $w \in M_\mathfrak{r}$, $w = (w_{11}, w_{12}, w_{21}, w_{22})$. Außerdem konvergiert die Folge der Einschränkungen $u_{\tau n}$ wegen (2.68) für jedes $\tau \in (0, a)$ gegen eine Funktion $u_\tau \in L_2(\Omega_{\mathfrak{r},\tau})$. Die durch ihre Einschränkungen u_τ eindeutig bestimmte Funktion $u \in (\Omega_\mathfrak{r}, \mathfrak{R})$ betrachten wir als Grenzwert der Folge $\{u_n\} \subseteq \dot{C}_2(\Omega_\mathfrak{r})$. Die Funktion u besitzt die verallgemeinerten Ableitungen

$$\frac{\partial^2 u}{\partial x_i\,\partial x_j} = w_{ij}, \qquad i, j = 1, 2.$$

Ist nämlich $\varphi \in \dot{C}_2(\Omega_\mathfrak{r})$ beliebig vorgegeben, dann gibt es ein $\tau \in (0, a)$ derart, daß $\varphi \in \dot{C}_2(\Omega_{\mathfrak{r},\tau})$ ist.[1] Wir finden dann für $i, j = 1, 2$ und $n = 1, 2, \ldots$

$$0 = \int_{\Omega_\mathfrak{r}} \left\{u_n \frac{\partial^2 \varphi}{\partial x_i\,\partial x_j} - \varphi \frac{\partial^2 u_n}{\partial x_i\,\partial x_j}\right\} dx = \int_{\Omega_{\mathfrak{r},\tau}} u_{\tau n} \frac{\partial^2 \varphi}{\partial x_i\,\partial x_j}\,dx - \int_{\Omega_{\mathfrak{r},\tau}} \varphi \frac{\partial^2 u_{\tau n}}{\partial x_i\,\partial x_j}\,dx.$$

[1]) Der Träger von φ ist kompakt im Gebiet $\Omega_\mathfrak{r}$ und besitzt folglich einen positiven Abstand ϱ vom Rand $\partial\Omega_\mathfrak{r}$. $\tau = \frac{1}{2}\varrho$ erfüllt unsere Bedingung.

Durch Grenzübergang $n \to \infty$ erhält man daraus

$$0 = \int_{\Omega_{\mathfrak{r},\mathfrak{r}}} \left\{ u_\mathfrak{r} \frac{\partial^2 \varphi}{\partial x_i \, \partial x_j} - \varphi w_{ij} \right\} dx = \int_{\Omega_{\mathfrak{r},\mathfrak{r}}} \left\{ u \frac{\partial^2 \varphi}{\partial x_i \, \partial x_j} - \varphi w_{ij} \right\} dx .$$

Aus der letzten Identität folgern wir $w_{ij} = \dfrac{\partial^2 u}{\partial x_i \, \partial x_j}$.

Jeder Fundamentalfolge $\{u_n\} \subseteq \dot{C}_2(\Omega_\mathfrak{r})$ ordnen wir in der geschilderten Weise eine Funktion $u \in (\Omega_\mathfrak{r}, \mathfrak{R})$ zu, die in $\Omega_\mathfrak{r}$ zweite verallgemeinerte Ableitungen besitzt. Wenn wir dabei den Fundamentalfolgen $\{y_n\}$ und $\{z_n\}$ den gleichen Grenzwert zuordnen, folgt aus dem Beweis von Lemma 2.3

$$\lim_{n \to \infty} \|G_\mathfrak{p} y_n - G_\mathfrak{p} z_n\|_\mathfrak{r}^2 = \lim_{n \to \infty} \int_{\Omega_\mathfrak{r}} h^3(x_1) \, H[y_n - z_n, y_n - z_n] \, dx = 0 .$$

Die Folgen $\{y_n\}$ und $\{z_n\}$ sind also konfinal und somit Vertreter ein und derselben Klasse $\mathfrak{M} \in \widetilde{W}_\mathfrak{r}$.

Den linearen Vektorraum aller Grenzwerte von Fundamentalfolgen in $\dot{C}_2(\Omega_\mathfrak{r})$ mit dem Skalarprodukt (2.67) bezeichnen wir mit $W_\mathfrak{r}$. Wir erklären dann den Operator $E \in (\widetilde{W}_\mathfrak{r}, W_\mathfrak{r})$, $E\mathfrak{M} = u$ genau dann, wenn in $\mathfrak{M}$ eine Fundamentalfolge $\{u_n\}$ mit $\lim\limits_{n \to \infty} u_n = u$ existiert. Lemma 2.3 entnehmen wir

$$\lim_{n \to \infty} \int_{\Omega_\mathfrak{r}} h^3(x_1) \, H[u_n, u_n] \, dx = \int_{\Omega_\mathfrak{r}} h^3(x_1) \, H[u, u] \, dx . \tag{2.70}$$

Mit

$$\|u\|_\mathfrak{r}^2 = \int_{\Omega_\mathfrak{r}} h^3(x_1) \, H[u, u] \, dx , \qquad u \in W_\mathfrak{r},$$

wird $W_\mathfrak{r}$ zum Banachraum[1]); nach (2.70) gilt $\|E\mathfrak{M}\|_\mathfrak{r} = \|\mathfrak{M}\|$, E ist also isomorph, isometrisch und eineindeutig. Die Räume $\widetilde{W}_\mathfrak{r}$ und $W_\mathfrak{r}$ sind damit isometrisch. $W_\mathfrak{r}$ ist dann selbst vollständig und Vervollständigung von $\dot{C}_2(\Omega_\mathfrak{r})$. Mit dem Skalarprodukt (2.67) ist $W_\mathfrak{r}$ schließlich Hilbertraum, q. e. d.

Satz 2.6. *Für stetig differenzierbare Materialfunktionen* $\varrho(\xi)$, $\xi \geqq 0$, *die den Bedingungen* (2.55), (2.56) *genügen, besitzt die Gleichung für die Rechteckplatte mit veränderlicher Plattenstärke* (2.63),

$$\int_{\Omega_\mathfrak{r}} g(x_1, x_2, H[u, u]) \, H[u, w] \, dx = - \int_{\Omega_\mathfrak{r}} q h w \, dx , \qquad w \in \dot{C}_2(\Omega_\mathfrak{r}), \tag{2.71}$$

mit $g(x_1, x_2, \xi)$ *aus* (2.64) *genau eine Lösung in* $W_\mathfrak{r}$ *für solche Lasten* q, *die über die Formel*

$$\langle \Lambda, w \rangle = - \int_{\Omega_\mathfrak{r}} q h w \, dx , \qquad w \in \dot{C}_2(\Omega_\mathfrak{r}), \tag{2.72}$$

ein Element $\Lambda \in W_\mathfrak{r}^*$ *erzeugen.*

---

[1]) Wir berücksichtigen dabei den Hinweis zur vorsichtigen Interpretation aus § 1 und identifizieren solche Funktionen in $W_\mathfrak{r}$, die sich mit ihren entsprechenden zweiten Ableitungen nur auf einer Menge vom Maß Null voneinander unterscheiden.

Beweis. Wir erklären diesmal einen Operator $S \in (W_{\mathfrak{r}}, W_{\mathfrak{r}}^*)$ durch die Vorschrift

$$\langle Su, w\rangle = \int_{\Omega_{\mathfrak{r}}} g(x_1, x_2, H[u, u])\, H[u, w]\, dx. \tag{2.73}$$

Wegen der linken Ungleichung in (2.65) gilt nämlich

$$|\langle Su, w\rangle| \leqq \frac{2}{3}\,\mu \int_{\Omega_{\mathfrak{r}}} h^3(x_1)\, |H[u, w]|\, dx \leqq \frac{2}{3}\,\mu \|u\|_{\mathfrak{r}}\, \|w\|_{\mathfrak{r}}.$$

Bei der Abschätzung der Differenz $\langle Su - Sv, w\rangle$ wenden wir wie im Beweis von Satz 1.1 die Taylorzerlegung des Integranden an:

$$\langle Su - Sv, w\rangle = \int_{\Omega_{\mathfrak{r}}} \{g(x_1, x_2, \xi)_{\xi=\xi_\vartheta}\, H[u - v, w]$$

$$+ 2\, \frac{\partial g(x_1, x_2, \xi)}{\partial \xi}\bigg|_{\xi=\xi_\vartheta} H[v + \vartheta(u - v), u - v]\, H[v + \vartheta(u - v), w]\}\, dx,$$

$$\xi_\vartheta = H[v + \vartheta(u - v), v + \vartheta(u - v)], \qquad 0 \leqq \vartheta(x_1, x_2) \leqq 1.$$

Aus dieser Zerlegung folgt dann mit den Ungleichungen (2.65), (2.66) die Lipschitz-Stetigkeit und starke Monotonie des Operators S. Die gleichen Überlegungen wie im Beweis zu Korollar 1.1.1 vervollständigen dann auch diesen Beweis.

In einer abschließenden Betrachtung wollen wir nun die zulässigen Lasten und möglichen Ausbiegungen einer eingespannten Rechteckplatte $\Omega_{\mathfrak{r}}$ mit scharfer Kante charakterisieren.

Lemma 2.5. *Die Funktion* $q \in (\Omega_{\mathfrak{r}}, \mathfrak{R})$ *in der Gleichung* (2.71) *möge folgender Bedingung genügen:*

$$qh = \sum_{i,j=1}^{2} \frac{\partial^2 q_{ij}}{\partial x_i\, \partial x_j}, \qquad q_{ij} \in C_2(\Omega_{\mathfrak{r}}), \qquad \frac{q_{ij}}{h^{3/2}} \in L_2(\Omega_{\mathfrak{r}}).^{1)} \tag{2.74}$$

Dann erzeugt q *über die Formel* (2.72) *ein Element von* $W_{\mathfrak{r}}^*$.

Beweis. Durch partielle Integration findet man für $v \in \dot{C}_2(\Omega_{\mathfrak{r}})$

$$\left|\int_{\Omega_{\mathfrak{r}}} qhv\, dx\right| = \left|\int_{\Omega_{\mathfrak{r}}} \sum_{i,j=1}^{2} q_{ij}\, \frac{\partial^2 v}{\partial x_i\, \partial x_j}\, dx\right|$$

$$\leqq \sum_{i,j=1}^{2} \left[\int_{\Omega_{\mathfrak{r}}} \frac{q_{ij}^2}{h^3(x_1)}\, dx\right]^{1/2} \left[\int_{\Omega_{\mathfrak{r}}} h^3(x_1)\, \frac{\partial^2 v}{\partial x_i\, \partial x_j}\, dx\right]^{1/2}$$

$$\leqq \sqrt{2}\left[\int_{\Omega_{\mathfrak{r}}} \sum_{i,j=1}^{2} \frac{q_{ij}^2}{h^3(x_1)}\, dx\right]^{1/2} \|v\|_{\mathfrak{r}}. \tag{2.75}$$

[1]) Die Gleichung (2.71) geht auf die Variationsgleichung (II.2.10) zurück. Wie dort vermerkt wurde, kann die Größe $2hq = 2hq_3 = T_3$ als vorgegebene Oberflächenkraft gedeutet werden.

$\dot{C}_2(\Omega_\tau)$ ist dicht in W_τ; die Funktion q erzeugt demnach über die Formel (2.72) ein eindeutig bestimmtes Element $\Lambda \in W_\tau{}^*$, q. e. d.

Wir betrachten nun das Verhalten der Elemente von W_τ im Randstreifen

$$\Omega'_{\tau,\tau} = \{(x_1, x_2) \in \Omega_\tau; 0 < x_1 < \tau\}, \qquad \tau \in (0, a].$$

Lemma 2.6. *Die Plattenstärke h aus* (2.63) *genüge der Bedingung*

$$\int_0^a \frac{dt}{h^3(t)} < \infty. \tag{2.76}$$

Dann gilt für jede Funktion $u \in W_\tau$

$$u \in L_2(\Omega_\tau)$$

und

$$\lim_{\tau \to 0} \frac{1}{(\text{mes}\, \Omega'_{\tau,\tau})^3} \int_{\Omega'_{\tau,\tau}} u^2(x)\, dx = 0. \tag{2.77}$$

Beweis. Es sei zunächst $u \in \dot{C}_2(\Omega_\tau)$. Dann findet man für $x = (x_1, x_2) \in \Omega_\tau$

$$u(x_1, x_2) = \int_0^{x_1} \frac{\partial u}{\partial x_1}(t, x_2)\, dt,$$

folglich

$$u^2(x) \leqq \tau \int_0^\tau \left(\frac{\partial u}{\partial x_1}(t, x_2)\right)^2 dt.$$

Analog

$$\frac{\partial u}{\partial x_1}(x) = \int_0^{x_1} \frac{\partial^2 u}{\partial x_1{}^2}(t, x_2)\, dt$$

und

$$\left(\frac{\partial u}{\partial x_1}(x)\right)^2 \leqq \int_0^\tau \frac{dt}{h^3(t)} \int_0^\tau h^3(t) \left(\frac{\partial^2 u}{\partial x_1{}^2}(t, x_2)\right)^2 dt.$$

Insgesamt ergibt sich damit

$$\int_{\Omega_{\tau,\tau}} u^2(x)\, dx \leqq 2\tau^3 \int_0^\tau \frac{dt}{h^3(t)} \int_{\Omega_\tau} h^3(x_1)\, H[u, u]\, dx. \tag{2.78}$$

Ist $u \in W_\tau$ beliebig, so gibt es eine Folge $\{u_n\} \subseteq \dot{C}_2(\Omega_\tau)$ mit folgenden Eigenschaften:

$u_n(x) \to u(x)$ fast überall in $\Omega'_{\tau,\tau}$

und

$$\lim_{n\to\infty} \int_{\Omega_\tau} h^3(x_1)\, H[u_n, u_n]\, dx = \int_{\Omega_\tau} h^3(x_1)\, H[u, u]\, dx = \|u\|_\tau^2 .$$

Wir wenden dann auf die für $u = u_n$ gültige Ungleichung (2.78) das Lemma von FATOU an. (2.78) gilt also für alle $u \in W_\tau$. Aus dieser Ungleichung folgern wir für mes $\Omega'_{\tau,\tau} = b\tau$ die Grenzwertbeziehung (2.77), wenn die Bedingung (2.76) erfüllt ist. Speziell für $\tau = a$ folgt aus (2.78) $u \in L_2(\Omega_\tau)$, q. e. d.

Die Grenzwertbeziehung (2.77) zeigt uns, daß die Randbedingung einer eingespannten Platte unter der Voraussetzung (2.76) in abgeschwächter Form erhalten bleibt. Verzichtet man auf zusätzliche Bedingungen über die Plattenstärke, so folgt aus einem Resultat von K. GRÖGER [17], daß es Elemente $u \in W_\tau$ geben kann, die bei der Annäherung an die Kante $x_1 = 0$ unbeschränkt wachsen.

§ 3. Gleichungen in Funktionenräumen über unbeschränkten Gebieten

1. Die Sobolevsche Integraldarstellung

Definition 3.1. Ein Gebiet $\Omega \subseteq \mathfrak{R}^m$ heißt *sternförmig* bezüglich einer Kugel

$$\overline{\mathfrak{K}} = \overline{\mathfrak{K}(x^0, \tau)} = \{x \in \Omega;\, \|x - x^0\|_m \leqq \tau\},$$

wenn mit $y \in \Omega$ auch immer

$$\mathfrak{G}_y = \{z \in \mathfrak{R}^m;\, z = \sigma x + (1 - \sigma)\, y,\, x \in \overline{\mathfrak{K}},\, 0 \leqq \sigma \leqq 1\} \subseteq \Omega$$

ist (vgl. Abb. 3). Offensichtlich ist $\mathfrak{G}_y$ eine abgeschlossene konvexe Teilmenge von Ω.

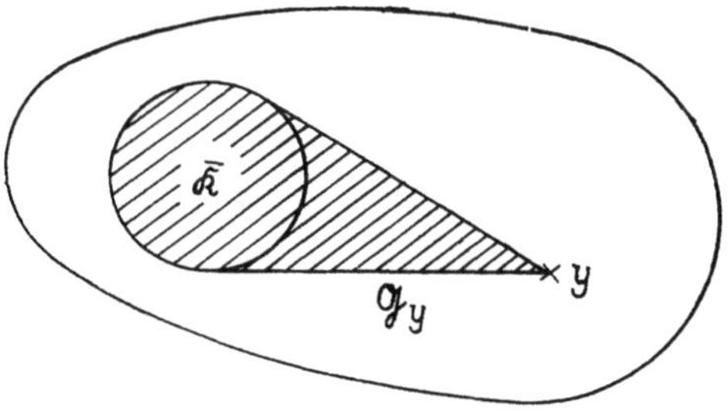

bb. 3

Es sei $\Omega \subseteq \mathfrak{R}^m$ ein beschränktes Gebiet, welches bezüglich einer Kugel $\overline{\mathfrak{K}}$ sternförmig ist. Wir können unbeschadet der Allgemeinheit annehmen, daß der Mittelpunkt der Kugel $\overline{\mathfrak{K}}$ mit dem Nullelement des Raumes $\mathfrak{R}^m$ zusammenfällt; $\overline{\mathfrak{K}} = \overline{\mathfrak{K}(\theta, \tau)}$. Die Funktion

$$\varphi(x) = \begin{cases} \varkappa e^{-\frac{1}{\tau^2 - \|x\|_m^2}} & \text{für } \|x\|_m < \tau, \\ 0 & \text{für } \|x\|_m \geqq \tau, \end{cases} \qquad \varkappa = \text{const} > 0, \tag{3.1}$$

ist in $\mathfrak{R}^m$ stetig und beliebig oft stetig differenzierbar. φ ist nichtnegativ und nur in $\overline{\mathfrak{K}}$ von Null verschieden. Die Konstante $\varkappa$ wählen wir derart, daß $\int\limits_{\mathfrak{K}} \varphi(x)\, dx = 1$ ist.

Wir fixieren nun ein $y \in \Omega$ und führen dort „Kugelkoordinaten" ein:

$$x = y + \varrho z \quad \text{für} \quad x \in \mathfrak{R}^m \quad \text{mit} \quad \|z\|_m{}^2 = 1 \quad \text{und} \quad \varrho \geqq 0. \tag{3.2}$$

Die Darstellung (3.2) ist eindeutig.

Die Funktion

$$\chi(x) = \chi(y + \varrho z) = -\int\limits_{\varrho}^{\infty} \varphi(y + \varrho_1 z)\, \varrho_1{}^{m-1}\, d\varrho_1 \tag{3.3}$$

ist für $x \in \mathfrak{R}^m$ erklärt und nur auf $\mathfrak{G}_y$ von Null verschieden. Denn der Integrationsweg auf dem Strahl $y + \sigma z$, $\sigma \geqq 0$, schneidet nur für $x \in \mathfrak{G}_y$ den Träger der Funktion φ, die Kugel $\overline{\mathfrak{K}}$. Mit $\chi(x)$ ist auch

$$\psi(x) = \frac{1}{(l-1)!}\, \varrho^{l-1} \chi(y + \varrho z) \tag{3.4}$$

für $x \in \mathfrak{R}^m$ erklärt, wobei l eine natürliche Zahl $\geqq 1$ ist. ψ besitzt den gleichen Träger $\mathfrak{G}_y$ wie χ.

Es sei $u \in C_l(\bar{\Omega})$ beliebig. Neben u ist auch Funktion $\psi \in C_l(\bar{\Omega})$, so daß die Funktion

$$\eta(x) = u(x)\, \frac{\partial^{l-1}\psi(x)}{\partial\varrho^{l-1}} - \frac{\partial u(x)}{\partial\varrho}\, \frac{\partial^{l-2}\psi(x)}{\partial\varrho^{l-2}} + \cdots + (-1)^{l-1}\, \frac{\partial^{l-1}u(x)}{\partial\varrho^{l-1}}\, \psi(x)$$

für $x \in \Omega$ erklärt und nach ϱ differenzierbar ist. Wir finden

$$\frac{\partial\eta(x)}{\partial\varrho} = u(x)\, \frac{\partial^l\psi(x)}{\partial\varrho^l} + (-1)^{l-1}\, \frac{\partial^l u(x)}{\partial\varrho^l}\, \psi(x). \tag{3.5}$$

Wir berechnen $\eta(y) = \eta(y + \varrho z)|_{\varrho=0}$. Aus (3.4) ersehen wir sofort, daß

$$\psi(y) = \left.\frac{\partial\psi}{\partial\varrho}\right|_{\varrho=0} = \cdots = \left.\frac{\partial^{l-2}\psi}{\partial\varrho^{l-2}}\right|_{\varrho=0} = 0,$$

$$\left.\frac{\partial^{l-1}\psi}{\partial\varrho^{l-1}}\right|_{\varrho=0} = \chi(y) = -\int\limits_0^{\infty} \varphi(y + \varrho_1 z)\, \varrho_1{}^{m-1}\, d\varrho_1,$$

also

$$\eta(y) = -u(y) \int\limits_0^{\infty} \varphi(y + \varrho_1 z)\, \varrho_1{}^{m-1}\, d\varrho_1 \tag{3.6}$$

ist. Andererseits erhält man durch Integration von (3.5)

$$\eta(y) = -\int\limits_0^{\varrho} \left[u(y + \varrho_1 z)\, \frac{\partial^l\psi}{\partial\varrho^l} + (-1)^{l-1}\, \frac{\partial^l u}{\partial\varrho^l}\, \psi(y + \varrho_1 z)\right] d\varrho_1, \tag{3.7}$$

wenn $\varrho > 0$ so gewählt wird, daß $y + \varrho z = x \notin \mathfrak{G}_y$, folglich $\eta(x) = 0$ ist. Nach Fortsetzung des Integranden in (3.7) mit Null und anschließender Integration über die

Kugeloberfläche $\|z\|_m = 1$ liefern (3.6), (3.7) wegen der verabredeten Normierung der Funktion φ

$$u(y) = \int_\Omega u(x) \frac{1}{\varrho^{m-1}} \frac{\partial^l \psi}{\partial \varrho^l} \, dx + (-1)^{l-1} \int_\Omega \frac{\partial^l u}{\partial \varrho^l} \frac{\psi(x)}{\varrho^{m-1}} \, dx \tag{3.8}$$

für $u \in C_l(\bar{\Omega})$. Die Relation (3.8) ist als *Sobolevsche Integraldarstellung* bekannt (vgl. [84]).

Wir betrachten das erste Integral in dieser Darstellung ausführlicher. Nach der Leibniz-Regel finden wir die Formel

$$\begin{aligned}
\frac{\partial^l \psi}{\partial \varrho^l} &= -\sum_{k=0}^{l} \lambda_k \frac{\partial^{l-k} \varrho^{l-1}}{\partial \varrho^{l-k}} \frac{\partial^k}{\partial \varrho^k} \int_\varrho^\infty \varphi(y + \varrho_1 z) \, \varrho_1^{m-1} \, d\varrho_1 \\
&= \sum_{k=1}^{l} \mu_k \varrho^{k-1} \frac{\partial^{k-1}}{\partial \varrho^{k-1}} \{\varphi(x) \, \varrho^{m-1}\} = \sum_{k=1}^{l} \mu_k \varrho^{k-1} \sum_{i=0}^{k-1} \frac{\partial^{k-i-1} \varrho^{m-1}}{\partial \varrho^{k-i-1}} \frac{\partial^i \varphi(x)}{\partial \varrho^i} \\
&= \sum_{k=1}^{l} \sum_{i=\max\{k-m,0\}}^{k-1} \nu_{ik} \varrho^{k-1} \varrho^{m-k+i} \frac{\partial^i \varphi(x)}{\partial \varrho^i} = \sum_{i=0}^{l-1} \nu_i \varrho^{m+i-1} \frac{\partial^i \varphi(x)}{\partial \varrho^i},
\end{aligned} \tag{3.9}$$

in der die ν_i positive Konstanten darstellen. Der Darstellung (3.2) entnehmen wir

$$\frac{\partial \varphi(x)}{\partial \varrho} = \sum_{j=1}^{m} \frac{\partial \varphi}{\partial x_j} z_j = \sum_{j=1}^{m} \frac{\partial \varphi}{\partial x_j} \frac{x_j - y_j}{\varrho},$$

analog

$$\begin{aligned}
\frac{\partial^i \varphi(x)}{\partial \varrho^i} &= \frac{1}{\varrho^i} \sum_{j_1,\ldots,j_i=1}^{m} \frac{\partial^i \varphi}{\partial x_{j_1} \partial x_{j_2} \cdots \partial x_{j_i}} (x_{j_1} - y_{j_1}) (x_{j_2} - y_{j_2}) \cdots (x_{j_i} - y_{j_i}) \\
&= \frac{1}{\varrho^i} \sum_{|\beta|=i} c_\beta(x) \, (x_1 - y_1)^{\beta_1} (x_2 - y_2)^{\beta_2} \cdots (x_m - y_m)^{\beta_m}
\end{aligned}$$

mit Koeffizienten $c_\beta = c_{\beta_1\beta_2\ldots\beta_m} \in \dot{C}_\infty(\Omega)$, $|\beta| = i$. Nach Einsetzen in (3.9) erhalten wir schließlich

$$\frac{\partial^l \psi(x)}{\partial \varrho^l} = \varrho^{m-1} \sum_{|\beta| \leq l-1} d_\beta(x) \, y_1^{\beta_1} y_2^{\beta_2} \cdots y_m^{\beta_m} \tag{3.10}$$

mit $d_\beta \in \dot{C}_\infty(\Omega)$. Damit ergibt sich für das erste Integral in der Darstellung (3.8)

$$\int_\Omega u(x) \frac{1}{\varrho^{m-1}} \frac{\partial^l \psi}{\partial \varrho^l} \, dx = \sum_{|\beta| \leq l-1} y_1^{\beta_1} y_2^{\beta_2} \cdots y_m^{\beta_m} \int_\Omega d_\beta(x) \, u(x) \, dx$$

für $\quad u \in C_l(\bar{\Omega})$. (3.11)

Definition 3.2.[1]) $\Omega \subseteq \Re^m$ sei ein beliebiges Gebiet. Mit $\check{L}_p(\Omega)$, $p \geq 1$, bezeichnen wir den linearen Vektorraum der auf Ω definierten und auf jedem beschränkten Teilgebiet von Ω zur Potenz p integrierbaren Funktionen.

---

[1]) Für $\check{L}_p(\Omega)$ ist in der Literatur auch die Bezeichnung $L_p^{\text{loc}}(\Omega)$ gebräuchlich.

Für eine vorgegebene natürliche Zahl l zeichnen wir in $\check{L}_1(\Omega)$ den Unterraum $\mathfrak{S}_{l-1}$ der Polynome vom Grad $|\beta| \leqq l - 1$ aus. Ist $v \in \mathfrak{S}_{l-1}$,

$$v(x) = \sum_{k=0}^{l-1} \sum_{|\beta|=k} a_\beta x_1^{\beta_1} x_2^{\beta_2} \cdots x_m^{\beta_m},$$

so definieren wir nach S. L. Sobolev für ein $p \geqq 1$

$$\|v\|_{\mathfrak{S}}^p = \sum_{k=0}^{l-1} \left[\sum_{|\beta|=k} a_\beta^2 \frac{k!}{\beta_1! \, \beta_2! \cdots \beta_m!} \right]^{p/2}. \tag{3.12}$$

Mit dieser Norm wird $\mathfrak{S}_{l-1}$ zum endlichdimensionalen Banachraum $\mathfrak{S}_{l-1,p}$.

Für die folgenden Betrachtungen nehmen wir $\mathfrak{K}(\theta, 2\tau) \subseteq \Omega$ an. $\mathfrak{K}(\theta, 2\tau)$ ist sternförmig bezüglich der Kugel $\overline{\mathfrak{K}} = \overline{\mathfrak{K}(\theta, \tau)}$. Mit der in (3.1) erklärten Funktion φ erklären wir die Abbildung $P_{l-1} \in (\check{L}_1(\Omega), \mathfrak{S}_{l-1})$,

$$P_{l-1} u = \sum_{k=0}^{l-1} \sum_{|\beta|=k} y_1^{\beta_1} y_2^{\beta_2} \cdots y_m^{\beta_m} \int_\Omega d_\beta(x) \, u(x) \, dx. \tag{3.13}$$

Die Funktionen d_β aus (3.10) sind beschränkt, stetig und nur auf $\overline{\mathfrak{K}}$ von Null verschieden, so daß die Formel (3.13) für jedes $u \in \check{L}_1(\Omega)$ wirklich ein Polynom aus $\mathfrak{S}_{l-1}$ definiert. Die Abbildung P_{l-1} ist offensichtlich linear. Besonders wichtig ist die Projektionseigenschaft

$$P_{l-1} v = v \qquad \text{für alle } v \in \mathfrak{S}_{l-1}. \tag{3.14}$$

Zum Beweis von (3.14) bemerken wir, daß ein Polynom $v \in \mathfrak{S}_{l-1}$ bereits durch seine Werte auf $\mathfrak{K}(\theta, 2\tau)$ eindeutig definiert ist. Nun gilt jedoch auf $\mathfrak{K}(\theta, 2\tau)$ die Sobolevsche Integraldarstellung (3.8), wobei das zweite Integral in dieser Darstellung offensichtlich verschwindet. Es gilt also

$$v(y) = \int_{\mathfrak{K}(\theta, 2\tau)} v(x) \frac{1}{\varrho^{m-1}} \frac{\partial^l \psi}{\partial \varrho^l} \, dx, \qquad y \in \mathfrak{K}(\theta, 2\tau). \tag{3.15}$$

Fügt man ein entsprechendes, allerdings verschwindendes Integral über $\Omega \setminus \mathfrak{K}(\theta, 2\tau)$ hinzu, so ergibt sich

$$v(y) = \int_\Omega v(x) \frac{1}{\varrho^{m-1}} \frac{\partial^l \psi}{\partial \varrho^l} \, dx, \qquad y \in \mathfrak{K}(\theta, 2\tau),$$

und nach Einsetzen von (3.10) die Beziehung (3.14).

2. Vollständige normierte Unterräume von $\check{L}_1(\Omega)$

Wir nehmen nun an, daß Ω selbst bezüglich der Kugel $\overline{\mathfrak{K}}$ sternförmig ist. Speziell für beschränkte Gebiete Ω hat S. L. Sobolev [84] auch den zweiten Term in der Integraldarstellung (3.8) erweitert und mit Hilfe dieser Erweiterung den folgenden Satz bewiesen.

Satz 3.1. *Das Gebiet* $\Omega \subseteq \mathfrak{R}^m$ *sei beschränkt und sternförmig bezüglich der Kugel* $\overline{\mathfrak{K}}$, $p > 1$. *Dann stellt*

$$\|u\|_{\check{W}_p^l} \underset{\text{Def}}{=} \Big[\|P_{l-1}u\|_{\mathfrak{S}}^p + \sum_{|\alpha|=l} \|D_\alpha u\|_{L_p}^p\Big]^{1/p} \tag{3.16}$$

auf $W_p^l(\Omega)$ *eine zu* (1.6) *äquivalente Normierung des Raumes* W_p^l *dar. Der Einbettungsoperator* $E \in (W_p^l, L_p)$, $Eu = u$, $u \in W_p^l(\Omega)$, *ist vollstetig auf* W_p^l *für jedes* $l = 1, 2, \ldots$

Satz 3.1 wird auch für solche Gebiete Ω bewiesen, die als Vereinigung endlich vieler miteinander zusammenhängender sternförmiger Gebiete dargestellt werden können, so daß für Anwendungen kaum noch Einschränkungen zurückbleiben. Der besseren Durchsichtigkeit wegen beschränken wir uns jedoch auch weiterhin auf Gebiete, die bezüglich einer Kugel sternförmig sind.

Analoga des Satzes 3.1 für unbeschränkte Gebiete Ω wurden von K. Gröger [18] bewiesen. Wir folgen teilweise seinen Ausführungen.

Satz 3.2. *Das (möglicherweise unbeschränkte) Gebiet* $\Omega \subseteq \mathfrak{R}^m$ *sei bezüglich der Kugel* $\overline{\mathfrak{K}} = \overline{\mathfrak{K}(\theta, \tau)}$ *sternförmig. Dann ist*

$$\check{W}_p^l(\Omega) = \{u \in \check{L}_p(\Omega);\, D_\alpha u \in L_p(\Omega),\, |\alpha| = l\}$$

für beliebiges $p > 1$ *und* $l = 1, 2, \ldots$ *mit der Norm* (3.16) *ein Banachraum.*

Beweis. Es sei $\mathfrak{K}_i = \mathfrak{K}(\theta, i)$; dann gilt $\mathfrak{R}^m = \bigcup_{i=i_0}^{\infty} \mathfrak{K}_i$. Die Gebiete $\Omega_i = \Omega \cap \mathfrak{K}_i$ sind beschränkt und sternförmig bezüglich $\overline{\mathfrak{K}}$, falls $i \geqq i_0 > \tau$ ist; $\bigcup_{i=i_0}^{\infty} \Omega_i = \Omega$.

Von den Normeigenschaften bedarf nur das Identitätsaxiom eines Beweises. Gilt $\|u\|_{\check{W}_p^l(\Omega)} = 0$, so gilt erst recht $\|u\|_{\check{W}_p^l(\Omega_i)} = 0$, $i \geqq i_0$, da das Glied $\|P_{l-1}u\|_{\mathfrak{S}}$ in (3.16) durch die Einschränkung $u(x)$, $x \in \overline{\mathfrak{K}}$, bereits definiert ist. Es ist dann nach Satz 3.1 $u(x) = 0$ für fast alle $x \in \Omega_i$, somit $u(x) = 0$ für fast alle $x \in \Omega$. Überdies ist auch $D_\alpha u(x) = 0$ für $|\alpha| = l$ und fast alle $x \in \Omega$. Dann ist u das Nullelement von $\check{W}_p^l(\Omega)$, wenn wir die gleiche Identifizierung wie in $W_p^l(\Omega) \subseteq \check{W}_p^l(\Omega)$ vornehmen.

Um die Vollständigkeit des Raumes $\check{W}_p^l(\Omega)$ mit der Norm (3.16) zu zeigen, betrachten wir eine beliebige Fundamentalfolge $\{u_n\}$. Es sei $\Omega' \subseteq \Omega$ ein beschränktes Teilgebiet. Für ein $j \geqq i_0$ gilt $\Omega' \subseteq \Omega_j = \Omega \cap \mathfrak{K}_j$. Schränken wir die Funktionen u_n auf Ω_j ein, so bilden sie eine Fundamentalfolge in $\check{W}_p^l(\Omega_j)$. Nach Satz 3.1 gibt es genau eine Funktion $u(x)$, $x \in \Omega_j$, $u \in L_p(\Omega_j)$, derart, daß

$$\lim_{n\to\infty} \int_{\Omega_j} |u_n(x) - u(x)|^p\, dx = 0 \tag{3.17}$$

ist. Speziell ist $u \in L_p(\Omega')$. Die auf jedem beschränkten Teilgebiet Ω_i, $i = i_0, i_0 + 1, \ldots$, und folglich auch auf Ω definierte Grenzfunktion bezeichnen wir wieder mit u; aus dem eben Gesagten folgt $u \in \check{L}_p(\Omega)$.

Die verallgemeinerten Ableitungen $D_\alpha u_n$, $|\alpha| = l$, sind Elemente von $L_p(\Omega)$. In diesem Raum existieren dann die Grenzwerte $v_\alpha = \lim_{n\to\infty} D_\alpha u_n$. Es sei $\varphi \in \mathring{C}_l(\Omega)$ beliebig vorgegeben. φ verschwindet außerhalb eines beschränkten Gebiets. Für ein

$j \geqq i_0$ ist daher $\varphi \in \dot{C}_l(\Omega_j)$ und

$$\int_{\Omega_j} \{u_n(x)\, D_\alpha\varphi + (-1)^{l+1}\, \varphi(x)\, D_\alpha u_n\}\, dx = 0 \tag{3.18}$$

für alle n, wie aus der Definition des Raumes $\check{W}_p{}^l$ und (1.5) ersichtlich ist. Für eine geeignete Konstante $\nu > 0$ ist $|D_\alpha\varphi(x)| \leqq \nu$, $x \in \Omega_j$; nach der Hölderschen Ungleichung ergibt sich dann aus (3.17)

$$\left|\int_{\Omega_j} (u_n - u)\, D_\alpha\varphi\, dx\right| \leqq \nu \left[\int_{\Omega_j} |u_n - u|^p\, dx\right]^{1/p} (\text{mes}\, \Omega_j)^{(p-1)/p} \xrightarrow[n\to\infty]{} 0$$

und nach entsprechendem Grenzübergang im zweiten Term der Beziehung (3.18) und Erweiterung des Integrationsgebiets

$$\int_{\Omega} \{u(x)\, D_\alpha\varphi + (-1)^{l+1}\, \varphi(x)\, v_\alpha(x)\}\, dx = 0. \tag{3.19}$$

$\varphi \in \dot{C}_l(\Omega)$ war beliebig, folglich existiert für jeden Multiindex α, $|\alpha| = l$, die verallgemeinerte Ableitung $D_\alpha u = v_\alpha \in L_p(\Omega)$.

Es bleibt zu zeigen, daß $u \in \check{W}_p{}^l(\Omega)$ Grenzwert der betrachteten Fundamentalfolge ist. Wir wissen bereits, daß

$$\lim_{n\to\infty} \|D_\alpha u_n - D_\alpha u\|_{L_p} = 0, \qquad |\alpha| = l,$$

ist. Wir wenden uns also dem ersten Term der Norm (3.16) zu. Wegen der Äquivalenz von Normkonvergenz und schwacher Konvergenz in endlichdimensionalen Räumen (Korollar I.2.3.2) genügt es zu zeigen, daß die Koeffizienten der Polynome $P_{l-1}u_n$ gegen die Koeffizienten von $P_{l-1}u$ streben. Es ist also

$$\lim_{n\to\infty} \int_{\Omega} d_\beta(x)\, [u_n(x) - u(x)]\, dx = 0 \tag{3.20}$$

mit $d_\beta(x)$ aus (3.13) zu zeigen. Da für eine geeignete Konstante $\nu > 0$

$$|d_\beta(x)| \leqq \nu, \quad x \in \overline{\mathfrak{K}}, \qquad \text{und} \qquad d_\beta(x) = 0, \quad x \in \Omega \setminus \overline{\mathfrak{K}},$$

ist, findet man mit der Hölderschen Ungleichung

$$\left|\int_{\Omega} d_\beta(x)\, [u_n(x) - u(x)]\, dx\right| \leqq \nu \left[\int_{\mathfrak{K}} |u_n - u|^p\, dx\right]^{1/p} (\text{mes}\, \mathfrak{K})^{(p-1)/p}.$$

Aus (3.17) folgt dann (3.20); der Beweis von Satz 3.2 ist damit vollständig.

3. Vollständige unitäre Unterräume von $\check{L}_1(\Omega)$

Es ist

$$\mathfrak{Q} = \mathfrak{Q}(x^0, \tau) = \{x \in \mathfrak{R}^m;\ |x_i{}^0 - x_i| < \tau,\ i = 1, 2, \ldots, m\}$$

ein offener Würfel in $\mathfrak{R}^m$. $\mathfrak{Q}$ ist konvex und daher sternförmig bezüglich jeder abgeschlossenen Kugel in $\mathfrak{Q}$. In $C_2(\overline{\mathfrak{Q}})$ wählen wir denjenigen Unterraum M_2 aus, dessen

Elemente auf der Seitenfläche $x_1^0 - x_1 = \tau$ mit ihren ersten Ableitungen verschwinden:

$$M_2(\mathfrak{Q}) = \left\{u \in C_2(\overline{\mathfrak{Q}});\, u(x) = 0, \frac{\partial u}{\partial x_1} = 0, \text{ falls } x_1 = x_1^0 - \tau\right\}$$

Offensichtlich gilt $M_2 \subseteq W_2^2(\mathfrak{Q})$.

Lemma 3.1. *Auf M_2 ist*

$$\int_{\mathfrak{Q}} T_2[u, v]\, dx \underset{\text{Def}}{=} \int_{\mathfrak{Q}} \sum_{|\alpha|=2} D_\alpha u D_\alpha v\, dx \tag{3.21}$$

ein Skalarprodukt; die Norm

$$\|u\|_2 = \left[\int_{\mathfrak{Q}} T_2[u, v]\, dx\right]^{1/2}$$

ist auf $M_2(\mathfrak{Q})$ der Norm (3.16) für $l = p = 2$ äquivalent. Die Abschließung von $M_2(\mathfrak{Q})$ in $\mathring{W}_2^2(\mathfrak{Q})$ ist ein vollständiger unitärer Unterraum von $\mathring{L}_1(\mathfrak{Q})$, also Hilbertraum.

Beweis. Es sei zunächst $u \in C_1(\overline{\mathfrak{Q}})$, $u(x) = 0$, $x_1 = x_1^0 - \tau$. Ist $y = (y_1, y_2, \ldots, y_m) \in \mathfrak{Q}$ beliebig gewählt, so trifft der Strahl $x_i = y_i$, $i \neq 1$, $x_1 \leqq y_1$ den Rand $\partial\mathfrak{Q}$ im Punkt $(x_1^0 - \tau, y_2, \ldots, y_m)$. Es ergibt sich wie beim Beweis der Friedrichsschen Ungleichung in § 1

$$u(y) = \int_{x_1^0-\tau}^{y_1} \frac{\partial u}{\partial x_1}(\xi, y_2, \ldots, y_m)\, d\xi$$

und

$$\int_{\mathfrak{Q}} u^2(y)\, dy \leqq (2\tau)^2 \int_{\mathfrak{Q}} \left(\frac{\partial u}{\partial x_1}\right)^2 dx \leqq (2\tau)^2 \int_{\mathfrak{Q}} \sum_{i=1}^{m} \left(\frac{\partial u}{\partial x_i}\right)^2 dx. \tag{3.22}$$

Für $u \in M_2$ kann man die Ungleichung (3.22) noch einmal auf $\frac{\partial u}{\partial x_1}$ anwenden, so daß sich schließlich

$$\int_{\mathfrak{Q}} u^2(y)\, dy \leqq (2\tau)^4 \int_{\mathfrak{Q}} \left(\frac{\partial^2 u}{\partial x_1^2}\right)^2 dx \leqq (2\tau)^4 \int_{\mathfrak{Q}} \sum_{|\alpha|=2} (D_\alpha u)^2\, dx \tag{3.23}$$

ergibt. Nach Satz 3.1 sind die Normierungen (1.6) und (3.16) für $l = p = 2$ äquivalent auf $W_2^2(\mathfrak{Q})$. Nun ist aber auf $M_2(\mathfrak{Q})$

$$\|u\|_{W_2^2}^2 \leqq [(2\tau)^4 + 1]\, \|u\|_2^2 \leqq [(2\tau)^4 + 1]\, \|u\|_{W_2^2}^2.$$

Mit Hilfe dieser Ungleichung läßt sich der Beweis des Lemmas unschwer vervollständigen.

Das Ergebnis von Lemma 3.1 läßt sich weitgehend verallgemeinern. Wir führen zunächst den Begriff Normalbereich ein. Wir sehen, daß sich die Friedrichssche Ungleichung (1.34) bzw. (3.22) schon beweisen läßt, wenn die Randbedingung $u(x) = 0$, $x \in \partial\Omega_1$, auf einer geeigneten Teilmenge $\partial\Omega_1 \subseteq \partial\Omega$ erfüllt ist.

Definition 3.3. Wir sagen, das (beschränkte) normale Gebiet $\Omega \subseteq \mathfrak{R}^m$ ist ein *Normalbereich* bezüglich der Randkomponente $\partial\Omega_1 \subseteq \partial\Omega$, wenn aus $u \in C_1(\bar{\Omega})$ und $u(x) = 0$, $x \in \partial\Omega_1$, die Gültigkeit der Friedrichsschen Ungleichung

$$\int\limits_\Omega u^2(x)\,dx \leqq \gamma \int\limits_\Omega \sum_{i=1}^m \left(\frac{\partial u}{\partial x_i}\right)^2 dx \tag{3.24}$$

für eine von u unabhängige Konstante $\gamma > 0$ folgt.

Satz 3.3. *Es sei Ω ein beliebiges Gebiet, das die folgenden Bedingungen erfüllt:*

(i) *Ω enthalte ein Teilgebiet $\mathfrak{G}$, welches bezüglich der Randkomponente $\partial\mathfrak{G}_1 = \partial\mathfrak{G} \cap \partial\Omega$ Normalbereich ist.*

(ii) *Ω und $\mathfrak{G}$ sind sternförmig bezüglich einer Kugel $\bar{\mathfrak{K}} \subseteq \mathfrak{G}$.*

Mit $M_2(\Omega)$ bezeichnen wir den linearen Vektorraum der in $\bar{\Omega}$ zweimal stetig differenzierbaren Funktionen, die

(iii) *nur auf beschränktem Teilgebiet in Ω von Null verschieden sind,*

(iv) *auf $\partial\mathfrak{G}_1$ nebst allen partiellen Ableitungen erster Ordnung verschwinden.*

Auf $M_2(\Omega) \subseteq \check{W}_2{}^2(\Omega)$ ist

$$\int\limits_\Omega T_2[u, v]\,dx = \int\limits_\Omega \sum_{|\alpha|=2} D_\alpha u D_\alpha v\,dx \tag{3.25}$$

ein Skalarprodukt; die Norm

$$\|u\|_2 = \left[\int\limits_\Omega T_2[u, u]\,dx\right]^{1/2}$$

ist auf $M_2(\Omega)$ der Norm (3.16) für $l = p = 2$ äquivalent. Die Abschließung von $M_2(\Omega)$ in $\check{W}_2{}^2(\Omega)$ ist ein vollständiger unitärer Unterraum von $\check{L}_1(\Omega)$.

Beweis. Setzt man speziell $\Omega = \mathfrak{G}$, so ist die Äquivalenz der beiden Normierungen von $M_2(\mathfrak{G})$ leicht zu beweisen. Denn $\mathfrak{G}$ ist beschränkt und sternförmig, so daß nach Satz 3.1

$$\nu_1 \left(\|P_{l-1}u\|_{\mathfrak{G}}{}^2 + \int\limits_{\mathfrak{G}} T_2[u, u]\,dx\right) \leqq \int\limits_{\mathfrak{G}} u^2\,dx + \int\limits_{\mathfrak{G}} T_2[u, u]\,dx$$

für $u \in M_2(\mathfrak{G})$ und eine geeignete Konstante $\nu_1 > 0$ geschlossen werden darf. Andererseits gewinnt man durch zweimalige Anwendung der Friedrichsschen Ungleichung

$$\int\limits_{\mathfrak{G}} u^2(x)\,dx \leqq \nu_2 \int\limits_{\mathfrak{G}} T_2[u, u]\,dx,$$

insgesamt also

$$\nu_1 \left(\|P_{l-1}u\|_{\mathfrak{G}}{}^2 + \int\limits_{\mathfrak{G}} T_2[u, u]\,dx\right) \leqq (\nu_2 + 1) \int\limits_{\mathfrak{G}} T_2[u, u]\,dx. \tag{3.26}$$

Ist Ω ein im Satz zugelassenes Gebiet, so bleibt die Ungleichung (3.26) für $u \in M_2(\Omega)$ gültig. Wir dürfen $\nu_1 \leqq \nu_2 + 1$ annehmen und addieren zur linken Seite in (3.26) $\nu_1 \int\limits_{\Omega\setminus\mathfrak{G}} T_2[u, u]\,dx$, zur rechten Seite $(\nu_2 + 1) \int\limits_{\Omega\setminus\mathfrak{G}} T_2[u, u]\,dx$.

Dann ergibt sich

$$\nu_1 \left(\|P_{l-1}u\|_{\mathfrak{S}}^2 + \int_\Omega T_2[u, u]\, dx\right) \leqq (\nu_2 + 1) \int_\Omega T_2[u, u]\, dx$$

$$\leqq (\nu_2 + 1) \left(\|P_{l-1}u\|_{\mathfrak{S}}^2 + \int_\Omega T_2[u, u]\, dx\right)$$

$$= (\nu_2 + 1)\, \|u\|^2_{\check{W}_2^2(\Omega)}. \tag{3.27}$$

Aus (3.27) folgt die Aussage in Satz 3.3.

Korollar 3.3.1. *Es sei $\Omega \subseteq \mathfrak{R}^m$ der Halbraum $x_m > 0$, $\mathring{M}_2(\Omega) \subseteq \check{W}_2^2(\Omega)$ der Unterraum derjenigen in $\bar{\Omega}$ zweimal stetig differenzierbaren Funktionen, die den Randbedingungen*

$$u(x_1, x_2, \ldots, x_{m-1}, 0) = 0, \qquad \frac{\partial u}{\partial x_m}(x_1, x_2, \ldots, x_{m-1}, 0) = 0 \tag{3.28}$$

genügen. Dann ist (3.25) *auf $\mathring{M}_2$ ein Skalarprodukt. Die Vervollständigung von $\mathring{M}_2(\Omega)$ ist ein Hilbertraum, der als Unterraum von $\check{W}_2^2(\Omega)$, somit auch von $L_1(\Omega)$, aufgefaßt werden kann.*

Der Beweis läßt sich aus einer leichten Modifizierung des Beweises von Satz 3.3 folgern. Ein direkter Beweis gelingt auch ohne Rückgriff auf Satz 3.1 und die Sobolevsche Integraldarstellung. Dabei verfahren wir wie im Beweis von Satz 3.2.

Zunächst definieren wir eine Folge von offenen Würfeln $\mathfrak{Q}_i = \mathfrak{Q}_i\big((0, 0, \ldots, 0, i), i\big)$, $i = 1, 2, \ldots$. Offensichtlich gilt $\mathfrak{Q}_i \subseteq \Omega$, $\mathfrak{Q}_{i-p} \subseteq \mathfrak{Q}_i$ für alle $i > p$. Dabei ist jeder Würfel $\mathfrak{Q}_i$ ein Normalbereich bezüglich

$$\partial\mathfrak{Q}_i \cap \partial\Omega = \{x \in \mathfrak{R}^m;\, x_m = 0,\, |x_j| \leqq i,\ \ j = 1, 2, \ldots, m-1\}$$

und

$$\bigcup_{i=1}^{\infty} \mathfrak{Q}_i = \Omega.$$

Man zeigt leicht, daß

$$\|u\|_2 = \left[\int_\Omega T_2[u, u]\, dx\right]^{1/2}$$

eine Norm auf $\mathring{M}_2$ ist. Es genügt wiederum, nur das Identitätsaxiom zu überprüfen. Fixiert man ein $y \in \Omega$, etwa $y \in \mathfrak{Q}_{i_0}$, so folgt aus $\|u\|_2 = 0$ für $u \in \mathring{M}_2$ mit (3.24) sofort

$$0 = \int_\Omega T_2[u, u]\, dx \geqq \int_{\mathfrak{Q}_{i_0}} T_2[u, u]\, dx \geqq \frac{1}{\gamma^2} \int_{\mathfrak{Q}_{i_0}} u^2(x)\, dx,$$

also $u(y) = 0$.

Jede Fundamentalfolge in $\mathring{M}_2$ konvergiert gegen ein Element von $\check{W}_2^2(\Omega)$. Wir fixieren beispielsweise die beliebig gewählte Fundamentalfolge $\{u_n\} \subseteq \mathring{M}_2$. Zu jedem

$\varepsilon > 0$ gibt es ein $n_0(\varepsilon)$ derart, daß

$$\int_\Omega T_2[u_{n+p} - u_n, u_{n+p} - u_n]\, dx < \varepsilon^2, \qquad n \geqq n_0, \tag{3.29}$$

ist. Aus den Randbedingungen (3.28) und (3.24) folgern wir dann für jedes $i = 1, 2, \ldots$

$$\int_{\mathfrak{Q}_i} [u_{n+p}(x) - u_n(x)]^2\, dx < \gamma_i^2 \varepsilon^2, \qquad n \geqq n_0. \tag{3.30}$$

Wegen der Vollständigkeit der Räume $L_2(\mathfrak{Q}_i) \subseteq L_1(\mathfrak{Q}_i)$, $i = 1, 2, \ldots$, gibt es eine in Ω definierte Funktion $u \in \tilde{L}_1(\Omega)$, deren Einschränkung auf $\mathfrak{Q}_i$ gerade das Grenzelement der Folge $\{u_n\} \subseteq \mathring{M}_2$ in $L_2(\mathfrak{Q}_i)$ ist.

Greift man eine Folge von partiellen Ableitungen $\{D_\alpha u_n\} \subseteq L_2(\Omega)$, $|\alpha| = 2$, heraus, so folgt aus (3.29)

$$\int_\Omega (D_\alpha u_{n+p} - D_\alpha u_n)^2\, dx < \varepsilon^2, \qquad n \geqq n_0.$$

Es gibt dann ein Element $v_\alpha \in L_2(\Omega)$, für das

$$\lim_{n\to\infty} \int_\Omega (D_\alpha u_n - v_\alpha)^2\, dx = 0 \tag{3.31}$$

ist. Für beliebig gewähltes $\varphi \in \dot{C}_2(\Omega)$ gilt $\varphi \in \dot{C}_2(\mathfrak{Q}_{i_0})$ bei passendem i_0. In der Integralbeziehung

$$\int_{\mathfrak{Q}_{i_0}} \{u_n(x)\, D_\alpha\varphi - \varphi(x)\, D_\alpha u_n\}\, dx = 0,$$

die für jedes n richtig ist, kann man zum Grenzwert übergehen. Aus (3.30), (3.31) und $\varphi, D_\alpha\varphi \in L_2(\mathfrak{Q}_{i_0})$ folgt dann nach Erweiterung des Integrals auf Ω

$$\int_\Omega \{u(x)\, D_\alpha\varphi - \varphi(x)\, v_\alpha(x)\}\, dx = 0.$$

Folglich ist $v_\alpha = D_\alpha u \in L_2(\Omega)$ für $|\alpha| = 2$ und somit $u \in \check{W}_2{}^2(\Omega)$. Summiert man die Grenzwertbeziehungen (3.31) über $|\alpha| = 2$ auf, so ergibt sich schließlich

$$\lim_{n\to\infty} \int_\Omega T_2[u_n - u, u_n - u]\, dx = 0,$$

q. e. d.

Satz 3.3 und sein Korollar liefern Beispiele für unitäre Funktionenräume über unbeschränkten Gebieten, deren Skalarprodukt durch eine positive Bilinearform erzeugt wird. Dabei verwenden wir das gleiche Skalarprodukt wie in § 1, Beispiel (iii), für beschränkte Gebiete.

Als Anwendung der in § 1 dargelegten Theorie der Operatorgleichungen mit positiven Bilinearformen bietet sich die teilweise eingespannte unendliche nichtlinear elastische Platte an. Wir behandeln dieses Beispiel ausführlich.

4. Die teilweise eingespannte unendliche Rechteckplatte

Die Mittelfläche der undeformierten Platte identifizieren wir mit der Halbebene $\Omega_2^+ = \{(x_1, x_2) \in \mathfrak{R}^2; x_1 > 0\}$. Die Plattenstärke sei konstant, $2h(x_1, x_2) = 2h_0$. Dann lautet die Plattengleichung (vgl. (2.57))

$$\int_{\Omega_2^+} g(H[u, u])\, H[u, v]\, dx = -\int_{\Omega_2^+} qv\, dx \tag{3.32}$$

mit

$$g(\xi) = \frac{2}{h_0} \int_0^{h_0} \varrho(\tau^2 \xi)\, \tau^2\, d\tau, \qquad \xi \geqq 0,$$

und

$$H[u, v] = \frac{\partial^2 u}{\partial x_1^2} \frac{\partial^2 v}{\partial x_1^2} - \frac{1}{2} \frac{\partial^2 u}{\partial x_1^2} \frac{\partial^2 v}{\partial x_2^2} - \frac{1}{2} \frac{\partial^2 u}{\partial x_2^2} \frac{\partial^2 v}{\partial x_1^2} + 3 \frac{\partial^2 u}{\partial x_1\, \partial x_2} \frac{\partial^2 v}{\partial x_1\, \partial x_2} + \frac{\partial^2 u}{\partial x_2^2} \frac{\partial^2 v}{\partial x_2^2}.$$

Die Materialfunktion $\varrho(\xi)$ möge den Bedingungen (2.55), (2.56) genügen. Der Definitionsbereich der Gleichung (3.32) ergibt sich aus den Randbedingungen. Wir nehmen an, die Platte ist mit dem Randstück

$$\partial\Omega_1 = \{(x_1, x_2) \in \partial\Omega_2^+; -a < x_2 < +a\} \tag{3.33}$$

eingespannt. Es sei

$$\mathfrak{G}_2 = \{(x_1, x_2) \in \mathfrak{R}^2; |x_1 - a| < a, |x_2| < a\}$$

ein zum Randstück (3.33) gewähltes offenes Quadrat. Es gilt $\mathfrak{G}_2 \subseteq \Omega_2^+$ und $\partial\mathfrak{G}_2 \cap \partial\Omega_2^+ = \partial\Omega_1$. Die Gebiete Ω_2^+ und $\mathfrak{G}_2$ sind konvex; überdies ist $\mathfrak{G}_2$ gemäß Definition 3.3 Normalbereich bezüglich seiner Randkomponente $\partial\Omega_1$. Diese Eigenschaft wurde im Beweis zu Lemma 3.1 festgestellt. Wie in Satz 3.3 sei $M_2(\Omega_2^+)$ der lineare Vektorraum der in $\overline{\Omega_2^+}$ zweimal stetig differenzierbaren Funktionen, die nur auf beschränktem Teilgebiet in Ω_2^+ von Null verschieden sind und die auf $\partial\Omega_1$ nebst ihren partiellen Ableitungen erster Ordnung verschwinden. Eben aus Satz 3.3 folgt nun, daß die Abschließung $W_\mathfrak{z}$ von $M_2(\Omega_2^+)$ in $\mathring{W}_2^2(\Omega_2^+)$ mit dem Skalarprodukt

$$(u, v)_\mathfrak{z} = \int_{\Omega_2^+} H[u, v]\, dx \tag{3.34}$$

ein Hilbertraum ist. Der Raum $W_\mathfrak{z}$ ist dem formulierten Randwertproblem angepaßt. Wir betrachten die Gleichung (3.32) nun für beliebige Variationen $v \in M_2(\Omega_2^+)$.

Lemma 3.2. *Es sei*

$$q = \sum_{i,j=1}^{2} \frac{\partial^2 q_{ij}}{\partial x_i\, \partial x_j}, \qquad q_{ij} \in L_2(\Omega_2^+) \cap C_2(\Omega_2^+)$$

und

$$\frac{\partial^2 q_{ij}}{\partial x_i\, \partial x_j}(0, x_2) = \frac{\partial q_{ij}}{\partial x_j}(0, x_2) = 0, \qquad |x_2| \geqq a, \qquad i, j = 1, 2.$$

Dann wird durch die Formel

$$\langle \Lambda, v\rangle = -\int_{\Omega_2^+} qv\, dx, \qquad v \in M_2(\Omega_2^+), \tag{3.35}$$

ein Element $\Lambda \in W_{\mathfrak{z}}^*$ *definiert.*

Beweis. Den Voraussetzungen gemäß erhalten wir für $v \in M_2(\Omega_2^+)$ und $\Lambda(v) = -\int_{\Omega_2^+} qv\, dx$

$$|\Lambda(v)| = \left|\int_{\Omega_2^+} v \sum_{i,j=1}^{2} \frac{\partial^2 q_{ij}}{\partial x_i\, \partial x_j}\, dx\right| = \left|\sum_{i,j=1}^{2} \int_{\Omega_2^+} q_{ij} \frac{\partial^2 v}{\partial x_i\, \partial x_j}\, dx\right| \leqq \sqrt{2} \sum_{i,j=1}^{2} \|q_{ij}\|_{L_2} \|v\|_{\mathfrak{z}}.$$

Das Funktional Λ ist somit linear und stetig auf dem in $W_{\mathfrak{z}}$ dichten Unterraum $M_2(\Omega_2^+)$. Die Aussage des Lemmas gilt dann für das durch seine Einschränkung auf $M_2(\Omega_2^+)$ eindeutig definierte Element $\Lambda \in W_{\mathfrak{z}}^*$, q. e. d.

Unter den Bedingungen (2.55), (2.56) für die stetig differenzierbare Materialfunktion $\varrho(\xi)$, $\xi \geqq 0$, ist der Operator $S \in (W_{\mathfrak{z}}, W_{\mathfrak{z}}^*)$,

$$\langle Su, v\rangle = \int_{\Omega_2^+} g(H[u, u])\, H[u, v]\, dx, \qquad v \in W_{\mathfrak{z}},$$

mit

$$g(\xi) = \frac{2}{h_0} \int_0^{h_0} \varrho(\tau^2 \xi)\, \tau^2\, d\tau, \qquad \xi \geqq 0,$$

Lipschitz-stetig und stark monoton. Dieses Ergebnis erhält man wie im Beweis zu Satz 2.4. Daraus folgt dann die Existenz genau einer Lösung $u \in W_{\mathfrak{z}}$ der Gleichung $Su = \Lambda$, falls die Last q den Bedingungen in Lemma 3.2 genügt. Für genau ein $u \in W_{\mathfrak{z}}$ ist dann auch die Gleichung (3.32) mit jedem $v \in M_2(\Omega_2^+)$ erfüllt.

Dieses Ergebnis ist einigermaßen verblüffend vom Standpunkt der Mechanik. Es besagt, daß man eine beliebig große Platte mit beliebig großer Last an einer beliebig kleinen Stelle — sozusagen zwischen Daumen und Zeigefinger — einspannen kann.

In unserer Darstellung wird man jedoch einige Verstöße gegen die Annahmen von Kapitel II bemerken. Beispielsweise sind die Verschiebungen bei unseren Beispielen aus der Theorie der elastischen Platten keineswegs immer klein. Überdies gibt es gar keine elastischen Körper mit unbeschränktem Volumen.

Andererseits zeigt uns das Beispiel der unbeschränkten Rechteckplatte, daß Operatorgleichungen, die weit über den Gültigkeitsbereich des Modells hinausgehen das sie beschreiben sollen, durchaus noch eindeutig lösbar sein können.

§ 4. Minimum-Probleme für stark wachsende Funktionale und Operatorgleichungen in Sobolev-Orlicz-Räumen

1. Formulierung eines Minimum-Problems für Funktionale mit stark wachsendem Hauptteil

In § 1 haben wir Minimum-Probleme mit positiven quadratischen Formen untersucht. Dabei beschränkten wir uns auf solche Funktionale, deren Gradienten auf einem Hilbertraum beschränkt und sogar Lipschitz-stetig sind. Die Theorie der Minimum-Probleme, die wir in Kapitel I entwickelt haben, ist an solche Voraussetzungen nicht unbedingt gebunden.

Wir verallgemeinern das Minimum-Problem (1.31)[1] und betrachten lineare normierte Funktionenräume $\mathfrak{X}$ über einem beschränkten Gebiet $\Omega \subseteq \mathfrak{R}^m$. Wie in § 1 sei die quadratische Form $T[u, u]$ für $u \in \mathfrak{X}$ durch eine positive Bilinearform erklärt. Wir formulieren dann das Minimum-Problem

$$\int_\Omega f(\sqrt{T[u, u]})\, dx - \langle \Lambda, u\rangle = \underset{u\in\mathfrak{S}\subseteq\mathfrak{X}}{\mathrm{Min}}, \tag{4.1}$$

in welchem $\Lambda \in \mathfrak{X}^*$ vorgegeben ist.

Um sicherzustellen, daß dieses Minimum-Problem sinnvoll formuliert ist, fordern wir von der reellen Funktion $f(\xi)$ die folgenden Eigenschaften:

$$(\mathrm{E}_1) \qquad f(\xi) = \int_0^{|\xi|} p(t)\, dt, \qquad \xi \in \mathfrak{R}; \tag{4.2}$$

$p(t)$, $t \geqq 0$, sei stetig, monoton streng wachsend, $p(0) = 0$, $\lim_{t\to+\infty} p(t) = +\infty$.

---

[1]) Um die Minimum-Probleme (4.1) und (1.31) vergleichen zu können, formen wir das letztere um. Mit dem Operator $A \in (\mathfrak{H}, \mathfrak{H}^*)$ in der Beziehung (1.12),

$$\langle Au, w\rangle = \int_\Omega \varphi(T[u, u])\, T[u, w]\, dx,$$

ist

$$\Psi(u) = \int_0^1 \langle A(\tau u), u\rangle\, d\tau = \int_0^1 \int_\Omega \varphi(T[\tau u(x), \tau u(x)])\, T[\tau u(x), u(x)]\, dx\, d\tau.$$

Auf Grund der Voraussetzungen ist T eine quadratische Form und $T[u, u] \in L_1(\Omega)$ für $u \in \mathfrak{H}$; die Funktion $\varphi(t)$, $t \geqq 0$, ist stetig und beschränkt. Nach dem Satz von Fubini gilt dann

$$\Psi(u) = \int_\Omega \int_0^1 \varphi(\tau^2 T[u(x), u(x)])\, \tau\sqrt{T[u(x), u(x)]}\, \sqrt{T[u(x), u(x)]}\, d\tau\, dx$$

$$= \int_\Omega \int_0^{\sqrt{T[u(x), u(x)]}} \varphi(t^2)\, t\, dt\, dx.$$

Das Minimum-Problem (1.31) besitzt tatsächlich die Form (4.1), wenn wir $\mathfrak{S} = \mathfrak{X} = \mathfrak{H}$ und $f(\xi) = \int_0^\xi \varphi(t^2)\, t\, dt$ setzen.

(E_2) Es gibt eine Stelle $t_0 \geqq 0$, Konstanten $\varkappa > 0$ und $\tau > 1$ derart, daß

$$p(t) \geqq \varkappa t^\tau, \qquad t \geqq t_0, \tag{4.3}$$

ist.

Eine Funktion f, die die Eigenschaft (E_1) besitzt, nennen wir nach Orlicz eine *N-Funktion*. Mit der inversen Funktion

$$q(t) = p^{-1}(t), \qquad t \geqq 0,$$

ist $g(\eta) = \int\limits_0^{|\eta|} q(t)\, dt$ ebenfalls eine N-Funktion. Sie heißt die zu f *komplementäre N-Funktion*. g erfüllt die Bedingung (E_1) und die zu (E_2) komplementäre Bedingung

(E_2') Es gibt eine Stelle $t_0 \geqq 0$ und Konstanten $\varkappa' > 0$ und $\tau > 1$ derart, daß

$$q(t) \leqq \varkappa' t^{1/\tau}, \qquad t \geqq t_0, \tag{4.4}$$

ist.

Sind f, g zueinander komplementäre N-Funktionen, so nennen wir das Paar (f, g) ein *Paar von Orlicz-Funktionen*. Für jedes Paar von Orlicz-Funktionen beweist man die *Youngsche Ungleichung*

$$\xi\eta \leqq f(\xi) + g(\eta). \tag{4.5}$$

In (4.5) gilt für $\eta = p(|\xi|) \operatorname{sign} \xi$ das Gleichheitszeichen.

Wir betrachten einige Beispiele.

(i) Für $\alpha > 1$ ist mit $p_1(t) = t^{\alpha-1}$

$$f_1(\xi) = \frac{|\xi|^\alpha}{\alpha}$$

eine N-Funktion. Die zu f_1 komplementäre N-Funktion ist dann

$$g_1(\eta) = \frac{\alpha - 1}{\alpha} |\eta|^{\frac{\alpha}{\alpha-1}}.$$

(ii) Für $\alpha > 1$ ist mit

$$p_2(t) = \sum_{k=0}^{\infty} \frac{q + \frac{k}{2}}{k!} t^{q-1+k/2}$$

auch

$$f_2(\xi) = |\xi|^q e^{\sqrt{|\xi|}}$$

eine N-Funktion, für die die Bedingung (4.3) mit jedem $\tau > 0$ erfüllt ist.

(iii) Mit $p_3(t) = e^t - 1$ ist

$$f_3(\xi) = e^{|\xi|} - |\xi| - 1$$

eine N-Funktion, für die die Bedingung (4.3) mit jedem $\tau > 0$ erfüllt ist. Die zu f_3 komplementäre N-Funktion ist

$$g_3(\eta) = (1 + |\eta|) \ln(1 + |\eta|) - |\eta|.$$

Definition 4.1. Es sei $\Omega \subseteq \Re^m$ ein beschränktes Gebiet, f eine N-Funktion. Mit $\mathfrak{M}_f$ bezeichnen wir die Menge aller auf Ω meßbaren Funktionen $u \in (\Omega, \Re)$, für die

$$\varrho(u; f) = \int_\Omega f(u)\, dx < \infty \tag{4.6}$$

ist. $\mathfrak{M}_f$ heißt die durch f definierte *Orlicz-Klasse.*

Ist (f, g) ein Paar von Orlicz-Funktionen, $u \in \mathfrak{M}_f$, $v \in \mathfrak{M}_g$, so ist wegen der Youngschen Ungleichung (4.5) $uv \in L_1(\Omega)$ und

$$\left|\int_\Omega u(x)\, v(x)\, dx\right| \leqq \varrho(u; f) + \varrho(v; g). \tag{4.7}$$

Speziell für $v_*(x) = p(|u(x)|) \operatorname{sign} u(x)$ finden wir

$$\int_\Omega u(x)\, v_*(x)\, dx = \varrho(u; f) + \varrho(v_*; g). \tag{4.8}$$

Definition 4.2. Es sei (f, g) ein Paar von Orlicz-Funktionen. Den linearen Vektorraum der auf Ω meßbaren Funktionen $u \in (\Omega, \Re)$, für die

$$\langle u, v\rangle_f = \int_\Omega u(x)\, v(x)\, dx < \infty, \qquad \text{falls } v \in \mathfrak{M}_g \text{ ist,} \tag{4.9}$$

nennen wir *Orlicz-Raum L_f.*

Satz 4.1. *Es sei (f, g) ein Paar von Orlicz-Funktionen. Mit*

$$\|u\|_f = \sup_{\varrho(v; g) \leqq 1} \left|\int_\Omega u(x)\, v(x)\, dx\right| \tag{4.10}$$

ist L_f ein Banachraum.

Zum Beweis vgl. etwa A. C. Zaanen [96].

Die Handhabung der Orlicz-Räume ist einigermaßen unbequem. Wegen der Ungleichung (4.7) ist die Orlicz-Klasse $\mathfrak{M}_f$ im Orlicz-Raum L_f enthalten. In welcher Weise, das sollen die folgenden Betrachtungen erläutern.

Lemma 4.1 (Jensensche Ungleichung). *Es sei $f(\xi)$ eine N-Funktion; dann gilt für $\alpha \in [0, 1]$ und $\xi_1, \xi_2 \geqq 0$ die Ungleichung*

$$f\big(\alpha\xi_1 + (1 - \alpha)\, \xi_2\big) \leqq \alpha f(\xi_1) + (1 - \alpha)\, f(\xi_2). \tag{4.11}$$

Beweis. Es sei zunächst $\alpha = 1/2$, $\xi_1 \leqq \xi_2$. Da

$$f(\xi_i) = \int_0^{\xi_i} p(t)\, dt$$

und $p(t)$ monoton wachsend ist, gilt

$$f\left(\frac{\xi_1+\xi_2}{2}\right) = \int\limits_0^{\frac{\xi_1+\xi_2}{2}} p(t)\,dt \leqq \int\limits_0^{\xi_1} p(t)\,dt + \frac{1}{2}\int\limits_{\xi_1}^{\frac{\xi_1+\xi_2}{2}} p(t)\,dt + \frac{1}{2}\int\limits_{\frac{\xi_1+\xi_2}{2}}^{\xi_2} p(t)\,dt$$

$$= \frac{1}{2} f(\xi_1) + \frac{1}{2} f(\xi_2).$$

Zu dem entsprechenden Ergebnis kommen wir offensichtlich auch für $\xi_2 \leqq \xi_1$. Angenommen, (4.11) gilt nicht für alle $\alpha \in [0, 1]$; die stetige Funktion $\varphi \in ([0, 1], \mathfrak{R})$,

$$\varphi(\alpha) = f(\alpha\xi_1 + (1-\alpha)\,\xi_2) - \alpha f(\xi_1) + (1-\alpha)\,f(\xi_2),$$

besitzt dann ein positives Maximum:

$$\varphi_0 = \max_{\alpha\in[0,1]} \varphi(\alpha) > 0.$$

Es sei $\alpha_0 = \inf\{\alpha \in [0, 1]; \varphi(\alpha) = \varphi_0\}$; offenbar gilt $\alpha_0 \in (0, 1)$. Wir finden daher ein $\delta > 0$ derart, daß $\alpha_0 - \delta, \alpha_0 + \delta \in [0, 1]$ ist. Wenn wir auf diese Werte die mit $\alpha = 1/2$ als richtig erkannte Ungleichung (4.11) anwenden, ergibt sich

$$f(\alpha_0) \leqq \frac{1}{2} f(\alpha_0 - \delta) + \frac{1}{2} f(\alpha_0 + \delta) < \varphi_0,$$

im Gegensatz zur Annahme. Der Widerspruch beweist die Ungleichung (4.11) für alle $\alpha \in [0, 1]$.[1])

Lemma 4.2. *Es sei f eine N-Funktion. Dann ist die Orlicz-Klasse $\mathfrak{M}_f$ konvex.*

Beweis. Bei beliebig gewählten Funktionen $u, v \in \mathfrak{M}_f$ können wir für fast alle $x \in \Omega$ die Jensensche Ungleichung anwenden. Für beliebige $\alpha \in [0, 1]$ gilt

$$f\big(\alpha|u(x)| + (1-\alpha)\,|v(x)|\big) \leqq \alpha f\big(|u(x)|\big) + (1-\alpha)\,f\big(|v(x)|\big).$$

Da überdies $f(\xi)$ monoton wachsend und

$$|\alpha u(x) + (1-\alpha)\,v(x)| \leqq \alpha|u(x)| + (1-\alpha)\,|v(x)|$$

ist, erhalten wir schließlich nach Integration

$$\varrho\big(\alpha u + (1-\alpha)\,v; f\big) \leqq \alpha\varrho(u; f) + (1-\alpha)\,\varrho(v; f). \tag{4.12}$$

$\mathfrak{M}_f$ ist also konvex.

Definition 4.3. Wir sagen, die N-Funktion f genügt einer *Δ_2-Bedingung*, wenn eine Konstante $\sigma_0 > 0$ derart existiert, daß

$$f(2\xi) \leqq \sigma_0 f(\xi) \qquad \text{für } |\xi| \geqq \xi_0 = \text{const} \geqq 0 \tag{4.13}$$

ist.

---

[1]) Nach dem Beweis der Ungleichung (4.11) für $\alpha = 1/2$ können wir sie für beliebige $\alpha \in [0, 1]$ auch aus Lemma II.4.2 folgern.

Satz 4.2. *Die N-Funktion f genüge einer Δ_2-Bedingung. Dann gilt:*
(i) $\mathfrak{M}_f = L_f$.
(ii) $\|u_n - u\|_f \xrightarrow[n\to\infty]{} 0$ *genau dann, wenn* $\varrho(u_n - u; f) \xrightarrow[n\to\infty]{} 0$.
(iii) *Der Banachraum L_f ist separabel.*

Zum Beweis siehe etwa A. C. ZAANEN [96].

Nach der Einbettung der Orlicz-Klasse $\mathfrak{M}_f$ in den Orlicz-Raum L_f wollen wir noch die Einbettung verschiedener Orlicz-Räume ineinander betrachten.

Satz 4.3. *Zu zwei gegebenen Paaren von Orlicz-Funktionen (f_1, g_1) und (f_2, g_2) mögen Konstanten $\sigma_1 > 0$ und $\eta_1 \geqq 0$ derart existieren, daß*

$$g_1(\eta) \leqq \sigma_1 g_2(\eta), \qquad |\eta| \geqq \eta_1, \tag{4.14}$$

ist. Dann gilt die Einbettung $L_{f_1} \subseteq L_{f_2}$ mit beschränktem Einbettungsoperator,

$$\|u\|_{f_2} \leqq \text{const} \cdot \|u\|_{f_1}, \qquad u \in L_{f_1}. \tag{4.15}$$

Beweis. Es sei $\varrho(v; g_2) \leqq 1$; dann gilt nach Voraussetzung (4.14)

$$\begin{aligned}\varrho(v; g_1) &= \int_\Omega g_1(v(x))\, dx \leqq \int_\Omega [g_1(\eta_1) + \sigma_1 g_2(v(x))]\, dx \\ &\leqq g_1(\eta_1) \operatorname{mes} \Omega + \sigma_1 \varrho(v; g_2) \leqq g_1(\eta_1) \operatorname{mes} \Omega + \sigma_1 = c_1.\end{aligned} \tag{4.16}$$

Da die Darstellung

$$g_1(\eta) = \int_0^{|\eta|} q_1(t) dt$$

mit einer wachsenden Funktion $q_1(t)$ angenommen werden kann, gilt für $c_2 \geqq 1$

$$c_2 g_1\left(\frac{\eta}{c_2}\right) = c_2 \int_0^{|\eta|/c_2} q_1(t)\, dt = \int_0^{|\eta|} q_1\left(\frac{t'}{c_2}\right) dt' \leqq \int_0^{|\eta|} q_1(t')\, dt' = g_1(\eta).$$

Aus (4.16) folgt mit $c_2 = \max\{1, c_1\}$ also sicher

$$\varrho\left(\frac{v}{c_2}; g_1\right) \leqq 1.$$

Es sei nun $u \in L_{f_1}$ beliebig. Dann gilt die Abschätzung

$$\sup_{\varrho(v;g_2)\leqq 1} \left|\int_\Omega u(x)\, v(x)\, dx\right| \leqq \sup_{\varrho(w;g_1)\leqq 1} c_2 \left|\int_\Omega u(x)\, w(x)\, dx\right| \leqq c_2 \|u\|_{f_1}. \tag{4.17}$$

Aus der Abschätzung (4.17) ersehen wir $u \in L_{f_2}$ und $\|u\|_{f_2} \leqq c_2 \|u\|_{f_1}$, q. e. d.

Korollar 4.3.1. *Die N-Funktion f genüge der Bedingung* (E_2). *Dann gilt $L_f \subseteq L_{\tau+1}$ für ein $\tau > 1$ und*

$$\|u\|_{L_{\tau+1}} \leqq \text{const} \cdot \|u\|_f, \qquad u \in L_f. \tag{4.18}$$

Beweis. Da die N-Funktion f die Eigenschaft (E_2) besitzen soll, muß die zu f komplementäre N-Funktion g die Eigenschaft (E_2') besitzen. Wir können also in Satz 4.3 mit $g_1 = g$ und $g_2(\eta) = \frac{\tau}{\tau+1} |\eta|^{(\tau+1)/\tau}$ für ein $\tau > 1$ eingehen. Wie wir in Beispiel (i) sahen, ist g_2 tatsächlich eine N-Funktion mit der komplementären N-Funktion $f_2(\xi) = \frac{|\xi|^{\tau+1}}{\tau+1}$. Es gilt also nach (4.15) $L_f \subseteq L_{f_2}$ und

$$\|u\|_{f_2} \leqq \text{const} \cdot \|u\|_f.$$

Die N-Funktion $f_2(\xi)$ erfüllt die Δ_2-Bedingung (4.13), denn es ist

$$f_2(2\xi) = \frac{(2\xi)^{\tau+1}}{\tau+1} = 2^{\tau+1} f_2(\xi), \qquad \xi \geqq 0.$$

Nach Satz 4.2 gilt dann $L_{f_2} = \mathfrak{M}_{f_2}$; $\mathfrak{M}_{f_2}$ ist aber die Menge derjenigen meßbaren Funktionen $u \in (\Omega, \mathfrak{R})$, für die $\int\limits_\Omega f_2(u(x))\, dx$ endlich ist — oder $u \in \mathfrak{M}_{f_2}$ genau dann, wenn $u \in L_{\tau+1}$ ist.

Wir berechnen nun $\|u\|_{f_2}$. Es sei zunächst

$$\|u_1\|_{L_{\tau+1}} = \Big(\int\limits_\Omega |u_1|^{\tau+1}\, dx\Big)^{1/(\tau+1)} = 1.$$

Nach der bekannten Hölderschen Ungleichung für Integrale gilt dann, falls $\varrho(h; g_2) \leqq 1$ ist,

$$\Big|\int\limits_\Omega u_1(x)\, h(x)\, dx\Big| \leqq \Big(\int\limits_\Omega |h(x)|^{(\tau+1)/\tau}\, dx\Big)^{\tau/(\tau+1)}$$
$$= \left(\frac{\tau+1}{\tau}\int\limits_\Omega g_2(h(x))\, dx\right)^{\tau/(\tau+1)} \leqq \left(\frac{\tau+1}{\tau}\right)^{\tau/(\tau+1)} = \varkappa,$$

also $\|u_1\|_{f_2} \leqq \varkappa$. Andererseits finden wir für die Funktion $h_0(x) = \varkappa |u_1(x)|^\tau \operatorname{sign} u_1(x)$ die Beziehungen

$$\varrho(h_0; g_2) = \int\limits_\Omega |u_1(x)|^{\tau+1}\, dx = 1$$

und

$$\int\limits_\Omega u_1(x)\, h_0(x)\, dx = \varkappa \int\limits_\Omega |u_1|^{\tau+1}\, dx = \varkappa,$$

also $\|u_1\|_{f_2} = \varkappa$.

Ist nun $u \in L_{f_2} = L_{\tau+1}$ beliebig, so können wir unsere Berechnung auf $u_1 = \frac{u}{\|u\|_{L_{\tau+1}}}$ anwenden und erhalten $\|u\|_{f_2} = \varkappa \|u\|_{L_{\tau+1}}$. Korollar 4.3.1 ist damit bewiesen.

Wie in den L_p-Räumen identifizieren wir in den Orlicz-Räumen solche Funktionen, die sich höchstens auf einer Menge vom Maß Null unterscheiden. Für Abschätzungen mit der Orlicz-Norm stellen wir noch ein Lemma bereit.

Lemma 4.3. *Für $u, v \in L_f(\Omega)$ und $|u(x)| \leqq |v(x)|$ fast überall in Ω gilt die Ungleichung $\|u\|_f \leqq \|v\|_f$.*

Beweis. Zunächst bemerken wir, daß für das Paar (f, g) von Orlicz-Funktionen anstelle von (4.10) auch

$$\|u\|_f = \sup_{\varrho(h;g)\leqq 1} \int_\Omega |u(x)|\, |h(x)|\, dx \tag{4.19}$$

geschrieben werden kann, da mit $h \in \mathfrak{M}_g$ und $\varrho(h; g) \leqq 1$ auch $|h|$ sign $u \in \mathfrak{M}_g$ und $\varrho(|h| \operatorname{sign} u; g) \leqq 1$ ist. Aus (4.19) folgt unsere Behauptung unmittelbar.

Es sei nun $l \geqq 1$ eine feste natürliche Zahl, k die Anzahl der partiellen Ableitungen der Ordnung l einer Funktion $u \in (\Omega, \mathfrak{R})$, $\alpha = (\alpha_1, \alpha_2, \ldots, \alpha_m)$ ein Multiindex mit $|\alpha| = l$. Ein Punkt $z \in \mathfrak{R}^k$ besitze die Komponenten (Fourierkoeffizienten) z_α. Für $x \in \Omega$ möge auf $\mathfrak{R}^k$ die positive Bilinearform

$$(y, z)_{k;x} = \sum_{|\alpha|=|\beta|=l} a_{\alpha\beta}(x)\, y_\alpha z_\beta \tag{4.20}$$

mit Koeffizienten $a_{\alpha\beta} \in C(\bar{\Omega})$ erklärt sein. Überdies soll es von $x \in \Omega$ unabhängige positive Konstanten ν_* und ν^* so geben, daß die Ungleichungen

$$\nu^* \sum_{|\alpha|=l} z_\alpha^2 \geqq \sum_{|\alpha|=|\beta|=l} a_{\alpha\beta}(x)\, z_\alpha z_\beta \geqq \nu_* \sum_{|\alpha|=l} z_\alpha^2, \qquad z \in \Omega, \tag{4.21}$$

erfüllt sind. Die linke Ungleichung in (4.21) besteht schon auf Grund der Stetigkeitsforderung an die Koeffizienten $a_{\alpha\beta}$. Auf $\dot{C}_l(\Omega)$ erklären wir die Bilinearform

$$T[u, v] = \sum_{|\alpha|=|\beta|=l} a_{\alpha\beta}(x)\, D_\alpha u D_\beta v \tag{4.22}$$

und definieren für eine N-Funktion f, die die Eigenschaft (E_2) besitzt,

$$\|u\|_{f,l} = \left\|\sqrt{T[u, u]}\right\|_f. \tag{4.23}$$

Lemma 4.4. *Der lineare Vektorraum $\dot{C}_l(\Omega)$ ist mit der Norm* (4.23) *ein linearer normierter Raum.*

Der Beweis ergibt sich sofort aus den Normeigenschaften von $\sqrt{T[u, u]}$ und $\|\cdot\|_f$, wenn wir die Gültigkeit des Identitätsaxioms beweisen können.

Zunächst bemerken wir: Für jede Zahl $p \geqq 2$ ist

$$\|u\|_{p,l} = \left[\int_\Omega (T[u, u])^{p/2}\, dx\right]^{1/p} \tag{4.24}$$

eine Norm auf $\dot{C}_l(\Omega)$. Wir finden nämlich wie bei der Herleitung der Friedrichsschen Ungleichung (1.34) für $x^0 = (x_1^0, x_2^0, \ldots, x_m^0)$ und $x^1 = (x_1^1, x_2^0, \ldots, x_m^0) \in \partial\Omega$

$$|u(x^0)|^p \leqq |x_1^0 - x_1^1|^{p-1} \left| \int_{x_1^1}^{x_1^0} \left|\frac{\partial u}{\partial x_1}(\xi, x_2^0, \ldots, x_m^0)\right|^p d\xi \right|,$$

indem wir anstelle der Schwarzschen die Höldersche Ungleichung für Integrale verwenden. Folglich gilt die Ungleichung

$$\int_\Omega |u(x)|^p \, dx \leqq a^p \int_\Omega \left|\frac{\partial u}{\partial x_1}\right|^p dx \leqq a^p \int_\Omega \left[\sum_{i=1}^m \left(\frac{\partial u}{\partial x_i}\right)^2\right]^{p/2} dx \tag{4.25}$$

für $u \in \mathring{C}_1(\Omega) \subseteq \dot{C}_l(\Omega)$ und jedes $p \geqq 2$; die erwähnte Friedrichssche Ungleichung (1.34) ist offensichtlich ein Spezialfall davon. Durch sukzessive Anwendung der Ungleichung (4.25) finden wir weiter für $u \in \dot{C}_l(\Omega)$

$$\int_\Omega |u(x)|^p \, dx \leqq a^p \int_\Omega \left|\frac{\partial u}{\partial x_1}\right|^p dx \leqq a^{2p} \int_\Omega \left|\frac{\partial^2 u}{\partial x_1^2}\right|^p dx \leqq \cdots \leqq a^{lp} \int_\Omega \left|\frac{\partial^l u}{\partial x_1^l}\right|^p dx .$$

Daraus gewinnen wir die Ungleichungen

$$\|u\|_{L_p}^p \leqq a^{lp} \left\|\frac{\partial^l u}{\partial x_1^l}\right\|_{L_p}^p \leqq (a^{lp} + 1) \sum_{|\alpha|=l} \|D_\alpha u\|_{L_p}^p$$

und

$$\|u\|_{W_p^l} = \left[\|u\|_{L_p}^p + \sum_{|\alpha|=l} \|D_\alpha u\|_{L_p}^p\right]^{1/p} \leqq \left[(a^{lp} + 2) \sum_{|\alpha|=l} \|D_\alpha u\|_{L_p}^p\right]^{1/p} \tag{4.26}$$

für $u \in \dot{C}_l(\Omega)$ und $p \geqq 2$. Über die Ungleichungen (4.21) erhalten wir noch auf elementarem Weg die Abschätzungen[1])

$$\mu^* \|u\|_{p,l} \geqq \|u\|_{W_p^l} \geqq \mu_* \|u\|_{p,l}, \qquad u \in \dot{C}_l(\Omega), \tag{4.27}$$

---

[1]) Aus der Ungleichung (4.21) ergibt sich zunächst

$$\nu^* \sum_{|\alpha|=l} (D_\alpha u)^2 \geqq T[u, u] \geqq \nu_* \sum_{|\alpha|=l} (D_\alpha u)^2 .$$

Für $p_1 \geqq p_2 > 0$ gilt die elementare Ungleichung

$$\left(\sum_{|\alpha|=l} |z_\alpha|^{p_1}\right)^{1/p_1} \leqq \left(\sum_{|\alpha|=l} |z_\alpha|^{p_2}\right)^{1/p_2} .$$

Ist $p \geqq 2$, so erhält man damit

$$\|u\|_{p,l} = \left(\int_\Omega (T[u, u])^{p/2} \, dx\right)^{1/p} \geqq \sqrt{\nu_*} \left(\int_\Omega \left[\sum_{|\alpha|=l} (D_\alpha u)^2\right]^{p/2} dx\right)^{1/p}$$

$$\geqq \sqrt{\nu_*} \left(\int_\Omega \sum_{|\alpha|=l} |D_\alpha u|^p \, dx\right)^{1/p} \geqq \frac{\sqrt{\nu_*}}{(a^{lp} + 2)^{1/p}} \|u\|_{W_p^l}$$

und

$$\|u\|_{p,l} \leqq \sqrt{\nu^*} \left(\int_\Omega \left[\sum_{|\alpha|=l} (D_\alpha u)^2\right]^{p/2} dx\right)^{1/p} \leqq \sqrt{\nu^*} \left[\int_\Omega \left(\sum_{|\alpha|=l} |D_\alpha u|\right)^p dx\right]^{1/p}$$

$$= \sqrt{\nu^*} \left\|\sum_{|\alpha|=l} |D_\alpha u|\right\|_{L_p} \leqq \sqrt{\nu^*} \sum_{|\alpha|=l} \|D_\alpha u\|_{L_p} \leqq k \sqrt{\nu^*} \left(\sum_{|\alpha|=l} \|D_\alpha u\|_{L_p}^p\right)^{1/p}$$

$$\leqq k \sqrt{\nu^*} \|u\|_{W_p^l},$$

worin k wie bisher die Anzahl der Ableitungen $D_\alpha u$ mit $|\alpha| = l$ ist. Wir dürfen daher in (4.27) $\mu^* = k \sqrt{\nu^*}$ und $\mu_* = \dfrac{\sqrt{\nu_*}}{(a^{lp} + 2)^{1/p}}$ wählen.

mit geeigneten Konstanten $\mu_*, \mu^* > 0$. Die linke Ungleichung in (4.27) beweist unsere Zwischenbemerkung.

Weiter finden wir für $u \in \dot{C}_l(\Omega)$ offensichtlich $\sqrt{T[u, u]} \in L_f$, so daß wir die Abschätzung (4.18) aus Korollar 4.3.1 anwenden können:

$$\|u\|_{p,l} \leqq \delta \|u\|_{f,l}, \qquad u \in \dot{C}_l(\Omega), \tag{4.28}$$

für $p = \tau + 1 > 2$ und eine geeignete Konstante $\delta > 0$. Lemma 4.4 ist damit bewiesen.

Die Ungleichungen (4.27), (4.28) spielen eine wichtige Rolle in den weiteren Betrachtungen.

Die Abschließung von $\dot{C}_l(\Omega)$ in $W^l_{\tau+1}(\Omega)$ ist ein Banachraum. Wir bezeichnen ihn mit $\dot{W}^l_{\tau+1}(\Omega)$. In $\dot{W}^l_{\tau+1}(\Omega)$ betrachten wir den Unterraum $\dot{W}_f{}^l$ derjenigen Elemente u, deren verallgemeinerte Ableitungen $D_\alpha u$, $|\alpha| = l$, sämtlich zu L_f gehören. Aus der Ungleichung (4.21) ersehen wir, daß

$$\sqrt{\nu_*}\, |D_\beta u| \leqq T[u, u] \leqq \sqrt{\nu^*} \sqrt{\sum_{|\alpha|=l} (D_\alpha u)^2} \leqq \sqrt{\nu^*} \sum_{|\alpha|=l} |D_\alpha u| \tag{4.29}$$

für jeden Index β, $|\beta| = l$, ist. Daher gehört $u \in \dot{W}^l_{\tau+1}$ genau dann zu $\dot{W}_f{}^l$, wenn $\sqrt{T[u, u]}$ zu L_f gehört.

Lemma 4.5. *$\dot{W}_f{}^l$ ist mit der Norm (4.23) ein Banachraum.*

Beweis. Zunächst ergibt sich für $u \in \dot{W}_f{}^l$ aus Korollar 4.3.1

$$\|u\|_{\tau+1,l} = \left\|\sqrt{T[u, u]}\right\|_{L_{\tau+1}} \leqq \text{const} \cdot \|T[u, u]\|_f. \tag{4.30}$$

Da sich die Ungleichungen (4.27) bei der Abschließung von $\dot{C}_l(\Omega)$ in $W^l_{\tau+1}$ auf $\dot{W}^l_{\tau+1}$ übertragen, ist $\|u\|_{f,l} = \left\|\sqrt{T[u, u]}\right\|_f$ wirklich eine Norm auf $\dot{W}_f{}^l$. Wir zeigen, daß dieser Raum vollständig ist.

Es sei $\{u_n\} \subseteq \dot{W}_f{}^l$ Fundamentalfolge. Wegen der Ungleichung (4.30) ist $\{u_n\}$ Fundamentalfolge in $\dot{W}^l_{\tau+1}$ und besitzt dort ein Grenzelement $u \in \dot{W}^l_{\tau+1}$,

$$\lim_{n\to\infty} \|u_n - u\|_{L_{\tau+1}} = 0, \qquad \lim_{n\to\infty} \|D_\alpha u_n - D_\alpha u\|_{L_{\tau+1}} = 0.$$

Außerdem ist für jedes α, $|\alpha| = l$, die Folge $\{D_\alpha u_n\}$ wegen der Ungleichungen (4.29) und Lemma 4.3 Fundamentalfolge im Banachraum L_f und besitzt dort ein Grenzelement v_α,

$$\lim_{n\to\infty} \|D_\alpha u_n - v_\alpha\|_f = 0.$$

Wiederum aus Korollar 4.3.1 folgt $v_\alpha \in L_{\tau+1}$ und $\|D_\alpha u_n - v_\alpha\|_{L_{\tau+1}} \xrightarrow[n\to\infty]{} 0$. Wegen der Eindeutigkeit des Grenzwertes in $\dot{W}^l_{\tau+1}$ ist $v_\alpha = D_\alpha u$ und folglich $u \in \dot{W}_f{}^l$. Schließlich können wir noch einmal die Ungleichungen (4.29) und Lemma 4.3 heranziehen, um aus der Grenzwertbeziehung $\|D_\alpha u_n - D_\alpha u\|_f \xrightarrow[n\to\infty]{} 0$ für jedes α, $|\alpha| = l$, auch $\|u_n - u\|_{f,l} \xrightarrow[n\to\infty]{} 0$ zu folgern, q. e. d.

Wir können nun zum Minimum-Problem (4.1) zurückkehren, indem wir $\mathfrak{X} = \dot{W}_f{}^l$ setzen und die quadratische Form $T[u, u]$ durch die Bilinearform (4.22) vorgeben. f sei eine N-Funktion, die der Bedingung (E_2) genügt, so daß die Aufgabe (4.1) jetzt in der Form

$$\Psi(u) \equiv \varrho(\sqrt{T[u, u]}; f) - \langle \Lambda, u \rangle = \operatorname*{Min}_{u \in \mathfrak{G}_f \subseteq \dot{W}_f{}^l} \tag{4.31}$$

verstanden wird. Unter $\mathfrak{G}_f$ verstehen wir naturgemäß diejenige Teilmenge von $\dot{W}^l_{\tau+1}$, deren Elemente der Bedingung $\sqrt{T[u, u]} \in \mathfrak{M}_f$ genügen. Genügt f einer Δ_2-Bedingung (Definition 4.3), so können wir nach Satz 4.3 $\mathfrak{G}_f = \dot{W}_f{}^l$ setzen.

2. Lösung des Minimum-Problems (4.31)

Wir folgen etwa Satz I.4.3. Dabei wird der Beweisgang entsprechend den Bedingungen unserer Aufgabe modifiziert.

Lemma 4.6. *Die N-Funktion f genüge der Bedingung* (E_2). *Es sei $\Lambda \in \dot{W}_2{}^{l*}$; dann ist das Funktional $\Psi(u)$, $u \in \mathfrak{G}_f$, aus der Aufgabe* (4.31) *unterhalbbeschränkt.*

Beweis. Wir schätzen ab; für $u \in \mathfrak{G}_f \subseteq \dot{W}_f{}^l$ gilt

$$\Psi(u) \geqq \int_\Omega f(\sqrt{T[u, u]})\, dx - \|\Lambda\|\, \|u\|_{\dot{W}_2{}^l}.$$

f genügt der Bedingung (E_2); folglich ist $\dot{W}^l_{\tau+1} \subseteq \dot{W}_2{}^l$. Weiter finden wir

$$\|\Lambda\|\, \|u\|_{\dot{W}_2{}^l} \leqq \|\Lambda\|\, (a^{2l} + 2)^{1/2} \left(\sum_{|\alpha|=l} \int_\Omega (D_\alpha u)^2\, dx\right)^{1/2}$$

$$\leqq \|\Lambda\|\, \frac{(a^{2l} + 2)^{1/2}}{\sqrt{\nu_*}} \left(\int_\Omega T[u, u]\, dx\right)^{1/2} \leqq \frac{\lambda_0^2}{2} + \frac{1}{2}\int_\Omega T[u, u]\, dx$$

mit $\lambda_0 = \|\Lambda\|\, \dfrac{(a^{2l} + 2)^{1/2}}{\sqrt{\nu_*}}$, insgesamt also

$$\Psi(u) \geqq \int_\Omega \left(f\,(\sqrt{T[u, u]}) - \frac{1}{2}\, T[u, u]\right) dx - \frac{\lambda_0^2}{2}. \tag{4.32}$$

Wir bemerken, daß $\lim\limits_{t\to\infty} \left(f(t) - \dfrac{1}{2}\, t^2\right) = +\infty$ ist auf Grund der Bedingung (E_2). Der Integrand in der Abschätzung (4.32) ist daher positiv in den Punkten, in denen $\sqrt{T[u, u]}$ größer ist als eine Konstante $t_* > 0$. Dann ist aber

$$\Psi(u) \geqq -\frac{\lambda_0^2}{2} - \frac{1}{2}\, t_*{}^2 \operatorname{mes} \Omega,$$

q. e. d.

Lemma 4.7.[1]) *Es seien*

$$f_1(\xi) = \int_0^{|\xi|} p_1(t)\,dt \quad \textit{und} \quad f(\xi) = \int_0^{|\xi|} p(t)\,dt$$

beliebige N-Funktionen, die den Bedingungen

$$\frac{p(\tau)}{\tau} \geqq \frac{p_1(t)}{t}, \qquad \tau \geqq t \geqq 0, \tag{4.33}$$

$$p(t+\tau) - p(\tau) \geqq p_1(t), \qquad \tau \geqq t \geqq 0, \tag{4.34}$$

genügen. Dann gilt

$$\frac{1}{2} f(a) + \frac{1}{2} f(b) - f(c) \geqq f_1(c^*) \tag{4.35}$$

mit $a \geqq b \geqq 0$, $\frac{a-b}{2} \leqq c \leqq \frac{a+b}{2}$ *und* $c^* = \sqrt{\frac{a^2+b^2}{2} - c^2}$.

Beweis. i) Die Ungleichung (4.35) soll zunächst für $c = \frac{a+b}{2}$ bewiesen werden; dann ist $c^* = \frac{a-b}{2}$ und

$$\frac{1}{2} f(a) + \frac{1}{2} f(b) - f\left(\frac{a+b}{2}\right)$$

$$= \frac{1}{2}\int_0^a p(t)\,dt + \frac{1}{2}\int_0^b p(t)\,dt - \int_0^{\frac{a+b}{2}} p(t)\,dt \geqq \int_0^{\frac{a-b}{2}} [p(2t+b) - p(t+b)]\,dt$$

$$\geqq \int_0^{\frac{a-b}{2}} p_1(t)\,dt = f_1\left(\frac{a-b}{2}\right)$$

wegen der Bedingung (4.34).

ii) Im nächsten Schritt wird die Behauptung für $c \in \left[\frac{\sqrt{a^2+b^2}}{2}, \frac{a+b}{2}\right]$ bewiesen. Diesem Segment entsprechen die Werte $c^* \in \left[\frac{a-b}{2}, \frac{\sqrt{a^2+b^2}}{2}\right]$. Wir betrachten zunächst die Differenz

$$f_1(c^*) - f_1\left(\frac{a-b}{2}\right) = \int_{\frac{a-b}{2}}^{c^*} p_1(t)\,dt.$$

[1]) K. Gröger [19].

Substituieren wir nun für die Variable $t = \sqrt{\frac{a^2 + b^2}{2} - \tau^2}$, so erhalten wir

$$f_1(c^*) - f_1\left(\frac{a-b}{2}\right) = \int_c^{\frac{a+b}{2}} p_1(t(\tau)) \frac{\tau}{t(\tau)}\, d\tau. \tag{4.36}$$

Mit der Bedingung (4.33) ergibt sich daraus $\left(t(\tau) \leqq \tau \text{ für } \tau \in \left[\frac{\sqrt{a^2+b^2}}{2}, \frac{a+b}{2}\right]\right)$

$$f_1(c^*) \leqq f_1\left(\frac{a-b}{2}\right) + \int_0^{\frac{a+b}{2}} p(\tau)\, d\tau - \int_0^c p(\tau)\, d\tau,$$

und nach der schon bewiesenen Ungleichung

$$\frac{1}{2} f(a) + \frac{1}{2} f(b) - f\left(\frac{a+b}{2}\right) \geqq f_1\left(\frac{a-b}{2}\right) \tag{4.37}$$

erhalten wir (4.35) für das betrachtete c-Segment.

iii) Es sei schließlich $c \in \left[\frac{a-b}{2}, \frac{\sqrt{a^2+b^2}}{2}\right]$; dann ist $c^* \in \left[\frac{\sqrt{a^2+b^2}}{2}, \frac{a+b}{2}\right]$. Nach ii) gilt daher

$$f_1(c) \leqq \frac{1}{2} f(a) + \frac{1}{2} f(b) - f(c^*). \tag{4.38}$$

Aus der Bedingung (4.33) erhalten wir für $t = \tau$ speziell $p_1(t) \leqq p(t)$, $t \geqq 0$. Daher ist

$$f_1(c^*) - f_1(c) = \int_c^{c^*} p_1(t)\, dt \leqq \int_c^{c^*} p(t)\, dt = f(c^*) - f(c).$$

Addiert man diese Ungleichung zu (4.38), so ergibt sich wieder (4.35). Lemma 4.7 ist damit vollständig bewiesen.

Satz 4.4. *Die N-Funktion* $f_1(\xi) = \int_0^{|\xi|} p_1(t)\, dt$ *genüge der Bedingung* (E_2) *mit* $t_0 = 0$. $f(\xi) = \int_0^{|\xi|} p(t)\, dt$ *sei eine beliebige N-Funktion, die bezüglich* f_1 *die Bedingungen* (4.33), (4.34) *erfüllt. Dann besitzt das Minimum-Problem* (4.31) *für beliebig vorgegebenes* $\Lambda \in \dot{W}_2^{l*}$ *genau eine Lösung.*[1])

---

[1]) Der Definitionsbereich $\mathfrak{G}_f = \left\{u \in \dot{W}^l_{\tau+1};\ \sqrt{T[u,u]} \in \mathfrak{M}_f\right\}$ ist konvex. Denn der Raum $\dot{W}^l_{\tau+1}$ ist linear; für $u, v \in \mathfrak{G}_f$ und $\alpha \in [0, 1]$ finden wir mit der Schwarzschen Ungleichung für positive Bilinearformen

$$\begin{aligned} &\sqrt{T[\alpha u + (1-\alpha) v, \alpha u + (1-\alpha) v]} \\ &= \{T[\alpha u, \alpha u] + 2T[\alpha u, (1-\alpha) v] + T[(1-\alpha) v, (1-\alpha) v]\}^{1/2} \\ &\leqq \left\{\alpha\sqrt{T[u,u]} + (1-\alpha)\sqrt{T[v,v]}\right\} \in \mathfrak{M}_f, \end{aligned}$$

Beweis. Aus (4.33) folgt speziell wieder $p(t) \geqq p_1(t)$, $t \geqq 0$; folglich genügt f der gleichen Bedingung (E_2) mit $t_0 = 0$ und

$$\Psi(u) \equiv \varrho(\sqrt{T[u,u]}; f) - \langle \Lambda, u\rangle \geqq \Psi_1(u) \equiv \varrho(\sqrt{T[u,u]}; f_1) - \langle \Lambda, u\rangle .$$

$\Psi(u)$ ist dann nach Lemma 4.6 unterhalbbeschränkt auf $\mathfrak{G}_f \subseteq \mathfrak{G}_{f_1}$. Wir wählen eine Minimalfolge $\{u_n\} \subseteq \mathfrak{G}_f$,

$$\lim_{n\to\infty} \Psi(u_n) = \inf_{u \in \mathfrak{G}_f} \Psi(u) = d .$$

Wie in Satz I.4.3 gilt

$$\Theta_\Psi(u_i, u_k) = \frac{1}{2}\Psi(u_i) + \frac{1}{2}\Psi(u_k) - \Psi\left(\frac{u_i + u_k}{2}\right) < \varepsilon ,$$

falls $i, k \geqq n_0(\varepsilon)$ ist. Andererseits findet man

$$\begin{aligned}\Theta_\Psi(u_i, u_k) &= \frac{1}{2}\varrho\left(\sqrt{T[u_i,u_i]}; f\right) + \frac{1}{2}\varrho\left(\sqrt{T[u_k,u_k]}; f\right) \\ &\quad - \varrho\left(\sqrt{T\left[\frac{u_i+u_k}{2}, \frac{u_i+u_k}{2}\right]}; f\right) \\ &= \int_\Omega \left\{\frac{1}{2} f\left(\sqrt{T[u_i,u_i]}\right) + \frac{1}{2} f\left(\sqrt{T[u_k,u_k]}\right)\right. \\ &\quad \left. - f\left(\sqrt{T\left[\frac{u_i+u_k}{2}, \frac{u_i+u_k}{2}\right]}\right)\right\} dx . \end{aligned} \tag{4.39}$$

Setzt man

$$a = \sqrt{T[u_i, u_i]}, \qquad b = \sqrt{[Tu_k, u_k]}$$

und

$$c = \sqrt{T\left[\frac{u_i+u_k}{2}, \frac{u_i+u_k}{2}\right]},$$

so folgt aus der Schwarzschen Ungleichung für positive Bilinearformen $\frac{|a-b|}{2} \leqq c \leqq \frac{a+b}{2}$, so daß wir auf den Integranden in (4.39) Lemma 4.7 anwenden können. Es gilt demnach

$$\Theta_\Psi \geqq \int_\Omega f_1(c^*)\, dx \tag{4.40}$$

---

da $\mathfrak{M}_f$ nach Lemma 4.2 konvex ist. Demnach ist aber auch

$$\sqrt{T[\alpha u + (1-\alpha) v, \alpha u + (1-\alpha) v]} \in \mathfrak{M}_f$$

und folglich

$$\alpha u + (1-\alpha) v \in \mathfrak{G}_f .$$

mit

$$c^* = \sqrt{\frac{a^2 + b^2}{2} - c^2} = \sqrt{T\left[\frac{u_i - u_k}{2}, \frac{u_i - u_k}{2}\right]}\,^{1}),$$

also

$$\varepsilon > \int_\Omega f_1\left(\sqrt{T\left[\frac{u_i - u_k}{2}, \frac{u_i - u_k}{2}\right]}\right) dx$$

für $i, k \geqq n_0(\varepsilon)$ oder

$$\varepsilon > \frac{\varkappa}{\tau + 1} \int_\Omega T\left[\frac{u_i - u_k}{2}, \frac{u_i - u_k}{2}\right]^{\frac{\tau+1}{2}} dx$$

für Konstanten $\varkappa > 0$ und $\tau > 1$.

Nach einem Zwischenergebnis aus Lemma 4.4 über die Norm $\|\cdot\|_{p,l}$ auf $\dot{C}_l(\Omega)$ konvergiert unsere Minimalfolge in $\dot{W}^l_{\tau+1}$ gegen ein Grenzelement $u \in \dot{W}^l_{\tau+1}$. Wegen $\tau > 1$ gilt dann

$$\lim_{n\to\infty} \langle \Lambda, u_n \rangle = \langle \Lambda, u \rangle. \tag{4.41}$$

Außerdem können wir eine geeignete Teilfolge (Teilminimalfolge) so auswählen, daß

$$\lim_{j\to\infty} T[u_{n_j}(x), u_{n_j}(x)] = T[u(x), u(x)]$$

fast überall in Ω gilt. Nach dem Lemma von Fatou gilt dann

$$\int_\Omega f(\sqrt{T[u, u]})\, dx \leqq \varliminf_{j\to\infty} \int_\Omega f(\sqrt{T[u_{n_j}, u_{n_j}]})\, dx. \tag{4.42}$$

Nun ist wegen (4.41)

$$\varliminf_{j\to\infty} \int_\Omega f(\sqrt{T[u_{n_j}, u_{n_j}]})\, dx = \varliminf_{j\to\infty} (\Psi(u_{n_j}) + \langle \Lambda, u_{n_j} \rangle) = d + \langle \Lambda, u \rangle.$$

Zunächst folgt dann aus (4.42) $u \in \mathfrak{G}_f$. Außerdem folgt $\Psi(u) \leqq d$, also $\Psi(u) = d$. u ist Minimalelement; seine Einzigkeit erhält man durch Vereinigung verschiedener Minimalfolgen und aus der Einzigkeit des Grenzwertes in $\dot{W}^l_{\tau+1}$, q. e. d.

---

[1]) Die Ungleichung

$$\Theta_\Psi(u, v) \geqq \int_\Omega T\left[\frac{u - v}{2}, \frac{u - v}{2}\right] dx$$

kann offenbar für beliebige Elemente $u, v \in \mathfrak{G}_f$ hergeleitet werden. Satz 4.4 löst damit ein Minimum-Problem für strikt konvexe Funktionale, vgl. Definition I.4.2.

Korollar 4.4.1. *Die N-Funktion* $f(\xi) = \int_0^{|\xi|} p(t)\, dt$ *genüge der Bedingung* (E_2); *überdies sei* $p(t)/t$ *eine nichtfallende Funktion in* $[0, \infty)$. *Dann besitzt das Minimum-Problem* (4.31) *für beliebig vorgegebenes* $\Lambda \in \dot{W}_2^{l*}$ *genau eine Lösung.*

Beweis. Wir benutzen Satz 4.4 und wählen $f_1 = f$. Dann ist die Bedingung (4.33) offenbar erfüllt. Weiterhin ergibt sich für $t, \tau \geqq 0$

$$\frac{p\,(t+\tau)}{t+\tau} \geqq \frac{p(\tau)}{\tau}$$

oder

$$p(t+\tau) - p(\tau) \geqq \frac{t+\tau}{\tau}\, p(\tau) - p(\tau) = \frac{t}{\tau}\, p(\tau) \geqq p(t),$$

falls $\tau \geqq t$ ist. Damit gilt auch (4.34) und die Behauptung aus Satz 4.4, q. e. d.

3. Funktionale mit Δ_2-Eigenschaft

Lemma 4.8. *Die N-Funktion* $f(\xi) = \int_0^{\xi} p(t)\, dt$ *genüge einer* Δ_2*-Bedingung. Dann gibt es Konstanten* $\sigma_0 > 0$ *und* $\xi_0 \geqq 0$ *derart, daß*

$$|\xi|\, p(|\xi|) \leqq \sigma_0 f(\xi), \qquad |\xi| \geqq \xi_0, \tag{4.43}$$

ist.

Beweis. Es gilt nach (4.13) $f(2\xi) \leqq \sigma_0 f(\xi)$, $|\xi| \geqq \xi_0 \geqq 0$, oder

$$\sigma_0 f(\xi) \geqq \int_0^{2|\xi|} p(t)\, dt \geqq \int_{|\xi|}^{2|\xi|} p(t)\, dt \geqq |\xi|\, p(|\xi|),$$

q. e. d.

Satz 4.5. *Bedingungen wie in Satz 4.4. Überdies genüge die N-Funktion f einer* Δ_2*-Bedingung.* $G \in (\dot{W}_2^{l*}, \mathfrak{G}_f)$ *sei derjenige Operator, der jedem Element* $\Lambda \in \dot{W}_2^{l*}$ *die Lösung* u_Λ *des Minimum-Problems* (4.31) *zuordnet. Dann ist das Funktional* $\Phi \in (\mathfrak{G}_f, \mathfrak{R})$, $\Phi(u) = \varrho(\sqrt{T[u, u]}; f)$, *auf* $G(\dot{W}_2^{l*})$ *differenzierbar. Das Inverse* G^{-1} *besitzt die Darstellung*

$$\langle G^{-1} u_\Lambda, h\rangle = \int_\Omega \frac{p(\sqrt{T[u_\Lambda, u_\Lambda]})}{\sqrt{T[u_\Lambda, u_\Lambda]}}\, T[u_\Lambda, h]\, dx. \tag{4.44}$$

Beweis. Es sei $\Psi(u) = \Phi(u) - \langle \Lambda, u\rangle$. Da die N-Funktion f der Δ_2-Bedingung genügt, ist die Menge $\mathfrak{M}_f$ linear (vgl. Satz 4.2); es gilt $\mathfrak{M}_f = L_f$. Wir haben dann $\mathfrak{G}_f = \dot{W}_f^l$. Für beliebige $u, h \in \dot{W}_f^l$ ist die Funktion

$$\alpha \in ([-1, 1], \mathfrak{R}), \qquad \alpha(\tau) = \Psi(u + \tau h),$$

erklärt. α ist differenzierbar. Es sei nämlich $\tau \in [-1, 1]$, $\{\tau + \tau_n\} \subseteq [-1, 1]$, $\lim_{n\to\infty} \tau_n = 0$. Dann ist

$$\frac{\alpha(\tau + \tau_n) - \alpha(\tau)}{\tau_n} = \int_\Omega \frac{1}{\tau_n} \{f(\sqrt{T[u + (\tau + \tau_n)\, h, u + (\tau + \tau_n)\, h]}) - f(\sqrt{T[u + \tau h, u + \tau h]})\}\, dx - \langle \Lambda, h\rangle.$$

Die N-Funktion $f(\xi)$, $\xi \in \Re$, ist stetig differenzierbar; ihre Ableitung ist sign $\xi p(|\xi|)$. Daher finden wir für fast alle $x \in \Omega$ die Darstellung

$$f(\sqrt{T[u + (\tau + \tau_n)\, h, u + (\tau + \tau_n)\, h]}) = f(\sqrt{T[u + \tau h, u + \tau h]}) + \tau_n p(\sqrt{T[u + (\tau + \vartheta\tau_n)\, h, u + (\tau + \vartheta\tau_n)\, h]}) \frac{T[h, u + (\tau + \vartheta\tau_n)\, h]}{\sqrt{T[u + (\tau + \vartheta\tau_n)\, h, u + (\tau + \vartheta\tau_n)\, h]}}$$

mit $0 \leqq \vartheta(x) \leqq 1$. Der Integrand besitzt dann die von n unabhängige Majorante

$$p(\sqrt{T[u, u]} + \sqrt{T[h, h]})\, (\sqrt{T[u, u]} + \sqrt{T[h, h]}),$$

die nach Lemma 4.8 integrierbar ist. Der Grenzwertsatz von Lebesgue liefert nun

$$\lim_{n\to\infty} \frac{\alpha(\tau + \tau_n) - \alpha(\tau)}{\tau_n} = \int_\Omega \frac{p(\sqrt{T[u + \tau h, u + \tau h]})}{\sqrt{T[u + \tau h, u + \tau h]}}\, T[h, u + \tau h]\, dx - \langle \Lambda, h\rangle.$$

Speziell für $u = u_\Lambda$ und beliebiges $h \in \dot{W}_f{}^l$ besitzt die Funktion $\alpha(\tau)$ bei $\tau = 0$ ein Minimum, so daß

$$\int_\Omega \frac{p(\sqrt{T[u_\Lambda, u_\Lambda]})}{\sqrt{T[u_\Lambda, u_\Lambda]}}\, T[u_\Lambda, h]\, dx = \langle \Lambda, h\rangle \tag{4.45}$$

ist, q. e. d.

Die Darstellung (4.45) oder $G^{-1}u_\Lambda = \Lambda$ kann als Operatorgleichung für das Minimalelement u_Λ gedeutet werden. G. Zeidler [97] hat ähnliche Variationsgleichungen auch unter Verzicht auf die Δ_2-Bedingung hergeleitet.

4. Ein Minimum-Problem für elastisch-plastische Torsionsstäbe

Die Verwendung der $\dot{W}_f{}^l$-Räume zur Formulierung von Operatorgleichungen und Minimum-Problemen erscheint besonders dann vorteilhaft, wenn die zu lösende Aufgabe selbst wesentlich durch eine N-Funktion f charakterisiert ist.

Als Beispiel erörtern wir das Torsionsproblem mit der Variationsgleichung (II.3.45) oder

$$\int_{\Omega_2} \eta(T[u, u])\, T[u, h]\, dx = \omega_* \int_{\Omega_2} h(x)\, dx \tag{4.46}$$

für die Prandtlsche Spannungsfunktion $u(x)$. Darin ist $x = (x_1, x_2) \in \Omega_2$ ein Punkt eines beliebig fixierten Stabquerschnitts, also eines beschränkten normalen Gebiets in $\mathfrak{R}^2$,

$$T[u, h] = 3\left[\frac{\partial u}{\partial x_1}\frac{\partial h}{\partial x_1} + \frac{\partial u}{\partial x_2}\frac{\partial h}{\partial x_2}\right] \tag{4.47}$$

eine Invariante des Spannungstensors. Wir setzen Ω_2 als **einfach** zusammenhängend voraus, können daher die Randbedingung (II.3.40) annehmen,

$$u(x) = 0, \qquad x \in \partial\Omega_2. \tag{4.48}$$

$\eta(\tau)$, $\tau \geqq 0$, ist eine Materialfunktion, die gemäß den Annahmen der Hencky-Theorie den Ungleichungen (II.3.33), (II.3.34) genügt. Unter diesen Voraussetzungen könnten wir die Gleichung (4.46) auf dem Raum $\mathring{W}_2{}^1(\Omega_2)$ aus § 1, Beispiel i), betrachten. Zur Lösung der Gleichung (4.46) wäre dann die Theorie der Minimum-Probleme für Funktionale mit positiven quadratischen Formen aus § 1 anwendbar. Wir skizzieren hier kurz das Anwendungsschema.

Das Skalarprodukt auf $\mathring{W}_2{}^1(\Omega_2)$ ist durch (1.39) definiert. Wir können daher in der Terminologie von § 1 auch sagen, daß das Skalarprodukt auf dem Hilbertraum $\mathring{W}_2{}^1$ durch die positive Bilinearform (4.47) erzeugt ist. Die Materialfunktion $\eta(\tau)$, $\tau \geqq 0$, sei stetig differenzierbar und genüge den Bedingungen (II.3.33), (II.3.34), also

$$1 \leqq \eta(\tau) \leqq \frac{1}{\varrho_0}, \qquad \eta'(\tau) \geqq 0; \qquad \varrho_0 = \text{const} > 0.$$

Damit sind auch die Bedingungen (1.10), (1.11) für die Funktion $\varphi(\tau) \equiv \eta(\tau)$ erfüllt, denn es gilt

$$1 \leqq \frac{d[\eta(\tau^2)\,\tau]}{d\tau} = \eta(\tau^2) + 2\eta'(\tau^2)\,\tau^2$$

und

$$\frac{d[\eta(\tau^2)\,\tau]}{d\tau} \leqq \frac{1}{\varrho_0}.^{1)}$$

[1]) Die letzte Ungleichung ergibt sich aus der Konvexität der Funktion $p(\tau) = \eta(\tau^2)\,\tau$. Wir finden nämlich

$$p'(\tau) - \frac{p(\tau)}{\tau} = 2\eta'(\tau^2)\,\tau^2 \geqq 0.$$

$p(\tau)$ und somit $p'(\tau)$ wachsen monoton mit τ. Gäbe es Zahlen $\tau_0, \varepsilon > 0$ derart, daß $p'(\tau_0) = \frac{1}{\varrho_0} + \varepsilon$ wäre, so fänden wir für $\tau \geqq \tau_0$

$$p(\tau) - \frac{\tau}{\varrho_0} = p(\tau_0) - \frac{\tau_0}{\varrho_0} + \int_{\tau_0}^{\tau}\left[p'(t) - \frac{1}{\varrho_0}\right] dt \geqq \varepsilon(\tau - \tau_0) + p(\tau_0) - \frac{\tau_0}{\varrho_0},$$

so daß die Differenz

$$p(\tau) - \frac{\tau}{\varrho_0} = \tau\left(\eta(\tau^2) - \frac{1}{\varrho_0}\right)$$

für hinreichend große τ im Gegensatz zur Voraussetzung sicher positiv würde.

Wir definieren nun den Operator $A_t \in (\mathring{W}_2^1, \mathring{W}_2^{1*})$,

$$\langle A_t u, h\rangle = \int_{\Omega_2} \eta(T[u, u])\, T[u, h]\, dx. \tag{4.49}$$

Dieser Operator ist nach Satz 1.1 Lipschitz-stetig und stark monoton. Wegen

$$\left|\int_{\Omega_2} h(x)\, dx\right| \leqq \sqrt{\operatorname{mes} \Omega_2} \left[\int_{\Omega_2} h^2(x)\, dx\right]^{1/2}$$

und der Ungleichung (1.42) definiert die rechte Seite in (4.46) mit $\omega_* = 6G\omega = \text{const}$ ein Element von $\mathring{W}_2^{1*}$. Die Gleichung (4.46) ist dann nach Korollar 1.1.1 mit genau einem Element $u_0 \in \mathring{W}_2^1$ für jedes $h \in \mathring{W}_2^1$ erfüllt. Nach Satz 1.3 löst u_0 das Minimum-Problem für das Funktional

$$\Psi(u) \equiv \int_{\Omega_2} \frac{1}{2} \cdot \int_0^{T[u,u]} \eta(\tau)\, d\tau\, dx - \omega_* \int_{\Omega_2} u(x)\, dx \tag{4.50}$$

auf $\mathring{W}_2^1$.

Unter den bisherigen Voraussetzungen definiert die Funktion $p(t) = \eta(t^2)\, t$, $t \geqq 0$, eine N-Funktion. Wir stellen uns nun allgemein die Aufgabe, das Minimum-Problem für das Funktional Ψ aus (4.50) unter der Voraussetzung zu lösen, daß $p(t)$, $t \geqq 0$, eine N-Funktion

$$f(\xi) = \int_0^{|\xi|} p(t)\, dt$$

definiert, die die Bedingung (E_2) erfüllt. Durch eine einfache Substitution erhält Ψ die Form

$$\Psi(u) = \int_{\Omega_2} f(\sqrt{T[u, u]})\, dx - \omega_* \int_{\Omega_2} u(x)\, dx. \tag{4.51}$$

Auf einer geeigneten Teilmenge von $\mathring{W}_2^1(\Omega_2)$, nämlich $\mathfrak{G}_f \subseteq \mathring{W}_f^1(\Omega_2) \subseteq \mathring{W}_2^1(\Omega_2)$ ist dann das Minimum-Problem für das Funktional (4.51) genau von der untersuchten Art (4.31). Denn ein lineares beschränktes Funktional auf $\mathring{W}_2^1$ ist offensichtlich linear und beschränkt auf $\mathring{W}_2^1$.

Nach Korollar 4.4.1 ist dieses Minimum-Problem eindeutig lösbar, wenn

$$\frac{p(t)}{t} = \eta(t^2) \text{ nichtfallend in } [0, \infty)$$

ist. Genügt die N-Funktion f einer Δ_2-Bedingung (welche etwa einem Potenzwachstum der Funktion $p(t)$ entspricht), so erfüllt das Minimalelement u_0 die Gleichung (4.45), die offensichtlich für den betrachteten Fall mit der Gleichung (4.46) übereinstimmt.

Der Vorteil, den man aus den erörterten Abschwächungen der Voraussetzungen für die mathematische Modellierung des elastisch-plastischen Torsionsproblems ziehen kann, wird aus Abb. 1, S. 77, ersichtlich. Bedenkt man, daß die hier eingeführte Funktion $p(t)$ in dem Diagramm der Funktion $\xi(\tau)$ entspricht, so bemerkt man, daß extrem flach verlaufende Kurven $\tau(\xi)$ zugelassen werden dürfen, für die die rechte Ungleichung in (II.3.4) nicht mehr gilt. Eine andere Möglichkeit besteht in der Zulassung von Entartungen, wie sie die Funktion $\tau(\xi) = \sqrt{\xi}$ aufweist. Für sie sind beide Ungleichungen in (II.3.4) verletzt. Solche Materialgesetze finden in der Plastizitätstheorie durchaus Verwendung.[1])

§ 5. Kommentare

Die Theorie der L_p- und $W_p{}^l$-Räume findet man in den Büchern von W. I. Smirnow [82] und S. L. Sobolew [84]. In dem letzten Werk findet man auch den Beweis der Poincaréschen Ungleichung (1.35) für endliche Vereinigungen miteinander zusammenhängender Gebiete, die jeweils bezüglich einer inneren Kugel sternförmig sind. Die zum Abschluß in § 1 betrachteten Beispiele (i) bis (iii) von Funktionenräumen wurden von S. G. Michlin [65, 66] systematisch für die Anwendung von Variationsmethoden in der linearen Elastizitätstheorie benutzt. In Sobolev-Räumen wurde das elastisch-plastische Torsionsproblem zuerst von Košelev [37] gelöst. Auf die Lösung der Variationsgleichung (2.16) dieses Problems lassen sich Regularitätsmethoden von Ladyženskaja und Ural'ceva [40, 41] anwenden. Die Voraussetzungen dazu wurden von Langenbach [46] nachgeprüft. Das Problem der eingespannten Platte mit scharfer Kante als Beispiel für eine entartende nichtlineare Differentialgleichung hat Gröger [17] behandelt. Auch die Voraussetzungen für die Behandlung von nichtlinear elastischen Körpern mit unbeschränktem Volumen im Rahmen der Theorie stark monotoner Operatoren wurden von Gröger [18] durch die Erweiterung der Sobolevschen Einbettungssätze auf unbeschränkte Gebiete geschaffen. Auf der Grundlage dieser Ergebnisse können nach dem Beispiel der unbeschränkten Rechteckplatte in § 3 auch andere „ebene“ Probleme der nichtlinearen Elastizitätstheorie für unbeschränkte Gebiete untersucht werden. Im Rahmen der linearen Elastizitätstheorie werden solche Aufgaben erfolgreich mit Methoden der komplexen Funktionentheorie behandelt, vgl. Muschelišvili [71].

Die Untersuchungen in § 4 über Minimum-Probleme für stark wachsende Funktionale stützen sich auf die Theorie der Orlicz-Räume, die man etwa bei A. C. Zaanen [96] nachlesen kann, und auf ihre Verknüpfung mit Sobolev-Räumen, mit der sich Langenbach [42], Zeidler [97] und später Gröger [19] beschäftigt haben. Das in § 4 abschließend behandelte Torsionsproblem wird in Kap. V, § 2, ohne einschränkende Wachstumsbedingungen und als Grenzfall noch einmal in Kap. V, § 3, untersucht. Dieses Beispiel kann damit als Testfall für die verschiedenen Modellierungsmöglichkeiten in Funktionenräumen unterschiedlicher Struktur betrachtet werden.

[1]) Vgl. etwa L. M. Kačanov [30].

IV. Parameterabhängige Gleichungen

§ 1. Implizite Operatorfunktionen

Bislang haben wir uns bei der Lösung von Gleichungen mit solchen Aussagen begnügt, die entweder für fixierte Vorgaben oder für alle Elemente eines Raumes von Vorgaben gültig sind. Häufig wird jedoch eine genauere Information über die Abhängigkeit der Lösung von den Vorgaben angestrebt. Dabei interessieren besonders solche Elemente im Raum der Vorgaben, in denen die Lösung eine wesentliche Eigenschaft gewinnt oder verliert. Man denke etwa an das Eigenwertproblem, an Lösungsverzweigungen und asymptotisches Lösungsverhalten. Daneben gibt es auch weniger „dramatische" Fragestellungen, die mit einer ausgewählten Vorgabe deren Umgebung in Betracht ziehen müssen. Dazu gehören die stetige Abhängigkeit einer Lösung von Parametern im weiteren Sinne, Stetigkeit und Differenzierbarkeit des Inversen eines Operators u. a. Folgt man dieser Auffassung, so erweist es sich als zweckmäßig, neben den Operatorgleichungen auch die allgemeineren impliziten Operatorfunktionen zu untersuchen.

1. Erzeugung stetiger und differenzierbarer Operatoren

Im folgenden sei $\mathfrak{U}$ ein unitärer Raum, $\mathfrak{H}$ ein Hilbertraum, $\mathfrak{U} \subseteq \mathfrak{H}$, $\mathfrak{X}$ ein linearer normierter Parameterraum. Wir betrachten die Gleichung

$$P(x, z) = Kz \tag{1.1}$$

mit $P \in (\mathfrak{U} \times \mathfrak{X}, \mathfrak{H})$, $K \in (\mathfrak{X}, \mathfrak{H})$. Zunächst sei $P(\cdot, z)$ für jedes $z \in \mathfrak{X}$ stark monoton,

$$\big(P(v, z) - P(w, z), v - w\big) \geqq \gamma \|v - w\|_{\mathfrak{H}}^2, \qquad v, w \in \mathfrak{U}, \tag{1.2}$$

mit $\gamma = \text{const} > 0$ unabhängig von $z \in \mathfrak{X}$.

Satz 1.1. *Die Gleichung* (1.1) *sei lösbar für jedes* $z \in \mathfrak{X}$, *der Operator* P *genüge der Bedingung* (1.2).

(i) *Dann definiert die Gleichung* (1.1) *einen Operator* $T \in (\mathfrak{X}, \mathfrak{U})$ *mit der Eigenschaft*

$$P(Tz, z) = Kz, \qquad z \in \mathfrak{X}. \tag{1.3}$$

$K \in (\mathfrak{X}, \mathfrak{H})$ *sei stetig in* z_0, $P(Tz_0, \cdot) \in (\mathfrak{X}, \mathfrak{H})$ *stetig in* z_0.

(ii) *Dann ist auch* $T \in (\mathfrak{X}, \mathfrak{U})$ *stetig in* z_0.

Beweis. Zu jedem $z \in \mathfrak{X}$ kann es wegen der Bedingung (1.2) höchstens eine Lösung $x = Tz \in \mathfrak{U}$ der Gleichung (1.1) geben. Der Operator $T \in (\mathfrak{X}, \mathfrak{U})$ mit der Eigenschaft (1.3) ist also definiert. Wir zeigen nun (ii).

Es sei $\{z_n\} \subseteq \mathfrak{X}$, $\lim\limits_{n\to\infty} \|z_0 - z_n\|_{\mathfrak{X}} = 0$. Wir finden für beliebige $v, w \in \mathfrak{U}$

$$\begin{aligned}&\big(P(v, z_n) - P(w, z_0), v - w\big)\\ &= \big(P(v, z_n) - P(w, z_n), v - w\big) + \big(P(w, z_n) - P(w, z_0), v - w\big)\\ &\geqq \gamma \|v - w\|_{\mathfrak{H}}^2 - \|P(w, z_n) - P(w, z_0)\|_{\mathfrak{H}} \|v - w\|_{\mathfrak{H}}.\end{aligned}$$

Daraus ergibt sich

$$\|v - w\|_{\mathfrak{H}} \leqq \frac{1}{\gamma} \{\|P(w,z_n) - P(w, z_0)\|_{\mathfrak{H}} + \|P(v, z_n) - P(w, z_0)\|_{\mathfrak{H}}\}. \tag{1.4}$$

Wir wählen nun speziell $v = Tz_n$, $w = Tz_0$ und erhalten aus (1.4)

$$\|Tz_n - Tz_0\|_{\mathfrak{H}} \leqq \frac{1}{\gamma} \{\|P(Tz_0, z_n) - P(Tz_0, z_0)\|_{\mathfrak{H}} + \|Kz_n - Kz_0\|_{\mathfrak{H}}\}. \tag{1.5}$$

Die Stetigkeit des Operators T in z_0 folgt nun aus (1.5) und der Stetigkeit der Operatoren $P(Tz_0, \cdot)$ und K in z_0, q. e. d.

Korollar 1.1.1. *Der Operator* $P \in (\mathfrak{H} \times \mathfrak{X}, \mathfrak{H})$ *genüge den Bedingungen*

$$\big(P(v, z) - P(w, z), v - w\big) \geqq \gamma\|v - w\|_{\mathfrak{H}}^2 \quad \textit{für} \quad v, w \in \mathfrak{H} \quad \textit{und} \quad z \in \mathfrak{X} \tag{1.6}$$

mit $\gamma = \text{const} > 0$ *unabhängig von* $z \in \mathfrak{X}$ *und*

$$\|P(v, z) - P(w, z)\|_{\mathfrak{H}} \leqq L(z) \|v - w\|_{\mathfrak{H}} \quad \textit{für} \quad v, w \in \mathfrak{H}, z \in \mathfrak{X}. \tag{1.7}$$

$P(w, \cdot) \in (\mathfrak{X}, \mathfrak{H})$ *sei stetig für jedes* $w \in \mathfrak{H}$ *und* $K \in (\mathfrak{X}, \mathfrak{H})$ *stetig. Dann definiert die Gleichung* (1.1) *einen stetigen Operator* $T \in (\mathfrak{X}, \mathfrak{H})$ *mit der Eigenschaft* (1.3).

Beweis. Wir fixieren ein $z \in \mathfrak{X}$. Dann ist der Operator $A = P(\cdot, z) \in (\mathfrak{H}, \mathfrak{H})$ stark monoton und Lipschitz-stetig. Nach Satz I.5.4 ist die Gleichung (1.1) lösbar für jedes $z \in \mathfrak{X}$. Im übrigen sind die Voraussetzungen in Satz 1.1 für $\mathfrak{U} = \mathfrak{H}$ und jedes $z_0 \in \mathfrak{X}$ erfüllt. $T \in (\mathfrak{X}, \mathfrak{H})$ mit der Eigenschaft (1.3) existiert also und ist überall stetig, q. e. d.

Wir betrachten nun differenzierbare Operatorfunktionen. Es sei $\mathfrak{M} \subseteq \mathfrak{H}$, $\overline{\mathfrak{M}} = \mathfrak{H}$, $P \in (\mathfrak{H} \times \mathfrak{X}, \mathfrak{H})$; für ein $(v, z) \in \mathfrak{H} \times \mathfrak{X}$ und jedes $h \in \mathfrak{M}$ besitze P die Zerlegung

$$\begin{aligned}(\mathrm{i}_P)\qquad &\big(P(v + \delta v, z + \delta z) - P(v, z), h\big)\\ &= \big(D(v, z)\, \delta v, h\big) + \big(Q(v, z)\, \delta z, h\big) + \omega(v, \delta v, z, \delta z, h)\end{aligned} \tag{1.8}$$

mit linearen beschränkten Operatoren $D(v, z) \in [\mathfrak{H}, \mathfrak{H}]$ und $Q(v, z) \in [\mathfrak{X}, \mathfrak{H}]$ und der Grenzwertbeziehung

$$\lim_{(\|\delta v\|_{\mathfrak{H}} + \|\delta z\|_{\mathfrak{X}}) \to 0} \frac{\omega(v, \delta v, z, \delta z, h)}{\|\delta v\|_{\mathfrak{H}} + \|\delta z\|_{\mathfrak{X}}} = 0. \tag{1.9}$$

Für den Operator P möge in $(v, z) \in \mathfrak{H} \times \mathfrak{X}$ überdies die Darstellung

$$(\mathrm{ii}_P) \qquad P(v, z + \delta z) - P(v, z) = Q(v, z)\,\delta z + \tilde{\omega}(v, z, \delta z) \tag{1.10}$$

für $\delta z \in \mathfrak{X}$ mit

$$\lim_{\|\delta z\|_{\mathfrak{X}} \to 0} \frac{\|\tilde{\omega}(v, z, \delta z)_{\mathfrak{H}}}{\|\delta z\|_{\mathfrak{X}}} = 0 \tag{1.11}$$

gültig sein. Wie in Korollar 1.1.1 genüge P den Bedingungen (1.6), (1.7), so daß die Gleichung (1.1) einen Operator $T \in (\mathfrak{X}, \mathfrak{H})$ durch die Beziehung (1.3) definiert.

In Übereinstimmung mit Definition I.3.3 nennen wir $T \in (\mathfrak{X}, \mathfrak{H})$ *im Element* $z_0 \in \mathfrak{X}$ *schwach differenzierbar*, wenn ein linearer Operator $T'(z_0) \in (\mathfrak{X}, \mathfrak{H})$ existiert, so daß

$$\lim_{\tau \to 0+} \left(\frac{T(z_0 + \tau y) - T z_0}{\tau} - T'(z_0)\, y, h \right) = 0 \tag{1.12}$$

ist für $y \in \mathfrak{X}$ und $h \in \mathfrak{H}$.

Bevor wir Bedingungen für die Existenz der schwachen Ableitung $T'(z_0)$ erörtern, wollen wir die Gleichung

$$D(v, z)\, w = f \tag{1.13}$$

für gegebene $f \in \mathfrak{H}$ bei fixierten Elementen $v \in \mathfrak{H}$ und $z \in \mathfrak{X}$ betrachten.

Lemma 1.1. *Der Operator* $P \in (\mathfrak{H} \times \mathfrak{X}, \mathfrak{H})$ *genüge der Ungleichung* (1.6) *und erfülle die Bedingung* (i_P). *Dann ist der Operator* $D(v, z) \in [\mathfrak{H}, \mathfrak{H}]$ *in der Zerlegung* (1.8) *stark monoton und eindeutig umkehrbar. Die Gleichung* (1.13) *besitzt für jedes* $f \in \mathfrak{H}$ *genau eine Lösung* $w \in \mathfrak{H}$ *mit der Eigenschaft*

$$\|w\|_{\mathfrak{H}} \leqq \frac{1}{\gamma} \|f\|_{\mathfrak{H}}. \tag{1.14}$$

Beweis. Wir zeigen zunächst

$$\big(D(v, z)\, h, h\big) \geqq \gamma \|h\|_{\mathfrak{H}}^2, \qquad h \in \mathfrak{H}, \tag{1.15}$$

und beweisen diese Behauptung von der gegenteiligen Annahme: Angenommen, für ein $\varepsilon > 0$ existiert ein $h_0 \in \mathfrak{M}$ derart, daß

$$\big(D(v, z)\, h_0, h_0\big) < (\gamma - \varepsilon)\, \|h_0\|_{\mathfrak{H}}^2 \tag{1.16}$$

ist. Offensichtlich folgt aus dieser Annahme schon $\|h_0\|_{\mathfrak{H}} \neq 0$. Wir wählen nun eine Folge $\{t_n\} \subseteq (0, 1)$, $\lim_{n \to \infty} t_n = 0$. Nach Voraussetzung (1.6) ist

$$\frac{1}{t_n^2} \big(P(v + t_n h_0, z) - P(v, z), t_n h_0\big) \geqq \gamma \|h_0\|_{\mathfrak{H}}^2 \tag{1.17}$$

für jedes n. Andererseits ist nach (1.8)

$$\frac{1}{t_n}\left(P(v + t_n h_0, z) - P(v, z), h_0\right)$$
$$= \left(D(v, z)\, h_0, h_0\right) + \|h_0\|_{\mathfrak{H}} \frac{\omega(v, t_n h_0, z, \theta, h_0)}{\|t_n h_0\|_{\mathfrak{H}}}. \tag{1.18}$$

Mit der Bedingung (1.9) für $\delta z = \theta$ ergibt sich aus (1.16) und (1.18) für ein geeignetes $\tau > 0$ und $0 < t_n < \tau$

$$\frac{1}{t_n^2}\left(P(v + t_n h_0, z) - P(v, z), t_n h_0\right) < \left(\gamma - \frac{\varepsilon}{2}\right) \|h_0\|_{\mathfrak{H}}^2$$

im Gegensatz zu (1.17).

Die Ungleichung (1.15) ist somit richtig für $h \in \mathfrak{M}$. Da aber $\overline{\mathfrak{M}} = \mathfrak{H}$ ist, ist (1.15) richtig für alle $h \in \mathfrak{H}$.

Der Operator $D(v, z)$ ist beschränkt und linear, mit (1.15) also stark monoton und Lipschitz-stetig. Nach Satz I.5.4 erzeugt $D(v, z)$ einen Homöomorphismus des Raumes $\mathfrak{H}$ auf sich selbst, die Gleichung (1.13) ist demzufolge für jedes $f \in \mathfrak{H}$ eindeutig lösbar. Für das Inverse $D^{-1}(v, z)$ erhalten wir aus (1.15) mit $D(v, z)\, h = g$

$$\|D^{-1}(v, z)\, g\|_{\mathfrak{H}}^2 \leqq \frac{1}{\gamma}\left(g, D^{-1}(v, z)\, g\right) \leqq \frac{1}{\gamma} \|g\|_{\mathfrak{H}} \|D^{-1}(v, z)\, g\|_{\mathfrak{H}}$$

oder $\|D^{-1}(v, z)\| \leqq \dfrac{1}{\gamma}$, q. e. d.

Satz 1.2. *Der Operator $P \in (\mathfrak{H} \times \mathfrak{X}, \mathfrak{H})$ in der Gleichung* (1.1) *möge die Bedingungen* (1.6), (1.7) *erfüllen, $T \in (\mathfrak{X}, \mathfrak{H})$ sei der Lösungsoperator mit der Eigenschaft* (1.3). *Für ein fixiertes $z_0 \in \mathfrak{X}$, $z = z_0$ und $v = Tz_0$ besitze P die Eigenschaften* (i_P) *und* (ii_P). *In z_0 existiere das schwache Differential $K'(z_0)\, y$. Dann existiert die schwache Ableitung $T'(z_0)$, und es gilt*

$$D(Tz_0, z_0)\, T'(z_0)\, y = K'(z_0)\, y - Q(Tz_0, z_0)\, y, \qquad y \in \mathfrak{X}. \tag{1.19}$$

Beweis. Wir fixieren irgendein $y \in \mathfrak{X}$. Für $\tau \in [0, 1]$ ist die Lösung $u(z_0 + \tau y) = T(z_0 + \tau y)$ der Gleichung (1.1) definiert,

$$P\left(T(z_0 + \tau y), z_0 + \tau y\right) = K(z_0 + \tau y), \qquad \tau \in [0, 1].$$

Daraus folgt

$$\left(\frac{P\left(T(z_0 + \tau y), z_0 + \tau y\right) - P(Tz_0, z_0)}{\tau}, h\right) = \left(\frac{K(z_0 + \tau y) - Kz_0}{\tau}, h\right)$$

für $h \in \mathfrak{M}$. Wenden wir die Zerlegung (1.8) in der letzten Beziehung an, so ergibt sich

$$\left(\frac{D(Tz_0, z_0)\left(T(z_0 + \tau y) - Tz_0\right)}{\tau}, h\right) = \left(\frac{K(z_0 + \tau y) - Kz_0}{\tau}, h\right)$$
$$- \left(Q(Tz_0, z_0)\, y, h\right) - \frac{\omega(Tz_0, T(z_0 + \tau y) - Tz_0, z_0, \tau y, h)}{\tau} \tag{1.20}$$

für $\tau \in (0, 1)$.

Wir berechnen nun den Grenzwert auf der rechten Seite in (1.20) für $\tau \to 0+$. Es sei $\{\tau_n\} \subseteq (0, 1)$, $\lim_{n\to\infty} \tau_n = 0$. Mit $K'(z_0)\, y$ existiert der Grenzwert

$$\lim_{n\to\infty} \left(\frac{K(z_0 + \tau_n y) - Kz_0}{\tau_n} - K'(z_0)\, y, h\right) = 0$$

für jedes $h \in \mathfrak{H}$. Die Folge $\left\{\frac{K(z_0 + \tau_n y) - Kz_0}{\tau_n}\right\}$ konvergiert damit schwach in $\mathfrak{H}$, ist also normbeschränkt,

$$\left\|\frac{K(z_0 + \tau_n y) - Kz_0}{\tau_n}\right\|_{\mathfrak{H}} \leqq \varkappa = \text{const}.$$

Weiter benutzen wir die Abschätzung (1.5) für $Tz_n = T(z_0 + \tau_n y)$. Wir haben

$$\|T(z_0 + \tau_n y) - Tz_0\|_{\mathfrak{H}} \leqq \frac{1}{\gamma}\Big\{\|P(Tz_0, z_0 + \tau_n y) - P(Tz_0, z_0)\|_{\mathfrak{H}}$$
$$+ \|K(z_0 + \tau_n y) - Kz_0\|_{\mathfrak{H}}\Big\}.$$

Auf die rechte Seite der letzten Ungleichung wenden wir die Eigenschaft (ii_P) an und erhalten

$$\|T(z_0 + \tau_n y) - Tz_0\|_{\mathfrak{H}}$$
$$\leqq \frac{1}{\gamma}\{\|Q(Tz_0, z_0)\,(\tau_n y)\|_{\mathfrak{H}} + \|K(z_0 + \tau_n y) - Kz_0\|_{\mathfrak{H}} + \|\tilde{\omega}(Tz_0, z_0, \tau_n y)\|_{\mathfrak{H}}\}$$

oder

$$\left\|\frac{T(z_0 + \tau_n y) - Tz_0}{\tau_n}\right\|_{\mathfrak{H}}$$
$$\leqq \frac{1}{\gamma}\left\{\|Q(Tz_0, z_0)\, y\|_{\mathfrak{H}} + \frac{\|\tilde{\omega}(Tz_0, z_0, \tau_n y)\|_{\mathfrak{H}}\, \|y\|_{\mathfrak{X}}}{\|\tau_n y\|_{\mathfrak{X}}} + \varkappa\right\} \leqq \varkappa_1 = \text{const}. \tag{1.21}$$

Schließlich ergibt sich daraus

$$\lim_{n\to\infty} \frac{\omega\big(Tz_0, T(z_0 + \tau_n y) - Tz_0, z_0, \tau_n y, h\big)}{\tau_n}$$
$$= \lim_{n\to\infty} \frac{\omega\big(Tz_0, T(z_0 + \tau_n y) - Tz_0, z_0, \tau_n y, h\big)}{\|T(z_0 + \tau_n y) - Tz_0\|_{\mathfrak{H}} + \|\tau_n y\|_{\mathfrak{X}}}$$
$$\times \left(\|y\|_{\mathfrak{X}} + \frac{\|T(z_0 + \tau_n y) - Tz_0\|_{\mathfrak{H}}}{\tau_n}\right) = 0$$

wegen der Bedingung (1.9) und (1.21). Gehen wir mit diesem Grenzwert in die rechte Seite von (1.20) ein, so finden wir

$$\lim_{\tau\to 0+} \left(\frac{D(Tz_0, z_0)\,\big(T(z_0 + \tau y) - Tz_0\big)}{\tau}, h\right) = \big(K'(z_0)\, y, h\big) - \big(Q(Tz_0, z_0)\, y, h\big) \tag{1.22}$$

für jedes Element h der in $\mathfrak{H}$ dichten Teilmenge $\mathfrak{M}$. Da für $\{\tau_n\} \subseteq (0, 1), \lim_{n\to\infty} \tau_n = 0$ überdies

$$\left\| \frac{D(Tz_0, z_0)\big(T(z_0 + \tau_n y) - Tz_0\big)}{\tau_n} \right\|_{\mathfrak{H}}$$
$$\leqq \|D(Tz_0, z_0)\| \frac{\|T(z_0 + \tau_n y) - Tz_0\|_{\mathfrak{H}}}{\tau_n} \leqq \|D(Tz_0, z_0)\| \varkappa_1 = \text{const}$$

ist, folgt die Grenzwertbeziehung (1.22) für alle $h \in \mathfrak{H}$ nach einem bekannten Satz über die schwache Konvergenz von Folgen in $\mathfrak{H}$.

Wir wählen nun wieder eine Folge $\{\tau_n\} \subseteq (0, 1), \lim_{n\to\infty} \tau_n = 0$. Es sei

$$u_n = \frac{T(z_0 + \tau_n y) - Tz_0}{\tau_n}.$$

Wegen (1.21) haben wir $\|u_n\|_{\mathfrak{H}} \leqq \varkappa_1$ für alle n. Es gibt daher eine Teilfolge $\{u_{n_j}\} \subseteq \{u_n\}$ und ein Element $v \in \mathfrak{H}$ derart, daß $\lim_{j\to\infty} (u_{n_j} - v, h) = 0, h \in \mathfrak{H}$, ist. Der lineare und stetige Operator $D(Tz_0, z_0) \in (\mathfrak{H}, \mathfrak{H})$ ist auch schwach abgeschlossen. Mit (1.22) finden wir daher

$$D(Tz_0, z_0)\, v = K'(z_0)\, y - Q(Tz_0, z_0)\, y. \tag{1.23}$$

Nach Lemma 1.1 ist $D(Tz_0, z_0)$ überdies eindeutig umkehrbar; das Grenzelement v hängt also nicht von der zufällig gewählten Teilfolge $\{u_{n_j}\}$ ab. Dann gilt aber

$$\lim_{n\to\infty} (u_n - v, h) = 0, \quad h \in \mathfrak{H},$$

und im Sinne der Definitionsbeziehung (1.12) $v = T'(z)\, y$. Setzt man diesen Wert in (1.23) ein, so ergibt sich (19), q. e. d.

Unter den Bedingungen von Satz 1.2 definiert die implizite Operatorfunktion (1.1) einen Lösungsoperator $T \in (\mathfrak{X}, \mathfrak{H})$, der mit $K \in (\mathfrak{X}, \mathfrak{H})$ schwach differenzierbar ist. Ähnlich verläuft die Untersuchung der Fréchet-Differenzierbarkeit des Operators T, wenn die Voraussetzungen an P entsprechend verschärft werden können.

Das Fréchet-Differential eines Operators haben wir in Definition I.3.2 erklärt. Dort wurde auch gezeigt, daß das Fréchet-Differential mit dem schwachen Differential des Operators übereinstimmt, falls das erste existiert. Umgekehrt braucht aus der Existenz des schwachen Differentials die Fréchet-Differenzierbarkeit nicht zu folgen. Bedingungen, unter denen ein Schluß in dieser Richtung möglich ist, enthält das folgende Lemma.

Lemma 1.2. *Der Operator $T \in (\mathfrak{X}, \mathfrak{H})$ sei schwach differenzierbar. Überdies mögen die Operatoren $T'(z) \in (\mathfrak{X}, \mathfrak{H}), z \in \mathfrak{X}$, beschränkt sein und (im Sinne der Operatorennorm auf $[\mathfrak{X}, \mathfrak{H}]$) stetig von $z \in \mathfrak{X}$ abhängen. Dann ist T Fréchet-differenzierbar.*

Beweis. Wir betrachten für beliebig fixierte Elemente $z, y \in \mathfrak{X}, h \in \mathfrak{H}$, die reelle Funktion $\varphi(\tau) = \big(T(z + \tau y), h\big), \tau \in [0, 1]$. Nach unseren Voraussetzungen ist φ differenzierbar und

$$\varphi'(\tau) = \lim_{\Delta\tau\to 0} \frac{\big(T(z + \tau y + \Delta\tau y) - T(z + \tau y), h\big)}{\Delta\tau} = \big(T'(z + \tau y)\, y, h\big). \tag{1.24}$$

Es gilt also

$$\big(T(z+y) - Tz, h\big) = \varphi(1) - \varphi(0) = \varphi'(\eta)$$
$$= \big(T'(z+\eta y)\, y, h\big) \quad \text{mit einem } \eta \in [0, 1]. \tag{1.25}$$

Setzen wir nun $\omega(z, y) = T(z+y) - Tz - T'(z)\, y$, so ergibt sich aus (1.25) mit $h = \omega(z, y)$

$$\|\omega(z, y)\|_{\mathfrak{H}} \leqq \|T'(z+\eta y)\, y - T'(z)\, y\|_{\mathfrak{H}}$$
$$\leqq \|T'(z+\eta y) - T'(z)\|\, \|y\|_{\mathfrak{X}}. \tag{1.26}$$

Aus (1.26) folgt mit der Stetigkeit des Operators $T' \in (\mathfrak{X}, [\mathfrak{X}, \mathfrak{H}])$ die Grenzwertbeziehung (I.3.3), die die Fréchet-Differenzierbarkeit definiert, q. e. d.

Satz 1.3. *Der Operator* $P \in (\mathfrak{H} \times \mathfrak{X}, \mathfrak{H})$ *in der Gleichung* (1.1) *genüge den Ungleichungen* (1.6), (1.7) *und erfülle die Bedingungen* (i_P) *und* (ii_P) *für jedes* $(v, z) \in \mathfrak{H} \times \mathfrak{X}$; *überdies mögen die Operatoren* $D \in (\mathfrak{H} \times \mathfrak{X}, [\mathfrak{H}, \mathfrak{H}])$ *und* $Q \in (\mathfrak{H} \times \mathfrak{X}, [\mathfrak{X}, \mathfrak{H}])$ *aus der Zerlegung* (1.8) *stetig sein. Der Operator* $K \in (\mathfrak{X}, \mathfrak{H})$ *in* (1.1) *sei schwach differenzierbar und* $K' \in (\mathfrak{X}, [\mathfrak{X}, \mathfrak{H}])$ *stetig. Dann ist der Lösungsoperator* $T \in (\mathfrak{X}, \mathfrak{H})$ *der impliziten Operatorfunktion* (1.1) *Fréchet-differenzierbar, und sein Fréchet-Differential* $T'(z)\, y$ *genügt der Beziehung* (1.19) *in jedem* $z_0 \in \mathfrak{X}$.

Beweis. Satz 1.2 garantiert zunächst die Existenz des Lösungsoperators $T \in (\mathfrak{X}, \mathfrak{H})$, seine schwache Differenzierbarkeit auf $\mathfrak{X}$ und die Beziehung (1.19) für das schwache Differential $T'(z)\, y$. Aus dieser Beziehung erhalten wir

$$T'(z)\, y = D^{-1}(Tz, z)\, [K'(z)\, y - Q(Tz, z)\, y] \qquad \text{für } z, y \in \mathfrak{X}. \tag{1.27}$$

Aus der Bedingung (i_P) folgt $Q(Tz, z) \in [\mathfrak{X}, \mathfrak{H}]$, die Eigenschaft $K'(z) \in [\mathfrak{X}, \mathfrak{H}]$ ist in den Voraussetzungen dieses Satzes enthalten. Schließlich gilt $D^{-1}(Tz, z) \in [\mathfrak{H}, \mathfrak{H}]$ nach Lemma 1.1, insgesamt also $T'(z) \in [\mathfrak{X}, \mathfrak{H}]$, die schwache Ableitung $T'(z)$ ist ein beschränkter linearer Operator.

Wir zeigen nun die Stetigkeit des Operators $T' \in (\mathfrak{X}, [\mathfrak{X}, \mathfrak{H}])$. Es sei $z \in \mathfrak{X}$ beliebig fixiert, $\{y_n\} \subseteq \mathfrak{X}$, $\lim\limits_{n\to\infty} y_n = \theta$. Aus (1.19) ergibt sich für jedes $h \in \mathfrak{H}$ und $y \in \mathfrak{X}$

$$\big(D\big(T(z+y_n), z+y_n\big)\, T'(z+y_n)\, y - D(Tz, z)\, T'(z)\, y, h\big)$$
$$= \big(K'(z+y_n)\, y - K'(z)\, y - \big[Q\big(T(z+y_n), z+y_n\big) - Q(Tz, z)\big]\, y, h\big).$$

Die letzte Beziehung stellen wir nun so um, daß sich

$$\big(D\big(T(z+y_n), z+y_n\big)\, \big(T'(z+y_n)\, y - T'(z)\, y\big), h\big)$$
$$= -\big(D\big(T(z+y_n), z+y_n\big)\, T'(z)\, y - D(Tz, z)\, T'(z)\, y, h\big)$$
$$+ \big(K'(z+y_n)\, y - K'(z)\, y, h\big)$$
$$- \big(Q\big(T(z+y_n), z+y_n\big)\, y - Q(Tz, z)\, y, h\big) \tag{1.28}$$

ergibt, und setzen dann $h = T'(z + y_n)\, y - T'(z)\, y$. Mit der Ungleichung (1.15) aus Lemma 1.1 liefert (1.28) die Abschätzung

$$\|T'(z + y_n)\, y - T'(z)\, y\|_{\mathfrak{H}}$$
$$\leqq \frac{1}{\gamma} \Big\{ \big\| D\big(T(z + y_n), z + y_n\big) - D(Tz, z) \big\| \, \|T'(z)\|$$
$$+ \|K'(z + y_n) - K'(z)\|$$
$$+ \big\| Q\big(T(z + y_n), z + y_n\big) - Q(Tz, z) \big\| \Big\} \, \|y\|_{\mathfrak{X}}. \qquad (1.29)$$

In (1.29) konvergiert der Ausdruck in der geschweiften Klammer für $n \to \infty$ gegen Null, $T' \in (\mathfrak{X}, [\mathfrak{X}, \mathfrak{H}])$ ist also stetig, Lemma 1.2 liefert dann die Aussage des Satzes, q. e. d.

Abschließend bemerken wir, daß der Operator $K \in (\mathfrak{X}, \mathfrak{H})$ unter den Bedingungen von Satz 1.3 ebenfalls Fréchet-differenzierbar ist, wie aus Lemma 1.2 ersichtlich ist. Damit gibt Satz 1.3 Bedingungen an, unter denen die implizite Operatorfunktion (1.1) einen mit $K \in (\mathfrak{X}, \mathfrak{H})$ Fréchet-differenzierbaren Lösungsoperator $T \in (\mathfrak{X}, \mathfrak{H})$ definiert.

2. Die Durchbiegung nichtlinear elastischer am Rande aufliegender Platten bei veränderlicher Last und temperaturabhängigem Materialgesetz

Der funktionalanalytischen Beschreibung des Problems legen wir Satz III.2.4 zugrunde. Dann wird die Durchbiegung der Platte durch eine Funktion $u \in \mathring{W}_2{}^2(\Omega_2)$ beschrieben, die der impliziten Operatorfunktion

$$P_{\mathfrak{P}}(u, a) = \Lambda(b) \qquad (1.30)$$

mit dem Parameterraum $\mathfrak{R}^2$ und den Operatoren

$$P_{\mathfrak{P}} \in (\mathring{W}_2{}^2 \times \mathfrak{R}, \mathring{W}_2{}^2), \qquad \Lambda \in (\mathfrak{R}, \mathring{W}_2{}^2),$$
$$\big(P_{\mathfrak{P}}(u, a), h\big) = \int_{\Omega_2} \big\{1 + s_1(a) \big[g(H[u, u]) - 1\big]\big\} H[u, h]\, dx, \qquad (1.31)$$
$$(\Lambda_0, h) = -\int_{\Omega_2} q(x_1, x_2)\, h(x_1, x_2)\, dx_1\, dx_2, \qquad \Lambda(b) = s_2(b)\, \Lambda_0, \qquad (1.32)$$

für $h \in \mathring{W}_2{}^2$ genügen möge. Dabei sind $s_1(\tau), s_2(\tau), \tau \in (-\infty, \infty)$, stetige und hinreichend glatte reelle Funktionen mit Werten aus $[0, 1]$,

$$g(\xi) = \frac{1}{h_0} \int_{-h_0}^{h_0} \varrho(\tau^2 \xi)\, \tau^2\, d\tau$$

eine Materialfunktion, die den Bedingungen (III.2.55), (III.2.56) des Satzes III.2.4 genügt,

$$H[u, h] = \frac{\partial^2 u}{\partial x_1{}^2} \frac{\partial^2 h}{\partial x_1{}^2} - \frac{1}{2} \frac{\partial^2 u}{\partial x_1{}^2} \frac{\partial^2 h}{\partial x_2{}^2} - \frac{1}{2} \frac{\partial^2 u}{\partial x_2{}^2} \frac{\partial^2 h}{\partial x_1{}^2} + \frac{\partial^2 u}{\partial x_2{}^2} \frac{\partial^2 h}{\partial x_2{}^2}$$
$$+ 3 \frac{\partial^2 u}{\partial x_1\, \partial x_2} \frac{\partial^2 h}{\partial x_1\, \partial x_2} \qquad (1.33)$$

und

$$\int\limits_{\Omega_2} H[u, h]\, dx = (u, h)$$

das von uns gewählte Skalarprodukt auf dem Hilbertraum $\mathring{W}_2^2(\Omega_2)$. Das Element $q \in L_2(\Omega_2)$ repräsentiert die auf die Platte senkrecht zur Mittelebene wirkende Last. q erzeugt über die Formel (1.32) diesmal ein Element $\Lambda_0 \in \mathring{W}_2^2$.

Zur physikalischen Interpretation der Gleichung (1.30) schreiben wir diese in Variationsform:

$$\int\limits_{\Omega_2} g(a, H[u, u])\, H[u, h]\, dx = -s_2(b) \int\limits_{\Omega_2} qh\, dx, \qquad h \in \mathring{W}_2^2. \tag{1.34}$$

Wir vergleichen (1.34) mit der Gleichung (III.2.57). Die Gleichung (1.34) unterscheidet sich von jener nur durch die nunmehr parameterabhängige Materialfunktion

$$g(a, \xi) = 1 + s_1(a)\, [g(\xi) - 1], \qquad a \in \mathfrak{R},\ \xi \geqq 0, \tag{1.35}$$

und die parameterabhängige Last

$$q(b) = s_2(b)\, q, \qquad b \in \mathfrak{R},\ q \in L_2(\Omega_2). \tag{1.36}$$

$g(a, \xi)$ stellt eine Familie von Materialfunktionen dar, deren Elemente zwischen der konstanten Funktion 1 und der Funktion $g(\xi)$ liegen. Deutet man den Parameter a als Temperatur, so beschreibt die Gleichung (1.30) — quasistatische Prozesse vorausgesetzt — das in der Überschrift genannte Problem.

Die Lösung $u(a, b)$ dieses Problems hängt, wenn sie existiert, von beiden Parametern ab; wir fassen diese daher zum Parameter $z \in \mathfrak{R}^2$, $z = (z_1, z_2)$, $z_1 = a$, $z_2 = b$, zusammen. Gefragt sei nun nach der Existenz des Lösungsoperators $T_{\mathfrak{P}} \in (\mathfrak{R}^2, \mathring{W}_2^2)$, $u(z) = T_{\mathfrak{P}} z$, seiner Stetigkeit und Differenzierbarkeit. Dabei bedienen wir uns der Sätze 1.1 bis 1.3.

Aus den Bedingungen (III.2.55), (III.2.56) ergaben sich die Ungleichungen (III.2.50) oder

$$\mu_1 \geqq g(\xi) \geqq \varphi_1 > 0, \qquad \nu_1 \geqq \frac{d[g(\xi^2)\, \xi]}{d\xi} \geqq \psi_1 > 0 \tag{1.37}$$

mit geeigneten $\mu_1, \varphi_1, \nu_1, \psi_1 > 0$, von denen wir nun ausgehen. Für $s_1 \in (\mathfrak{R}, [0, 1])$ erhalten wir direkt

$$\mu_2 \geqq g(a, \xi) \geqq \varphi_2 > 0, \qquad a \in \mathfrak{R}, \tag{1.38}$$

mit $\mu_2 = \max\{\mu_1, 1\}$, $\varphi_2 = \min\{\varphi_1, 1\}$ und $\dfrac{d[g(a, \xi^2)\, \xi]}{d\xi} = 1 + s_1(a) \left\{\dfrac{d[g(\xi^2)\, \xi]}{d\xi} - 1\right\}$, also

$$\nu_2 \geqq \frac{d[g(a, \xi^2)\, \xi]}{d\xi} \geqq \psi_2 > 0, \qquad a \in \mathfrak{R}, \tag{1.39}$$

mit $\nu_2 = \max\{\nu_1, 1\}$, $\psi_2 = \min\{\psi_1, 1\}$. Die Konstanten $\mu_2, \nu_2, \varphi_2, \psi_2$ in den Ungleichungen (1.38), (1.39) sind offenbar unabhängig von a.

Die Gleichung (1.30) schreiben wir jetzt in der Form

$$P(u, z) = Kz \tag{1.40}$$

mit $P(u, z) = P_{\mathfrak{P}}(u, z_1)$, $P \in (\mathring{W}_2{}^2 \times \mathfrak{R}^2, \mathring{W}_2{}^2)$ und

$$(Kz, h) = -s_2(z_2) \int_{\Omega_2} qh\, dx, \qquad K \in (\mathfrak{R}^2, \mathring{W}_2{}^2). \tag{1.41}$$

Wir definieren noch den Operator $S \in (\mathring{W}_2{}^2 \times \mathfrak{R}^2, \mathring{W}_2{}^{2*})$ durch die Beziehung

$$\langle S(u, z), h\rangle = \big(P(u, z), h\big) \tag{1.42}$$

und gehen mit S in Satz III.1.1 ein.

Lemma 1.3. *Die Materialfunktion $g(\xi)$, $\xi \geqq 0$, sei stetig differenzierbar und genüge den Ungleichungen* (1.37). *Überdies sei $s_1 \in (\mathfrak{R}, [0, 1])$. Dann gelten die Ungleichungen*

$$\big(P(u, z) - P(v, z), u - v\big) \geqq \varkappa_0 \|u - v\|^2, \qquad u, v \in \mathring{W}_2{}^2,\ z \in \mathfrak{R}^2, \tag{1.43}$$

$\varkappa_0 = \min\{\varphi_2, \psi_2\}$, *und*

$$\|P(u, z) - P(v, z)\| \leqq (2\mu_2 + \nu_2)\, \|u - v\|, \qquad u, v \in \mathring{W}_2{}^2,\ z \in \mathfrak{R}^2, \tag{1.44}$$

mit den Konstanten $\mu_2, \nu_2, \varphi_2, \psi_2$ aus (1.38), (1.39).

Der Beweis ergibt sich sofort aus dem Beweis von Satz III.1.1.

Aus Korollar III.1.1.1 erhalten wir damit

Lemma 1.4. *Bedingungen wie in Lemma* 1.3. *Dann existiert der Lösungsoperator $T_{\mathfrak{P}} \in (\mathfrak{R}^2, \mathring{W}_2{}^2)$ der impliziten Operatorfunktion* (1.40).

Satz 1.4. *Bedingungen wie in Lemma* 1.3. *Überdies sind die Funktionen $s_i \in (\mathfrak{R}, [0, 1])$, $i = 1, 2$, stetig. Dann ist der Lösungsoperator $T_{\mathfrak{P}} \in (\mathfrak{R}^2, \mathring{W}_2{}^2)$ der impliziten Operatorfunktion* (1.40) *stetig.*

Beweis. Wir benutzen Korollar 1.1.1 und überprüfen die Voraussetzungen. Die Ungleichungen (1.6), (1.7) entsprechen den Ungleichungen (1.43), (1.44) in Lemma 1.3. Es bleibt die Stetigkeit der Operatoren $K \in (\mathfrak{R}^2, \mathring{W}_2{}^2)$ und $P(w, \cdot) \in (\mathfrak{R}^2, \mathring{W}_2{}^2)$ zu zeigen.

Es sei $z = (z_1, z_2) \in \mathfrak{R}^2$ beliebig, $\{z_n\} \subseteq \mathfrak{R}^2$ eine Folge, $z_n = (z_{1n}, z_{2n})$, $\lim_{n=\infty} z_n = z$. Der Definition (1.41) von K entnehmen wir

$$|(Kz - Kz_n, h)| \leqq |s_2(z_2) - s_2(z_{2n})| \left|\int_{\Omega_2} qh\, dx\right|$$
$$\leqq \text{const} \cdot |s_2(z_2) - s_2(z_{2n})|\, \|h\|,$$

also

$$\|Kz - Kz_n\| \leqq \text{const} \cdot |s_2(z_2) - s_2(z_{2n})|.^{1)}$$

Entsprechend folgt aus der Definition des Operators P für beliebig fixiertes $w \in \mathring{W}_2{}^2$

$$\big(P(w, z) - P(w, z_n), h\big)$$
$$= [s_1(z_1) - s_1(z_{1n})] \int_{\Omega_2} \{g(H[w, w]) - 1\}\, H[w, h]\, dx, \qquad h \in \mathring{W}_2{}^2,$$

[1]) Der Wert der Konstante in dieser Abschätzung wurde in (III.2.54) angegeben. Er ist an dieser Stelle unwichtig.

also

$$\|P(w, z) - P(w, z_n)\| \leqq (\mu_1 + 1)\, \|w\|\, |s_1(z_1) - s_1(z_{1n})|\,.$$

Da s_1, s_2 stetig sind, finden wir

$$\lim_{n\to\infty} Kz_n = Kz \quad \text{und} \quad \lim_{n\to\infty} P(w, z_n) = P(w, z)\,.$$

Es gilt also die Aussage von Korollar 1.1.1, bezogen auf die Gleichung (1.40), q. e. d.

Zum Nachweis der Differenzierbarkeit des Operators T benötigen wir die Zerlegungen (i_P), (ii_P) für den Operator P. Für beliebige Elemente $u, v, h \in \mathring{W}_2{}^2$, $y, z \in \Re^2$, gilt

$$\begin{aligned}
&\big(P(u + v, z + y) - P(u, z), h\big) \\
&= \int_{\Omega_2} \big[\big\{1 + s_1(y_{11})\, [g(H[v_1, v_1]) - 1]\big\}\, H[v_1, h] \\
&\qquad - \big\{1 + s_1(y_{10})\, [g(H[v_0, v_0]) - 1]\big\}\, H[v_0, h]\big]\, dx
\end{aligned} \tag{1.45}$$

mit den Variablen $\bar{y}_\sigma = (y_{1\sigma}, y_{2\sigma}) = z + \sigma y$, $v_\sigma = u + \sigma v$, $\sigma \in [0, 1]$.

Die rechte Seite in (1.45) formen wir um. Im Integranden sind u, v in fast allen Punkten $(x_1, x_2) \in \Omega_2$ endlich. Wir fixieren einen solchen Punkt. Mit den Bezeichnungen

$$G(\sigma) = \{1 + s_1(y_{1\sigma})\, [g(H_\sigma) - 1]\}\, H[v_\sigma, h], \quad H_\sigma = H[v_\sigma, v_\sigma],$$

gilt die Taylorformel

$$G(1) - G(0) = G'(0) + \frac{1}{2}\, G''(\vartheta)\,, \qquad \vartheta \in [0, 1], \tag{1.46}$$

in dem betrachteten Punkt von Ω_2. Die Ausrechnung ergibt

$$\begin{aligned}
G'(\sigma) &= \{1 + s_1(y_{1\sigma})\, [g(H_\sigma) - 1]\}\, H[v, h] \\
&\quad + s_1'(y_{1\sigma})\, [g(H_\sigma) - 1]\, H[v_\sigma, h]\, y_1 \\
&\quad + s_1(y_{1\sigma})\, g'(H_\sigma)\, H[v_\sigma, h]\, H_\sigma'
\end{aligned}$$

mit $H_\sigma' = 2H[v_\sigma, v]$ und

$$\begin{aligned}
G''(\sigma) &= s_1''(y_{1\sigma})\, [g(H_\sigma) - 1]\, H[v_\sigma, h]\, y_1^2 \\
&\quad + 2s_1'(y_{1\sigma})\, g'(H_\sigma)\, H_\sigma' H[v_\sigma, h]\, y_1 \\
&\quad + 2s_1'(y_{1\sigma})\, [g(H_\sigma) - 1]\, H[v, h]\, y_1 \\
&\quad + s_1(y_{1\sigma})\, g''(H_\sigma)\, (H_\sigma')^2\, H[v_\sigma, h] \\
&\quad + s_1(y_{1\sigma})\, g'(H_\sigma)\, H_\sigma'' H[v_\sigma, h] \\
&\quad + 2s_1(y_{1\sigma})\, g'(H_\sigma)\, H_\sigma' H[v, h]
\end{aligned}$$

mit $H_\sigma'' = 2H[v, v]$. Die Integration von (1.46) über Ω_2 liefert nun

$$\begin{aligned}
&\big(P(u + v, z + y) - P(u, z), h\big) \\
&= \big(D(u, z)\, v, h\big) + \big(Q(u, z)\, y, h\big) + \omega(u, v, z, y, h)\,, \quad h \in \mathring{W}_2{}^2,
\end{aligned} \tag{1.47}$$

mit

$$\big(D(u, z)\, v, h\big) = \int_{\Omega_2} \big[\big\{1 + s_1(z_1)\,\big[g(H[u, u]) - 1\big]\big\}\, H[v, h]$$
$$+ 2s_1(z_1)\, g'(H[u, u])\, H[u, v]\, H[u, h]\big]\, dx, \quad (1.48)$$

$$\big(Q(u, z)\, y, h\big) = y_1 \int_{\Omega_2} s_1'(z_1)\,\big[g(H[u, u]) - 1\big]\, H[u, h]\, dx \quad (1.49)$$

und

$$\omega(u, v, z, y, h)$$
$$= \frac{1}{2} \int_{\Omega_2} \{s_1''(z_1 + \vartheta y_1)\,\big[g(H[u + \vartheta v, u + \vartheta v]) - 1\big]\, H[u + \vartheta v, h]\, y_1^2$$
$$+ 4s_1'(z_1 + \vartheta y_1)\, g'(H[u + \vartheta v, u + \vartheta v])\, H[u + \vartheta v, v]\, H[u + \vartheta v, h]\, y_1$$
$$+ 2s_1'(z_1 + \vartheta y_1)\,\big[g(H[u + \vartheta v, u + \vartheta v]) - 1\big]\, H[v, h]\, y_1$$
$$+ 4s_1(z_1 + \vartheta y_1)\, g''(H[u + \vartheta v, u + \vartheta v])\, (H[u + \vartheta v, v])^2\, H[u + \vartheta v, h]$$
$$+ 2s_1(z_1 + \vartheta y_1)\, g'(H[u + \vartheta v, u + \vartheta v])\, H[v, v]\, H[u + \vartheta v, h]$$
$$+ 4s_1(z_1 + \vartheta y_1)\, g'(H[u + \vartheta v, u + \vartheta v])\, H[u + \vartheta v, v]\, H[v, h]\}\, dx. \quad (1.50)$$

Lemma 1.5. *Die Materialfunktion $g(\xi)$, $\xi \geqq 0$, sei stetig differenzierbar, genüge den Ungleichungen* (1.37); $s_1 \in (\mathfrak{R}, [0, 1])$ *sei stetig und differenzierbar. Dann gilt in der Zerlegung* (1.47)

$$D \in (\mathring{W}_2^2 \times \mathfrak{R}^2, [\mathring{W}_2^2, \mathring{W}_2^2]) \quad \textit{und} \quad Q \in (\mathring{W}_2^2 \times \mathfrak{R}^2, [\mathfrak{R}^2, \mathring{W}_2^2]).$$

Beweis. Offensichtlich ist die rechte Seite in (1.48) ein lineares Funktional bezüglich $h \in \mathring{W}_2^2$. Zur Abschätzung dieses Funktionals bemerken wir, daß

$$g(z_1, \xi^2) = 1 + s_1(z_1)\,[g(\xi^2) - 1],$$
$$\frac{d[g(z_1, \xi^2)\, \xi]}{d\xi} = 1 + s_1(z_1) \left[\frac{d[g(\xi^2)\, \xi]}{d\xi} - 1\right]$$
$$= 1 + s_1(z_1)\,[g(\xi^2) + 2g'(\xi^2)\, \xi^2 - 1],$$

folglich

$$2s_1(z_1)\, g'(\xi^2)\, \xi^2 = \frac{d[g(z_1, \xi^2)\, \xi]}{d\xi} - g(z_1, \xi^2)$$

ist. Aus den Ungleichungen (1.38), (1.39) und der Schwarzschen Ungleichung $|H[v, h]| \leqq \sqrt{H[v, v]}\, \sqrt{H[h, h]}$ erhalten wir dann die Abschätzung

$$|(D(u, z)\, v, h)| \leqq (2\mu_2 + \nu_2)\, \|v\|\, \|h\| \quad (1.51)$$

für $u, v, h \in \mathring{W}_2^2$, $z \in \mathfrak{R}^2$. Diese Abschätzung rechtfertigt die für die rechte Seite in (1.48) angenommene Darstellung, die damit einen Operator $D \in (\mathring{W}_2^2 \times \mathfrak{R}^2, [\mathring{W}_2^2, \mathring{W}_2^2])$ definiert. Wir betrachten nun die rechte Seite in (1.49), die wiederum ein lineares Funktional bezüglich $h \in \mathring{W}_2^2$ darstellt. Die erste Ungleichung in (1.37) liefert uns die Abschätzung

$$\big|\big(Q(u, z)\, y, h\big)\big| \leqq (\mu_1 + 1)\, |y_1|\, |s_1'(z_1)|\, \|u\|\, \|h\|$$

und mit $\|y\|_2 = \sqrt{y_1^2 + y_2^2}$

$$\|Q(u, z)\, y\| \leqq (\mu_1 + 1)\, |s_1'(z_1)|\, \|u\|\, \|y\|_2,$$

also $Q \in (\mathring{W}_2^2 \times \mathfrak{R}^2, [\mathfrak{R}^2, \mathring{W}_2^2])$, q. e. d.

Lemma 1.6. *Die Materialfunktion* $g(\xi)$, $\xi \geqq 0$, *sei zweimal differenzierbar und genüge den Ungleichungen* (1.37) *und*

$$|g'(\xi^2)|\, |\xi| \leqq \mu_1, \qquad |g''(\xi^2)|\, |\xi|^3 \leqq \mu_1; \tag{1.52}$$

$s_1 \in (\mathfrak{R}, [0, 1])$ *sei zweimal stetig differenzierbar. Dann erfüllt der Operator* P *in der impliziten Operatorfunktion* (1.40) *die Bedingung* (i_P) *für jedes* $(v, z) \in \mathring{W}_2^2 \times \mathfrak{R}^2$ *und* $h \in \mathring{C}_2(\bar{\Omega}_2) = C_2(\bar{\Omega}_2) \cap \mathring{C}_1(\bar{\Omega}_2)$ *sowie die Bedingung* (ii_P) *für jedes* $(v, z) \in \mathring{W}_2^2 \times \mathfrak{R}^2$.

Beweis. Die geforderte Zerlegung (1.8) ist mit der Zerlegung (1.47) identisch; Lemma 1.5 garantiert, daß die linearen Operatoren $D(u, z) \in (\mathring{W}_2^2, \mathring{W}_2^2)$ und $Q(u, z) \in (\mathfrak{R}^2, \mathring{W}_2^2)$ beschränkt sind. Es bleibt zunächst die Grenzwertbeziehung (1.9) nachzuweisen. Wir schätzen daher die rechte Seite in (1.50) ab.

Es sei $y \in \mathfrak{K}(\theta, 1) = \{z \in \mathfrak{R}^2; \|z\|_2 < 1\}$; dann ist für eine geeignete Konstante σ_1

$$\max\{|s_1'(z_1 + \vartheta y_1)|, |s_1''(z_1 + \vartheta y_1)|\} \leqq \sigma_1.$$

Das Element $h \in \mathring{C}_2(\bar{\Omega}_2)$ sei fixiert, so daß für eine geeignete Konstante σ_2

$$0 \leqq H[h, h] = \hat{H}(x_1, x_2) \leqq \sigma_2^2$$

ist. Mit den Ungleichungen (1.37), (1.52) und der aus (1.37) abgeleiteten Ungleichung $2|g'(\xi^2)|\, \xi^2 \leqq \mu_1 + \nu_1$ finden wir für $\|v\| \leqq 1$

$$\begin{aligned} |\omega(u, v, z, y, h)| \leqq{}& \frac{1}{2}\, \sigma_1(\mu_1 + 1)\, (\|u\| + 1)\, \|h\|\, y_1^2 \\ &+ 2\sigma_1(\mu_1 + \nu_1)\, \|h\|\, \|v\|\, |y_1| + \sigma_1(\mu_1 + 1)\, \|h\|\, \|v\|\, |y_1| \\ &+ 5\mu_1\sigma_2\, \|v\|^2. \end{aligned}$$

Es gilt also

$$\lim_{(\|y\|_2 + \|v\|) \to 0} \frac{\omega(u, v, z, y, h)}{\|y\|_2 + \|v\|} = 0.$$

Definitionsgemäß ist der Raum $\mathring{C}_2(\bar{\Omega}_2)$ dicht in $\mathring{W}_2^2$ (vgl. Kap. III, § 1, Beispiel (iii)). Der Operator P genügt der Bedingung (i_P) mit $\mathfrak{M} = \mathring{C}_2$.

Wir wenden uns nun der Bedingung (ii_P) zu. In der Zerlegung (1.47) setzen wir $v = \theta$ und erhalten

$$\big(P(u, z + y) - P(u, z) - Q(u, z)\, y, h\big) - \omega(u, \theta, z, y, h) = 0, \qquad h \in \mathring{W}_2^2. \tag{1.53}$$

Eine Abschätzung für das bezüglich $h \in \mathring{W}_2^2$ lineare Funktional $\omega(u, \theta, z, y, h)$ gewinnen wir wiederum aus (1.50). Nochmal sei $y \in \mathfrak{K}(\theta, 1)$; dann gilt

$$|\omega(u, \theta, z, y, h)| \leqq \frac{1}{2}\, \sigma_1(\mu_1 + 1)\, \|u\|\, \|h\|\, y_1^2. \tag{1.54}$$

Das lineare Funktional $\omega(u, \theta, z, y, \cdot) \in (\mathring{W}_2^2, \mathfrak{R})$ ist also beschränkt, und es gilt mit dem Rieszschen Darstellungssatz

$$\omega(u, \theta, z, y, h) = \big(\tilde{\omega}(u, z, y), h\big) \tag{1.55}$$

für ein Element $\tilde{\omega}(u, z, y) \in \mathring{W}_2^2$. Die Zerlegung (1.53) schreiben wir damit in der Form

$$P(u, z + y) - P(u, z) = Q(u, z)\, y + \tilde{\omega}(u, z, h) \tag{1.56}$$

und folgern aus der Ungleichung (1.54)

$$\lim_{\|y\|_2 \to 0} \frac{\tilde{\omega}(u, z, y)}{\|y\|_2} = 0,$$

gewinnen also die Eigenschaft (ii$_P$), q. e. d.

Satz 1.5. *Bedingungen wie in Lemma* 1.6; *überdies sei* $s_2 \in (\mathfrak{R}, [0, 1])$ *differenzierbar. Dann ist der Lösungsoperator* $T_{\mathfrak{P}} \in (\mathfrak{R}^2, \mathring{W}_2^2)$ *der impliziten Operatorfunktion* (1.40) *stetig und schwach differenzierbar.*

Beweis. Die Bedingungen des Satzes umfassen die Bedingungen von Satz 1.4 und der Lemmata 1.3 bis 1.6. Es gelten damit deren Aussagen. Der Operator P der impliziten Operatorfunktion (1.40) erzeugt somit einen stetigen Lösungsoperator $T \in (\mathfrak{R}^2, \mathring{W}_2^2)$ und erfüllt die Bedingungen (1.8), (1.9), (i$_P$) und (ii$_P$) von Satz 1.2 in jedem $(v, z) \in \mathring{W}_2^2 \times \mathfrak{R}^2$. Wir betrachten noch den Operator $K \in (\mathfrak{R}^2, \mathring{W}_2^2)$ der rechten Seite von (1.40). K wird durch die Beziehung (1.41) definiert. Wir erhalten damit für beliebig fixierte Elemente $z, y \in \mathfrak{R}^2$

$$\begin{aligned} \lim_{\tau \to 0+} \left(\frac{K(z + \tau y) - Kz}{\tau}, h\right) &= \lim_{\tau \to 0+} - \frac{s_2(z_2 + \tau y_2) - s_2(z_2)}{\tau} \int_{\Omega_2} qh\, dx \\ &= -s_2'(z_2)\, y_2 \int_{\Omega_2} qh\, dx, \qquad h \in \mathring{W}_2^2. \end{aligned} \tag{1.57}$$

Wie schon im Beweis zu Satz 1.4 erläutert wurde, erzeugt das Skalarprodukt des Raumes $L_2(\Omega_2)$ ein lineares beschränktes Funktional auf $\mathring{W}_2^2$,

$$-\int_{\Omega_2} qh\, dx = -(\hat{q}, h), \qquad h \in \mathring{W}_2^2, \tag{1.58}$$

mit einem eindeutig bestimmten Element $\hat{q} \in \mathring{W}_2^2$. Dann folgert man aus (1.57)

$$\lim_{\tau \to 0+} \left(\frac{K(z + \tau y) - Kz}{\tau} - K'(z)\, y, h\right) = 0, \qquad h \in \mathring{W}_2^2,$$

mit dem linearen Operator $K'(z) \in (\mathfrak{R}^2, \mathring{W}_2^2)$, $K'(z)\, y = -s_2'(z_2)\, \hat{q} y_2$. Satz 1.2 vervollständigt dann den Beweis.

Die Fortführung der Untersuchung in Richtung auf eine Anwendung von Satz 1.3 zum Nachweis der Fréchet-Differenzierbarkeit des Lösungsoperators scheitert in unserem Beispiel am notwendigen Nachweis der Stetigkeit der beiden Operatoren

$D \in (\mathring{W}_2^2 \times \Re^2, [\mathring{W}_2^2, \mathring{W}_2^2])$ und $Q \in (\mathring{W}_2^2 \times \Re^2, [\Re^2, \mathring{W}_2^2])$. Das Beispiel zeigt damit neben den Anwendungsmöglichkeiten auch die Anwendbarkeitsgrenzen der hier dargestellten Theorie der impliziten Operatorfunktionen auf.

Abschließend sei auf den Zusammenhang der hier aufgeworfenen Fragen mit der Theorie der Steuerung von Prozessen hingewiesen. In dieser Theorie verfügt man über den Parameterraum als Wertebereich der Steuerfunktionen. Die Lösung der impliziten Operatorfunktion wird bezüglich eines Optimalitätskriteriums gesteuert. Es liegt auf der Hand, daß die Beherrschung des Lösungsoperators eine wesentliche Voraussetzung für die Berechnung einer optimalen Steuerung ist.

3. Eigenschaften des Inversen

Im Hilbertraum $\mathfrak{H}$ betrachten wir die Gleichung

$$Pu = Kz \tag{1.59}$$

mit $P, K \in (\mathfrak{H}, \mathfrak{H})$ und nehmen an, daß P eine eineindeutige Abbildung des Raumes $\mathfrak{H}$ auf sich realisiert. Dann können wir die Gleichung (1.59) auch in der äquivalenten Form

$$u = P^{-1} Kz = Tz \tag{1.60}$$

schreiben. Ist $z \in \mathfrak{H}$ vorgegeben, so liefert (1.60) die Lösung der Gleichung (1.59). Zur Weiterverwendung dieser Lösung ist es nützlich, die Eigenschaften des Lösungsoperators $T \in (\mathfrak{H}, \mathfrak{H})$ zu studieren.

Die Gleichung (1.59) ist eine spezielle Form der impliziten Operatorfunktion (1.1), so daß die Ergebnisse der Sätze 1.1 bis 1.3 zur Beschreibung des Lösungsoperators $T = P^{-1}K \in (\mathfrak{H}, \mathfrak{H})$ direkt verwendet werden können. Wir greifen noch weiter zurück und beginnen mit einer Folgerung aus Satz I.5.4.

Satz 1.6. *Der Operator $P \in (\mathfrak{H}, \mathfrak{H})$ sei stark monoton und Lipschitz-stetig, d. h., P erfülle die Ungleichungen*

$$(Pu - Pv, u - v) \geqq \gamma \|u - v\|^2 \tag{1.61}$$

und

$$\|Pu - Pv\| \leqq \nu \|u - v\| \tag{1.62}$$

für $u, v \in \mathfrak{H}$ mit positiven Konstanten γ, ν. Dann existiert das Inverse $P^{-1} \in (\mathfrak{H}, \mathfrak{H})$; P^{-1} ist ebenfalls stark monoton und Lipschitz-stetig.

Beweis. Die Bedingungen in Satz 1.6 sind die gleichen wie in Satz I.5.4. Die Existenz des Inversen $P^{-1} \in (\mathfrak{H}, \mathfrak{H})$ ist dadurch gesichert. Sind nun $y, z \in \mathfrak{H}$ beliebig fixiert, so sind die Elemente $u = P^{-1}y, v = P^{-1}z$ in $\mathfrak{H}$ erklärt. Die Abschätzung (1.61) ergibt

$$(P^{-1}y - P^{-1}z, y - z) \geqq \gamma \|P^{-1}y - P^{-1}z\|^2,$$

während wir aus (1.62)

$$\|y - z\| \leqq \nu \|P^{-1}y - P^{-1}z\|$$

folgern. Zusammen ergeben diese Ungleichungen

$$(P^{-1}y - P^{-1}z, y - z) \geqq \frac{\gamma}{\nu^2} \|y - z\|^2 \tag{1.63}$$

und

$$\|P^{-1}y - P^{-1}z\| \leqq \frac{1}{\gamma} \|y - z\|, \tag{1.64}$$

q. e. d.

Korollar 1.6.1. *Bedingungen wie in Satz* 1.6. *Dann ist der Lösungsoperator* $T = P^{-1}K \in (\mathfrak{H}, \mathfrak{H})$ *der Gleichung* (1.59) *mit* K (i) *stetig*, (ii) *Lipschitz-stetig*, (iii) *vollstetig.*

Beweis. Stetigkeit und Lipschitz-Stetigkeit des Operators T folgen direkt aus der Lipschitz-Stetigkeit von P^{-1} und den entsprechenden Eigenschaften von K. Ist nun unter der Voraussetzung (iii) $\mathfrak{N} \subseteq \mathfrak{H}$ eine beschränkte Menge, so enthält $K(\mathfrak{N})$ eine Fundamentalfolge $\{Kz_n\}$; dann ist $\{P^{-1}Kz_n\}$ eine Fundamentalfolge in $T(\mathfrak{N})$. Der Operator T ist damit kompakt; überdies ist T mit vollstetigem K auch stetig, also vollstetig, q. e. d.

Wir kommen nun zur Anwendung des Satzes 1.2 auf die Gleichung (1.59) und damit zu Aussagen über die schwache Differenzierbarkeit des Operators $T = P^{-1}K$.

Satz 1.7. *Bedingungen wie in Satz* 1.6; *überdies besitze* $P \in (\mathfrak{H}, \mathfrak{H})$ *die Zerlegung*

$$\big(P(v + w) - Pv, h\big) = \big(D(v)\, w, h\big) + \omega(v, w, h) \tag{1.65}$$

für $v, w \in \mathfrak{H}$, $h \in \mathfrak{M} \subseteq \mathfrak{H}$ $(\overline{\mathfrak{M}} = \mathfrak{H})$ *mit linearem beschränktem Operator* $D(v) \in (\mathfrak{H}, \mathfrak{H})$ *und der Grenzwertbeziehung*

$$\lim_{\|w\| \to 0} \frac{\omega(v, w, h)}{\|w\|} = 0. \tag{1.66}$$

Der Operator $K \in (\mathfrak{H}, \mathfrak{H})$ *besitze die schwache Ableitung* $K'(w) \in (\mathfrak{H}, \mathfrak{H})$ *für* $w \in \mathfrak{H}$. *Dann besitzt* $T = P^{-1}K$ *die schwache Ableitung* $T'(w) \in (\mathfrak{H}, \mathfrak{H})$ *für* $w \in \mathfrak{H}$, *und es gilt*

$$T'(w) = D^{-1}(Tw)\, K'(w). \tag{1.67}$$

Beweis. Satz 1.2, wenn wir formal $\mathfrak{X} = \mathfrak{H}$ und $P \in (\mathfrak{H} \times \mathfrak{X}, \mathfrak{H})$ unabhängig von $z \in \mathfrak{X}$ annehmen. Die Existenz des Inversen $D^{-1} \in (\mathfrak{H}, [\mathfrak{H}, \mathfrak{H}])$ ergibt sich unter der gleichen Annahme aus Lemma 1.1 und die Formel (1.67) aus der Beziehung (1.19), die mit Satz 1.2 bewiesen wurde.

Der Nachweis der Fréchet-Differenzierbarkeit des Lösungsoperators $T = P^{-1}K$ der Gleichung (1.59) kann mit Hilfe von Satz 1.3 geführt werden. Versagt diese Methode, weil der Operator P und dessen Ableitungsoperator D wesentliche Voraussetzungen nicht erfüllen, so können verschärfte Bedingungen an den Operator K den Nachweis doch noch ermöglichen. Wir beschränken uns bei der Verfolgung dieses Gedankens auf ein Beispiel, welches in der Theorie der Lösungsbifurkation (Lösungsverzweigung) eine Rolle spielt. In dieser Theorie findet das Fréchet-Differential $T'(\theta)\, g$ des Lösungsoperators $T = P^{-1}K$ Verwendung.

Satz 1.8. $\mathfrak{B} \subseteq \mathfrak{H}$ *sei Unterraum des Hilbertraumes* $\mathfrak{H}$ *und mit* $\|\cdot\|_{\mathfrak{B}}$ *selbst Banachraum,* $K \in [\mathfrak{H}, \mathfrak{H}]$. $P \in (\mathfrak{H}, \mathfrak{H})$, $P\theta = \theta$, *besitze das Inverse* $P^{-1} \in \big(K(\mathfrak{H}), \mathfrak{B}\big)$ *und erfülle die folgenden Bedingungen:*

(i) *Für ein* $\varepsilon > 0$ *und* $g \in \mathfrak{K}(\theta, \varepsilon) = \{w \in \mathfrak{H};\ \|w\|_{\mathfrak{H}} < \varepsilon\}$ *gelte*

$$\|P^{-1}Kg\|_{\mathfrak{B}} \leqq \varkappa \|g\|_{\mathfrak{H}}.$$

(ii) *Für einen linearen Operator* $P' \in (\mathfrak{H}, \mathfrak{H})$ *gelte*

$$\frac{\|Pv - P'v\|_{\mathfrak{H}}}{\|v\|_{\mathfrak{B}}} \xrightarrow[\|v\|_{\mathfrak{B}} \to 0]{} 0. \tag{1.68}$$

(iii) P' *besitze das Inverse* $P'^{-1} \in [\mathfrak{H}, \mathfrak{H}]$.

Dann besitzt der Operator $T = P^{-1}K \in (\mathfrak{H}, \mathfrak{H})$ *in* θ *das Fréchetsche Differential* $T'(\theta)\, w = P'^{-1}Kw$, $w \in \mathfrak{H}$.

Beweis. Wegen der Linearität von K ist $\theta \in K(\mathfrak{H})$ und $P^{-1}K\theta = \theta$. Es ist also die Beziehung

$$\lim_{\|w\|_{\mathfrak{H}} \to 0} \frac{\|P^{-1}Kw - P'^{-1}Kw\|_{\mathfrak{H}}}{\|w\|_{\mathfrak{H}}} = 0 \tag{1.69}$$

nachzuweisen. Es sei $w \in \mathfrak{K}(\theta, \varepsilon)$ beliebig; setzt man $Kw = Pv = P'v + \omega(v)$, so ergeben sich die beiden Darstellungen

$$v = P^{-1}Kw \quad \text{und} \quad v = P'^{-1}Kw - P'^{-1}\,\omega(v),$$

also

$$\|P^{-1}Kw - P'^{-1}Kw\|_{\mathfrak{H}} \leqq \|P'^{-1}\|\ \|\omega(P^{-1}Kw)\|_{\mathfrak{H}}.$$

Nun gilt mit (1.68)

$$\lim_{\|v\|_{\mathfrak{B}} \to 0} \frac{\|\omega(v)\|_{\mathfrak{H}}}{\|v\|_{\mathfrak{B}}} = 0,$$

also

$$\lim_{\|w\|_{\mathfrak{H}} \to 0} \frac{\|P^{-1}Kw - P'^{-1}Kw\|_{\mathfrak{H}}}{\|w\|_{\mathfrak{H}}} \leqq \lim_{\|w\|_{\mathfrak{H}} \to 0} \|P'^{-1}\|\ \frac{\|\omega(P^{-1}Kw)\|_{\mathfrak{H}}}{\|P^{-1}Kw\|_{\mathfrak{B}}}\ \frac{\|P^{-1}Kw\|_{\mathfrak{B}}}{\|w\|_{\mathfrak{H}}} = 0$$

wegen der Bedingung (i), und damit (1.69), q. e. d.

Geht man in Satz 1.8 von den Voraussetzungen in Satz 1.7 aus, so ergeben sich einige Vereinfachungen. In diesem Fall existiert das Inverse $P^{-1} \in (\mathfrak{H}, \mathfrak{H})$, und es ist $P' = D(\theta)$. Die Bedingung (iii) ist dann überflüssig. Die Bedingung (i) enthält die erwähnten zusätzlichen Voraussetzungen an den nunmehr beschränkten linearen Operator $K \in (\mathfrak{H}, \mathfrak{H})$.

4. Das Inverse von Potentialoperatoren

Man möchte erwarten, daß das Inverse eines Potentialoperators selbst wieder Potentialoperator ist. Diese Annahme läßt sich unter geeigneten Vorbedingungen bestätigen.

Nach Satz I.3.1 ist ein schwach differenzierbarer Operator $R \in (\mathfrak{H}, \mathfrak{H})$ Potentialoperator, wenn $R' \in \big(\mathfrak{H}, (\mathfrak{H}, \mathfrak{H})\big)$ stetig in $\mathfrak{R}_2(\mathfrak{H})$ und $R'(x)$ symmetrisch ist:

$$(R'(x)\, g, h) = (R'(x)\, h, g), \qquad x, g, h \in \mathfrak{H}. \tag{1.70}$$

Die Bedingung (1.70) ist auch notwendig. Satz 1.7 nennt uns Bedingungen, unter denen das Inverse eines Operators $P \in (\mathfrak{H}, \mathfrak{H})$ schwach differenzierbar ist. Zu diesem Zweck setzen wir für K den identischen Operator E ein und erhalten aus (1.67)

$$P^{-1\prime}(w) = D^{-1}(P^{-1}w), \qquad w \in \mathfrak{H}. \tag{1.71}$$

Ist nun der lineare beschränkte Operator $D(v)$ in der Zerlegung (1.65) symmetrisch, so ist der Operator $P^{-1\prime}(w)$ aus (1.71) ebenfalls symmetrisch. Zum Beweis erinnern wir uns an Lemma 1.1, demzufolge der Operator $D(v) \in [\mathfrak{H}, \mathfrak{H}]$ unter den Bedingungen von Satz 1.7 eine eineindeutige Abbildung des Raumes $\mathfrak{H}$ auf sich bewirkt. Aus der Bedingung

$$\big(D(P^{-1}w)\, g, h\big) = \big(D(P^{-1}w)\, h, g\big), \qquad w, g, h \in \mathfrak{H},$$

folgt dann mit $y = D(P^{-1}w)\, g$, $z = D(P^{-1}w)\, h$

$$\big(y, D^{-1}(P^{-1}w)\, z\big) = \big(z, D^{-1}(P^{-1}w)\, y\big), \qquad w, y, z \in \mathfrak{H},$$

oder die Bedingung (1.70) für $R = P^{-1}$.

Weitaus schwieriger gestaltet sich in einigen Anwendungsbeispielen der Nachweis der geforderten Stetigkeitseigenschaft des Operators $P^{-1\prime}$, die im Beweis von Satz I.3.1 zur Auswertung eines Integrals benötigt wird.

Einfacher in der Handhabung erweist sich ein hinreichendes und notwendiges Kriterium für stetige Potentialoperatoren, welches die Eigenschaften eines Stieltjes-Integrals über geschlossene reguläre Wege im Hilbertraum $\mathfrak{H}$ benutzt.

Definition 1.1. Es sei $\mathfrak{X}$ ein linearer normierter Raum, $\mathfrak{C} \subseteq \mathfrak{R}$ ein Intervall; dann heißt eine stetige Abbildung $x \in (\mathfrak{C}, \mathfrak{R})$ *Weg* in $\mathfrak{X}$. Ein Weg x in $\mathfrak{X}$ heißt *regulär*, wenn $\mathfrak{C}$ beschränkt ist und x beschränkte Länge besitzt.

Die Länge eines Weges im linearen normierten Raum wird wie die Länge einer Kurve in der Ebene durch eingeschriebene Polygonzüge erklärt. Im folgenden sei $\mathfrak{C} = [a, b]$. Ist $U_n = \{t_0, t_1, \ldots, t_n\}$ eine beliebige Unterteilung des Intervalls $[a, b]$ mit den Teilpunkten $a = t_0 \leqq t_1 \leqq \cdots \leqq t_n = b$ und für eine Konstante L_x

$$r(x; U_n) = \sum_{k=1}^{n} \|x(t_k) - x(t_{k-1})\| \leqq L_x |b - a| \tag{1.72}$$

unabhängig von der gewählten Unterteilung U_n, so besitze der Weg x beschränkte Länge.

Ist beispielsweise die Abbildung $x \in ([a, b], \mathfrak{X})$ Lipschitz-stetig,

$$\|x(t') - x(t'')\| \leqq L|t' - t''|, \qquad t', t'' \in [a, b],$$

so ist x regulärer Weg, denn es gilt

$$r(x; U_n) = \sum_{k=1}^{n} \|x(t_k) - x(t_{k-1})\| \leqq L \sum_{k=1}^{n} |t_k - t_{k-1}| = L|b - a|.$$

Ist $\mathfrak{X} = \mathfrak{H}$ Hilbertraum, so erklären wir für die Wege $x, y \in ([a, b], \mathfrak{H})$ und die Unterteilung U_n die Stieltjes-Summe

$$s(U_n) = \sum_{k=1}^{n} \big(y(\tau_k), x(t_k) - x(t_{k-1})\big) \tag{1.73}$$

mit beliebig gewählten Teilpunkten $\tau_k \in [t_{k-1}, t_k]$.

Ist einer der Wege x, y regulär, so existiert das entsprechende Stieltjes-Integral $\int_a^b \big(y(t), dx(t)\big)$, und es gilt die Formel der partiellen Integration

$$\int_a^b \big(y(t), dx(t)\big) = \big[\big(y(t), x(t)\big)\big]_a^b - \int_a^b \big(x(t), dy(t)\big). \tag{1.74}$$

Zur Abschätzung des Stieltjes-Integrals bemerken wir, daß eine Abschätzung der Stieltjes-Summe, die von der gewählten Unterteilung unabhängig ist, auch für das Integral gilt.

Definition 1.2. Der stetige Operator $P \in (\mathfrak{H}, \mathfrak{H})$ heiße *energieneutral*, wenn das Stieltjes-Integral $\int_a^b \big(Px(t), dx(t)\big)$ über jeden geschlossenen regulären Weg x in $\mathfrak{H}$ verschwindet.

Lemma 1.7. *Es sei $P \in (\mathfrak{H}, \mathfrak{H})$ ein Homöomorphismus mit Lipschitz-stetigem Inversen $P^{-1} \in (\mathfrak{H}, \mathfrak{H})$. Ist P energieneutral, so auch P^{-1}.*

Beweis. Es sei $y \in ([a, b], \mathfrak{H})$ ein regulärer geschlossener Weg; dann ist der Weg $P^{-1}y(t)$, $t \in [a, b]$, ebenfalls regulär und geschlossen, da

$$\|P^{-1}y' - P^{-1}y''\| \leqq L\|y' - y''\|, \qquad y', y'' \in \mathfrak{H},$$

und folglich

$$r(P^{-1}y; U_n) = \sum_{k=1}^{n} \|P^{-1}y(t_k) - P^{-1}y(t_{k-1})\|$$

$$\leqq L \sum_{k=1}^{n} \|y(t_k) - y(t_{k-1})\| \; LL_y|b - a|$$

ist. Nun gilt nach (1.74) mit $x(t) = P^{-1}y(t)$, $t \in [a, b]$,

$$\int_a^b \big(P^{-1}y(t), dy(t)\big) + \int_a^b \big(Px(t), dx(t)\big) = 0.$$

Mit P ist also auch P^{-1} energieneutral, q. e. d.

Es erweist sich nun, daß stetige energieneutrale Operatoren $P \in (\mathfrak{H}, \mathfrak{H})$ gleichzeitig auch Potentialoperatoren, umgekehrt auch stetige Potentialoperatoren energieneutral sind. Potentialoperatoren zeichnen sich also durch eine ähnliche Eigenschaft aus, wie sie die analytischen eindeutigen Funktionen in der komplexen Funktionentheorie aufweisen. Über Lemma 1.7 erhalten wir dann eine brauchbare Bedingung dafür, daß die Inversen von Potentialoperatoren wieder Potentialoperatoren sind.

Wir definieren uns zunächst ein „Dreieck" im Hilbertraum $\mathfrak{H}$. Zu diesem Zweck wählen wir als „Ecken" die voneinander verschiedenen Elemente $\theta, u_{k-1}, u_k \in \mathfrak{H}$ und verbinden sie durch die Wege

$$z_{k1}(t) = t u_{k-1}, \qquad t \in [0, 1],$$

$$z_{k2}(t) = (t-1)\, u_k + (2-t)\, u_{k-1}, \qquad t \in [1, 2],$$

$$z_{k3}(t) = (3-t)\, u_k, \qquad t \in [2, 3],$$

die wir zu einem geschlossenen Weg

$$z_k(t) = z_{ki}(t), \qquad t \in [i-1, i], \qquad i = 1, 2, 3,$$

zusammensetzen. Diesen Weg bezeichnen wir als *Darstellung eines Dreiecks* oder kurz als „Dreieck".

Lemma 1.8. *Ein stetiger Operator $P \in (\mathfrak{H}, \mathfrak{H})$ ist energieneutral genau dann, wenn*

$$\int_0^3 \bigl(Pz(t), dz(t)\bigr) = 0 \tag{1.75}$$

ist über jedes „Dreieck" $z(t)$, $t \in [0, 3]$.

Beweis. Gewiß gilt (1.75), wenn P energieneutral ist. Wir zeigen die Umkehrung. Es sei $x \in ([a, b], \mathfrak{H})$ ein beliebiger regulärer geschlossener Weg in $\mathfrak{H}$. Zu einem willkürlich vorgegebenen $\varepsilon > 0$ finden wir eine Unterteilung U_n, die den Bedingungen

$$\left| \int_a^b \bigl(Px(t), dx(t)\bigr) - s(U_n) \right| < \frac{\varepsilon}{2},$$

$$s(U_n) = \sum_{k=1}^{n} \bigl(Px(\tau_k), x(t_k) - x(t_{k-1})\bigr)$$

und

$$\|Px - Px(\tau_k)\| < \frac{\varepsilon}{2|b-a|\, L_x} = \varepsilon_1$$

für $\tau_k \in [t_{k-1}, t_k]$, $x = \lambda x(t_k) - (1-\lambda)\, x(t_{k-1})$ und $\lambda \in [0, 1]$ genügt. Diese Unterteilung $U_n = \{t_0, t_1, \ldots, t_n\}$ finden wir wie folgt: Die Mengen

$$\mathfrak{U}(t) = \{x \in \mathfrak{H};\ \|Px - Px(t)\| < \varepsilon_1\}$$

enthalten je eine offene Kugel $\mathfrak{K}\bigl(x(t), \delta(t)\bigr)$. Aus der offenen Überdeckung des (kompakten) Weges x, $\bigl\{\mathfrak{K}\bigl(x(t), \delta(t)\bigr)\bigr\}_{t \in [a,b]}$, wählen wir eine endliche Teilüberdeckung mit den Zentren $x(t_k')$, $k = 0, 1, \ldots, n'$, aus. Durch Hinzunahme neuer Teilpunkte erreichen wir, daß je zwei benachbarte Teilpunkte $x(t_k)$, $k = 0, 1, \ldots, n$, des Weges x zusammen mit ihrer Verbindungsstrecke und dem Teilpunkt $x(\tau_k)$ zwischen ihnen in einer der ausgewählten Kugeln liegen. Ist diese Unterteilung hinreichend fein, so erfüllt sie die oben gestellten Bedingungen.

Zur Unterteilung U_n definieren wir den eingeschriebenen Polygonzug $y \in ([a, b], \mathfrak{H})$,

$$y(t) = \frac{t - t_{k-1}}{t_k - t_{k-1}}\, x(t_k) + \frac{t_k - t}{t_k - t_{k-1}}\, x(t_{k-1}),$$
$$t \in [t_{k-1}, t_k], \qquad k = 1, 2, \ldots, n.$$

Wir finden dann

$$\left| \int_a^b \big(Py(t), dy(t)\big) - s(U_n) \right|$$
$$= \left| \sum_{k=1}^n \int_{t_{k-1}}^{t_k} \big(Py(t) - Px(\tau_k), dy(t)\big) \right| \leqq \sum_{k=1}^n \max_{t \in [t_{k-1}, t_k]} \|Py(t) - Px(\tau_k)\|$$
$$\times \|x(t_k) - x(t_{k-1})\| < \frac{\varepsilon}{2}.$$

Es gilt also

$$\left| \int_a^b \big(Px(t), dx(t)\big) - \int_a^b \big(Py(t), dy(t)\big) \right| < \varepsilon. \tag{1.76}$$

Zur Berechnung des Integrals $\int_a^b \big(Py(t), dy(t)\big)$ führen wir die „Dreiecke" $z_k(s) = z_{ki}(s)$, $s \in [i-1, i]$, $i = 1, 2, 3$, $k = 1, 2, \ldots, n$, mit den Eckpunkten $\theta, x(t_{k-1}), x(t_k)$ ein. Damit finden wir

$$\int_a^b \big(Py(t), dy(t)\big) = \sum_{k=1}^n \int_{t_{k-1}}^{t_k} \big(Py(t), dy(t)\big) = \sum_{k=1}^n \int_0^3 \big(Pz_k(s), dz_k(s)\big) = 0. \tag{1.77}$$

Zu dieser Ausrechnung bemerken wir, daß der Weg

$$y_k(t) = \frac{t - t_{k-1}}{t_k - t_{k-1}}\, x(t_k) + \frac{t_k - t}{t_k - t_{k-1}}\, x(t_{k-1}), \qquad t \in [t_{k-1}, t_k],$$

durch die Substitution $t = (t_k - t_{k-1})\,(s - 1) + t_{k-1}$ in den Weg $z_{k2}(s)$, $s \in [1, 2]$, übergeht und

$$\int_{t_{k-1}}^{t_k} \big(Py(t), dy(t)\big) = \int_{t_{k-1}}^{t_k} \big(Py(t), x(t_k) - x(t_{k-1})\big) \frac{dt}{t_k - t_{k-1}}$$
$$= \int_1^2 \big(Pz_{k2}(s), x(t_k) - x(t_{k-1})\big)\, ds = \int_1^2 \big(Pz_{k2}(s), dz_{k2}(s)\big)$$

ist, während die Wege $z_{k1}(s)$ und $z_{k3}(s)$, $k = 1, 2, \ldots, n$, bei der Integration über alle Dreiecke je zweimal in entgegengesetzter Richtung durchlaufen werden. Mit (1.77) ergibt sich aus (1.76)

$$\int_a^b \big(Px(t), dx(t)\big) = 0,$$

da $\varepsilon > 0$ beliebig vorgegeben war, q. e. d.

Satz 1.9. *Es sei $\mathfrak{H}$ ein Hilbertraum; der stetige Operator $P \in (\mathfrak{H}, \mathfrak{H})$ ist genau dann Potentialoperator, wenn er energieneutral ist.*

Beweis. (i) P sei energieneutral, $u_1, u_2 \in \mathfrak{H}$ seien beliebig fixierte Elemente, $z(s)$, $s \in [0, 3]$, ein „Dreieck" mit den Eckpunkten θ, u_1, u_2. Es ist dann

$$\int_0^3 \big(Pz(s), dz(s)\big) = \int_0^1 \big(P(su_1), u_1\big)\, ds + \int_1^2 \big(P[(s-1)\, u_2 + (2-s)\, u_1], u_2 - u_1\big)\, ds$$
$$- \int_2^3 \big(P[(3-s)\, u_2], u_2\big)\, ds = 0$$

oder

$$\int_0^1 \big(P(tu_2), u_2\big)\, dt - \int_0^1 \big(P(tu_1), u_1\big)\, dt - \int_0^1 \big(P[u_1 + t(u_2 - u_1)], u_2 - u_1\big)\, dt = 0. \tag{1.78}$$

Nach Satz I.3.6 ist P Potentialoperator.

(ii) Es sei P ein Potentialoperator, $\Phi \in (\mathfrak{H}, \mathfrak{R})$ sein Potential. Wir betrachten zwei beliebig fixierte Elemente $u, v \in \mathfrak{H}$ und die „Gerade" $x(t) = tv + (1-t)\, u$, $t \in \mathfrak{R}$, die die Elemente u und v enthält. Wir definieren damit die reelle Funktion $\varphi(t) = \Phi\big(x(t)\big)$, $t \in \mathfrak{R}$. Die Funktion φ ist differenzierbar, denn in jedem $t_0 \in \mathfrak{R}$ existiert der Grenzwert

$$\lim_{\tau \to 0} \frac{\varphi(t_0 + \tau) - \varphi(t_0)}{\tau} = \lim_{\tau \to 0} \frac{1}{\tau} \left[\Phi\big(u + t_0(v-u) + \tau(v-u)\big) - \Phi\big(u + t_0(v-u)\big)\right]$$
$$= \big(P\big(u + t_0(v-u)\big), v - u\big).$$

Überdies ist $\varphi'(t) = \big(P\big(u + t(v-u)\big), v-u\big)$, $t \in \mathfrak{R}$, stetig. Es gilt dann

$$\Phi(v) - \Phi(u) = \int_0^1 \varphi'(t)\, dt = \int_0^1 \big(Px(t), dx(t)\big). \tag{1.79}$$

Ist nun $z(s)$, $s \in [0, 3]$, ein beliebiges „Dreieck" mit den Eckpunkten θ, u_1, u_2, so können wir die Formel (1.79) für jede „Seite" anwenden und erhalten

$$\int_0^3 \big(Pz(t), dz(t)\big) = \Phi(u_1) - \Phi(\theta) + \Phi(u_2) - \Phi(u_1) + \Phi(\theta) - \Phi(u_2) = 0.$$

Lemma 1.8 vervollständigt dann den Beweis. Zum Abschluß verbinden wir Lemma 1.7 mit dem eben bewiesenen Satz 1.9.

Satz 1.10. *Es sei $P \in (\mathfrak{H}, \mathfrak{H})$ ein Homöomorphismus mit Lipschitz-stetigem Inversen $P^{-1} \in (\mathfrak{H}, \mathfrak{H})$; überdies sei P Potentialoperator. Dann ist auch P^{-1} Potentialoperator.*

5. Stabile Bereiche und Verzweigungspunkte

Wir betrachten diesmal eine implizite Operatorfunktion, die nicht eindeutig auflösbar sein muß. Sie sei in der Form

$$Px_1 = K(x_1, z_0) \tag{1.80}$$

mit Operatoren $P \in (\mathfrak{X}_1, \mathfrak{X}_2)$ und $K \in (\mathfrak{X}_1 \times \mathfrak{X}_0, \mathfrak{X}_2)$ gegeben. Die Räume $\mathfrak{X}_i$, $i = 0, 1, 2$, sind lineare normierte Räume mit den Normen $\|\cdot\|_i$. Es sei $P\theta_1 = K(\theta_1, z_0) = \theta_2$ für jedes $z_0 \in \mathfrak{X}_0$. Die Gleichung (1.80) besitzt dann die Lösung $x_1 = \theta_1$ für jedes $z_0 \in \mathfrak{X}_0$. Daneben kann es noch andere Lösungen geben. Ein Element $y_1 \in \mathfrak{X}_1$, $\|y_1\|_1 \neq 0$, welches für ein $z_0 \in \mathfrak{X}_0$ die Gleichung (1.80) erfüllt, heiße *Eigenlösung* von (1.80). Das zugehörige Element $z_0 \in \mathfrak{X}_0$ bezeichnen wir als *Eigenwert* dieser Gleichung. Gibt es eine Nullfolge von Eigenlösungen $\{x_{1n}\} \subseteq \mathfrak{X}_1$, $\lim\limits_{n\to\infty} \|x_{1n}\|_1 = 0$, wobei die zugehörigen Eigenwerte z_{0n} den Grenzwert z_0 haben, so heiße z_0 *Bifurkationspunkt* von (1.80). Schließlich bezeichnen wir mit $\mathfrak{E}_0$ und $\mathfrak{B}_0$ die Menge aller Eigenwerte bzw. Bifurkationspunkte im Parameterraum $\mathfrak{X}_0$.

Eine wichtige Aufgabe der angewandten Funktionalanalysis — beispielsweise in der technischen Stabilitäts- und Beultheorie — besteht in der Beschreibung der Mengen $\mathfrak{E}_0$ und $\mathfrak{B}_0$. Dieser Aufgabe sind einige der folgenden Abschnitte gewidmet. Wir stellen uns zunächst jedoch die einfachere und für viele Anwendungen durchaus sinnvolle Aufgabe der Beschreibung von Gebieten $\mathfrak{G} \subseteq \mathfrak{X}_0 \setminus (\mathfrak{E}_0 \cup \mathfrak{B}_0)$, die wir *stabile Bereiche* der Gleichung (1.80) nennen. Gilt $\theta_0 \in \mathfrak{G}$, so heiße $\mathfrak{G}$ *stabiler Grundbereich*. Häufig ist bekannt, daß die Gleichung (1.80) bei „kleinen" Parametern z_0 nur die Lösung θ_1 besitzt. Diese Eigenschaft läßt sich auch durch die Existenz eines stabilen Grundbereichs ausdrücken. Die nähere Beschreibung dieses Grundbereichs gibt dann Auskunft darüber, wann der Parameter z_0 als „klein" anzusehen ist.

Geht man von der Vorstellung aus, daß bei Stabilitätsproblemen, die durch die implizite Operatorfunktion (1.80) beschrieben werden, ein Stabilitätsverlust nur über eine Bifurkation möglich ist, so erscheint es sinnvoll, ein Gebiet $\mathfrak{G} \subseteq \mathfrak{X}_0 \setminus \mathfrak{B}_0$ *relativ stabilen Bereich* der Gleichung (1.80) zu nennen und die Aufgabe der Beschreibung solcher Gebiete zu stellen. Definitionsgemäß ist ein stabiler Bereich auch immer relativ stabil. Wir beginnen mit einem einfachen Lemma, welches ohne weitere Voraussetzungen an die Operatoren P, K richtig ist und eine gute Ausgangsbasis für die folgenden Untersuchungen darstellt.

Lemma 1.9. *Es gilt* $\mathfrak{B}_0 \subseteq \overline{\mathfrak{E}}_0$ *und* $\mathfrak{B}_0 = \overline{\mathfrak{B}}_0$.

Beweis. Die Bifurkationspunkte sind als Grenzwerte von Eigenwertfolgen definiert und somit Elemente oder Häufungspunkte von $\mathfrak{E}_0$. Es sei nun $z_0 \in \overline{\mathfrak{B}}_0$. Dann gibt es eine Folge $\{z_{0n}\} \subseteq \mathfrak{B}_0$ mit $\|z_0 - z_{0n}\|_0 \xrightarrow[n\to\infty]{} 0$. Zu jedem n existiert dann ein $z'_{0n} \in \mathfrak{E}_0$, $\|z'_{0n} - z_{0n}\|_0 < \frac{1}{n}$, mit der Eigenlösung x_{1n}, $0 < \|x_{1n}\|_1 < \frac{1}{n}$. Da nun offensichtlich $\|z_0 - z'_{0n}\|_0 \xrightarrow[n\to\infty]{} 0$ und $\|x_{1n}\|_1 \xrightarrow[n\to\infty]{} 0$ gilt, ist $z_0 \in \mathfrak{B}_0$. Die Einschließung $\overline{\mathfrak{B}}_0 \subseteq \mathfrak{B}_0$ beweist unser Lemma.

In den folgenden Abschätzungen kommen einige nichtnegative stetige Funktionen $\gamma, r \in ([0, \infty), [0, \infty))$ mit den Eigenschaften

$$\left.\begin{aligned} &r(0) = 0,\ r(t) \text{ streng monoton wachsend, } \lim_{t\to\infty} r(t) = +\infty, \\ &\gamma(t) > 0 \quad \text{für} \quad t > 0 \end{aligned}\right\} \tag{1.81}$$

als Majoranten bzw. Minoranten vor.

Satz 1.11. *Es sei r eine Majorante mit den Eigenschaften* (1.81). *Der Operator K in der Gleichung* (1.80) *genüge der Bedingung*

$$\|K(x_1, z_0)\|_2 \leqq r(\|z_0\|_0)\, \|x_1\|_1, \qquad x_1 \in \mathfrak{X}_1, \tag{1.82}$$

falls $\|z_0\|_0 < \varkappa_1$ ist. Der Operator P besitze ein Inverses, welches der Bedingung

$$\|P^{-1}x_2\|_1 \leqq \varkappa_2\|x_2\|_2 \tag{1.83}$$

genügt. Dann ist die Kugel $\mathfrak{K}(\theta_0, \varkappa_3) = \{z_0 \in \mathfrak{X}_0;\ \|z_0\|_0 < \varkappa_3\}$ mit $\varkappa_3 < \min\left\{\varkappa_1, r^{-1}\left(\frac{1}{\varkappa_2}\right)\right\}$ stabiler Grundbereich der Gleichung (1.80), *wobei r^{-1} die zu r inverse Funktion bezeichnet.*

Beweis. Wegen Lemma 1.9 genügt es zu zeigen, daß $\mathfrak{K}(\theta_0, \varkappa_3)$ keine Eigenwerte der Gleichung (1.80) enthält. Es sei $z_0 \in \mathfrak{E}_0$; dann gilt $Py_1 = K(y_1, z_0)$ mit einem $y_1 \in \mathfrak{X}_1$, $\|y_1\|_1 \neq 0$. Aus der Existenz des Inversen P^{-1} folgt $y_1 = P^{-1}K(y_1, z_0)$; mit den Ungleichungen (1.82), (1.83) erhalten wir daraus die Abschätzung

$$\|y_1\|_1 = \|P^{-1}K(y_1, z_0)\|_1 \leqq \varkappa_2 r(\|z_0\|_0)\, \|y_1\|_1, \tag{1.84}$$

falls $\|z_0\|_0 < \varkappa_1$ ist. (1.84) liefert, da $\|y_1\|_1 \neq 0$ ist,

$$\frac{1}{\varkappa_2} \leqq r(\|z_0\|_0),$$

also $z_0 \notin \mathfrak{K}(\theta_0, \varkappa_3)$, da $\|z_0\|_0 \geqq \varkappa_1$ oder $\|z_0\|_0 \geqq r^{-1}\left(\frac{1}{\varkappa_2}\right)$ ist, q. e. d.

In ähnlicher Weise erhält man Aussagen über die Existenz stabiler Grundbereiche, indem man die obere Schranke für P^{-1} in Satz 1.11 durch eine untere Schranke für P ersetzt.

Satz 1.12. *Es sei $\mathfrak{X}_2 \subseteq \mathfrak{X}_1^*$; die Operatoren P und K in der Gleichung* (1.80) *mögen die Ungleichungen*

$$\langle Px_1, x_1\rangle \geqq \gamma(\|x_1\|_1)\, \|x_1\|_1, \qquad x_1 \in \mathfrak{X}_1, \tag{1.85}$$

und

$$\|K(x_1, z_0)\|_2 \leqq \gamma(\|x_1\|_1)\, r(\|z_0\|_0), \qquad x_1 \in \mathfrak{X}_1, \tag{1.86}$$

für $\|z_0\|_0 < \varkappa$ und Funktionen γ, r mit den Eigenschaften (1.81) *erfüllen. Dann ist die Kugel $\mathfrak{K}(\theta, \varkappa_1)$ mit $\varkappa_1 = \min\{\varkappa, r^{-1}(1)\}$ stabiler Grundbereich der Gleichung* (1.80).

Beweis. Wir zeigen wieder, daß $\mathfrak{K}(\theta_0, \varkappa_1) \cap \mathfrak{E}_0 = \emptyset$ ist. Es sei $z_0 \in \mathfrak{X}_0$ Eigenwert mit der Eigenlösung $y_1 \in \mathfrak{X}_1$. Aus $Py_1 = K(y_1, z_0)$ folgt

$$\langle Py_1, y_1\rangle = \langle K(y_1, z_0), y_1\rangle.$$

Unter Verwendung der Schranken (1.85), (1.86) erhalten wir daraus die Ungleichung

$$\gamma(\|y_1\|_1)\,\|y_1\|_1 \leqq \|K(y_1, z_0)\|_2\,\|y_1\|_1 \leqq \gamma(\|y_1\|_1)\,\|y_1\|_1\, r(\|z_0\|_0),$$

falls $\|z_0\|_0 < \varkappa$ ist. Mit $\|y_1\|_1 > 0$ ist auch $\gamma(\|y_1\|_1)\,\|y_1\|_1 > 0$, folglich $1 \leqq r(\|z_0\|_0)$ oder $r^{-1}(1) \leqq \|z_0\|_0$, falls $\|z_0\|_0 < \varkappa$ ist. Aus $\varkappa \leqq \|z_0\|_0$ oder $r^{-1}(1) \leqq \|z_0\|_0$ ergibt sich $z_0 \notin \mathfrak{K}(\theta_0, \varkappa_1)$, q. e. d.

Satz 1.13. *Es sei* $\mathfrak{X}_2 \subseteq \mathfrak{X}_1^*$; *die Operatoren* P, K *mögen für positive Konstanten* δ_1, δ_2 *und Funktionen* γ, r_1, r_2 *mit den Eigenschaften* (1.81) *die Ungleichungen*

$$\langle Px_1, x_1\rangle \geqq (\gamma\|x_1\|_1), \qquad x_1 \in \mathfrak{X}_1,\ \|x_1\|_1 < \delta_1, \tag{1.87}$$

$$\langle K(x_1, z_0), x_1\rangle \leqq r_1(\|z_0\|_0)\, r_2(\|x_1\|_1) \tag{1.88}$$

für $\|x_1\|_1 < \delta_1$, $\|z_0\|_0 < \delta_2$ *erfüllen. Außerdem gelte für geeignete Konstanten* δ_3, $\varkappa > 0$

$$\frac{r_2(t)}{\gamma(t)} < \varkappa, \qquad 0 < t < \delta_3. \tag{1.89}$$

Dann existiert ein relativ stabiler Grundbereich der Gleichung (1.80).

Beweis. Wir nehmen das Gegenteil an: Jede der Kugeln $\mathfrak{K}\left(\theta_0, \frac{1}{n}\right) = \mathfrak{K}_n$ enthalte ein Element von $\mathfrak{V}_0$, also $\theta_0 \in \overline{\mathfrak{V}}_0$ und wegen Lemma 1.9 $\theta_0 \in \mathfrak{V}_0$. Es gibt dann eine Folge $\{z_{0n}\} \subseteq \mathfrak{E}_0$ mit $\|z_{0n}\|_0 \xrightarrow[n\to\infty]{} 0$ und Eigenlösungen y_{1n} der Gleichung (1.80) zu den Eigenwerten z_{0n} mit $\|y_{1n}\|_1 \xrightarrow[n\to\infty]{} 0$. Setzen wir n_0 so groß voraus, daß $\|z_{0n}\|_0 < \delta_2$, $\|y_{1n}\|_1 < \delta_1$, $n \geqq n_0$, ist, so folgt aus $\langle Py_{1n}, y_{1n}\rangle = \langle K(y_{1n}, z_{0n}), y_{1n}\rangle$, $n = 1, 2, \ldots$, mit den Ungleichungen (1.87), (1.88)

$$\gamma(\|y_{1n}\|_1) \leqq r_1(\|z_{0n}\|_0)\, r_2(\|y_{1n}\|_1) \quad \text{für} \quad n \geqq n_0,$$

also

$$1 \leqq r_1(\|z_{0n}\|_0)\,\frac{r_2(\|y_{1n}\|_1)}{\gamma(\|y_{1n}\|_1)}, \qquad n \geqq n_0.$$

Die rechte Seite in der letzten Ungleichung konvergiert aber wegen der Ungleichung (1.89) gegen Null, was zu einem offensichtlichen Widerspruch führt. Satz 1.13 ist damit bewiesen.

Korollar 1.13.1. *Bedingungen wie in Satz* 1.13. *Überdies existiere der Grenzwert*

$$\lim_{t\to 0+} \frac{r_2(t)}{\gamma(t)} = \varkappa_0 > 0. \tag{1.90}$$

Dann ist die Kugel $\mathfrak{K}(\theta_0, \varkappa_1)$ *mit* $\varkappa_1 = \min\left\{\delta_2, r^{-1}\left(\frac{1}{\varkappa_0}\right)\right\}$ *relativ stabiler Grundbereich der Gleichung* (1.80).

Beweis. Es sei $z_0 \in \mathfrak{B}_0$, $\{z_{0n}\} \subseteq \mathfrak{C}_0$, $\lim\limits_{n\to\infty} \|z_0 - z_{0n}\|_0 = 0$, y_{1n} Eigenlösung der Gleichung (1.80) zum Eigenwert z_{0n} und $\|y_{1n}\|_1 \xrightarrow[n\to\infty]{} 0$. Wie schon im Beweis zu Satz 1.13 gezeigt, gilt dann für ein geeignetes n_0

$$1 \leqq r_1(\|z_{0n}\|_0) \frac{r_2(\|y_{1n}\|_1)}{\gamma(\|y_{1n}\|_1)}, \qquad n \geqq n_0, \tag{1.91}$$

falls $\|z_0\|_0 < \delta_2$ ist. Geht man in der Ungleichung (1.91) zum Grenzwert über, so ergibt sich $\frac{1}{\varkappa_0} \leqq r_1(\|z_0\|_0)$ oder $\delta_2 \leqq \|z_0\|_0$, folglich $z_0 \notin \mathfrak{K}(\theta_0, \varkappa_1)$, q. e. d.

Zur Illustration der Bedingung (1.90) können wir uns an einem Beispiel davon überzeugen, daß eine Gleichung keinen relativ stabilen Grundbereich haben muß, wenn diese Bedingung verletzt ist. Es sei etwa $\mathfrak{X}_0 = \mathfrak{R}$ und die Gleichung

$$Px_1 = z_0 Kx_1 \tag{1.92}$$

mit homogenen Operatoren $P, K \in (\mathfrak{X}_1, \mathfrak{X}_2)$ gegeben. Dabei sei P homogen p-ten Grades, K homogen q-ten Grades und $\frac{q}{p} < 1$, $p, q > 0$. Dann besitzt die Gleichung (1.92) keinen relativ stabilen Grundbereich, oder $\mathfrak{X}_0$ selbst ist stabiler Grundbereich.

Beweis. Angenommen, es existiert eine Eigenlösung $y_1 \in \mathfrak{X}_1$ zum Eigenwert $z_0 \neq 0$. Multipliziert man die Gleichung $Py_1 = z_0 Ky_1$ mit der positiven Zahl c,

$$P(c^{1/p} y_1) = z_0 c^{1-q/p} K(c^{1/p} y_1),$$

so sieht man: $(0, \infty) \subseteq \mathfrak{C}_0$ oder $(-\infty, 0) \subseteq \mathfrak{C}_0$, und 0 ist Bifurkationspunkt.

Wir stellen uns nun vor, die Operatoren P, K in der Gleichung (1.92) genügen den Bedingungen (1.87), (1.88) in Satz 1.13, und betrachten den „Strahl" $u_1 = cy_1$, $c \in [0, \infty)$, mit der Eigenlösung y_1 zum Eigenwert z_0. Es sei $\|y_1\|_1 = \varkappa > 0$, $\langle Py_1, y_1\rangle = \varkappa_1 > 0$, $\langle z_0 Ky_1, y_1\rangle = \varkappa_1$. Dann ist auf diesem Strahl

$$\|u_1\|_1 = c\varkappa = c\|y_1\|_1, \langle Pu_1, u_1\rangle = c^{p+1}\varkappa_1 = \frac{\varkappa_1}{x^{p+1}} \|u_1\|_1{}^{p+1}$$

und

$$\langle z_0 Ku_1, u_1\rangle = c^{q+1}\varkappa_1 = \frac{\varkappa_1}{\varkappa^{q+1}} \|u_1\|_1{}^{q+1}.$$

Es gilt dann sicher $\gamma(t) \leqq \varkappa_3 t^{p+1}$, $r_2(t) \geqq \varkappa_4 t^{q+1}$ mit positiven Konstanten $\varkappa_3, \varkappa_4$ und damit

$$\frac{r_2(t)}{\gamma(t)} \geqq \frac{\varkappa_4}{\varkappa_3} t^{q-p} \xrightarrow[t\to 0+]{} +\infty.$$

Die Bedingungen (1.89) und (1.90) sind dann nicht erfüllt.

Der Existenznachweis für relativ stabile Bereiche einer impliziten Operatorfunktion spielt eine wichtige Rolle bei der Lokalisierung der Bifurkationspunkte. Denn die Nichterfüllung wichtiger Voraussetzungen des Existenzsatzes kann als notwendige Eigenschaft der Bifurkationspunkte gedeutet werden. Der folgende Satz mit seinem Korollar soll diesen Gedanken präzisieren.

Wir betrachten die Gleichung

$$P(x_1, z_0) = \theta_2 \tag{1.93}$$

mit $P \in (\mathfrak{X}_1 \times \mathfrak{X}_0, \mathfrak{X}_2)$ und $P(\theta_1, z_0) = \theta_2$ für $z_0 \in \mathfrak{X}_0$.

Satz 1.14. *Es sei* $\mathfrak{U}(z_0)$ *eine offene Umgebung von* $z_0 \in \mathfrak{X}_0$. *In* $\mathfrak{K}(\theta_1, \delta) \times \mathfrak{U}(z_0)$ *besitze* $P(x_1, w_0)$ *die Darstellung*

$$P(x_1, w_0) = D(x_1, w_0) + W(x_1, w_0) \tag{1.94}$$

mit folgenden Eigenschaften:

$$\|D(x_1, z_0)\|_2 \geqq \gamma(\|x_1\|_1), \qquad \|x_1\|_1 < \delta, \tag{1.95}$$

$$\frac{\|W(x_1, z_0)\|_2}{\gamma(\|x_1\|_1)} \xrightarrow[\|x_1\|_1 \to 0]{} 0, \tag{1.96}$$

$$\frac{\|D(x_1, w_0) - D(x_1, z_0)\|_2}{\gamma(\|x_1\|_1)} \xrightarrow[\|w_0 - z_0\|_0 + \|x_1\|_1 \to 0]{} 0, \tag{1.97}$$

$$\frac{\|W(x_1, w_0) - W(x_1, z_0)\|_2}{\gamma(\|x_1\|_1)} \xrightarrow[\|w_0 - z_0\|_0 + \|x_1\|_1 \to 0]{} 0. \tag{1.98}$$

Dann existiert ein relativer Stabilitätsbereich $\mathfrak{G}(z_0) \subseteq \mathfrak{U}(z_0)$ *der Gleichung* (1.93); $z_0 \in \mathfrak{G}(z_0)$.

Beweis. Wir nehmen das Gegenteil an. Dann gibt es eine Folge $\{z_{0n}\} \subseteq \mathfrak{E}_0$, $\|z_{0n} - z_0\|_0 \xrightarrow[n \to \infty]{} 0$, und eine entsprechende Folge $\{x_{1n}\}$ von Eigenlösungen der Gleichung (1.93) mit $\|x_{1n}\|_1 \xrightarrow[n \to \infty]{} 0$. Aus der Beziehung

$$\theta_2 = D(x_{1n}, z_{0n}) + W(x_{1n}, z_{0n}),$$

die dann für hinreichend große n gilt, folgt

$$\begin{aligned}\|D(x_{1n}, z_0)\|_2 \leqq {}& \|D(x_{1n}, z_0) - D(x_{1n}, z_{0n})\|_2 \\ &+ \|W(x_{1n}, z_0) - W(x_{1n}, z_{0n})\|_2 + \|W(x_{1n}, z_0)\|_2, \qquad n \geqq n_0.\end{aligned}$$

Unter Berücksichtigung der Ungleichung (1.95) erhalten wir daraus

$$\begin{aligned}1 \leqq {}& \frac{\|D(x_{1n}, z_0) - D(x_{1n}, z_{0n})\|_2}{\gamma(\|x_{1n}\|_1)} + \frac{\|W(x_{1n}, z_0) - W(x_{1n}, z_{0n})\|_2}{\gamma(\|x_{1n}\|_1)} \\ &+ \frac{\|W(x_{1n}, z_0)\|_2}{\gamma(\|x_{1n}\|_1)} \quad \text{für} \quad n \geqq n_0.\end{aligned} \tag{1.99}$$

Wegen der Bedingungen (1.96) bis (1.98) konvergiert die rechte Seite in (1.99) gegen Null, wodurch sich der erwartete Widerspruch ergibt, q. e. d.

Korollar 1.14.1. *Es sei* $\mathfrak{X}_0 = \mathfrak{R}$; *angenommen, die Operatoren* $P, K \in (\mathfrak{X}_1, \mathfrak{X}_2)$ *sind in* θ_1 *Fréchet-differenzierbar. Dann sind alle Bifurkationspunkte der Gleichung*

$$Px_1 = \lambda K x_1, \qquad \lambda \in \mathfrak{R}, x_1 \in \mathfrak{X}_1, \tag{1.100}$$

in der Menge $\mathfrak{W}_0$,

$$\mathfrak{W}_0 = \{\lambda \in \mathfrak{R};\, P'(\theta_1) - \lambda K'(\theta_1) \text{ ist nicht definit}\},^{1)} \tag{1.101}$$

enthalten.

Beweis. Der Operator $P \in (\mathfrak{X}_1 \times \mathfrak{X}_0, \mathfrak{X}_2)$, $P(x_1, \lambda) = Px_1 - \lambda K x_1$, besitzt für jedes $\lambda \in \mathfrak{R}$ die Zerlegung (1.94); dabei ist

$$D(x_1, \lambda) = P'(\theta_1)\, x_1 - \lambda K'(\theta_1)\, x_1 \tag{1.102}$$

und

$$W(x_1, \lambda) = W_1(\theta_1, x_1) - \lambda W_2(\theta_1, x_1)$$

mit

$$\frac{\|W_i(\theta_1, x_1)\|_2}{\|x_1\|_1} \xrightarrow[\|x_1\|_1 \to 0]{} 0, \qquad i = 1, 2. \tag{1.103}$$

Daraus ergibt sich die Bedingung (1.96) mit $\gamma(t) = \varkappa t$, $t \geqq 0$, $\varkappa = \text{const} > 0$. Weiterhin finden wir

$$\|D(x_1, \mu) - D(x_1, \lambda)\|_2 = |\lambda - \mu|\; \|K'(\theta_1)\, x_1\|_2$$

und

$$W(x_1, \mu) - W(x_1, \lambda)\|_2 = |\lambda - \mu|\; \|W_2(\theta_1, x_1)\|_2 .$$

Dann gilt aber (1.97) wegen $K'(\theta_1) \in [\mathfrak{X}_1, \mathfrak{X}_2]$ und (1.98) wegen (1.103) für jedes $\lambda \in \mathfrak{R}$. Ist nun $\lambda_0 \notin \mathfrak{W}_0$, so gilt mit $\|D(x_1, \lambda_0)\|_2 \geqq m\|x_1\|_1$ auch die Bedingung (1.95). Damit sind für λ_0 und $\mathfrak{U}(\lambda_0) = \mathfrak{R}$ alle Voraussetzungen von Satz 1.14 erfüllt. Aus der Existenz eines relativen Stabilitätsbereiches $\mathfrak{G}(\lambda_0)$ der Gleichung (1.100) folgt $\lambda_0 \notin \mathfrak{B}_0$, q. e. d.

Korollar 1.14.1 löst ein Lokalisierungsproblem für die Menge $\mathfrak{B}_0$ der Bifurkationspunkte der Gleichung (1.100). Diese Methode ist um so wirkungsvoller, je genauer die Menge $\mathfrak{W}_0$ beschrieben werden kann. Ist beispielsweise $\mathfrak{X}_1 = \mathfrak{X}_2 = \mathfrak{H}$ Hilbertraum, $P'(\theta_1)$ vollstetig und $K = E$ der identische Operator, so wissen wir aus der Riesz-Schauder-Theorie, daß $\mathfrak{W}_0$ das diskrete Spektrum des Operators $P'(\theta_1)$ darstellt (vgl. Satz I.1.1).

Aussagen, wie sie Korollar 1.14.1 liefert, werden oft als Begründung des Linearisierungsprinzips im Bifurkationsproblem angesehen. Dabei wird jedoch manchmal in umgekehrter Richtung geschlossen, d. h. $\mathfrak{W}_0 = \mathfrak{B}_0$ gesetzt. Dieser Schluß ist nicht uneingeschränkt zulässig.

§ 2. Gleichungen mit vollstetigen Potentialoperatoren

1. Existenzsätze

Es sei $\mathfrak{B}$ ein Banachraum, $\mathfrak{X}$ ein linearer normierter Parameterraum. Mit Operatoren $P \in (\mathfrak{B}, \mathfrak{B}^*)$ und $K \in (\mathfrak{B} \times \mathfrak{X}, \mathfrak{B}^*)$ sei die Gleichung

$$Pu = K(u, x) \tag{2.1}$$

[1]) Vgl. Satz I.1.1.

vorgelegt. Wir knüpfen an die Untersuchung der Gleichung (1.80) an, fordern jedoch diesmal

(i) $K(\cdot, x) \in (\mathfrak{B}, \mathfrak{B}^*)$ sei vollstetig für jedes fixierte $x \in \mathfrak{X}$.

(ii) Die Operatoren P, $K(\cdot, x) \in (\mathfrak{B}, \mathfrak{B}^*)$ sind Potentialoperatoren.

Wir stellen uns sodann zwei Aufgaben:

a) Existenznachweis für Lösungen der Gleichung (2.1),

b) Existenz für Eigenlösungen der Gleichung (2.1) im Fall, daß $P(\theta) = K(\theta, x) = \theta_*$ ist für ein $x \in \mathfrak{X}$.

Die Aufgabe b) wird auch noch in den folgenden §§ 3 und 4 behandelt. Die in dieser Richtung erzielten Ergebnisse ergänzen den letzten Abschnitt des § 1 und liefern „obere" Schranken für Stabilitätsbereiche der Gleichung (2.1) im Parameterraum $\mathfrak{X}$.

Wir verwenden die Begriffe vollstetiger Operator und verstärkt stetiges Funktional im Einklang mit den Definitionen in Kapitel I. Ein *vollstetiger Operator* $K \in (\mathfrak{B}_1, \mathfrak{B}_2)$ ist stetig und bildet jede beschränkte Folge im Banachraum $\mathfrak{B}_1$ in eine kompakte Folge des Banachraumes $\mathfrak{B}_2$ ab. Ein *verstärkt stetiger* Operator $K \in (\mathfrak{B}_1, \mathfrak{B}_2)$ bildet jede schwach konvergente Folge in $\mathfrak{B}_1$ auf eine konvergente Folge in $\mathfrak{B}_2$ ab. Ist speziell im letzten Fall $\mathfrak{B}_2 = \mathfrak{R}$, so ist K ein verstärkt stetiges Funktional. Das folgende einfache Lemma stellt eine Beziehung zwischen vollstetigen und verstärkt stetigen Operatoren her.

Lemma 2.1. *Der Operator* $K \in (\mathfrak{B}_1, \mathfrak{B}_2)$ *sei verstärkt stetig,* $\mathfrak{B}_1$ *reflexiv. Dann ist* K *auch vollständig.*

Beweis. Der verstärkt stetige Operator K ist offensichtlich stetig. Ist nun $\{u_n\}$ eine beschränkte Folge in $\mathfrak{B}_1$, so ist sie nach Satz I.2.9 in einer schwach kompakten Kugel gelegen, enthält also eine schwach konvergente Teilfolge $\{u_n'\} \subseteq \{u_n\}$. Nach Voraussetzung ist dann $\{Ku_n'\}$ Fundamentalfolge in $\mathfrak{B}_2$, q. e. d.

Eine Umkehrung der Behauptung von Lemma 2.1 gilt nur für spezielle Operatoren K.

Lemma 2.2. *Es sei* $K \in (\mathfrak{B}, \mathfrak{B}^*)$ *ein vollstetiger oder verstärkt stetiger Potentialoperator. Dann ist das Potential* Φ_K *des Operators* K,

$$\Phi_K(u) = \int_0^1 \langle K(tu), u \rangle \, dt,$$

ein verstärkt stetiges Funktional.

Beweis. Die reelle Funktion $\varphi(t) = \Phi_K(v + t(u - v))$, $t \in \mathfrak{R}$, ist nach Definition des Gradienten für fixierte Elemente $u, v \in \mathfrak{B}$ differenzierbar,

$$\begin{aligned}\varphi'(t) &= \lim_{\Delta t \to 0} \frac{1}{\Delta t} \left[\Phi_K(v + (t + \Delta t)(u - v)) - \Phi_K(v + t(u - v))\right] \\ &= \langle K(v + t(u - v)), u - v \rangle\end{aligned}$$

stetig, da K stetig ist. Folglich gilt

$$\Phi_K(u) - \Phi_K(v) = \int_0^1 \varphi'(t)\, dt = \langle K(v + \tau(u - v)), u - v \rangle \tag{2.2}$$

für ein τ aus $[0, 1]$.

Es sei nun $\{u_n\} \subseteq \mathfrak{B}$, $u_n \rightharpoonup u_0$. Wir nehmen im Gegensatz zur Behauptung des Lemmas an, daß für ein $\varepsilon > 0$ und eine Teilfolge $\{u_n'\} \subseteq \{u_n\}$

$$|\Phi_K(u_n') - \Phi_K(u_0)| \geqq \varepsilon, \qquad n = 1, 2, \ldots, \tag{2.3}$$

ist. Gemäß (2.2) gilt

$$\Phi_K(u_n') - \Phi_K(u_0) = \langle K(u_0 + \tau_n(u_n' - u_0)), u_n' - u_0 \rangle.$$

Nun ist nach Satz I.2.10 die Folge $\{\|u_n'\|\}$, $n = 1, 2, \ldots$, beschränkt. Wegen

$$\|u_0 + \tau_n(u_n' - u_0)\| \leqq (1 - \tau_n)\, \|u_0\| + \tau_n \|u_n'\| \leqq \|u_0\| + \|u_n'\|$$

ist die Folge $\{u_0 + \tau_n(u_n' - u_0)\}$ ebenfalls beschränkt. Dann gibt es nach Voraussetzung ein $y_0 \in \mathfrak{B}^*$ derart, daß mindestens für eine Teilfolge $\{n_k\}$, $k = 1, 2, \ldots$,

$$\lim_{k \to \infty} \|K(u_0 + \tau_{n_k}(u'_{n_k} - u_0)) - y_0\| = 0$$

ist. Somit gilt

$$\begin{aligned} &\lim_{k \to \infty} |\langle K(u_0 + \tau_{n_k}(u'_{n_k} - u_0)), u'_{n_k} - u_0 \rangle| \\ &\leqq \lim_{k \to \infty} |\langle y_0, u'_{n_k} - u_0 \rangle| \\ &\quad + \lim_{k \to \infty} \|K(u_0 + \tau_{n_k}(u'_{n_k} - u_0)) - y_0\| \, \|u'_{n_k} - u_0\| = 0 \end{aligned}$$

im Gegensatz zur Annahme (2.3). Der erzielte Widerspruch beweist das Lemma.

Wir sind nun in der Lage, einige Lösbarkeitskriterien für die Gleichung (2.1) anzugeben. Wir beginnen mit Lösbarkeitskriterien für das zugeordnete Minimum-Problem

$$\int_0^1 \langle P(tu), u \rangle\, dt - \int_0^1 \langle K(tu, x), u \rangle\, dt \leqq \int_0^1 \langle P(tv), v \rangle\, dt - \int_0^1 \langle K(tv, x), v \rangle\, dt \tag{2.4}$$

für alle $v \in \mathfrak{G} \subseteq \mathfrak{B}$.

Satz 2.1. *Es sei $\mathfrak{G} \subseteq \mathfrak{B}$ beschränkt, konvex und abgeschlossen, $\mathfrak{B}$ reflexiv. Der Potentialoperator $P \in (\mathfrak{B}, \mathfrak{B}^*)$ sei monoton, hemistetig*[1]*), $K(\cdot, x_0) \in (\mathfrak{B}, \mathfrak{B}^*)$ für ein $x_0 \in \mathfrak{X}$ vollstetiger Potentialoperator. Dann besitzt das Minimum-Problem* (2.4) *für $x = x_0$ eine Lösung.*

Beweis. Nach Satz I.2.9 ist $\mathfrak{G}$ schwach kompakt. Das Funktional

$$\Phi_P(u) = \int_0^1 \langle P(tu), u \rangle\, dt$$

[1]) Vgl. Definition I.3.7.

ist verstärkt unterhalbstetig auf $\mathfrak{B}$.[1]) Denn wie im Beweis zu Lemma 2.2 leiten wir die Formel

$$\Phi_P(u + h) - \Phi_P(u) = \int_0^1 \langle P(u + th), h\rangle \, dt \tag{2.5}$$

her. Ist nun $\{h_n\}$ eine Folge in $\mathfrak{B}$, $\lim_{n\to\infty} \langle f, h_n\rangle = 0$ für alle $f \in \mathfrak{B}^*$, so finden wir nach (2.5)

$$\Phi_P(u + h_n) - \Phi_P(u) = \langle Pu, h_n\rangle + \int_0^1 \langle P(u + th_n) - Pu, h_n\rangle \, dt \geqq \langle Pu, h_n\rangle$$

und daher

$$\varliminf_{n\to\infty} \Phi_P(u + h_n) \geqq \Phi_P(u). \tag{2.6}$$

Die Grenzwertbeziehung bedeutet nach Definition I.2.7 die verstärkte Unterhalbstetigkeit von Φ_P auf $\mathfrak{B}$. Nach Lemma 2.2 ist dann das Funktional $\Phi_P - \Phi_K$,

$$\Phi_K(u) = \int_0^1 \langle K(tu, x_0), u\rangle \, dt,$$

verstärkt unterhalbstetig auf $\mathfrak{G}$. Satz I.4.2 vollendet nun den Beweis dieses Satzes.

Korollar 2.1.1. *Bedingungen bezüglich der Operatoren* $P, K(\cdot, x_0) \in (\mathfrak{B}, \mathfrak{B}^*)$ *wie in Satz* 2.1; $\mathfrak{B}$ *sei weiterhin reflexiv. Die Wachstumsbedingungen*

$$\langle Pu, u\rangle \geqq \gamma(\|u\|)\,\|u\|, \tag{2.7}$$

$$\langle K(u, x_0), u\rangle \leqq r(\|u\|)\,\|u\| \tag{2.8}$$

mit stetigen Funktionen $\gamma(\tau)$, $r(\tau)$, $\tau \geqq 0$,

$$\gamma(t) - r(t) \geqq \varepsilon > 0 \quad \textit{für } t \geqq T \tag{2.9}$$

mögen für $u \in \mathfrak{B}$ *gelten. Dann besitzt die Gleichung* (2.1) *für* $x = x_0$ *eine Lösung.*

Beweis. Wir betrachten das Funktional $\Phi_P - \Phi_K$. Es gilt

$$\Phi_P(u) - \Phi_K(u) \geqq \int_0^1 \gamma(\tau\|u\|)\,\|u\| \, d\tau - \int_0^1 r(\tau\|u\|)\,\|u\| \, d\tau = \int_0^{\|u\|} [\gamma(\tau) - r(\tau)] \, d\tau.$$

Führen wir die reelle Funktion

$$p(t) = \int_0^t [\gamma(\tau) - r(\tau)] \, d\tau$$

[1]) Vgl. Satz I.3.4.

ein, so bemerken wir, daß p stetig in $t \geqq 0$ ist und $\lim_{t \to +\infty} p(t) = +\infty$ wegen der Bedingung (2.9) gilt. Es ist $\Phi_P(\theta) - \Phi_K(\theta) = 0$; wir finden dann eine Zahl $\varkappa > 0$ und eine abgeschlossene Kugel $\overline{\mathfrak{K}}(\theta, \varkappa) = \{u \in \mathfrak{B}; \|u\| \leqq \varkappa\}$ derart, daß

$$\Phi_P(v) - \Phi_K(v) \geqq p(\|v\|) \geqq 0$$

ist für $v \notin \overline{\mathfrak{K}}(\theta, \varkappa)$. Dann gilt

$$\Phi_P(v) - \Phi_K(v) \geqq \Phi_P(u) - \Phi_K(u) \quad \text{für alle } v \in \mathfrak{B}, \tag{2.10}$$

falls

$$\Phi_P(v) - \Phi_K(v) \geqq \Phi_P(u) \quad \text{für alle } v \in \overline{\mathfrak{K}}(\theta, \varkappa) \tag{2.11}$$

gilt, da $\theta \in \overline{\mathfrak{K}}(\theta, \varkappa)$ und $\Phi_P(u) - \Phi_K(u) \leqq \Phi_P(\theta) - \Phi_K(\theta) = 0$ ist. Das Minimum-Problem (2.11) ist aber nach Satz 2.1 lösbar. Folglich ist auch das Minimum-Problem (2.10) lösbar. Es sei $u_0 \in \overline{\mathfrak{K}}(\theta, \varkappa)$ eine Lösung dieses Minimum-Problems. Wir definieren sodann die reelle Funktion

$$q(t) = \Phi_P(u_0 + th) - \Phi_K(u_0 + th), \quad t \in \mathfrak{R}, \quad \text{für } h \in \mathfrak{B} \text{ beliebig fixiert;}$$

$q(t)$ ist differenzierbar und

$$q'(0) = \langle Pu_0 - K(u_0, x_0), h\rangle = 0 \quad \text{für alle } h \in \mathfrak{B},$$

also $Pu_0 - K(u_0, x_0) = \theta_*$, q. e. d.

Korollar 2.1.2. *Es sei* $K \in (\mathfrak{H} \times \mathfrak{X}, \mathfrak{H})$, $K(\cdot, x_0) \in (\mathfrak{H}, \mathfrak{H})$ *vollstetiger Potentialoperator im Hilbertraum* $\mathfrak{H}$ *für ein* $x_0 \in \mathfrak{X}$. *Überdies gelte*

$$\|K(u, x_0)\| \leqq r(\|u\|), \qquad u \in \mathfrak{H}, \tag{2.12}$$

mit stetiger Funktion $r(t)$, $t \geqq 0$ *und* $t - r(t) \geqq \varepsilon > 0$, *falls* $t \geqq T$ *ist. Dann besitzt die Gleichung*

$$u = K(u, x_0) \tag{2.13}$$

eine Lösung $u_0 \in \mathfrak{H}$.

Der Beweis folgt aus Korollar 2.1.1 mit $\mathfrak{B} = \mathfrak{H}$ und $Pu \equiv u$; denn aus der Bedingung (2.12) folgt

$$\big(K(u, x_0), u\big) \leqq \|K(u, x_0)\| \, \|u\| \leqq r(\|u\|) \, \|u\|.$$

Korollar 2.1.2 stellt einen Spezialfall des *Schauderschen Fixpunktsatzes* dar, der der Vollständigkeit halber hier ohne Beweis angegeben sein soll.

Satz 2.2. *Es sei* $\mathfrak{B}$ *ein Banachraum,* $\mathfrak{G} \subseteq \mathfrak{B}$ *eine beschränkte konvexe abgeschlossene Teilmenge von* $\mathfrak{B}$, $K \in (\mathfrak{B}, \mathfrak{B})$ *ein vollstetiger Operator,* $K(\mathfrak{G}) \subseteq \mathfrak{G}$. *Dann besitzt die Abbildung* K *einen Fixpunkt in* $\mathfrak{G}$.

Wir beweisen Korollar 2.1.2 mit Satz 2.2. Der Operator $K(\cdot, x_0) \in (\mathfrak{H}, \mathfrak{H})$ genügt den Ungleichungen

$$\|K(u, x_0)\| \leqq r(\|u\|), \qquad \|u\| \leqq T,$$

und

$$\|K(u, x_0)\| \leqq \|u\| - \varepsilon, \qquad \|u\| \geqq T.$$

Es sei nun $T_1 = \max_{t \in [0,T]} r(t)$ und $T_2 = \max \{T_1, T\}$. Auf der Kugel $\overline{\mathfrak{K}}(\theta, T_2)$ genügt $K(\cdot, x_0)$ der Ungleichung

$$\|K(u, x_0)\| \leqq T_2. \tag{2.14}$$

Denn es ist

$$\|K(u, x_0)\| \leqq T_1 \leqq T_2, \quad \text{falls } \|u\| \leqq T,$$

und

$$\|K(u, x_0)\| \leqq T_2 - \varepsilon < T_2, \quad \text{falls } u \in \overline{\mathfrak{K}}(\theta, T_2) \setminus \overline{\mathfrak{K}}(\theta, T)$$

ist. Der vollstetige Operator $K(\cdot, x_0)$ bildet somit die Kugel $\overline{\mathfrak{K}}(\theta, T_2)$ in sich ab, und Satz 2.2 gilt mit $\mathfrak{G} = \overline{\mathfrak{K}}(\theta, T_2)$. Es ist also $u_0 = K(u_0, x_0)$ für ein $u_0 \in \overline{\mathfrak{K}}(\theta, T_2)$, wie in Korollar 2.1.2 behauptet wurde.

2. Ein Einbettungssatz und eine Operatorgleichung in der Theorie der von-Kármánschen Platten

In Kapitel II wird die Gleichgewichtslage einer dünnen elastischen Platte mit der Mittelfläche $\Omega \subseteq \mathfrak{R}^2$ beschrieben. Der Zustand solcher Platten wird mit Hilfe der Durchbiegung $u_1(x_1, x_2)$ und des Spannungspotentials $u_2(x_1, x_2)$ beschrieben, die den Gleichungen (II.2.31) genügen und Randbedingungen erfüllen. Wir folgen den Annahmen (II.2.32), (II.2.33). Damit ergibt sich das folgende Problem: Gesucht ist ein Vektorfeld $u(x_1, x_2)$, $(x_1, x_2) \in \Omega$, $u = (u_1, u_2)$, dessen hinreichend glatte Komponenten den Gleichungen

$$\Delta^2 u_1 = -\alpha L(u_1, u_2) + q(x_1, x_2), \tag{2.15}$$

$$\Delta^2 u_2 = \beta L(u_1, u_1) \tag{2.16}$$

mit positiven Konstanten $\alpha = 2h/D$, $\beta = E/2$ zu gegebener Last $q = -2hq_3/D$ genügen. Die Randbedingungen lauten

$$u_i(x_1, x_2) = \frac{\partial u_i}{\partial x_j}(x_1, x_2) = 0, \qquad i, j = 1, 2, \ (x_1, x_2) \in \partial\Omega. \tag{2.17}$$

In der Gleichung (2.15) bedeutet

$$L(u_1, u_2) = 2\,\frac{\partial^2 u_1}{\partial x_1\,\partial x_2}\,\frac{\partial^2 u_2}{\partial x_1\,\partial x_2} - \frac{\partial^2 u_1}{\partial x_1^2}\,\frac{\partial^2 u_2}{\partial x_2^2} - \frac{\partial^2 u_2}{\partial x_1^2}\,\frac{\partial^2 u_1}{\partial x_2^2}. \tag{2.18}$$

Die Spur dieser Bilinearform erscheint in der Gleichung (2.16). Das Gleichungssystem (2.15), (2.16) mit den Randbedingungen (2.17) beschreibt eine am Rande eingespannte und dort spannungsfreie Platte.

Zur Einführung von Operatoren in dieses Problem setzen wir Ω als beschränkt und normal voraus, vgl. Definition III.1.1. Über Ω führen wir den Raum $C_4(\bar{\Omega})$ der in $\bar{\Omega}$ mit ihren partiellen Ableitungen $D_\alpha f$, $|\alpha| \leqq 4$, stetigen Funktionen

$f \in (\bar{\Omega}, \mathfrak{R})$ ein, vgl. Kap. III, § 1. In $C_4(\bar{\Omega})$ zeichnen wir den Unterraum C_0 der mit ihren Ableitungen $D_\alpha f$, $|\alpha| \leqq 1$, auf $\partial\Omega$ verschwindenden Funktionen $f \in C_4(\bar{\Omega})$ aus. C_0 sei der Definitionsbereich der Komponenten u_i in den von-Kármánschen Plattengleichungen. Für $u_1, u_2 \in C_0$ gilt

$$L(u_1, u_2) = -\frac{\partial}{\partial x_1}\left(\frac{\partial^2 u_2}{\partial x_2^2}\frac{\partial u_1}{\partial x_1} - \frac{\partial^2 u_2}{\partial x_1\,\partial x_2}\frac{\partial u_1}{\partial x_2}\right) - \frac{\partial}{\partial x_2}\left(\frac{\partial^2 u_2}{\partial x_1^2}\frac{\partial u_1}{\partial x_2} - \frac{\partial^2 u_2}{\partial x_1\,\partial x_2}\frac{\partial u_1}{\partial x_1}\right), \tag{2.19}$$

wie man einfach durch Differenzieren feststellt. Es sei nun $u = (u_1, u_2)$ und $u \in C_0 \times C_0$ Lösung der Aufgabe (2.15)—(2.17). Wir wählen ein beliebiges $h \in C_0$ und multiplizieren skalar in $L_2(\Omega)$:

$$\left.\begin{aligned} &\int_\Omega \sum_{i,j=1}^{2} \frac{\partial^2 u_1}{\partial x_i\,\partial x_j}\frac{\partial^2 h}{\partial x_i\,\partial x_j}\,dx \\ &= -\alpha\int_\Omega (u_{2,22}u_{1,1}h_{,1} - u_{2,12}u_{1,2}h_{,1} \\ &\quad + u_{2,11}u_{1,2}h_{,2} - u_{2,12}u_{1,1}h_{,2})\,dx + \int_\Omega q(x)\,h(x)\,dx, \\ &\int_\Omega \sum_{i,j=1}^{2} \frac{\partial^2 u_2}{\partial x_i\,\partial x_j}\frac{\partial^2 h}{\partial x_i\,\partial x_j}\,dx \\ &= \beta\int_\Omega (u_{1,22}u_{1,1}h_{,1} - u_{1,12}u_{1,2}h_{,1} + u_{1,11}u_{1,2}h_{,2} - u_{1,12}u_{1,1}h_{,2})\,dx. \end{aligned}\right\} \tag{2.20}$$

In Kap. III, § 1, Beispiel (iii), führten wir für reguläre Gebiete $\Omega \subseteq \mathfrak{R}^2$ auf dem Raum $\mathring{C}_2(\bar{\Omega})$ das Skalarprodukt

$$(u, v)_{\Delta^2} = \int_\Omega \sum_{i,j=1}^{2} \frac{\partial^2 u}{\partial x_i\,\partial x_j}\frac{\partial^2 v}{\partial x_i\,\partial x_j}\,dx \tag{2.21}$$

ein. Auf $\mathring{C}_2(\bar{\Omega})$ ist die durch das Skalarprodukt (2.21) erzeugte Norm der Norm des Raumes $W_2^2(\Omega)$ äquivalent. Nun ist $C_0 \subseteq \mathring{C}_2(\bar{\Omega})$; wegen der Randbedingung $D_\alpha u(x) = 0$ für $x \in \partial\Omega$, $|\alpha| \leqq 1$, $u \in C_0$, können wir sogar auf die Regularität von Ω verzichten, wenn das Skalarprodukt (2.21) nur auf C_0 definiert wird. Die Friedrichssche Ungleichung tritt dann an die Stelle der früher verwandten Poincaréschen Ungleichung. Die Abschließung von C_0 in $W_2^2(\Omega)$ bezeichnen wir mit W_0^2.

Mit der Konstante a in der Friedrichsschen Ungleichung (III.1.53) erhalten wir nach der Abschließung

$$\|u\|_{\Delta^2} \leqq \sqrt{2}\,\|u\|_{W_2^2} \leqq \sqrt{2}\,\sqrt{1 + a^4}\,\|u\|_{\Delta^2}, \qquad u \in W_0^2. \tag{2.22}$$

Wir betrachten auf C_0 noch die Norm des Raumes $W_4^1(\Omega)$ (vgl. (III.1.6))

$$\|u\|_{W_4^1}^4 = \int_\Omega \left[u^4(x) + \sum_{i=1}^{2}\left(\frac{\partial u}{\partial x_i}\right)^4\right] dx. \tag{2.23}$$

Bei der Herleitung der Friedrichsschen Ungleichung wie in Kap. III, § 1, erhalten wir für $u \in C_0 \subseteq \mathring{C}_1(\bar{\Omega})$, $x^0 \in \Omega \subseteq \mathfrak{G}_a$ die Ungleichung

$$u^2(x^0) \leqq a \int_0^a \left(\frac{\partial \tilde{u}}{\partial x_1}(\xi, x_2^0)\right)^2 d\xi, \tag{2.24}$$

$$\tilde{u}(x) = \begin{cases} u(x) & \text{für} \quad x \in \Omega, \\ 0 & \text{für} \quad x \in \mathfrak{G}_a \setminus \Omega, \end{cases} \qquad \mathfrak{G}_a = \{x \in \mathfrak{R}^2;\, 0 \leqq x_i \leqq a,\, i = 1, 2\}.$$

In (2.24) können wir die Schwarzsche Ungleichung nochmals anwenden. Es ergibt sich

$$u^4(x^0) \leqq a^3 \int_0^a \left(\frac{\partial \tilde{u}}{\partial x_1}(\xi, x_2^0)\right)^4 d\xi$$

und daraus

$$\int_\Omega u^4(x)\, dx \leqq a^4 \int_\Omega \left(\frac{\partial u}{\partial x_1}\right)^4 dx \leqq a^4 \int_\Omega \sum_{i=1}^n \left(\frac{\partial u}{\partial x_i}\right)^4 dx, \quad u \in C_0. \tag{2.25}$$

Das Funktional

$$\|u\|_{W_0^1} \underset{\text{Def}}{=} \left[\int_\Omega \sum_{i=1}^2 \left(\frac{\partial u}{\partial x_i}\right)^4 dx\right]^{1/4}, \qquad u \in C_0, \tag{2.26}$$

ist daher eine zur Norm (2.23) äquivalente Norm auf C_0. Die Abschließung von C_0 in $W_4^1(\Omega)$ bezeichnen wir mit W_0^1. Es gilt offensichtlich

$$\|u\|_{W_0^1} \leqq \|u\|_{W_4^1} \leqq (1 + a^4)^{1/4} \|u\|_{W_0^1}, \qquad u \in W_0^1. \tag{2.27}$$

Offensichtlich besteht zwischen den Räumen W_0^1 und W_0^2 ein enger Zusammenhang. Es gilt nämlich $W_0^2 \subseteq W_0^1$. Diese Einbettung gewinnt man aus einem weitergehenden Resultat von S. L. Sobolew [84], welches hier ohne Beweis zitiert sei (vgl. Satz III.3.1).

Satz 2.3. *Es sei $\Omega \subseteq \mathfrak{R}^m$ Vereinigung endlich vieler beschränkter miteinander zusammenhängender und im Sinne der Definition* III.3.1 *sternförmiger Gebiete. Der Einbettungsoperator $E \in (W_p^l(\Omega), W_q^k(\Omega))$ ist für $0 \leqq k < l$, $p > 1$ und*

$$1 < q \begin{cases} \text{beliebig, falls } m - (l - k)\, p \leqq 0, \\ < \dfrac{mp}{m - (l - k)\, p}, \text{ falls } m - (l - k)\, p > 0, \end{cases}$$

erklärt und vollstetig ($W_q^0 = L_q$).

In unserem Beispiel ist die Einbettung $E \in (W_2{}^2, W_4{}^1)$ von Interesse.[1])

Korollar 2.3.1. *Es genüge $\Omega \subseteq \Re^2$ den Bedingungen von Satz 2.3 für $m = 2$. Dann ist die Einbettung $E \in (W_{\rm D}{}^2, W_{\rm D}{}^1)$ erklärt, vollstetig und verstärkt stetig.*

Beweis. Zunächst ist nach Satz 2.3 die Einbettung $E \in \big(W_2{}^2(\Omega), W_4{}^1(\Omega)\big)$ erklärt und vollstetig. Denn für $l = 2$, $k = 1$, $m = 2$, $p = 2$ ist $m - (l - k)\, p = 0$, die Einbettung $E \in \big(W_2{}^2(\Omega), W_q{}^1(\Omega)\big)$ also erklärt und vollstetig für jedes $q > 1$. Hieraus folgt zunächst die Existenz einer Konstante $\mu > 0$, mit der

$$\|u\|_{W_4{}^1} \leqq \mu \|u\|_{W_2{}^2} \quad \text{für alle } u \in W_2{}^2(\Omega) \tag{2.28}$$

gilt. Speziell gilt die Ungleichung (2.28) auf $C_{\rm D}$, so daß $W_{\rm D}{}^2 \subseteq W_{\rm D}{}^1$ ist. Der Einbettungsoperator $E \in (W_{\rm D}{}^2, W_{\rm D}{}^1)$ ist also erklärt und als Einschränkung des vollstetigen Einbettungsoperators $E \in (W_2{}^2, W_4{}^1)$ auch vollstetig.

Es sei nun $\{u_n\} \subseteq W_{\rm D}{}^2$ und $u_n \rightharpoonup u_0 \in W_{\rm D}{}^2$. Dann ist die Folge $\{u_n\}$ beschränkt in $W_{\rm D}{}^2$ (vgl. Satz I.2.10). Die Folge $\{Eu_n\} \subseteq W_{\rm D}{}^1$ enthält daher konvergente Teilfolgen, $Eu_n{}' \to u' \in W_{\rm D}{}^1$. Andererseits ist

$$\lim_{n\to\infty} \langle u_n{}', f\rangle = \langle u_0, f\rangle \quad \text{für alle } f \in W_{\rm D}{}^{2*}.$$

Wegen $W_{\rm D}{}^2 \subseteq W_{\rm D}{}^1$ gilt die letzte Grenzwertbeziehung erst recht für alle $f \in W_{\rm D}{}^{1*}$, also $Eu_n{}' \rightharpoonup Eu_0$ und damit $u' = Eu_0$. Die Abschließung der Folge $\{Eu_n\}$ ist dann nicht nur kompakt, sondern sie besitzt genau einen Häufungspunkt Eu_0, also $\lim\limits_{n\to\infty} Eu_n = Eu_0$, q. e. d.

Wir wenden uns nun den rechten Seiten der Gleichungen (2.20) zu und betrachten zunächst das für fixierte $u_i \in W_{\rm D}{}^2$, $i = 1, 2$, erklärte Funktional $\Phi_1(u_1, u_2) \in (W_{\rm D}{}^1 \times W_{\rm D}{}^2, \Re)$,

$$\Phi_1(u_1, u_2)\, h = \int\limits_\Omega \Big(u_{2,22}u_{1,1} \frac{\partial h}{\partial x_1} - u_{2,12}u_{1,2} \frac{\partial h}{\partial x_1} + u_{2,11}u_{1,2} \frac{\partial h}{\partial x_2} - u_{2,12}u_{1,1} \frac{\partial h}{\partial x_2}\Big)\, dx. \tag{2.29}$$

Offensichtlich ist $\Phi_1(u_1, u_2)$ ein lineares Funktional; es ist sogar beschränkt. Denn für beliebige $i, j, k, l = 1, 2$ gilt nach der Schwarzschen Ungleichung

$$\left|\int\limits_\Omega u_{2,ij}u_{1,k} \frac{\partial h}{\partial x_l}\, dx\right|^4 \leqq \left[\int\limits_\Omega u_{2,ij}^2\, dx \int\limits_\Omega u_{1,k}^2 \left(\frac{\partial h}{\partial x_l}\right)^2 dx\right]^2$$
$$\leqq \left[\int\limits_\Omega u_{2,ij}^2\, dx\right]^2 \int\limits_\Omega u_{1,k}^4\, dx \int\limits_\Omega \left(\frac{\partial h}{\partial x_l}\right)^4 dx,$$

---

[1]) Die Einbettungsoperatoren in Satz 2.3 und Korollar 2.3.1 bilden, genau genommen, Äquivalenzklassen in Äquivalenzklassen ab. Wir verweisen auf den „Hinweis zur vorsichtigen Interpretation" in Kap. III, § 1, und behandeln die Elemente der $W_p{}^l$-Räume weiterhin wie Funktionen.

also

$$|\Phi_1(u_1, u_2)\,h| \leqq 4\|u_2\|_{\Delta^2}\,\|u_1\|_{W_0^1}\,\|h\|_{W_0^1} \leqq 4\mu\|u_2\|_{\Delta^2}\,\|u_1\|_{W_0^1}\,\|h\|_{W_2^2}$$
$$\leqq 8\mu\sqrt{1+a^4}\,\|u_2\|_{\Delta^2}\,\|u_1\|_{W_0^1}\,\|h\|_{\Delta^2}$$

wegen der Ungleichungen (2.28) und (2.22). Nach dem Rieszschen Darstellungssatz I.2.6 definiert die Formel

$$\Phi_1(u_1, u_2)\,h = \big(B(u_1, u_2), h\big)_{\Delta^2}, \qquad h \in W_0^2, \tag{2.30}$$

einen Operator $B \in (W_0^1 \times W_0^2, W_0^2)$. Dabei gilt die Abschätzung

$$\|B(u_1, u_2)\|_{\Delta^2} \leqq \mu_1\|u_2\|_{\Delta^2}\,\|u_1\|_{W_0^1}, \qquad u_2 \in W_0^2,\ u_1 \in W_0^1, \tag{2.31}$$

$\mu_1 = 8\mu\sqrt{1+a^4} = \text{const} > 0$. Neben dem Operator B betrachten wir noch den Spuroperator $C \in (W_0^2, W_0^2)$,

$$Cu_1 = B(u_1, u_1). \tag{2.32}$$

Für C ermitteln wir die Abschätzung

$$\|Cu_1\|_{\Delta^2} \leqq 2\mu_1\mu\sqrt{1+a^4}\,\|u_1\|_{\Delta^2}^2 = \left(\frac{\mu_1}{2}\right)^2\|u_1\|_{\Delta^2}^2, \qquad u_1 \in W_0^2, \tag{2.33}$$

aus den Ungleichungen (2.31), (2.28) und (2.22).

Schließlich erzeuge das Lastintegral $\int_\Omega q(x)\,h(x)\,dx$ ein lineares Funktional $\Lambda \in W_0^{2*}$. Das Element $f \in W_0^2$,

$$(f, h)_{\Delta^2} = \langle \Lambda, h\rangle = \int_\Omega q(x)\,h(x)\,dx, \qquad h \in W_0^2, \tag{2.34}$$

sehen wir als gegeben an. Die Gleichungen (2.20) lassen sich nun in der Form

$$u_1 = -\alpha B(u_1, u_2) + f, \qquad u_2 = \beta C u_1 \tag{2.35}$$

für Elemente $u_i \in W_0^2$, $i = 1, 2$, schreiben. Durch eine einfache Substitution erhalten wir daraus

$$u_1 = -\alpha B(u_1, \beta C u_1) + f. \tag{2.36}$$

Die Gleichung (2.36) ist für $u_1 \in W_0^2$ erklärt; wir nennen sie *Operatorgleichung der von-Kármánschen Plattentheorie.*

Satz 2.4. *Ω sei normal; dann gilt*

(i) *Jede Lösung* $u = (u_1, u_2)$, $u_i \in C_0$, $i = 1, 2$, *der Gleichungen* (2.15), (2.16) *ist Lösung der Gleichungen* (2.35).

(ii) *Jede Lösung* $u = (u_1, u_2)$, $u_i \in C_0$, $i = 1, 2$, *der Gleichungen* (2.35) *ist auch Lösung der Gleichungen* (2.15), (2.16).

Beweis. (i) ergibt sich direkt aus der Herleitung der Gleichungen (2.35), der Definition der Operatoren B, C und des Elementes $f \in W_0^2$.

(ii) $u = (u_1, u_2)$, $u_i \in C_0$, $i = 1, 2$, sei Lösung der Gleichungen (2.35). Wir multiplizieren skalar mit $h \in C_0$ in $W_0{}^2$ und erhalten (2.20). Partielle Integration ergibt dann

$$\int_\Omega [\Delta^2 u_1 + \alpha L(u_1, u_2) - q]\, h(x)\, dx = 0,$$

$$\int_\Omega [\Delta^2 u_2 - \beta L(u_1, u_1)]\, h(x)\, dx = 0.$$

C_0 ist dicht in $L_2(\Omega)$; es folgen die Beziehungen (2.15), (2.16), q. e. d.

Bemerkungen. (i) Bei der Herleitung der Operatorgleichung (2.36) wird von der Möglichkeit der Einbettung $W_0{}^2 \to W_0{}^1$ Gebrauch gemacht. Diese Einbettung ist für den Unterraum C_0 beider Räume trivial. Daher fehlen die Bedingungen des Einbettungssatzes 2.3 bezüglich Ω in Satz 2.4.

(ii) Im Äquivalenzsatz 2.4 wird keine Einzigkeit der Lösungen angenommen. Es wird auch nicht ausgesagt, daß alle „klassischen" Lösungen des Problems (2.15) bis (2.17) Lösungen des Systems (2.35) sind. Denn klassische Lösungen des Problems (2.15)—(2.17) kann man auch für Elemente des Raumes $C_4(\Omega) \cap C_1(\bar{\Omega})$ erklären, die möglicherweise nicht in $W_0{}^2$ enthalten sind.

(iii) Geht man von der Annahme aus, daß jede klassische Lösung des Randwertproblems (2.15)—(2.17) der von-Kármánschen Plattentheorie Komponenten u_1, u_2 in $L_2(\Omega)$ besitzt, so sagt Satz 2.4 aus, daß die beiden Formulierungen (2.15)—(2.17) und (2.35) auf dem in $L_2(\Omega)$ bzw. $W_0{}^2$ dichten Unterraum C_0 äquivalent sind.

3. Lösbarkeit der Operatorgleichung (2.36) der von-Kármánschen Plattentheorie

Lemma 2.3. *Der Operator* $C \in (W_0{}^2, W_0{}^2)$, *definiert durch die Beziehung* (2.32), *ist verstärkt stetig.*

Beweis. Es sei $\{u_n\} \subseteq W_0{}^2$ und $u_n \rightharpoonup u_0 \in W_0{}^2$. Nach Korollar 2.3.1 gilt sicher $\lim_{n\to\infty} \|u_n - u_0\|_{W_0{}^1} = 0$. Der Operator $B \in (W_0{}^1 \times W_0{}^2, W_0{}^2)$, der durch die Beziehungen (2.29), (2.30) definiert ist, ist offenbar bilinear. Wir finden daher

$$\begin{aligned}\|Cu_n - Cu_0\|_{\Delta^2} &= \|B(u_n, u_n) - B(u_0, u_0)\|_{\Delta^2}\\ &= \|B(u_n - u_0, u_n) + B(u_0, u_n - u_0)\|_{\Delta^2}\\ &\leqq \|B(u_n - u_0, u_n)\|_{\Delta^2} + \|B(u_0, u_n - u_0)\|_{\Delta^2}. \qquad (2.37)\end{aligned}$$

Nun ist die Einschränkung $B \in (W_0{}^2 \times W^2{}_0, W_0{}^2)$ symmetrisch. Wir haben zunächst für $u_1, u_2, h \in C_0$

$$\begin{aligned}\big(B(u_1, u_2), h\big)_{\Delta^2} &= \int_\Omega L(u_1, u_2)\, h(x)\, dx = \int_\Omega L(u_2, u_1)\, h(x)\, dx\\ &= \big(B(u_2, u_1), h\big)_{\Delta^2}, \qquad (2.38)\end{aligned}$$

vgl. (2.18), (219), und schließen die Beziehungen (2.38) in W_0^2 ab. Aus (2.37) und (2.31) folgt unter Ausnutzung dieser Symmetrie

$$\|Cu_n - Cu_0\|_{\Delta^2} \leqq \mu_1 \|u_n - u_0\|_{W_0^1} (\|u_n\|_{\Delta^2} + \|u_0\|_{\Delta^2}), \tag{2.39}$$

also $Cu_n \to Cu_0$ in W_0^2, q. e. d.

Lemma 2.4. *Der Operator $K_f \in (W_0^2, W_0^2)$, definiert durch die Beziehung*

$$K_f u = -\alpha B(u, \beta Cu) + f, \qquad u \in W_0^2, \tag{2.40}$$

für ein vorgegebenes $f \in W_0^2$, ist verstärkt stetig.

Beweis. Es sei $\{u_n\} \subseteq W_0^2$, $u_n \rightharpoonup u_0 \in W_0^2$. Wir finden

$$\begin{aligned} \|K_f u_n - K_f u_0\|_{\Delta^2} &= \alpha \|B(u_n, \beta Cu_n) - B(u_0, \beta Cu_0)\|_{\Delta^2} \\ &\leqq \alpha \|B(u_n - u_0, \beta Cu_n)\|_{\Delta^2} + \alpha \|B(u_0, \beta[Cu_n - Cu_0])\|_{\Delta^2} \\ &\leqq \alpha\beta\mu_1 (\|u_n - u_0\|_{W_0^1} \|Cu_n\|_{\Delta^2} + \|u_0\|_{W_0^1} \|Cu_n - Cu_0\|_{\Delta^2}), \end{aligned}$$

wenn wir die Abschätzung (2.31) benutzen. Schließlich ist der Einbettungsoperator $E \in (W_0^2, W_0^1)$ wie auch der Operator $C \in (W_0^2, W_0^2)$ verstärkt stetig (Korollar 2.3.1, Lemma 2.3). Mit diesem Resultat folgt

$$\lim_{n\to\infty} \|K_f u_n - K_f u_0\|_{\Delta^2} = 0,$$

q. e. d.

Lemma 2.5. *Der Operator $K_f \in (W_0^2, W_0^2)$ in* (2.40) *ist Fréchet-differenzierbar auf W_0^2 mit dem Differential*

$$K_f'(u)\, v = -2\alpha\beta B\big(u, B(u, v)\big) - \alpha\beta B(v, Cu). \tag{2.41}$$

$K_f' \subseteq (W_0^2, [W_0^2, W_0^2])$ ist stetig.

Beweis. Wie schon bemerkt, ist die Abbildung $B(u, v)$, $u, v \in W_0^2$, bilinear. Überdies gilt mit (2.31), (2.28), (2.22)

$$\|B(u, v)\|_{\Delta^2} \leqq \left(\frac{\mu_1}{2}\right)^2 \|u\|_{\Delta^2} \|v\|_{\Delta^2} \tag{2.42}$$

(vgl. (2.33)). Um die Fréchet-Differenzierbarkeit festzustellen, müssen wir nach Definition I.3.2 die Norm $\|K_f(u + v) - K_f u - K_f'(u)\, v\|_{\Delta^2}$ abschätzen. Dabei bemerken wir, daß $K_f'(u) \in [W_0^2, W_0^2]$ ist, denn neben der Linearität dieses Operators erhalten wir aus der Darstellung (2.41) mit (2.42) sofort die Abschätzung

$$\begin{aligned} \|K_f'(u)\, v\|_{\Delta^2} &\leqq \alpha\beta \left(\frac{\mu_1}{2}\right)^2 (2\|u\|_{\Delta^2}^2 \|B(u, v)\|_{\Delta^2} + \|v\|_{\Delta^2} \|Cu\|_{\Delta^2}) \\ &\leqq 3\alpha\beta \left(\frac{\mu_1}{2}\right)^4 \|u\|_{\Delta^2} \|v\|_{\Delta^2} \quad \text{für alle } v \in W_0^2; \end{aligned} \tag{2.43}$$

der Operator $K_f'(u)$ ist also stetig für jedes $u \in W_0^2$.

Wir erhalten nun nach einfachen Umrechnungen

$$\begin{aligned}\|K_f(u+v) - K_f u - K_f'(u)\,v\|_{\Delta^2} &= \alpha\beta\,\|B(u, Cv) + 2B\bigl(v, B(u,v)\bigr) + B(v, Cv)\|_{\Delta^2}\\ &\leqq \alpha\beta\left(\frac{\mu_1}{2}\right)^4 \|v\|^2_{\Delta^2}\,(\|v\|_{\Delta^2} + 3\|u\|_{\Delta^2})\\ &= o(\|v\|_{\Delta^2}),\end{aligned}$$

falls $\|v\|_{\Delta^2} \to 0$ geht.

Wir zeigen noch die Stetigkeit von K_f'. Für beliebig fixierte Elemente $u_1, u_2, v \in W_0{}^2$ finden wir

$$\begin{aligned}&\|K_f'(u_1)\,v - K_f'(u_2)\,v\|_{\Delta^2}\\ &\leqq 2\alpha\beta\bigl\|B\bigl(u_1, B(u_1,v)\bigr) - B\bigl(u_2, B(u_2,v)\bigr)\bigr\|_{\Delta^2}\\ &\quad + \alpha\beta\bigl\|B\bigl(v, B(u_1,u_1)\bigr) - B\bigl(v, B(u_2,u_2)\bigr)\bigr\|_{\Delta^2}\\ &= 2\alpha\beta\bigl\|B\bigl(u_1-u_2, B(u_1,v)\bigr) + B\bigl(u_2, B(u_1-u_2,v)\bigr)\bigr\|_{\Delta^2}\\ &\quad + \alpha\beta\bigl\|B\bigl(v, B(u_1-u_2,u_1)\bigr) + B\bigl(v, B(u_2,u_1-u_2)\bigr)\bigr\|_{\Delta^2}\\ &\leqq 3\alpha\beta\left(\frac{\mu_1}{2}\right)^4 \|u_1-u_2\|_{\Delta^2}\,(\|u_1\|_{\Delta^2} + \|u_2\|_{\Delta^2})\,\|v\|_{\Delta^2}.\end{aligned}$$

Da $v \in W_0{}^2$ beliebig ist, erhalten wir aus der letzten Abschätzung

$$\|K'(u_1) - K'(u_2)\| \leqq 3\alpha\beta\left(\frac{\mu_1}{2}\right)^4 (\|u_1\|_{\Delta^2} + \|u_2\|_{\Delta^2}\|)\,\|u_1 - u_2\|_{\Delta^2}.$$

Lemma 2.5 ist damit bewiesen.

Satz 2.5. *In der Operatorgleichung* (2.36) *der von-Kármánschen Plattentheorie*

$$u = K_f u \tag{2.44}$$

mit dem Operator $K_f \in (W_0{}^2, W_0^{*2})$ *aus* (2.40) *ist* K_f *ein vollstetiger und verstärkt stetiger Potentialoperator.*[1])

Beweis. Nach Lemma 2.4 ist K_f verstärkt stetig. Aus der Reflexivität des Hilbertraumes $W_0{}^2$ (vgl. Korollar I.2.6.2) und Lemma 2.1 folgt die Vollstetigkeit von K_f. Zum Beweis der Potentialeigenschaft wenden wir Satz I.3.1 an. Dabei identifizieren wir die Räume $W_0{}^2$ und $W_0{}^{2*}$. Nach Lemma 2.5 ist der Operator K_f auf $W_0{}^2$ Fréchet-differenzierbar und die Fréchet-Ableitung $K_f' \in (W_0{}^2, [W_0{}^2, W_0{}^2])$ stetig. Daraus folgt erst recht, daß K_f schwach differenzierbar mit der schwachen Ableitung K_f' und $K_f' \in \bigl(W_0{}^2, (W_0{}^2, W^2{}_0)\bigr)$ stetig in $\mathfrak{R}_2(W_0{}^2)$ ist.

Es bleibt die Symmetriebedingung

$$(K_f'(u)\,v, w)_{\Delta^2} = (K_f'(u)\,w, v)_{\Delta^2}, \qquad u, v, w \in W_0{}^2, \tag{2.45}$$

1) Das heißt, der Operator $\tilde{K}_f \in (W_0{}^2, (W_0{}^2)^*)$, $\tilde{K}_f u = (K_f u, \cdot)_{\Delta^2}$, ist Potentialoperator.

zu zeigen. Es gilt

$$\big(K_f'(u)\, v, w\big)_{\Delta^2} = -2\alpha\beta\big(B(u, B(u, v)), w\big)_{\Delta^2} - \alpha\beta\big(B(v, B(u, u)), w\big)_{\Delta^2}. \tag{2.46}$$

Definitionsgemäß ist

$$\big(B(u, z), w\big)_{\Delta^2} = \int_\Omega [z_{,22}u_{,1}v_{,1} + z_{,11}u_{,2}v_{,2} - z_{,12}(u_{,2}w_{,1} + u_{,1}w_{,2})]\, dx$$
$$= \big(B(w, z), u\big)_{\Delta^2}.$$

Da außerdem $B(u, z) = B(z, u)$, $z, u \in W_0^2$, ist (vgl. Beweis zu Lemma 2.3), gilt auch noch

$$\big(B(u, z), w\big)_{\Delta^2} = \big(B(u, w), z\big)_{\Delta^2}, \qquad u, w, z \in W_0^2. \tag{2.47}$$

Mit den Relationen

$$\big(B(u, B(u, v)), w\big)_{\Delta^2} = \big(B(u, w), B(u, v)\big)_{\Delta^2}$$

und

$$\big(B(v, B(u, u)), w\big)_{\Delta^2} = \big(B(v, w), B(u, u)\big)_{\Delta^2},$$

die für $u, v, w \in W_0^2$ aus (2.47) folgen, ist aber (2.45) richtig; Satz I.3.1 vervollständigt nun den Beweis von Satz 2.5.

Lemma 2.6. *Der Operator* $K_\theta \in (W_0^2, W_0^2)$,

$$K_\theta u = -\alpha\beta B(u, Cu) = -\alpha\beta B\big(u, B(u, u)\big),$$

besitzt die Eigenschaften

$$\left.\begin{aligned} &K_\theta\theta = \theta; \quad (K_\theta u, u)_{\Delta^2} \leqq 0 \ \textit{ für alle } u \in W_0^2;\\ &\textit{aus } K_\theta u = \theta \textit{ folgt } B(u, u) = \theta. \end{aligned}\right\} \tag{2.48}$$

Beweis. Aus der Homogenität von K_θ folgt zunächst, daß das Nullelement in W_0^2 bei der Abbildung K_θ Fixpunkt ist. Benutzen wir ferner die Symmetrieeigenschaft (2.47), so erhalten wir

$$(K_\theta u, u)_{\Delta^2} = -\alpha\beta\|B(u, u)\|^2_{\Delta^2} \leqq 0 \quad \text{für alle } u \in W_0^2.$$

Ist nun $K_\theta u = \theta$, so gilt $(K_\theta u, u)_{\Delta^2} = 0$, folglich auch $\|B(u, u)\|_{\Delta^2} = 0$. Die Eigenschaften (2.48) sind damit bewiesen.

Satz 2.6. *Die Operatorgleichung* (2.44) *bzw.* (2.36) *der von-Kármánschen Plattentheorie besitzt für jedes* $f \in W_0^2$ *eine Lösung* $u_f \in W_0^2$ *mit der Eigenschaft*

$$\|u_f\|_{\Delta^2} \leqq 2\|f\|_{\Delta^2}. \tag{2.49}$$

Beweis. Wir wenden Korollar 2.1.1 an. Der identische Operator $P = E$ ist offensichtlich monoton auf dem (reflexiven) Hilbertraum W_0^2 und genügt der Ungleichung (2.7) mit $\gamma(t) \equiv t$. Der Operator $K_f \in (W_0^2, W_0^2)$ ist nach Satz 2.5 vollstetig. Überdies gilt nach Lemma 2.6

$$(K_f u, u)_{\Delta^2} = (K_\theta u, u)_{\Delta^2} + (f, u)_{\Delta^2} \leqq \|f\|_{\Delta^2} \|u\|_{\Delta^2}.$$

K_f genügt damit der Bedingung (2.8) mit $r(t) \equiv \|f\|_{\Delta^2}$. Dann ist $\gamma(t) - r(t) \geqq \varepsilon$ für $t \geqq T = \|f\|_{\Delta^2} + \varepsilon$, und damit ist auch die Bedingung (2.9) erfüllt. Für ein geeignetes $\varkappa > 0$ besitzt die Gleichung $u = K_f u$ somit eine Lösung u_f in der Kugel $\mathfrak{K}(\theta, \varkappa)$, es gilt also $\|u_f\|_{\Delta^2} \leqq \varkappa$. Für $\varkappa$ erhalten wir eine Abschätzung aus dem Beweis von Korollar 2.1.1. Die Bedingung

$$\Phi_E(v) - \Phi_{K_f}(v) \geqq p(\|v\|_{\Delta^2}) \geqq p(\varkappa) = \Phi_E(\theta) - \Phi_{K_f}(\theta) = 0$$

für $\|v\|_{\Delta^2} \geqq \varkappa$ und

$$p(\varkappa) = \int_0^\varkappa [t - \|f\|_{\Delta^2}]\, dt = \frac{\varkappa^2}{2} - \varkappa\|f\|_{\Delta^2} = 0$$

läßt sich durch die Festlegung $\varkappa = 2\|f\|_{\Delta^2}$ erfüllen. Der Beweis von Satz 2.6 ist damit vollständig.

4. Ein Nachweis von Eigenwerten und Bifurkationspunkten

Wir wenden uns wieder der Gleichung (2.1), genauer der Gleichung

$$Pu = K(u, x_0) \qquad (x_0 \in \mathfrak{X} \text{ fixiert}) \tag{2.50}$$

mit den Potentialoperatoren $P, K(\cdot, x_0) \in (\mathfrak{B}, \mathfrak{B}^*)$ zu, vgl. (1.80). Es gelte $K \in (\mathfrak{B} \times \mathfrak{X}, \mathfrak{B}^*)$ und

$$P\theta = K(\theta, x) \quad \text{für alle } x \in \mathfrak{X}. \tag{2.51}$$

Wie in § 1 definieren wir Eigenlösungen, Eigenwerte und Bifurkationspunkte. In Ergänzung zu § 1 suchen wir diesmal jedoch nicht nach stabilen Bereichen der Gleichung (2.1), sondern im Gegenteil nach Eigenwerten und Bifurkationspunkten.

Wir führen die Potentiale

$$\Phi_P(u) = \int_0^1 \langle P(tu), u\rangle\, dt \quad \text{und} \quad \Phi_K(u) = \int_0^1 \langle K(tu, x_0), u\rangle\, dt \tag{2.52}$$

ein, setzen dazu voraus, daß P hemistetig, $K(\cdot, x_0)$ vollstetig ist und versuchen, Korollar 2.1.1 zur Lösung der Gleichung (2.50) heranzuziehen. Sollen Eigenlösungen ermittelt werden, so muß gesichert sein, daß das Nullelement θ nicht Minimalelement des Funktionals $\Phi_P - \Phi_K$ sein kann.

Lemma 2.7. *Es sei $\mathfrak{B}$ ein linearer normierter Raum; die Potentialoperatoren $P, K(\cdot, x_0) \in (\mathfrak{B}, \mathfrak{B}^*)$ mögen hemistetig sein und die Bedingungen*

$$\langle Pu, u\rangle \leqq c\|u\|^2 + r_1(\|u\|), \tag{2.53}$$

$$\langle K(u, x_0), u\rangle \geqq \langle K_0(x_0)\, u, u\rangle - \gamma_1(\|u\|) \tag{2.54}$$

mit einer Konstante $c > 0$ und mit stetigen Funktionen $\gamma_1(\tau)$, $r_1(\tau)$, $\tau \geqq 0$, erfüllen, die den Grenzwertbedingungen

$$\lim_{t\to 0} \frac{r_1(t)}{t^2} = 0, \qquad \lim_{t\to 0} \frac{\gamma_1(t)}{t^2} = 0 \tag{2.55}$$

genügen. Der Operator $K_0(x_0) \in (\mathfrak{B}, \mathfrak{B}^*)$ sei positiv homogen **ersten** *Grades, und das Supremum*

$$\sup_{u\in\mathfrak{B}} \frac{\langle K_0(x_0)\, u, u\rangle}{\|u\|^2} = C \tag{2.56}$$

möge mit endlichem $C > c$ existieren. Dann ist die Menge

$$\mathfrak{E}_0 = \{u \in \mathfrak{B};\, \Phi_P(u) - \Phi_K(u) < 0\}$$

nicht leer.

Beweis. Zunächst wählen wir ein $\varepsilon > 0$, für das noch $C - \varepsilon > c$ ist. Die Bedingung (2.56) gestattet uns, ein Element $v \in \mathfrak{B}$, $\|v\| \neq 0$, auszuwählen, für welches die Ungleichung

$$\frac{\langle K_0(x_0)\, v, v\rangle}{\|v\|^2} > C - \varepsilon \tag{2.57}$$

gilt. In der Darstellung

$$\Phi_P(v) - \Phi_K(v) = \int_0^1 [\langle P(\tau v), v\rangle - \langle K(\tau v, x_0), v\rangle]\, d\tau$$

verwenden wir die Ungleichungen (2.53), (2.54) und erhalten die Abschätzung

$$\Phi_P(v) - \Phi_K(v) \leqq \int_0^1 \Big\{\tau c\|v\|^2 + \frac{1}{\tau}\, r_1\,(\|\tau v\|) - \tau\langle K_0(x_0)\, v,\, v\rangle + \frac{1}{\tau}\,\gamma_1(\|\tau v\|)\Big\}\, d\tau$$

oder

$$\Phi_P(v) - \Phi_K(v) \leqq \int_0^1 \tau\|v\|^2 \Big\{c - \frac{\langle K_0(x_0)\, v,\, v\rangle}{\|v\|^2} + \frac{r_1(\|\tau v\|) + \gamma_1(\|\tau v\|)}{\|\tau v\|^2}\Big\}\, d\tau. \tag{2.58}$$

In (2.58) ersetzen wir v durch sv, $s \in (0, 1)$. Die Ungleichung (2.57) bleibt wegen der Homogenität von $K_0(x_0)$ dabei unverändert gültig. Mit Hilfe von (2.57) für sv erhalten wir dann aus (2.58)

$$\Phi_P(sv) - \Phi_K(sv) \leqq \int_0^1 \tau\|sv\|^2 \Big\{c - C + \varepsilon + \frac{r_1(\|\tau sv\|) + \gamma_1(\|\tau sv\|)}{\|\tau sv\|^2}\Big\}\, d\tau.$$

Jetzt fixieren wir ein $s_0 \in (0, 1)$, für welches

$$\frac{r_1(\|\tau s_0 v\|) + \gamma_1(\|\tau s_0 v\|)}{\|\tau s_0 v\|^2} < \frac{C - \varepsilon - c}{2} \quad \text{für } \tau \in [0, 1]$$

ist. Diese Wahl ist wegen der Bedingungen (2.55) möglich. Mit diesem s_0 gilt dann

$$\Phi_P(s_0 v) - \Phi_K(s_0 v) \leqq \int_0^1 \tau \|s_0 v\|^2 \frac{c - C + \varepsilon}{2} \, d\tau$$

$$= \|s_0 v\|^2 \frac{c - C + \varepsilon}{4} < 0 \quad \text{oder } s_0 v \in \mathfrak{E}_0,$$

q. e. d.

In Verbindung mit Korollar 2.1.1 ergibt Lemma 2.7 den folgenden Existenzsatz für Eigenwerte der Gleichung (2.1).

Satz 2.7. *Es sei $\mathfrak{B}$ ein reflexiver Banachraum. Die Potentialoperatoren $P, K(\cdot, x_0) \in (\mathfrak{B}, \mathfrak{B}^*)$ mögen hemistetig sein, $K(\cdot, x_0)$ überdies vollstetig, P monoton. Folgende Wachstumsbedingungen seien für $u \in \mathfrak{B}$ erfüllt:*

$$\gamma(\|u\|) \|u\| \leqq \langle Pu, u\rangle \leqq c\|u\|^2 + r_1(\|u\|), \tag{2.59}$$

$$\langle K_0(x_0)\, u, u\rangle - \gamma_1(\|u\|) \leqq \langle K(u, x_0), u\rangle \leqq r(\|u\|)\, \|u\|. \tag{2.60}$$

Die Funktionen $\gamma(\tau), \gamma_1(\tau), r(\tau), r_1(\tau), \tau \geqq 0$, sind darin stetige Funktionen, die die Bedingungen

$$\left.\begin{aligned} &\gamma(\tau) - r(\tau) \geqq \varepsilon, && \tau \geqq T, \\ &\lim_{\tau\to 0} \frac{r_1(\tau)}{\tau^2} = 0, && \lim_{\tau\to 0} \frac{\gamma_1(\tau)}{\tau^2} = 0 \end{aligned}\right\} \tag{2.61}$$

erfüllen; c und ε sind positive Konstanten. Schließlich gelte $P\theta = K(\theta, x_0) = \theta_*$. Der Operator $K_0(x_0) \in (\mathfrak{B}, \mathfrak{B}^*)$ sei positiv homogen ersten Grades und das Supremum

$$\sup_{u\in\mathfrak{B}} \frac{\langle K_0(x_0)\, u, u\rangle}{\|u\|^2} = C$$

existiere mit endlichem $C > c$. Dann ist $x_0 \in \mathfrak{X}$ Eigenwert der Gleichung (2.1).

Beweis. Nach Korollar 2.1.1 besitzt die Gleichung (2.1) für $x = x_0$ unter den genannten Bedingungen eine Lösung $u_0 \in \mathfrak{B}$. Die Lösung u_0 ist Lösung des Minimum-Problems

$$\Phi_P(v) - \Phi_K(v) \geqq \Phi_P(u_0) - \Phi_K(u_0) \quad \text{für alle } v \in \mathfrak{B} \tag{2.62}$$

mit den Funktionalen Φ_P, Φ_K aus (2.52). Nun ist unter den Voraussetzungen dieses Satzes nach Lemma 2.7 die Menge $\mathfrak{E}_0$ nicht leer, also gewiß $u_0 \in \mathfrak{E}_0$. Es gilt aber $\theta \notin \mathfrak{E}_0$, also $u_0 \neq \theta$, q. e. d.

Der bewiesene Satz 2.7 kann auch zum Nachweis von Bifurkationspunkten benutzt werden. Zu diesem Zweck betrachten wir die Gleichung

$$Pu = K_0(x)\, u \tag{2.63}$$

mit den Operatoren $P \in (\mathfrak{B}, \mathfrak{B}^*)$ und $K_0 \in (\mathfrak{B} \times \mathfrak{X}, \mathfrak{B}^*)$ aus Satz 2.7.

Satz 2.8. *Es sei* $\mathfrak{B}$ *ein reflexiver Banachraum. Die Potentialoperatoren* P, $K_0(x_0) \in (\mathfrak{B}, \mathfrak{B}^*)$ *mögen hemistetig sein.* P *sei monoton und genüge den Ungleichungen*

$$c\|u\|^2 + \gamma_2(\|u\|)\, \|u\| \leqq \langle Pu, u\rangle \leqq c\|u\|^2 + r_2(\|u\|)\, \|u\|, \quad u \in \mathfrak{B}. \tag{2.64}$$

Hierin ist c *eine positive Konstante,* $r_2(\tau)$, $\gamma_2(\tau)$, $\tau \geqq 0$, *sind stetige Funktionen, die den Bedingungen*

$$\left.\begin{aligned} &\lim_{\tau\to 0} \frac{r_2(\tau)}{\tau} = 0,\ \gamma_2(\tau) > 0 \quad \text{für } \tau > 0 \\ &\text{und} \\ &\lim_{v\to\infty} \frac{\gamma_2(\tau)}{\tau^{1+\delta}} = +\infty \text{ für ein } \delta > 0 \end{aligned}\right\} \tag{2.65}$$

erfüllen. $K_0(x_0)$ *sei vollstetig und erfülle die Bedingung* (2.56) *mit endlichem* $C > c$. $K_0(x_0)\, u$ *sei homogen:*

$$K_0(x_0)\,(tu) = tK(x_0)\, u, \qquad K(tx_0)\, u = t^q K(x_0)\, u \tag{2.66}$$

für ein $q > 0$, $t \geqq 0$, $u \in \mathfrak{B}$. *Dann ist das Element* $x_* = (c/C)^{1/q x_0}$ *Bifurkationspunkt der Gleichung* (2.63).

Beweis. Wir wählen eine Folge von Zahlen λ_n, $n = 1, 2, \ldots$, $\lambda_n > (c/C)^{1/q}$, $\lim\limits_{n\to\infty} \lambda_n = (c/C)^{1/q}$, und definieren die Elemente $x_n \in \mathfrak{X}$, $x_n = \lambda_n x_0$. Offensichtlich gilt $\lim\limits_{n\to\infty} x_n = x_*$. Für beliebiges n sind die Bedingungen von Satz 2.7 mit $x_0 = x_n$, $\gamma(\tau) = c\tau + \gamma_2(\tau)$, $\gamma_1(\tau) \equiv 0$, $r_1(\tau) = \tau r_2(\tau)$ und $r^{(n)}(\tau) = \lambda_n{}^q C\tau$ erfüllt.
Tatsächlich erhalten wir mit den Homogenitätseigenschaften (2.66)

$$\sup_{u\in\mathfrak{B}} \frac{\langle K_0(x_n)\, u, u\rangle}{\|u\|^2} = \lambda_n{}^q \sup_{u\in\mathfrak{B}} \frac{\langle K_0(x_0)\, u, u\rangle}{\|u\|^2} = \lambda_n{}^q C > c,$$

speziell auch

$$\langle K_0(x_n)\, u, u\rangle \leqq \lambda_n{}^q C\|u\|^2 = r^{(n)}(\|u\|)\, \|u\|, \qquad u \in \mathfrak{B}.$$

Die noch fehlende Bedingung $\gamma(\tau) - r^{(n)}(\tau) \geqq \varepsilon$, $\tau \geqq T$, ergibt sich aus der Grenzwertbeziehung

$$\begin{aligned} \lim_{\tau\to\infty} \frac{\gamma(\tau)}{r^{(n)}(\tau)} &= \lim_{\tau\to\infty} \frac{c\tau + \gamma_2(\tau)}{\lambda_n{}^q C\tau} \geqq \frac{1}{\lambda_n{}^q C} \lim_{\tau\to\infty} \frac{\gamma_2(\tau)}{\tau} \\ &\geqq \frac{1}{\lambda_n{}^q C} \lim_{\tau\to\infty} \frac{\gamma_2(\tau)}{\tau^{1+\delta}} = +\infty. \end{aligned}$$

Mit Hilfe von Satz 2.7 stellen wir nun fest, daß die Elemente $x_n = \lambda_n x_0$, $n = 1, 2, \ldots$, Eigenwerte der Gleichung (2.63) sind. Zu jedem Eigenwert x_n existiert eine Eigenlösung u_n in der Menge

$$\mathfrak{E}_0^{(n)} = \left\{u \in \mathfrak{B};\ \int_0^1 \langle P(tu), u\rangle\, dt - \int_0^1 \langle K_0(x_n)\,(tu), u\rangle\, dt < 0\right\}.$$

Es gilt also

$$\int_0^1 \langle P(tu_n), u_n\rangle\, dt - \frac{1}{2}\,\langle K_0(x_n)\, u_n, u_n\rangle\, dt < 0, \qquad n = 1, 2, \ldots \tag{2.67}$$

Mit (2.64) gewinnen wir aus (2.67) die Abschätzung

$$\begin{aligned}\int_0^{\|u_n\|} \gamma_2(\tau)\, d\tau &\leqq \frac{1}{2}\,\{\lambda_n{}^q\langle K_0(x_0)\, u_n, u_n\rangle - c\|u_n\|^2\}\\ &\leqq \frac{1}{2}\, C\left(\lambda_n{}^q - \frac{c}{C}\right)\|u_n\|^2, \qquad n = 1, 2, \ldots\end{aligned} \tag{2.68}$$

Aus (2.68) ersehen wir sofort, daß die Folge

$$\frac{1}{\|u_n\|^2}\int_0^{\|u_n\|} \gamma_2(\tau)\, d\tau$$

beschränkt ist und sogar eine Nullfolge darstellt. Andererseits gilt wegen (2.65) die Abschätzung $\gamma_2(\tau)/\tau^{1+\delta} \geqq \varkappa > 0$ für $\tau \geqq T_1$, falls $\|u\| \geqq T_1$ ist, also

$$\begin{aligned}\frac{1}{\|u\|^2}\int_0^{\|u\|} \gamma_2(\tau)\, d\tau &\geqq \frac{1}{\|u\|^2}\int_0^{T_1} \gamma_2(\tau)\, d\tau + \frac{\varkappa}{\|u\|^2}\int_0^{\|u\|} \tau^{1+\delta}\, d\tau\\ &= \frac{1}{\|u\|^2}\int_0^{T_1} \gamma_2(\tau)\, d\tau + \frac{\varkappa}{(2+\delta)\,\|u\|^2}\,(\|u\|^{2+\delta} - T_1^{2+\delta})\end{aligned}$$

oder

$$\lim_{\|u\|\to\infty} \frac{1}{\|u\|^2}\int_0^{\|u\|} \gamma_2(\tau)\, d\tau = +\infty.$$

Dann ist wegen (2.68) die Folge $\{\|u_n\|\}$ beschränkt und sogar Nullfolge, da

$$\int_0^t \gamma_2(\tau)\, d\tau > 0$$

ist für $t > 0$ (Bedingung (2.65)), andererseits aber

$$\lim_{n\to\infty} \int_0^{\|u_n\|} \gamma_2(\tau)\, d\tau = 0.$$

Insgesamt haben wir damit eine Folge $\{x_n\} \subseteq \mathfrak{X}$ von Eigenwerten der Gleichung (2.63), $x_n \to x_*$, mit Eigenlösungen $\{u_n\} \subseteq \mathfrak{B}$, $\|u_n\| \to 0$; x_* ist damit Verzweigungspunkt, q. e. d.

Schließlich betrachten wir die Gleichung (2.63) mit dem metrischen Parameterraum

$$\mathfrak{F}(x_0) = \{x \in \mathfrak{B};\, x = tx_0,\, t \geqq 0\}$$

zu einem vorgegebenen Element $x_0 \in \mathfrak{B}$; $\mathfrak{F}(x_0)$ ist ein Strahl in $\mathfrak{B}$ und vollständiger metrischer Raum mit der von $\mathfrak{B}$ induzierten Metrik. Sinngemäß übertragen wir den Begriff des Eigenwertes aus § 1 auf die Gleichung (2.63) mit $K_0 \in (\mathfrak{B} \times \mathfrak{F}(x_0), \mathfrak{B}^*)$, bezeichnen mit $\mathfrak{E}$ die Menge der Eigenwerte in $\mathfrak{F}(x_0)$ und nennen Intervalle der Form

$$\mathfrak{K}(\theta, \varepsilon) = \{x \in \mathfrak{F}(x_0);\, \|x\| < \varepsilon\}$$

stabile Grundbereiche, wenn sie mit $\mathfrak{E}$ durchschnittsfremd sind.

Korollar 2.8.1. *Bedingungen wie in Satz 2.8. Dann gilt:*

(i) $\mathfrak{K}(\theta, (c/C)^{1/q}\|x_0\|_{\mathfrak{X}})$ *ist stabiler Grundbereich.*

(ii) $\mathfrak{F}(x_0) \setminus \overline{\mathfrak{K}}(\theta, (c/C)^{1/q}\|x_0\|_{\mathfrak{X}}) \subseteq \mathfrak{E}$.

(iii) *Das Element* $x_* = (c/C)^{1/q} x_0$ *ist Bifurkationspunkt.*

Beweis. Die Eigenschaft (i) ergibt sich leicht aus einer Modifizierung von Satz 1.12. Es sei $x \in \mathfrak{F}(x_0)$ Eigenwert der Gleichung (2.63). Dann ist für ein $u \in \mathfrak{B}$, $\|u\| > 0$, die Beziehung $\langle Pu, u\rangle = \langle K_0(x)\, u, u\rangle$ erfüllt, aus der mit den Abschätzungen (2.64) die Ungleichung

$$c\|u\|^2 \leqq \frac{\langle K_0(x)\, u, u\rangle}{\|u\|^2}\, \|u\|^2$$

hergeleitet werden kann, wenn $\gamma_2(\tau) \geqq 0$ berücksichtigt wird. Nun ist $x = tx_0$ mit einem $t \geqq 0$, also wegen (2.66) und (2.56)

$$c \leqq t^q \frac{\langle K_0(x_0)\, u, u\rangle}{\|u\|^2} \leqq t^q C.$$

Mit $\|x\|_{\mathfrak{X}} = t^q \|x_0\|_{\mathfrak{X}}$ erhalten wir daraus

$$1 \leqq \left(\frac{\|x\|_{\mathfrak{X}}}{\|x_0\|_{\mathfrak{X}}}\right)^q \frac{C}{c} \quad \text{oder} \quad \|x\|_{\mathfrak{X}} \geqq \left(\frac{c}{C}\right)^{1/q} \|x_0\|_{\mathfrak{X}}.$$

Die Eigenschaft (i) ist damit bewiesen.

Im Beweis zu Satz 2.8 wird bemerkt, daß jedes Element der Form $\lambda_n x_0$ mit $\lambda_n > (c/C)^{1/q}$ Eigenwert der Gleichung (2.63) ist. Diese Aussage ist gerade mit der Aussage (ii) in Korollar 2.8.1 identisch. Die folgende Aussage (iii) deckt sich mit der Aussage von Satz 2.8. Korollar 2.8.1 ist damit vollständig bewiesen.

Der letzte Satz und sein Korollar eröffnen die Möglichkeit, stabile Grundbereiche durch Strahlen im Parameterraum „abzutasten". In dem betrachteten, durchaus nicht ungewöhnlichen Beispiel der Operatorgleichung (2.63) kann man unschwer Bedingungen angeben, unter denen der Rand des stabilen Grundbereiches von Bifurkationspunkten gebildet wird. Der zur Abschließung des stabilen Grundbereiches komplementäre Teil des Parameterraumes kann gänzlich aus Eigenwerten bestehen. In diesem Fall sähe die nichtlineare Spektraltheorie verblüffend einfach aus, wenn sie nur Eigenwerte berücksichtigt.

5. Untersuchung eines Beulproblems für eingespannte mäßig nichtlineare Platten

In Kap. II, § 2, haben wir das Gleichgewicht einer nichtlinear elastischen Platte im Rahmen einer vereinfachten geometrisch linearen Theorie beschrieben. Wir folgen der Darstellung (II.2.64)—(II.2.67), setzen dort jedoch $Q_l \equiv 0$, $l = 1, 2$. Die Plattenkräfte

$$T_1 = \int_{-h}^{h} \sigma_{11}\, dx_3, \qquad T_2 = \int_{-h}^{h} \sigma_{22}\, dx_3, \qquad T_3 = \int_{-h}^{h} \sigma_{12}\, dx_3$$

sowie die Ausbeulung u der Mittelfläche sehen wir dann als die interessierenden Zustandsgrößen der betrachteten Platte an. Diese Größen sind reelle Funktionen der Variablen $x = (x_1, x_2) \in \Omega$; Ω ist ein mit der Mittelfläche der Platte identifiziertes Gebiet in $\mathfrak{R}^2$. Die Zustandsgrößen genügen den Gleichungen

$$\frac{\partial T_1}{\partial x_1} + \frac{\partial T_3}{\partial x_2} = 0, \qquad \frac{\partial T_3}{\partial x_1} + \frac{\partial T_2}{\partial x_2} = 0 \tag{2.69}$$

und

$$2 \int_{\Omega} g(H[u, u])\, H[u, \delta u]\, dx = \int_{\Omega} \left(T_1 \frac{\partial^2 u}{\partial x_1^2} + 2T_3 \frac{\partial^2 u}{\partial x_1\, \partial x_2} + T_2 \frac{\partial^2 u}{\partial x_2^2} \right) \delta u\, dx \tag{2.70}$$

für alle zulässigen Verschiebungen δu.

In der Variationsgleichung (2.70) ist

$$g(H[u, u]) = \int_{-h}^{h} x_3^2 \varrho(x_3^2 H[u, u])\, dx_3$$

durch die Materialfunktion $\varrho(\xi)$, $\xi \geqq 0$, gegeben. In Kap. III, § 2, trat eine ähnliche Materialfunktion bei der Untersuchung geometrisch linearer nichtlinear elastischer Platten auf. Wir ermöglichen Vergleiche mit den dort erzielten Ergebnissen, wenn wir wieder die Darstellung

$$H[u, v] = \frac{\partial^2 u}{\partial x_1^2} \frac{\partial^2 v}{\partial x_1^2} - \frac{1}{2} \frac{\partial^2 u}{\partial x_1^2} \frac{\partial^2 v}{\partial x_2^2} - \frac{1}{2} \frac{\partial^2 u}{\partial x_2^2} \frac{\partial^2 v}{\partial x_1^2} + \frac{\partial^2 u}{\partial x_2^2} \frac{\partial^2 v}{\partial x_2^2} + 3 \frac{\partial^2 u}{\partial x_1 \, \partial x_2} \frac{\partial^2 v}{\partial x_1 \, \partial x_2} \tag{2.71}$$

für die Bilinearform $H[u, v]$ wählen. Die geometrische Bedeutung dieser Bilinearform ist in Kap. II, § 2, erläutert; aus diesen Erläuterungen ist auch ersichtlich, daß die Darstellung (2.71) sinnvoll und zulässig ist, vgl. (II.2.36).

Aus Satz III.2.4 ersehen wir, daß die Gleichung in Variationen

$$\int_\Omega g(H[u, u]) \, H[u, \delta u] \, dx = \Lambda \quad \text{für alle } \delta u \in W_e \tag{2.72}$$

mit der Bilinearform (2.71) und beliebigem $\Lambda \in W_e^*$ für die Materialfunktion

$$g(\xi) = \int_{-h}^{h} \varrho(\tau^2 \xi) \, \tau^2 \, d\tau, \qquad \xi \geqq 0,$$

unter den Bedingungen

$$\mu \geqq \varrho(\xi) \geqq \varphi_0 > 0, \qquad \nu \geqq \frac{d[\varrho(\xi^2) \, \xi]}{d\xi} \geqq \psi_0 > 0 \tag{2.73}$$

genau eine Lösung $u \in W_e$ besitzt. Der Raum W_e ist als Abschließung des Raumes $\dot{C}_2(\Omega)$ mit dem Skalarprodukt (II.2.48) oder

$$(u, v)_e = \int_\Omega H[u, v] \, dx \tag{2.74}$$

den Beulfunktionen einer eingespannten Platte angepaßt. Wegen der Gültigkeit der Friedrichsschen Ungleichung erzeugt das Skalarprodukt (2.74) eine zur Norm des Raumes $W_2^2(\Omega)$ äquivalente Norm, und es gilt mit geeigneten Konstanten $\sigma_1, \sigma_2 > 0$

$$\sigma_1 \|u\|_e \leqq \|u\|_{W_2^2} \leqq \sigma_2 \|u\|_e, \qquad u \in W_e. \tag{2.75}$$

Die Gleichungen (2.69) besitzen offensichtlich die Lösung $T = (T_1, T_2, T_3) = \text{const}$. Gehen wir mit dieser Lösung in die Variationsgleichung (2.70) ein, die wir nun für geeignete Elemente $u, \delta u \in W_e$ erklären wollen, so stellt (2.70) eine implizite Operatorfunktion oder parameterabhängige Operatorgleichung mit dem Parameterraum $\mathfrak{R}^3$ dar. Diese Gleichung besitzt für jedes $T \in \mathfrak{R}^3$ offenbar die Lösung $u_0 \in \dot{C}_2(\Omega)$, $u_0(x) \equiv 0$, die der nicht ausgebeulten Platte entspricht und fernerhin als triviale Lösung bezeichnet wird. Das Beulproblem für eine eingespannte mäßig nichtlineare Platte wird somit zum Eigenwert- und Bifurkationsproblem für die als parameterabhängige Operatorgleichung aufgefaßte Gleichung (2.70). Die rechte Seite dieser Gleichung stellt ein Funktional $\Lambda \in (\mathfrak{R}^3 \times W_e \times W_e, \mathfrak{R})$,

$$\Lambda(T, u, v) = \int_\Omega \left(T_1 \frac{\partial^2 u}{\partial x_1^2} + 2 T_3 \frac{\partial^2 u}{\partial x_1 \, \partial x_2} + T_2 \frac{\partial^2 u}{\partial x_2^2} \right) v \, dx \tag{2.76}$$

dar, welches in jeder Variablen linear ist. Nur für $T = \theta$ ist die Beulgleichung (2.70) von der Gestalt (2.72) und besitzt als einzige Lösung das Element $u_0 = \theta \in W_e$ — die triviale Lösung. Im allgemeinen besitzt die Gleichung (2.70) für geeignete $T \in \mathfrak{R}^3$ auch nichttriviale Lösungen. Am Beispiel dieser Gleichung wollen wir nun die Methode des vorangegangenen Abschnitts zum Nachweis von Eigenwerten erproben. Wir schreiben die Gleichung daher in der Gestalt

$$\langle Pu, v\rangle = \Lambda(T, u, v) = \langle K(u, T), v\rangle \tag{2.77}$$

mit

$$\langle Pu, v\rangle = 2 \int_\Omega g(H[u, u])\, H[u, v]\, dx$$

und

$$\langle K(u, T), v\rangle = \Lambda(T, u, v)$$

aus (2.76) für einen noch festzulegenden Definitionsbereich $\mathfrak{B}_e \subseteq W_e$.

Bei der Durchsicht der Bedingungen des Existenzsatzes 2.7 für Eigenwerte ergeben sich Schwierigkeiten mit den Bedingungen (2.73) der zum Vergleich herangezogenen Aufgabe (2.72): Die Bedingungen (2.59) bis (2.61) erfordern Wachstumseigenschaften der Form

$$g_1\xi^{2r} \leqq g(\xi^2) \leqq g_0 + g_2\xi^{2r}, \qquad \xi \in \mathfrak{R}, \tag{2.78}$$

mit geeigneten positiven Konstanten g_i, $i = 1, 2, 0$, und r. In diesem Fall ist aber der Raum W_e als Definitionsbereich der Gleichung (2.77) zu weit. Wir widmen uns daher zunächst der Aufgabe, einen geeigneten Unterraum $\mathfrak{B}_e \subseteq W_e$ von Beulfunktionen zu erzeugen. Für Materialfunktionen $g(\xi)$, die der Bedingung (2.78) genügen, bietet sich die in Kap. III, § 4, dargestellte Theorie der verallgemeinerten Orlicz-Räume zur Untersuchung der Gleichung (2.77) an. Wir folgen diesem Gedanken und fordern zusätzlich zu (2.78):

$$f(\xi) = 2 \int_0^{|\xi|} g(t^2)\, t\, dt \text{ sei eine } N \text{ Funktion.}$$

Lemma 2.8. *Die Materialfunktion* $g(\xi)$, $\xi \geqq 0$, *sei stetig, genüge den Bedingungen* (2.78); *die Funktion* $p(\xi) = g(\xi^2)\,\xi$, $\xi \geqq 0$, *sei monoton streng wachsend. Dann ist die Funktion* $f(\xi) = 2 \int_0^{|\xi|} p(t)\, dt$ *eine N-Funktion* (Kap. III, § 4), *die neben der Eigenschaft* (E_1) *auch* (E_2) *erfüllt.*

Beweis. Für $\xi > 0$ ergibt sich aus (2.78)

$$g_1\xi^{2r+1} \leqq p(\xi) \leqq g_0\xi + g_2\xi^{2r+1} \tag{2.79}$$

und durch Grenzübergang $p(0) = 0$, $\lim_{t\to+\infty} p(t) = +\infty$, also ($E_1$). Mit $p(\xi) \geqq g_1\xi^{2r+1}$, $\xi \geqq 0$, gilt auch (E_2) für alle $\xi \geqq 0$, q. e. d.

Die Abschließung von $\dot{C}_2(\Omega)$ in W^2_{2r+2} ist ein Banachraum. Wir bezeichnen ihn mit $\dot{W}^2_{2r+2}$; speziell ist $\dot{W}_e = \dot{W}_2{}^2$.

Es sei f die N-Funktion aus Lemma 2.8. In $\dot{W}^2_{2r+2}$ betrachten wir den Unterraum $\dot{W}_f{}^2$ derjenigen Elemente u, deren verallgemeinerte Ableitungen $D_\alpha u$, $|\alpha| = 2$, sämtlich zum Orlicz-Raum L_f gehören. $u \in \dot{W}^2_{2r+2}$ gehört offenbar genau dann zu $\dot{W}_f{}^2$, wenn $\sqrt{H[u, u]} \in L_f$ ist. Nach Lemma III.4.5 ist $\dot{W}_f{}^2$ mit der Norm $\|u\|_{f,2} = \left\|\sqrt{H[u, u]}\right\|_f$ ein Banachraum.

Es lohnt sich, den Raum $\dot{W}_f{}^2$ näher zu untersuchen. Wir bemerken zunächst, daß die N-Funktion f aus Lemma 2.8 einer Δ_2-Bedingung genügt (Definition III.4.3). Zum Beweis integrieren wir die Ungleichungen (2.79). Es sei $\eta \in \Re$ beliebig; dann gilt

$$2g_1 \int_0^{|\eta|} \xi^{2r+1}\, d\xi \leqq f(\eta) \leqq 2g_0 \int_0^{|\eta|} \xi\, d\xi + 2g_2 \int_0^{|\eta|} \xi^{2r+1}\, d\xi. \tag{2.80}$$

Daraus folgt

$$\begin{aligned} f(2\eta) &\leqq 4g_0\eta^2 + 4^{r+1} \frac{g_2}{r+1} (\eta^2)^{r+1} \\ &\leqq \left\{\frac{4g_0(r+1)}{g_1} \eta^{-2r} + 4^{r+1} \frac{g_2}{g_1}\right\} \frac{g_1}{r+1} (\eta^2)^{r+1} \\ &\leqq \left\{\frac{4g_0(r+1)}{g_1} + 4^{r+1} \frac{g_2}{g_1}\right\} f(\eta), \qquad \eta \geqq 1. \end{aligned}$$

Wir können somit die Aussagen von Satz III.4.2 verwenden:

(i) $u \in \dot{W}^2_{2r+2}$ ist genau dann Element von $\dot{W}_f{}^2$, wenn

$$\varrho(\sqrt{H[u, u]}; f) = \int_\Omega f(\sqrt{H[u, u]})\, dx$$

endlich ist.

(ii) $\|u_n - u\|_{f,2} = \left\|\sqrt{H[u_n - u, u_n - u]}\right\|_f \xrightarrow[n\to\infty]{} 0$

genau dann, wenn

$$\lim_{n\to\infty} \varrho(u_n - u; f) = \lim_{n\to\infty} \int_\Omega f(\sqrt{H[u_n - u, u_n - u]})\, dx = 0$$

ist.

Verfolgen wir diese Aussagen weiter, so kommen wir zu folgendem Ergebnis:

Lemma 2.9. *Auf* $\dot{W}^2_{2r+2}$ *ist*

$$\|u\|_{2r+2,2} = \left[\int_\Omega (H[u, u])^{r+1}\, dx\right]^{1/(2r+2)} \tag{2.81}$$

eine zur Norm des Sobolev-Raumes W^2_{2r+2} *äquivalente Norm.* f *sei die* N*-Funktion aus Lemma 2.8; mengentheoretisch gilt dann* $\dot{W}^2_{2r+2} = \dot{W}_f{}^2$, *und die Normen* $\|\cdot\|_{2r+2,2}$ *und* $\|\cdot\|_{f,2}$ *sind topologisch äquivalent.*

Beweis. Es sei zunächst $u \in \dot{C}_2(\Omega)$, $p \geqq 2$; definitionsgemäß gilt

$$\|u\|_{W_p^2} = \Big[\|u\|_{L_p}^p + \sum_{|\alpha|=2} \|D_\alpha u\|^p\Big]^{1/p}.$$

In Lemma III.4.4 bewiesen wir: $\|u\|_{p,2}$ ist eine Norm auf $\dot{C}_2(\Omega)$ und

$$\mu^* \|u\|_{p,2} \geqq \|u\|_{W_p^2} \geqq \mu_* \|u\|_{p,2}, \qquad u \in \dot{C}_2(\Omega). \tag{2.82}$$

Bei der Abschließung von $\dot{C}_2(\Omega)$ in W_p^2 erhalten wir $\dot{W}_p^2$ und die erste Aussage des Lemmas für $p = 2r + 2$.[1])

Wir gehen nun zur Folgerung (i) aus Satz III.4.2. über. Aus (2.80) erhalten wir für die N-Funktion f die Abschätzung

$$f(\eta) \leqq 2g_0\eta^2 + \frac{g_2}{r+1} (\eta^2)^{r+1}. \tag{2.83}$$

Ist nun $u \in \dot{W}^2_{2r+2}$, so sind die Funktionen $H[u, u]$ und $(H[u, u])^{r+1}$ offensichtlich über Ω integrierbar, somit auch $f(\sqrt{H[u, u]})$; damit haben wir $u \in \dot{W}_f^2$ genau dann, wenn $u \in \dot{W}^2_{2r+2}$ ist.

Wir wenden uns schließlich der Folgerung (ii) zu. Ist $\{u_n\}$ eine Folge in $\dot{W}_f^2$, $u \in \dot{W}_f^2$, so gilt definitionsgemäß $\{u_n\} \subseteq \dot{W}^2_{2r+2}$, $u \in \dot{W}^2_{2r+2}$. Aus den Ungleichungen (2.80) gewinnen wir

$$f(\eta) \geqq \frac{g_1}{r+1} (\eta^2)^{r+1}. \tag{2.84}$$

Wird nun

$$\lim_{n\to\infty} \int_\Omega f(\sqrt{H[u_n - u, u_n - u]})\, dx = 0 \tag{*}$$

angenommen, so gilt erst recht

$$\lim_{n\to\infty} \Big[\int_\Omega (H[u_n - u, u_n - u])^{r+1}\, dx\Big]^{1/(2r+2)} = 0. \tag{**}$$

Setzen wir indessen die Eigenschaft (**) voraus, so ergibt sich wegen $r > 0$ aus der Hölderschen Ungleichung für Integrale

$$\int_\Omega H[v, v]\, dx \leqq (\operatorname{mes}\Omega)^{(p-1)/p} \Big\{\int_\Omega (H[v, v])^p\, dx\Big\}^{1/p} \tag{2.85}$$

für $p > 1$ und $v \in \dot{W}^2_{2p}$ mit $p = r + 1$ wegen der Ungleichung (2.83) die Eigenschaft (*). Lemma 2.9 ist damit vollständig bewiesen.

Wir ergänzen Lemma 2.9 durch einige einfache Bemerkungen. Zunächst ersehen wir aus den Ungleichungen (2.84) oder (2.85) sofort $\dot{W}_e \supseteq W_f^2$. Dann wenden wir uns

[1]) Bei der Abschließung von $\dot{C}_2(\Omega)$ in W_p^2 bleiben die Ungleichungen (2.82) erhalten und gelten dann für alle $u \in \dot{W}_p^2$; speziell für $p = 2$ erhalten wir (2.75), da $W_e = \dot{W}_2^2$ ist.

noch einmal der Folgerung (i) aus Satz III.4.2 zu. Auf $\dot{W}_f^2$ ist das Funktional

$$\varrho\left(\sqrt{H[u, u]}; f\right) = \int_\Omega f\left(\sqrt{H[u, u]}\right) dx$$

erklärt und endlich. Durch einfache Substitution erhalten wir für die N-Funktion f aus Lemma 2.8

$$\varrho\left(\sqrt{H[u, u]}; f\right) = \int_\Omega \int_0^{H[u,u]} g(t)\, dt\, dx, \qquad u \in \dot{W}_f^2. \tag{2.86}$$

Satz III.4.5 entnehmen wir nun Existenz und Darstellung des Grenzwertes

$$\lim_{\tau \to 0} \frac{\varrho\left(\sqrt{H[u + \tau h, u + \tau h]}; f\right) - \varrho\left(\sqrt{H[u, u]}; f\right)}{\tau}$$
$$= 2 \int_\Omega g(H[u, u])\, H[u, h]\, dx \tag{2.87}$$

für beliebige Elemente $u, h \in \dot{W}_f^2$.

Lemma 2.10. *Es sei f die N-Funktion aus Lemma 2.8. Dann ist das Funktional $\varrho \in (\dot{W}^2_{2r+2}, \mathfrak{R})$ aus (2.86) differenzierbar und*

$$\left\langle \operatorname{grad} \varrho\left(\sqrt{H[u, u]}; f\right), h \right\rangle = 2 \int_\Omega g(H[u, u])\, H[u, h]\, dx \tag{2.88}$$

für $u, h \in \dot{W}^2_{2r+2}$.

Beweis. Wir gehen von dem Grenzwert (2.87) aus und zeigen, daß dieser Grenzwert ein Element von $\dot{W}^{2*}_{2r+2}$ definiert. Die Linearität in h ist offensichtlich; wir schätzen ab:

$$\left| \int_\Omega g(H[u, u])\, H[u, h]\, dx \right|$$
$$\leqq \int_\Omega g(H[u, u]) \sqrt{H[u, u]} \sqrt{H[h, h]}\, dx$$
$$\leqq \left[\int_\Omega (H[h, h])^{r+1}\, dx \right]^{1/2(r+1)} \left[\int_\Omega \left\{ g(H[u, u]) \sqrt{H[u, u]} \right\}^{(2r+2)/(2r+1)} dx \right]^{(2r+1)/(2r+2)}$$
$$\leqq \varkappa(u)\, \|h\|_{2r+2,2}$$

mit

$$\varkappa(u) = \left[\int_\Omega \left\{ g_0 \sqrt{H[u, u]} + g_2\left(\sqrt{H[u, u]}\right)^{2r+1} \right\}^{(2r+2)/(2r+1)} dx \right]^{(2r+1)/(2r+2)}.$$

Für $u \in \dot{W}^2_{2r+2}$ ist $\varkappa(u)$ endlich, q. e. d.

Durch die Formel

$$\langle Pu, h \rangle = 2 \int_\Omega g(H[u, u])\, H[u, h]\, dx \tag{2.89}$$

definieren wir nun einen Potentialoperator $P \in (\dot{W}^2_{2r+2}, \dot{W}^{2*}_{2r+2})$ mit dem Potential $\varrho\left(\sqrt{H[u, u]}; f\right)$ und erklären mit diesem Operator die linke Seite der Gleichung (2.77).

Wir wenden uns nun der rechten Seite dieser Gleichung zu. Bezüglich Ω nehmen wir die Bedingungen des Einbettungssatzes 2.3 an. Dann ist für jedes $T \in \mathfrak{R}^3$ das Funktional $\Psi_T \in (\dot{W}^2_{2r+2}, \mathfrak{R})$,

$$\Psi_T(u) = -\frac{1}{2} \int_\Omega \left[T_1 \left(\frac{\partial u}{\partial x_1}\right)^2 + 2T_3 \frac{\partial u}{\partial x_1} \frac{\partial u}{\partial x_2} + T_2 \left(\frac{\partial u}{\partial x_2}\right)^2 \right] dx, \tag{2.90}$$

erklärt und differenzierbar. Wir erhalten offenbar

$$\begin{aligned} &\lim_{t\to 0} \frac{\Psi_T(u+th) - \Psi_T(u)}{t} \\ &= -\int_\Omega \left[T_1 \frac{\partial u}{\partial x_1}\frac{\partial h}{\partial x_1} + T_3 \left(\frac{\partial u}{\partial x_1}\frac{\partial h}{\partial x_2} + \frac{\partial u}{\partial x_2}\frac{\partial h}{\partial x_1}\right) + T_2 \frac{\partial u}{\partial x_2}\frac{\partial h}{\partial x_2}\right] dx \\ &= \int_\Omega \left(T_1 \frac{\partial^2 u}{\partial x_1{}^2} + 2T_3 \frac{\partial^2 u}{\partial x_1 \partial x_2} + T_2 \frac{\partial^2 u}{\partial x_2{}^2}\right) h\, dx = \Lambda(T, u, h) \\ &= \int_\Omega \left(T_1 \frac{\partial^2 h}{\partial x_1{}^2} + 2T_3 \frac{\partial^2 h}{\partial x_1 \partial x_2} + T_2 \frac{\partial^2 h}{\partial x_2{}^2}\right) u\, dx \end{aligned} \tag{2.91}$$

für $u, h \in \dot{W}^2_{2r+2}$. Die Gleichheit der verschiedenen Darstellungen des Grenzwertes erhalten wir für $u, h \in \dot{C}_2(\Omega)$ durch partielle Integration und für $u, h \in \dot{W}^2_{2r+2}$ durch Abschließung in W^2_{2r+2}.

Der Grenzwert (2.91) stellt in der Variablen $h \in \dot{W}^2_{2r+2}$ bei fixiertem $u \in \dot{W}^2_{2r+2}$ ein lineares beschränktes Funktional dar. Es gilt z. B. nach der Hölderungleichung für Integrale

$$|\Lambda(T, u, h)| \leqq \mu \left[\int_\Omega u^{(2r+2)/(2r+1)}\, dx \right]^{(2r+1)/(2r+2)} \|h\|_{2r+2,2} \tag{2.92}$$

mit $\mu = 4 \sum_{i=1}^{3} |T_i|$. Gemäß Satz 2.3 ist aber die Einbettung $E \in (\dot{W}^2_{2r+2}, L_{(2r+2)/(2r+1)})$ vollstetig und erst recht beschränkt, der Faktor $\|u\|_{L_{(2r+2)/(2r+1)}}$ also beschränkt.

Lemma 2.11. *Das Gebiet $\Omega \subseteq \mathfrak{R}^2$ erfülle die Bedingungen von Satz 2.3. Dann ist der durch die Beziehung*

$$\Lambda(T, u, h) = \langle K(u, T), h \rangle \tag{2.93}$$

definierte Operator $K(\cdot, T) \in (\dot{W}^2_{2r+2}, \dot{W}^{2*}_{2r+2})$ für jedes $T \in \mathfrak{R}^3$ verstärkt stetig.

Beweis. Es sei $\{u_n\}$ eine Folge in $\dot{W}^2_{2r+2}$, $u \in \dot{W}^2_{2r+2}$ und $u_n \underset{n\to\infty}{\rightharpoonup} u$. Wir finden mit (2.92), (2.93)

$$\|K(u_n, T) - K(u, T)\| = \|K(u_n - u, T)\| \leqq \mu \|u_n - u\|_{L_{(2r+2)/(2r+1)}}.$$

Der Einbettungsoperator $E \in (\dot{W}^2_{2r+2}, L_{(2r+2)/(2r+1)})$ ist nicht nur vollstetig, sondern auch verstärkt stetig (vgl. den Beweis zu Korollar 2.3.1). Es gilt also $\|u_n - u\|_{L_{(2r+2)/(2r+1)}} \underset{n\to\infty}{\longrightarrow} 0$ und damit die Behauptung, q. e. d.

Durch die Formel (2.93) erklären wir nun die rechte Seite der Gleichung (2.77). Das Beulproblem mit der Variationsgleichung (2.70) erhält damit die folgende Formulierung, wenn wir $\mathfrak{B}_e = \dot{W}^2_{2r+2}$ setzen:

Unter den Voraussetzungen von Lemma 2.8 suchen wir Eigenlösungen $u \in \mathfrak{B}_e$ zu Eigenwerten $T \in \mathfrak{R}^3$ der parameterabhängigen Operatorgleichung

$$Pu = K(u, T), \tag{2.94}$$

in der die Operatoren P und K durch die Formeln (2.89) bzw. (2.93) definiert sind. $\mathfrak{B}_e$ ist ein reflexiver Banachraum.[1]) Die beiden Operatoren $P \in (\mathfrak{B}_e, \mathfrak{B}_e^*)$ und $K \in (\mathfrak{B}_e \times \mathfrak{R}^3, \mathfrak{B}_e^*)$ erfüllen, wie aus ihrer Definition hervorgeht, wesentliche Bedingungen von Satz 2.7, auf dessen Anwendung wir uns hier beschränken wollen. Wir verfolgen die restlichen Bedingungen.

Lemma 2.12. *Es sei f die N-Funktion aus Lemma 2.8. Dann ist der Operator $P \in (\mathfrak{B}_e, \mathfrak{B}_e^*)$, der durch die Formel (2.89) definiert wird, hemistetig und monoton.*

Beweis. Aus den Betrachtungen im Beweis zu Lemma 2.10 folgt die Endlichkeit der Integrale

$$\langle Pu, v\rangle = 2 \int_\Omega g(H[u, u])\, H[u, v]\, dx$$

und

$$\int_\Omega g(H[u, u]) \sqrt{H[u, u]}\, \sqrt{H[v, v]}\, dx$$

für beliebige Elemente $u, v \in \mathfrak{B}_e$. Nach den Bedingungen von Lemma 2.8 wächst die Funktion $p(\xi) = g(\xi^2)\xi$ monoton, so daß für beliebige $\xi_1, \xi_2 \geqq 0$

$$[g(\xi_1^2)\, \xi_1 - g(\xi_2^2)\, \xi_2]\, (\xi_1 - \xi_2) \geqq 0 \tag{2.95}$$

ist. Nun ist mit der Schwarzschen Ungleichung für positive Bilinearformen

$$\begin{aligned}
&\langle Pu - Pv, u - v\rangle \\
&= 2 \int_\Omega \{g(H[u, u])\, H[u, u - v] - g(H[v, v])\, H[v, u - v]\}\, dx \\
&= 2 \int_\Omega \{g(H[u, u])\, (H[u, u] - H[u, v]) - g(H[v, v])\, (H[v, u] - H[v, v])\}\, dx \\
&\geqq 2 \int_\Omega \Big\{g(H[u, u]) \sqrt{H[u, u]} \left(\sqrt{H[u, u]} - \sqrt{H[v, v]}\right) \\
&\qquad - g(H[v, v]) \sqrt{H[v, v]} \left(\sqrt{H[u, u]} - \sqrt{H[v, v]}\right)\Big\} \geqq 0
\end{aligned}$$

wegen $g(\xi^2) \geqq 0$ und (2.95). Der Operator P ist also monoton. Wir zeigen die Stetigkeitseigenschaft. Es sei $\tau \in \mathfrak{R}$, $\{\tau_n\} \subseteq \mathfrak{R}$ eine Folge, $\lim_{n\to\infty} \tau_n = \tau$; u, v, w beliebig fixierte Elemente aus $\mathfrak{B}_e$. Im Ausdruck

$$\langle P(u + \tau_n v), w\rangle = 2 \int_\Omega g(H[u + \tau_n v, u + \tau_n v])\, H[u + \tau_n v, w]\, dx$$

[1]) $\mathfrak{B}_e$ ist Unterraum des reflexiven Sobolevschen Banachraumes W^2_{2r+2}.

ist der Integrand in fast allen Punkten $x \in \Omega$ endlich und strebt dort für $n \to \infty$ gegen

$$\alpha(x, \tau) = g(H[u(x) + \tau v(x), u(x) + \tau v(x)])\, H[u(x) + \tau v(x), w(x)],$$

da $g(\xi)$ stetig ist. Der Satz von LEBESGUE liefert nun die geforderte Stetigkeitseigenschaft

$$\lim_{n\to\infty} \langle P(u + \tau_n v), w\rangle = \langle P(u + \tau v), w\rangle,$$

wenn wir für den Integranden $\alpha(x, \tau_n)$ eine von n unabhängige integrierbare Majorante angeben können.

Zunächst fixieren wir eine Konstante $\varkappa > 0$, für die $|\tau_n| \leqq \varkappa$ ist. Die Funktion $p(\xi) = g(\xi^2)\,\xi$, $\xi \geqq 0$, ist monoton wachsend, $g(\xi^2) \geqq 0$. Daher ist in fast allen $x \in \Omega$

$$\begin{aligned} &|g(H[u + \tau_n v, u + \tau_n v])\, H[u + \tau_n v, w]| \\ &\leqq g(H[u + \tau_n v, u + \tau_n v]) \sqrt{H[u + \tau_n v, u + \tau_n v]} \sqrt{H[w, w]} \\ &= g(H[u, u] + 2\tau_n H[u, v] + \tau_n^2 H[v, v]) \sqrt{H[u + \tau_n v, u + \tau_n v]} \sqrt{H[w, w]} \\ &\leqq g\left(\left\{\sqrt{H[u, u]} + \varkappa \sqrt{H[v, v]}\right\}^2\right) \left(\sqrt{H[u, u]} + \varkappa \sqrt{H[v, v]}\right) \sqrt{H[w, w]} \\ &\leqq \left\{g_0\left(\sqrt{H[u, u]} + \varkappa \sqrt{H[v, v]}\right) + g_2 \left(\sqrt{H[u, u]} + \varkappa \sqrt{H[v, v]}\right)^{2r+1}\right\} \sqrt{H[w, w]}. \end{aligned}$$

Das letzte Glied in dieser Kette von Ungleichungen ist integrierbar. Denn für $z \in \mathfrak{B}_e \subseteq W_e$ gilt

$$\sqrt{H[z, z]} \in L_2(\Omega) \cap L_{2r+2}(\Omega).$$

So ist dann

$$\sqrt{H[u, u]} + \varkappa \sqrt{H[v, v]} \in L_2(\Omega) \cap L_{2r+2}(\Omega)$$

und

$$\left(\sqrt{H[u, u]} + \varkappa \sqrt{H[v, v]}\right)^{2r+1} \in L_{(2r+2)/(2r+1)};$$

das Produkt eines Elementes aus $L_{(2r+2)/(2r+1)}$ mit einem Element aus L_{2r+2} ist aber integrierbar, da $\dfrac{2r+1}{2r+2} + \dfrac{1}{2r+2} = 1$ ist, ebenso das Produkt zweier Elemente aus L_2. Lemma 2.12 ist damit bewiesen.

Satz 2.9. *Das Gebiet Ω genüge den Bedingungen des Einbettungssatzes* 2.3, *f sei die N-Funktion aus Lemma* 2.8. *$T \in \mathfrak{R}^3$ sei derart vorgegeben, daß mit Ψ_T aus* (2.90)

$$\sup_{u \in \dot{W}^2_{2r+2}} \frac{\Psi_T(u)}{\|u\|^2_{2r+2,2}} \neq 0 \tag{2.96}$$

ist. Dann enthält die Gerade $\mathfrak{F} = \{\lambda T;\, \lambda \in \mathfrak{R}\}$ in $\mathfrak{R}^3$ einen Strahl von Eigenwerten der Gleichung (2.94).

Beweis. Wir überprüfen die Bedingungen von Satz 2.7. Mit $\mathfrak{B}_e = \dot{W}^2_{2r+2}$ sind die Operatoren $P, K(\cdot, T) \in (\mathfrak{B}_e, \mathfrak{B}_e^*)$ mit den Definitionsgleichungen (2.89) bzw. (2.93)

— wie bewiesen — Potentialoperatoren. P ist überdies hemistetig und monoton (Lemma 2.12), $K(\cdot, T)$ ist vollstetig (nach Lemma 2.11 verstärkt stetig, nach Lemma 2.1 dann vollstetig, da $\mathfrak{B}_e$ reflexiv ist). Wir finden

$$\langle Pu, u\rangle = 2 \int_\Omega g(H[u, u])\, H[u, u]\, dx$$

und erhalten mit (2.78) die Wachstumsabschätzung

$$2g_1 \int_\Omega (H[u, u])^{r+1}\, dx \leqq \langle Pu, u\rangle$$
$$\leqq 2g_0 \int_\Omega H[u, u]\, dx + 2g_2 \int_\Omega (H[u, u])^{r+1}\, dx. \tag{2.97}$$

Berücksichtigen wir noch die Hölderungleichung

$$\int_\Omega H[u, u]\, dx \leqq (\operatorname{mes} \Omega)^{r/(r+1)} \left[\int_\Omega (H[u, u])^{r+1}\, dx\right]^{1/(r+1)},$$

so erhalten wir mit der Definition (2.81) der Norm auf $\mathfrak{B}_e = \dot{W}^2_{2r+2}$

$$2g_1\|u\|^{2r+2}_{2r+2,2} \leqq \langle Pu, u\rangle$$
$$\leqq 2g_0(\operatorname{mes} \Omega)^{r/(r+1)}\, \|u\|^2_{2r+2,2} + 2g_2\|u\|^{2r+2}_{2r+2,2},$$

also eine Ungleichung der Form (2.59) mit $\gamma(t) = 2g_1 t^{2r+1}$, $c = 2g_0(\operatorname{mes} \Omega)^{r/(r+1)}$, $r_1(t) = 2g_2 t^{2r+2}$.

Setzen wir $K(u, T) = K_0(T)\, u$, so ist $K_0(T) \in (\mathfrak{B}_e, \mathfrak{B}_e^*)$ homogen ersten Grades, überdies sogar linear und beschränkt, genügt also den Ungleichungen (2.60) mit $\gamma_1(t) \equiv 0$ und $r(t) = \|K_0(T)\|\, t$.

Ist c_r die Norm des Einbettungsoperators $E \in (\dot{W}^2_{2r+2}, L_{(2r+2)/(2r+1)})$, so folgt aus (2.92)

$$\|K_0(T)\| \leqq 4 \sum_{i=1}^{3} |T_i|\, c_r. \tag{2.98}$$

Wir kommen also zur Überprüfung der Bedingungen (2.61). Es gilt

$$\gamma(t) - r(t) = (2g_1 t^{2r} - \|K_0(T)\|)\, t \geqq 1,$$

falls

$$t > \max\left\{1, \left(\frac{1 + \|K_0(T)\|}{2g_1}\right)^{1/2r}\right\}$$

ist,

$$\frac{r_1(t)}{t^2} = 2g_2 t^{2r} \underset{t\to 0}{\longrightarrow} 0 \quad \text{und} \quad \frac{\gamma_1(t)}{t^2} \equiv 0.$$

Die Bedingungen (2.61) sind damit für jedes $T \in \mathfrak{R}^3$ erfüllt. Schließlich ist noch $\sup\limits_{u\in\mathfrak{B}_e} \frac{\langle K_0(T)\, u, u\rangle}{\|u\|^2_{2r+2,2}} = \sup\limits_{u\in\mathfrak{B}_e} \frac{2\Psi_T(u)}{\|u\|^2_{2r+2,2}} = C_T$ endlich, da $K_0(T)$ beschränkt ist und laut Bedingung (2.96) $C_T \neq 0$. Ist nun $\lambda T \in \mathfrak{F}$, so gilt

$$\sup_{u\in\mathfrak{B}_e} \frac{\langle K_0(\lambda T)\, u, u\rangle}{\|u\|^2_{2r+2,2}} = \lambda C_T.$$

Unter der Bedingung

$$\lambda C_T > 2g_0(\text{mes}\,\Omega)^{r/(r+1)} \tag{2.99}$$

ist λT also Eigenwert der Gleichung (2.94). Die Bedingung (2.99) ist mit

$$\text{sign}\,\lambda = \text{sign}\,C_T \quad \text{und} \quad |\lambda| > \frac{2g_0(\text{mes}\,\Omega)^{r/(r+1)}}{|C_T|} \tag{2.100}$$

erfüllt; die Teilmenge derjenigen $\lambda T \in \mathfrak{F}$, die (2.100) genügen, definiert einen Strahl in $\mathfrak{R}^3$, q. e. d.

Zur Illustration der Bedingung (2.96) betrachten wir ein Beispiel. Es sei $\{T_{ij}\}$, $i, j = 1, 2$, eine symmetrische Matrix und

$$\Gamma(\xi) = \sum_{i,j=1}^{2} T_{ij}\xi_i\xi_j$$

eine positiv definite quadratische Form in $\mathfrak{R}^2$, etwa $\Gamma(\xi) \geqq a^2(\xi_1^2 + \xi_2^2)$. Die Abschließung von $\dot{C}_2(\Omega)$ in $W_2^1(\Omega)$ bezeichnen wir mit $\dot{W}_2^1$. Auf $\dot{W}_2^1$ ist

$$\|u\|_{-\Delta} = \left[\int_\Omega \sum_{i=1}^{2} \left(\frac{\partial u}{\partial x_i}\right)^2 dx\right]^{1/2}$$

eine zur Norm des Raumes W_2^1 äquivalente Norm (vgl. Kap. III, Beispiel (i)). Der Einbettungsoperator $E \in (\dot{W}^2_{2r+2}, \dot{W}_2^1)$ ist beschränkt, seine Norm sei ν. Es sei $T = (T_{11}, T_{22}, T_{12}) \in \mathfrak{R}^3$ aus den Komponenten der Matrix $\{T_{ij}\}$ gebildet. Dann gilt mit (2.91), (2.93) für $u \in \mathfrak{B}_e = \dot{W}^2_{2r+2}$

$$\langle K(u, T), u\rangle = \Lambda(T, u, u) = -\int_\Omega \sum_{i,j=1}^{2} T_{ij} \frac{\partial u}{\partial x_i}\frac{\partial u}{\partial x_j}\,dx$$

$$\leqq -a^2 \int_\Omega \left[\left(\frac{\partial u}{\partial x_1}\right)^2 + \left(\frac{\partial u}{\partial x_2}\right)^2\right] dx = -a^2\|u\|^2_{-\Delta}.$$

Daher ist

$$\frac{2\Psi_T(u)}{\|u\|^2_{2r+2,2}} \leqq -a^2 \frac{\|u\|^2_{-\Delta}}{\|u\|^2_{2r+2,2}} \leqq -a^2\nu^2.$$

Die Bedingung (2.96) ist in diesem Fall offensichtlich erfüllt. Das Beispiel zeigt, daß die Beulung randbelasteter Platten bei konstanter Matrix von Plattenspannungen $\{T_{ij}\}$ wesentlich von den Eigenwerten dieser Matrix abhängt.

6. Vollstetige Regularisierung und Bifurkationsäquivalenz

Die Gleichung $Pu = K(u, x)$ mit Operatoren $P \in (\mathfrak{B}, \mathfrak{B}^*)$ und $K \in (\mathfrak{B} \times \mathfrak{X}, \mathfrak{B}^*)$, die wir uns unter (2.1) vorgelegt haben, kann unter den angenommenen Bedingungen (P monoton, $\mathfrak{B}$ reflexiver Banachraum, $K(\cdot, x)$ vollstetig für jedes $x \in \mathfrak{X}$) mit den bisher bereitgestellten Hilfsmitteln recht gut gelöst werden, vgl. Satz 2.1, Korollar 2.1.1. Diesen Eindruck bestätigen auch die behandelten Anwendungsbeispiele.

Wenn wir nun zusätzlich fordern, daß $P \in (\mathfrak{B}, \mathfrak{B}^*)$ stark monoton ist, eröffnen wir uns damit die Möglichkeit der vollstetigen Regularisierung der Gleichung (2.1).

Definition 2.1. Es sei $\mathfrak{H}$ ein Hilbertraum; einen Operator $B \in (\mathfrak{B}^*, \mathfrak{H})$ nennen wir *Regularisator* der Gleichung (2.1) mit Operatoren $P \in (\mathfrak{B}, \mathfrak{B}^*)$, $K \in (\mathfrak{B} \times \mathfrak{X}, \mathfrak{B}^*)$, wenn für $u \in \mathfrak{B}$ die Beziehungen $BPu = v$, $BK(u, x) = T(v, x)$ gelten und $T(\cdot, x) \in (\mathfrak{H}, \mathfrak{H})$ vollstetig für jedes $x \in \mathfrak{X}$ ist.

Die Methode der vollstetigen Regularisierung besteht in der Abbildung der Gleichung (2.1) in den Raum $\mathfrak{H}$. Die Gleichung

$$BPu = BK(u, x), \qquad u \in \mathfrak{B}, \tag{2.101}$$

wird dann in der Gestalt

$$v = T(v, x), \qquad v \in \mathfrak{H}, \tag{2.102}$$

geschrieben. Diese Gleichung kann etwa mit Hilfe des Schauderschen Fixpunktsatzes 2.2 untersucht werden. Dann wird man auf die Bedingung verzichten, daß $K(\cdot, x)$ Potentialoperator ist. Ist die Gleichung (2.1) lösbar, so besitzt die Gleichung (2.102) offenbar mindestens eine Lösung. Umgekehrt kann man leicht Bedingungen angeben, unter denen alle Lösungen von (2.102) auch Lösungen der Gleichung (2.1) sind. Auf die letzte Eigenschaft kann man auch verzichten, wenn man mit der Regularisierung eine Erweiterung verbindet. Anwendungsmöglichkeiten ergeben sich auch bei der Untersuchung des Bifurkationsproblems.

Wir beginnen mit einfachen Existenzsätzen.

Satz 2.10. *Der Operator* $P \in (\mathfrak{H}, \mathfrak{H})$ *sei stark monoton und Lipschitz-stetig;* $K(\cdot, x) \in (\mathfrak{H}, \mathfrak{H})$ *sei vollstetig für jedes* $x \in \mathfrak{X}$. *Dann besitzt die Gleichung* (2.1) *den Regularisator* P^{-1}. *Jede Lösung der regularisierten Gleichung ist auch Lösung der Gleichung* (2.1).

Beweis. Die Existenz des Inversen $P^{-1} \in (\mathfrak{H}, \mathfrak{H})$ folgt aus Satz I.5.4, die Vollstetigkeit von $P^{-1}K(\cdot, x)$ für jedes $x \in \mathfrak{X}$ aus Korollar 1.6.1.

Ist $u \in \mathfrak{H}$ Lösung der regularisierten Gleichung

$$u = P^{-1}K(u, x), \tag{2.103}$$

so gilt offenbar $Pu = K(u, x)$, q. e. d.

Korollar 2.10.1. *Bedingungen wie in Satz* 2.10. $E \in (\mathfrak{H}, \mathfrak{H})$ *sei der identische Operator. Dann besitzt die Gleichung* (2.1) *den Regularisator* E. *Jeder Lösung der regularisierten Gleichung*

$$v = K(P^{-1}v, x) \tag{2.104}$$

entspricht eine Lösung $u(x) = P^{-1}v(x)$ *der Gleichung* (2.1).

Beweis. Die Existenz des Inversen $P^{-1} \in (\mathfrak{H}, \mathfrak{H})$ folgt wieder aus Satz I.5.4. Nach Satz 1.6 ist P^{-1} Lipschitz-stetig. Die Komposition $K(P^{-1}\,\cdot, x)$ des vollstetigen Operators $K(\cdot, x)$ und des Lipschitz-stetigen Operators P^{-1} ist wieder vollstetig. Ist nun $v(x)$ eine Lösung der Gleichung (2.104), so gilt mit $u(x) = P^{-1}v(x)$ offenbar

$$Pu(x) = K\big(u(x), x\big),$$

q. e. d.

Für Potentialoperatoren P und $K(\cdot, x)$ kann man, wie bei anderen Existenzsätzen, von der Lösung eines äquivalenten Minimum-Problems ausgehen.

Satz 2.11. *Es sei* $\mathfrak{B}$ *ein reflexiver Banachraum,* $P \in (\mathfrak{B}, \mathfrak{B}^*)$ *Potentialoperator, hemistetig und stark monoton,* $K(\cdot, x) \in (\mathfrak{B}, \mathfrak{B}^*)$ *vollstetiger Operator für jedes* $x \in \mathfrak{X}$. *Dann ist* $P^{-1} \in (\mathfrak{B}^*, \mathfrak{B})$ *Regularisator der Gleichung* (2.1).

Beweis. Zum Nachweis der Existenz des Inversen $P^{-1} \in (\mathfrak{B}, \mathfrak{B}^*)$ benutzen wir Korollar 2.1.1; wir ersetzen darin das Funktional $K(u, x_0)$ durch ein fest gewähltes Funktional $v \in \mathfrak{B}^*$. Dann gilt $\langle Pu, u\rangle \geqq \gamma\|u\|^2$, $\langle K(u, x_0), u\rangle = \langle v, u\rangle \leqq \|v\|\,\|u\|$, so daß für die Funktionen $\gamma(\tau) = \gamma\tau$ und $r(\tau) \equiv \|v\|$, $\tau \geqq 0$, die Bedingung (2.9) offensichtlich erfüllt ist. Die Gleichung $Pu = v$ besitzt damit für jedes $v \in \mathfrak{B}^*$ eine Lösung $u(v)$. Da $P \in (\mathfrak{B}, \mathfrak{B}^*)$ stark monoton ist, existiert P^{-1}, und folglich ist $u(v) = P^{-1}v$ eindeutig bestimmt für jedes $v \in \mathfrak{B}^*$. Wie im Beweis zu Satz 1.6 zeigt man, daß aus der starken Monotonie von P die Lipschitz-Stetigkeit von P^{-1} folgt. Nun ist die Komposition $P^{-1}K(\cdot, x)$ des Lipschitz-stetigen Operators P^{-1} und des vollstetigen Operators $K(\cdot, x)$ wieder vollstetig, q. e. d.

Als Anwendungsbeispiel wählen wir die ungekürzte Variationsgleichung (II.2.67) des im vorigen Abschnitt untersuchten speziellen Beulproblems. Diesmal gehen wir jedoch von einer beschränkten Materialfunktion aus und gelangen so zu dem folgenden Eigenwertproblem:

$$\left.\begin{aligned} &Pu = K(u, T), \\ &P \in (W_e^*, W_e^*), \qquad K \in (W_e \times \mathfrak{X}_T, W_e^*), \quad W_e = \dot{W}_2^2, \end{aligned}\right\} \tag{2.105}$$

$$\langle Pu, h\rangle = 2 \int_\Omega g(H[u, u])\, H[u, h]\, dx, \qquad \Omega \subseteq \mathfrak{R}^2,$$

$$\langle K(u, T)\, h\rangle = \int_\Omega \left(T_1 \frac{\partial^2 u}{\partial x_1^2} + 2T_3 \frac{\partial^2 u}{\partial x_1\, \partial x_2} + T_2 \frac{\partial^2 u}{\partial x_2^2} + T_4 \frac{\partial u}{\partial x_1} + T_5 \frac{\partial u}{\partial x_2}\right) h\, dx.$$

$H[u, h]$ ist die Bilinearform (2.71), $g(\xi)$, $\xi \geqq 0$, stetig,

$$g_0 \leqq g(\xi^2) \leqq g_1 \tag{2.106}$$

mit positiven Konstanten g_0, g_1 und

$$[g(\xi_1^2)\, \xi_1 - g(\xi_2^2)\, \xi_2]\, (\xi_1 - \xi_2) \geqq \gamma(\xi_1 - \xi_2)^2 \tag{2.107}$$

für beliebige $\xi_1, \xi_2 \geqq 0$ und eine positive Konstante γ. Die letzte Bedingung bedeutet, daß die Funktion $p(\xi) = g(\xi^2)\, \xi$ für $\xi \geqq 0$ streng monoton anwächst, und stellt eine Verschärfung der Bedingung (2.95) dar. Die Schranken $p_i(\xi) = g_i\xi$, $i = 1, 2$, für $p(\xi)$ genügen offenbar ebenfalls dieser Wachstumsbedingung. Der Parameterraum $\mathfrak{X}_T$ ist ein geeignet gewählter normierter Funktionenraum.

Lemma 2.13. *Der Operator* $P \in (W_e, W_e^*)$ *in der Gleichung* (2.105) *ist unter den Bedingungen* (2.106) *und* (2.107) *stark monoton und hemistetig. Ist die Materialfunktion* $p(\xi) = g(\xi^2)\, \xi$ *überdies Lipschitz-stetig, so ist auch* P *Lipschitz-stetig.*

Beweis. Zunächst erinnern wir daran, daß die Bilinearform $H[u, v]$, die das Skalarprodukt

$$(u, v)_e = \int_\Omega H[u, v]\, dx$$

auf W_e erzeugt, durch das Skalarprodukt $(x, y)_4$ aus (III.2.30) auf $\mathfrak{R}^4$ definiert wird. Es gelten daher die Ungleichungen

$$\left|\sqrt{H[u(x), u(x)]} - \sqrt{H[v(x), v(x)]}\right| \leqq \sqrt{H[u(x) - v(x), u(x) - v(x)]} \qquad (2.108)$$

und

$$|H[u(x), v(x)]| \leqq \sqrt{H[u(x), u(x)]}\, \sqrt{H[v(x), v(x)]}$$

für $u, v \in W_e$ und fast alle $x \in \Omega$.

Die Funktion $g(x)$ genüge den Bedingungen (2.106), (2.107). Wir finden

$$\frac{1}{2}\langle Pu - Pv, u - v\rangle = \int_\Omega \{g(H[u, u])\, H[u, u - v] - g(H[v, v])\, H[v, u - v]\}\, dx.$$

Für $\gamma_0 = \min\{\gamma, g_0\}$ ergeben sich daraus die Abschätzungen

$$\frac{1}{2}\langle Pu - Pv, u - v\rangle - \gamma_0 \int_\Omega H[u - v, u - v]\, dx$$

$$= \int_\Omega \{[g(H[u, u]) - \gamma_0]\, H[u, u - v] - [g(H[v, v]) - \gamma_0]\, H[v, u - v]\}\, dx$$

$$\geqq \int_\Omega \Big\{[g(H[u, u]) - \gamma_0]\left(H[u, u] - \sqrt{H[u, u]}\, \sqrt{H[v, v]}\right)$$

$$- [g(H[v, v]) - \gamma_0]\left(\sqrt{H[v, v]}\, \sqrt{H[u, u]} - H[v, v]\right)\Big\}\, dx$$

$$= \int_\Omega \Big\{\left[g(H[u, u])\, \sqrt{H[u, u]} - g(H[v, v])\, \sqrt{H[v, v]}\right]\left(\sqrt{H[u, u]} - \sqrt{H[v, v]}\right)$$

$$- \gamma_0 \left(\sqrt{H[u, u]} - \sqrt{H[v, v]}\right)^2\Big\}\, dx \geqq 0.$$

$P \in (W_e, W_e^*)$ ist daher stark monoton.

Die Stetigkeitseigenschaft beweisen wir wie in Lemma 2.12. Es sei $\tau \in \mathfrak{R}$, $\tau_n \to \tau$. Dann gilt $\langle P(u + \tau_n v), h\rangle \to \langle P(u + \tau v), h\rangle$ für beliebig fixierte $u, v, h \in W_e$ nach dem Satz von Lebesgue, wenn wir für den Integranden in

$$\langle P(u + \tau_n v), h\rangle = 2 \int_\Omega g(H[u + \tau_n v, u + \tau_n v])\, H[u + \tau_n v, h]\, dx$$

eine integrierbare Majorante angeben können. Als solche wählen wir für $|\tau_n| \leqq \varkappa$

$$g_1\left(\sqrt{H[u, u]} + \varkappa \sqrt{H[v, v]}\right) \sqrt{H[h, h]}.$$

Der Operator P ist also hemistetig.

Schließlich nehmen wir noch die Existenz einer Konstante $\nu > 0$ an, mit der

$$|g(\xi_1^2)\,\xi_1 - g(\xi_2^2)\,\xi_2| \leqq \nu|\xi_1 - \xi_2| \tag{2.109}$$

ist. Wir finden die Abschätzung

$$\begin{aligned}\left|\frac{1}{2}\langle Pu - Pv, h\rangle\right| &\leqq \int_\Omega |g(H[u,u])\,H[u,h] - g(H[v,v])\,H[v,h]|\,dx\\ &\leqq \int_\Omega |g(H[u,u]) - g(H[v,v])|\,\sqrt{H[u,u]}\,\sqrt{H[h,h]}\,dx\\ &\quad + \int_\Omega g(H[v,v])\,\sqrt{H[u-v,u-v]}\,\sqrt{H[h,h]}\,dx\\ &\leqq \int_\Omega \left|g(H[u,u])\,\sqrt{H[u,u]} - g(H[v,v])\,\sqrt{H[v,v]}\right|\,\sqrt{H[h,h]}\,dx\\ &\quad + \int_\Omega g(H[v,v])\,\left|\sqrt{H[v,v]} - \sqrt{H[u,u]}\right|\,\sqrt{H[h,h]}\,dx\\ &\quad + \int_\Omega g(H[v,v])\,\sqrt{H[u-v,u-v]}\,\sqrt{H[h,h]}\,dx.\end{aligned}$$

Nach Anwendung der Schwarzschen Ungleichung erhalten wir schließlich unter Berücksichtigung der Ungleichungen (2.106), (2.108) und (2.109)

$$|\langle Pu - Pv, h\rangle| \leqq 2(2g_1 + \nu)\,\|u - v\|_e\,\|h\|_e. \tag{2.110}$$

$u, v, h \in W_e$ sind in der Abschätzung (2.110) beliebig; Lemma 2.13 ist damit vollständig bewiesen.

Satz 2.12. *Das Gebiet* $\Omega \subseteq \mathfrak{R}^2$ *genüge den Bedingungen des Einbettungssatzes* 2.3, *die Materialfunktion* $g(\xi)$, $\xi \geqq 0$, *sei stetig und erfülle die Bedingungen* (2.106), (2.107). *Dann besitzt die Gleichung* (2.105) *mit dem Parameterraum* $\mathfrak{X}_T = [C_1(\bar{\Omega})]^3 \times [C(\bar{\Omega})]^2$ *den Regularisator* $P^{-1} \in (W_e^*, W_e)$. *Jede Lösung der regularisierten Gleichung*

$$u = P^{-1}K(u, T) \tag{2.111}$$

ist auch Lösung der Gleichung (2.105) *und umgekehrt.*

Beweis. Wir zeigen zunächst, daß der Operator $K(\cdot, T) \in (W_e, W_e^*)$ in der Gleichung (2.105) vollstetig für jedes $T \in \mathfrak{X}_T$ ist. Wir finden für $u, h \in \dot{C}_2(\Omega)$ durch partielle Integration

$$\begin{aligned}\langle K(u,T), h\rangle = \int_\Omega \Bigg[&\left(T_4 h - T_1\frac{\partial h}{\partial x_1} - h\frac{\partial T_1}{\partial x_1} - T_3\frac{\partial h}{\partial x_2} - h\frac{\partial T_3}{\partial x_2}\right)\frac{\partial u}{\partial x_1}\\ &+ \left(T_5 h - T_2\frac{\partial h}{\partial x_2} - h\frac{\partial T_2}{\partial x_2} - T_3\frac{\partial h}{\partial x_1} - h\frac{\partial T_3}{\partial x_1}\right)\frac{\partial u}{\partial x_2}\Bigg]\,dx.\end{aligned}$$

Bezeichnet μ die Norm des Einbettungsoperators $E \in \big(W_e, W_2^1(\Omega)\big)$, so erhalten wir die Abschätzung

$$|\langle K(u,T), h\rangle \leqq C_T\mu\|u\|_{W_2^1}\,\|h\|_e, \qquad u, h \in C_2(\Omega),$$

und nach Abschließung in W_e

$$\|K(u, T)\| \leqq C_T\mu\|u\|_{W_2^1}, \qquad u \in W_e, \tag{2.112}$$

mit

$$C_T = \sum_{i=1}^{3} \|T_i\|_{C_1(\bar{\Omega})} + \sum_{i=4}^{5} \|T_i\|_{C(\bar{\Omega})}.$$

Nach Satz 2.3 ist der Einbettungsoperator $E \in \big(W_e, W_2^1(\Omega)\big)$ vollstetig, also auch verstärkt stetig. Ist nun $\{u_n\} \subseteq W_e$ eine gegen $u \in W_e$ schwach konvergente Folge, so gilt

$$\|u_n - u\|_{W_2^1} \xrightarrow[n\to\infty]{} 0$$

und mit (2.112)

$$\|K(u_n, T) - K(u, T)\| = \|K(u_n - u, T)\| \leqq C_T\mu\|u_n - u\|_{W_2^1} \xrightarrow[n\to\infty]{} 0.$$

$K(\cdot, T) \in (W_e, W_e^*)$ ist damit verstärkt stetig, also auch vollstetig nach Lemma 2.1. Der Operator $K \in (W_e \times \mathfrak{X}_T, W_e^*)$ genügt also den Bedingungen von Satz 2.11. Nach Lemma 2.13 erfüllt auch der Potentialoperator $P \in (W_e, W_e^*)$ in der Gleichung (2.105) die Bedingungen von Satz 2.11.[1]) $P^{-1} \in (W_e^*, W_e)$ ist daher Regularisator der Gleichung (2.105). Die Äquivalenz der Gleichungen (2.105) und (2.111) folgt einfach aus der Tatsache, daß der Regularisator P^{-1} den Raum W_e^* eineindeutig auf W_e abbildet. Satz 2.12 ist damit bewiesen.

Wir wollen das Eigenwertproblem (2.111) nun nicht weiter verfolgen, denn in der Beulgleichung (II.2.67), von der wir ausgegangen sind, sind die Eigenwerte T_i, $i = 1, \ldots, 5$, nicht unabhängig, sondern über die Differentialgleichungen (II.2.64) gekoppelt. Auch genügt es nicht, die Existenz irgendeiner Lösung der Gleichung (2.111) nachzuweisen, da die triviale Lösung $u_0 = \theta$ ausgeschlossen werden muß. Wir wollen jedoch ein Beispiel angeben, bei dem das hier angewandte Verfahren der vollstetigen Regularisierung wesentlich wirksam wird.

Erhalten wir in dem Beulproblem für mäßig nichtlineare Platten die senkrecht zur Mittelebene wirkende Last q_3, so müssen wir zur rechten Seite in (2.105) ein festes Element $f \in W_e^*$ hinzufügen. Diese Gleichung wird dadurch inhomogen, $u_0 = \theta$ ist nicht mehr Lösung. Der Operator $K(\cdot, T)$ in der Gleichung (2.105) ist zwar linear, für beliebig gewählte $T \in \mathfrak{X}_T$. aber nicht symmetrisch, also auch nicht Potentialoperator. In der regularisierten Gleichung

$$u = P^{-1}[K(u, T) + f] \tag{2.113}$$

---

[1]) Nach Lemma 2.8 ist die Funktion

$$f(\xi) = 2\int_0^{|\xi|} g(\xi^2)\, \xi\, d\xi, \qquad \xi \in \Re,$$

eine N-Funktion, falls die Bedingungen (2.106), (2.107) für die stetige Materialfunktion $g(\xi)$, $\xi \geqq 0$, erfüllt sind. Wir können daher Lemma 2.10 im Fall $r = 0$ anwenden. P ist demnach Potentialoperator mit dem Potential $\Phi_P \in (W_e, \Re)$,

$$\Phi_P(u) = \int_\Omega f(H[u, u])\, dx = \int_\Omega \int_0^{H[u,u]} g(t)\, dt\, dx.$$

erzeugt die rechte Seite einen vollstetigen Operator $Q(\cdot, T) \in (W_e, W_e)$,

$$Q(u, T) = P^{-1}[K(u, T) + f].$$

Satz 2.13. *Bedingungen wie in Satz* 2.12. *Dann gibt es eine Kugel* $\mathfrak{K}(\theta, r) \subseteq \mathfrak{X}_T$ *derart, daß die Gleichung* (2.113) *mit den Operatoren* P, K *aus der Gleichung* (2.105) *für jedes* $T \in \mathfrak{K}(\theta, r)$ *zu beliebigem* $f \in W_e^*$ *genau eine Lösung* $u_f \in W_e$ *besitzt.*

Beweis. Wir zeigen, daß $Q(\cdot, T) \in (W_e, W_e)$ strikt kontraktiv für $T \in \mathfrak{K}(\theta, r)$ bei geeignetem r ist. $1/\sqrt{\gamma}$ sei die Lipschitz-Konstante für P^{-1} auf W_e^*. Dann gilt nach (2.112)

$$\|Q(u_1, T) - Q(u_2, T)\|_e \leqq \frac{1}{\sqrt{\gamma}} \|K(u_1 - u_2, T)\| \leqq \frac{C_T \mu^2}{\sqrt{\gamma}} \|u_1 - u_2\|_e.$$

In dieser Abschätzung ist μ die Norm des Einbettungsoperators $E \in \left(W_e, W_2^1(\Omega)\right)$ und

$$C_T = \sum_{i=1}^{3} \|T_i\|_{C_1(\Omega)} + \sum_{i=4}^{5} \|T_i\|_{C(\Omega)} \leqq 5\|T\|_{\mathfrak{X}_T}.$$

Mit der Zahl $r < \sqrt{\gamma}/5\mu^2$ gilt demnach die Aussage des Satzes wegen Satz I.5.1, q. e. d.

Das Bifurkationsproblem besteht zunächst im Auffinden der Bifurkationspunkte einer parameterabhängigen Gleichung (Lokalisierungsproblem), dann in der Beschreibung der Lösungsverzweigung, dem Auffinden stetiger Zweige von Eigenfunktionen im Bifurkationspunkt. Besonders bei der Lokalisierung der Bifurkationspunkte ist es nützlich, die Gedanken weiterzuentwickeln, die dem Verfahren der vollstetigen Regularisierung zugrunde liegen. Dieses Verfahren führt im wesentlichen auf lösungsäquivalente Gleichungen. So haben die in Satz 2.10 betrachten Gleichungen

$$Pu = K(u, x) \quad \text{und} \quad u = P^{-1}K(u, x)$$

nicht nur dieselben Lösungen, sondern natürlich auch dieselben Eigenwerte und Bifurkationspunkte.

Definition 2.2. Zwei parameterabhängige Operatorgleichungen $P_i(u_i, x) = \theta^{(i)}$, $i = 1, 2$, mit Operatoren $P_i \in (\mathfrak{B}_i \times \mathfrak{X}, \mathfrak{B}^{(i)})$, $P_i(\theta_i) = \theta^{(i)}$, und gleichem Parameterraum $\mathfrak{X}$ nennen wir *bifurkationsäquivalent* auf $\mathfrak{G} \subseteq \mathfrak{X}$, wenn sie auf $\mathfrak{G}$ dieselben Bifurkationspunkte besitzen.

Wir untersuchen nun Möglichkeiten, zu einer gegebenen Gleichung (2.1) $\left(P\theta = K(\theta, x) = \theta \text{ für alle } x \in \mathfrak{X}\right)$ bifurkationsäquivalente Gleichungen zu konstruieren. Dabei nutzen wir die bei der vollstetigen Regularisierung gewonnenen Erfahrungen und Ergebnisse.

Wir betrachten die Gleichung (2.1) mit linearem normiertem Parameterraum $\mathfrak{X}$ und verlangen, daß der Banachraum $\mathfrak{B}$ in einen Hilbertraum $\mathfrak{H}$ eingebettet werden kann. Der Einbettungsoperator $E \in (\mathfrak{B}, \mathfrak{H})$ sei beschränkt,

$$\|u\|_{\mathfrak{H}} \leqq c\|u\|_{\mathfrak{B}} \quad \text{für alle } u \in \mathfrak{B}. \tag{2.114}$$

Satz 2.14. *Es sei* $\mathfrak{B} \subseteq \mathfrak{H}(\subseteq \mathfrak{B}^*)$, $P \in (\mathfrak{H}, \mathfrak{H})$, $K \in (\mathfrak{H} \times \mathfrak{X}, \mathfrak{H})$, $P\theta = \theta$ *und*

$$K(\theta, x) = \theta \quad \text{für alle } x \in \mathfrak{X}. \tag{2.115}$$

P besitze das Inverse P^{-1}, und es sei $P^{-1}(\mathfrak{M}) \subseteq \mathfrak{B}$, $\mathfrak{M} \subseteq \mathfrak{H}$ und $\mathfrak{M} \supseteq K(\mathfrak{H} \times \mathfrak{X})$. Die Operatoren P bzw. K mögen folgende Stetigkeitsbedingungen erfüllen:

(i) $\|Pu_n\|_{\mathfrak{H}} \xrightarrow[n\to\infty]{} 0$, *falls* $\{u_n\} \subseteq \mathfrak{B}$ *und* $\|u_n\|_{\mathfrak{B}} \xrightarrow[n\to\infty]{} 0$,

oder

(ii) $K \in (\mathfrak{H} \times \mathfrak{X}, \mathfrak{H})$ *ist stetig in allen Elementen von* $\{\theta\} \times \mathfrak{X}$

und neben (i) *oder* (ii)

(iii) $\|P^{-1}v_n\|_{\mathfrak{B}} \xrightarrow[n\to\infty]{} 0$, *falls* $\{v_n\} \subseteq \mathfrak{M}$ *und* $\|v_n\|_{\mathfrak{H}} \xrightarrow[n\to\infty]{} 0$.

Dann sind die Gleichungen

$$Pu = K(u, x) \qquad u \in \mathfrak{B}, x \in \mathfrak{X}, \tag{2.116}$$

und

$$v = K(P^{-1}v, x) \qquad v \in \mathfrak{H}, x \in \mathfrak{X}, \tag{2.117}$$

bifurkationsäquivalent.

Beweis. Es sei $x_0 \in \mathfrak{X}$ Bifurkationspunkt von (2.116); dann existiert eine Folge $\{x_n\} \subseteq \mathfrak{X}$, $\|x_n - x_0\|_{\mathfrak{X}} \xrightarrow[n\to\infty]{} 0$, mit Eigenfunktionen $\{u_n\} \subseteq \mathfrak{B}$, $\|u_n\|_{\mathfrak{B}} \xrightarrow[n\to\infty]{} 0$, so daß

$$Pu_n = K(u_n, x_n), \qquad n = 1, 2, \ldots, \tag{2.118}$$

ist. Da P^{-1} existiert und $\|u_n\|_{\mathfrak{B}} > 0$, $n = 1, 2, \ldots$, ist, ist auch

$$\|Pu_n\|_{\mathfrak{H}} = \|v_n\|_{\mathfrak{H}} > 0, \qquad n = 1, 2, \ldots$$

Die Elemente $v_n \in \mathfrak{H}$ sind demnach Eigenfunktionen der Gleichung (2.117) zu den Eigenwerten x_n. Überdies folgt $\|v_n\|_{\mathfrak{H}} \xrightarrow[n\to\infty]{} 0$ entweder direkt aus (i) oder über die Beziehung (2.118) aus (ii). Denn es ist $\lim\limits_{n\to\infty} \|K(u_n, x_n)\|_{\mathfrak{H}} = 0$ wegen (2.115) und (ii), falls $\|u_n\|_{\mathfrak{B}} \xrightarrow[n\to\infty]{} 0$ und $\|x_n - x_0\|_{\mathfrak{X}} \xrightarrow[n\to\infty]{} 0$ gilt, folglich auch $\|u_n\|_{\mathfrak{H}} \xrightarrow[n\to\infty]{} 0$ mit Rücksicht auf (2.114).

Gehen wir umgekehrt von einem Bifurkationspunkt x_0 der Gleichung (2.117) aus, so existiert eine Folge $\{v_n\} \subseteq \mathfrak{H}$ von Eigenfunktionen zu Eigenwerten $x_n \in \mathfrak{X}$,

$$\left.\begin{array}{l} \|v_n\|_{\mathfrak{H}} \xrightarrow[n\to\infty]{} 0, \quad \|x_n - x_0\|_{\mathfrak{X}} \xrightarrow[n\to\infty]{} 0, \\ v_n = K(P^{-1}v_n, x_n), \qquad n = 1, 2, \ldots \end{array}\right\} \tag{2.119}$$

Aus (2.119) folgt $\{v_n\} \subseteq \mathfrak{M}$. Mit $\|v_n\|_{\mathfrak{H}} > 0$ ist auch $\|u_n\|_{\mathfrak{B}} = \|P^{-1}v_n\|_{\mathfrak{B}} > 0$. Die Elemente $u_n \in \mathfrak{B}$ sind also Eigenfunktionen der Gleichung (2.116) zu den Eigenwerten $x_n \in \mathfrak{X}$, und mit (iii) gilt $\|u_n\|_{\mathfrak{B}} \xrightarrow[n\to\infty]{} 0$, q. e. d.

Von besonderem Interesse sind Gleichungen der Form (2.1) bzw. (2.116) mit bilinearem beschränktem Operator $K \in (\mathfrak{H} \times \mathfrak{X}, \mathfrak{H})$. Wir fixieren in einer solchen Gleichung ein Element $x_0 \in \mathfrak{X}$ und bezeichnen den Operator $K(\cdot, x_0) \in (\mathfrak{H}, \mathfrak{H})$ mit K_0. Wenn wir nun den Parameterraum $\mathfrak{F} = \{\lambda x_0; \lambda \in \mathfrak{R}\}$ einführen, gelangen wir zum Bifurkationsproblem für die Gleichung

$$Pu = \lambda K_0 u \tag{2.120}$$

mit $P \in (\mathfrak{H}, \mathfrak{H})$ und $K_0 \in [\mathfrak{H}, \mathfrak{H}]$, $\lambda \in \mathfrak{R}$, $P\theta = \theta$.

Satz 2.15. *Es sei $R \in [\mathfrak{H}, \mathfrak{H}]$ ein beschränkter linearer Operator, R^* der adjungierte Operator, $\mathfrak{B} \subseteq \mathfrak{H}$, $P \in (\mathfrak{B}, \mathfrak{H})$, $P\theta = \theta$, $E \in [\mathfrak{B}, \mathfrak{H}]$ der beschränkte Einbettungsoperator. P besitze das Inverse $P^{-1} \in \big(R(\mathfrak{H}), \mathfrak{B}\big)$, P^{-1} sei stetig in θ, $\|P^{-1}u_n\|_{\mathfrak{B}} \xrightarrow[n\to\infty]{} 0$, falls $\|u_n\|_{\mathfrak{H}} \xrightarrow[n\to\infty]{}$ gilt. Dann sind die Gleichungen*

$$Pu = \lambda RR^*u, \qquad u \in \mathfrak{B}, \tag{2.121}$$

und

$$v = \lambda R^*P^{-1}Rv, \qquad v \in \mathfrak{H}, \tag{2.122}$$

bifurkationsäquivalent.

Beweis. Es sei λ_0 ein Verzweigungspunkt der Gleichung (2.121), $\{u_n\} \subseteq \mathfrak{B}$ eine Folge von Eigenfunktionen zu den Eigenwerten $\lambda_n \neq 0$, $\lambda_n \xrightarrow[n\to\infty]{} \lambda_0$, $\|u_n\|_{\mathfrak{B}} \xrightarrow[n\to\infty]{} 0$. Dann sind die Elemente $\lambda_n u_n = v_n$ Eigenfunktionen der Gleichung

$$v = \lambda_n P^{-1}RR^*v,$$

daher ist sicher $R^*v_n \neq \theta$, $n = 1, 2, \ldots$ Die Elemente $w_n = R^*v_n$ sind dann Eigenfunktionen der Gleichung

$$w = \lambda_n R^*P^{-1}Rw,$$

und es gilt $\|w_n\|_{\mathfrak{H}} \xrightarrow[n\to\infty]{} 0$ wegen der Stetigkeit des Einbettungsoperators $E \in [\mathfrak{B}, \mathfrak{H}]$ und des Operators R.

Es sei nun λ_0 Verzweigungspunkt der Gleichung (2.122), $\{v_n\} \subseteq \mathfrak{H}$ eine Folge von Eigenfunktionen zu den Eigenwerten λ_n, $\lambda_n \xrightarrow[n\to\infty]{} \lambda_0$, $\|v_n\|_{\mathfrak{H}} \xrightarrow[n\to\infty]{} 0$. Sicher ist dann $Rv_n \neq \theta$ und $u_n = P^{-1}Rv_n$ Eigenfunktion von (2.121) zum Eigenwert λ_n. Aus der Stetigkeitsbedingung folgt $\|u_n\|_{\mathfrak{B}} \xrightarrow[n\to\infty]{} 0$, q. e. d.

Der Übergang von der Gleichung (2.121) zur bifurkationsäquivalenten Gleichung (2.122) ist dem Verfahren der vollstetigen Regularisierung sehr ähnlich. Tatsächlich lassen sich mit Hilfe von Satz 2.10 leicht Bedingungen angeben, unter denen der Operator $Q \in (\mathfrak{H}, \mathfrak{H})$, $Q = R^*P^{-1}R$, in der Gleichung (2.122) vollstetig ist. Überdies kann man sichern, daß Q Potentialoperator ist. Diese Eigenschaft blieb bei den früher betrachteten Regularisierungsbeispielen nicht unbedingt erhalten. Für Gleichungen der Form (2.122) mit vollstetigem Potentialoperator $R^*P^{-1}R$ ist das Lokalisierungsproblem für Bifurkationspunkte weitgehend gelöst. Wir kommen in § 4 bei der Betrachtung isoperimetrischer Minimum-Probleme auf diese Frage zurück.

§ 3. Trajektorien einer parameterabhängigen Operatorgleichung

Im Hilbertraum $\mathfrak{H}$ betrachten wir die implizite Operatorfunktion

$$P\big(u, z(t)\big) = f(t), \qquad t \in [0, \tau). \tag{3.1}$$

$\mathfrak{X}$ sei ein linearer normierter Parameterraum, $z \in ([0, \tau), \mathfrak{X})$ und $f \in ([0, \tau), \mathfrak{H})$ seien vorgegebene Wege (Definition 1.1). τ ist eine positive Zahl oder $+\infty$, $P \in (\mathfrak{H} \times \mathfrak{X}, \mathfrak{H})$

ein Operator mit gewissen Monotonie- und Differenzierbarkeitseigenschaften. In § 1 untersuchten wir Bedingungen, unter denen die Gleichung (3.1) eine Lösung $u(t)$, $t \in [0, \tau)$, besitzt, vgl. Korollar 1.1.1. Einen Weg $u \in ([0, \tau), \mathfrak{H})$, der die Gleichung (3.1) erfüllt, nennen wir auch *Trajektorie* dieser Gleichung. Bei vorgegebenem Weg $z(t)$, $t \in [0, \tau)$, erhält die Gleichung (3.1) die Gestalt

$$\hat{P}(u, t) = f(t), \qquad t \in [0, \tau), \tag{3.2}$$

mit $\hat{P}(u, t) = P(u, z(t))$ und kann als implizite Operatorfunktion mit dem metrischen Parameterraum $\mathfrak{F} = [0, \tau) \subseteq \mathfrak{R}$ gedeutet werden. Wir benutzten diesen Parameterraum bereits in § 2 bei Betrachtungen zum Bifurkationsproblem, vgl. Korollar 2.8.1.

Die Gleichung (3.2) unterscheidet sich von der früher untersuchten impliziten Operatorfunktion (1.1) durch den speziellen Parameterraum $\mathfrak{F}$. Auch auf diesen (nichtlinearen) Parameteraum lassen sich die Ergebnisse aus § 1 im wesentlichen übertragen. Andererseits eröffnet gerade der reelle Parameterraum wertvolle Anwendungsmöglichkeiten. Man denke etwa an zeitabhängige Probleme, an Systeme, deren Bewegung in einem Anfangswert bei $t = 0$ beginnt und bis zu einem Zeitpunkt $t = \tau$ verfolgt werden soll. Letztere Interpretation erinnert an das Anfangswertproblem bei Differentialgleichungen. Der Begriff „Trajektorie" soll diesen Zusammenhang unterstreichen. Wir überzeugen uns davon, daß das Auffinden von Trajektorien der Gleichung (3.2) unter gewissen Bedingungen wirklich als Anfangswertproblem für eine Operator-Differentialgleichung aufgefaßt werden kann. Eine weitere Aufgabe besteht in dem Auffinden differenzierbarer Zweige von Eigenlösungen einer impliziten Operatorfunktion, insbesondere bei der Lösung des Bifurkationsproblems. Auch dieses Problem läßt sich parametrisieren und führt dann auf die Gleichung (3.2). Wir beginnen mit der Definition eines differenzierbaren Weges.

Definition 3.1. Es sei $\mathfrak{X}$ ein linearer normierter Raum, $z \in ([0, \tau), \mathfrak{X})$ ein Weg in $\mathfrak{X}$. z heiße *differenzierbar* in $t_0 \in [0, \tau)$, wenn für ein Element $v \in \mathfrak{X}$ und jedes $g \in \mathfrak{X}^*$

$$\lim_{n\to\infty} \left\langle g, v - \frac{z(t_n) - z(t_0)}{t_n - t_0} \right\rangle = 0 \tag{3.3}$$

ist, falls $t_n \in [0, \tau)$, $n = 1, 2, \ldots$, ist und $\lim\limits_{n\to\infty} t_n = t_0$ gilt. Wir schreiben dann $v = z'(t_0)$. Speziell für $\mathfrak{X} = \mathfrak{H}$ (Hilbertraum) schreiben wir die Grenzwertbeziehung (3.3) auch mit dem Skalarprodukt. Der Weg z in $\mathfrak{X}$ heiße *differenzierbar*, wenn er in jedem Punkt seines Definitionsbereiches differenzierbar ist. Die Abbildung $z' \in ([0, \tau), \mathfrak{X})$ nennen wir dann *Ableitung des Weges z.*

Der Definition 3.1 kann man eine Interpretation im Rahmen der bisher eingeführten Begriffe geben. Zu diesem Zweck führen wir den Operator $\hat{z} \in (\mathfrak{R}, \mathfrak{X})$ ein,

$$\hat{z}(t) = \begin{cases} z(0) & \text{für } t < 0, \\ z(t) & \text{für } t \in [0, \tau), \\ \theta & \text{für } t \geqq \tau. \end{cases} \tag{3.4}$$

Der Operator $\hat{z}$ ist im allgemeinen nicht stetig (ausgenommen, $\lim_{t\to\tau-0} z(t) = \theta$ oder $\tau = +\infty$), ist jedoch gewiß in $[0, \tau)$ stetig, da z ein Weg ist. Für den Operator $\hat{z}$ können wir Differenzierbarkeit in $t_0 \in (0, \tau)$ durch die Formel (3.3) erklären. Speziell für $\mathfrak{X} = \mathfrak{H}$ erhalten wir dann die Formel (1.12). Der Weg $z \in ([0, \tau), \mathfrak{X})$ ist also genau dann in $t_0 \in (0, \tau)$ differenzierbar, wenn der Operator $\hat{z} \in (\mathfrak{R}, \mathfrak{X})$ in t_0 differenzierbar ist. Eine Sonderstellung nimmt nur der Punkt $t_0 = 0$ als Randpunkt ein, da in ihm für z lediglich die rechtsseitige Ableitung definiert werden kann.

Satz 3.1. *Der Operator* $P \in (\mathfrak{H} \times \mathfrak{X}, \mathfrak{H})$ *möge die Bedingungen* (i_P) *und* (ii_P) *erfüllen, d. h., er besitzt die Zerlegungen* (1.8) *und* (1.10) *mit den dazu geforderten Eigenschaften. Die Wege* $z \in \big([0, \tau), \mathfrak{X}\big)$ *und* $f \in \big([0, \tau), \mathfrak{H}\big)$ *mögen in* $(0, \tau)$ *differenzierbar vorgegeben sein. P genüge überdies den Ungleichungen* (1.6) *und* (1.7). *Dann definiert die Gleichung* (3.1) *genau einen Weg* $u \in \big([0, \tau), \mathfrak{H}\big)$; *u ist in* $(0, \tau)$ *differenzierbar und genügt der Operator-Differentialgleichung*

$$D\big(u(t), z(t)\big)\, u'(t) + Q\big(u(t), z(t)\big)\, z'(t) - f'(t) = \theta, \qquad t \in (0, \tau). \tag{3.5}$$

Beweis. Entsprechend der Vorschrift (3.4) setzen wir die vorgegebenen Wege z, f auf $\mathfrak{R}$ fort und gehen mit den Fortsetzungen $\hat{z}$, $\hat{f}$ in (3.1) ein. In der impliziten Operatorfunktion

$$\hat{P}(u, t) = \hat{f}(t), \qquad t \in \mathfrak{R}, \qquad \hat{P}(u, t) = P\big(u, \hat{z}(t)\big), \tag{3.6}$$

fixieren wir $t_0 \in \mathfrak{R}$ beliebig. Der Operator $\hat{P}(\cdot, t_0) \in (\mathfrak{H}, \mathfrak{H})$ ist mit den Bedingungen (1.6), (1.7) stark monoton und Lipschitz-stetig. Die Gleichung (3.6) definiert also nach Satz I.5.4 einen Operator $\hat{T} \in (\mathfrak{R}, \mathfrak{H})$, $\hat{T}t = \hat{u}(t)$,

$$\hat{P}\big(\hat{u}(t), t\big) = \hat{f}(t), \qquad t \in \mathfrak{R}. \tag{3.7}$$

Wir betrachten die Einschränkung $u \in \big([0, \tau), \mathfrak{H}\big)$, $u(t) = \hat{u}(t)$, $t \in [0, \tau)$. Offensichtlich erfüllt u die Gleichungen (3.1) bzw. (3.2). Für den Operator P dürfen wir die Ungleichung (1.4) mit $z_n = z(t_n)$, $t_n \in [0, \tau)$, $n = 0, 1, \ldots,$ $v = u(t_n)$, $w = u(t_0)$, $\lim_{n\to\infty} t_n = t_0$ verwenden und erhalten

$$\|u(t_n) - u(t_0)\|_{\mathfrak{H}} \leqq \frac{1}{\gamma} \left\{\big\|P\big(u(t_0), z(t_n)\big) - P\big(u(t_0), z(t_0)\big)\big\|_{\mathfrak{H}} + \|f(t_n) - f(t_0)\|_{\mathfrak{H}}\right\}. \tag{3.8}$$

Mit der Zerlegung (1.10) aus der Bedingung (ii_P) haben wir

$$\begin{aligned}&\big\|P\big(u(t_0), z(t_n)\big) - P\big(u(t_0), z(t_0)\big)\big\|_{\mathfrak{H}} \\ &\leqq \big\|Q\big(u(t_0), z(t_0)\big)\,\big(z(t_n) - z(t_0)\big)\big\|_{\mathfrak{H}} + \big\|\tilde{\omega}\big(u(t_0), z(t_0), z(t_n) - z(t_0)\big)\big\|_{\mathfrak{H}}\end{aligned}$$

und folglich für $t_n - t_0 \neq 0$

$$\frac{\|u(t_n) - u(t_0)\|_{\mathfrak{H}}}{|t_n - t_0|}$$
$$\leqq \frac{1}{\gamma} \left\{ \left\| Q\big(u(t_0), z(t_0)\big) \right\| \left\| \frac{z(t_n) - z(t_0)}{t_n - t_0} \right\|_{\mathfrak{H}} \right.$$
$$+ \frac{\left\| \tilde{\omega}\big(u(t_0), z(t_0), z(t_n) - z(t_0)\big) \right\|_{\mathfrak{H}}}{\|z(t_n) - z(t_0)\|_{\mathfrak{X}}} \frac{\|z(t_n) - z(t_0)\|_{\mathfrak{X}}}{|t_n - t_0|}$$
$$\left. + \frac{\|f(t_n) - f(t_0)\|_{\mathfrak{H}}}{|t_n - t_0|} \right\}. \tag{3.9}$$

Aus der Existenz der Ableitungen $f'(t_0)$, $z'(t_0)$ folgt mit Satz I.2.10 die Existenz solcher Konstanten $\varkappa_1, \varkappa_2 > 0$, daß

$$\frac{\|f(t_n) - f(t_0)\|_{\mathfrak{H}}}{|t_n - t_0|} \leqq \varkappa_1, \quad \frac{\|z(t_n) - z(t_0)\|_{\mathfrak{X}}}{|t_n - t_0|} \leqq \varkappa_2, \tag{3.10}$$

$n = 1, 2, \ldots$, ist. Mit den Abschätzungen (3.10) gilt schließlich

$$\frac{\|u(t_n) - u(t_0)\|_{\mathfrak{H}}}{|t_n - t_0|} \leqq \frac{1}{\gamma} \left\{ \left\| Q\big(u(t_0), z(t_0)\big) \right\| \varkappa_2 + \varkappa_1 + \varkappa_3 \right\}, \tag{3.11}$$

worin

$$\varkappa_3 = \varkappa_2 \sup_n \frac{\left\| \tilde{\omega}\big(u(t_0), z(t_0), z(t_n) - z(t_0)\big) \right\|_{\mathfrak{H}}}{\|z(t_n) - z(t_0)\|_{\mathfrak{X}}}$$

ist. Speziell folgt mit (3.11) die Stetigkeit von u in $[0, \tau)$, u ist also ein Weg.

Wir fixieren nun ein $t_0 \in (0, \tau)$. Zum Nachweis der Differenzierbarkeit von u in t_0 ziehen wir Satz 1.2 heran. Der Operator $\hat{P} \in (\mathfrak{H} \times \mathfrak{R}, \mathfrak{H})$ in der Gleichung (3.6) erfüllt die Bedingungen (1.6), (1.7) und besitzt im Element $\big(u(t_0), t_0\big) \in \mathfrak{H} \times \mathfrak{R}$ die Zerlegung (1.8):

$$\big(\hat{P}\big(u(t_0) + \delta u, t_0 + \delta t\big) - \hat{P}\big(u(t_0), t_0\big), h\big)$$
$$= \big(P\big(u(t_0) + \delta u, z(t_0 + \delta t)\big) - P\big(u(t_0), z(t_0)\big), h\big)$$
$$= \big(D\big(u(t_0), z(t_0)\big) \delta u, h\big) + \big(Q\big(u(t_0), z(t_0)\big) \big(z(t_0 + \delta t) - z(t_0)\big), h\big)$$
$$+ \omega\big(u(t_0), \delta u, z(t_0), z(t_0 + \delta t) - z(t_0), h\big)$$

für $h \in \mathfrak{M}$, $\overline{\mathfrak{M}} = \mathfrak{H}$ oder

$$\big(\hat{P}\big(u(t_0) + \delta u, t_0 + \delta t\big) - \hat{P}\big(u(t_0), t_0\big), h\big)$$
$$= \big(\hat{D}\big(u(t_0), t_0\big) \delta u, h\big) + \big(\hat{Q}\big(u(t_0), t_0\big) \delta t, h\big) + \hat{\omega}\big(u(t_0), \delta u, t_0, \delta t, h\big) \tag{3.12}$$

mit

$$\hat{D}\big(u(t_0), t_0\big) = D\big(u(t_0), z(t_0)\big) \in [\mathfrak{H}, \mathfrak{H}],$$
$$\hat{Q}\big(u(t_0), t_0\big) = Q\big(u(t_0), z(t_0)\big) z'(t_0) \in \mathfrak{H}$$

und

$$\begin{aligned}
&\mathring{\omega}\big(u(t_0), \delta u, t_0, \delta t, h\big)\\
&= \omega\big(u(t_0), \delta u, z(t_0), z(t_0 + \delta t) - z(t_0), h\big)\\
&\quad + \left(Q\big(u(t_0), z(t_0)\big) \left[\frac{z(t_0 + \delta t) - z(t_0)}{\delta t} - z'(t_0)\right] \delta t, h\right). \qquad (3.13)
\end{aligned}$$

Ist nun $\delta t_n \neq 0$, $\lim\limits_{n\to\infty} \delta t_n = 0$, $t_0 + \delta t_n \in (0, \tau)$, dann ist mit der zweiten Ungleichung (3.10) für $t_n - t_0 = \delta t_n$

$$\begin{aligned}
\frac{\big|\mathring{\omega}\big(u(t_0), \delta u, t_0, \delta t_n, h\big)\big|}{|\delta t_n|} &\leqq \varkappa_2 \frac{\big|\omega\big(u(t_0), \delta u, z(t_0 + \delta t_n) - z(t_0), h\big)\big|}{\|z(t_0 + \delta t_n) - z(t_0)\|_{\mathfrak{X}}}\\
&\quad + \left|\left\langle g, \frac{z(t_0 + \delta t_n) - z(t_0)}{\delta t_n} - z'(t_0)\right\rangle\right|,
\end{aligned}$$

wobei $g \in \mathfrak{X}^*$, $\langle g, y\rangle = \big(Q\big(u(t_0), z(t_0)\, y, h\big)\big)$, $\quad y \in \mathfrak{X}$, und

$$\|g\| \leqq \big\|Q\big(u(t_0), z(t_0)\big)\big\| \, \|h\|_{\mathfrak{H}}$$

ist. Da $z'(t_0)$ existiert, strebt $\left\langle g, \dfrac{z(t_0 + \delta t_n) - z(t_0)}{\delta t_n} - z'(t_0)\right\rangle$ nach Definition 3.1 gegen Null. Infolge der Grenzwertbeziehungen (1.9) ist dann

$$\lim_{\delta t\to 0} \frac{\mathring{\omega}\big(u(t_0), \delta u, t_0, \delta t, h\big)}{\delta t} = 0, \qquad h \in \mathfrak{M}.$$

Der Operator $\mathring{P} \in (\mathfrak{H} \times \mathfrak{R}, \mathfrak{H})$ besitzt also die Eigenschaft (i_P).

Die Eigenschaft (ii_P) beweisen wir unter der Annahme, daß

$$\lim_{\delta t\to 0} \left\|\frac{z(t_0 + \delta t) - z(t_0)}{\delta t} - z'(t_0)\right\|_{\mathfrak{X}} = 0 \qquad (3.14)$$

ist für $t_0 \in (0, \tau)$. In diesem Fall finden wir

$$\mathring{P}\big(u(t_0), t_0 + \delta t\big) - P\big(u(t_0), t_0\big) = Q\big(u(t_0), t_0\big)\, \delta t + \check{\omega}\big(u(t_0), t_0, \delta t\big) \qquad (3.15)$$

mit

$$\begin{aligned}
\check{\omega}\big(u(t_0), t_0, \delta t\big) &= \tilde{\omega}\big(u(t_0), z(t_0), z(t_0 + \delta t) - z(t_0)\big)\\
&\quad + Q\big(u(t_0), z(t_0)\big) \left[\frac{z(t_0 + \delta t) - z(t_0)}{\delta t} - z'(t_0)\right]. \qquad (3.16)
\end{aligned}$$

Die erforderliche Grenzwertbeziehung (1.11) für $\check{\omega}$ erhalten wir aus der Abschätzung

$$\begin{aligned}
&\frac{\big\|\check{\omega}\big(u(t_0), t_0, \delta t\big)\big\|_{\mathfrak{H}}}{|\delta t|}\\
&\leqq \left\{\frac{\big\|\tilde{\omega}\big(u(t_0), z(t_0), z(t_0 + \delta t) - z(t_0)\big)\big\|_{\mathfrak{H}}}{\|z(t_0 + \delta t) - z(t_0)\|_{\mathfrak{X}}} \frac{\|z(t_0 + \delta t) - z(t_0)\|_{\mathfrak{X}}}{|\delta t|}\right.\\
&\quad \left. + \big\|Q\big(u(t_0), z(t_0)\big)\big\| \left\|\frac{z(t_0 + \delta t) - z(t_0)}{\delta t} - z'(t_0)\right\|_{\mathfrak{X}}\right\}.
\end{aligned}$$

Der Ausdruck in der geschweiften Klammer konvergiert mit δt gegen Null wegen (3.14) und der zweiten Ungleichung (3.10). Satz 1.2 liefert nun die Differenzierbarkeit des Weges u in $t_0 \in (0, \tau)$. Tatsächlich existiert nach Satz 1.2 das Differential $\hat{T}'(t_0)\, s \in \mathfrak{H}$, definiert durch die Grenzwertbeziehung

$$\lim_{\tau\to 0}\left(\frac{\hat{T}(t_0+\tau s)-\hat{T}t_0}{\tau}-\hat{T}'(t_0)\,s, h\right)=0, \qquad h\in\mathfrak{H}.$$

Mit $\hat{T}t = u(t)$, $t \in (0, \tau)$, ergibt sich daraus

$$\lim_{\tau\to 0}\left(\frac{u(t_0+\tau s)-u(t_0)}{\tau}-\hat{T}'(t_0)\,s, h\right)=0$$

und gemäß Definition 3.1 $\hat{T}'(t_0) = u'(t_0)$. Setzen wir noch $\hat{K}t = f(t)$, so daß $\hat{K}'(t_0) = f'(t_0)$ ist, so erhalten wir aus der Beziehung (1.19)

$$\hat{D}\big(u(t_0), t_0\big)\, u'(t_0) = f'(t_0) - \hat{Q}\big(u(t_0), t_0\big), \qquad t_0 \in (0, \tau),$$

oder (3.5) mit den Ausdrücken für $\hat{D}$ und $\hat{Q}$.

Sehen wir nun von der Annahme (3.14) ab, so dürfen wir die Eigenschaft (ii_P) im Beweis von Satz 1.2 für unseren Fall nicht verwenden. Diese Eigenschaft wurde ausschließlich beim Beweis der Ungleichung (1.21) benutzt. Eine Schranke für

$$\left\|\frac{\hat{T}(t_0+\tau_n s)-Tt_0}{\tau_n}\right\|_{\mathfrak{H}} = \frac{\|u(t_0+\tau_n s)-u(t_0)\|_{\mathfrak{H}}}{|\tau_n s|}\,|s|$$

haben wir jedoch bereits in der Ungleichung (3.11) angegeben. Satz 3.1 ist damit vollständig bewiesen.

1. Implizite Operatorfunktion und Operator-Differentialgleichung

Satz 3.1 gibt Bedingungen an, unter denen die implizite Operatorfunktion eine differenzierbare Trajektorie definiert. Die Trajektorie genügt auch der Operator-Differentialgleichung (3.5). Für diese Differentialgleichung erklären wir in üblicher Weise das Anfangswertproblem. Als *Lösung* bezeichnen wir einen Weg $u \in ([0, \tau), \mathfrak{H})$, der in $(0, \tau)$ differenzierbar ist und dort der Gleichung (3.5) genügt. Es stellt sich nun die Frage, ob jede Lösung des Anfangswertproblems für (3.5) auch Lösung der Operatorgleichung (3.1) mit dem gleichen Anfangswert ist. Die Antwort liefert der folgende Äquivalenzsatz.

Satz 3.2. *Der Operator $P \in (\mathfrak{H} \times \mathfrak{X}, \mathfrak{H})$ erfülle die Bedingung* (i_P). *Die vorgegebenen Wege $z \in ([0, \tau), \mathfrak{X})$ und $f \in \big([0, \tau), \mathfrak{H}\big)$ mögen in $(0, \tau)$ differenzierbar sein, der Anfangswert $u_0 \in \mathfrak{H}$ erfülle die Gleichung*

$$P\big(u_0, z(0)\big) = f(0). \tag{3.17}$$

Dann ist:

(i) *jede in* $(0, \tau)$ *differenzierbare Trajektorie der Gleichung* (3.1) *mit dem Anfangswert* $u(0) = u_0$ *Lösung des Anfangswertproblems für die Gleichung* (3.5) *mit demselben Anfangswert,*

(ii) *jede Lösung der Gleichung* (3.5) *mit dem Anfangswert* $u(0) = u_0$ *Trajektorie der Gleichung* (3.1) *mit demselben Anfangswert.*

Beweis. (i) Es sei $u \in ([0, \tau), \mathfrak{H})$ Trajektorie der Gleichung (3.1), differenzierbar in $(0, \tau)$, $u(0) = u_0$. Es gilt also

$$P\big(u(t), z(t)\big) = f(t), \qquad t \in [0, \tau).$$

Mit der Zerlegung (1.8) finden wir für $t_0 \in (0, \tau)$, $t_0 + \delta t \in (0, \tau)$, $\delta t \neq 0$, $h \in \mathfrak{M}$

$$\begin{aligned} 0 &= \frac{1}{\delta t}\big(P(u(t_0 + \delta t), z(t_0 + \delta t)) - f(t_0 + \delta t) \\ &\qquad - P(u(t_0), z(t_0)) + f(t_0), h\big) \\ &= \left(D\big(u(t_0), z(t_0)\big)\frac{u(t_0 + \delta t) - u(t_0)}{\delta t}, h\right) \\ &\quad + \left(Q\big(u(t_0), z(t_0)\big)\frac{z(t_0 + \delta t) - z(t_0)}{\delta t}, h\right) - \left(\frac{f(t_0 + \delta t) - f(t_0)}{\delta t}, h\right) \\ &\quad + \frac{\omega\big(u(t_0), u(t_0 + \delta t) - u(t_0), z(t_0), z(t_0 + \delta t) - z(t_0), h\big)}{\delta t}. \end{aligned} \tag{3.18}$$

Wir untersuchen nun den Grenzwert für $\delta t \to 0$. In (3.18) ersetzen wir δt durch δt_n, $\lim\limits_{n\to\infty} \delta t_n = 0$. Aus der Existenz der Ableitungen $u'(t_0)$, $z'(t_0)$ folgt die Existenz solcher Schranken $\varkappa, \mu > 0$, daß

$$\left\|\frac{u(t_0 + \delta t_n) - u(t_0)}{\delta t_n}\right\|_{\mathfrak{H}} \leqq \varkappa, \qquad \left\|\frac{z(t_0 + \delta t_n) - z(t_0)}{\delta t_n}\right\|_{\mathfrak{H}} \leqq \mu \tag{3.19}$$

für $n = 1, 2, \ldots$ ist, vgl. Satz I.2.10. Wir erhalten mit den Abschätzungen (3.19) und der Grenzwertbedingung (1.9)

$$\begin{aligned} &\lim_{n\to\infty} \frac{\omega\big(u(t_0), u(t_0 + \delta t_n) - u(t_0), z(t_0), z(t_0 + \delta t_n) - z(t_0), h\big)}{\delta t_n} \\ &= \lim_{n\to\infty} \frac{\omega\big(u(t_0), u(t_0 + \delta t_n) - u(t_0), z(t_0), z(t_0 + \delta t_n) - z(t_0), h\big)}{\|u(t_0 + \delta t_n) - u(t_0)\|_{\mathfrak{H}} + \|z(t_0 + \delta t_n) - z(t_0)\|_{\mathfrak{X}}} \\ &\quad \times \left\{\frac{\|u(t_0 + \delta t_n) - u(t_0)\|_{\mathfrak{H}}}{\delta t_n} + \frac{\|z(t_0 + \delta t_n) - z(t_0)\|_{\mathfrak{X}}}{\delta t_n}\right\} = 0, \end{aligned} \tag{3.20}$$

da die Wege u und z stetig in t_0 sind.

Zur Berechnung der übrigen Grenzwerte bemerken wir, daß der beschränkte lineare Operator $D(u(t_0), z(t_0)) \in (\mathfrak{H}, \mathfrak{H})$ schwach konvergente Folgen wiederum in schwach konvergente Folgen abbildet, woraus wir

$$\lim_{\delta t_n \to 0} \left(D(u(t_0), z(t_0)) \frac{u(t_0 + \delta t_n) - u(t_0)}{\delta t_n}, h\right) = \left(D(u(t_0), z(t_0))\, u'(t_0), h\right) \tag{3.21}$$

errechnen. Schließlich ist der Operator $Q(u(t_0), z(t_0)) \in (\mathfrak{X}, \mathfrak{H})$ linear und beschränkt. Das Skalarprodukt $\left(Q(u(t_0), z(t_0))\, w, h\right)$ stellt somit für fixiertes $h \in \mathfrak{H}$ ein lineares beschränktes Funktional bezüglich $w \in \mathfrak{X}$ dar:

$$|(Qw, h)| \leqq \|Q\|\, \|h\|_{\mathfrak{H}} \|w\|_{\mathfrak{X}}.$$

Es gilt daher

$$\lim_{n \to \infty} \left(Q(u(t_0), z(t_0)) \frac{z(t_0 + \delta t_n) - z(t_0)}{\delta t_n} - z'(t_0), h\right) = 0 \tag{3.22}$$

nach Definition 3.1. Unter Berücksichtigung der Grenzwerte (3.20) bis (3.22) erhalten wir aus (3.18) zunächst

$$\left(D(u(t_0), z(t_0))\, u'(t_0) + Q(u(t_0))\, z(t_0)\right) z'(t_0) - f'(t_0), h\right) = 0$$

für alle $h \in \mathfrak{M}$ und dann (3.5), da $\overline{\mathfrak{M}} = \mathfrak{H}$ ist.

(ii) Der Weg $u \in ([0, \tau), \mathfrak{H})$ sei Lösung der Gleichung

$$D(u(t), z(t))\, u'(t) + Q(u(t), z(t))\, z'(t) - f'(t) = \theta, \qquad t \in (0, \tau),$$

mit dem Anfangswert $u(0) = u_0$, $h \in \mathfrak{M}$, $t_0 \in (0, \tau)$ beliebig fixiert, $t_0 + \delta t \in (0, \tau)$, $\delta t \neq 0$. Wir finden dann mit der Bedingung (i_P)

$$\begin{aligned} &\frac{1}{\delta t} \left(P(u(t_0 + \delta t), z(t_0 + \delta t)) - P(u(t_0), z(t_0)), h\right) \\ &= \left(D(u(t_0), z(t_0)) \frac{u(t_0 + \delta t) - u(t_0)}{\delta t}, h\right) \\ &\quad + \left(Q(u(t_0), z(t_0)) \frac{z(t_0 + \delta t) - z(t_0)}{\delta t}, h\right) \\ &\quad + \frac{\omega(u(t_0), u(t_0 + \delta t) - u(t_0), z(t_0), z(t_0 + \delta t) - z(t_0), h)}{\delta t}. \end{aligned} \tag{3.23}$$

Mit den Grenzwerten (3.20) bis (3.22) erhalten wir aus (3.23) mit Rücksicht auf die Differentialgleichung (3.5)

$$\begin{aligned} &\frac{d}{dt} \left(P(u(t), z(t)) - f(t), h\right)_{t=t_0} \\ &= \left(D(u(t_0), z(t_0))\, u'(t_0) + Q(u(t_0), z(t_0))\, z'(t_0) - f'(t_0), h\right) = 0. \end{aligned}$$

Durch Integration ergibt sich, da $t_0 \in (0, \tau)$ beliebig ist,

$$\big(P(u(t), z(t)) - f(t), h\big) = \nu_h = \text{const}, \qquad t \in (0, \tau).$$

Schließlich ist mit (3.17)

$$\nu_h = \big(P\big(u(t), z(t)\big) - P\big(u(0), z(0)\big), h\big) - \big(f(t) - f(0), h\big), \qquad t \in (0, \tau).$$

Die Konstante ν_h läßt sich leicht berechnen, wenn wir die Bedingung (i_P) benutzen. Wir finden

$$\begin{aligned} \nu_h = {} & \big(D(u(0), z(0))\,(u(t) - u(0)), h\big) \\ & + \big(Q(u(0), z(0))\,\big(z(t) - z(0)\big), h\big) - \big(f(t) - f(0), h\big) \\ & + \omega\big(u(0), u(t) - u(0), z(0), z(t) - z(0), h\big); \end{aligned}$$

für $t \to 0+$ konvergiert die rechte Seite gegen Null, so daß sich $\nu_h = 0$ ergibt. Wir erhalten mit dem Anfangswert sogar

$$\big(P(u(t), z(t)) - f(t), h\big) = 0, \qquad t \in [0, \tau), \quad \text{für } h \in \mathfrak{M};$$

wegen $\overline{\mathfrak{M}} = \mathfrak{H}$ folgt daraus

$$P\big(u(t), z(t)\big) = f(t), \qquad t \in [0, \tau),$$

q. e. d.

Ein Vergleich zeigt, daß der Äquivalenzsatz 3.2 in seinen Voraussetzungen wesentlich allgemeiner ist als der Existenzsatz 3.1. Er erschließt neue konstruktive Verfahren zur Lösung der Operatorgleichung (3.1), insbesondere die Schrittverfahren zur Lösung von Differentialgleichungen. Im Gegensatz zum Existenzsatz 3.1 verzichtet der Äquivalenzsatz auch auf Monotoniebedingungen, die die Einzigkeit der Lösungen gewährleisten. Damit eröffnet er Möglichkeiten zur Verwendung der Differentialgleichungen im Bifurkationsproblem. Beide Aspekte werden in den folgenden Abschnitten verfolgt.

2. Deformationsprinzip und Näherungslösungen

Im Hilbertraum $\mathfrak{H}$ legen wir uns die Gleichung

$$Pu = f \tag{3.24}$$

mit dem linearen Definitionsbereich $D_P \subseteq \mathfrak{H}$, $P \in (D_P, \mathfrak{H})$ und fixiertem Element $f \in \mathfrak{H}$ zur Lösung vor. Wir wollen uns mit einer Näherungslösung zufriedengeben und definieren einen Unterraum $\mathfrak{H}_n \subseteq \mathfrak{H}$ mit der vollständigen und orthonormierten Basis $\{\varphi_k\}_{k=1}^n \subseteq D_P$. Der Raum $\mathfrak{H}_n \subseteq D_P$ ist also ein n-dimensionaler Hilbertraum (euklidischer Raum). Da $\mathfrak{H}_n$ abgeschlossen in $\mathfrak{H}$ (Korollar I.2.2.2) und offensichtlich konvex ist, ist die konvexe Projektion $P_n \in (\mathfrak{H}, \mathfrak{H}_n)$ erklärt (Satz I.4.1). Der Operator P_n ordnet jedem Element $u \in \mathfrak{H}$ das nächstgelegene Element $P_n u \in \mathfrak{H}_n$ zu. P_n bewirkt die Aufspaltung $\mathfrak{H} = \mathfrak{H}_n \oplus \mathfrak{H}^{(n)}$ und wird *orthogonaler Projektor* auf $\mathfrak{H}_n$ genannt. P_n ist durch $\mathfrak{H}_n$ eindeutig bestimmt (Satz I.2.5).

Lemma 3.1. *Es sei* $\mathfrak{H}_n = \mathfrak{L}\{\varphi_1, \varphi_2, \ldots, \varphi_n\} \subseteq \mathfrak{H}$. *Dann besitzt der orthogonale Projektor* $P_n \in (\mathfrak{H}, \mathfrak{H}_n)$ *die Darstellung*

$$P_n u = \sum_{k=1}^{n} (u, \varphi_k)\, \varphi_k, \qquad u \in \mathfrak{H}, \tag{3.25}$$

und die Eigenschaften (i) $\|P_n\| = 1$, (ii) $P_n^2 = P_n$, (iii) P_n *ist selbstadjungiert.*

Beweis. Das zu $u \in \mathfrak{H}$ nächstgelegene Element $P_n u \in \mathfrak{H}_n$ hat die Gestalt

$$P_n u = \sum_{k=1}^{n} \alpha_k \varphi_k$$

und genügt der Bedingung

$$\|u - P_n u\|^2 \leqq \|u - v\|^2 \quad \text{für alle } v \in \mathfrak{H}_n.$$

Durch Einsetzen erhält man den Wert des Abstandes,

$$\begin{aligned}\|u - P_n u\|^2 &= \left\| u - \sum_{k=1}^{n} \alpha_k \varphi_k \right\|^2 \\ &= \|u\|^2 - 2 \sum_{k=1}^{n} \alpha_k (u, \varphi_k) + \sum_{k=1}^{n} \alpha_k^2 \\ &= \|u\|^2 + \sum_{k=1}^{n} [\alpha_k - (u, \varphi_k)]^2 - \sum_{k=1}^{n} (u, \varphi_k)^2,\end{aligned}$$

der offenbar für $\alpha_k = (u, \varphi_k)$ minimal wird. Die Eigenschaft (i) folgt aus der orthogonalen Zerlegung mit

$$\|u\|^2 = \|P_n u\|^2 + \|P^{(n)} u\|^2,$$

(ii) aus der Darstellung (3.25). Aus der orthogonalen Zerlegung von $\mathfrak{H}$ folgt auch (iii): Für beliebige Elemente u, v gilt

$$(P_n u, v) = (P_n u, P_n v) = (u, P_n v),$$

da $(P_n u, P^{(n)} v) = (P^{(n)} u, P_n v) = 0$ ist. Lemma 3.1 ist damit bewiesen.

Anstelle der Gleichung (3.24) soll nun die Gleichung

$$P_n P u = P_n f \tag{3.26}$$

auf $\mathfrak{H}_n$ gelöst werden. Diese Gleichung kann auch als Gleichung im Raum $\mathfrak{R}^n$ geschrieben werden.

Lemma 3.2. *Es sei* $\mathfrak{H}$ *ein Hilbertraum,* $\{\varphi_k\}_{k=1}^n$ *ein ON-System,*

$$\mathfrak{H}_n = \mathfrak{L}\{\varphi_1, \varphi_2, \ldots \varphi_n\}.$$

Dann sind die Räume $\mathfrak{H}_n$ *und* $\mathfrak{R}^n$ *linear isometrisch* (*isomorph und isometrisch*).

Beweis. Das ON-System $\{\varphi_k\}_{k=1}^n$ ist eine Basis in $\mathfrak{H}_n$. Es gibt dann zu jedem $g \in \mathfrak{H}_n$ genau ein Element $a(g) \in \mathfrak{R}^n$, $a(g) = (a_1, a_2, \ldots, a_n)$ mit der Eigenschaft $g = \sum_{k=1}^{n} a_k \varphi_k$.

Durch Skalarmultiplikation finden wir $a_k = (g, \varphi_k)$ und $\|g\|^2 = \sum_{k=1}^{n} a_k^2 = \|a(g)\|_n^2$, wobei wir mit $\|\cdot\|_n$ die Norm auf $\mathfrak{R}^n$ bezeichnen. Die Abbildung $E \in (\mathfrak{H}_n, \mathfrak{R}^n)$, $Eg = a(g)$, ist damit linear und isometrisch. Die gleichen Eigenschaften besitzt die Umkehrabbildung $E^{-1}a = \sum_{k=1}^{n} a_k \varphi_k$, q. e. d.

Lemma 3.2 kennzeichnet einen Spezialfall von Satz I.2.2.

Wir kehren zur Gleichung (3.26) zurück, schreiben diese Gleichung in der äquivalenten Form

$$(Pu, \varphi_k) = (f, \varphi_k), \qquad k = 1, 2, \ldots, n, \tag{3.27}$$

und definieren den Operator $F \in (\mathfrak{R}^n, \mathfrak{R}^n)$,

$$F_k(a) = \left(P\left(\sum_{j=1}^{n} a_j \varphi_j\right), \varphi_k\right), \qquad k = 1, 2, \ldots, n. \tag{3.28}$$

Mit b bezeichnen wir noch den Vektor $EP_n f$,

$$b_k = (f, \varphi_k), \qquad k = 1, 2, \ldots, n. \tag{3.29}$$

Ist $u \in \mathfrak{H}_n$ eine Lösung der Gleichung (3.26), so ist $a = Eu$ eine Lösung der Gleichung

$$Fa = b; \tag{3.30}$$

umgekehrt erzeugt jede Lösung $a \in \mathfrak{R}^n$ von (3.30) eine Lösung $u = E^{-1}a$ von (3.26). In beiden Fällen benutzt man zum Beweis die Gleichung (3.27).

Die effektive Lösung der Gleichung (3.30) wird im allgemeinen einfacher sein als die Lösung der Gleichung (3.24). Wir nennen die Gleichungen (3.26) bzw. (3.30) *endlichdimensionale Näherungsgleichungen* für (3.24). Die Rechtfertigung dieser Bezeichnung erfolgt in Kapitel V, in welchem die Konvergenz des Projektions- oder Galerkin-Verfahrens bewiesen wird.

In diesem Abschnitt beschäftigen wir uns mit einer Methode zur Lösung der Näherungsgleichungen (3.26), (3.30), die an die Untersuchungen über Trajektorien parameterabhängiger Operatorgleichungen anknüpft. Immerhin sind auch die Näherungsgleichungen bei nichtlinearem Operator P nichtlinear. Es gibt daher auch für diese Gleichungen kein allgemein anwendbares Lösungsverfahren.

Für ein noch zu bestimmendes $\delta > 0$ ersetzen wir die Gleichung (3.30) durch die parameterabhängige Operatorgleichung

$$F(a, t) = b(t), \qquad t \in [0, 1 + \delta), \tag{3.31}$$

mit dem Weg

$$b \in ([0, 1 + \delta), \mathfrak{R}^n), \qquad b(1) = b, \tag{3.32}$$

und

$$F(a, t) = a + t[Fa - a]. \tag{3.33}$$

Definiert die Gleichung (3.31) eine Trajektorie $a(t)$, $t \in [0, 1 + \delta)$, so genügt der Vektor $a(1)$ der Gleichung (3.30). Die Trajektorie $a(t)$ beginnt offenbar mit dem Anfangswert

$$a(0) = b(0), \tag{3.34}$$

der damit bekannt ist. Nun können wir die Gleichung (3.31) unter den Bedingungen des Äquivalenzsatzes 3.2 durch eine Operator-Differentialgleichung ersetzen. Wir setzen dabei $\mathfrak{X} = \mathfrak{R}$ und $z(t) \equiv t$, $t \in [0, 1 + \delta)$.

Die skizzierte Methode bezeichnen wir als *Deformationsprinzip*; die vorgegebene Gleichung (3.30) wird dabei nach dem Vorbild der Homotopie in die triviale Gleichung (3.34) deformiert. Es gilt nun, die gesuchte Operator-Differentialgleichung für die Trajektorie $a(t)$, $t \in [0, 1 + \delta)$, durch Differenzieren der Gleichung (3.31) herzuleiten. Dazu benötigen wir einige Eigenschaften des Operators $F \in (\mathfrak{R}^n, \mathfrak{R}^n)$.

Lemma 3.3. *Der Operator $P \in (D_P, \mathfrak{H})$ sei schwach differenzierbar* (Definition I.3.3), *$\{\varphi_k\}_{k=1}^n$ orthonormierte Basis in $\mathfrak{H}_n \subseteq D_P$. Dann besitzt der Operator $F \in (\mathfrak{R}^n, \mathfrak{R}^n)$,*

$$F_k(a) = \left(P\left(\sum_{j=1}^n a_j\varphi_j\right), \varphi_k\right), \quad k = 1, 2, \ldots, n,$$

das Differential

$$F'(a)\, b = \lim_{t\to 0} \frac{F(a + tb) - Fa}{t} = J(a)\, b \tag{3.35}$$

mit der Jacobischen Matrix

$$J(a) = \{j_{ki}\} = \left\{\frac{\partial F_k}{\partial a_i}\right\}. \tag{3.36}$$

Beweis. Die Funktionen $F_k(a) = F_k(a_1, a_2, \ldots, a_n)$, $k = 1, 2, \ldots, n$, besitzen alle partiellen Ableitungen erster Ordnung, denn die Grenzwerte

$$\lim_{\delta a_i\to 0} \frac{\left(P\left(\sum_{j=1}^n a_j\varphi_j + \delta a_i\varphi_i\right) - P\left(\sum_{j=1}^n a_j\varphi_j\right), \varphi_k\right)}{\delta a_i}$$
$$= \frac{\partial F_k}{\partial a_i} = \left(P'\left(\sum_{j=1}^n a_j\varphi_j\right)\varphi_i, \varphi_k\right)$$

existieren für $i, k = 1, 2, \ldots, n$, da $P \in (D_P, \mathfrak{H})$ schwach differenzierbar ist. Der Grenzwert (3.35) läßt sich direkt nachprüfen. Der Ausdruck

$$\left\|\frac{F(a + tb) - Fa}{t} - J(a)\, b\right\|_n^2$$
$$= \sum_{k=1}^n \left[\frac{F_k(a + tb) - F_k(a)}{t} - \sum_{i=1}^n j_{ki}b_i\right]^2$$
$$= \sum_{k=1}^n \left(\frac{P\left(\sum_{j=1}^n a_j\varphi_j + t\sum_{i=1}^n b_i\varphi_i\right) - P\left(\sum_{j=1}^n a_j\varphi_j\right)}{t} - \sum_{i=1}^n P'\left(\sum_{j=1}^n a_j\varphi_j\right) b_i\varphi_i, \varphi_k\right)^2$$

strebt mit t definitionsgemäß gegen Null, vgl. (I.3.4), q. e. d.

Lemma 3.4. *Der Operator $P \in (D_P, \mathfrak{H})$ besitze die Zerlegung*

$$\big(P(u+v) - Pu, h\big) = \big(P'(u)\, v, h\big) + \omega(u, v, h), \quad h \in D_P, \tag{3.37}$$

mit $P'(u) \in [\mathfrak{H}, \mathfrak{H}]$; dabei gelte die Grenzwertbeziehung

$$\frac{\omega(u, v, h)}{\|v\|} \xrightarrow[\|v\| \to 0]{} 0. \tag{3.38}$$

Dann ist der Operator $F \in (\mathfrak{R}^n, \mathfrak{R}^n)$,

$$F_k(a) = \left(P\left(\sum_{j=1}^{n} a_j \varphi_j\right), \varphi_k\right), \quad k = 1, 2, \ldots, n,$$

$\mathfrak{L}\{\varphi_1, \varphi_2, \ldots, \varphi_n\} \subseteq D_P$, Fréchet-differenzierbar, $F'(a) = J(a)$ (vgl. (3.35), (3.36)) *und $\|J(a)\| \leqq \left\|P'\left(\sum_{j=1}^{n} a_j \varphi_j\right)\right\|$. Ist $P \in (D_P, \mathfrak{H})$ überdies Lipschitz-stetig und stark monoton, so ist auch $F \in (\mathfrak{R}^n, \mathfrak{R}^n)$ Lipschitz-stetig und stark monoton mit der gleichen Lipschitz- bzw. Monotoniekonstante wie P.*

Beweis. Wir beginnen mit der Abschätzung

$$\begin{aligned}
\|\omega_F(a, \delta a)\|_n^2 &= \|F(a + \delta a) - F(a) - J(a)\, \delta a\|_n^2 \\
&= \sum_{k=1}^{n} \left[F_k(a + \delta a) - F_k(a) - \big(J(a)\, \delta a\big)_k\right]^2 \\
&= \sum_{k=1}^{n} \left(P\left(\sum_{j=1}^{n} a_j \varphi_j + \sum_{i=1}^{n} \delta a_i \varphi_i\right) - P\left(\sum_{j=1}^{n} a_j \varphi_j\right)\right. \\
&\qquad \left. - P'\left(\sum_{j=1}^{n} a_j \varphi_j\right) \left(\sum_{i=1}^{n} \delta a_i \varphi_i\right), \varphi_k\right)^2 \\
&= \sum_{k=1}^{n} \left[\omega\left(\sum_{j=1}^{n} a_j \varphi_j, \sum_{i=1}^{n} \delta a_i \varphi_i, \varphi_k\right)\right]^2.
\end{aligned}$$

Nun ist

$$\left\|\sum_{i=1}^{n} \delta a_i \varphi_i\right\|^2 = \sum_{i=1}^{n} (\delta a_i)^2 = \|\delta a\|_n^2$$

und daher

$$\frac{\|\omega_F(a, \delta a)\|_n}{\|\delta a\|_n} \xrightarrow[\|\delta a\|_n \to 0]{} 0.$$

Für $J(a) \in (\mathfrak{R}^n, \mathfrak{R}^n)$ erhalten wir folgende Abschätzungen:

$$\begin{aligned}
\|J(a)\, \delta a\|_n^2 &= \sum_{k=1}^{n} \left(\sum_{i=1}^{n} j_{ki} \delta a_i\right)^2 = \sum_{k=1}^{n} \left(\sum_{i=1}^{n} P'\left(\sum_{j=1}^{n} a_j \varphi_j\right) \delta a_i \varphi_i, \varphi_k\right)^2 \\
&= \sum_{k=1}^{n} \left(P'\left(\sum_{j=1}^{n} a_j \varphi_j\right) \left(\sum_{i=1}^{n} \delta a_i \varphi_i\right), \varphi_k\right)^2 \\
&= \left\|P_n P'\left(\sum_{j=1}^{n} a_j \varphi_j\right) \left(\sum_{i=1}^{n} \delta a_i \varphi_i\right)\right\|^2 \leqq \left\|P'\left(\sum_{j=1}^{n} a_j \varphi_j\right)\right\|^2 \|\delta a\|_n^2.
\end{aligned}$$

Schließlich folgt aus der Monotoniebedingung

$$(Pu - Pv, u - v) \geqq \gamma \|u - v\|^2, \qquad u, v \in D_P,$$

$$\begin{aligned}(Fa - Fb, a - b)_n &= \sum_{k=1}^{n} [F_k(a) - F_k(b)]\,(a_k - b_k) \\ &= \sum_{k=1}^{n} \left(P\left(\sum_{j=1}^{n} a_j\varphi_j\right) - P\left(\sum_{j=1}^{n} b_j\varphi_j\right), \varphi_k\right)(a_k - b_k) \\ &= \left(P\left(\sum_{j=1}^{n} a_j\varphi_j\right) - P\left(\sum_{j=1}^{n} b_j\varphi_j\right), \sum_{j=1}^{n} (a_j\varphi_j - b_j\varphi_j)\right) \\ &\geqq \gamma \|a - b\|_n^2\end{aligned}$$

und aus der Lipschitzbedingung

$$\|Pu - Pv\| \leqq \nu \|u - v\|, \qquad u, v \in D_P,$$

für

$$u = \sum_{j=1}^{n} a_j\varphi_j, \qquad v = \sum_{j=1}^{n} b_j\varphi_j,$$

$$\begin{aligned}\|Fa - Fb\|_n^2 &= \sum_{k=1}^{n} \left(P\left(\sum_{j=1}^{n} a_j\varphi_j\right) - P\left(\sum_{j=1}^{n} b_j\varphi_j\right), \varphi_k\right)^2 \\ &= \|P_n(Pu - Pv)\|^2 \leqq \nu^2 \|u - v\|^2 = \nu^2 \|a - b\|_n^2,\end{aligned}$$

q. e. d.

Satz 3.3. *Der Operator* $P \in (D_P, \mathfrak{H})$ *in der Gleichung* (3.24) *besitze die Zerlegung* (3.37) *mit der Grenzwertbeziehung* (3.38), *sei überdies Lipschitz-stetig und stark monoton. Dann gibt es ein* $\delta > 0$ *derart, daß die Gleichung* (3.31) *zu jedem differenzierbaren Weg* $b \in \big([0, 1 + \delta), \mathfrak{R}^n\big)$ *genau eine Trajektorie* $a \in \big([0, 1 + \delta), \mathfrak{R}^n\big)$ *definiert. Diese Trajektorie ist in* $(0, 1 + \delta)$ *differenzierbar und einzige Lösung der Differentialgleichung*

$$\{1 + t[J(a) - 1]\}\,\frac{da}{dt} + Fa - a = \frac{db}{dt} \text{ in } (0, 1 + \delta) \tag{3.39}$$

mit dem Anfangswert $a(0) = b(0)$.

Beweis. Wir untersuchen den Operator $F \in (\mathfrak{R}^n \times \mathfrak{R}, \mathfrak{R}^n)$ der Gleichung (3.31), $F(a, t) = a + t(Fa - a)$. Zunächst zeigen wir:

(i) $F(\cdot, t)$ ist Lipschitz-stetig für $t \in \mathfrak{R}$ und

(ii) $F(\cdot, t)$ ist stark monoton für $t \in [0, 1 + \delta)$ für geeignetes $\delta > 0$.

Nach Lemma 3.4 ist $F \in (\mathfrak{R}^n, \mathfrak{R}^n)$ Lipschitz-stetig. Dann gilt für beliebige $a, b \in \mathfrak{R}^n$

$$\|F(a, t) - F(b, t)\|_n \leqq |1 - t|\, \|a - b\|_n + |t|\, \|Fa - Fb\|_n,$$

woraus die Eigenschaft (i) folgt.

Ebenfalls nach Lemma 3.4 ist $F \in (\mathfrak{R}^n, \mathfrak{R}^n)$ stark monoton, etwa

$$(Fa - Fb, a - b)_n \geqq \gamma \|a - b\|_n^2 \quad \text{für } a, b \in \mathfrak{R}^n.$$

Dann gilt

$$\big(F(a, t) - F(b, t), a - b\big)_n = (1 - t)\,\|a - b\|_n^2 + t(Fa - Fb, a - b)_n$$
$$\geqq (1 - t + \gamma t)\,\|a - b\|_n^2.$$

Die Bedingung $1 - t + \gamma t > 0$ ist, falls $\gamma \geqq 1$ ist, immer, sonst für $0 \leqq t < 1/(1 - \gamma)$ erfüllt und definiert das δ in (ii). Für jedes $t \in [0, 1 + \delta)$ besitzt damit die Gleichung (3.31) genau eine Lösung $a(t)$.

(iii) $F \in (\mathfrak{R}^n \times \mathfrak{R}, \mathfrak{R}^n)$ ist Fréchet-differenzierbar. Zum Beweis betrachten wir die Zerlegung

$$F(a + \delta a, t + \delta t) - F(a, t) = (1 - t)\,\delta a + t[F(a + \delta a) - Fa]$$
$$+ \delta t(Fa - a) + \delta t[F(a + \delta a) - Fa] - \delta t\,\delta a$$

für beliebige Paare (a, t), $(\delta a, \delta t)$ aus $\mathfrak{R}^n \times \mathfrak{R}$. Unter Berücksichtigung der Ergebnisse aus Lemma 3.4 erhalten wir daraus

$$\|\omega(a, \delta a, t, \delta t)\|_n$$
$$= \|F(a + \delta a, t + \delta t) - F(a, t) - \{(1 - t)\,\delta a + tJ(a)\,\delta a + \delta t(Fa - a)\}\|_n$$
$$= \|(t + \delta t)\,\omega_F(a, \delta a) + \delta t J(a)\,\delta a - \delta t\,\delta a\|_n,$$

so daß

$$\lim_{\|\delta a\|_n + |\delta t| \to 0} \frac{\|\omega(a, \delta a, t, \delta t\|_n}{\|a\|_n + |\delta t|} = 0$$

ist. Der Operator $F \in (\mathfrak{R}^n \times \mathfrak{R}, \mathfrak{R}^n)$ besitzt damit das Fréchetdifferential

$$F'(a, t)\,\delta(a, t) = (1 - t)\,\delta a + tJ(a)\,\delta a + \delta t(Fa - a) \tag{3.40}$$

und erfüllt offensichtlich die Bedingungen (i_P) und (ii_P) aus § 1, (1.8) bis (1.11).

Wir wenden uns nun Satz 3.1 zu. Für $\mathfrak{H} = \mathfrak{R}^n$ und $\mathfrak{X} = \mathfrak{R}$ erfüllt der Operator $F \in (\mathfrak{R}^n \times \mathfrak{R}, \mathfrak{R}^n)$ die an P gestellten Anforderungen mit einer Abweichung: Die Monotonieeigenschaft (1.8) gilt nur für den Definitionsbereich $[0, 1 + \delta)$ des Weges $z(t) \equiv t$. Bei der Durchsicht des Beweises stellt man jedoch unschwer fest, daß Satz 3.1 auch unter dieser abgeschwächten Voraussetzung gültig bleibt. Mit dem Fréchetdifferential (3.40) erhält die Gleichung (3.5) die Form (3.39). F erfüllt überdies die Bedingungen des Äquivalenzsatzes 3.2. Die Bedingung (3.17) wird zur Anfangsbedingung $a_0 = b(0)$ (vgl. (3.34)). Die Aussagen von Satz 3.3 folgen damit aus den Sätzen 3.1 und 3.2, q. e. d.

Wir betrachten das erhaltene Ergebnis aus der Nähe. Satz 3.3 stellt einige Anforderungen an den Operator $P \in (D_P, \mathfrak{H})$, die von dem Raum $\mathfrak{H}_n$ der Näherungsgleichung (3.31) völlig unabhängig sind. Verlangt man noch, daß $f \in \big([0, 1 + \delta), \mathfrak{H}\big)$ ein differenzierbarer Weg und $f(1) = f$, die rechte Seite in (3.24) ist, so genügt auch der Weg $b \in \big([0, 1 + \delta), \mathfrak{R}^n\big)$, $b_k(t) = \big(f(t), \varphi_k\big)$, für beliebige Räume $\mathfrak{H}_n$ den Anforderungen des Satzes.

Man bemerkt übrigens, daß die mit Hilfe der schwachen Konvergenz auf $\mathfrak{H}$ konzipierte Ableitung eines Weges in $\mathfrak{H}_n$ mit der üblichen (starken) Ableitung auf $\mathfrak{H}_n$ identisch ist.

Etwa am Beispiel des Weges $b \in ([0, 1 + \delta), \mathfrak{R}^n)$ errechnen wir

$$\left(\frac{df}{dt}\right)_k = \left(\frac{df}{dt}, \varphi_k\right)$$

und

$$\left\|\frac{b(t + \delta t) - b(t)}{\delta t} - \frac{db}{dt}\right\|_n^2 = \sum_{k=1}^{n} \left(\frac{f(t + \delta t) - f(t)}{\delta t} - f'(t), \varphi_k\right)^2.$$

Die rechte Seite strebt gemäß Definition 3.1 mit δt gegen Null. Die Gleichung (3.39) stellt damit ein System gewöhnlicher Differentialgleichungen dar. Mit der Einheitsmatrix $I \in (\mathfrak{R}^n, \mathfrak{R}^n)$ ist der Koeffizient $(1 - t)\, I + tJ(a)$, $t \in [0, 1 + \delta)$, positiv definit, da $J(a) = F'(a)$ nach Lemma 1.1 positiv definit ist,

$$\big(J(a)\, \delta a, \delta a\big)_n \geqq \gamma \|\delta a\|_n^2,$$

und

$$1 - t + \gamma t > 0, \quad \text{falls } t \in [0, 1 + \delta) \text{ ist.}$$

Das Differentialgleichungssystem (3.39) läßt sich daher in Normalform schreiben. Die durch Satz 3.3 garantierte Lösung des Anfangswertproblems für dieses System kann durch ein Schrittverfahren angenähert oder mit einem Analogrechner erzeugt werden. In der Nutzung derartiger zur Lösung der Ausgangsgleichung (3.31) nicht anwendbarer Hilfsmittel bestehen die Vorteile des Deformationsprinzips.

3. Deformationsprinzip und Deformation nichtlinear elastischer Platten

Wir gehen wieder von der Gleichung

$$Pu = f, \tag{3.41}$$

$$P \in \big(\mathring{W}_2^2, \mathring{W}_2^2\big), \qquad (Pu, h) = \int_\Omega g(H[u, u])\, H[u, h]\, dx$$

und

$$(f, h) = -h_0 \int_\Omega q(x)\, h(x)\, dx, \qquad h \in \mathring{W}_2^2,$$

aus (vgl. (III.2.57)). Auf $\mathring{W}_2^2$ ist das Skalarprodukt durch die Form

$$(u, h) = \int_\Omega H[u, h]\, dx \tag{3.42}$$

mit H aus (III.2.45) gegeben. $\mathring{W}_2^2$ ist die Vervollständigung von

$$\mathring{C}_2(\bar{\Omega}) = \{u \in C_2(\bar{\Omega});\, u(x) = 0,\, x \in \partial\Omega\}$$

in $W_2^2(\Omega)$.

Unter den Bedingungen $g(\xi)$, $\xi \geqq 0$, stetig differenzierbar,

$$\mu_1 \geqq g(\xi) \geqq \varphi_1 > 0, \qquad \nu_1 \geqq \frac{d[g(\xi^2)\, \xi]}{d\xi} \geqq \psi_1 > 0 \tag{3.43}$$

ist der Operator P stark monoton und Lipschitz-stetig; die Gleichung (3.41) besitzt dann genau eine Lösung.

In $\mathfrak{H}$ zeichnen wir den n-dimensionalen Unterraum $\mathfrak{H}_n$ aus und betrachten die Näherungsgleichung

$$P_n P u = P_n f \tag{3.44}$$

auf $\mathfrak{H}_n$. Nach Satz III.1.2 ist P schwach differenzierbar auf $\mathfrak{H}$. Zur Anwendung des Deformationsprinzips ersetzen wir die Gleichung (3.41) durch die parameterabhängige Gleichung

$$P(u, t) = f(t) \tag{3.45}$$

mit

$$\big(P(u, t), h\big) = \int_\Omega \big\{1 + t[g(H[u, u]) - 1]\, H[u, h]\, dx \tag{3.46}$$

und dem differenzierbaren Weg $f \in \big([0, \infty), \mathring{W}_2{}^2\big)$, $f(t) = tf$. Die Gleichung (3.44) ersetzen wir dann durch

$$P_n P(u, t) = P_n f(t) = t P_n f. \tag{3.47}$$

Für die Lösung

$$u(t) = \sum_{k=1}^{n} a_k(t)\, \varphi_k$$

dieser Gleichung erhalten wir das Differentialgleichungssystem

$$\{1 + t[J(a) - 1]\} \frac{da}{dt} + Fa(t) - a(t) = b, \tag{3.48}$$

falls $\{\varphi_k\}_{k=1}^n$ Basis und ON-System in $\mathfrak{H}_n$ ist. Hierin ist

$$a(t) = \big(a_1(t), a_2(t), \ldots, a_n(t)\big), \qquad J(a) = \{j_{ki}\},$$

$$\begin{aligned} j_{ki}(t) &= \big(P'(u(t))\, \varphi_i, \varphi_k\big) \\ &= \int_\Omega \big\{g\big(H[u(t), u(t)]\big)\, H[\varphi_i, \varphi_k] \\ &\qquad + 2g'\big(H[u(t), u(t)]\big)\, H[u(t), \varphi_i]\, H[u(t), \varphi_k]\big\}\, dx, \\ \big(Fa(t)\big)_k &= \big(Pu(t), \varphi_k\big) \\ &= \int_\Omega g\big(H[u(t), u(t)]\big)\, H[u(t), \varphi_k]\, dx \end{aligned}$$

und

$$b_k = (f, \varphi_k).$$

Der Anfangswert lautet $a(0) = \theta$.

Bedingungen für die Anwendbarkeit des Deformationsprinzips sind in Satz 3.3 enthalten. Zu den schon erwähnten Voraussetzungen kommt die Zerlegung (3.37) mit der Grenzwertbeziehung (3.38). Wir haben diese Zerlegung schon einmal berechnet. Dazu erinnern wir uns an die Gleichung (1.30) mit dem Operator $P_{\mathfrak{P}}$ aus (1.31).

Wenn wir in diesem Operator formal $s_1(t) = t$, $t \in \mathfrak{R}$, setzen, erhalten wir den Operator P aus der Gleichung (3.46) und für $s_1(t) \equiv 1$ den Operator P aus der Gleichung (3.41). Im letzten Fall liefert Lemma 1.6 die gewünschte Zerlegung (3.37), wenn wir einige zusätzliche Bedingungen annehmen; diese sind neben den Ungleichungen (3.43): $g(\xi)$, $\xi \geqq 0$, zweimal differenzierbar, $\mathfrak{H}_n \subseteq \mathring{C}_2(\bar{\Omega})$ und die Ungleichungen (1.52).

Nun sind diese Bedingungen in unserem Beispiel keineswegs alle notwendig. Der Hinweis auf die Identität der Gleichungen (1.31) und (3.46) legt indessen eine nützliche Schlußfolgerung nahe: Das Deformationsprinzip wurde formal als Homotopie eingeführt, die die Gleichung der unbelasteten Platte stetig in die Gleichung einer belasteten Platte überführt. Der Vergleich zeigt, daß diese Homotopie einen real denkbaren Belastungsvorgang simuliert. An diese Bemerkung könnten sich Optimalitätsbetrachtungen sowohl für die Verformung von Platten wie auch für die Berechnung ihrer Gleichgewichtslagen anschließen. Wir kehren jedoch zu Satz 3.3 zurück.

Wir definieren die Einschränkung $P_0 \in \left(\mathring{C}_2(\bar{\Omega},)\ \mathring{W}_2{}^2\right)$ mit $P_0 u = Pu$ für $u \in \mathring{C}_2(\bar{\Omega})$ und fordern $\mathfrak{H}_n \subseteq \mathring{C}_2(\bar{\Omega})$.

Satz 3.4. *Die Materialfunktion* $g(\xi)$, $\xi \geqq 0$, *sei zweimal stetig differenzierbar, genüge überdies den Bedingungen*

$$0 < \mu_1 \leqq g(\xi) \quad \textit{und} \quad 0 < \psi_1 \leqq \frac{d[g(\xi^2)\,\xi]}{d\xi}. \tag{3.49}$$

Dann erfüllt der Operator P_0 *mit* $D_{P_0} = \mathring{C}_2(\bar{\Omega})$ *die Bedingungen in Satz* 3.3 *zur Anwendung des Deformationsprinzips.*

Beweis. Wir beginnen mit der Zerlegung (3.37). Für $u, v, h \in \mathring{C}_2 = D_{P_0}$ ist

$$\big(P(u + sv), h\big) = \int_\Omega g(H[u + sv, u + sv])\, H[u + sv, h]\, dx = \int_\Omega \varphi(x, s)\, dx.$$

Der Integrand ist in allen Punkten von Ω stetig. Wir zerlegen ihn nach der Taylorformel

$$\varphi(x, 1) = \varphi(x, 0) + \frac{\partial\varphi}{\partial s}(x, \sigma), \tag{3.50}$$

$$\varphi(x, 1) = \varphi(x, 0) + \frac{\partial\varphi}{\partial s}(x, 0) + \frac{1}{2}\frac{\partial^2\varphi}{\partial s^2}(x, \sigma), \tag{3.51}$$

$$0 \leqq \sigma(x) \leqq 1,$$

$$\begin{aligned}\frac{\partial\varphi}{\partial s}(x, s) = {} & 2g'(H[u + sv, u + sv])\, H[u + sv, h]\, (H[u, v] + sH[v, v]) \\ & + g(H[u + sv, u + sv])\, H[v, h],\end{aligned}$$

$$\begin{aligned}\frac{\partial^2\varphi}{\partial s^2}(x, s) = {} & 4g''(H[u + sv, u + sv])\, H[u + sv, h]\, (H[u, v] + sH[v, v])^2 \\ & + 4g'(H[u + sv, u + sv])\, H[v, h]\, (H[u, v] + sH[v, v]) \\ & + 2g'(H[u + sv, u + sv])\, H[u + sv, h]\, H[v, v].\end{aligned}$$

Mit der Zerlegung (3.51) erhalten wir für den Operator P_0 die Zerlegung

$$\begin{aligned}&\big(P_0(u+v) - P_0u, h\big)\\ &= \int_\Omega \{g(H[u,u])\, H[v,h] + 2g'(H[u,u])\, H[u,h]\, H[u,v]\}\, dx + \omega_0(u,v,h).\end{aligned} \tag{3.52}$$

Zum Nachweis der Grenzwertbeziehung (3.38) für

$$\omega_0(u,v,h) = \frac{1}{2}\int_\Omega \frac{\partial^2\varphi}{\partial s^2}(x,\sigma)\, dx$$

wenden wir uns wieder dem Beispiel (1.30) aus § 1 zu und setzen

$$P_{\mathfrak{p}}(u,a) = P_0 u, \qquad u \in \mathring{C}_2(\bar{\Omega}), \quad \text{falls } S_1(a) \equiv 1 \text{ ist.} \tag{3.53}$$

Ungeachtet dessen, daß für die Materialfunktion des Operators $P_{\mathfrak{P}}(u,a)$ die Erfüllung der Bedingungen (III.2.55), (III.2.56) des Existenzsatzes III.2.4 gefordert wurde, können wir wegen der Einschränkung auf den Definitionsbereich $\mathring{C}_2(\bar{\Omega})$ auch unter den schwächeren Bedingungen (3.41) sämtliche Abschätzungen übernehmen, die für den Operator $P_{\mathfrak{P}}(u,a)$ gelten. So gelten die Abschätzungen

$$g(\xi^2) \leqq \mu_1, \qquad \frac{d[g(\xi^2)\,\xi]}{d\xi} \leqq \nu_1, \qquad |g'(\xi^2)|\,|\xi| \leqq \mu_1, \quad |g''(\xi^2)|\,|\xi|^3 \leqq \mu_1$$

zwar nicht mehr global, doch bleiben sie für ein konkret gewähltes $u \in \mathring{C}_2$ und $\xi^2 = H[u(x), u(x)]$, $x \in \bar{\Omega}$, gültig. Ebenso bleiben sie gültig für feste $u, v \in \mathring{C}_2$ und

$$\xi^2 = H[u(x) + \sigma v(x), u(x) + \sigma v(x)], \qquad x \in \bar{\Omega},\ 0 \leqq \sigma \leqq 1.$$

Setzen wir nun in der Formel (1.50) $S_1(z) \equiv 1$, so gilt

$$\omega(u,v,z,y,h) \equiv \omega_0(u,v,h)$$

und mit Lemma 1.6

$$\frac{\omega_0(u,v,h)}{\|v\|} \xrightarrow[\|v\|\to 0]{} 0.$$

Die Monotonie und Lipschitz-Stetigkeit des Operators P_0 erhalten wir in der gleichen Weise aus Lemma 1.3 bzw. Satz III.1.1 mit der Zerlegung (3.50). Satz 3.4 ist damit vollständig bewiesen.

4. Bifurkationspunkte und differenzierbare Zweige von Eigenlösungen

Wie betrachten jetzt die Gleichung

$$P\big(u(t), z(t)\big) = \theta, \qquad t \in [0, \tau), \tag{3.54}$$

unter der Annahme $P \in (\mathfrak{H} \times \mathfrak{X}, \mathfrak{H})$ und

$$P(\theta, z) = \theta, \qquad z \in \mathfrak{X}. \tag{3.55}$$

Zu jedem vorgegebenen Weg $z \in ([0, \tau), \mathfrak{X})$ erfüllt also der Weg $u_0 \in ([0, \tau), \mathfrak{H})$ $u_0(t) = \theta$, $t \in [0, \tau)$, die Gleichung (3.54). Wir nennen diese Trajektorie auch *trivial*.

Definition 3.2. Ein Weg $w \in ([0, \tau_1), \mathfrak{H})$, $\tau_1 \in (0, \tau)$, der die Gleichung (3.54) mit $\tau = \tau_1$ erfüllt, den Anfangswert $w(0) = \theta$ annimmt und in $(0, \tau_1)$ von der trivialen Trajektorie verschieden ist, $\|w(t)\|_{\mathfrak{H}} > 0$, $t \in (0, \tau_1)$, heiße *stetiger Zweig von Eigenlösungen* der Gleichung

$$P(u, z) = \theta \tag{3.56}$$

im Bifurkationspunkt $z(0)$.

Man überzeugt sich leicht von der Berechtigung, im Sinne der Definitionen in § 1 in diesem Fall von Eigenlösungen und Bifurkationspunkt zu sprechen.

Wir können nun das folgende Verzweigungsproblem formulieren: Gesucht sind (die) Bifurkationspunkte der Gleichung (3.56) und stetige Zweige von Eigenlösungen in diesen Punkten. Da diese Zweige nach unserer Auffassung Trajektorien der Gleichung (3.54) sind, können wir im Sinne der Definition 3.1 auch differenzierbare Zweige von Eigenlösungen erklären. Das Bifurkationsproblem zerfällt in zwei Aufgaben, die Ermittlung von Bifurkationspunkten und der Zweige von Eigenlösungen. Zur Lösung der ersten Aufgabe kann man ein notwendiges Kriterium mit Hilfe von Satz 1.14 herleiten, vgl. Korollar 1.14.1. Gelingt es, zu einem „verdächtigen" Element $z_0 \in \mathfrak{X}$ einen stetigen Zweig $w(t)$, $t \in [0, \tau_1)$, von Eigenlösungen mit dem Anfangswert $w(0) = \theta$ zu konstruieren, so ist z_0 wirklich Verzweigungspunkt.
In zahlreichen Anwendungsbeispielen wird das Verzweigungsproblem als Stabilitätsproblem gedeutet. Dann beschreiben die differenzierbaren Zweige von Eigenösungen das mögliche Verhalten eines Systems nach dem Verlust der Stabilität.

An dieser Stelle wollen wir auf den Zusammenhang der Verzweigungstheorie mit dem Anfangswertproblem eingehen.

Satz 3.5. *Der Operator* $P \in (\mathfrak{H} \times \mathfrak{X}, \mathfrak{H})$ *erfülle die Bedingung* ($\mathrm{i_P}$)*; der vorgegebene Weg* $z \in ([0, \tau), \mathfrak{X})$ *sei in* $(0, \tau_1)$ *differenzierbar. Der Weg* $u \in ([0, \tau_1), \mathfrak{H})$ *erfülle mit dem Weg z die Gleichung*

$$D(u(t), z(t))\, u'(t) + Q(u(t), z(t))\, z'(t) = \theta, \qquad t \in (0, \tau_1), \tag{3.57}$$

und besitze den Anfangswert $u(0) = \theta$. *Gilt für ein* $h \in \mathfrak{H}$ *die Grenzwertbeziehung*

$$\lim_{t \to 0+} \left(\frac{u(t)}{t}, h\right) = \varkappa > 0 \tag{3.58}$$

($\varkappa = +\infty$ *nicht ausgeschlossen*), *so definiert der Weg u einen stetigen Zweig von Eigenlösungen der Gleichung* (3.56) *im Bifurkationspunkt* $z(0)$.

Beweis. Wir verwenden Satz 3.2, Aussage (ii). Die Voraussetzungen in jenem Satz sind für $f(t) \equiv \theta$ erfüllt, die Erfüllung der Anfangsbedingung (3.17) folgt aus (3.55) und $u(0) = \theta$. Somit ist $u(t)$, $t \in [0, \tau_1)$, Trajektorie der Gleichung (3.54) mit Anfangswert $u(0) = \theta$. Gemäß Definition 3.2 ist zu zeigen, daß ein $\tau_2 \in (0, \tau_1)$ existiert, so daß

$$\|u(t)\|_{\mathfrak{H}} > 0, \qquad t \in (0, \tau_2), \tag{3.59}$$

ist. Angenommen, solch ein τ_2 existiert nicht. Dann gibt es eine Folge $\{t_n\} \subseteq (0, \tau_1)$, $\lim_{n\to\infty} t_n = 0$, derart, daß

$$\lim_{n\to\infty} \left(\frac{u(t_n)}{t_n}, h\right) = 0 \quad \text{für jedes } h \in \mathfrak{H} \text{ ist,}$$

im offensichtlichen Widerspruch zur Eigenschaft (3.58). Dieser Widerspruch beweist die Eigenschaft (3.59), q. e. d.

Die in Satz 3.5 angenommene Trajektorie $u \in \big([0, \tau_1), \mathfrak{H}\big)$ ist in $(0, \tau_1)$ differenzierbar. Ist sie überhaupt differenzierbar, so gilt die Bedingung (3.58) für $h = u'(0)$, falls $\|u'(0)\|_{\mathfrak{H}} \neq 0$ ist. Denn mit dem Anfangswert $u(0) = \theta$ finden wir nach Definition 3.1

$$\lim_{t\to 0+} \left(\frac{u(t)}{t}, u'(0)\right) = \lim_{t\to 0+} \left(\frac{u(t) - u(0)}{t}, u'(0)\right) = \|u'(0)\|_{\mathfrak{H}}^2.$$

Für die Ableitung $u'(0)$ finden wir eine Bedingung aus (3.55), (3.57).

Satz 3.6. *Der Operator* $P \in (\mathfrak{H} \times \mathfrak{X}, \mathfrak{H})$ *erfülle die Bedingung* (i_P). *Die beiden Wege* $z \in \big([0, \tau), \mathfrak{X}\big)$ *und* $u \in \big([0, \tau), \mathfrak{H}\big)$ *mögen differenzierbar sein und die Gleichung* (3.57) *in* $[0, \tau)$ *erfüllen. Dann gilt*

$$D\big(\theta, z(0)\big)\, u'(0) = \theta. \tag{3.60}$$

Beweis. Für $h \in \mathfrak{M}$ und $t \in (0, \tau)$ errechnen wir mit (3.55) und (1.8)

$$\frac{1}{t}\big(P(\theta, z(t)) - P(\theta, z(0)), h\big) = \left(Q\big(\theta, z(0)\big)\frac{z(t) - z(0)}{t}, h\right) + \frac{\omega\big(\theta, \theta, z(0), z(t) - z(0), h\big)}{t} = 0. \tag{3.61}$$

Es sei nun $\{t_n\} \subseteq (0, \tau)$ und $\lim_{n\to\infty} t_n = 0$. Da $z'(0)$ existiert, gibt es wieder eine Zahl $\varkappa > 0$ derart, daß

$$\left\|\frac{z(t_n) - z(0)}{t_n}\right\|_{\mathfrak{X}} \leqq \varkappa, \qquad n = 1, 2, \ldots,$$

ist. Nun gilt $Q\big(\theta, z(0)\big) \in [\mathfrak{X}, \mathfrak{H}]$; daher gewinnen wir im Grenzwert aus (3.61)

$$\big(Q(\theta, z(0))\, z'(0), h\big) = 0, \qquad h \in \mathfrak{M},$$

oder

$$Q\big(\theta, z(0)\big)\, z'(0) = \theta,$$

da $\overline{\mathfrak{M}} = \mathfrak{H}$ ist. Zusammen mit der Gleichung (3.57), für den Punkt $t = 0$ geschrieben, ergibt sich daraus (3.60), q. e. d.

Die Bedingung (3.60) ergänzt die notwendige Bedingung (1.101) aus Korollar 1.14.1 für Bifurkationspunkte. Denn unter den Bedingungen jenes Korollars wissen wir schon, daß die Gleichung

$$D\big(\theta, z(0)\big)\, v = \theta$$

nichttriviale Lösungen besitzt. Wir sehen jetzt, daß solche nichttrivialen Lösungen den „Anstieg“ angeben, mit dem ein differenzierbarer Zweig von Eigenlösungen im Bifurkationspunkt $z(0)$ von der trivialen Trajektorie $\big(u_0'(0) = \theta\big)$ abzweigt.

§ 4. Isoperimetrische Extremalaufgaben

Wir gehen wieder von der parameterabhängigen Gleichung (1.1) aus, die wir in der speziellen Form (1.92) mit reellem Parameterraum wählen. Der Einfachheit halber beschränken wir uns auf unitäre Räume und Hilberträume. Insbesondere interessieren Eigenwert- und Verzweigungsprobleme. Wir suchen somit nichttriviale Lösungen der Gleichung

$$Pu = \lambda K u \tag{4.1}$$

mit Operatoren $P, K \in (\mathfrak{U}, \mathfrak{U})$, $\lambda \in \mathfrak{R}$ unter der Voraussetzung $P\theta = K\theta = \theta$. Überdies nehmen wir an, daß P und K hemistetige Potentialoperatoren mit den Potentialen Φ_P, Φ_K sind,

$$\Phi_P(u) = \int_0^1 \big(P(tu), u\big)\, dt, \qquad \Phi_K(u) = \int_0^1 \big(K(tu), u\big)\, dt. \tag{4.2}$$

Den Operatoren P, K ordnen wir die Mengen

$$\mathfrak{P}_c = \{u \in \mathfrak{U};\, \Phi_P(u) \leqq c\}, \qquad \mathfrak{K}_c = \{u \in \mathfrak{U};\, \Phi_K(u) \leqq c\},$$

$$\partial\mathfrak{P}_c = \{u \in \mathfrak{U};\, \Phi_P(u) = c\}, \qquad \partial\mathfrak{K}_c = \{u \in \mathfrak{U};\, \Phi_K(u) = c\}$$

im unitären Raum $\mathfrak{U}$ zu.

Grundlage für das durch (4.1) ausgedrückte Eigenwertproblem bildet hier das sogenannte Lemma von Ljusternik, demzufolge jedes Extremalelement des Funktionals Φ_P auf einer Menge $\partial\mathfrak{K}_c$ unter gewissen Differenzierbarkeitsbedingungen der Gleichung (4.1) genügt. In dieser Aussage sind die Operatoren P und K offensichtlich vertauschbar.

Zu Existenzaussagen werden Extremalprobleme auf den Mengen $\mathfrak{P}_c$ bzw. $\mathfrak{K}_c$ gelöst, die sich dann als Lösungen der isoperimetrischen Extremalprobleme auf $\partial\mathfrak{P}_c$ oder $\partial\mathfrak{K}_c$ erweisen. Unabhängig von den Eigenwertproblemen gewinnen solche Extremalprobleme eine ständig wachsende Bedeutung in mathematischen Problemen der Mechanik wie auch der Optimierungstheorie und verdienen daher selbständiges Interesse.

Mehr noch als bei Extremalaufgaben mit unbeschränktem Raum von zulässigen Vergleichselementen tritt bei isoperimetrischen Extremalproblemen die Bedeutung der Koerzivitäts-, Konvexitäts- und Monotonieeigenschaften hervor. Selbst das klassische Lemma von LJUSTERNIK erhält durch die Verwendung dieser Begriffe neue nützliche Varianten. Löst man Extremalaufgaben für eine Folge von Niveauflächen $\{\partial \mathfrak{P}_{c_n}\}$, so gelangt man zu Lösungen des Bifurkationsproblems.

Der Nachteil der betrachteten Methode besteht in ihren heute noch geringen konstruktiven Mitteln, die Extremalelemente effektiv zu berechnen. Immerhin zeichnen sich solche Möglichkeiten ab, und es ist zu erwarten, daß die vielseitigen Anwendungsmöglichkeiten eine rasche Entwicklung in dieser Richtung provozieren.

1. Das Lemma von Ljusternik

Lemma 4.1. *Der Potentialoperator $K \in (\mathfrak{U}, \mathfrak{U})$ sei stetig. Dann ist das Potential Φ_K,*

$$\Phi_K(u) = \int_0^1 \big(K(tu), u\big)\, dt, \qquad u \in \mathfrak{U},$$

Fréchet-differenzierbar.

Beweis. Gemäß Lemma 1.8 oder der Formel (2.2) aus Lemma 2.2 gilt

$$\Phi_K(u + h) - \Phi_K(u) = (Ku, h) + \omega(u, h) \tag{4.3}$$

mit

$$\omega(u, h) = \int_0^1 \big(K(u + th) - Ku, h\big)\, dt$$

und

$$|\omega(u, h)| \leqq \|h\| \int_0^1 \|K(u + th) - Ku\|\, dt.$$

Zu $\varepsilon > 0$ finden wir ein $\delta > 0$ derart, daß $\|K(u + h) - Ku\| < \varepsilon$ für $\|h\| < \delta$ wegen der Stetigkeit von K und damit $\int_0^1 \|K(u + th) - Ku\|\, dt < \varepsilon$, also

$$\lim_{\|h\| \to 0} \frac{\omega(u, h)}{\|h\|} = 0$$

ist, q. e. d.

In den nun folgenden Varianten des Lemmas von LJUSTERNIK ist die Fréchet-Differenzierbarkeit des Potentials hinreichend, jedoch nicht notwendig.

Satz 4.1. *Es sei $\mathfrak{U}$ ein unitärer Raum, $K \in (\mathfrak{U}, \mathfrak{U})$ ein linearer symmetrischer Operator,*

$$\partial \mathfrak{K}_c = \left\{u \in \mathfrak{U}; \frac{1}{2}\,(Ku, u) = c\right\}, \quad c \neq 0. \tag{4.4}$$

P sei Potentialoperator mit dem Potential Φ_P, und es gelte für beliebige $u, h \in \mathfrak{U}$

$$\Phi_P(u + h) - \Phi_P(u) = (Pu, h) + \omega(u, h) \tag{4.5}$$

mit

$$\varliminf_{\|h\|\to 0} \frac{\omega(u, h)}{\|h\|} \geqq 0. \tag{4.6}$$

Nimmt Φ_P auf $\partial\mathfrak{K}_c$ sein Maximum im Element u_0 an, so gilt für ein $\lambda \in \mathfrak{R}$

$$Pu_0 = \lambda K u_0. \tag{4.7}$$

Beweis. Nehmen wir das Gegenteil an, so ist das Element

$$g = Pu_0 - \frac{(Pu_0, Ku_0)}{\|Ku_0\|^2} Ku_0 \neq \theta. \tag{4.8}$$

Wir errechnen unmittelbar $(g, Ku_0) = \theta$ und $(Pu_0, g) = \|g\|^2 > 0$. Für hinreichend kleines δ erklären wir den Weg

$$v(t) = \varkappa(t)\,(u_0 + tg), \qquad \varkappa(t) = \sqrt{\frac{2c}{2c + t^2(Kg, g)}}, \quad t \in (0, \delta). \tag{4.9}$$

Der Weg v liegt auf $\partial\mathfrak{K}_c$, denn es ist

$$\begin{aligned}\big(Kv(t), v(t)\big) &= \varkappa^2(t)\,\big(K(u_0 + tg), u_0 + tg\big)\\ &= \varkappa^2(t)\,[(Ku_0, u_0) + t^2(Kg, g)]\end{aligned}$$

wegen der Symmetrie von K und folglich

$$\big(Kv(t), v(t)\big) = \frac{2c}{2c + t^2(Kg, g)}\,[2c + t^2(Kg, g)] = 2c.$$

Nun benötigen wir genauere Abschätzungen für $\varkappa(t)$. Wir fordern zunächst, daß

$$\delta < \frac{|c|}{|(Kg, g)|}, \qquad \delta^2 < \frac{|c|}{|(Kg, g)|}$$

ist. Dann ist

$$\begin{aligned}|2c + t^2(Kg, g)| &\leqq 2|c| + \delta^2|(Kg, g)| \leqq 3|c|,\\ |2c + t^2(Kg, g)| &\geqq 2|c| - \delta^2|(Kg, g)| \geqq |c|,\end{aligned}$$

somit

$$\sqrt{\frac{2}{3}} \leqq \varkappa(t) \leqq \sqrt{2} \tag{4.10}$$

und

$$\begin{aligned}|\varkappa(t) - 1| &= \left|\frac{\varkappa^2(t) - 1}{\varkappa(t) + 1}\right| = \left|\frac{-t^2(Kg, g)}{[2c + t^2(Kg, g)]\,[\varkappa(t) + 1]}\right|\\ &\leqq t^2\,\frac{|(Kg, g)|}{|c|} \leqq t.\end{aligned} \tag{4.11}$$

Aus diesen Abschätzungen erhalten wir

$$\|v(t) - u_0\| \leqq |\varkappa(t) - 1|\,\|u_0\| + t\varkappa(t)\,\|g\| \leqq (\|u_0\| + 2\|g\|)\,t \tag{4.12}$$

und

$$\bigl(Pu_0, v(t) - u_0\bigr) = [\varkappa(t) - 1]\,(Pu_0, u_0) + t\varkappa(t)\,(Pu_0, g)$$
$$\geqq \frac{t}{2}\,\|g\|^2 - \frac{|(Kg,g)|\,t^2}{|c|}\,|(Pu_0, u_0)|\,.$$

Setzen wir in die Zerlegung (4.5) ein, so ergibt sich

$$\Phi_P\bigl(v(t)\bigr) - \Phi_P(u_0) \geqq \frac{t}{2}\,\|g\|^2 - \frac{|(Kg, g)|\,t^2}{|c|}\,|(Pu_0, u_0)| + \omega\bigl(u_0, v(t) - u_0\bigr).$$

Wegen der Grenzwertbeziehung (4.6) und der Abschätzung (4.12) können wir δ so klein wählen, daß

$$\frac{\omega\bigl(u_0, v(t) - u_0\bigr)}{\|v(t) - u_0\|} \geqq -\frac{\|g\|^2}{4(\|u_0\| + 2\|g\|)} \quad \text{für} \quad t \leqq \delta \tag{4.13}$$

ist, und somit ist erneut wegen (4.12)

$$\omega\bigl(u_0, v(t) - u_0\bigr) \geqq \frac{\|g\|^2}{4}\,t.$$

Wir haben dann

$$\Phi_P\bigl(v(t)\bigr) - \Phi_P(u_0) \geqq \frac{t}{4}\,\|g\|^2 - \frac{|(Kg, g)|\,t^2}{|c|}\,|(Pu_0, u_0)|$$
$$= t\left\{\frac{\|g\|^2}{4} - t\,\frac{|(Kg, g)|\,|(Pu_0, u_0)|}{|c|}\right\}.$$

Für

$$0 < t < \frac{|c|\,\|g\|^2}{8\,|(Kg, g)|\,|(Pu_0, u_0)|}$$

ist dann

$$\Phi_P\bigl(v(t)\bigr) \geqq \Phi_P(u_0) + \frac{t}{8}\,\|g\|^2 > \Phi_P(u_0)$$

im Gegensatz zur Annahme. Satz 4.1 ist damit bewiesen.

Lemma 4.2. *Es sei $\mathfrak{U}$ ein unitärer Raum, P, $K \in (\mathfrak{U}, \mathfrak{U})$, $u_0 \in \mathfrak{U}$. Weiter sei $\mathfrak{L} = \{h \in \mathfrak{U};\, (Ku_0, h) = 0\}$. Ist $(Pu_0, h) = 0$, $h \in \mathfrak{L}$, so gilt $Pu_0 = \lambda K u_0$ für ein $\lambda \in \mathfrak{R}$.*

Beweis. Für $\mathfrak{L} = \mathfrak{U}$ ist die Aussage offensichtlich richtig mit jedem $\lambda \in \mathfrak{R}$. Es sei $\mathfrak{L} \neq \mathfrak{U}$; dann gibt es ein $v \in \mathfrak{U}$ mit $(Ku_0, v) = 1$. Ist $w \in \mathfrak{U}$ beliebig, dann finden wir ein $t \in \mathfrak{R}$ derart, daß $(Ku_0, w - tv) = 0$ ist, etwa $t = (Ku_0, w)$. Da $w - tv \in \mathfrak{L}$ ist, ist $(Pu_0, w - tv) = 0$, also $(Pu_0, w) = (Ku_0, w)\,(Pu_0, v)$. Es gilt daher die Aussage mit $\lambda = (Pu_0, v)$, q. e. d.

Satz 4.2. *Angenommen, $\mathfrak{U}$ ist unitärer Raum, $P, K \in (\mathfrak{U}, \mathfrak{U})$ sind Potentialoperatoren mit den Potentialen Φ_P, Φ_K aus (4.2), P und K stetig in $\mathfrak{R}_2(\mathfrak{U})$*[1]*). Realisiert $u_0 \in \mathfrak{U}$*

einen Extremwert des Funktionals Φ_P auf $\partial\mathfrak{K}_c$ und gilt $Pu_0 \neq \theta$, $Ku_0 \neq \theta$, so ist (4.7) *mit einem $\lambda \in \mathfrak{R}$, $\lambda \neq 0$, erfüllt.*

Beweis. Gemäß Lemma 4.2 betrachten wir die Menge $\mathfrak{L}$. Ist $(Pu_0, h) = 0$, $h \in \mathfrak{L}$, so ist die Aussage des Satzes richtig. Wir nehmen daher das Gegenteil an. Dann gilt $(Pu_0, h_1) = 1$ für ein $h_1 \in \mathfrak{L}$. Wegen $Ku_0 \neq \theta$ finden wir noch ein $h_2 \in \mathfrak{U}$ derart, daß $(Ku_0, h_2) = 1$ ist. Wir betrachten nun Vergleichselemente der Form

$$u(t, s) = u_0 + th_1 + sh_2$$

in einer Umgebung von $(0, 0) \in \mathfrak{R}^2$. Zunächst bestimmen wir die Funktion $s(t)$, $|t| < \delta$, so, daß $u(t, s(t)) \in \partial\mathfrak{K}_c$ ist. Hierzu benutzen wir den klassischen Satz über implizite Funktionen. Es sei

$$\varphi(t, s) = \Phi_K(u_0 + th_1 + sh_2) - c, \qquad (t, s) \in \mathfrak{R}^2.$$

φ besitzt partielle Ableitungen, da Φ_K differenzierbar ist; wir finden

$$\left.\begin{aligned} \frac{\partial\varphi}{\partial t} &= \lim_{\Delta t \to 0} \frac{\Phi_K(u_0 + (t + \Delta t)\, h_1 + sh_2) - \Phi_K(u_0 + th_1 + sh_2)}{\Delta t} \\ &= (K(u_0 + th_1 + sh_2), h_1), \\ \frac{\partial\varphi}{\partial s} &= (K(u_0 + th_1 + sh_2), h_2). \end{aligned}\right\} \tag{4.14}$$

Da K stetig in $\mathfrak{R}_2(\mathfrak{U})$ ist, sind die partiellen Ableitungen von φ stetig. Insbesondere ist

$$\varphi_t(0, 0) = (Ku_0, h_1) = 0, \qquad \varphi_s(0, 0) = (Ku_0, h_2) = 1. \tag{4.15}$$

Die implizite Funktion $\varphi(t, s) = 0$ ist somit auflösbar; für ein $\delta > 0$ gibt es eine stetig differenzierbare Funktion $s(t)$, $|t| < \delta$, derart, daß $\varphi(t, s(t)) = 0$, $|t| < \delta$, ist. Der Weg $u(t) = u_0 + th_1 + s(t)\, h_2$, $|t| < \delta$, liegt daher auf der Niveaufläche $\partial\mathfrak{K}_c$. Wir bemerken noch, daß

$$s'(t) = -\frac{\dfrac{\partial\varphi(t, s)}{\partial t}}{\dfrac{\partial\varphi(t, s)}{\partial s}}$$

und wegen $s(0) = 0$ und (4.15)

$$s'(0) = 0 \tag{4.16}$$

ist.

Wir wenden uns nun dem Extremum zu. Nach Voraussetzung gibt es ein $\delta_1 > 0$, $\delta_1 \leqq \delta$, derart, daß die Differenz

$$\psi(t) = \Phi_P(u_0 + th_1 + s(t)\, h_2) - \Phi_P(u_0)$$

[1]) In Anlehnung an die Definition I.3.4 nennen wir einen Operator $G \in (\mathfrak{U}, \mathfrak{U})$ **stetig** in $\mathfrak{R}_2(\mathfrak{U})$, wenn die Funktion $\alpha(s, t) = (G(u + sg + th), v)$, $(s, t) \in \mathfrak{R}^2$, für beliebig gewählte Elemente $g, h, u, v \in \mathfrak{U}$ stetig ist.

in $|t| < \delta_1$ das Vorzeichen nicht wechselt. Nun ist nach (4.3)

$$\psi(t) = (Pu_0, th_1) + t\omega_1(t) + s(t)\,\omega_2(t),$$

$$\omega_1(t) = \int_0^1 \big(P(u_0 + \tau t h_1 + \tau s(t)\, h_2) - Pu_0, h_1\big)\, d\tau,$$

$$\omega_2(t) = \int_0^1 \big(P(u_0 + \tau t h_1 + \tau s(t)\, h_2), h_2\big)\, d\tau.$$

Da P stetig in $\mathfrak{R}_2(\mathfrak{U})$ ist, sind die Funktionen $\omega_i(t)$, $i = 1, 2$, stetig in $\mathfrak{R}$. Insbesondere gilt $\omega_1(0) = 0$, so daß mit $(Pu_0, h_1) = 1$, $\psi(t) = t + \omega(t)$, $\omega(t) = t\omega_1(t) + s(t)\,\omega_2(t)$,

$$\omega'(0) = \lim_{t\to 0}\left[\omega_1(t) + \frac{s(t)}{t}\,\omega_2(t)\right] = 0$$

ist wegen (4.16). Dann folgt aber $\psi(t) = t + o(t)$; die Differenz $\psi(t)$ wechselt offensichtlich das Vorzeichen in $t = 0$, u_0 realisiert kein Extremum des Funktionals Φ_P auf $\partial\mathfrak{K}_c$. Dieser Widerspruch beweist die Behauptung des Satzes.

2. Lösung isoperimetrischer Maximum-Probleme

Wir beginnen mit der Beschreibung der Menge

$$\mathfrak{G}_c = \{u \in \mathfrak{H};\ \Phi_G(u) \leqq c\},$$

die einem Potentialoperator $G \in (\mathfrak{H}, \mathfrak{H})$ zugeordnet ist. $\mathfrak{H}$ sei ein Hilbertraum und

$$\Phi_G = \int_0^1 \big(G(tu), u\big)\, dt.$$

Lemma 4.3. *Der Operator $G \in (\mathfrak{H}, \mathfrak{H})$ sei hemistetig*[1]*), monoton und koerziv in folgendem Sinne*[2]*): Für eine stetige Funktion $\gamma(t)$, $t \geqq 0$, $\gamma(t) \geqq \varepsilon > 0$ für $t \geqq T$, gelte*

$$(Gu, u) \geqq \gamma(\|u\|)\, \|u\|. \tag{4.17}$$

Dann ist $\mathfrak{G}_c$ schwach kompakt für jedes $c \in \mathfrak{R}$.

Beweis. Aus der Koerzivitätsbedingung (4.17) folgt

$$\Phi_G(u) = \int_0^1 \big(G(tu), u\big)\, dt \geqq \int_0^1 \gamma(\|tu\|)\, \|u\|\, dt = \int_0^{\|u\|} \gamma(\tau)\, d\tau \xrightarrow[\|u\|\to\infty]{} +\infty.$$

---

[1]) Der Operator $G \in (\mathfrak{H}, \mathfrak{H})$ heißt *hemistetig*, wenn $\tilde{G} \in (\mathfrak{H}, \mathfrak{H}^*)$, $\tilde{G}u = (Gu, \cdot)$ hemistetig ist (vgl. Definition I.3.7). G ist demnach genau dann hemistetig, wenn die reelle Funktion $\alpha(\tau) = (G(u + \tau h), g)$, $\tau \in \mathfrak{R}$, für beliebig gewählte Elemente $u, g, h \in \mathfrak{H}$ stetig ist.

[2]) Vgl. Definition I.3.6.

Zu einem fixierten $c \in \mathfrak{R}$ gibt es daher ein $\varkappa > 0$ derart, daß $\mathfrak{G}_c \subseteq \overline{\mathfrak{K}(\theta, \varkappa)}$ ist. $\mathfrak{G}_c$ ist somit Teilmenge der schwach kompakten Kugel $\overline{\mathfrak{K}(\theta, \varkappa)}$. Das Potential Φ_G des monotonen hemistetigen Operators G ist verstärkt unterhalbstetig auf $\mathfrak{H}$. Diese Aussage ist Teil des Beweises von Satz 2.1.

Ist nun $\{u_n\} \subseteq \mathfrak{G}_c$ eine Folge, $u_0 \in \overline{\mathfrak{K}(\theta, \varkappa)}$ $u_n \xrightarrow[n\to\infty]{} u_0$, so gilt

$$\Phi_G(u_0) \leqq \varliminf_{n\to\infty} \Phi_G(u_n) \leqq c,$$

also $u_0 \in \mathfrak{G}_c$. Damit ist $\mathfrak{G}_c$ schwach abgeschlossen, folglich selbst schwach kompakt, q. e. d.

Lemma 4.4. *Der Operator $G \in (\mathfrak{H}, \mathfrak{H})$ sei hemistetig und koerziv wie in Lemma 4.3. Es sei $u \in \mathfrak{G}_c$, $u \notin \partial\mathfrak{G}_c = \{u \in \mathfrak{H};\, \Phi_G(u) = c\}$. Dann gibt es ein $t > 1$ derart, daß $tu \in \partial\mathfrak{G}_c$ ist.*

Beweis. Nach Voraussetzung ist

$$\Phi_G(u) = \int_0^1 \big(G(su), u\big)\, ds < c.$$

Die Funktion $\Phi_G(tu) = \int_0^1 \big(G(stu), tu\big)\, ds = \int_0^t \big(G(\tau u), u\big)\, d\tau$ ist auf Grund der Hemistetigkeit von G stetig in t und

$$\Phi_G(tu) \geqq \int_0^{t\|u\|} \gamma(\tau)\, d\tau \xrightarrow[t\to+\infty]{} +\infty.$$

Die stetige Funktion $\varphi(t) = \Phi_G(tu)$, $1 \leqq t$, genügt den Bedingungen $\varphi(1) < c$, $\varphi(t) > c$, $t \geqq t_1 > 1$, und nimmt daher den Wert c nach dem Zwischenwertsatz an einer Stelle $t_0 > 1$ an, q. e. d.

Satz 4.3. *Der Potentialoperator $P \in (\mathfrak{H}, \mathfrak{H})$ sei stetig in $\mathfrak{N}_2(\mathfrak{H})$, monoton und koerziv im Sinne von Lemma 4.3; $K \in (\mathfrak{H}, \mathfrak{H})$ sei ein vollstetiger Potentialoperator. Dann gilt:*

(i) *Für jedes $c > 0$ existiert ein $u_c \in \mathfrak{P}_c$ mit $\Phi_K(u_c) = \min_{u \in \mathfrak{P}_c} \Phi_K(u)$ und ein $v_c \in \mathfrak{P}_c$ mit $\Phi_K(v_c) = \max_{u \in \mathfrak{P}_c} \Phi_K(u)$.*

(ii) *Gilt $u_c \in \partial\mathfrak{P}_c$ und $Pu_c \neq \theta$ oder $v_c \in \partial\mathfrak{P}_c$ und $Pv_c \neq \theta$, so existieren Zahlen λ_c bzw. μ_c, so daß $\lambda_c P u_c = K u_c$ bzw. $\mu_c P v_c = K v_c$ ist.*

Beweis. Nach Lemma 4.3 ist $\mathfrak{P}_c$ schwach kompakt; da $\Phi_P(\theta) = 0$ ist, ist $\mathfrak{P}_c$ nicht leer. Das Potential Φ_K des vollstetigen Operators K ist nach Satz 2.2 verstärkt stetig auf $\mathfrak{H}$. Dann sind sowohl Φ_K wie auch $-\Phi_K$ verstärkt unterhalbstetig auf $\mathfrak{P}_c$, und nach Satz I.4.2 sind die Minimum-Probleme für Φ_K und $-\Phi_K$ auf $\mathfrak{P}_c$ lösbar. Das ist aber die Aussage (i).

Wir nehmen an, daß $u_c \in \partial\mathfrak{P}_c$ ist. Wegen $\partial\mathfrak{P}_c \subseteq \mathfrak{P}_c$ gilt dann

$$\Phi_K(u_c) = \min_{u \in \mathfrak{P}_c} \Phi_K(u) \leqq \min_{u \in \partial\mathfrak{P}_c} \Phi_K(u) = \Phi_K(u_c).$$

Somit ist u_c Lösung eines isoperimetrischen Extremwert-Problems für Φ_K auf der Niveaufläche $\partial\mathfrak{P}_c$. Für $Ku_0 = \theta$ ist die Aussage (ii) mit $\lambda_c = 0$ richtig, für $Ku_0 \neq \theta$ folgt sie aus Satz 4.2; mit der entsprechenden Argumentation für v_c schließen wir den Beweis ab.

Korollar 4.3.1. *Bedingungen wie in Satz 4.3. Außerdem sei K positiv:*

$$(Ku, u) > 0, \qquad u \neq \theta. \tag{4.18}$$

Dann besitzt das isoperimetrische Maximum-Problem

$$\Phi_K(v_c) \geqq \Phi_K(u), \qquad u \in \partial\mathfrak{P}_c,$$

für jedes $c > 0$ eine Lösung $v_c \in \partial\mathfrak{P}_c$. Überdies gibt es ein $\lambda_c \neq 0$ derart, daß

$$Pv_c = \lambda_c K v_c \tag{4.19}$$

ist.

Beweis. Wir haben nach Satz 4.3 eine Lösung v_c des Maximum-Problems für $c > 0$,

$$\Phi_K(v_c) \geqq \Phi_K(u), \qquad u \in \mathfrak{P}_c.$$

Nun ist $\theta \in \mathfrak{P}_c$, K positiv und

$$\Phi_K(u) = \int_0^1 \bigl(K(tu), u\bigr)\, dt > 0 = \Phi_K(\theta) \quad \text{für } u \neq \theta,$$

also $v_c \neq \theta$.[1] Angenommen, es sei $v_c \notin \partial\mathfrak{P}_c$. Dann gibt es nach Lemma 4.4 ein $t > 1$ derart, daß $tv_c \in \partial\mathfrak{P}_c$ ist. Nun ist, da K stetiger Potentialoperator ist,

$$\Phi_K(tv_c) - \Phi_K(v_c) = \int_0^1 \bigl(K(v_c + s(t-1)\, v_c), (t-1)\, v_c\bigr)\, ds$$

$$= (t-1) \int_0^1 \bigl(K((1 - s + st)\, v_c), (1 - s + st)\, v_c\bigr) \frac{ds}{1 - s + st} > 0, \tag{4.20}$$

da $1 + s(t-1) > 0$, $s \in [0, 1]$, ist. Die Ungleichung (4.20) widerspricht aber der Feststellung, daß v_c Maximalelement von Φ_K auf $\mathfrak{P}_c$ ist. Es ist daher $v_c \in \partial\mathfrak{P}_c$ und $Kv_c \neq \theta$. Aus der Monotonie von P folgt schließlich $\bigl(Pv_c - P(sv_c), v_c\bigr) \geqq 0$, $s \in [0, 1]$, und daher

$$\int_0^1 \bigl(Pv_c - P(sv_c), v_c\bigr)\, ds \geqq 0$$

oder $(Pv_c, v_c) \geqq \Phi_P(v_c) = c$, also $Pv_c \neq \theta$. Satz 4.3 garantiert nunmehr die Existenz einer Zahl μ_c, so daß $\mu_c P v_c = K v_c$ ist und daher (4.19) mit $\lambda_c = 1/\mu_c$; denn mit $\|Kv_c\|$ ist auch μ_c ungleich Null, q. e. d.

[1]) Wegen der Stetigkeit der Funktion $\varphi(t) = \Phi_P(tu)$, $t \geqq 0$, enthält $\mathfrak{P}_c$ für $c > 0$ auch von θ verschiedene Elemente.

Korollar 4.3.2. *Bedingungen wie in Satz 4.3. Außerdem sei K negativ:*

$$(Ku, u) < 0, \qquad u \neq \theta. \tag{4.21}$$

Dann besitzt das isoperimetrische Minimum-Problem

$$\Phi_K(u_c) \leqq \Phi_K(u), \qquad u \in \partial\mathfrak{P}_c,$$

für jedes $c > 0$ *eine Lösung* $u_c \in \partial\mathfrak{P}_c$. *Überdies gibt es ein* $\mu_c \neq 0$ *derart, daß* $Pu_c = \mu_c K u_c$ *ist.*

Der Beweis entspricht dem Beweis von Korollar 4.3.1 mit sinngemäß umgekehrten Ungleichungen.

3. Ein Eigenwert- und Beulproblem

Wir betrachten die Beulgleichung (2.70) unter den Bedingungen (2.73) auf W_e. Wir gelangen so zu dem Eigenwertproblem

$$Pu = \lambda K(u, T) \tag{4.22}$$

mit $P, K(\cdot, T) \in (W_e, W_e)$,

$$(Pu, h) = 2 \int_\Omega g(H[u, u])\, H[u, h]\, dx,$$

$$\big(K(u, T), h\big) = \int_\Omega \sum_{i,j=1}^{2} T_{ij} \frac{\partial^2 u}{\partial x_i\, \partial x_j}\, h\, dx$$

für $u, h \in W_e$. Der Hilbertraum W_e ist die Abschließung von $\dot{C}_2(\Omega)$ in $W_2{}^2(\Omega)$. Das Skalarprodukt auf W_e wird durch die Formel (2.74) oder

$$(u, v) = \int_\Omega H[u, v]\, dx$$

mit der Bilinearform H aus (2.71) gegeben. $\{T_{ij}\}$ ist eine konstante symmetrische Matrix. Den Operator P haben wir in Kapitel III untersucht (vgl. Satz 2.4). Die Ergebnisse zeigen, daß $P \in (W_e, W_e)$ unter den Bedingungen (2.73) stark monoton und Lipschitz-stetig ist. Nehmen wir bezüglich $\Omega \subseteq \mathfrak{R}^2$ die Bedingungen des Einbettungssatzes (2.3) an, so folgt aus Lemma 2.11 die verstärkte Stetigkeit des Operators $K(\cdot, T) \in (W_e, W_e)$ für jede konkrete Matrix T. Die Darstellung der Potentiale Φ_P und Φ_K können wir den Formeln (2.86) bzw. (2.90) entnehmen. Die Lösung des Eigenwertproblems (4.22) erhalten wir mit Hilfe von Korollar 4.3.1 bzw. 4.3.2.

Satz 4.4. *Es genüge* $\Omega \subseteq \mathfrak{R}^2$ *den Bedingungen von Satz 2.3. Für stetig differenzierbare Materialfunktionen* $g(\xi)$, $\xi \geqq 0$, *die den Bedingungen*

$$\mu_1 \geqq g(\xi) \geqq \varphi_1 > 0, \qquad \nu_1 \geqq \frac{d[g(\xi^2)\xi]}{d\xi} \geqq \psi_1 > 0$$

genügen, und für jedes $c > 0$ *besitzt die Gleichung* (4.22) *eine Eigenfunktion* u_c *mit*

$$\Phi_P(u_c) = \int_\Omega \int_0^{H[u_c, u_c]} g(\xi)\, d\xi\, dx = c,$$

falls beide Eigenwerte der Matrix T *positiv oder negativ sind.*

Beweis. Wie schon bemerkt, ist P stark monoton und stetig, damit erst recht monoton, stetig in $\mathfrak{R}_2(W_e)$ und koerziv. $K(\cdot, T) \in (W_e, W_e)$ ist vollstetig für jede konstante Matrix T. Dies sind die Bedingungen in Satz 4.3. Die Korollare fordern zusätzlich, daß der lineare Operator $K(\cdot, T)$ positiv oder negativ ist. Dieses Beispiel haben wir in § 2 betrachtet. Es sei z. B. $a^2 > 0$ der kleinste Eigenwert von T. Dann gilt

$$\big(-K(u, T), u\big) = \int_\Omega \sum_{i,j=1}^{2} T_{ij} \frac{\partial u}{\partial x_i} \frac{\partial u}{\partial x_j}\, dx$$

$$\geqq a^2 \int_\Omega \left[\left(\frac{\partial u}{\partial x_1}\right)^2 + \left(\frac{\partial u}{\partial x_2}\right)^2\right] dx \geqq 0. \tag{4.23}$$

Ist nun $\big(-K(u_0, T), u_0\big) = 0$, so folgt aus (4.23) und der Gültigkeit der Friedrichsschen Ungleichung, daß $u_0(x) = 0$ ist für fast alle $x \in \Omega$. Definitionsgemäß verschwinden dann auch alle zweiten verallgemeinerten Ableitungen von u_0. Damit ist $u_0 = \theta \in W_e$ und $K \in (W_e, W_e)$ negativ. Korollar 4.3.2 beweist nun Satz 4.4.

Der bewiesene Satz ergänzt das Beispiel aus § 2, welches durch den Satz 2.9 abgeschlossen wird. Die beiden Sätze weisen sowohl in den Voraussetzungen wie auch in den Aussagen erhebliche Unterschiede auf. In den Voraussetzungen sind es vor allem unterschiedliche Wachstumsbedingungen für die Materialfunktion $g(\xi)$. In den Aussagen garantiert Satz 2.9 die Existenz einer Familie $\{u_\lambda\}$ von nichttrivialen Beulfunktionen, in der die Eigenwerte den Familienparameter stellen. Satz 4.4 dagegen garantiert eine Familie $\{u_c\}$ mit dem Familienparameter $c = \Phi_P(u_c)$, der mit $\|u_c\|$ anwächst.

4. Existenz eines Bifurkationspunktes

Die Korollare zu Satz 4.3 versetzen uns in die Lage, kleine Eigenlösungen der Gleichung (4.1) zu berechnen. Sie können daher auch zum Nachweis von Bifurkationspunkten benutzt werden. Bei diesen Betrachtungen genügt es, sich auf eine kleine Umgebung des Nullelementes $\theta \in \mathfrak{H}$ zu beschränken. Dort, wo wir dies aus Gründen der einfacheren Darstellung nicht tun, sind die möglichen Vereinfachungen leicht zu erkennen. Bei der lokalen Betrachtungsweise werden wir die nichtlinearen Operatoren näherungsweise durch ihre Fréchet-Ableitungen ersetzen. Es erweist sich überdies als möglich, auf die Positivität von K oder $-K$ zu verzichten.

Lemma 4.5. *Der Potentialoperator* $P \in (\mathfrak{H}, \mathfrak{H})$ *sei stetig in* $\mathfrak{R}_2(\mathfrak{H})$ *und monoton,*

$$(Pu, u) \geqq \gamma \|u\|^2 \tag{4.24}$$

für $u \in \mathfrak{H}$ *und ein* $\gamma > 0$,

$$\lim_{\|u\|\to 0} \frac{(Pu - u, h)}{\|u\|} = 0, \qquad h \in \mathfrak{M} \subseteq \mathfrak{H}, \tag{4.25}$$

$\mathfrak{M}$ *linear und* $\overline{\mathfrak{M}} = \mathfrak{H}$. *Es sei* $K \in (\mathfrak{H}, \mathfrak{H})$ *ein vollstetiger Potentialoperator und besitze die lineare und beschränkte Fréchet-Ableitung* $K'(\theta) = B \in (\mathfrak{H}, \mathfrak{H})$,

$$\lim_{\|u\|\to 0} \frac{\|Ku - Bu\|}{\|u\|} = 0. \tag{4.26}$$

Zu B *gehöre ein positiver Eigenwert* λ_0 *mit dem Eigenraum* H_0, $H_0 \cap \mathfrak{M} \neq \emptyset$. *Es gelte* $P\theta = K\theta = \theta$. *Dann gibt es ein* c_0 *derart, daß die Gleichung*

$$\lambda Pu = Ku \tag{4.27}$$

für jedes $c \in (0, c_0]$ *auf* $\partial\mathfrak{P}_c$ *eine Eigenlösung besitzt.*

Beweis. Nach Satz 4.3 ist das Maximum-Problem für das Potential Φ_K auf $\mathfrak{P}_c$ für jedes $c > 0$ lösbar. Wir zeigen nun, daß die Maximalelemente u_c auf $\partial\mathfrak{P}_c$ liegen.

Da $P \in (\mathfrak{H}, \mathfrak{H})$ monoton ist, gilt $(Pu, u) \geqq \Phi_P(u)$ (vgl. Beweis zu Korollar 4.3.1). Folglich ist $Pu \neq \theta$ und $u \neq \theta$ für $u \in \partial\mathfrak{P}_c$ und $c > 0$.

Für $u \in \partial\mathfrak{P}_c$ können wir daher die Zentralprojektion auf die Sphäre $S_\varrho = \{u \in \mathfrak{H};\ \|u\| = \varrho\}$, $\varrho = \sqrt{2c}$, erklären: Für $u \in \partial\mathfrak{P}_c$ gibt es ein $t > 0$ derart, daß $w = tu \in S_\varrho$ ist. Zur Berechnung von t setzen wir $\|tu\| = \varrho$ und erhalten $t^2\|u\|^2 = 2c = 2\Phi_P(u)$, also

$$\frac{1}{t^2} = \frac{\|u\|^2}{2c} = 1 - \frac{1}{c}\left[\Phi_P(u) - \frac{1}{2}\|u\|^2\right]. \tag{4.28}$$

Wir wählen nun speziell $u \in \partial\mathfrak{P}_c \cap H_0 \cap \mathfrak{M}$. Mit $w = tu$ erhalten wir dann für das Maximalelement u_c des Potentials Φ_K auf $\mathfrak{P}_c$ unter Berücksichtigung von (4.28) die Abschätzungen

$$\begin{aligned} \Phi_K(u_c) \geqq \Phi_K(u) &\geqq \frac{(Bw, w)}{2t^2} - \left|\Phi_K(u) - \frac{1}{2}(Bu, u)\right| \\ &= \frac{1}{2}(Bw, w) - \frac{1}{2}\frac{(Bw, w)}{c}\left[\Phi_P(u) - \frac{1}{2}\|u\|^2\right] \\ &\quad - \left|\Phi_K(u) - \frac{1}{2}(Bu, u)\right|. \end{aligned} \tag{4.29}$$

Zur weiteren Abschätzung bemerken wir, daß $w = tu \in H_0$ gewählt ist; daher ist $(Bw, w) = \lambda_0\|w\|^2 = \lambda_0\varrho^2$. Ferner ist

$$\frac{\left|\Phi_K(u) - \frac{1}{2}(Bu, u)\right|}{\|u\|^2} = \left|\int_0^1 \frac{(K(tu) - B(tu), u)}{\|u\|^2}\, dt\right| \leqq \int_0^1 \frac{\|K(tu) - B(tu)\|}{\|tu\|}\, t\, dt. \tag{4.30}$$

Wegen (4.26) gibt es zu $\varkappa_1 > 0$ ein $\delta_1 > 0$ derart, daß

$$\frac{\|Ku - Bu\|}{\|u\|} < \varkappa_1 \quad \text{und} \quad \frac{\left|\Phi_K(u) - \frac{1}{2}(Bu, u)\right|}{\|u\|^2} < \frac{\varkappa_1}{2}$$

ist für $\|u\| \leqq \delta_1$. Auf Grund der Wachstumsbedingung (4.24) erhalten wir schließlich für $u \in \mathfrak{P}_c$

$$c \geqq \Phi_P(u) = \int_0^1 \bigl(P(su), u\bigr)\, ds \geqq \frac{\gamma}{2}\|u\|^2$$

oder

$$\|u\| \leqq \sqrt{\frac{2c}{\gamma}} = \frac{\varrho}{\sqrt{\gamma}}. \tag{4.31}$$

Damit gilt

$$\Phi_K(u_c) \geqq \frac{\lambda_0}{2}\varrho^2 - \frac{\varkappa_1}{2}\frac{\varrho^2}{\gamma} - \|B\|\left|\Phi_P(u) - \frac{1}{2}\|u\|^2\right|, \tag{4.32}$$

falls $\varrho \leqq \sqrt{\gamma}\,\delta_1$ ist.

Noch einmal schränken wir die zulässigen Elemente $u \in \partial\mathfrak{P}_c$ in der Abschätzung (4.32) ein. Wir wählen ein $u_0 \in H_0 \cap \mathfrak{M}$ mit $\|u_0\| = 1$. Zu jedem $c > 0$ gibt es dann ein $s(c) \in (0, \infty)$ derart, daß $u = s(c)u_0 \in \partial\mathfrak{P}_c \cap H_0 \cap \mathfrak{M}$ ist. Da

$$\Phi_P(su_0) = \int_0^1 \bigl(P(tsu_0), su_0\bigr)\, dt = \int_0^s \bigl(P(\tau u_0), u_0\bigr)\, d\tau$$

$$\geqq \int_0^s \gamma(\tau u_0, \tau u_0)\frac{d\tau}{\tau} = \frac{\gamma}{2} s^2$$

und P hemistetig ist, gibt es sogar genau ein $s(c)$, $c \geqq \frac{\gamma}{2} s^2(c) > 0$, mit der gewünschten Eigenschaft. Speziell mit $u = s(c)\, u_0$ können wir den letzten Term in (4.32) abschätzen. Nach der Differenzierbarkeitsvoraussetzung (4.25) für P gibt es zu jedem $\varkappa_2 > 0$ ein $\delta_2 > 0$ derart, daß

$$\frac{|(Pu - u, u_0)|}{\|u\|} < \varkappa_2$$

ist, falls $\|u\| \leqq \delta_2$ gilt. Daraus ergibt sich

$$\frac{\left|\Phi_P(u) - \frac{1}{2}\|u\|^2\right|}{\|u\|^2} = \left|\int_0^1 \frac{\bigl(P(tu) - tu, u\bigr)}{\|u\|^2}\, dt\right|$$

$$\leqq \int_0^1 \frac{\bigl|\bigl(P(tu) - tu, u_0\bigr)\bigr|}{\|u\|}\, dt < \varkappa_2.$$

falls $\|u\| = s(c) \leqq \delta_2$ ist. Diese letzte Einschränkung wird durch die Bedingung $0 < \varrho \leqq \delta_2 \sqrt{\gamma}$ garantiert. Damit erhalten wir schließlich

$$\Phi_K(u_c) \geqq \left[\frac{\lambda_0}{2} - \frac{\varkappa_1}{2\gamma} - \|B\| \frac{\varkappa_2}{\gamma}\right] \varrho^2, \tag{4.33}$$

falls $\varrho \leqq \min_{i=1,2} \{\delta_i \sqrt{\gamma}\}$ ist. Wir wählen nun ein ϱ_1 derart, daß

$$\Phi_K(u_c) \geqq \frac{\lambda_0}{4} \varrho^2 \quad \text{für } 0 < \varrho \leqq \varrho_1 \tag{4.34}$$

ist. Insbesondere folgt daraus $u_c \neq \theta$ und mit der Ungleichung (4.31)

$$\frac{\Phi_K(u_c)}{\|u_c\|^2} \geqq \frac{\lambda_0}{4} \frac{\varrho^2}{\|u_c\|^2} \geqq \frac{\gamma\lambda_0}{4} \quad \text{für } 0 < \varrho \leqq \varrho_1. \tag{4.35}$$

Die Abschätzung (4.35) gestattet uns nun, u_c auf $\partial\mathfrak{P}_c$ zu lokalisieren. Wir finden mit (4.30), (4.35) zunächst, daß

$$\frac{\frac{1}{2}(Bu_c, u_c)}{\|u_c\|^2} \geqq \frac{\Phi_K(u_c)}{\|u_c\|^2} - \left|\frac{\Phi_K(u_c) - \frac{1}{2}(Bu_c, u_c)}{\|u_c\|^2}\right| \geqq \frac{\gamma\lambda_0}{4} - \frac{\varkappa_1}{2}$$

und

$$\frac{\frac{1}{2}(Ku_c, u_c)}{\|u_c\|^2} \geqq \frac{\frac{1}{2}(Bu_c, u_c)}{\|u_c\|^2} - \frac{1}{2}\frac{\|Ku_c - Bu_c\|}{\|u_c\|} \geqq \frac{\gamma\lambda_0}{4} - \varkappa_1$$

ist, falls $\|u_c\| \leqq \delta_1$ gilt. Es gibt dann ein ϱ_0, $0 < \varrho_0 \leqq \varrho_1$, so daß $Ku_c \neq \theta$ ist für $0 < c \leqq c_0 = \varrho_0^2/2$.

Die Annahme $u_c \in \mathring{\mathfrak{P}}_c = \{v \in \mathfrak{H};\ \Phi_P(v) < c\}$ würde wegen der Hemistetigkeit von P bedeuten, daß u_c algebraisch innerer Punkt von $\mathfrak{P}_c$ ist, denn die Funktion

$$e(t) = \Phi_P(u_c + th) = \Phi_P(u_c) + \int_0^t \big(P(u_c + sh), h\big)\, ds, \qquad t \in \mathfrak{R},$$

ist für beliebiges $h \in \mathfrak{H}$ stetig. Da u_c Maximalelement von Φ_K auf $\mathfrak{P}_c$ ist, wäre dann $\operatorname{grad} \Phi_K(u_c) = Ku_c = \theta$. Es gilt also $u_c \in \partial\mathfrak{P}_c$, falls $0 < c \leqq c_0$ ist. Nach der Aussage (ii) von Satz 4.3 gibt es daher zu jedem $c \in (0, c_0]$ ein λ_c derart, daß

$$\lambda_c P u_c = K u_c \tag{4.36}$$

ist, q. e. d.

Lemma 4.6. *Es sei $K \in (\mathfrak{H}, \mathfrak{H})$ in $\theta \in \mathfrak{H}$ Fréchet-differenzierbar und vollstetig in einer Umgebung $\mathfrak{U}(\theta)$. Dann ist der Operator $K'(\theta) = B \in (\mathfrak{H}, \mathfrak{H})$ verstärkt stetig.*

Beweis. Wir betrachten irgendeine Folge $\{u_n\} \subseteq \mathfrak{H}$, $u_n \rightharpoonup u$. Nach Satz I.2.10 gibt es eine Zahl N derart, daß $\|u_n\| \leqq N$, $n = 1, 2, \ldots$, ist. Nehmen wir an, daß Bu_n nicht gegen Bu konvergiert, so gibt es eine Teilfolge $\{u_n'\} \subseteq \{u_n\}$ und ein $\eta > 0$ derart, daß

$$\|Bu_n' - Bu\| \geqq \eta, \qquad n = 1, 2, \ldots, \tag{4.37}$$

ist. Wir bemerken zunächst, daß B definitionsgemäß linear und beschränkt ist, so daß $(B\,\cdot, h) \in \mathfrak{H}^*$ für jedes $h \in \mathfrak{H}$ ist und folglich $Bu_n' \underset{n\to\infty}{\rightharpoonup} Bu$ gilt. Zu einem beliebig fixierten $\varepsilon > 0$ finden wir ein $\delta > 0$ derart, daß $\frac{\|Ku - Bu\|}{\|u\|} < \frac{\varepsilon}{6N}$ ist, falls $\|u\| < \delta$ gilt. Wir dürfen dabei annehmen, daß der Operator K die abgeschlossene Kugel $\bar{\mathfrak{K}}(\theta, \delta)$ in eine kompakte Menge abbildet. Mit $t = \delta/N$ können wir aus der Folge $\{K(tu_n')\}$ eine Fundamentalfolge $\{K(tu_n'')\}$ auswählen. Wir zeigen, daß $\{Bu_n''\}$ eine Fundamentalfolge ist. Es gilt

$$\begin{aligned}\|Bu_{n+p}'' - Bu_n''\| &\leqq \frac{1}{t}\,\|B(tu_{n+p}'') - K(tu_{n+p}'')\| + \frac{1}{t}\,\|K(tu_{n+p}'') - K(tu_n'')\| \\ &\quad + \frac{1}{t}\,\|K(tu_n'') - B(tu_n'')\| \\ &< \frac{\varepsilon}{3} + \frac{1}{t}\,\|K(tu_{n+p}'') - K(tu_n'')\|.\end{aligned}$$

Fixieren wir ein n_0 derart, daß $\|K(tu_{n+p}'') - K(tu_n'')\| < \varepsilon\delta/3N$ ist für $n \geqq n_0$, so sehen wir, daß $\|Bu_{n+p}'' - Bu_n''\| < \varepsilon$ für $n \geqq n_0$ ist. Damit gilt für ein $w \in \mathfrak{H}$

$$\lim_{n\to\infty} Bu_n'' = w,$$

also auch $Bu_n'' \rightharpoonup w$ und daher $w = Bu$. Diese Feststellungen widersprechen aber der Annahme (4.37); Lemma 4.6 ist damit bewiesen.

Satz 4.5. *Bedingungen wie Lemma 4.5. Dann gibt es einen Bifurkationspunkt $\lambda_* \neq 0$ der Gleichung (4.27) mit folgender Eigenschaft:*

$$\lambda_* = \lim_{n\to\infty} \lambda_n, \qquad \lambda_n P u_n = K u_n, \quad \|u_n\| > 0, \qquad n = 1, 2, \ldots,$$

$$\lim_{n\to\infty} \|u_n\| = 0, \qquad \frac{u_n}{\|u_n\|} \rightharpoonup v \neq \theta$$

und

$$\lambda_* v = Bv. \tag{4.38}$$

Beweis. Zu einer Folge $\{c_n\}$, $c_n \to 0+$, existieren nach Lemma 4.5 Folgen $\lambda_n = \lambda_{c_n}$ und $u_n = u_{c_n}$ von Eigenwerten und Eigenlösungen der Gleichung (4.27). Für die Eigenwerte λ_n finden wir die Abschätzung

$$\begin{aligned}|\lambda_n| &= \frac{|(Ku_n, u_n)|}{(Pu_n, u_n)} \leqq \frac{|(Ku_n - Bu_n, u_n)|}{\gamma\|u_n\|^2} + \frac{|(Bu_n, u_n)|}{\gamma\|u_n\|^2} \\ &\leqq \frac{\|Ku_n - Bu_n\|}{\gamma\|u_n\|} + \frac{\|B\|}{\gamma} \leqq \frac{\|B\|}{\gamma} + 1,\end{aligned} \tag{4.39}$$

für ein geeignetes n_0 und $n \geqq n_0$. Man kann daher Teilfolgen $\{\lambda_n'\} \subseteq \{\lambda_n\}$ und $\{u_n'\} \subseteq \{u_n\}$ derart auswählen, daß $\lambda_n' P u_n' = K u_n'$, $\lambda_n' \underset{n\to\infty}{\longrightarrow} \lambda_*$ und $\|u_n'\| \underset{n\to\infty}{\longrightarrow} 0$ ist. λ_* ist damit Bifurkationspunkt der Gleichung (4.27). Es sei $v_n = \frac{u_n'}{\|u_n'\|}$; indem wir gegebenenfalls zu einer Teilfolge übergehen, können wir annehmen, daß für ein $v \in \mathfrak{H}$ die Grenzwertbeziehung $v_n \xrightarrow[n\to\infty]{} v$ erfüllt ist. Die Eigenwertgleichung (4.36) für die Elemente u_n' schreiben wir nun in der Form

$$\frac{\lambda_n'(Pu_n' - u_n', h)}{\|u_n'\|} + \lambda_n'(v_n, h) = \frac{(Ku_n' - Bu_n', h)}{\|u_n'\|} + (Bv_n, h),$$
$$n = 1, 2, \ldots,$$

worin h ein beliebiges Element aus $\mathfrak{M}$ ist. Im Grenzwert $n \to \infty$ erhalten wir daraus (4.38) wegen $\overline{\mathfrak{M}} = \mathfrak{H}$.

Angenommen, es sei $v = \theta$ oder $\lambda_* = 0$. Dann folgt aus der durch Lemma 4.6 gewährleisteten verstärkten Stetigkeit von B

$$\lim_{n\to\infty} \frac{1}{2} (Bv_n, v_n) = 0.$$

Dann wäre

$$\overline{\lim_{n\to\infty}} \frac{\Phi_K(u_n')}{\|u_n'\|^2} \leqq \lim_{n\to\infty} \left\{ \frac{1}{2} (Bv_n, v_n) + \frac{\Phi_K(u_n') - \frac{1}{2}(Bu_n', u_n')}{\|u_n'\|^2} \right\} = 0$$

im Gegensatz zu (4.35). Der erzielte Widerspruch vervollständigt den Beweis.

Es erweist sich, daß man den Bifurkationspunkt λ_* unter geringfügig verschärften Voraussetzungen an P und K präzisieren kann.

Satz 4.6. *Der Potentialoperator $P \in (\mathfrak{H}, \mathfrak{H})$ sei stetig in $\mathfrak{R}_2(\mathfrak{H})$, monoton und genüge der Grenzwertbeziehung* (4.25). *P erfülle überdies die verschärfte Wachstumsbedingung*

$$(Pu, u) \geqq \max\{\gamma\|u\|^2, \|u\|^2 - r(\|u\|)\,\|u\|\},$$

in der $\gamma \in (0, 1]$, $r(t), t \geqq 0$, stetig ist und die Bedingung

$$\frac{r(t)}{t} \xrightarrow[t\to 0+]{} 0 \tag{4.40}$$

erfüllt. Es sei $K \in (\mathfrak{H}, \mathfrak{H})$ ein vollstetiger Potentialoperator, der die Differenzierbarkeitsbedingung (4.26) *mit $B = K'(\theta) \in (\mathfrak{H}, \mathfrak{H})$ linear, beschränkt und selbstadjungiert erfüllt.*

Ist λ_0 Eigenwert von B, $|\lambda_0| = \|B\|$, H_0 der zu λ_0 gehörige Eigenraum und $H_0 \cap \mathfrak{M} \neq \emptyset$, so ist λ_0 auch Bifurkationspunkt der Gleichung (4.27).[1])

[1]) Da $B \in (\mathfrak{H}, \mathfrak{H})$ linear, selbstadjungiert und nach den Lemmata 4.6 und 2.1 auch vollstetig ist, ist wenigstens einer der Werte $\pm \|B\|$ Eigenwert von B.

Beweis. Wir dürfen annehmen, daß λ_0 positiv ist (andernfalls ersetzen wir in der Gleichung (4.27) K durch $-K$). Dann ist λ_0 größter Eigenwert von B. Es sei $m_0 = \dim H_0$. Wir ordnen die übrigen Eigenwerte $\lambda_0 > \lambda_{m_0+1} \geqq \cdots$ und setzen

$$\mu_0 = \begin{cases} \lambda_{m_0+1} & \text{für } \lambda_{m_0+1} > 0, \\ 0 \text{ sonst.} \end{cases}$$

P_0 sei der orthogonale Projektor auf H_0, $\mathfrak{H} = H_0 \oplus H_1$, P_1 der orthogonale Projektor auf H_1. Ist $\{\varphi_i\} \subseteq \mathfrak{H}$ das ON-System der Eigenfunktionen von B, so gilt nach dem Hilbert-Schmidtschen Entwicklungssatz

$$Bu = \lambda_0 \sum_{i=1}^{m_0} (u, \varphi_i)\, \varphi_i + \sum_{i=m_0+1}^{\infty} \lambda_i (u, \varphi_i)\, \varphi_i \quad \text{für } u \in \mathfrak{H}.$$

Daraus ergibt sich unmittelbar

$$(BP_1 u, u) = \sum_{i=m_0+1}^{\infty} \lambda_i (P_1 u, \varphi_i)^2 \leqq \mu_0 \|P_1 u\|^2. \tag{4.41}$$

Im folgenden stützen wir uns wo möglich auf die Beweise von Lemma 4.5 und Satz 4.5, deren Voraussetzungen hier offenbar erfüllt sind. Es sei u_c die Lösung des Maximum-Problems für Φ_K auf $\mathfrak{P}_c$. In Lemma 4.5 wurde bewiesen, daß u_c aus $\partial \mathfrak{P}_c$ ist, falls $\varrho = \sqrt{2c}$ hinreichend klein ist. Damit gilt auch $\lambda_c P u_c = K u_c$ für ein $\lambda_c \in \mathfrak{R}$. Um zu zeigen, daß die Eigenwerte λ_c in Satz 4.5 für $c \to 0+$ einem Grenzwert zustreben, benötigen wir eine Abschätzung für $\|P_1 u_c\|$.

Für beliebiges $v \in \mathfrak{P}_c$ finden wir mit (4.41)

$$\begin{aligned} \Phi_K(v) &\leqq \frac{1}{2}(Bv, v) + \left|\Phi_K(v) - \frac{1}{2}(Bv, v)\right| \\ &= \frac{1}{2}(BP_0 v, v) + \frac{1}{2}(BP_1 v, v) + \left|\Phi_K(v) - \frac{1}{2}(Bv, v)\right| \\ &\leqq \frac{\lambda_0}{2}\|P_0 v\|^2 + \frac{\mu_0}{2}\|P_1 v\|^2 + \left|\Phi_K(v) - \frac{1}{2}(Bv, v)\right|. \end{aligned}$$

Speziell für $v = u_c$ erhalten wir daraus zusammen mit den Abschätzungen (4.30), (4.31), (4.33) aus Lemma 4.5

$$\left[\frac{\lambda_0}{2} - \frac{\varkappa_1}{2\gamma} - \|B\| \frac{\varkappa_2}{\gamma}\right] \varrho^2 \leqq \frac{\lambda_0}{2}\|P_0 u_c\|^2 + \frac{\mu_0}{2}\|P_1 u_c\|^2 + \frac{\varkappa_1}{2\gamma}\varrho^2, \tag{4.42}$$

falls $\varrho \leqq \min\limits_{i=1,2} \{\delta_i \sqrt{\gamma}\}$ ist.

Aus der verschärften Wachstumsbedingung für den Operator P ergibt sich zusätzlich die Abschätzung

$$\varrho^2 = 2c = 2\Phi_P(u_c) = 2\int_0^1 \big(P(tu_c), u_c\big)\, dt \geqq \|u_c\|^2 - p(\|u_c\|)$$

mit $p(t) = 2 \int_0^t r(\tau)\, d\tau$. Unter Berücksichtigung von $\|u_c\|^2 = \|P_0 u_c\|^2 + \|P_1 u_c\|^2$ erhalten wir damit aus (4.42)

$$\frac{\lambda_0 - \mu_0}{2} \|P_1 u_c\|^2 \leqq \left\{\frac{\varkappa_1}{\gamma} + \|B\| \frac{\varkappa_2}{\gamma}\right\} \varrho^2 + \frac{\lambda_0}{2} p(\|u_c\|).$$

Nutzen wir noch die Grenzwertbedingung (4.40), so finden wir zu einem beliebig fixierten $\varkappa_3 > 0$ ein $\delta_3 > 0$ derart, daß als Folgerung aus dem Mittelwertsatz mit einem $\vartheta \in (0, 1)$

$$\frac{|p(\|u_c\|)|}{\|u_c\|^2} = 2\vartheta \frac{|r(\vartheta\|u_c\|)|}{\vartheta\|u_c\|} \varkappa_3$$

ist, falls $\|u_c\| \leqq \delta_3$ gilt. Zusammen mit (4.31) ergibt sich daraus schließlich die Abschätzung

$$\|P_1 u_c\|^2 \leqq \frac{2}{\lambda_0 - \mu_0} \left\{\frac{\varkappa_1}{\gamma} + \|B\| \frac{\varkappa_2}{\gamma} + \frac{\lambda_0}{2} \frac{\varkappa_3}{\gamma}\right\} \varrho^2, \tag{4.43}$$

falls $0 < \varrho \leqq \min\limits_{i=1,2,3} \{\delta_i \sqrt{\gamma}\}$ ist.

Wir wählen nun eine beliebige Folge $\{c_n\}$, $c_n \xrightarrow[n\to\infty]{} 0+$ $(\varrho_n \to 0+)$, und erhalten entsprechende Folgen $\{\lambda_n\}$ von Eigenwerten und $\{u_n\} \subseteq \partial\mathfrak{P}_c \subseteq \mathfrak{H}$ von Eigenlösungen der Gleichung (4.27). Wir zeigen nun, daß $\lambda_n \xrightarrow[n\to\infty]{} \lambda_0$ gilt. Für beliebiges $h \in \mathfrak{M}$ gilt

$$\frac{|\lambda_n - \lambda_0|}{\varrho_n} |(u_n, h)| \leqq \frac{|(\lambda_n u_n - \lambda_n P u_n, h)|}{\sqrt{\gamma}\,\|u_n\|} + \frac{|(K u_n - B u_n, h)|}{\sqrt{\gamma}\,\|u_n\|}$$
$$+ \frac{|(B P_1 u_n - \lambda_0 P_1 u_n, h)|}{\varrho_n}. \tag{4.44}$$

Wegen der Abschätzungen (4.39) ist die Folge $\{\lambda_n\}$ beschränkt. Dann verschwinden die ersten beiden Terme auf der rechten Seite der Ungleichung (4.44) im Grenzwert für $n \to \infty$ auf Grund der Differenzierbarkeitsvoraussetzungen (4.25), (4.26) an P und K. Die Ungleichung (4.43) liefert dann

$$\frac{(B P_1 u_n - \lambda_0 P_1 u_n, h)}{\varrho_n} \leqq \|h\| (\|B\| + \lambda_0) \frac{\|P_1 u_n\|}{\varrho_n}$$
$$\leqq 2\|h\| \lambda_0 \sqrt{\frac{2}{\lambda_0 - \mu_0} \left\{\frac{\varkappa_1}{\gamma} + \|B\| \frac{\varkappa_2}{\gamma} + \frac{\lambda_0}{2} \frac{\varkappa_3}{\gamma}\right\}}$$

für $0 < \varrho \leqq \min\limits_{i=1,2,3} \{\delta_i \sqrt{\gamma}\}$. In dieser Ungleichung sind $\varkappa_i > 0$, $i = 1, 2, 3$, beliebig wählbar; es gilt also

$$\lim_{n\to\infty} \frac{|\lambda_n - \lambda_0|}{\varrho_n} |(u_n, h)| = 0. \tag{4.45}$$

Zur Vervollständigung des Beweises müssen wir die Grenzwertbeziehung

$$\left(\frac{u_n}{\varrho_n}, h\right) \xrightarrow[n\to\infty]{} 0, \quad h \in \mathfrak{M}, \tag{4.46}$$

ausschließen. Wegen $\|u_n\|/\varrho_n \leqq 1/\sqrt{\gamma}$ gemäß (4.31) würde aus $\overline{\mathfrak{M}} = \mathfrak{H}$ und (4.46) $u_n/\varrho_n \rightharpoonup \theta$ und $\left(B(u_n/\varrho_n), u_n/\varrho_n\right) \xrightarrow[n\to\infty]{} 0$ folgen, da $B \in (\mathfrak{H}, \mathfrak{H})$ nach Lemma 4.6 verstärkt stetig ist. Nun erinnern wir uns der weiterhin gültigen Ungleichung (4.33) aus dem Beweis zu Lemma 4.5. Für ein geeignetes n_0 und $n \geqq n_0$ ist

$$\frac{\Phi_K(u_n)}{\varrho_n^2} \geqq \frac{\lambda_0}{4}$$

und folglich unter Berücksichtigung von (4.30)

$$\frac{1}{2}\left(B\left(\frac{u_n}{\varrho_n}\right), \frac{u_n}{\varrho_n}\right) = \frac{1}{2}\,\frac{(Bu_n, u_n)}{\varrho_n^2}$$

$$\geqq \frac{\Phi_K(u_n)}{\varrho_n^2} - \frac{\left|\Phi_K(u_n) - \frac{1}{2}(Bu_n, u_n)\right|}{\gamma\|u_n\|^2} \geqq \frac{\lambda_0}{8}$$

für ein geeignetes n_1 und $n \geqq n_1$. Die Grenzwertbeziehung (4.46) ist daher nicht möglich, und es ist $\lambda_0 = \lim\limits_{n\to\infty} \lambda_n$, q. e. d.

5. Das Ausbeulen von-Kármánscher Platten als Bifurkationsproblem

Die Theorie linear elastischer biegsamer Platten ist in Kapitel II behandelt. Sie führt uns zu den von-Kármánschen Gleichungen (II.2.31). Wir erhalten ein Beulproblem, wenn wir annehmen, daß die senkrecht zur Mittelfläche der Platte wirkenden äußeren Kräfte verschwinden. Die Gleichungen für die Durchbiegung $u_1(x)$, $x \in \Omega$, und das Potential $u_2(x)$, $x \in \Omega$, der in der Mittelfläche wirkenden Spannungen lauten dann

$$\Delta^2 u_1 = -\alpha L(u_1, u_2), \qquad \Delta^2 u_2 = \beta L(u_1, u_1) \tag{4.47}$$

mit

$$L(u_1, u_2) = 2u_{1,12}u_{2,12} - u_{1,11}u_{2,22} - u_{2,11}u_{1,22}$$

und den positiven Konstanten

$$\alpha = \frac{2h}{D}, \quad \beta = \frac{E}{2}, \quad D = \frac{2}{3}\,\frac{Eh^3}{1-\nu^2}.$$

Die geometrischen Randbedingungen nehmen wir wieder als Einspannung an (vgl. (II.2.32))

$$u_1 = u_{1,1} = u_{1,2} = 0. \tag{4.48}$$

Für $u_2(x)$, $x \in \partial\Omega$, ergeben sich gegenüber (II.2.33) neue Randbedingungen, da wir nicht mehr annehmen, daß der Plattenrand spannungsfrei ist. Gerade die am Plattenrand parallel zur Mittelfläche wirkenden äußeren Kräfte können ein Ausbeulen hervorrufen. Wir geben uns diese Kräfte durch ein festes Potential $\mathring{u}_2(x) = \lambda w_2(x)$, $x \in \bar{\Omega}$, $\lambda \in \mathfrak{R}$, vor.

Über die Relationen

$$\tilde{\sigma}_{11}^0 = \mathring{u}_{2,22}, \qquad \tilde{\sigma}_{22}^0 = \mathring{u}_{2,11}, \qquad \tilde{\sigma}_{12}^0 = -\mathring{u}_{2,12}$$

ergeben sich die Plattenspannungen, die den Gleichungen des ebenen Spannungszustandes (II.2.17) mit $q_1 \equiv q_2 \equiv 0$ genügen. Wir fordern überdies

$$\Delta^2 w_2(x) = 0, \qquad x \in \Omega. \tag{4.49}$$

Die von-Kármánschen Gleichungen (4.47) erhalten dann das Aussehen

$$\left.\begin{aligned} \Delta^2 u_1 &= \mu L(u_1, w_2) - \alpha L(u_1, v_2), \\ \Delta^2 v_2 &= \beta L(u_1, u_1) \end{aligned}\right\} \tag{4.50}$$

mit $v_2 = u_2 - \lambda w_2$; für v_2 nehmen wir wieder die Randbedingungen (4.48) an.

Die Bedingung (4.49) besagt, daß w_2 Lösung der Gleichungen (4.50) unter der Annahme $u_1 \equiv 0$ ist; w_2 wird dann auch *Airysche Spannungsfunktion* genannt, ihre Eigenschaften sind aus der linearen Elastizitätstheorie hinreichend bekannt. In den Gleichungen (4.50) sind die positiven Konstanten α, β fixiert, $\mu = -\alpha\lambda$ ist so zu bestimmen, daß nichttriviale Lösungen möglich sind. Offensichtlich besitzen die Gleichungen (4.50) für jedes μ die triviale Lösung $u_1(x) \equiv v_2(x) \equiv 0$, $x \in \Omega$, die der ebenen, nicht ausgebeulten Platte entspricht.

Zur Formulierung dieses Beulproblems als Eigenwertproblem für eine parameterabhängige Operatorgleichung erinnern wir uns an die Operatorgleichung (2.36) der von-Kármánschen Plattentheorie. Wir erhalten die Gleichung

$$u_1 = \mu K(u_1, w_2) - \alpha B(u_1, \beta C u_1), \qquad u_1 \in W_D{}^2. \tag{4.51}$$

Der Raum $W_D{}^2$ ist die Abschließung des Raumes

$$C_D = \{u \in C_4(\bar{\Omega});\, D_\alpha u(x) = 0,\, x \in \partial\Omega,\, |\alpha| \leqq 1\}$$

in $W_2{}^2(\Omega)$,

$$C u_1 = B(u_1, u_1), \qquad B \in (W_D{}^1 \times W_D{}^2, W_D{}^2), \quad W_D{}^2 \subseteq W_D{}^1,$$

$W_D{}^1$ ist die Abschließung von C_D in $W_4{}^1(\Omega)$ und

$$\begin{aligned}\big(B(u_1, v_2), h\big)_{\Delta^2} = \int_\Omega \Big(& v_{2,22} u_{1,1} \frac{\partial h}{\partial x_1} - v_{2,12} u_{1,2} \frac{\partial h}{\partial x_1} \\ &+ v_{2,11} u_{1,2} \frac{\partial h}{\partial x_2} - v_{2,12} u_{1,1} \frac{\partial h}{\partial x_2}\Big)\, dx.\end{aligned}$$

Den Operator K haben wir bereits in den Beulgleichungen (2.77) bzw. (4.22) unter der Einschränkung

$$w_2 = T, \quad \frac{\partial^2 T(x)}{\partial x_i\, \partial x_j} = \text{const}, \quad x \in \Omega, \qquad i, j = 1, 2. \tag{4.52}$$

Wir beschränken uns auch diesmal wieder auf das Potential (4.52), das offensichtlich die Forderung (4.49) erfüllt. Wir finden damit

$$\big(K(u_1, w_2), h\big)_{\Delta^2} = \big(K(u_1, T), h\big)_{\Delta^2} = \int_\Omega L(u_1, T)\, h\, dx$$
$$= \int_\Omega \sum_{i,j=1}^{2} T_{ij} \frac{\partial^2 u_1}{\partial x_i\, \partial x_j}\, h\, dx. \tag{4.53}$$

Wie in Lemma 2.11 zeigen wir unter den Bedingungen des Einbettungssatzes (2.3) die verstärkte Stetigkeit von $K(\cdot, T) \in (W_D^2, W_D^2)$ für jedes $T \in \mathfrak{R}^3$. T — als symmetrische Matrix aufgefaßt — erzeugt auch einen symmetrischen Operator $K(\cdot, T)$,

$$\big(K(u, T), v\big)_{\Delta^2} = -\int_\Omega \sum_{i,j=1}^{2} T_{ij} \frac{\partial u}{\partial x_i} \frac{\partial v}{\partial x_j}\, dx = \big(K(v, T), u\big)_{\Delta^2}. \tag{4.54}$$

$K(\cdot, T) \in (W_D^2, W_D^2)$ ist damit für jedes $T \in \mathfrak{R}^3$ ein linearer vollstetiger selbstadjungierter Operator. Sind die Eigenwerte der konstanten Matrix T negativ, so ist $K(\cdot, T) \in [W_D^2, W_D^2]$ positiv und besitzt folglich einen positiven Eigenwert.

Wir betrachten nun den Operator $-\alpha B(\cdot, \beta C\,\cdot) \in (W_D^2, W_D^2)$. Das ist der Operator K_θ aus Lemma 2.4. K_θ ist vollstetig und nach Lemma 2.5 Fréchet-differenzierbar. Dabei ist

$$K_\theta'(\theta)\, v = -2\alpha\beta B\big(\theta, B(\theta, v)\big) - \alpha\beta B(v, C\theta) = \theta \quad \text{für alle } v \in W_D^2. \tag{4.55}$$

Nach Lemma 2.6 ist K_θ überdies negativ:

$$(K_\theta u, u) < 0, \quad u \in W_D^2, \qquad u \neq \theta. \tag{4.56}$$

Satz 4.7. *$\Omega \subseteq \mathfrak{R}^2$ erfülle die Bedingungen des Einbettungssatzes* 2.3. *Der Operator $K(\cdot, T)$ aus* (4.53) *sei nicht der Nulloperator. Dann ist der dem Betrag nach größte Eigenwert des vollstetigen Operators $K(\cdot, T)$ Bifurkationspunkt der Beulgleichung* (4.51).

Beweis. Wir definieren den stetigen Operator

$$P \in (W_D^2, W_D^2), \qquad Pu = u + \alpha\beta B(u, Cu),$$

und überprüfen die Bedingungen in Satz 4.6.

Gemäß (2.48) gilt $(Pu, u) \geqq \|u\|^2$, $u \in W_D^2$. Damit erfüllt P die verschärfte Wachstumsbedingung mit $\gamma = 1$ und $r(t) \equiv 0$. Wegen (4.55) existiert $P'(\theta) \in (W_D^2, W_D^2)$, $P'(\theta)\, u = u$, $u \in W_D^2$. Damit erfüllt P auch die Grenzwertbedingung (4.25) mit $\mathfrak{M} = \mathfrak{H}$. Wie bereits festgestellt, ist $K(\cdot, T) = K \in (W_D^2, W_D^2)$ linear, vollstetig und selbstadjungiert, ist damit trivialerweise Fréchet-differenzierbar mit $K'(u)\, h = Kh$, $u, h \in W_D^2$.

Im allgemeinen ist der Operator $P \in (W_D^2, W_D^2)$ nicht monoton. Jedoch ist der Operator $D \in (W_D^2, W_D^2)$, $Du = B(u, Cu) = B\big(u, B(u, u)\big)$ Lipschitz-stetig. Gehen wir von der Abschätzung (2.31) aus, so gewinnen wir mit den verschiedenen Einbettungsgrößen aus (2.22), (2.27), (2.28) zunächst die Abschätzung

$$\|B(u_1, u_2)\|_{\Delta^2} \leqq \mu_2 \|u_1\|_{\Delta^2}\, \|u_2\|_{\Delta^2}, \quad u_1, u_2 \in W_D^2, \tag{4.57}$$

mit $\mu_2 = 2\mu\mu_1 \sqrt{1 + a^4}$. Aus (2.37) ergibt sich mit (4.57)

$$\|Cu_1 - Cu_2\|_{\Delta^2} \leqq \mu_2(\|u_1\|_{\Delta^2} + \|u_2\|_{\Delta^2}) \, \|u_1 - u_2\|_{\Delta^2}$$

und schließlich

$$\begin{aligned} \|Du_1 - Du_2\|_{\Delta^2} &\leqq \|B(u_1 - u_2, Cu_1)\|_{\Delta^2} + \|B(u_2, Cu_1 - Cu_2)\|_{\Delta^2} \\ &\leqq 2\mu_2{}^2(\|u_1\|_{\Delta^2}^2 + \|u_2\|_{\Delta^2}^2) \, \|u_1 - u_2\|_{\Delta^2}. \end{aligned}$$

In der abgeschlossenen Kugel $\overline{\mathfrak{K}}(\theta, \eta) \subseteq W_0{}^2$, in der $4\alpha\beta\mu_2{}^3\, \eta^2 < 1$ ist, ist die Einschränkung von P stark monoton. Beschränken wir uns daher im Beweis von Satz 4.6 auf Bereiche $\mathfrak{P}_c$ mit $0 < 2c \leqq \eta^2$, so folgt für $u \in \mathfrak{P}_c$

$$c \geqq \int_0^1 \big(P(tu), u\big)\, dt \geqq \frac{\|u\|_{\Delta^2}^2}{2}$$

und damit $\mathfrak{P}_c \subseteq \overline{\mathfrak{K}}(\theta, \eta)$, falls $0 < 2c \leqq \eta^2$ ist.

Unter dieser Einschränkung für $\varrho = \sqrt{2c}$ bleiben sämtliche Beweisschlüsse in Satz 4.6 gültig und beweisen auch die Aussage von Satz 4.7.

§ 5. Operator-Differentialgleichungen

Über abstrakte Differentialgleichungen, Differentialgleichungen in abstrakten Räumen oder Operator-Differentialgleichungen — die Terminologie ist nicht einheitlich — gibt es eine umfassende Literatur mit einer weit entwickelten Theorie. Es soll nicht unsere Aufgabe sein, diese Theorie in einem bescheidenen Paragraphen darzustellen. Andererseits wollen wir nicht ganz auf einige grundsätzliche Vorstellungen verzichten. Im Zusammenhang mit impliziten Operatorfunktionen sind Operator-Differentialgleichungen in § 3 aufgetaucht. Man kann sie als „exakte" Differentialgleichungen bezeichnen. In Verbindung mit impliziten Funktionen stehen sie auch noch in einem anderen Zusammenhang, nämlich bei ihrer Darstellung in Normalform. Nicht jede Differentialgleichung läßt sich in Normalform — d. h. nach den Ableitungen aufgelöst — darstellen. Vom Standpunkt der mathematischen Behandlung ist die Normalform sehr vorteilhaft, die meisten Existenzsätze beziehen sich darauf. In wichtigen Anwendungen ist diese Normalform jedoch keineswegs immer gegeben. Wir betrachten daher zwei im wesentlichen voneinander unabhängige Probleme:

a) die Darstellung einer Operator-Differentialgleichung in Normalform.

b) die Lösung des Anfangswertproblems für Operator-Differentialgleichungen in Normalform.

In der folgenden Darlegung wählen wir die umgekehrte Reihenfolge. Der Einfachheit halber beschränken wir uns auf Wege im Hilbertraum.

1. Die Lösung des Anfangswertproblems

Im Hilbertraum $\mathfrak{H}$ betrachten wir Wege $u \in \big([0, \tau), \mathfrak{H}\big)$. Den Raum aller Wege über einem gegebenen Intervall $\mathfrak{J} \subseteq \mathfrak{R}$ bezeichnen wir auch mit $C(\mathfrak{J}, \mathfrak{H})$. Es sei $0 < a < \tau$; dann ist der Raum $C([0, a], \mathfrak{H})$ mit der Norm

$$|||u||| = \max_{t \in [0,a]} \|u(t)\| \tag{5.1}$$

ein Banachraum, für den wir die bisherige Bezeichnung beibehalten. In Definition **3.1** haben wir differenzierbare Wege eingeführt. Mit $\mathfrak{C}_1\big([0, \tau), \mathfrak{H}\big)$ bezeichnen wir die Teilmenge aller in $[0, \tau)$ differenzierbaren Wege aus $C\big([0, \tau), \mathfrak{H}\big)$. Schließlich sei $P(t)$ eine Familie von Operatoren, $P(t) \in (\mathfrak{H}, \mathfrak{H})$ für jedes $t \in [0, \tau)$. Für τ lassen wir gewöhnlich auch den Wert $+\infty$ zu. Wir verstehen unter dem Anfangswertproblem (AWP) für die Gleichung

$$\frac{du}{dt} + P(t)\, u = f(t), \qquad t \in [0, \tau), \tag{5.2}$$

das Aufsuchen einer Lösung $u(t), t \in [0, \tau)$, dieser Gleichung, $u \in \mathfrak{C}_1\big([0, \tau), \mathfrak{H}\big)$, die den vorgegebenen Anfangswert

$$u(0) = u_0 \in \mathfrak{H} \tag{5.3}$$

annimmt. Den Existenz- und Einzigkeitssatz bereiten wir durch einige Lemmata vor. Wir nehmen dabei folgende Eigenschaften als erfüllt an:

(i_t) $P(t) \in (\mathfrak{H}, \mathfrak{H})$ ist für jedes $t \in [0, \tau)$ Lipschitz-stetig:

$$\|P(t)\, u - P(t)\, v\| \leqq \varkappa(t)\, \|u - v\| \tag{5.4}$$

mit einer stetigen Funktion $\varkappa(t)$, $t \in [0, \tau)$, und

(ii_t) $P(t)\, v$, $t \in [0, \tau)$, ist für jedes $v \in \mathfrak{H}$ Weg in $\mathfrak{H}$.

Lemma 5.1. *$P(t)$ besitze die Eigenschaften* (i_t), (ii_t); *$f \in \big([0, \tau), \mathfrak{H}\big)$ sei ein Weg. Der Weg $u(t)$, $t \in [0, \tau)$, ist genau dann Lösung des AWP für die Gleichung* (5.2), *wenn für jedes $h \in \mathfrak{H}$*

$$\big(u(t), h\big) = (u_0, h) - \int_0^t \big(P(\tau)\, u(\tau), h\big)\, d\tau + \int_0^t \big(f(\tau), h\big)\, d\tau, \qquad t \in [0, \tau), \tag{5.5}$$

ist.

Beweis. Wir zeigen zunächst, daß der Integrand in (5.5) stetig ist. Zu beliebigen $t_n, t_0 \in [0, \tau), t_n \xrightarrow[n\to\infty]{} t_0$, gilt

$$\begin{aligned}\big|\big(P(t_n)\, u(t_n) - P(t_0)\, u(t_0), h\big)\big| &\leqq \big|\big(P(t_n)\, u(t_n) - P(t_n)\, u(t_0), h\big)\big| \\ &\quad + \big|\big(P(t_n)\, u_0 - P(t_0)\, u_0, h\big)\big| \\ &\leqq \|h\|\, \{\varkappa(t_n)\, \|u(t_n) - u(t_0)\| \\ &\quad + \|P(t_n)\, u(t_0) - P(t_0)\, u(t_0)\|\} \xrightarrow[n\to\infty]{} 0,\end{aligned}$$

da sowohl $u(t)$ wie auch $P(t)\, u(t_0)$ Wege in $\mathfrak{H}$ sind. Das Integral in (5.5) ist daher immer erklärt und eine differenzierbare Funktion in $[0, \tau)$.

(i) Es sei $u(t), t \in [0, \tau)$, Lösung des AWP für (5.2). Dann ist $u \in \mathfrak{C}_1([0, \tau), \mathfrak{H})$ und für $t \in [0, \tau)$

$$\left(\frac{du}{dt}, h\right) = \frac{d}{dt}\big(u(t), h\big) = -\big(P(t)\,u(t), h\big) + \big(f(t), h\big).$$

Die Integration ergibt (5.5) mit Rücksicht auf (5.3).

(ii) Es sei (5.5) für jedes $h \in \mathfrak{H}$ durch den Weg $u(t), t \in [0, \tau)$, erfüllt. Offensichtlich gilt dann (5.3). Nach Definition 3.1 ist der Weg u differenzierbar in $[0, \tau)$ und seine Ableitung

$$u'(t) = -P(t)\,u(t) + f(t),$$

q. e. d.

Für Wege $u \in C([0, a], \mathfrak{H})$ führen wir nun mit nichtnegativen Zahlen k eine Familie von Räumen durch Normen mit Gewichtsfunktionen ein,

$$|\!|\!|u|\!|\!|_k = \max_{t \in [0,a]} \{e^{-kt}\,\|u(t)\|\}, \qquad k > 0, \qquad |\!|\!|u|\!|\!|_0 = |\!|\!|u|\!|\!|. \tag{5.6}$$

Hierdurch entsteht eine Familie von Banachräumen

$$C_{0,k}([0, a], \mathfrak{H}), \quad C_{0,0}([0, a], \mathfrak{H}) = C([0, a], \mathfrak{H}).$$

Lemma 5.2. *Alle Räume* $C_{0,k}([0, a], \mathfrak{H})$, $k \geqq 0$, *enthalten die gleichen Elemente und sind topologisch äquivalent.*

Beweis. Natürlich ist $u(t), t \in [0, a]$, genau dann Weg in $\mathfrak{H}$, wenn $e^{-kt}u(t) = v(t)$ Weg ist. Weiterhin ist die Funktion e^{-kt} für $t \geqq 0$, $k \geqq 0$ monoton fallend in jeder Variablen, also $e^{-kt} \leqq e^0 = 1$ und $e^{-kt} \geqq e^{-ka}$, $t \in [0, a]$. Daraus folgt

$$|\!|\!|u|\!|\!| \geqq |\!|\!|u|\!|\!|_k \geqq e^{-ka}|\!|\!|u|\!|\!|, \quad k \geqq 0, \quad u \in C([0, a], \mathfrak{H}), \tag{5.7}$$

q. e. d.

Satz 5.1. *Bedingungen wie in Lemma* 5.1. *Dann besitzt das AWP* (5.2), (5.3) *genau eine Lösung.*

Beweis. Die Zahl a, $0 < a < \tau$, sei beliebig fixiert. Für eine noch zu wählende Zahl $k \geqq 0$ betrachten wir in dem Raum $C_{0,k}([0, a], \mathfrak{H})$ die Gleichung

$$\big(u(t), h\big) = (u_0, h) - \int_0^t \big(P(\tau)\,u(\tau), h\big)\,d\tau + \int_0^t \big(f(\tau), h\big)\,d\tau, \qquad t \in [0, a]. \tag{5.8}$$

Diese Gleichung können wir als Fixpunktproblem auffassen:

$$u = \hat{K}u, \quad \big(\hat{K}u\big)(t) = K(t)\,u(t), \tag{5.9}$$

$$\big(K(t)\,u(t), h\big) = (u_0, h) - \int_0^t \big(P(\tau)\,u(\tau), h\big)\,d\tau$$
$$+ \int_0^t \big(f(\tau), h\big)\,d\tau, \qquad u \in C_{0,k}([0, a], \mathfrak{H}), \qquad h \in \mathfrak{H}. \tag{5.10}$$

Die Beziehung (5.10) definiert wirklich für jedes $t \in [0, a]$ einen Operator $K(t)$, da die rechte Seite ein beschränktes lineares Funktional in $\mathfrak{H}$ ist:

$$\begin{aligned} \big|\big(K(t)\, u(t), h\big)\big| &\leqq \|h\| \left\{\|u_0\| + \int_0^t \|f(\tau)\|\, d\tau + \int_0^t \|P(\tau)\, u(\tau)\|\, d\tau\right\} \\ &\leqq \|h\| \left\{\|u_0\| + \int_0^a \|f(\tau)\|\, d\tau + |||u||| \int_0^a \varkappa(\tau)\, d\tau\right\}.^{1)} \qquad (5.11) \end{aligned}$$

Jedem Wert $u(t)$ in $\mathfrak{H}$ ordnet der Operator $K(t)$ ein Element $v(t) = K(t)\, u(t) \in \mathfrak{H}$ nach der Formel (5.10) zu. Zur Untersuchung dieses Operators weisen wir zunächst die Eigenschaften (i_t) und (ii_t) nach. Wir fixieren ein $v \in \mathfrak{H}$. Dann gilt für $t_n, t_0 \in [0, a]$

$$\begin{aligned} \big|\big(K(t_n)\, v - K(t_0)\, v, h\big)\big| &= \left|\int_{t_n}^{t_0} \big(P(\tau)\, v, h\big)\, d\tau\right| + \left|\int_{t_n}^{t_0} \big(f(\tau), h\big)\, d\tau\right| \\ &\leqq \left|\int_{t_n}^{t_0} \varkappa(\tau)\, d\tau\right| \|v\|\, \|h\| + |t_n - t_0|\, |||f|||\, \|h\| \end{aligned}$$

und folglich

$$\|K(t_n)\, v - K(t_0)\, v\| \xrightarrow[t_n \to t_0]{} 0.$$

Die Operatorenfamilie $K(t)$, $t \in [0, a]$, erfüllt damit die Bedingung (ii_t).

Wir fixieren nun ein $t \in [0, a]$, $u, v \in \mathfrak{H}$. Dann gilt

$$\begin{aligned} \big|\big(K(t)\, u - K(t)\, v, h\big)\big| &= \left|\int_0^t \big(P(\tau)\, v - P(\tau)\, u, h\big)\, d\tau\right| \\ &\leqq \|h\|\, \|u - v\| \int_0^t \varkappa(\tau)\, d\tau, \end{aligned}$$

also die Eigenschaft (i_t) mit der stetigen Lipschitzfunktion $\hat{k}(t) = \int_0^t \varkappa(\tau)\, d\tau$ in (5.4).

Aus den Eigenschaften (i_t) und (ii_t) folgt wie im Beweis zu Lemma 5.1: Ist $u(t)$, $t \in [0, a]$, Weg in $\mathfrak{H}$, so ist auch $v(t) = K(t)\, u(t)$, $t \in [0, a]$, Weg in $\mathfrak{H}$. Diese Eigenschaft können wir auch so ausdrücken:

$$\hat{K} \in \big(C_{0,k}([0, a], \mathfrak{H}), C_{0,k}([0, a], \mathfrak{H})\big).$$

$\hat{K}$ ist in jedem Raum $C_{0,k}$ Lipschitz-stetig. Für $k > 0$ gilt

$$\begin{aligned} |||\hat{K}u - \hat{K}v|||_k &= \max_{t \in [0,a]} \{e^{-kt} \|K(t)\, u(t) - K(t)\, v(t)\|\} \\ &\leqq \max_{t \in [0,a]} \left\{e^{-kt} \int_0^t \|P(\tau)\, u(\tau) - P(\tau)\, v(\tau)\|\, d\tau\right\} \end{aligned}$$

---

[1]) Ohne Beschränkung der Allgemeinheit können wir $P(t)\, \theta = \theta$, $t \in [0, \tau)$, annehmen; sonst betrachten wir die rechte Seite $f_1(t) = f(t) - P(t)\, \theta$ in der Gleichung (5.2).

$$\leqq \max_{t\in[0,a]} \left\{ e^{-kt} \int_0^t \varkappa(\tau)\, e^{k\tau}\, d\tau\, \| u - v \|_k \right\}$$

$$\leqq \max_{t\in[0,a]} \varkappa(t) \max_{t\in[0,a]} \left\{ \frac{1 - e^{-kt}}{k} \right\} \| u - v \|_k$$

$$\leqq \frac{\max\limits_{t\in[0,a]} \varkappa(t)}{k} \| u - v \|_k .$$

Wir können nun k so groß wählen, daß die Lipschitzkonstante des Operators $\hat{K}$ kleiner als 1 wird. In dem entsprechenden Raum C_{0,k_0} ist $\hat{K}$ strikt kontraktiv. Die Gleichung (5.9) besitzt damit in $C_{0,k_0}([0, a], \mathfrak{H})$ nach Satz I.5.1 genau eine Lösung. Nach Lemma 5.2 ist die Gleichung (5.9) dann auch in $C([0, a], \mathfrak{H})$ eindeutig lösbar. Zu jedem $a \in (0, \tau)$ gibt es demnach genau einen Weg $u_a(t)$, $t \in [0, a]$, der die Gleichung (5.8) für jedes $h \in \mathfrak{H}$ erfüllt. Wir definieren nun den Weg $u_0(t)$, $t \in [0, \tau)$, $u_0(t) = u_a(t)$, falls $t < a$ ist.

Diese Definition ist eindeutig; u_0 löst offenbar die Gleichung (5.5) für jedes $h \in \mathfrak{H}$ und ist nach Lemma 5.1 einzige Lösung des AWP (5.2), (5.3), q. e. d.

2. Darstellung in Normalform

Ähnlich wie in § 1 gehen wir von einem Operator $P \in (\mathfrak{H} \times \mathfrak{H} \times \mathfrak{R}, \mathfrak{H})$ aus, fixieren ein Intervall $[0, \tau) \subseteq \mathfrak{R}$ und stellen das AWP für die Gleichung

$$P\left(\frac{du}{dt}, u(t), t\right) = f(t), \qquad t \in [0, \tau). \tag{5.12}$$

Zu einem Weg $f \in C\big([0, \tau), \mathfrak{H}\big)$ suchen wir eine Lösung $u \in \mathfrak{C}_1([0, \tau), \mathfrak{H})$ der Gleichung (5.12) mit dem Anfangswert (5.3).

Die linke Seite in (5.12) können wir als implizite Operatorfunktion mit dem Parameterraum $\mathfrak{X} = \mathfrak{H} \times \mathfrak{R}$ auffassen und die Resultate aus § 1 zur Darstellung der Gleichung (5.12) in Normalform verwenden. In Analogie zu (1.6), (1.7) fordern wir

$$\big(P(u, z, t) - P(v, z, t), u - v\big) \geqq \gamma \|u - v\|^2, \qquad u, v \in \mathfrak{H}, \tag{5.13}$$

für $\gamma = \text{const} > 0$ unabhängig von $z \in \mathfrak{H}$, $t \in \mathfrak{R}$ und für fixierte $z \in \mathfrak{H}$, $t \in \mathfrak{R}$

$$\|P(u, z, t) - P(v, z, t)\| \leqq L(z, t)\, \|u - v\|, \qquad u, v \in \mathfrak{H}. \tag{5.14}$$

Satz 5.2. *Der Operator P erfülle die Bedingungen* (5.13), (5.14). *Überdies sei die Abbildung $P(u, \cdot, \cdot) \in \big(\mathfrak{H} \times [0, \tau), \mathfrak{H}\big)$ in jeder Variablen partiell stetig, $f \in C\big([0, \tau), \mathfrak{H}\big)$. Dann besitzt die Gleichung* (5.12) *eine äquivalente Normalform*

$$\frac{du}{dt} = T(u, t), \qquad t \in [0, \tau), \tag{5.15}$$

mit der in jeder Variablen partiell stetigen Abbildung $T \in \big(\mathfrak{H} \times [0, \tau), \mathfrak{H}\big)$.

Beweis. Nach Satz 1.1 in Verbindung mit Korollar 1.1.1 gibt es eine in jeder Variablen partiell stetige Abbildung $T \in \big(\mathfrak{H} \times [0, \tau), \mathfrak{H}\big)$ derart, daß

$$P\big(T(u, t), u, t\big) = f(t), \qquad u \in \mathfrak{H}, \qquad t \in [0, \tau), \tag{5.16}$$

ist. Erfüllt nun der Weg $u_0 \in \mathfrak{C}_1\big([0, \tau), \mathfrak{H}\big)$ die Gleichung (5.12), so gilt mit (5.16)

$$P\left(\frac{du_0}{dt}, u_0(t), t\right) = P\big(T(u_0, t), u_0, t\big), \qquad t \in [0, \tau).$$

Wegen der Bedingung (5.13) erhalten wir daraus (5.15). Löst dagegen ein Weg $u_1 \in \mathfrak{C}_1\big([0, \tau), \mathfrak{H}\big)$ die Gleichung (5.15), so erhalten wir (5.12) aus der Beziehung (5.16), q. e. d.

Die rechte Seite der Gleichung (5.15) definiert eine Familie von Operatoren $T(t) \in (\mathfrak{H}, \mathfrak{H})$, $t \in [0, \tau)$, wenn wir $T(t)\, u = T(u, t)$, $u \in \mathfrak{H}$, $t \in [0, \tau)$, setzen. Die Operatoren $T(t)$, $t \in [0, \tau)$, erfüllen nach Satz 5.2 die Bedingung (ii_t).
Zur Auflösung der Gleichung (5.15) ist daher Satz 5.1 anwendbar, wenn die Operatorenfamilie $T(t)$ zusätzlich die Voraussetzung (i_t) dieses Satzes erfüllt.

Wir untersuchen nun die speziellere Gleichung

$$P\left(\frac{du}{dt}, t\right) + K(u, t) = f(t) \tag{5.17}$$

mit Operatoren $P, K \in (\mathfrak{H} \times \mathfrak{R}, \mathfrak{H})$.

Satz 5.3. *Der Operator P erfülle die Bedingung* (1.6) *in Korollar* 1.1.1, *P und K überdies die Bedingung* (1.7) *für $\mathfrak{X} = \mathfrak{R}$ mit stetiger Lipschitzfunktion $L(t)$. Die Abbildungen $P(u, \cdot)$, $K(u, \cdot) \in \big([0, \tau), \mathfrak{H}\big)$ mögen für fixiertes u stetig sein, $f \in C\big([0, \tau), \mathfrak{H}\big)$. Dann besitzt das AWP* (5.17), (5.3) *genau eine Lösung in $\mathfrak{C}_1\big([0, \tau), \mathfrak{H}\big)$.*

Beweis. Der Operator $\hat{P} \in (\mathfrak{H} \times \mathfrak{H} \times \mathfrak{R}, \mathfrak{H})$, $\hat{P}(u, z, t) = P(u, t) + K(z, t)$, erfüllt die Bedingungen (5.13), (5.14). Wir finden nämlich

$$\big(\hat{P}(u, z, t) - \hat{P}(v, z, t), u - v\big) = \big(P(u, t) - P(v, t), u - v\big) \geqq \gamma \|u - v\|^2$$

mit $\gamma = \text{const} > 0$ unabhängig von $z \in \mathfrak{H}$ und $t \in \mathfrak{R}$ und

$$\|\hat{P}(u, z, t) - \hat{P}(v, z, t)\| = \|P(u, t) - P(v, t)\| \leqq L(t)\, \|u - v\|$$

unabhängig von $z \in \mathfrak{H}$. Mit den übrigen Bedingungen in Satz 5.3 sind auch die Bedingungen in Satz 5.2 erfüllt, die Gleichung (5.17) besitzt damit die äquivalente Normalform (5.15). Zur Berechnung der Operatorfamilie $T(t)$, $t \in [0, \tau)$, in dieser Gleichung fixieren wir in der Definitionsgleichung

$$P\big(T(t)\, u, t\big) = f(t) - K(u, t)$$

die Zahl $t \in [0, \tau)$. Dann können wir Satz 1.6 anwenden und erhalten

$$\|T(t)\, u - T(t)\, v\| \leqq \frac{1}{\gamma}\, \|K(u, t) - K(v, t)\| \leqq \frac{L(t)}{\gamma}\, \|u - v\|$$

mit der stetigen Lipschitzfunktion $\frac{L(t)}{\gamma}$. Die Operatorfamilie $T(t)$ erfüllt damit neben der Bedingung (ii_t) auch die Bedingung (i_t) in Satz 5.1. Dieser Satz beschließt nun unseren Beweis.

3. Die Umkehrung eines Materialgesetzes

In Kap. II, § 4, betrachteten wir symmetrische Tensoren $t = \{t_{ik}\}$, $r = \{r_{ik}\}$ als Elemente des Raumes $\mathfrak{R}^6$ und wählten das Skalarprodukt in der Form

$$(t, r) = t_{ik} r_{ik}. \tag{5.18}$$

(Zur Vereinfachung der Schreibweise verwenden wir die in Kapitel II verabredete Summenkonvention.)

Es sei in einem gegebenen Punkt x des elastisch plastischen Körpers mit dem Volumen Ω zu einem gegebenen Zeitpunkt $t \in [t_a, t_e]$ der mechanische Zustand durch den Spannungstensor $S = \{\sigma_{ik}(x, t)\}$ und die Zahl $q(x, t)$ vorgegeben. Dann stellt das Materialgesetz (II.4.22) eine Beziehung zwischen den Tensoren $\dot{E} = \{\dot{\gamma}_{ik}\}$ und $\dot{S} = \{\dot{\sigma}_{ik}\}$ dar, das als nichtlineare Operatorgleichung auf $\mathfrak{R}^6$ verstanden werden kann. Wir schreiben dieses Gesetz in der Form

$$\dot{E} = P^{-1}(S, q)\, \dot{S} \tag{5.19}$$

mit

$$P^{-1}u = \frac{1}{2G}u - \frac{3k - 2G}{18kG}(u, \delta)\,\delta + g_1 \Theta_1\big((u, f)\big)\, f, \qquad u \in \mathfrak{R}^6. \tag{5.20}$$

Die Zahl $g_1 \geqq 0$ und der Tensor $f = \{f_{ik}\}$, den man aus der Beladungsfunktion errechnet, sind mit dem mechanischen Zustand fixiert. $\delta = \{\delta_{ik}\}$ ist der Einheitstensor und $\Theta_1(\tau) = \Theta(\tau)\,\tau$ mit der Sprungfunktion

$$\Theta(\tau) = \begin{cases} 0 & \text{für } \tau < 0, \\ 1 & \text{für } \tau \geqq 0. \end{cases}$$

Bei gegebenem Tensor der Verzerrungsgeschwindigkeiten stellt die Fließbedingung (5.19) eine implizite Differentialgleichung für den Spannungstensor dar. Wir wollen diese Differentialgleichung in Normalform schreiben.

Satz 5.4. *Der Operator* $P^{-1} \in (\mathfrak{R}^6, \mathfrak{R}^6)$ *des Materialgesetzes* (5.19) *ist stark monoton und Lipschitz-stetig.*

Beweis. Durch einfache Falluntersuchungen bestätigt man zunächst, daß die Funktion $\Theta_1 \in (\mathfrak{R}, \mathfrak{R})$ monoton und Lipschitz-stetig ist: Es gilt

$$\left.\begin{aligned} &0 \leqq [\Theta_1(\tau) - \Theta_1(\sigma)]\,(\tau - \sigma) \\ \text{und}\quad &|\Theta_1(\tau) - \Theta_1(\sigma)| \leqq |\tau - \sigma|, \end{aligned}\right\}\ \tau, \sigma \in \mathfrak{R}. \tag{5.21}$$

Aus den Formeln (II.1.23) errechnen wir $\frac{3k - 2G}{18kG} = \frac{\nu}{E} > 0$, denn die Poissonzahl ν und der Elastizitätsmodul E sind stets positiv. Damit finden wir

$$\begin{aligned}(P^{-1}u - P^{-1}v, u - v) &= \frac{1}{2G}(u - v, u - v) - \frac{\nu}{E}(u - v, \delta)^2 \\ &\quad + g_1[\Theta_1((u, f)) - \Theta_1((v, f))](u - v, f) \\ &\geqq \left(\frac{E - 2G\nu}{2GE}\right)(u - v, u - v), \qquad u, v \in \mathfrak{R}^6, \end{aligned} \tag{5.22}$$

wenn wir die Schwarzsche Ungleichung für das Skalarprodukt, $(\delta, \delta) = 1$, $g_1 \geqq 0$ und (5.21) benutzen. Wiederum erhält man aus den Umrechnungsformeln (II.1.23)

$$\left(\frac{E - 2G\nu}{2GE}\right) = \frac{1}{E} > 0, \qquad P^{-1} \text{ ist stark monoton.}$$

Andererseits ist für beliebiges $h \in \mathfrak{R}^6$

$$\begin{aligned}(P^{-1}u - P^{-1}v, h) &\leqq \frac{1}{2G}|(u - v, h)| + \frac{\nu}{E}|(u - v, \delta)|\,|(\delta, h)| \\ &\quad + g_1|\Theta_1((u, f)) - \Theta_1((v, f))|\,|(f, h)| \\ &\leqq \frac{E + 2G\nu}{2GE}\|u - v\|\,\|h\| + g_1\|f\|^2\,\|u - v\|\,\|h\| \\ &= L_{P^{-1}}\|u - v\|\,\|h\|, \qquad u, v \in \mathfrak{R}^6, \end{aligned} \tag{5.23}$$

mit der Lipschitzkonstante

$$L_{P^{-1}} = \frac{2}{E} + g_1\|f\|^2,$$

q. e. d.

Korollar 5.4.1. *Es gibt einen stark monotonen und Lipschitz-stetigen Operator* $P(S, q) \in (\mathfrak{R}^6, \mathfrak{R}^6)$, *mit dem die Umkehrung der Fließbedingung* (5.19) *in der Form*

$$\dot{S} = P(S, q)\,\dot{E} \tag{5.24}$$

geschrieben werden kann.

Beweis. Satz 5.1 und Satz 1.6.

Der Operator P^{-1} in der Fließbedingung (5.19) ist im Element $\theta \in \mathfrak{R}^6$ nicht differenzierbar. Um uns davon zu überzeugen, betrachten wir für symmetrische Tensoren $u, v, w \in \mathfrak{R}^6$ die reelle Funktion

$$\alpha_u(t) = (P^{-1}(u + tv), w), \qquad t \in \mathfrak{R}.$$

Ist P^{-1} im Sinne einer der Definitionen (I.3.2) oder (I.3.3) differenzierbar, so ist $\alpha_u(t)$ in $t = 0$ differenzierbar. Speziell für $u = \theta$ gilt aber

$$\begin{aligned}\beta(t) &= \frac{\alpha_\theta(t) - \alpha_\theta(0)}{t} = \frac{1}{t}\big(P^{-1}(tv), w\big)\\ &= \frac{1}{2G}(v, w) - \frac{3k - 2G}{18kG}(v, \delta)(w, \delta) + g_1 \frac{1}{t}\Theta_1\big(t(v, f)\big)(f, w)\\ &= \varkappa_1 + \varkappa_2 \Theta\big(t(v, f)\big)\end{aligned}$$

mit Konstanten $\varkappa_1$, $\varkappa_2$ und der Sprungfunktion Θ. Dann existieren die Grenzwerte $\beta^+ = \lim\limits_{t\to 0+} \beta(t)$, $\beta^- = \lim\limits_{t\to 0-} \beta(t)$, sind aber im allgemeinen verschieden. P^{-1} ist somit im Nullelement nicht differenzierbar.

Lemma 5.3. *Der Operator P^{-1} in der Fließbedingung* (5.19) *ist Potentialoperator.*

Beweis. Zunächst zerlegen wir

$$P^{-1} = P_e^{-1} + g_1 R$$

mit

$$P_e^{-1}u = \frac{1}{2G}u - \frac{3k - 2G}{18kG}(u, \delta)\,\delta \quad \text{und} \quad Ru = \Theta_1\big((u, f)\big) f.$$

Der Operator P_e^{-1} ist linear und beschränkt, folglich stetig und differenzierbar. Überdies ist P_e^{-1} symmetrisch auf $\mathfrak{R}^6$:

$$(P_e^{-1}u, v) = \frac{1}{2G}(u, v) - \frac{3k - 2G}{18kG}(u, \delta)(v, \delta).$$

Nach Satz I.3.1 ist P_e^{-1} Potentialoperator.

Nicht differenzierbare Potentialoperatoren haben wir in Kap. I, § 3, betrachtet. Wir entnehmen Satz I.3.6, daß R Potentialoperator ist, wenn

$$\begin{aligned}\Psi(u, v) &= \int_0^1 \big(R(\tau u), u\big)\, d\tau - \int_0^1 \big(R(\tau v), v\big)\, d\tau\\ &\quad - \int_0^1 \big(R(v + \tau(u - v)), u - v\big)\, d\tau = 0 \end{aligned} \tag{5.25}$$

für beliebige $u, v \in \mathfrak{R}^6$ ist.

Wir beweisen nun die verallgemeinerte Symmetriebedingung (5.25). Wir finden

$$\begin{aligned}\Psi(u, v) &= \int_0^1 \Theta_1\big((\tau u, f)\big)\, d\tau (u, f) - \int_0^1 \Theta_1\big((\tau v, f)\big)\, d\tau (v, f)\\ &\quad - \int_0^1 \Theta_1\big((v + \tau(u - v), f)\big)\, d\tau (u - v, f)\end{aligned}$$

$$= \int_0^1 \Theta((\tau u, f))\, \tau\, d\tau (u, f)^2 - \int_0^1 \Theta((\tau v, f))\, \tau\, d\tau (v, f)^2$$

$$- \int_0^1 \Theta((v + \tau(u - v), f))\, d\tau (v, f)\, (u - v, f)$$

$$- \int_0^1 \Theta((v + \tau(u - v), f))\, \tau\, d\tau (u - v, f)^2 .$$

Die Integrale berechnen wir mit Hilfe von Fallunterscheidungen. Wir unterscheiden die vier möglichen Fälle

(i) $(v, f) < 0,\ (u, f) < 0;$

(ii) $(v, f) \geqq 0,\ (u, f) \geqq 0;$

(iii) $(v, f) \geqq 0,\ (u, f) < 0;$

(iv) $(v, f) < 0,\ (u, f) \geqq 0.$

Zu berechnen sind die Integrale

$$I_1 = \int_0^1 \Theta((\tau u, f))\, \tau\, d\tau, \qquad I_2 = \int_0^1 \Theta((\tau v, f))\, \tau\, d\tau,$$

$$I_3 = \int_0^1 \Theta((v + \tau(u - v), f))\, d\tau, \qquad I_4 = \int_0^1 \Theta((v + \tau(u - v), f))\, \tau\, d\tau .$$

Wir erhalten

$$I_{1(\mathrm{i})} = 0, \quad I_{1(\mathrm{ii})} = \frac{1}{2}, \quad I_{1(\mathrm{iii})} = 0, \quad I_{1(\mathrm{iv})} = \frac{1}{2},$$

$$I_{2(\mathrm{i})} = 0, \quad I_{2(\mathrm{ii})} = \frac{1}{2}, \quad I_{2(\mathrm{iii})} = \frac{1}{2}, \quad I_{2(\mathrm{iv})} = 0 .$$

Zur Berechnung der übrigen Integrale bemerken wir, daß das Argument im Integranden an der Stelle τ_0 das Vorzeichen wechselt;

$$(v, f)\,(1 - \tau_0) + (u, f)\, \tau_0 = 0$$

ergibt

$$\tau_0 = -\frac{(v, f)}{(u - v, f)} .$$

Dementsprechend erhalten wir

$$I_{3(\mathrm{i})} = 0, \qquad I_{3(\mathrm{ii})} = 1,$$

$$I_{3(\mathrm{iii})} = \int_0^{\tau_0} \Theta((v + \tau(u - v), f))\, d\tau = -\frac{(v, f)}{(u - v, f)},$$

$$I_{3(\mathrm{iv})} = \int_{\tau_0}^1 \Theta((v + \tau(u - v), f))\, d\tau = \frac{(u, f)}{(u - v, f)}$$

und

$$I_{4(\mathrm{i})} = 0, \qquad I_{4(\mathrm{ii})} = \frac{1}{2},$$

$$I_{4(\mathrm{iii})} = \frac{1}{2} \frac{(v, f)^2}{(u - v, f)^2}, \qquad I_{4(\mathrm{iv})} = \frac{1}{2} - \frac{1}{2} \frac{(v, f)^2}{(u - v, f)^2}.$$

Mit diesen Werten bestätigen wir leicht:

$$\Psi(u, v) = I_1(u, f)^2 - I_2(v, f)^2 - I_3(v, f)\,(u - v, f) - I_4(u - v, f)^2 = 0$$

in den Fällen (i) bis (iv), q. e. d.

Korollar 5.4.2. *Der Operator* $P(S, q) \in (\mathfrak{R}^6, \mathfrak{R}^6)$ *in der Differentialgleichung* (5.24) *ist Potentialoperator.*

Beweis. Satz 5.4, Korollar 5.4.1, Lemma 5.3 und Satz 1.10.

4. Eine Operator-Differentialgleichung der elastisch-plastischen Fließtheorie

Zum Zeitpunkt $t \in [t_a, t_e)$ fixieren wir einige Zustandsgrößen eines elastisch-plastischen Körpers mit dem Volumen Ω. Als gegeben betrachten wir das Feld von Spannungstensoren

$$S(x, t) = \{\sigma_{kl}(x, t)\}, \qquad x \in \Omega,$$

die Ableitung des Vektors der Volumenkräfte $\dot{K}(x, t)$, $x \in \Omega$, die Funktion $q(x, t)$ $x \in \Omega$, und die Verschiebungsgeschwindigkeiten der Oberfläche zum betrachteten Zeitpunkt

$$\dot{u}_k(x, t) = \alpha_k(x, t), \qquad x \in \partial\Omega. \tag{5.26}$$

Wir stellen uns nun die Aufgabe, noch fehlende Zustandsgrößen zu finden. Die Gleichgewichtsbedingungen (II.4.3),

$$\dot{\sigma}_{kl,l}(x, t) + \dot{X}_k(x, t) = 0, \tag{5.27}$$

schreiben wir in Form einer Variationsgleichung, analog dem Prinzip der virtuellen Verschiebungen (II.1.13). Zu diesem Zweck multiplizieren wir die Gleichungen (5.27) skalar mit einem noch zu präzisierenden Vektorfeld von virtuellen Verschiebungsgeschwindigkeiten $\dot{h}(x) = e_k \dot{h}_k(x)$,

$$\dot{h}_k(x) = 0, \qquad x \in \partial\Omega, \tag{5.28}$$

integrieren und erhalten — unter der Annahme, daß partiell integriert werden darf —

$$\int_\Omega \left[\dot{\sigma}_{kl} \frac{1}{2} (\dot{h}_{k,l} + \dot{h}_{l,k}) - \dot{X}_k \dot{h}_k\right] dx = 0. \tag{5.29}$$

Das Fließgesetz nehmen wir in der Form (5.19), (5.20) bzw. in der invertierten Form (5.24) an. Ausführlicher lautet dieses Gesetz

$$\dot{\sigma}_{ij} = P_{ij}(\sigma_{mn}, q, \dot{\gamma}_{mn}), \tag{5.30}$$

so daß sich mit (5.29) die Variationsgleichung

$$\int_{\Omega} \left[P_{ij}\left(\sigma_{mn}(x, t), q(x, t), \dot{u}_{\underline{k,l}}\right) \dot{h}_{\underline{i,j}} - \dot{X}_k \dot{h}_k\right] dx = 0 \tag{5.31}$$

ergibt, in der wir zur Abkürzung der Schreibweise die Bezeichnung

$$v_{\underline{k,l}} = \frac{1}{2} (v_{k,l} + v_{l,k})$$

eingeführt haben. Wir wollen die Variationsgleichung (5.31) als implizite Operatorfunktion auffassen und schreiben auch

$$\int_{\Omega} (P\dot{E}, \dot{H})\, dx = \int_{\Omega} (\dot{K}, \dot{h})\, dx. \tag{5.32}$$

In der Gleichung (5.32) sind $P\dot{E}$ und $\dot{H} = \{\dot{h}_{\underline{k,l}}\}$ symmetrische Tensoren, $\dot{K} = e_k \dot{X}_k$ die gegebene Ableitung des Vektors der Volumenkräfte, $\dot{h} = e_k \dot{h}_k$ ein Vektor. Wir betrachten nun die Funktionale in der Gleichung (5.32) mit Rücksicht auf die Randbedingungen (5.26), (5.28) für

$$\dot{u} = \dot{z} + \dot{v}, \qquad \dot{v}, \dot{h} \in (\mathring{W}_2{}^1)^3 = W_{\mathfrak{v}},$$

unter der Annahme, daß ein Vektor $\dot{z} \in (W_2{}^1)^3$ existiert, der die Randbedingung $\dot{z}_k(x, t) = \alpha_k(x, t)$, $x \in \partial\Omega$, erfüllt.

Das Skalarprodukt auf $W_{\mathfrak{v}}$ wählen wir in der Form

$$(v, w)_{\mathfrak{v}} = \int_{\Omega} v_{k,l} w_{k,l}\, dx, \tag{5.33}$$

vgl. Kap. III, § 1, Beispiel (i). Für eine geeignete Konstante a gilt dann die Friedrichssche Ungleichung (III.1.42) in der Form

$$\int_{\Omega} v_k v_k\, dx \leqq a^2 \|v\|_{\mathfrak{v}}^2. \tag{5.34}$$

Etwa für $\dot{K} \in (L_2)^3$ definiert die rechte Seite in (5.32) ein lineares beschränktes Funktional Λ auf $W_{\mathfrak{v}}$,

$$\langle \Lambda, \dot{h} \rangle = \int_{\Omega} (\dot{K}, \dot{h})\, dx = \int_{\Omega} \dot{X}_k \dot{h}_k\, dx, \qquad \dot{h} \in W_{\mathfrak{v}}, \tag{5.35}$$

denn mit Hilfe der Schwarzschen Ungleichung finden wir

$$|\langle \Lambda, \dot{h} \rangle| \leqq \left(\int_{\Omega} \dot{X}_k \dot{X}_k\, dx\right)^{1/2} \left(\int_{\Omega} \dot{h}_k \dot{h}_k\, dx\right)^{1/2}$$
$$\leqq a^2 \|\dot{K}\|\, \|\dot{h}\|_{\mathfrak{v}}.$$

Schwieriger gestaltet sich die Untersuchung der linken Seite in (5.32). Zunächst gilt es, die Existenz des Integrals durch die Wahl einer geeigneten integrierbaren Majorante zu sichern. Dabei nehmen wir an, daß alle fixierten Zustandsgrößen meßbare Funktionen auf Ω erzeugen. Aus (5.20) ersehen wir $P^{-1}\theta = \theta$, so daß auch $P\theta = \theta$ gelten muß. Es ist nun

$$|(P\dot{E}, \dot{H})| = |(P\dot{E} - P\theta, \dot{H})| \leqq L_P \|\dot{E}\| \, \|\dot{H}\| \tag{5.36}$$

mit der von $x \in \Omega$ unabhängigen Lipschitzkonstante $L_P = E$, die sich aus der Monotoniekonstante in (5.22) ergibt, und

$$\|\dot{E}\| = \left(\dot{u}_{\underline{k,l}}\dot{u}_{\underline{k,l}}{}^1\right)^{1/2} = \left((\dot{z} + \dot{v})_{\underline{k,l}}(\dot{z} + \dot{v})_{\underline{k,l}}\right)^{1/2}.$$

Für $\dot{z} \in (W_2{}^1)^3$ ist die Majorante (5.36) integrierbar. Da wir die Meßbarkeit der reellen Funktion $(P\dot{E}, \dot{H})$ auf Grund der Vorgaben annehmen dürfen, erhalten wir

$$\left|\int_\Omega (P\dot{E}, \dot{H})\, dx\right| \leqq L_P \left(\int_\Omega (\dot{z} + \dot{v})_{\underline{k,l}}(\dot{z} + \dot{v})_{\underline{k,l}}\, dx\right)^{1/2} \|\dot{h}\|_{\mathfrak{v}}.^{1)} \tag{5.37}$$

Mit dem Operator $Q \in (W_{\mathfrak{v}}, W_{\mathfrak{v}}{}^*)$,

$$\langle Q\dot{v}, \dot{h}\rangle = \int_\Omega (P\dot{E}, \dot{H})\, dx,$$

schreiben wir die Gleichung (5.32) endgültig in der Form

$$Q\dot{v} = \Lambda. \tag{5.38}$$

Satz 5.5. *Der Operator $Q \in (W_{\mathfrak{v}}, W_{\mathfrak{v}})$ in der Gleichung* (5.38) *ist monoton und Lipschitz-stetig. Genügen die Vorgaben $S(x, t)$, $q(x, t)$ für fast alle $x \in \Omega$ und eine geeignete Zahl $\varkappa > 0$ der Ungleichung*

$$0 \leqq Eg_1\big(S(x, t), q(x, t)\big)\, f_{ij}\big(S(x, t), q(x, t)\big)\, f_{ij}\big(S(x, t), q(x, t)\big) \leqq \varkappa, \tag{5.39}$$

so ist Q sogar stark monoton.

Beweis. Für $\dot{v}, \dot{w}, \dot{h} \in W_{\mathfrak{v}}$ finden wir

$$\begin{aligned} |\langle Q\dot{v} - Q\dot{w}, \dot{h}\rangle| &\leqq \int_\Omega \left|\left(P\{(\dot{z} + \dot{v})_{\underline{k,l}}\} - P\{(\dot{z} + \dot{w})_{\underline{k,l}}\}, \{\dot{h}_{\underline{k,l}}\}\right)\right| dx \\ &\leqq L_P \int_\Omega \sqrt{(\dot{v} - \dot{w})_{\underline{k,l}}\, (\dot{v} - \dot{w})_{\underline{k,l}}}\, \sqrt{\dot{h}_{\underline{k,l}}\dot{h}_{\underline{k,l}}}\, dx \\ &\leqq L_P \left(\int_\Omega (\dot{v} - \dot{w})_{\underline{k,l}}\, (\dot{v} - \dot{w})_{\underline{k,l}}\, dx\right)^{1/2} \left(\int_\Omega \dot{h}_{\underline{k,l}}\dot{h}_{\underline{k,l}}\, dx\right)^{1/2}. \end{aligned} \tag{5.40}$$

Andererseits ergibt sich aus der starken Monotonie des Operators P auf $\mathfrak{R}^6$

$$\begin{aligned} \langle Q\dot{v} - Q\dot{w}, \dot{v} - \dot{w}\rangle &= \int_\Omega \left(P\{(\dot{z} + \dot{v})_{\underline{k,l}}\} - P\{(\dot{z} + \dot{w})_{\underline{k,l}}\}, \{(\dot{v} - \dot{w})_{\underline{k,l}}\}\right) dx \\ &\geqq \int_\Omega \frac{E}{(2 + Eg_1\|f\|^2)^2}\, (\dot{v} - \dot{w})_{\underline{k,l}}\, (\dot{v} - \dot{w})_{\underline{k,l}}\, dx \geqq 0, \end{aligned}$$

1) Zum Nachweis der letzten Ungleichung vgl. (5.42).

da g_1 immer positiv und im Fall der Bedingung (5.39)

$$\langle Q\dot{v} - Q\dot{w}, \dot{v} - \dot{w}\rangle \geqq \frac{E}{(2+\varkappa)^2} \int\limits_{\Omega} (\dot{v} - \dot{w})_{\underline{k,l}} (\dot{v} - \dot{w})_{\underline{k,l}}\, dx \tag{5.41}$$

ist. Es sei nun $r \in W_{\mathfrak{v}}$ beliebig. Mit

$$r_{\underline{k,l}} = \frac{1}{2}(r_{k,l} + r_{l,k}) \quad \text{und} \quad r_{\underline{\underline{k,l}}} = \frac{1}{2}(r_{k,l} - r_{l,k})$$

haben wir $r_{k,l} = r_{\underline{k,l}} + r_{\underline{\underline{k,l}}}$. Daher ist

$$r_{k,l}r_{k,l} = \left(r_{\underline{k,l}} + r_{\underline{\underline{k,l}}}\right)\left(r_{\underline{k,l}} + r_{\underline{\underline{k,l}}}\right) = r_{\underline{k,l}}r_{\underline{k,l}} + r_{\underline{\underline{k,l}}}r_{\underline{\underline{k,l}}}, \tag{5.42}$$

da offensichtlich $r_{\underline{k,l}}r_{\underline{\underline{k,l}}} = \theta$ ist. Mit (5.42) erhalten wir aus (5.40) sofort

$$\begin{aligned} |\langle Q\dot{v} - Q\dot{w}, \dot{h}\rangle| &\leqq L_P \left(\int\limits_{\Omega} (\dot{v} - \dot{w})_{k,l} (\dot{v} - \dot{w})_{k,l}\, dx\right)^{1/2} \left(\int\limits_{\Omega} \dot{h}_{k,l}\dot{h}_{k,l}\, dx\right)^{1/2} \\ &= L_P \|\dot{v} - \dot{w}\|_{\mathfrak{v}}\, \|\dot{h}\|_{\mathfrak{v}}. \end{aligned} \tag{5.43}$$

Q ist daher Lipschitz-stetig mit der Lipschitzkonstante $L_Q = E$.

Zum Nachweis der starken Monotonie des Operators Q benötigt man die Kornsche Ungleichung, die für die homogene erste Randbedingung leicht zu beweisen ist.

Der lineare Vektorraum $\left(\mathring{C}_2(\Omega)\right)^3$ ist definitionsgemäß dicht in $W_{\mathfrak{v}}$. Es sei $r \in (\mathring{C}_2)^3$ beliebig, also

$$r_k \in C_2(\bar{\Omega}),\ r_k(x) = 0, \qquad x \in \partial\Omega. \tag{5.44}$$

Es gilt $r_{k,l} = r_{\underline{k,l}} + r_{\underline{\underline{k,l}}}$, $r_{l,k} = r_{\underline{k,l}} - r_{\underline{\underline{k,l}}}$ und folglich

$$r_{k,l}r_{l,k} = r_{\underline{k,l}}r_{\underline{k,l}} - r_{\underline{\underline{k,l}}}r_{\underline{\underline{k,l}}}.$$

Weiterhin haben wir offensichtlich $r_{\underline{\underline{k,k}}} = \theta$ und folglich

$$r_{k,k}r_{l,l} = r_{\underline{k,k}}r_{\underline{l,l}}.$$

Insgesamt erhalten wir die Identität

$$\begin{aligned} r_{\underline{k,l}}r_{\underline{k,l}} - r_{\underline{\underline{k,l}}}r_{\underline{\underline{k,l}}} - r_{\underline{k,k}}r_{\underline{l,l}} &= r_{k,l}r_{l,k} - r_{k,k}r_{l,l} \\ &= (r_k r_{l,k})_{,l} - (r_k r_{l,l})_{,k}, \end{aligned} \tag{5.45}$$

da $r_k \in C_2(\bar{\Omega})$ ist. Integriert man (5.45), so ergibt sich mit (5.44)

$$\int\limits_{\Omega} \left(r_{\underline{k,l}}r_{\underline{k,l}} - r_{\underline{\underline{k,l}}}r_{\underline{\underline{k,l}}} - r_{\underline{k,k}}r_{\underline{l,l}}\right) dx = 0 \tag{5.46}$$

und schließlich

$$\int\limits_{\Omega} r_{\underline{\underline{k,l}}}r_{\underline{\underline{k,l}}}\, dx = \int\limits_{\Omega} \left(r_{\underline{k,l}}r_{\underline{k,l}} - r_{\underline{k,k}}r_{\underline{l,l}}\right) dx \leqq \int\limits_{\Omega} r_{\underline{k,l}}r_{\underline{k,l}}\, dx. \tag{5.47}$$

Bei der Abschließung von $(\mathring{C}_2)^3$ in $W_\mathfrak{v}$ bleibt die Ungleichung (5.47) erhalten. Es gilt also mit (5.42)

$$\int_\Omega r_{k,l} r_{k,l}\, dx \leqq \varkappa_1 \int_\Omega r_{\underline{k,l}} r_{\underline{k,l}}\, dx, \qquad r \in W_\mathfrak{v} \quad \text{für } \varkappa_1 = 2. \tag{5.48}$$

Die Ungleichung (5.48) ist die speziell unter der Randbedingung (5.44) abgeleitete *Kornsche Ungleichung*. Mit dieser Ungleichung können wir für $r = \dot{v} - \dot{w}$ die Ungleichung (5.41) fortsetzen,

$$\begin{aligned} \langle Q\dot{v} - Q\dot{w}, \dot{v} - \dot{w}\rangle &\geqq \frac{E}{\varkappa_1(2+\varkappa)^2} \int_\Omega (\dot{v} - \dot{w})_{k,l}\, (\dot{v} - \dot{w})_{k,l}\, dx \\ &= \frac{E}{\varkappa_1(2+\varkappa)^2} \|\dot{v} - \dot{w}\|_\mathfrak{v}^2, \end{aligned} \tag{5.49}$$

q. e. d.

Unter den Voraussetzungen von Satz 5.5 können die Vorgaben

$$\dot{K}(x, t),\ S(x, t),\ q(x, t), \qquad x \in \Omega,$$

$$\dot{u}(x, t), \qquad x \in \partial\Omega,$$

bei entsprechend abgeschwächten Stetigkeits- und Differenzierbarkeitsforderungen in eindeutiger Weise zu einem elastisch-plastischen Zustand ergänzt werden. Denn die Gleichung (5.38) besitzt genau eine Lösung $\dot{v}(x, t)$, $x \in \Omega$, $\dot{v}(\cdot, t) \in W_\mathfrak{v}$. Dieses Resultat folgt aus Satz 5.5 in der gleichen Weise, wie Korollar III.1.1.1 aus Satz III.1.1 folgt. Das Vektorfeld der Verschiebungsgeschwindigkeiten

$$\dot{u}(x, t) = \dot{z}(x, t) + \dot{v}(x, t)$$

wird dadurch (eindeutig im Sinne der Metrik von $W_\mathfrak{v}$) vom Rand $\partial\Omega$ auf $\bar{\Omega}$ fortgesetzt. Nun können sämtliche in Kap. II, § 4, genannten Zustandsgrößen des elastisch-plastischen Körpers so berechnet werden, daß die Beziehungen (II.4.1) bis (II.4.7), (II.4.11), (II.4.12) und (II.4.22) in der erforderlichen Abschwächung gelten.

Speziell, wenn wir $\dot{E}$ berechnen und damit in (5.24) eingehen, kann dieses Ergebnis auf folgende einfache Form gebracht werden:

Es existieren Operatoren R_1, R_2 derart, daß

$$\dot{S} = R_1(S, q), \quad \dot{q} = R_2(S, q) \tag{5.50}$$

ist.[1]) Satz 5.5 gestattet somit die Formulierung einer Operator-Differentialgleichung der elastisch-plastischen Fließtheorie.

[1]) Die zweite Gleichung in (5.50) ergibt sich durch Differenzieren der Definitionsgleichung (II.4.12) mit (II.4.17), (II.4.19) unter nochmaliger Verwendung der ersten Gleichung.

§ 6. Kommentare

Sätze über die lokale Auflösbarkeit impliziter Funktionen im Banachraum findet man im Lehrbuch von L. A. Ljusternik und W. I. Sobolew [64]. Global auflösbare implizite Funktionen im Hilbertraum wurden von Langenbach [54] mit Hilfe von Monotoniemethoden untersucht. Krauss [39] verschärfte die Lösungseigenschaften im Zusammenhang mit Problemen der optimalen Steuerung. Zur Beschreibung stetiger Deformationsprozesse bei Platten untersuchte Lê-Ngọc-Lăng [59, 60] durch implizite Operatorfunktionen erzeugte Trajektorien im Hilbertraum. Besonders fruchtbar war die Anwendung impliziter Operatorfunktionen im Zusammenhang mit Eigenwert- und Verzweigungsproblemen. Während Krasnosel'skij [38] und Vajnberg [87] in Analogie zur Eigenwerttheorie linearer Gleichungen noch ausschließlich reelle Eigenwerte betrachten, wurde diese Theorie später zur Lösung von Beulproblemen der Mechanik auf beliebige normierte oder metrische Parameterräume ausgedehnt, vgl. Langenbach [55] und die dort zitierte Literatur. Insbesondere sei auf die Untersuchung der unter mehrseitiger Last ausbeulenden Rechteckplatte von Kluge [34] hingewiesen.

Beim Nachweis von Bifurkations- und Verzweigungspunkten entsteht ein duales Problem, die für den Techniker wichtige Abgrenzung von Stabilitätsbereichen. Mit diesem Problem schließt der § 1. Der relativ elementare Zugang ist der Arbeit [50] des Autors entnommen.

In § 2 werden neben monotonen auch vollstetige bzw. verstärkt stetige Operatoren betrachtet. Nach H. Brezis [59] können solche Operatoren auch zu pseudomonotonen Operatoren zusammengefaßt werden. Dank der zusätzlich vorhandenen Potentialeigenschaft ergeben sich gewisse Vereinfachungen, die im Existenzsatz 2.1 bzw. Korollar 2.1.1 berücksichtigt sind. Diese Sätze ermöglichen eine einfache Behandlung der ausgewählten Beispiele aus der Theorie biegsamer Platten. Die Lösbarkeit von Randwertproblemen aus der Theorie biegsamer Schalen und Platten wurde bereits von Vorovič [93, 94] bewiesen. Die spezielle Modellierung der von-Kármánschen Gleichung in der Form (2.36) finden wir schon bei Berger [2].

Die Methode der vollstetigen Regularisierung nichtlinearer Gleichungen wurde von Langenbach [45, 48, 49] entwickelt. Trotz der Fortschritte in der Monotonietheorie, die einen teilweisen Verzicht auf solche Regularisierungen ermöglichten, bestehen gegenwärtig in der Eigenwerttheorie noch effektive Anwendungsmöglichkeiten. Die Regularisierung mit dem Inversen monotoner Potentialoperatoren stimulierte die Arbeit [52] des Autors. In jüngerer Zeit wurde das asymptotische Bifurkationsproblem von Aldarwish und Langenbach [1] mit Regularisierungsmethoden behandelt.

In § 3 untersuchen wir Trajektorien parameterabhängiger Gleichungen hauptsächlich im Zusammenhang mit Deformations- oder Homotopiemethoden und stetigen Zweigen von Eigenfunktionen. Die Differentiation einer Operatorgleichung längs der durch sie erzeugten Trajektorien wurde zur Konstruktion von Näherungslösungen in endlichdimensionalen Räumen benutzt. Die Beschreibung der Methode und Literaturhinweise finden wir bei Michlin [69]. Wir stützen uns auch auf die eigene Arbeit [51].

Zur Konstruktion differenzierbarer Zweige von Eigenfunktionen erschienen weitere Arbeiten von Wegner und Wiedemann [89], Langenbach [56], Langenbach, Wegner und Wiedemann [57].

Die in § 4 entwickelten isoperimetrischen Variationsmethoden in Eigenwert- und Bifurkationsproblemen stützen sich auf das Lemma von Ljusternik [63]. Ljusternik bewies sein Lemma für allgemeinere „isoperimetrische" Nebenbedingungen. In den Anwendungen auf Eigenwertprobleme für Potentialoperatoren wird stets nur ein Spezialfall betrachtet, der nur reelle Eigenwerte berücksichtigt. Die Variante in Satz 4.1 stammt von Krasnosel'skij [38].

Methoden zur Konstruktion von Eigenlösungen, denen Satz 4.3 zugrunde liegt, sind von Berger [2], Fučík und Nečas [8] und Naumann [73] entwickelt worden. Zum Nachweis der

Bifurkation wurden sie von NAUMANN [72] — und für schwach differenzierbare Operatoren — vom Autor [58] verwendet.

Die in § 4 beschriebene Methodik gestattet den Nachweis der in technischen Anwendungen besonders wichtigen extremalen Bifurkationspunkte. Der Nachweis weiterer Bifurkationspunkte ist mit Hilfe des topologischen Kategoriebegriffs möglich. Entsprechende Resultate von BERGER [2] und NAUMANN [74] erweitern einen bekannten Satz von KRASNOSEL'SKIJ [38].

In § 5, dei den Operator-Differentialgleichungen gewidmet ist, begnügen wir uns mit einem einfachen Existenzsatz zur Lösung des Anfangswertproblems. Lesern, die an dieser Frage stärker interessiert sind, empfehlen wir das Buch von GAJEWSKI, GRÖGER und ZACHARIAS [16]. Da die Existenzsätze stets von der Normalform ausgehen, haben wir dem Problem der Auflösung einer beliebigen Operator-Differentialgleichung nach der Ableitung einen besonderen Abschnitt gewidmet. Ein Beispiel aus der elastisch-plastischen Fließtheorie, in dem diese Auflösung mit Hilfe der bereitgestellten Ergebnisse aus der Theorie impliziter Operatorfunktionen möglich ist, beschließt das vierte Kapitel. Dieses Beispiel geht auf HÜNLICH [23] zurück. Ein Beispiel ähnlicher Art aus der Rheologie, welches vollständig gelöst werden kann, wurde vom Autor [53] veröffentlicht.

V. Approximation durch Folgen monotoner Operatoren und konvexer Funktionale

§ 1. Iterations- und Projektionsverfahren

Gegeben sei ein Paar $\mathfrak{B}_1$, $\mathfrak{B}_2$ von Banachräumen und eine Abbildung $A \in (\mathfrak{B}_1, \mathfrak{B}_2)$. Die Gleichung

$$Ax_1 = x_2 \tag{1.1}$$

sei für vorgegebenes $x_2 \in \mathfrak{B}_2$ lösbar. Mit dieser Feststellung ist die Frage nach dem „woher nehmen" einer oder ausgewählter Lösungen keineswegs beantwortet. Wir stellen uns daher die Aufgabe, Näherungsverfahren zu finden, die in einer Folge von konstruktiven Schritten zu einer exakten Darstellung der Lösung führen.[1])

Bricht man ein Näherungsverfahren nach einer endlichen Anzahl von Schritten ab, so soll eine Näherungslösung entstehen. In diesem Fall sind Fehlerabschätzungen wünschenswert. Ferner muß man zulassen, daß die Schritte eines Näherungsverfahrens selbst mit gewissen Fehlern behaftet sind. Näherungsverfahren, die unempfindlich gegenüber Störungen sind, heißen *stabil.*

Eine spezielle Klasse von Näherungsverfahren stellen die Projektionsverfahren dar. Für Gleichungen im Hilbertraum haben wir das Projektions- oder Galerkin-Verfahren im Abschnitt „Deformationsprinzip und Näherungslösungen" (Kap. IV, § 3) bereits beschrieben. Im allgemeinen sind die Projektionsverfahren nicht an den Hilbertraum gebunden, und selbst im Hilbertraum können andere als die orthogonalen Projektoren verwendet werden.

Zur Konstruktion einer Näherungslösung für die Gleichung (1.1) bildet man Folgen $\{\mathfrak{B}_{1i}\}$, $\{\mathfrak{B}_{2i}\}$ von i-dimensionalen Unterräumen, die die Banachräume $\mathfrak{B}_1$ bzw. $\mathfrak{B}_2$ ausschöpfen, und erklärt Folgen von Projektoren $\{P_{1i}\}$, $\{P_{2i}\}$, d. h. von linearen

---

[1]) Der Begriff konstruktiv wird hier naiv, etwa im Sinne der Rechentechnik verwandt. Als *konstruktiven Schritt* bezeichnen wir ein Verfahren, das mit maschinellen Hilfsmitteln bei kleinem Fehler mit sinnvollem Zeitaufwand realisiert werden kann. Konstruktive Verfahren bestehen beispielsweise zur Berechnung von Nullstellen bei Polynomen, zur Lösung linearer algebraischer Gleichungssysteme, zur Berechnung von Gebietsintegralen.

beschränkten Operatoren $P_{1i} \in (\mathfrak{B}_1, \mathfrak{B}_{1i})$ und $P_{2i} \in (\mathfrak{B}_2, \mathfrak{B}_{2i})$, mit der Eigenschaft

$$P_{1i}x_1 = x_1, \quad x_1 \in \mathfrak{B}_{1i}, \quad \text{und} \quad P_{2i}x_2 = x_2, \quad x_2 \in \mathfrak{B}_{2i}. \tag{1.2}$$

Mit diesen Projektoren erklärt man die Folge der Näherungsgleichungen

$$P_{2i}AP_{1i}x_1 = P_{2i}x_2, \qquad i = 1, 2, \ldots \tag{1.3}$$

Im einfachsten Fall besitzt jede Näherungsgleichung in (1.3) genau eine Lösung $x_1^{(i)} \in \mathfrak{B}_{1i}$, so daß eine Folge von Näherungslösungen $\{x_1^{(i)}\}$ entsteht, die — unter geeigneten Voraussetzungen — gegen eine ausgewählte Lösung (oder die Lösung) der Gleichung (1.1) konvergiert.

Nun ist jedes Element des Raumes $\mathfrak{B}_{1i}$ bei fixierter Basis eindeutig durch die i Koeffizienten seiner Zerlegung (I.2.5) bestimmt. Die Berechnung dieser i Koeffizienten der Näherungslösung $x_1^{(i)}$ kann der i-te Schritt eines konstruktiven Verfahrens sein.

Diese Methode befriedigt uns natürlich nur dann, wenn die Berechnung der Koeffizienten einer Näherungslösung $x_1^{(i)}$ selbst mit hinreichender Genauigkeit in einer endlichen Anzahl von Schritten erfolgt, wie etwa bei linearen Gleichungen durch die Lösung eines linearen algebraischen Gleichungssystems.

Sind die Näherungsgleichungen (1.3) nichtlinear, so verlagert sich die Aufgabe der Erstellung konstruktiver Näherungsverfahren in die endlichdimensionalen Unterräume.

1. Näherungsverfahren für Gleichungen mit strikt kontraktiven Operatoren

Wir konkretisieren das allgemeine Schema eines Projektionsverfahrens zunächst für Fixpunkte strikt kontraktiver Operatoren und setzen folglich $\mathfrak{B}_1 = \mathfrak{B}_2 = \mathfrak{B}$.[1]

Der Operator $T \in (\mathfrak{B}, \mathfrak{B})$ sei strikt kontraktiv,

$$\|Tx - Ty\| \leqq k\|x - y\|, \qquad x, y \in \mathfrak{B}, k \in (0, 1). \tag{1.4}$$

$\mathfrak{B}_i \subseteq \mathfrak{B}$, $i = 1, 2, \ldots$, sei eine Folge von i-dimensionalen Unterräumen in $\mathfrak{B}$, $\{P_i\}$ eine Folge von Projektoren derart, daß P_i den Raum $\mathfrak{B}_i$ als Fixpunktmenge besitzt. Diese Projektoren mögen gleichmäßig beschränkt sein,

$$\|P_i\| \leqq \pi_* = \text{const}, \qquad i = 1, 2, \ldots \tag{1.5}$$

Satz 1.1. *Der Operator* $T \in (\mathfrak{B}, \mathfrak{B})$ *genüge der Bedingung* (1.4), *die Projektionsoperatoren* P_i *der Bedingung* (1.5). *Es sei* u_0 *der* (*einzige*) *Fixpunkt des Operators* T *und* $\lim_{i\to\infty} P_i u_0 = u_0$. *Weiterhin sei mit* $b_i \in \mathfrak{B}_i$, $i = 1, 2, \ldots$, *eine Folge in* $\mathfrak{B}$ *gegeben,*

[1]) Wie aus dem Beweis zu Satz I.5.1 ersichtlich, ergibt sich der einzige Fixpunkt des strikt kontraktiven Operators T als Grenzwert der Folge $x_n = Tx_{n-1}$, $n = 1, 2, \ldots$, mit beliebigem Startelement $x_0 \in \mathfrak{B}$. Man mag daher bezweifeln, daß zur Ermittlung von Fixpunkten strikt kontraktiver Operatoren noch konstruktive Näherungsverfahren erforderlich sind. Dieser Einwand ist berechtigt, wenn die Berechnung des Elementes $y = Tx$ bei gegebenem $x \in \mathfrak{B}$ in einem konstruktiven Schritt erfolgt. Bei einer Vielzahl von Anwendungsbeispielen ist dies jedoch nicht der Fall.

$\|b_i\| \xrightarrow[i\to\infty]{} 0$ *und* $k\pi_* < 1$. *Dann besitzen die Gleichungen*

$$z = P_i T z + b_i \tag{1.6}$$

für jedes i genau eine Lösung $z_i \in \mathfrak{B}_i$. *Es gilt*

$$\lim_{i\to\infty} \|z_i - u_0\| = 0. \tag{1.7}$$

Beweis. Die Operatoren T und A_i, $A_i x = P_i T x + b_i$, bilden den Banachraum $\mathfrak{B}$ in sich ab und sind dort strikt kontraktiv,

$$\|A_i x - A_i y\| \leqq \|P_i\| \, \|Tx - Ty\| \leqq k\pi_* \|x - y\|, \qquad x, y \in \mathfrak{B}. \tag{1.8}$$

Nach Satz I.5.1 besitzen die Operatoren T, A_i genau je einen Fixpunkt u_0, $z_i \in \mathfrak{B}$. Aus (1.6) folgt dann sofort $z_i \in \mathfrak{B}_i$, $i = 1, 2, \ldots$ Weiterhin gilt

$$\begin{aligned} \|u_0 - z_i\| &\leqq \|u_0 - P_i u_0\| + \|P_i T u_0 - P_i T z_i + b_i\| \\ &\leqq \|u_0 - P_i u_0\| + \pi_* k \|u_0 - z_i\| + \|b_i\| \end{aligned}$$

oder

$$\|u_0 - z_i\| \leqq \frac{\|u_0 - P_i u_0\| + \|b_i\|}{1 - \pi_* k} \xrightarrow[i\to\infty]{} 0,$$

q. e. d.

Speziell sei nun $\mathfrak{B} = \mathfrak{H}$ ein separabler Hilbertraum, $\{e_k\}$ ein vollständiges Orthonormalsystem in $\mathfrak{H}$, $\mathfrak{H}_i = \mathfrak{L}\{e_1, e_2, \ldots, e_i\}$. Dann erklären wir den orthogonalen Projektor $P_i^0 \in (\mathfrak{H}, \mathfrak{H}_i)$. Nach Lemma IV.3.1 besitzt der orthogonale Projektor die Gestalt

$$P_i^0 u = \sum_{k=1}^{i} (u, e_k) \, e_k \tag{1.9}$$

und die Eigenschaften

$$\text{(i) } \|P_i^0\| = 1, \quad \text{(ii) } (P_i^0)^2 = P_i^0, \quad \text{(iii) } P_i^0 \text{ ist selbstadjungiert.} \tag{1.10}$$

Aus der Konvergenz der Fourierreihe $\sum_{k=1}^{\infty} (u, e_k) \, e_k$ gegen u für jedes $u \in \mathfrak{H}$ (Satz I.2.7) folgt schließlich

$$\lim_{i\to\infty} P_i^0 u = u \tag{1.11}$$

für jedes $u \in \mathfrak{H}$.

Korollar 1.1.1. *Es sei* $\mathfrak{H}$ *ein separabler Hilbertraum mit dem vollständigen ON-System* $\{e_k\}$, $\{P_i^0\} \subseteq (\mathfrak{H}, \mathfrak{H})$ *die Folge der orthogonalen Projektoren auf die Unterräume* $\mathfrak{H}_i = \mathfrak{L}\{e_1, e_2, \ldots, e_i\}$, $T \in (\mathfrak{H}, \mathfrak{H})$ *ein strikt kontraktiver Operator mit der Kontraktionskonstante* $k \in (0, 1)$ (Bedingung (1.4)). *Dann besitzen die Gleichungen*

$$x = P_i^0 T x, \qquad i = 1, 2, \ldots, \tag{1.12}$$

für jedes i genau eine Lösung $x_i \in \mathfrak{H}_i$. *Ist* u_0 *die (einzige) Lösung der Gleichung*

$$u = Tu, \tag{1.13}$$

so gilt $\lim_{i\to\infty} \|x_i - u_0\| = 0$.

Beweis. Wegen $\|P_i^0\| = 1, i = 1, 2, \ldots,$ und (1.11) sind die Bedingungen in Satz 1.1 für $b_i = 0, i = 1, 2, \ldots,$ mit $\pi_* = 1$ erfüllt. Die Aussage dieses Satzes geht dann in die Aussage von Korollar 1.1.1 über, q. e. d.

Die Lösungen der Gleichungen (1.12) werden allgemein als *Galerkinsche Näherungslösungen* für die Lösung der Gleichung (1.13) bezeichnet. Korollar 1.1.1 beinhaltet demgemäß die Konvergenz des Galerkinschen Näherungsverfahrens für strikt kontraktive Operatoren auf dem separablen Hilbertraum $\mathfrak{H}$.

Korollar 1.1.2. *Auf dem separablen Hilbertraum* $\mathfrak{H}$ *sei* $A \in (\mathfrak{H}, \mathfrak{H})$ *ein stark monotoner und Lipschitz-stetiger Operator. Dann besitzen die Gleichungen*

$$P_i^0 Ax = P_i^0 f, \qquad i = 1, 2, \ldots, \tag{1.14}$$

für jedes i genau eine Lösung $x_i \in \mathfrak{H}_i$. *Ist* u_0 *die nach Satz* I.5.4 *existierende einzige Lösung der Gleichung*

$$Ax = f, \tag{1.15}$$

so gilt $\lim_{i\to\infty} \|x_i - u_0\| = 0$.

Beweis. Wie im Beweis zu Satz I.5.4 führen wir zunächst den Operator $T \in (\mathfrak{H}, \mathfrak{H})$, $Tu = u - \beta(Au - f)$, mit einem fest gewählten $\beta \in \left(\frac{\gamma}{\nu^2}, \frac{2\gamma}{\nu^2}\right)$ ein, wobei die Konstante ν in der Lipschitzbedingung

$$\|Au - Av\| \leqq \nu\|u - v\|, \tag{1.16}$$

die Konstante γ in der Monotoniebedingung

$$(Au - Av, u - v) \geqq \gamma\|u - v\|^2 \tag{1.17}$$

vorkommen. Der Operator T ist dann gemäß (I.5.17) strikt kontraktiv mit der Kontraktionskonstante

$$\varkappa(\beta) = \sqrt{1 - 2\beta\gamma + \beta^2\nu^2}. \tag{1.18}$$

Nach Korollar 1.1.1 besitzen die Gleichungen (1.12) für $i = 1, 2, \ldots$ genau je eine Lösung $x_i \in \mathfrak{H}_i$. Es gilt also für jedes i

$$x_i = P_i^0 T x_i = P_i^0 x_i - \beta(P_i^0 A x_i - P_i^0 f) \quad \text{oder} \quad P_i^0 A x_i = P_i^0 f$$

mit genau einem $x_i \in \mathfrak{H}_i$, da $P_i^0 x_i = x_i$ ist. Ferner ist nach den Voraussetzungen $Au_0 = f$ oder $u_0 = Tu_0$ und wieder nach Korollar 1.1.1 $\lim_{i\to\infty} \|x_i - u_0\| = 0$, q. e. d.

2. Galerkinsche Näherungslösungen für ein nichtlineares Randwertproblem

Wir illustrieren die bisher erzielten Ergebnisse an einem Anwendungsbeispiel, der Operatorgleichung des ebenen elastisch-plastischen Spannungszustandes (III.2.40). Der Operator

$$A_{\mathfrak{w}} = \frac{1}{3k} Q_{\mathfrak{w}} + \frac{1}{G} P_{\mathfrak{w}}, \qquad A_{\mathfrak{w}} \in \left(\mathring{W}_2{}^2, \mathring{W}_2{}^{2*}\right),$$

ist für die betrachteten Materialfunktionen $\eta(t)$, $t \geqq 0$, Lipschitz-stetig und stark monoton. Über den Rieszschen Darstellungssatz I.2.6 definieren wir noch den Operator $\tilde{A}_{\mathfrak{W}} \in \left(\mathring{W}_2{}^2, \mathring{W}_2{}^2\right)$ durch die Beziehung

$$\left(\tilde{A}_{\mathfrak{w}} u, v\right) = \langle A_{\mathfrak{w}} u, v \rangle, \qquad v \in \mathring{W}_2{}^2(\Omega_2), \tag{1.19}$$

der dann die Bedingungen von Satz I.5.4 erfüllt.[1]) Die Gleichung des ebenen elastisch-plastischen Spannungszustandes lautet nun

$$\tilde{A}_{\mathfrak{w}} u = \theta \tag{1.20}$$

oder

$$\begin{aligned}(\tilde{A}_{\mathfrak{w}} u, v) &= \langle A_{\mathfrak{w}} u, v \rangle \\ &= \int_{\Omega_2} \left\{ \frac{1}{3k} \Delta(w + u) \Delta v + \frac{1}{G} \eta(\Psi[w + u, w + u]) \Psi[w + u, v] \right\} dx \\ &= 0, \qquad v \in \mathring{W}_2{}^2,\end{aligned} \tag{1.21}$$

mit

$$\begin{aligned}\Psi[g, h] = {} & \frac{\partial^2 g}{\partial x_1{}^2} \frac{\partial^2 h}{\partial x_1{}^2} + \frac{\partial^2 g}{\partial x_2{}^2} \frac{\partial^2 h}{\partial x_2{}^2} - \frac{1}{2} \frac{\partial^2 g}{\partial x_1{}^2} \frac{\partial^2 h}{\partial x_2{}^2} - \frac{1}{2} \frac{\partial^2 g}{\partial x_2{}^2} \frac{\partial^2 h}{\partial x_1{}^2} \\ & + 3 \frac{\partial^2 g}{\partial x_1 \, \partial x_2} \frac{\partial^2 h}{\partial x_1 \, \partial x_2}\end{aligned}$$

und

$$\Delta h = \frac{\partial^2 h}{\partial x_1{}^2} + \frac{\partial^2 h}{\partial x_2{}^2}.$$

Die Materialfunktion $\eta(t)$, $t \geqq 0$, wird dabei stetig differenzierbar vorausgesetzt; sie genügt den Wachstumsbeschränkungen (III.2.35) und (III.2.36), also

$$\mu \geqq \eta(t) \geqq \varphi_0 > 0, \qquad \nu \geqq \frac{d[\eta(t^2)\, t]}{dt} \geqq \psi_0 > 0 \tag{1.22}$$

für geeignete Konstanten φ_0, ψ_0, μ, ν.

---

[1]) Vgl. den Beweis zu Korollar III.1.1.1.

Der Operator $\tilde{A}_{\mathfrak{w}}$ ist Lipschitz-stetig und stark monoton. Die fest vorgegebene Funktion $w \in W_2^2(\Omega_2)$, die in der Formulierung des Problems statisch zulässig vorausgesetzt wird, berücksichtigt alle möglicherweise bekannten Randbedingungen.

Der Operator $\tilde{A}_{\mathfrak{w}} \in \left(\mathring{W}_2^2(\Omega_2), \mathring{W}_2^2(\Omega_2)\right)$ erfüllt die Bedingungen von Korollar 1.1.2. Der Hilbertraum $\mathring{W}_2^2$ ist separabel.[1]) Die Gleichung (1.21) kann demnach mit Hilfe des Galerkinschen Näherungsverfahrens gelöst werden.

Es gibt ein vollständiges ON-System $\{e_k\} \subseteq \mathring{W}_2^2$. Wir definieren $\mathfrak{H}_i = \mathfrak{L}\{e_1, e_2, \ldots, e_i\}$. Für die Näherungslösungen $u_i \in \mathfrak{H}_i$ gilt die Darstellung

$$u_i = \sum_{k=1}^{i} \alpha_k^{(i)} e_k. \tag{1.23}$$

Die Gleichungen (1.14) für den Operator $A = \tilde{A}_{\mathfrak{w}}$ und die Näherungslösung u_i sind

$$\left(\tilde{A}_{\mathfrak{w}} u_i, e_k\right) = \langle A_{\mathfrak{w}} u_i, e_k\rangle = 0, \qquad k = 1, 2, \ldots, i, \tag{1.24}$$

oder, wenn man die Gleichung (1.21) benutzt,

$$\int_{\Omega_2} \left\{\frac{1}{3k} \Delta(w + u_i)\, \Delta e_k + \frac{1}{G} \eta(\Psi[w + u_i, w + u_i])\, \Psi[w + u_i, e_k]\right\} dx = 0,$$

$$k = 1, 2, \ldots, i. \tag{1.25}$$

Die Gleichungen (1.25) können als nichtlineares Gleichungssystem bezüglich der Koeffizienten $\alpha_k^{(i)}$, $k = 1, 2, \ldots, i$, der Näherungslösung (1.23) aufgefaßt werden. Da die Elemente $e_1, e_2, \ldots, e_i$ offensichtlich eine Basis im Raum $\mathfrak{H}_i$ bilden, ist die Darstellung (1.23) eindeutig. Die Gleichung (1.25) ist daher laut Aussage von Korollar 1.1.2 mit genau einem Koeffizientenvektor $\alpha^{(i)} = (\alpha_1^{(i)}, \alpha_2^{(i)}, \ldots, \alpha_1^{(i)})$ erfüllt.

3. Konstruktive Lösung der Galerkinschen Näherungsgleichungen

Wir betrachten noch einmal die Galerkinschen Näherungsgleichungen (1.12). Wenn $T \in (\mathfrak{H}, \mathfrak{H})$ ein strikt kontraktiver Operator ist, sind die Operatoren $P_i{}^0 T \in (\mathfrak{H}_i, \mathfrak{H}_i)$ ebenfalls strikt kontraktiv, da $\|P_i{}^0\| = 1$ ist:

$$\|P_i{}^0 Tx - P_i{}^0 Ty\| \leqq \|Tx - Ty\|, \qquad x, y \in \mathfrak{H},$$

und speziell natürlich für $x, y \in \mathfrak{H}_i$. Wir können nun auf jede der Gleichungen (1.12) den Banachschen Fixpunktsatz I.5.1 anwenden. Die einzige Lösung $x_i \in \mathfrak{H}_i$ der i-ten Gleichung kann als Grenzwert der Iterationsfolge $\{z_n{}^{(i)}\} \subseteq \mathfrak{H}_i$ gewonnen werden,

$$z_n{}^{(i)} = P_i{}^0 T z_{n-1}^{(i)}, \qquad n = 1, 2, \ldots, \tag{1.26}$$

[1]) $\mathring{W}_2^2$ ist Unterraum des separablen Hilbertraumes W_2^2, vgl. W. I. Smirnow [82]; man kann die Separabilität auch direkt aus der Tatsache folgern, daß der Raum $\mathring{C}_2(\bar{\Omega}_2)$ definitionsgemäß in $\mathring{W}_2^2(\Omega_2)$ dicht liegt.

bei beliebigem Startelement $z_0^{(i)} \in \mathfrak{H}_i$. Ist $k \in (0, 1)$ die Kontraktionskonstante des Operators T, also auch der Operatoren $P_i{}^0T$, so gilt die Fehlerabschätzung (I.5.5)

$$\|z_n^{(i)} - x_i\| \leqq \frac{k^n}{1-k} \|P_i{}^0Tz_0^{(i)} - z_0^{(i)}\|.$$

Wenn man eine Zahlenfolge n_i derart wählt, daß

$$\frac{k^{n_i}}{1-k} \|P_i{}^0Tz_0^{(i)} - z_0^{(i)}\| \xrightarrow[i\to\infty]{} 0, \tag{1.27}$$

geht, gilt offenbar auch $\lim\limits_{i\to\infty} \|z_{n_i}^{(i)} - u_0\| = 0$, falls u_0 Lösung der Gleichung (1.13) ist.

In der Tabelle

$$z_1^{(1)}, z_2^{(1)}, \ldots, z_{n_1}^{(1)},$$

$$z_1^{(2)}, z_2^{(2)}, \ldots, z_{n_2}^{(2)},$$

$$\cdots\cdots\cdots\cdots$$

$$z_1^{(i)}, z_2^{(i)}, \ldots, z_{n_i}^{(i)}$$

kann man beliebig viele „Wege" angeben, die einem konstruktiven Verfahren der betrachteten Operatorgleichung (1.20) entsprechen. Die Zeilen der Tabelle sind formal unabhängig voneinander; sie können jedoch durch eine Vorschrift zur Wahl der Startelemente $z_0^{(i)}$ miteinander verkoppelt werden, wenn beispielsweise $z_0^{(i)} = z_j^{(i-1)}$ für ein $j \in \{1, 2, \ldots, n_{i-1}\}$ gesetzt wird.

Wir kehren nun zur Operatorgleichung (1.20) zurück. Wie im Beweis zu Korollar 1.1.2 führen wir den Operator $T_{\mathfrak{w}} \in \left(\mathring{W}_2{}^2, \mathring{W}_2{}^2\right)$ ein,

$$(T_{\mathfrak{w}}u, v) = (u, v) - \beta\left(\tilde{A}_{\mathfrak{w}}u, v\right), \qquad v \in \mathring{W}_2{}^2. \tag{1.28}$$

Dabei ist β so fixiert, daß $T_{\mathfrak{w}}$ strikt kontraktiv auf $\mathring{W}_2{}^2(\Omega_2)$ ist. Wir erhalten dann die Folge der Näherungen

$$z_n^{(i)} = P_i{}^0T_{\mathfrak{w}}z_{n-1}^{(i)}$$

oder

$$(z_n^{(i)}, e_k) = (z_{n-1}^{(i)}, e_k) - \beta\langle A_{\mathfrak{w}}z_{n-1}^{(i)}, e_k\rangle, \qquad k = 1, 2, \ldots, i. \tag{1.29}$$

Setzt man

$$z_n^{(i)} = \sum_{k=1}^{i} \alpha_k^{(i,n)}e_k$$

und berücksichtigt $(e_l, e_m) = \delta_{lm}$, so findet man schließlich

$$\alpha_k^{(i,n)} = \alpha_k^{(i,n-1)} - \beta\langle A_{\mathfrak{w}}z_{n-1}^{(i)}, e_k\rangle, \qquad k = 1, 2, \ldots, i. \tag{1.30}$$

4. Das Galerkin-Verfahren mit nicht orthonormierten Koordinatenelementen

Wenn man auch im separablen Hilbertraum $\mathfrak{H}$ die Existenz eines vollständigen ON-Systems $\{e_k\}$ voraussetzen kann, steht ein solches für numerische Zwecke doch meistens nicht zur Verfügung. Leichter dagegen findet man eine Folge linear unabhängiger Elemente $\{h_k\} \subseteq \mathfrak{H}$[1]) mit der Vollständigkeitseigenschaft: Gilt $(v, h_k) = 0$, $k = 1, 2, \ldots$, für ein $v \in \mathfrak{H}$, so folgt notwendig $v = \theta$. Man gewinnt dann ein vollständiges ON-System mit Hilfe des Schmidtschen Orthogonalisierungsprinzips. Die Elemente des ON-Systems $\{e_k\}$ bestimmt man sukzessiv:

$$e_1 = \frac{h_1}{\|h_1\|}, \qquad e_k = \frac{g_k}{\|g_k\|}, \qquad g_k = h_k - \sum_{j=1}^{k-1} (h_k, e_j)\, e_j, \qquad k = 2, 3, \ldots \quad (1.31)$$

Den Nachweis, daß die durch (1.31) definierte Folge $\{e_k\}$ ein ON-System darstellt, erbringt man durch vollständige Induktion. Man zeigt zunächst, daß jeder Abschnitt der Folge, etwa $\{e_k\}_{k=1}^n$, für $n = 1, 2, \ldots$ ein ON-System bildet. Ist diese Aussage für $\{e_k\}_{k=1}^j$, $j = 1, 2, \ldots, n-1$, richtig (für $j = 1$ ist sie trivial), so gilt für $k = 1, 2, \ldots, n-1$

$$(e_n, e_k) = \frac{1}{\|g_n\|} (g_n, e_k) = \frac{1}{\|g_n\|} \left[[(h_n, e_k) - \sum_{i=1}^{n-1} (h_n, e_i)\,(e_i, e_k) \right] = 0$$

und $(e_n, e_n) = 1$.[2])

Die Aussage ist damit für jedes n richtig. Ein beliebiges Paar $\{e_i, e_j\}$ gehört einem der betrachteten Abschnitte an, daher ist $(e_i, e_j) = \delta_{ij}$, $i, j = 1, 2, \ldots$ Ist nun $(e_i, v) = 0$, $i = 1, 2, \ldots$, für ein v, so ist auch für beliebiges $k = 1, 2, \ldots$

$$(h_k, v) = \|g_k\|\,(e_k, v) + \sum_{i=1}^{k-1} (h_k, e_i)\,(e_i, v) = 0.$$

Mit $\{h_k\}$ ist also auch das ON-System $\{e_k\}$ vollständig.

Es erweist sich nun, daß man das Schmidtsche Orthogonalisierungsverfahren bei der Anwendung des Galerkin-Verfahrens nicht gesondert durchzuführen braucht.

Es sei $\{h_k\} \subset \mathfrak{H}$ eine vollständige Folge linear unabhängiger Elemente — im folgenden *vollständige Folge von Koordinatenelementen* genannt. Die Räume

$$\mathfrak{H}_i = \mathfrak{L}\{h_1, h_2, \ldots, h_i\}$$

sind nach Korollar I.2.2.1 abgeschlossene i-dimensionale Unterräume von $\mathfrak{H}$, so daß die orthogonalen Projektoren $P_i^0 \in (\mathfrak{H}, \mathfrak{H}_i)$ erklärt sind. Ist $T \in (\mathfrak{H}, \mathfrak{H})$ ein strikt kontraktiver Operator und $u_0 \in \mathfrak{H}$ die Lösung der Gleichung (1.13), so konvergieren

---

[1]) Die Elemente φ_k einer Folge heißen *linear unabhängig*, wenn je endlich viele dieser Elemente linear unabhängig sind.

[2]) $\|g_n\|$ verschwindet nie; andernfalls wäre $h_n = \sum_{j=1}^{n-1} (h_n, e_j)\, e_j$. Die Elemente der Folge $\{h_k\}$ wären dann nicht linear unabhängig, im Gegensatz zur Annahme.

die Galerkinschen Näherungen $x_i \in \mathfrak{H}_i$, $x_i = P_i^0 T x_i$, gegen u_0 für $i \to \infty$. Schreibt man die Näherungsgleichungen speziell für die Gleichung (1.20) auf, so erhält man für die Näherungslösung

$$u_i = \sum_{k=1}^{i} \beta_k^{(i)} h_k \tag{1.32}$$

der Gleichung

$$P_i^0 \tilde{A}_{\mathfrak{w}} u = \theta \tag{1.33}$$

wegen $P_i^0 \tilde{A}_{\mathfrak{w}} u_i = \sum_{k=1}^{i} \varepsilon_k h_k$ das Gleichungssystem[1])

$$\langle A_{\mathfrak{w}} u_i, h_j \rangle = 0, \qquad j = 1, 2, \ldots, i, \tag{1.34}$$

zur Bestimmung des Koeffizientenvektors $\beta^{(i)} = (\beta_1^{(i)}, \beta_2^{(i)}, \ldots, \beta_i^{(i)})$. Das Gleichungssystem zur Berechnung der Iterationsnäherungen $z_n^{(i)} \in \mathfrak{H}_i$ der Galerkinschen Näherungslösungen, $z_n^{(i)} = \sum_{k=1}^{i} \beta_k^{(i,n)} h_k$, lautet dann wieder $z_n^{(i)} = P_i^0 T_{\mathfrak{w}} z_{n-1}^{(i)}$ mit dem Operator $T_{\mathfrak{w}} \in \left(\mathring{W}_2^2, \mathring{W}_2^2\right)$ aus (1.28) oder

$$\sum_{k=1}^{i} \beta_k^{(i,n)} (h_k, h_j) = \sum_{k=1}^{i} \beta_k^{(i,n-1)} (h_k, h_j) - \langle A_{\mathfrak{w}} z_{n-1}^{(i)}, h_j \rangle, \qquad j = 1, 2, \ldots, i. \tag{1.35}$$

Man erhält die Koeffizienten $\beta_k^{(i,n)}$ somit durch Auflösung eines linearen algebraischen Gleichungssystems mit der Gramschen Determinante der linear unabhängigen Elemente $h_1, h_2, \ldots, h_i$, in dessen rechte Seite der (bei der n-ten Iterationsnäherung schon bekannte) Koeffizientenvektor $\beta^{(i,n-1)} = (\beta_1^{(i,n-1)}, \beta_2^{(i,n-1)}, \ldots, \beta_i^{(i,n-1)})$ eingeht.

5. Projektions-Iterationsverfahren

Die Idee der Verflechtung von Projektions- und Iterationsverfahren zum Aufbau konstruktiver Näherungsverfahren kann zu selbständigen Verfahren weiterentwikkelt werden. Wir beschränken uns zunächst wieder auf Gleichungen mit strikt kontraktivem Operator $T \in (\mathfrak{B}, \mathfrak{B})$.

Satz 1.2. *Es sei $\mathfrak{B}$ ein Banachraum, $\{T_i\} \subseteq (\mathfrak{B}, \mathfrak{B})$ eine Folge strikt kontraktiver Operatoren,*

$$\|T_i x - T_i y\| \leqq k_i \|x - y\|, \qquad 0 < k_i \leqq k < 1. \tag{1.36}$$

---

[1]) $\varepsilon_1 = \varepsilon_2 = \cdots = \varepsilon_i = 0$ ist die einzige Lösung des Gleichungssystems $\sum_{k=1}^{i} \varepsilon_k (h_k, h_j) = 0$, $j = 1, 2, \ldots, i$, dessen Determinante die Gramsche Determinante der linear unabhängigen Elemente $h_1, h_2, \ldots, h_i$ ist und daher nicht verschwindet. Andererseits ist

$$\left(\sum_{k=1}^{i} \varepsilon_k h_k, h_j\right) = (P_i^0 \tilde{A}_{\mathfrak{w}} u_i, h_j) = (\tilde{A}_{\mathfrak{w}} u_i, P_i^0 h_j) = \langle A_{\mathfrak{w}} u_i, h_j \rangle.$$

Die Folge der Fixpunkte y_i der Operatoren T_i genüge für ein $u_0 \in \mathfrak{B}$ der Grenzwertbeziehung

$$\lim_{i\to\infty} \|y_i - u_0\| = 0. \tag{1.37}$$

Dann konvergiert die Folge $\{x_i\} \subseteq \mathfrak{B}$,

$$x_i = T_i x_{i-1}, \qquad i = 1, 2, \ldots, \tag{1.38}$$

bei beliebigem Startelement $x_0 \in \mathfrak{B}$ ebenfalls gegen u_0.

Beweis. Wir schätzen die Differenzen $y_i - x_i$ ab; es gilt

$$\begin{aligned} \|y_i - x_i\| &= \|T_i y_i - T_i x_{i-1}\| \leqq k\,\|y_i - x_{i-1}\| \\ &\leqq k(\|y_i - y_{i-1}\| + \|y_{i-1} - x_{i-1}\|) \\ &\leqq \sum_{j=1}^{i-1} k^{i-j}\|y_{j+1} - y_j\| + k^i\|x_0 - y_1\|. \end{aligned} \tag{1.39}$$

Für große i wird die rechte Seite in dieser Abschätzung beliebig klein. Es sei nämlich ein $\varepsilon > 0$ vorgegeben. Wegen der Eigenschaft (1.37) gibt es dann einen Index $n_1(\varepsilon)$ derart, daß

$$\|y_{j+1} - y_j\| < \frac{\varepsilon}{3\sum\limits_{i=1}^{\infty} k^i} \quad \text{für } j \geqq n_1$$

ist, und eine Konstante ϱ mit der Eigenschaft

$$\|y_{j+1} - y_j\| < \varrho, \qquad j = 1, 2, \ldots$$

Ferner gibt es ein $n_2(\varepsilon)$, $n_2 > n_1$, mit welchem die Ungleichung

$$\varrho n_1 k^{i-n_1} < \frac{\varepsilon}{3} \quad \text{für } i \geqq n_2$$

erfüllt ist. Schließlich sei $n_3(\varepsilon)$ so gewählt, daß

$$k^i\|x_0 - y_1\| < \frac{\varepsilon}{3} \quad \text{für } i \geqq n_3$$

ist. Damit erhalten wir für $i \geqq n_0 = \max\{n_2, n_3\}$

$$\begin{aligned} \|y_i - x_i\| &< \frac{\varepsilon}{3} + \sum_{j=1}^{n_1} \|y_{j+1} - y_j\|\,k^{i-n_1} + \sum_{j=n_1}^{i} \|y_{j+1} - y_j\|\,k^{i-j} \\ &< \frac{2\varepsilon}{3} + \frac{\sum\limits_{j=n_1}^{i} k^{i-j}}{3\sum\limits_{i=1}^{\infty} k^i}\,\varepsilon < \varepsilon, \end{aligned}$$

also

$$\|u_0 - x_i\| \leqq \|u_0 - y_i\| + \|y_i - x_i\| \xrightarrow[i\to\infty]{} 0,$$

q. e. d.

Korollar 1.2.1. *Es sei $T \in (\mathfrak{B}, \mathfrak{B})$ ein Kontraktionsoperator mit der Kontraktionskonstante $k \in (0, 1/\pi_*)$, u_0 der einzige Fixpunkt dieses Operators, $\{\mathfrak{B}_i\} \subseteq \mathfrak{B}$ sei eine Folge von Unterräumen mit den Projektoren $P_i \in (\mathfrak{B}, \mathfrak{B}_i)$, $\|P_i\| \leqq \pi_*$, $i = 1, 2, \ldots$, $\lim\limits_{i\to\infty} P_i u_0 = u_0$. Dann konvergiert die Folge $\{x_i\} \subseteq \mathfrak{B}$,*

$$x_i = P_i T x_{i-1}, \qquad i = 1, 2, \ldots, \tag{1.40}$$

bei beliebigem Startelement $x_0 \in \mathfrak{B}$ gegen u_0.

Beweis. Die Folge der Operatoren $T_i = P_i T$, $i = 1, 2, \ldots$, genügt der Bedingung (1.36) in Satz 1.2. Nach Satz 1.1 konvergiert die Folge der Fixpunkte $\{y_i\} \subseteq \mathfrak{B}$,

$$y_i = P_i y_i, \qquad i = 1, 2, \ldots,$$

gegen u_0. Dann ist die Aussage von Satz 1.2 gültig, $\lim\limits_{i\to\infty} \|x_i - u_0\| = 0$, q. e. d.

Die Gleichungen (1.40) definieren ein *Projektions-Iterationsverfahren*. Wie beim reinen Projektionsverfahren in Satz 1.1 kann man auch beim Projektions-Iterationsverfahren Störungen zulassen.

Satz 1.3. *Bedingungen wie in Satz 1.2. Überdies sei $\{b_i\} \subseteq \mathfrak{B}$ eine Folge mit $\|b_i\| \xrightarrow[i\to\infty]{} 0$. Mit $y_i \to u_0$, $y_i = T_i y_i$ und*

$$z_i = T_i z_{i-1} + b_i, \qquad i = 1, 2, \ldots, \tag{1.41}$$

gilt dann bei beliebigem Startelement z_0

$$\lim_{i\to\infty} \|z_i - u_0\| = 0.$$

Beweis. Wir schätzen die Differenzen $z_i - x_i$ ab, wobei die Folge $\{x_i\} \subseteq \mathfrak{B}$ durch (1.38) definiert sei. Es gilt

$$\begin{aligned} \|z_i - x_i\| &= \|T_i z_{i-1} - T_i x_{i-1} + b_i\| \leqq k\|z_{i-1} - x_{i-1}\| + \|b_i\| \\ &\leqq k^i \|z_0 - x_0\| + \sum_{j=1}^{i} k^{i-j} \|b_j\|. \end{aligned} \tag{1.42}$$

Die rechte Seite in der Abschätzung (1.42) besitzt die gleiche Struktur wie die rechte Seite der Abschätzung (1.39). Wie im Beweis zu Satz 1.2 schließen wir daher

$$\|z_i - x_i\| \xrightarrow[i\to\infty]{} 0 \quad \text{und} \quad \|z_i - u_0\| \leqq \|z_i - x_i\| + \|x_i - u_0\| \to 0,$$

q. e. d.

Zum Vergleich des beschriebenen Projektions-Iterationsverfahrens mit den bisher betrachteten Verfahren wenden wir uns noch einmal dem Beispiel der Gleichung (1.20) zu. Es ist wieder $\mathfrak{V} = \mathfrak{H} = \mathring{W}_2^2$, $\{h_k\} \subseteq \mathring{W}_2^2$ eine vollständige Folge von Koordinatenelementen, P_i^0 der orthogonale Projektor auf den abgeschlossenen Unterraum $\mathfrak{L}\{h_1, h_2, \ldots, h_i\}$. Dann ist die Bedingung $\lim_{i\to\infty} P_i^0 u = u$ für jedes $u \in \mathring{W}_2^2$ gesichert. Der Operator $T_{\mathfrak{w}} \in (\mathring{W}_2^2, \mathring{W}_2^2)$ sei über die Formeln (1.28), (1.21) eingeführt; dieser Operator ist strikt kontraktiv. Der Fixpunkt $u_0 \in \mathring{W}_2^2$ dieses Operators vermittelt die Lösung des ebenen elastisch-plastischen Spannungsproblems. Diese Lösung ist Grenzwert der Folge $\{z_i\} \subseteq \mathring{W}_2^2$,

$$z_i = P_i^0 T_{\mathfrak{w}} z_{i-1}, \qquad i = 1, 2, \ldots, \tag{1.43}$$

bei beliebigem Startelement $z_0 \in \mathring{W}_2^2$. Wir schreiben für (1.43) wieder

$$(z_i, h_j) = (T_{\mathfrak{w}} z_{i-1}, h_j), \qquad j = 1, 2, \ldots, i, \tag{1.44}$$

setzen zunächst (1.28) ein und erhalten

$$(z_i, h_j) = (z_{i-1}, h_j) - \beta\big(\tilde{A}_{\mathfrak{w}} z_{i-1}, h_j\big), \qquad j = 1, 2, \ldots, i,$$

oder, falls $z_i = \sum_{k=1}^{i} \alpha_k^{(i)} h_k$ gesetzt wird,

$$\sum_{k=1}^{i} \alpha_k^{(i)}(h_k, h_j) = \sum_{k=1}^{i-1} \alpha_k^{(i-1)}(h_k, h_j) - \beta\langle A_{\mathfrak{w}} z_{i-1}, h_j\rangle, \qquad j = 1, 2, \ldots, i. \tag{1.45}$$

Zur Berechnung der Näherungslösung z_i ist das lineare algebraische Gleichungssystem (1.45) zu lösen. Darin ist

$$\begin{aligned}(h_k, h_j) = \int_{\Omega_1} \bigg\{&\frac{\partial^2 h_k}{\partial x_1^2}\frac{\partial^2 h_j}{\partial x_1^2} + \frac{\partial^2 h_k}{\partial x_2^2}\frac{\partial^2 h_j}{\partial x_2^2} - \frac{1}{2}\frac{\partial^2 h_k}{\partial x_1^2}\frac{\partial^2 h_j}{\partial x_2^2} \\ &- \frac{1}{2}\frac{\partial^2 h_k}{\partial x_2^2}\frac{\partial^2 h_j}{\partial x_1^2} + 3\frac{\partial^2 h_k}{\partial x_1\,\partial x_2}\frac{\partial^2 h_j}{\partial x_1\,\partial x_2}\bigg\}\,dx = \int_{\Omega_1} \Psi[h_k, h_j]\,dx, \\ k, j = 1, 2, \ldots, i,&\end{aligned} \tag{1.46}$$

und

$$\begin{aligned}&\langle A_{\mathfrak{w}} z_{i-1}, h_j\rangle \\ &= \int_{\Omega_1} \left\{\frac{1}{3k}\Delta(w + z_{i-1})\,\Delta h_j + \frac{1}{G}\eta\,(\Psi[w + z_{i-1}, w + z_{i-1}])\,\Psi[w + z_{i-1}, h_j]\right\} dx, \\ &j = 1, 2, \ldots, i.\end{aligned} \tag{1.47}$$

6. Das Projektionsverfahren für parameterabhängige Gleichungen

Im separablen Hilbertraum $\mathfrak{H}$ betrachten wir die parameterabhängige Gleichung

$$P(u, t) = f(t), \qquad t \in \mathfrak{R}. \tag{1.48}$$

Ist $\{e_k\}$ vollständiges ON-System in $\mathfrak{H}$, so suchen wir Näherungslösungen der Gleichung (1.48) in der Form

$$u_n(t) = \sum_{k=1}^{n} \alpha_k^{(n)}(t)\, e_k \tag{1.49}$$

mit Koeffizienten $\alpha_k^{(n)} \in (\mathfrak{R}, \mathfrak{R})$. Korollar 1.1.2 zeigt uns Bedingungen, unter denen die Näherungslösungen (1.49) existieren. Dabei stellt sich die Frage, ob die Näherungen $u_n(t)$ bzw. ihre Koeffizientenvektoren $\alpha^{(n)}(t) = \left(\alpha_1^{(n)}(t), \alpha_2^{(n)}(t), \ldots, \alpha_n^{(n)}(t)\right)$ stetig oder differenzierbar sind, ob Konvergenz nicht nur punktweise, sondern möglicherweise gleichmäßig erfolgt.

Satz 1.4. *Es sei $\mathfrak{H}$ ein separabler Hilbertraum, der Operator $P(\cdot, t) \in (\mathfrak{H}, \mathfrak{H})$ gleichmäßig stark monoton:*

$$\left(P(u, t) - P(v, t), u - v\right) \geqq \gamma \|u - v\|^2, \qquad u, v \in \mathfrak{H}, t \in \mathfrak{R}, \tag{1.50}$$

mit einer von t unabhängigen Konstante $\gamma > 0$. Weiterhin sei $P(\cdot, t)$ Lipschitz-stetig:

$$\|P(u, t) - P(v, t)\| \leqq \nu(t)\, \|u - v\|, \qquad u, v \in \mathfrak{H}, \tag{1.51}$$

$\nu(t)$, $t \in \mathfrak{R}$, stetig. $f \in (\mathfrak{R}, \mathfrak{H})$ sei ein Weg, und für jedes feste $u \in \mathfrak{H}$ sei $P(u, \cdot) \in (\mathfrak{R}, \mathfrak{H})$ ein Weg. $\{e_k\}$ sei ein vollständiges ON-System in $\mathfrak{H}$, $\mathfrak{H}_n = \mathfrak{L}\{e_1, e_2, \ldots, e_n\}$ und P_n^0 der orthogonale Projektor auf $\mathfrak{H}_n$. Dann definieren die Gleichungen

$$P_n^0(u, t) = P_n^0 f(t), \qquad n = 1, 2, \ldots, \tag{1.52}$$

für jedes n genau einen Weg $u_n \in C(\mathfrak{R}, \mathfrak{H}_n)$, und es gilt für jedes kompakte Intervall $[a, b] \subseteq \mathfrak{R}$

$$|u_n - u_*| = \max_{t \in [a,b]} \|u_n(t) - u_*(t)\| \xrightarrow[n \to \infty]{} 0,$$

falls $u_* \in C(\mathfrak{R}, \mathfrak{H})$ die Lösung der Gleichung (1.48) ist.

Beweis. Den Ungleichungen (1.50), (1.51) für die Operatorenfamilie $P(\cdot, t)$, $t \in \mathfrak{R}$, auf $\mathfrak{H}$ entsprechen analoge Ungleichungen für die Operatoren $P_n^0 P(\cdot, t) \in (\mathfrak{H}_n, \mathfrak{H}_n)$, $t \in \mathfrak{R}$, $n = 1, 2, \ldots$ Wir finden

$$\begin{aligned}\left(P_n^0 P(u, t) - P_n^0 P(v, t), u - v\right) &= \left(P(u, t) - P(v, t), u - v\right)\\ &\geqq \gamma \|u - v\|^2, \qquad u, v \in \mathfrak{H}_n, \qquad t \in \mathfrak{R},\end{aligned} \tag{1.53}$$

und

$$\|P_n^0 P(u, t) - P_n^0 P(v, t)\| \leqq \|P(u, t) - P(v, t)\|, \qquad u, v \in \mathfrak{H}_n, \qquad t \in \mathfrak{R}. \tag{1.54}$$

Aus Satz I.5.4 ersehen wir dann: Zu jedem $t \in \mathfrak{R}$ und jedem $n = 1, 2, \ldots$ definieren die Gleichungen (1.48) bzw. (1.52) eindeutig bestimmte Lösungen

$$u_*(t) \in \mathfrak{H}, \qquad t \in \mathfrak{R}, \quad \text{und} \quad u_n(t) \in \mathfrak{H}_n, \qquad t \in \mathfrak{R}.$$

Aus Satz IV.1.1 folgern wir:

$$u_* \in C(\mathfrak{R}, \mathfrak{H}), \qquad u_n \in C(\mathfrak{R}, \mathfrak{H}_n), \qquad n = 1, 2, \ldots$$

Für jedes kompakte Intervall $[a, b] \subseteq \mathfrak{R}$ sind die Funktionen

$$\varphi_n(t) = \|u_*(t) - u_n(t)\|, \qquad t \in [a, b],$$

stetig.

Wir betrachten noch die ebenfalls stetigen Funktionen

$$\chi_n(t) = \|u_*(t) - P_n{}^0 u_*(t)\|, \qquad t \in [a, b]. \tag{1.55}$$

Mit den Eigenschaften (1.53), (1.54) erhalten wir

$$\begin{aligned}
&\gamma\|u_n(t) - P_n{}^0 u_*(t)\|^2 \\
&\leqq \left(P_n{}^0 P(u_n, t) - P_n{}^0 P\big(P_n{}^0 u_*(t), t\big), u_n(t) - P_n{}^0 u_*(t)\right) \\
&= \left(P_n{}^0 f(t) - P_n{}^0 P\big(P_n{}^0 u_*(t), t\big), u_n(t) - P_n{}^0 u_*(t)\right) \\
&= \left(P_n{}^0 P\big(u_*(t), t\big) - P_n{}^0 P\big(P_n{}^0 u_*(t), t\big), u_n(t) - P_n{}^0 u_*(t)\right) \\
&\leqq \nu(t)\, \|u_*(t) - P_n{}^0 u_*(t)\|\, \|u_n(t) - P_n{}^0 u_*(t)\|
\end{aligned}$$

und daher mit $L_{ab} = \max\limits_{t \in [a,b]} \nu(t)$

$$\begin{aligned}
\|u_*(t) - u_n(t)\| &\leqq \|u_*(t) - P_n{}^0 u_*(t)\| + \|P_n{}^0 u_*(t) - u_n(t)\| \\
&\leqq \left(1 + \frac{L_{ab}}{\gamma}\right) \|u_*(t) - P_n{}^0 u_*(t)\|,
\end{aligned}$$

also

$$0 \leqq \varphi_n(t) \leqq \left(1 + \frac{L_{ab}}{\gamma}\right) \chi_n(t), \qquad t \in [a, b]. \tag{1.56}$$

Wegen der Minimaleigenschaft der Projektionsoperatoren gilt offensichtlich noch

$$0 \leqq \chi_{n-1}(t) \leqq \chi_n(t), \qquad t \in [a, b];$$

andererseits haben wir aus (1.55)

$$\chi_n(t) \xrightarrow[n \to \infty]{} 0 \quad \text{für alle } t \in [a, b].$$

Nach dem bekannten Satz von Dini folgt daraus die gleichmäßige Konvergenz der Folge $\chi_n(t)$ gegen Null, aus (1.56) damit auch die gleichmäßige Konvergenz der Folge $\varphi_n(t)$ gegen Null, q. e. d.

7. Approximation der Trajektorie einer nichtlinear elastischen Platte

Erinnern wir uns an die Beschreibung (IV.1.30) bis (IV.1.36) einer impliziten Operatorfunktion aus der Theorie nichtlinear elastischer Platten. Im Zusammenhang mit dem Galerkin-Verfahren trat diese Gleichung schon einmal in der Form (IV.3.45) als Erläuterung zum Deformationsprinzip auf. Die Konvergenz der Näherungen wurde dort nicht untersucht. Diese Frage sei jetzt gestellt:

Gegeben ist die Operatorgleichung

$$P(u, t) = tf, \qquad t \in \mathfrak{R}, \tag{1.57}$$

mit dem Operator $P \in \left(\mathring{W}_2^2 \times \mathfrak{R}, \mathring{W}_2^2\right)$ aus (IV.1.31),

$$\left(P(u, t), h\right) = \int_\Omega \left\{1 + s(t)\left[g(H[u, u]) - 1\right]\right\} H[u, h]\, dx.$$

$\Omega \subseteq \mathfrak{R}^2$ ist ein beschränktes normales Gebiet, $\mathring{W}_2^2(\Omega)$ ein Unterraum des Sobolev-Raumes $W_2^2(\Omega)$, dessen Skalarprodukt mit Hilfe der positiven Bilinearform $H[u, h]$ erzeugt ist,

$$(u, h) = \int_\Omega H[u, h]\, dx$$

(vgl. (III.2.48)). $s(t)$, $-\infty < t < \infty$, ist eine stetige und hinreichend glatte reelle Funktion mit Werten aus $[0, 1]$, $g(\xi)$, $\xi \geqq 0$, eine Materialfunktion, ebenfalls stetig und hinreichend glatt, die überdies gewisse Wachstumsbedingungen erfüllt. $f \in \mathring{W}_2^2$ ist ein gegebenes Element, folglich $f(t) = tf$ ein (differenzierbarer) Weg in $\mathring{W}_2^2$, $f'(t) = f$.

Ist die Materialfunktion $g(\xi)$, $\xi \geqq 0$, stetig und stetig differenzierbar, genügt sie überdies den Bedingungen

$$\mu_1 \geqq g(\xi) \geqq \varphi_1 > 0, \qquad \nu_1 \geqq \frac{dg(\xi^2)\,\xi}{d\xi} \geqq \psi_1 > 0 \tag{1.58}$$

mit geeigneten Konstanten $\mu_1, \nu_1, \varphi_1, \psi_1$, so gelten die Ungleichungen

$$\left(P(u, t) - P(v, t), u - v\right) \geqq \varkappa_0 \|u - v\|^2, \qquad u, v \in \mathring{W}_2^2, \qquad t \in \mathfrak{R}, \tag{1.59}$$

und

$$\|P(u, t) - P(v, t)\| \leqq \varkappa_1 \|u - v\|, \qquad u, v \in \mathring{W}_2^2, \qquad t \in \mathfrak{R}, \tag{1.60}$$

mit positiven Konstanten $\varkappa_0$, $\varkappa_1$. Dies ist die Aussage von Lemma IV.1.3. Mit Satz IV. 1.4 können wir dann die Existenz einer eindeutig bestimmten Trajektorie der Gleichung (1.57) beweisen.

Ist die Materialfunktion $g(\xi)$, $\xi \geqq 0$, in der Operatorgleichung (1.57) stetig differenzierbar, genügt sie den Wachstumsbeschränkungen (1.58), und ist die Funktion $s(t)$, $t \in \mathfrak{R}$, stetig, so definiert die Gleichung (1.57) genau eine (stetige) Trajektorie $u \in \left(\mathfrak{R}, \mathring{W}_2^2\right)$, für die

$$P\left(u(t), t\right) = tf, \qquad t \in \mathfrak{R},$$

ist. Wir nennen diese Trajektorie auch *Trajektorie der durch* die Gleichung (1.57) *beschriebenen Platte.*

Der Raum $\mathring{W}_2^2(\Omega)$ ist separabel. Wie aus dem Beispiel (iii) von Kap. III, § 1, ersichtlich ist, kann dieser Raum als energetischer Raum des biharmonischen Operators aufgefaßt werden, dessen verallgemeinerte Eigenfunktionen dann ein vollständiges ON-System in $\mathring{W}_2^2$ erzeugen.

Es sei $\{e_k\} \subseteq \mathring{W}_2^2$ ein von nun an fixiertes ON-System. Da $\mathring{C}_2(\bar{\Omega}) \subseteq C_2(\bar{\Omega})$ dicht in $\mathring{W}_2^2(\Omega)$ ist, können wir annehmen, daß $e_k \in \mathring{C}_2(\bar{\Omega})$, $k = 1, 2, \ldots$, ist. Schließlich sei $\mathfrak{L}\{e_1, e_2, \ldots, e_n\} = \mathfrak{H}_n \subseteq \mathring{C}_2(\bar{\Omega})$ und $P_n^0 \in (\mathring{W}_2^2, \mathfrak{H}_n)$ der orthogonale Projektor auf $\mathfrak{H}_n$. Neben der Gleichung (1.57) betrachten wir auch die Gleichungen

$$P_n^0 P(u, t) = t P_n^0 f, \qquad t \in \mathfrak{R}. \tag{1.61}$$

Korollar 1.4.1. *Die Materialfunktion $g(\xi)$, $\xi \geqq 0$, in der Operatorgleichung* (1.57) *sei stetig differenzierbar und genüge den Wachstumsbeschränkungen* (1.58). *Die Funktion $s(t)$, $t \in \mathfrak{R}$, sei stetig. Dann definieren die Gleichungen* (1.61) *für jedes n eine eindeutig bestimmte Trajektorie $u_n \in (\mathfrak{R}, \mathfrak{H}_n)$, für die*

$$P_n^0 P(u_n(t), t) = t P_n^0 f, \qquad n = 1, 2, \ldots, \qquad t \in \mathfrak{R},$$

ist. Auf jedem kompakten Intervall $[a, b] \subseteq \mathfrak{R}$ gilt

$$\|u_n - u\| = \max_{t \in [a,b]} \|u_n(t) - u(t)\| \xrightarrow[n \to \infty]{} 0,$$

falls u die Trajektorie der Gleichung (1.57) *ist.*

Beweis. Satz 1.4, dem wir dieses Resultat entnehmen, erfordert neben den Bedingungen (1.59), (1.60) nur noch die Stetigkeit der Abbildung $P(u, \cdot) \in (\mathfrak{R}, \mathring{W}_2^2)$ bei fixiertem $u \in \mathring{W}_2^2$. Diese Stetigkeit wurde aber in Satz IV.1.4 schon bewiesen.

8. Das Projektionsverfahren für Operator-Differentialgleichungen

Satz IV.5.1 entnehmen wir Bedingungen, unter denen die Gleichung

$$\frac{du}{dt} + P(t)\, u = f(t), \qquad t \in [0, T], \tag{1.62}$$

eine Lösung $u \in \mathfrak{C}_1([0, T], \mathfrak{H})$ mit dem vorgegebenen Anfangswert

$$u(0) = u_0 \in \mathfrak{H} \tag{1.63}$$

besitzt. Die Ableitung u' eines Weges $u(t)$, $t \in [0, T]$, wurde darin mit Hilfe der schwachen Konvergenz definiert, vgl. Definition IV.3.1. Die Existenzbedingungen erfordern von der Operatorfamilie $P(t)$, $t \in [0, T]$, die Eigenschaften (i_t), (ii_t), also Lipschitz-Stetigkeit bei fixiertem $t \in [0, T]$ und Stetigkeit von $P(t)\, u$ bei fixiertem $u \in \mathfrak{H}$.

Zur Anwendung des Projektionsverfahrens setzen wir den Hilbertraum wieder als separabel voraus, fixieren in ihm ein vollständiges ON-System $\{e_k\}$ und führen die Unterräume $\mathfrak{H}_n = \mathfrak{L}\{e_1, e_2, \ldots, e_n\}$ mit den orthogonalen Projektoren P_n^0 ein.

Die Näherungslösungen

$$u_n(t) = \sum_{k=1}^{n} \alpha_k^{(n)}(t)\, e_k \tag{1.64}$$

definieren wir in Übereinstimmung mit Lemma IV.5.1 als Lösungen des Systems von Integralgleichungen

$$\bigl(u_n(t), e_k\bigr) = (u_0, e_k) - \int_0^t \bigl(P(\tau)\, u_n(\tau), e_k\bigr)\, d\tau + b_k(t), \tag{1.65}$$

$$k = 1, 2, \ldots, n; \qquad b_k(t) = \int_0^t \bigl(f(\tau), e_k\bigr)\, d\tau.$$

Lemma 1.1. *Bedingungen wie im Existenzsatz* IV.5.1 $\bigl((\mathrm{i}_t), (\mathrm{ii}_t)$ *für das Intervall* $[0, T]$, $f \in C([0, T], \mathfrak{H})\bigr)$. *Dann definieren die Gleichungen* (1.65) *für jedes n genau einen Weg* $u_n \in \mathfrak{C}_1([0, T], \mathfrak{H}_n)$.

Beweis. Satz IV.5.1 für $\mathfrak{H} = \mathfrak{H}_n$.

Wir stellen uns nun die Aufgabe, den Konvergenzbeweis für dieses Approximationsverfahren zu erbringen. Dazu benötigen wir eine Differentialungleichung.

Lemma von Gronwall. *Eine Funktion* $v \in C\bigl([0, T]\bigr)$ *möge für Konstanten* $\varkappa_1, \varkappa_2$ *die Ungleichung*

$$v(t) \leqq \varkappa_1 + \varkappa_2 \int_0^t v(s)\, ds, \qquad t \in [0, T], \tag{1.66}$$

erfüllen. Dann gilt die Abschätzung

$$v(t) \leqq \varkappa_1 e^{\varkappa_2 t}, \qquad t \in [0, T]. \tag{1.67}$$

Beweis. Es sei $\varepsilon > 0$ beliebig vorgegeben; wir betrachten noch die Funktion $w \in C([0, T])$,

$$w(t) = (\varkappa_1 + \varepsilon)\, e^{\varkappa_2 t},$$

für die wir die Beziehung

$$w(t) = \varkappa_1 + \varepsilon + \varkappa_2 \int_0^t w(s)\, ds, \qquad t \in [0, T], \tag{1.68}$$

herleiten. Offenbar gilt $w(0) > v(0)$; wir behaupten nun, daß $w(t) > v(t)$, $t \in [0, T]$, ist. Es sei im Gegenteil $t_0 \in (0, T]$ der erste Wert, in welchem $w(t_0) = v(t_0)$ ist. Aus (1.66), (1.68) ersehen wir indessen, daß

$$w(t_0) - v(t_0) \geqq \varepsilon + \varkappa_2 \int_0^t [w(s) - v(s)]\, ds > 0$$

ist. Der erzielte Widerspruch beweist unsere Behauptung, also $v(t) < (\varkappa_1 + \varepsilon)\, e^{\varkappa_2 t}$, $t \in [0, T]$, aus der wir durch Grenzübergang $\varepsilon \to 0+$ die Ungleichung (1.67) erhalten.

Wir wenden uns nun der Operator-Differentialgleichung (1.62) bzw. den Näherungsgleichungen des Galerkin-Verfahrens (1.65) zu. Den Unterraum der stetig differenzierbaren Wege in $\mathfrak{C}_1([0, T], \mathfrak{H})$ mit der Norm

$$|u|_1 = \max\{|u|, |u'|\} \tag{1.69}$$

und $|\cdot|$ aus (IV.5.1) bezeichnen wir mit $C_1([0, T], \mathfrak{H})$. $\{e_k\}_{k=1}^{\infty}$ sei wieder ein vollständiges ON-System in $\mathfrak{H}$, $\mathfrak{H}_n = \mathfrak{L}\{e_1, e_2, \ldots, e_n\}$ und $P_n^0 \in (\mathfrak{H}, \mathfrak{H}_n)$ der orthogonale Projektor auf $\mathfrak{H}_n$.

Lemma 1.2. *Es sei $u \in C_1([0, T], \mathfrak{H})$ beliebig fixiert. Dann gilt*

$$\lim_{n\to\infty} |P_n^0 u - u|_1 = 0. \tag{1.70}$$

Beweis. Wir fixieren irgendein $t \in [0, T]$; gemäß Lemma IV.3.1 besitzt der Projektor P_n^0 die Gestalt

$$P_n^0 u = \sum_{k=1}^{n} (u, e_k)\, e_k,$$

und nach Satz I.2.7 gilt dann

$$\lim_{n\to\infty} \|P_n^0 u(t) - u(t)\| = 0, \qquad \lim_{n\to\infty} \|P_n^0 u'(t) - u'(t)\| = 0.$$

Da offenbar $\mathfrak{H}_{n+1} \supseteq \mathfrak{H}_n$ ist, ist die Konvergenz monoton, und nach dem Satz von Dini erhalten wir

$$\lim_{n\to\infty} |P_n^0 u - u| = 0, \qquad \lim_{n\to\infty} |P_n^0 u' - u'| = 0.$$

Schließlich gilt für beliebiges $h \in \mathfrak{H}$

$$\bigl(P_n^0 u'(t), h\bigr) = \bigl(u'(t), P_n^0 h\bigr) = \frac{d}{dt}\bigl(u(t), P_n^0 h\bigr) = \frac{d}{dt}\bigl(P_n^0 u(t), h\bigr)$$
$$= \bigl((P_n^0 u)'(t), h\bigr),$$

also auch

$$\lim_{n\to\infty} |(P_n^0 u)' - u'| = 0$$

und damit (1.70), q. e. d.

Nach diesen Vorbereitungen können wir die Konvergenz des Galerkin-Verfahrens für die Gleichung (1.62) beweisen.

Lemma 1.3. *Die Operatorenfamilie $P(t) \in (\mathfrak{H}, \mathfrak{H})$, $t \in [0, T]$, besitze die Eigenschaften* (i_t), (ii_t) (vgl. (IV.5.4)), *$f \in ([0, T], \mathfrak{H})$ sei ein Weg. Dann konvergiert das Galerkin-Verfahren in $C([0, T], \mathfrak{H})$.*

Beweis. Es sei $u(t)$, $t \in [0, T]$, die nach Satz IV.5.1 eindeutig bestimmte Lösung des AWP (1.62), (1.63), $u \in \mathfrak{C}_1([0, T], \mathfrak{H})$; $u_n(t)$, $t \in [0, T]$, $n = 1, 2, \ldots$, sind die nach

Lemma 1.1 eindeutig bestimmten Lösungen der Gleichungen (1.65). Aus (1.62) und der Tatsache, daß mit den Bedingungen (i_t), (ii_t) $P(t)\,u(t)$, $t \in [0, T]$, Weg in $\mathfrak{H}$ ist, falls $u \in ([0, T], \mathfrak{H})$ Weg in $\mathfrak{H}$ ist, folgt $u \in C_1([0, T], \mathfrak{H})$. Ebenso erhalten wir aus der Darstellung

$$\frac{du_n}{dt} + P_n{}^0 P(t)\, u_n(t) = P_n{}^0 f(t), \tag{1.71}$$

$$u_n(0) = P_n{}^0 u_0 \tag{1.72}$$

für die Galerkinschen Näherungslösungen, die wir unmittelbar aus (1.65) erhalten,

$$u_n \in C_1([0, T], \mathfrak{H}_n) \subseteq C_1([0, T], \mathfrak{H}), \qquad n = 1, 2, \ldots$$

Mit der Bezeichnung

$$w_n(t) = P_n{}^0 u(t), \qquad n = 1, 2, \ldots, \tag{1.73}$$

haben wir noch $w_n \in C_1([0, T], \mathfrak{H}_n) \subseteq C_1([0, T], \mathfrak{H})$. Aus (1.62) und (1.71) erhalten wir die Beziehungen

$$\begin{aligned}
\big(w_n'(t), u_n(t) - w_n(t)\big) &= -\big(P_n{}^0 P(t)\, u(t), u_n(t) - w_n(t)\big) \\
&\quad + \big(P_n{}^0 f(t), u_n(t) - w_n(t)\big) \\
&= -\big(P(t)\, u(t), u_n(t) - w_n(t)\big) + \big(f(t), u_n(t) - w_n(t)\big), \\
\big(u_n'(t), u_n(t) - w_n(t)\big) &= -\big(P_n{}^0 P(t)\, u_n(t), u_n(t) - w_n(t)\big) \\
&\quad + \big(P_n{}^0 f(t), u_n(t) - w_n(t)\big) \\
&= -\big(P(t)\, u_n(t), u_n(t) - w_n(t)\big) + \big(f(t), u_n(t) - w_n(t)\big), \\
n &= 1, 2, \ldots
\end{aligned}$$

Durch Subtraktion erhalten wir daraus

$$\begin{aligned}
&\big(u_n'(t) - w_n'(t), u_n(t) - w_n(t)\big) \\
&= \big(P(t)\, u(t) - P(t)\, u_n(t), u_n(t) - w_n(t)\big) \\
&= -\big(P(t)\, u_n(t) - P(t)\, w_n(t), u_n(t) - w_n(t)\big) \\
&\quad - \big(P(t)\, w_n(t) - P(t)\, u(t), u_n(t) - w_n(t)\big), \qquad n = 1, 2, \ldots
\end{aligned} \tag{1.74}$$

Mit Hilfe der elementaren Ungleichung $2|\alpha\beta| \leqq \alpha^2 + \beta^2$, $\alpha, \beta \in \mathfrak{R}$, der Schwarzschen Ungleichung sowie der Eigenschaft (i_t) aus (IV.5.4) erhalten wir aus (1.74) die Abschätzung

$$\begin{aligned}
\big(u_n'(t) - w_n'(t), u_n(t) - w_n(t)\big) &\leqq \left(1 + \frac{\varkappa^2(t)}{2}\right) \|u_n(t) - w_n(t)\|^2 \\
&\quad + \frac{1}{2}\, \|P(t)\, w_n(t) - P(t)\, u(t)\|^2, \\
n &= 1, 2, \ldots
\end{aligned} \tag{1.75}$$

Durch Integration gewinnen wir aus (1.75) unter Beachtung der Relationen $w_n(0) = u_n(0)$, $n = 1, 2, \ldots$, die aus (1.63) und (1.72) folgen, und der Beziehung

$$\int_0^s \big(u_n'(t) - w_n'(t), u_n(t) - w_n(t)\big)\, dt = \frac{1}{2} \|u_n(s) - w_n(s)\|^2, \quad s \in [0, T]^{1)} \tag{1.76}$$

die Abschätzung

$$\|u_n(s) - w_n(s)\|^2 \leqq \int_0^s \|P(t)\, w_n(t) - P(t)\, u(t)\|^2\, dt + \big(2 + \varkappa^2(t)\big) \int_0^s \|u_n(t) - w_n(t)\|^2\, dt.$$

Mit den Bezeichnungen

$$\varkappa_{1n} = \int_0^T \|P(t)\, w_n(t) - P(t)\, u(t)\|^2\, dt, \qquad \varkappa_2 = 2 + \max_{t \in [0,T]} \varkappa^2(t)$$

gilt schließlich

$$\|u_n(s) - w_n(s)\|^2 \leqq \varkappa_{1n} + \varkappa_2 \int_0^s \|u_n(t) - w_n(t)\|^2\, dt, \qquad s \in [0, T],$$

und nach dem Gronwallschen Lemma

$$\|u_n(t) - w_n(t)\|^2 \leqq \varkappa_{1n} e^{\varkappa_2 t}, \qquad t \in [0, T], \qquad n = 1, 2, \ldots \tag{1.77}$$

Wiederum mit Hilfe der Eigenschaft (i_t) finden wir $\varkappa_{1n} \leqq T\varkappa_2 |w_n - u|$, also mit (1.77)

$$|u_n - w_n| \leqq T\varkappa_2 e^{\varkappa_2 T} |w_n - u|$$

und

$$|u_n - u| \leqq (T\varkappa_2 e^{\varkappa_2 T} + 1)\, |w_n - u|, \text{ mit Lemma 1.2 daher } \lim_{n\to\infty} |u_n - u| = 0,$$

q. e. d.

---

[1]) Zum Beweis der Beziehung (1.76) bemerken wir, daß für $u \in C_1([0, T], \mathfrak{H})$

$$\begin{aligned}\frac{d}{dt}\,(u(t), u(t)) &= \lim_{\Delta t \to 0} \frac{(u(t + \Delta t), u(t + \Delta t)) - (u(t), u(t))}{\Delta t} \\ &= \lim_{\Delta t \to 0} \left(\frac{u(t + \Delta t) - u(t)}{\Delta t}, u(t + \Delta t)\right) + \lim_{\Delta t \to 0} \left(u(t), \frac{u(t + \Delta t) - u(t)}{\Delta t}\right) \\ &= 2\big(u'(t), u(t)\big) + \lim_{\Delta t \to 0} \left(\frac{u(t + \Delta t) - u(t)}{\Delta t}, u(t + \Delta t) - u(t)\right) \\ &= 2\big(u'(t), u(t)\big)\end{aligned}$$

ist, da schwach konvergente Folgen beschränkt in $\mathfrak{H}$ sind (Satz I.2.10).

Wir können nun beweisen, daß das Galerkin-Verfahren für die Operator-Differentialgleichung (1.62) nicht nur die Lösung selbst, sondern auch ihre Ableitung gut approximiert.

Satz 1.5. *Bedingungen wie in Lemma* 1.3. *Dann konvergieren die Näherungslösungen* $u_n \in C_1([0, T], \mathfrak{H}_n)$ *des Galerkin-Verfahrens in* $C_1([0, T], \mathfrak{H})$.

Beweis. Wir vergleichen die Gleichungen (1.62), (1.71) für die Lösung und ihre Galerkin-Näherungen und erhalten die Beziehungen

$$\begin{aligned}\big(w_n'(t), u_n'(t) - w_n'(t)\big) &= -\big(P(t)\, u(t), u_n'(t) - w_n'(t)\big)\\ &\quad + \big(f(t), u_n'(t) - w_n'(t)\big),\\ \big(u_n'(t), u_n'(t) - w_n'(t)\big) &= -\big(P(t)\, u_n(t), u_n'(t) - w_n'(t)\big)\\ &\quad + \big(f(t), u_n'(t) - w_n'(t)\big), \qquad n = 1, 2, \ldots\end{aligned}$$

Nach Subtraktion entsteht daraus

$$\|u_n'(t) - w_n'(t)\|^2 = \big(P(t)\, u(t) - P(t)\, u_n(t), u_n'(t) - w_n'(t)\big).$$

Mit der Lipschitz-Stetigkeit von $P(t)$ (Bedingung (i_t) aus (IV.5.4)) erhalten wir daraus die Abschätzung $\|u_n'(t) - w_n'(t)\| \leqq \varkappa(t)\, \|u(t) - u_n(t)\|$. Mit $\varkappa = \max\limits_{t \in [0,T]} \varkappa(t)$ ergibt sich schließlich

$$\begin{aligned}&|u_n' - w_n'| \leqq \varkappa |u - u_n|,\\ &|u_n - u|_1 \leqq |u_n - u| + |u_n' - u'|\\ &\qquad \leqq (1 + \varkappa)\, |u_n - u| + |w_n' - u'|. \end{aligned} \tag{1.78}$$

Wegen Lemma 1.2 strebt die rechte Seite in (1.78) gegen Null, falls $n \to \infty$ geht, damit auch $|u_n - u|_1$, q. e. d.

9. Approximation differenzierbarer Trajektorien parameterabhängiger Gleichungen durch das Galerkin-Verfahren

Im separablen Hilbertraum $\mathfrak{H}$ legen wir uns wieder eine parameterabhängige Gleichung vor:

$$P(u, t) = f(t), \qquad t \in [0, \tau), \tag{1.79}$$

in der der Weg $f \in ([0, \tau), \mathfrak{H})$ gegeben und die Trajektorie $u \in ([0, \tau), \mathfrak{H})$ gesucht sind. Unter den Bedingungen von Satz 1.4 kann die Trajektorie u nach dem Galerkin-Verfahren berechnet werden. Die Näherungslösungen (1.49), $u_n(t) = \sum\limits_{k=1}^{n} \alpha_k^{(n)}(t)\, e_k$, die dem Gleichungssystem (1.52) genügen, konvergieren für $n \to \infty$ auf jedem kompakten Intervall $[0, a] \subseteq [0, \tau)$ gleichmäßig gegen u.

Nun wissen wir aus Kap. IV, § 3, daß diese Trajektorie bei differenzierbarer rechter Seite f selbst differenzierbar sein kann und einer Operator-Differentialgleichung genügt. Entsprechenden Operator-Differentialgleichungen genügen auch die Näherungslösungen u_n des Galerkin-Verfahrens. Im Anschluß an die Ergebnisse von Abschnitt 8 scheint es daher möglich, daß die Ableitungen der Näherungslösungen gleichmäßig gegen die Ableitungen der gesuchten Trajektorie u konvergieren.

Wir legen uns zunächst die Operator-Differentialgleichung zurecht. $\{e_k\}$ sei wieder vollständiges ON-System in $\mathfrak{H}$ und $P_n^0 \in (\mathfrak{H}, \mathfrak{H}_n)$ der orthogonale Projektor auf $\mathfrak{H}_n = \mathfrak{L}(e_1, e_2, \ldots, e_n)$.

Lemma 1.4. *Der Operator* $P \in (\mathfrak{H} \times \mathfrak{R}, \mathfrak{H})$ *erfülle die Bedingungen* (i_P) *und* (ii_P), *d. h., er besitze die Zerlegungen* (IV.1.8) *und* (IV.1.10) *mit den dazu geforderten Eigenschaften. Überdies sei P stark monoton und Lipschitz-stetig und erfülle damit die Bedingungen* (1.6), (1.7) *in Korollar* IV.1.1.1. *Der Weg* $f \in \big([0, \tau), \mathfrak{H}\big)$ *sei differenzierbar. Dann definieren die Gleichungen*

$$\left.\begin{aligned} P(u, t) &= f(t), \\ P_n^0 P(u_n, t) &= P_n^0 f(t), \end{aligned}\right\} t \in [0, \tau), \tag{1.80}$$

je genau eine Trajektorie $u \in \mathfrak{C}_1\big([0, \tau), \mathfrak{H}\big)$ *bzw.* $u_n \in \mathfrak{C}_1\big([0, \tau), \mathfrak{H}_n\big)$. *Diese Trajektorien genügen den Operator-Differentialgleichungen*

$$\left.\begin{aligned} &D\big(u(t), t\big)\, u'(t) + Q\big(u(t), t\big) = f'(t), \\ &P_n^0 D\big(u_n(t), t\big)\, u_n'(t) + P_n^0 Q\big(u_n(t), t\big) = P_n^0 f'(t), \end{aligned}\right\} \tag{1.81}$$

$$t \in [0, \tau), n = 1, 2, \ldots$$

Beweis. In Satz IV.3.1 setzen wir jeweils $P \in (\mathfrak{H} \times \mathfrak{R}, \mathfrak{H})$ und $P_n^0 P \in (\mathfrak{H}_n \times \mathfrak{R}, \mathfrak{H}_n)$ ein. Dann erhalten wir die Gleichungen (1.81) zunächst für $t \in (0, \tau)$. Da der Anfangswert 0 auf Grund der verschärften Voraussetzung an f keine Sonderstellung mehr einnimmt, gelten die Differenzierbarkeitsbetrachtungen im Beweis zu Satz IV.3.1 auch für 0 im Sinne von Randwerten. In diesem Sinne gelten dann auch die Gleichungen (1.81). Lemma 1.4 ist damit bewiesen.

Satz 1.6. *Bedingungen wie in Lemma* 1.4. *Überdies mögen die Operatoren* $Q(\cdot, t) \in (\mathfrak{H}, \mathfrak{H})$ *und* $D(\cdot, t) \in (\mathfrak{H}, [\mathfrak{H}, \mathfrak{H}])$ *in der Bedingung* (i_P) *für* $t \in [0, \tau)$ *stetig sein. Dann besteht zwischen der Lösung* $u(t)$ *und den Galerkin-Näherungen* $u_n(t)$ *aus* (1.80) *für jedes* $t \in [0, \tau)$ *die Grenzwertbeziehung* $\lim\limits_{n\to\infty} \|u'(t) - u_n'(t)\| = 0$.

Beweis. Zunächst leiten wir aus (1.81) eine a-priori-Abschätzung für die Ableitungen der Galerkin-Näherungen her. Wir finden

$$\big(D\big(u_n(t), t\big)\, u_n'(t), u_n'(t)\big) = \big(f'(t), u_n'(t)\big) - \big(Q\big(u_n(t), t\big), u_n'(t)\big), \quad t \in [0, \tau). \tag{1.82}$$

Nach Lemma IV.1.1 ist mit $P \in (\mathfrak{H} \times \mathfrak{R}, \mathfrak{H})$ auch der Operator $D(v, t) \in [\mathfrak{H}, \mathfrak{H}]$ gleichmäßig stark monoton; es gilt

$$\big(D(v, t)\, h, h\big) \geqq \gamma \|h\|^2, \qquad h \in \mathfrak{H}, \tag{1.83}$$

mit einer von $v \in \mathfrak{H}$ und $t \in \mathfrak{R}$ unabhängigen Konstante $\gamma > 0$. Damit erhalten wir aus (1.82)

$$\gamma \|u_n'(t)\| \leqq \|f'(t)\| + \|Q(u_n(t), t)\|, \qquad t \in [0, \tau). \tag{1.84}$$

Da Satz 1.6 die Bedingungen von Satz 1.4 umfaßt, konvergieren die Galerkin-Näherungen auf jedem kompakten Intervall $[0, a] \subseteq [0, \tau)$ gleichmäßig gegen die Lösung $u \in C([0, \tau), \mathfrak{H})$. Insbesondere konvergieren die Galerkin-Näherungen in $\mathfrak{H}$ für jedes fixierte $t \in [0, \tau)$. Aus der Beziehung

$$\big|\|Q(u_n(t), t)\| - \|Q(u(t), t)\|\big| \leqq \big\|Q(u_n(t), t) - Q(u(t), t)\big\| \xrightarrow[n\to\infty]{} 0,$$

die aus der Stetigkeit des Operators $Q(\cdot, t)$ folgt, und (1.84) folgern wir die Existenz einer Konstante $\varkappa_1(t)$, mit der $\|u_n'(t)\| \leqq \varkappa_1(t)$, $n = 1, 2, \ldots$, $t \in [0, \tau)$, ist.

Wir kehren nun zu den Beziehungen (1.81) zurück. Von der ersten Gleichung, auf die wir den orthogonalen Projektor P_n^0 anwenden, subtrahieren wir die zweite und multiplizieren skalar mit $u'(t) - u_n'(t)$. Das Ergebnis ist mit $P_n^0 u'(t) = w_n'(t)$

$$\begin{aligned}
&\Big(D\big(u_n(t), t\big)\big(w_n'(t) - u_n'(t)\big), w_n'(t) - u_n'(t)\Big)\\
&+ \Big(D\big(u(t), t\big)\, u'(t) - D\big(u_n(t), t\big)\, w_n'(t), w_n'(t) - u_n'(t)\Big)\\
&+ \Big(Q\big(u(t), t\big) - Q\big(u_n(t), t\big), w_n'(t) - u_n'(t)\Big) = 0,\\
&\qquad\qquad n = 1, 2, \ldots, \qquad t \in [0, \tau).
\end{aligned} \tag{1.85}$$

In (1.85) wenden wir noch einmal die Ungleichung (1.83) an und erhalten

$$\begin{aligned}
\gamma \|w_n'(t) - u_n'(t)\| &\leqq \big\|\big[D\big(u(t), t\big) - D\big(u_n(t), t\big)\big]\, u'(t)\big\|\\
&\quad + \big\|D\big(u_n(t), t\big)\big\|\, \|u'(t) - w_n'(t)\| + \big\|Q\big(u(t), t\big) - Q\big(u_n(t), t\big)\big\|\\
&\leqq 3\varkappa_1(t)\, \big\|D\big(u(t), t\big) - D\big(u_n(t), t\big)\big\|\\
&\quad + \big\|D\big(u(t), t\big)\big\|\, \|u'(t) - w_n'(t)\| + \big\|Q\big(u(t), t\big) - Q\big(u_n(t), t\big)\big\|,\\
&\quad n = 1, 2, \ldots, \qquad t \in [0, \tau).
\end{aligned} \tag{1.86}$$

Für fixiertes $t \in [0, \tau)$ und $n \to \infty$ konvergiert die rechte Seite in (1.86) wegen Lemma 1.2 gegen Null, es gilt also

q. e. d.

$$\|u'(t) - u_n'(t)\| \leqq \|u'(t) - w_n'(t)\| + \|w_n'(t) - u_n'(t)\| \xrightarrow[n\to\infty]{} 0,$$

Zum Nachweis der gleichmäßigen Konvergenz einer Funktionenfolge kann man neben dem Begriff der monotonen Konvergenz auch den von Carathéodory eingeführten Begriff der stetigen Konvergenz verwenden.

Eine Folge $\{\varphi_n\} \subseteq C([0, T])$ heißt *stetig konvergent*, wenn für jeden Punkt $t_0 \in [0, T]$ und jede Folge $\{t_n\} \subseteq [0, T]$, $\lim\limits_{n\to\infty} t_n = t_0$, der (endliche) Grenzwert $\lim\limits_{n\to\infty} \varphi_n(t_n)$ existiert.

Lemma von CARATHÉODORY. *Eine Folge* $\{\varphi_n\} \subseteq C([0, T])$, *die stetig konvergiert, konvergiert auch in* $C([0, T])$ *(gleichmäßig) gegen ein Element* φ.

Beweis. Zunächst erklären wir für jedes $t \in [0, T]$ den Grenzwert $\varphi(t) = \lim_{n\to\infty} \varphi_n(t)$. Wir zeigen zunächst, daß $\varphi \in C([0, T])$ ist.

Es sei $t_0 \in [0, T]$ beliebig fixiert, $\{t_j\} \subseteq [0, T]$ eine Folge mit $\lim_{j\to\infty} t_j = t_0$. Zu jedem $\varepsilon > 0$ gibt es nun eine Zahl k_ε derart, daß

$$\sup_{n,m,j \geqq k_\varepsilon} |\varphi_m(t_j) - \varphi_n(t_0)| < \varepsilon \tag{1.87}$$

ist; denn die gegenteilige Annahme würde bedeuten, daß wir Teilfolgen $\{\varphi_{m_k}\}$, $\{\varphi_{n_k}\} \subseteq \{\varphi_n\}$, $\{t_{j_k}\} \subseteq \{t_j\}$ so auswählen können, daß

$$|\varphi_{m_k}(t_{j_k}) - \varphi_{n_k}(t_0)| \geqq \varepsilon, \qquad k = 1, 2, \ldots,$$

gelten müßte, was im offensichtlichen Widerspruch zur stetigen Konvergenz der Folge $\{\varphi_n\}$ stehen würde. Gehen wir in (1.87) zur Grenze über, so erhalten wir $|\varphi(t_j) - \varphi(t_0)| \leqq \varepsilon$, $j \geqq k_\varepsilon$, also die Stetigkeit der Grenzfunktion φ in t_0. Wir nehmen nun an, die Konvergenz sei nicht gleichmäßig. Dann gäbe es zu einem $\varepsilon > 0$ und jedem n eine Zahl m_n und ein $t_n \in [0, T]$ derart, daß

$$|\varphi_{m_n}(t_n) - \varphi(t_n)| \geqq \varepsilon, \qquad n = 1, 2, \ldots, \tag{1.88}$$

ist. Ohne Beschränkung der Allgemeinheit können wir annehmen, daß

$$\lim_{n\to\infty} t_n = t_0 \in [0, T]$$

ist. Wegen der Stetigkeit von φ wäre dann

$$\lim_{n\to\infty} \varphi(t_n) = \varphi(t_0),$$

wegen der stetigen Konvergenz von $\{\varphi_n\}$

$$\lim_{n\to\infty} \varphi_{m_n}(t_n) = \lim_{n\to\infty} \varphi_{m_n}(t_0) = \varphi(t_0);$$

die Annahme (1.88) ist also sicher falsch. Das Lemma ist damit vollständig bewiesen.

Mit Hilfe des Lemmas von CARATHÉODORY können wir nun auch die gleichmäßige Konvergenz der Ableitungen der Galerkinschen Näherungslösungen beweisen, indem wir die Bedingungen in Satz 1.6 geringfügig verschärfen.

Satz 1.7. *Bedingungen wie in Lemma* 1.4. *Überdies möge der Operator* $Q \in (\mathfrak{H} \times \mathfrak{R}, \mathfrak{H})$ *in der Bedingung* (i_P) *beschränkt und stetig sein, während* $D \in (\mathfrak{H} \times \mathfrak{R}, [\mathfrak{H}, \mathfrak{H}])$ *stetig ist. Ist* $f \in C_1([0, \tau), \mathfrak{H})$, *so konvergieren die Galerkin-Näherungen auf jedem kompakten Intervall* $[0, a] \subseteq [0, \tau)$ *in* $C_1([0, a], \mathfrak{H})$ *gegen die Lösung der parameterabhängigen Gleichung* (1.79).

Beweis. Wir sehen noch einmal den Beweis zu Satz 1.6 durch und gehen dabei von dem Resultat aus Satz 1.4 aus: Ist $u \in C([0, \tau), \mathfrak{H})$ die Lösung der parameterabhängigen Gleichung (1.79), so konvergieren die Näherungslösungen u_n gleichmäßig gegen u auf jedem kompakten Intervall $[0, a] \subseteq [0, \tau)$:

$$|u(t) - u_n(t)| = \max_{t \in [0,a]} \|u(t) - u_n(t)\| \xrightarrow[n\to\infty]{} 0. \tag{1.89}$$

Aus (1.89) ersehen wir, daß die Näherungsfolge $\{u_n\}$ in $C([0, a], \mathfrak{H})$ beschränkt ist,

$$|u_n| \leqq \varkappa_2, \qquad n = 1, 2, \ldots \tag{1.90}$$

Da mit $\overline{\mathfrak{K}}(\theta, \varkappa_2 + a) = \{(v, t) \in \mathfrak{H} \times \mathfrak{R}, \|v\| \leqq \varkappa_2, |t| \leqq a\}$ das Bild $Q(\overline{\mathfrak{K}}(\theta, \varkappa_2 + a))$ beschränkt ist, folgt aus (1.84) und (1.90) für stetiges $f' \in ([0, \tau), \mathfrak{H})$, daß für eine geeignete Konstante $\varkappa_3$

$$\|u_n'(t)\| \leqq \varkappa_3, \qquad t \in [0, a], \qquad \text{oder} \qquad |u_n'| \leqq \varkappa_3 \tag{1.91}$$

ist. Aus der Ungleichung (1.86) erhalten wir damit

$$\gamma\|w_n'(t) - u_n'(t)\| \leqq 3\varkappa_3 \big\|D(u(t), t) - D(u_n(t), t)\big\| + \big\|D(u(t), (t))\big\| \, \big\|u'(t) - w_n'(t)\big\| \\ + \big\|Q(u(t), t) - Q(u_n(t), t)\big\|, \qquad n = 1, 2, \ldots, t \in [0, a]. \tag{1.92}$$

Wir zeigen nun, daß die rechte Seite von (1.92) in $[0, a]$ stetig gegen Null konvergiert. Für t_0, $\{t_n\} \subseteq [0, a]$, $t_n \to t_0$ finden wir z. B.

$$\big\|D(u(t_n), t_n) - D(u_n(t_n), t_n)\big\| \leqq \big\|D(u(t_0), t_0) - D(u(t_n), t_n)\big\| \\ + \big\|D(u(t_0), t_0) - D(u_n(t_n), t_n)\big\| \xrightarrow[n\to\infty]{} 0$$

wegen der Stetigkeit von $D \in (\mathfrak{H} \times \mathfrak{R}, [\mathfrak{H}, \mathfrak{H}])$, da $\|u(t_n) - u(t_0)\| \to 0$ mit $t_n \to t_0$ und

$$\|u_n(t_n) - u(t_0)\| \leqq \|u_n(t_n) - u(t_n)\| + \|u(t_n) - u(t_0)\| \\ \leqq |u_n - u| + \|u(t_n) - u(t_0)\| \xrightarrow[n\to\infty]{} 0$$

ist. Ebenso erhalten wir

$$\big\|D(u(t_n), t_n)\big\| \, \|u'(t_n) - w_n'(t_n)\| \xrightarrow[n\to\infty]{} 0$$

wegen Lemma 1.2 und

$$\big\|Q(u(t_n), t_n) - Q(u_n(t_n), t_n)\big\| \xrightarrow[n\to\infty]{} 0$$

wegen der Stetigkeit von $Q \in (\mathfrak{H} \times \mathfrak{R}, \mathfrak{H})$. Da der Operator $D(u, t) \in [\mathfrak{H}, \mathfrak{H}]$ für $(u, t) \in \mathfrak{H} \times \mathfrak{R}$ gemäß (1.83) gleichmäßig stark monoton und Lipschitz-stetig ist, können wir auf die Gleichungen (1.81) Korollar IV.1.1.1 anwenden. Wir setzen dort $\mathfrak{X} = \mathfrak{H} \times [0, \tau)$ bzw. $\mathfrak{H}_n \times [0, \tau)$, $z = (u, t)$ oder (u_n, t), $P(v, z) = D(u, t)\, v$ bzw. $P_n{}^0 D(u_n, t)$ und ersehen aus (1.81), daß wir unter den Bedingungen von Satz 1.7

$u' \in C([0, a], \mathfrak{H})$ und $u_n' \in C([0, a], \mathfrak{H}_n) \subseteq C([0, a], \mathfrak{H})$ für $n = 1, 2, \ldots$ erhalten. (In Korollar IV.1.1.1 ist $\mathfrak{X}$ ein linearer normierter Parameterraum; seine Aussage bleibt jedoch für den metrischen Parameterraum $\mathfrak{X} = \mathfrak{H} \times [0, \tau)$ bzw. $\mathfrak{H}_n \times [0, \tau)$ offensichtlich richtig.) Lemma 1.2 und das Lemma von CARATHÉODORY vollenden nun den Beweis von Satz 1.7.

§ 2. Die Konstruktion von Minimalfolgen

Es sei $\mathfrak{G} \subseteq \mathfrak{X}$ Teilmenge eines linearen normierten Raumes, $\Psi \in (\mathfrak{G}, \mathfrak{R})$ ein Funktional, dessen Minimalelemente gesucht werden. Wir beschränken uns auf den Fall, daß das Minimum-Problem für Ψ auf $\mathfrak{G}$ eindeutig lösbar ist. Bedingungen, die Existenz und Einzigkeit des Minimalelementes gewährleisten, wurden in den vergangenen Kapiteln verschiedentlich angegeben, vgl. Satz I.3.5, I.3.6, I.4.1, I.4.3 sowie Satz III.4.4.

Die Existenzbeweise in diesen Sätzen gehen einheitlich von der Existenz einer endlichen unteren Schranke für das Funktional Ψ auf $\mathfrak{G}$ aus. Hieraus folgt schon die Existenz einer Minimalfolge, deren Konvergenz sodann nachgewiesen wird. Das Beweisverfahren ist, wie man sieht, nicht konstruktiv. Näherungslösungen des Minimum-Problems beruhen auf der effektiven Konstruktion einer Minimalfolge, die nach einer endlichen Anzahl von Schritten abgebrochen wird.

Die Konstruktion von Minimalfolgen steht in engem Zusammenhang mit Näherungsverfahren zur Lösung von Operatorgleichungen. Ist beispielsweise das Minimalelement $u \in \mathfrak{G}$ des Funktionals $\Psi \in (\mathfrak{G}, \mathfrak{R})$ Lösung einer Operatorgleichung und $\{u_n\} \subseteq \mathfrak{G}$, $\lim\limits_{n\to\infty} u_n = u$, eine Folge von Näherungslösungen, so gilt bei Stetigkeit von Ψ auch

$$\lim_{n\to\infty} \Psi(u_n) = \Psi(u) = \inf_{v\in\mathfrak{G}} \Psi(v);$$

$\{u_n\}$ ist daher Minimalfolge. Von größerem Interesse ist häufig jedoch die Umkehrung, derzufolge die Elemente einer Minimalfolge als Näherungslösungen für eine Operatorgleichung angesehen werden können. Schließlich können über konvergente Minimalfolgen verallgemeinerte Lösungen von Minimum-Problemen und Operatorgleichungen definiert und berechnet werden, vgl. Definition I.3.9.

1. Das Ritzsche Verfahren

Es sei $\mathfrak{G} = \mathfrak{X}$, $\mathfrak{X}$ ein linearer normierter Raum, $\{h_k\} \subseteq \mathfrak{X}$ eine Folge linear unabhängiger Koordinatenelemente mit der Eigenschaft

$$\overline{\mathfrak{L}\{h_k\}} = \mathfrak{X}. \tag{2.1}$$

Man bildet die Folge von Unterräumen $\mathfrak{X}_n = \mathfrak{L}\{h_1, h_2, \ldots, h_n\}$, $n = 1, 2, \ldots$, in $\mathfrak{X}$ und betrachtet das Funktional $\Psi \in (\mathfrak{X}_n, \mathfrak{R})$. Unter recht allgemeinen Voraussetzungen besitzt Ψ auf $\mathfrak{X}_n$ ein Minimalelement u_n für jedes n. Die Folge $\{u_n\} \subseteq \mathfrak{X}$ bezeichnen wir als *Folge der Ritzschen Näherungslösungen* für das Minimalelement u des Funktionals Ψ auf $\mathfrak{X}$ und die Konstruktion selbst als *Ritzsches Verfahren*. In Anlehnung an Definition I.3.6 erklären wir koerzive Funktionale.

Definition 2.1. Wir nennen das Funktional $\Psi \in (\mathfrak{X}, \mathfrak{R})$ *koerziv*, wenn eine stetige, monoton wachsende Funktion $\gamma(\tau)$, $0 \leqq \tau < \infty$, derart existiert, daß $\lim_{\tau\to\infty} \gamma(\tau) = +\infty$ und

$$\Psi(u) \geqq \gamma(\|u\|), \qquad u \in \mathfrak{X}, \tag{2.2}$$

ist.

Satz 2.1. *Das Funktional $\Psi \in (\mathfrak{X}, \mathfrak{R})$ sei koerziv, stetig auf $\mathfrak{X}_n$ für jedes n und oberhalbstetig auf $\mathfrak{X}$. Dann definiert das Ritzsche Verfahren eine Minimalfolge.*

Beweis. $\mathfrak{X}_n$ ist endlichdimensionaler Banachraum (Korollar I.2.2.1). Ist $\overline{\mathfrak{K}}(\theta, m) = \{x \in \mathfrak{X};\ \|x\| \leqq m\}$, so sind die Mengen $\mathfrak{G}_{nm} = \mathfrak{X}_n \cap \overline{\mathfrak{K}}(\theta, m)$ kompakt für $n, m = 1, 2, \ldots$ Auf Grund der Bedingung 2.2 finden wir zu jedem n ein $m(n)$ derart, daß $\Psi(x) > \Psi(\theta)$ ist für $x \in \mathfrak{X}_n$, $\|x\| > m$. Dann ist

$$d_n = \inf_{x\in\mathfrak{X}_n} \Psi(x) = \inf_{x\in\mathfrak{G}_{nm}} \Psi(x).$$

Auf $\mathfrak{G}_{nm}$ besitzt Ψ wegen seiner Stetigkeit ein Minimalelement u_n. Das Ritzsche Verfahren ist definiert.

Nun ist $\gamma(0)$ eine untere Schranke für Ψ auf $\mathfrak{X}$. $d = \inf_{x\in\mathfrak{X}} \Psi(x)$ ist eine endliche Zahl. Zu $\varepsilon > 0$ finden wir ein $v \in \mathfrak{X}$ derart, daß $\Psi(v) < d + \frac{\varepsilon}{2}$ ist. Aus der Bedingung (2.1) folgt die Existenz einer Folge $\{w_n\} \subseteq \mathfrak{X}$, $w_n \in \mathfrak{X}_n$, so daß $\lim_{n\to\infty} w_n = v$ ist. Das Funktional Ψ ist oberhalbstetig ($-\Psi$ ist unterhalbstetig, vgl. Definition I.3.8). Es gilt daher

$$\overline{\lim_{n\to\infty}}\, \Psi(w_n) \leqq \Psi(v). \tag{2.3}$$

Wir finden dann einen Index n derart, daß $\Psi(w_n) < \Psi(v) + \frac{\varepsilon}{2} < d + \varepsilon$ ist. Nun ist

$$\Psi(u_n) = \inf_{w\in\mathfrak{X}_n} \Psi(w) \leqq \Psi(w_n),$$

also erst recht $\Psi(u_n) < d + \varepsilon$, wobei u_n die n-te Ritzsche Näherungslösung darstellt. Satz 2.1 ist damit bewiesen.

Korollar 2.1.1. *Bedingungen wie in Satz 2.1; überdies sei das Funktional Ψ auf $\mathfrak{X}_n$ differenzierbar für jedes n* (Definition I.3.1). *Dann ist das Galerkin-Verfahren für die Gleichung*

$$\operatorname{grad} \Psi(u) = \theta \tag{2.4}$$

erklärt und dem Ritzschen Verfahren zur Lösung des Minimum-Problems für Ψ äquivalent, oder es stellt eine Erweiterung des Ritzschen Verfahrens dar.[1])

Beweis. Der Operator $P = \operatorname{grad} \Psi$ ist mindestens auf $\mathfrak{X}_0 = \mathfrak{L}\{h_k\}$ definiert. Wir schreiben die Gleichung (2.4) dann in der Form

$$\langle Pu, h\rangle = 0, \qquad h \in \mathfrak{X}, \tag{2.5}$$

und die Gleichungen des Galerkin-Verfahrens in der Gestalt

$$\langle Pu, h_k\rangle = 0, \qquad k = 1, 2, \ldots, n, \tag{2.6}$$

wenn $u \in \mathfrak{X}_n$ gesucht ist. Für $u \in \mathfrak{X}_n$ gilt die Darstellung $u = \sum_{k=1}^{n} \alpha_k^{(n)} h_k$, so daß $\Psi(u) = \tilde{\Psi}(\alpha_1^{(n)}\alpha_2^{(n)}, \ldots, \alpha_n^{(n)})$ ist. $\tilde{\Psi} \in (\mathfrak{R}^n, \mathfrak{R})$ besitzt überall partielle Ableitungen $\frac{\partial\tilde{\Psi}}{\partial\alpha_k^{(n)}}$, $k = 1, 2, \ldots, n$, und es gilt nach (I.3.1) mit der üblichen Basis $\{e_k\}_{k=1}^n$ in $\mathfrak{R}^n$

$$\begin{aligned}\frac{\partial\tilde{\Psi}}{\partial\alpha_k^{(n)}} &= \lim_{\Delta\alpha_k \to 0} \frac{\tilde{\Psi}(\alpha^{(n)} + \Delta\alpha_k e_k) - \tilde{\Psi}(\alpha^{(n)})}{\Delta\alpha_k}\\ &= \lim_{\Delta\alpha_k \to 0} \frac{\Psi(u + \Delta\alpha_k h_k) - \Psi(u)}{\Delta\alpha_k} = \langle Pu, h_k\rangle.\end{aligned} \tag{2.7}$$

Es sei $u \in \mathfrak{X}_n$ Minimalelement von Ψ auf $\mathfrak{X}_n$. Dann ist der Koeffizientenvektor $\alpha^{(n)} = (\alpha_1^{(n)}, \alpha_2^{(n)}, \ldots, \alpha_n^{(n)})$ Minimalelement der Funktion $\tilde{\Psi}$ auf $\mathfrak{R}^n$. Die Funktion $\tilde{\Psi}$ besitzt im Minimalelement partielle Ableitungen. Folglich gilt (2.6) für die Ritzsche Näherungslösung. Die Gleichungen (2.6) des Galerkin-Verfahrens sind damit für jedes n lösbar, und ihre Lösungsmenge enthält die Ritzschen Näherungslösungen, q. e. d.

Die Gleichungen (2.6) für $P = \operatorname{grad} \Psi$ sind in der Regel nichtlinear, lediglich Minimum-Probleme für quadratische Funktionale führen auf lineare Gleichungen (2.6). Auf die Gleichungen (2.6) können die Verfahren aus § 1 angewandt werden und führen im eindeutig lösbaren Fall und unter entsprechenden Voraussetzungen zur Konstruktion der Ritzschen Näherungslösungen und damit auch von Minimalfolgen. Wegen der Äquivalenz zum Galerkin-Verfahren ergeben sich dabei keine neuen Gesichtspunkte.

Von besonderem Interesse für das Ritzsche Verfahren sind daher Minimum-Probleme für nicht differenzierbare Funktionale oder für Funktionale mit nicht stetigen oder nicht überall definierten Gradienten. Dafür geben wir einige Beispiele an.

Satz 2.2. *Es sei $\mathfrak{X}$ ein separabler linearer normierter Raum, $\{h_k\} \subseteq \mathfrak{X}$ eine Folge linear unabhängiger Koordinatenelemente mit der Vollständigkeitseigenschaft* (2.1), $\mathfrak{X}_0 = \mathfrak{L}\{h_k\}$. *Der Operator $P \in (\mathfrak{X}_0, \mathfrak{X}^*)$ sei schwach differenzierbar, P' stetig in $\mathfrak{R}_2(\mathfrak{X}_0)$,*

[1]) Ist Ψ auf dem Unterraum $\mathfrak{X}_0 \subseteq \mathfrak{X}$ differenzierbar, so verstehen wir unter $P = \operatorname{grad} \Psi \in (\mathfrak{X}_0, \mathfrak{X}^*)$ denjenigen Potentialoperator, dessen Potential Ψ ist.

symmetrisch und positiv definit. Dann ist das Ritzsche Verfahren zur Konstruktion von Minimalfolgen auf das Funktional

$$\Psi(u) = \int_0^1 \langle P(\tau u), u\rangle \, d\tau - \langle f, u\rangle, \qquad u \in \mathfrak{X}, \tag{2.8}$$

für $f \in \mathfrak{X}^*$ anwendbar. Ist $\mathfrak{X} = \mathfrak{B}$ Banachraum, so konvergiert die Folge der Ritzschen Näherungslösungen gegen ein eindeutig bestimmtes Grenzelement $u_0 \in \mathfrak{B}$; u_0 ist die verallgemeinerte Variationslösung der Gleichung $Pu = f$ (Definition I.3.9).

Beweis. Die Räume $\mathfrak{X}_n = \mathfrak{L}\{h_1, h_2, \ldots, h_n\}$ sind für jedes n erklärt; es sind endlichdimensionale Banachräume. Nach Satz I.3.5 besitzt Ψ auf jedem Raum $\mathfrak{X}_n$, $n = 1, 2, \ldots$, genau ein Minimalelement u_n. Aus Lemma I.3.3 folgt die Existenz der unteren Grenze

$$d = \inf_{u \in \mathfrak{X}_0} \Psi(u) > -\infty. \tag{2.9}$$

Die Zahlenfolge $\{\Psi(u_n)\} \subseteq \mathfrak{R}$ ist nach Definition des Ritzschen Verfahrens monoton fallend, besitzt daher wegen (2.9) einen Grenzwert $d_* = \lim_{n\to\infty} \Psi(u_n)$. Man sieht unschwer, daß $d_* = d$ ist. Denn die Annahme $d_* > d$ kann wegen der Folgerung $\Psi(u_n) \geqq d_*$, $n = 1, 2, \ldots$, sofort zum Widerspruch geführt werden. Aus (2.9) ergibt sich nämlich die Existenz eines Elementes $v \in \mathfrak{L}\{h_k\} = \mathfrak{X}_0$ derart, daß

$$\Psi(v) < d + \frac{d_* - d}{2}$$

ist. Nun gilt

$$v = \sum_{j=1}^{p} \alpha_j h_{k_j};$$

für $n > k_p = \max_{j \leq p} k_j$ ist daher sicher $\Psi(u_n) < \Psi(v) < d_*$.

Die Folge der Ritzschen Näherungslösungen $\{u_n\} \subseteq \mathfrak{X}_0$ ist daher eine Minimalfolge. Ist nun $\mathfrak{X} = \mathfrak{B}$ Banachraum, so können wir Korollar I.3.5.2 anwenden und erhalten als Grenzwert der Minimalfolge $\{u_n\} \subseteq \mathfrak{B}$ die verallgemeinerte Variationslösung u_0, q. e. d.

Die letzten Betrachtungen über das Ritzsche Verfahren erscheinen recht formal. Wir versuchen daher eine Erläuterung.

In den Anwendungsbeispielen des zweiten Kapitels begegnen wir dem Begriff der Zustandsgrößen. Es sei $u \in (\Omega, \mathfrak{R})$ solch eine Zustandsgröße, eine Funktion über dem Gebiet $\Omega \subseteq \mathfrak{R}^m$. Dieser Zustandsgröße billigen wir ein System $h_k \in (\Omega, \mathfrak{R})$, $k = 1, 2, \ldots$, von Freiheitsgraden zu und suchen $u \in \mathfrak{L}\{h_k\}$. Im Sinne der Definition eines wirklichkeitsnahen Zustandes und um Schwierigkeiten bei den analytischen Operationen zu vermeiden werden wir Funktionen h_k mit guten Stetigkeits- und Differenzierbarkeitseigenschaften wählen. Da jedes Element $v \in \mathfrak{L}\{h_k\}$ die gleichen guten Stetigkeits- und Differenzierbarkeitseigenschaften besitzt, ist die Erfüllung der Vorgaben und Gleichungen in der Regel erst nach Erweiterung des Zustandsbegriffes möglich. Wir betten dazu unsere Freiheitsgrade in einen Banachraum $\mathfrak{B}_1$ ein, schließen ab und erhalten dann $\overline{\mathfrak{L}\{h_k\}} = \mathfrak{B}$ Banachraum.

Kann die Zustandsgröße u als Lösung einer Gleichung mit Potentialoperator oder direkt als Lösung eines Minimum-Problems aufgefaßt werden, so stellt das Ritzsche Verfahren ein Prinzip dar, nach welchem wieder eine Zustandsgröße $u \in \mathfrak{L}\{h_k\}$ ausgewählt wird. Sie erfüllt Vorgaben und Gleichungen dann lediglich im Sinne einer Näherung — eben als Ritzsche Näherungslösung.

2. Anwendung auf eine partielle Differentialgleichung

Für das Gebiet $\Omega \subseteq \mathfrak{R}^2$ sei die Lösung $u \in (\Omega, \mathfrak{R})$ der partiellen Differentialgleichung

$$Pu \equiv -\sum_{i=1}^{2} \frac{\partial}{\partial x_i}\left[\eta(T[u, u])\, \frac{\partial u}{\partial x_i}\right] = f(x), \quad x \in \Omega, \tag{2.10}$$

mit den Randwerten

$$u(x) = 0, \qquad x \in \partial\Omega, \tag{2.11}$$

gesucht. Dabei möge

$$T[u, v] = \sum_{i=1}^{2} \frac{\partial u}{\partial x_i}\, \frac{\partial v}{\partial x_i} \tag{2.12}$$

gesetzt sein. Die Funktion $p(\eta) = \eta(\tau^2)\,\tau$ sei stetig in $\tau \geqq 0$, hinreichend oft stetig differenzierbar und genüge den Ungleichungen

$$\eta(\tau) \geqq \varphi_0 > 0, \qquad p'(\tau) \geqq \psi_0 > 0, \qquad \tau \geqq 0. \tag{2.13}$$

Das Gebiet Ω sei normal.

Die Gleichung (2.10) ist eine quasilineare Gleichung elliptischen Typs. Man findet nämlich

$$Pu = -\sum_{i,j=1}^{2} \left\{\delta_{ij}\eta(T) + 2\eta'(T)\, \frac{\partial u}{\partial x_i}\, \frac{\partial u}{\partial x_j}\right\} \frac{\partial^2 u}{\partial x_i\, \partial x_j}. \tag{2.14}$$

Es sei (A_{ij}) die Koeffizientenmatrix dieser Gleichung,

$$A_{ij} = -\left\{\delta_{ij}\eta(T) + 2\eta'(T)\, \frac{\partial u}{\partial x_i}\, \frac{\partial u}{\partial x_j}\right\}.$$

Die Eigenwerte dieser Matrix genügen der Gleichung

$$\begin{vmatrix} A_{11} - \lambda & A_{12} \\ A_{21} & A_{22} - \lambda \end{vmatrix} = 0$$

oder

$$\lambda^2 - (A_{11} + A_{22})\,\lambda + A_{11}A_{22} - A_{12}A_{21} = 0. \tag{2.15}$$

Aus

$$A_{11} + A_{22} = -2[\eta(T) + \eta'(T)\,T] = -p'(T) - \eta(T),$$
$$A_{11}A_{22} - A_{12}A_{21} = \eta(T)\,[\eta(T) + 2\eta'(T)\,T] = \eta(T)\,p'(T)$$

ergeben sich die Eigenwerte

$$\lambda_1 = -\eta(T), \qquad \lambda_2 = -p'(T). \tag{2.16}$$

Diese Eigenwerte sind nach den Bedingungen (2.13) gleichmäßig negativ (unabhängig von der gesuchten Lösung u).

Wir formulieren nun eine dem Randwertproblem (2.10), (2.11) angepaßte Operatorgleichung. Zu diesem Zweck wählen wir zunächst den Grundraum $L_2(\Omega)$. In diesem Raum bildet die Menge $\mathring{C}_2(\bar{\Omega})$ der auf $\partial\Omega$ verschwindenden Funktionen aus $C_2(\bar{\Omega})$ einen dichten Unterraum. Auf $\mathring{C}_2$ erklären wir den Operator P nach der Vorschrift (2.14). Offenbar gilt $P \in (\mathring{C}_2, L_2)$.

Satz 2.3. *Die Funktion $\eta(t)$ sei in $t \geqq 0$ stetig differenzierbar. Dann ist der Operator P in der Gleichung* (2.10) *schwach differenzierbar auf $\mathring{C}_2$, P' stetig in $\mathfrak{R}_2(\mathring{C}_2)$ und symmetrisch. Unter den Bedingungen* (2.13) *ist P' überdies positiv definit auf $\mathring{C}_2$.*

Beweis. Wir folgen dem Beweis von Satz III.1.2, beachten aber, daß wir lediglich auf dem in $L_2(\Omega) = \mathfrak{H}$ dichten Unterraum $\mathring{C}_2$ rechnen und auf die oberen Schranken in den Ungleichungen (III.1.23) für $\eta(t)$, $t \geqq 0$, verzichten müssen.

Wir definieren wieder bei festen $v, w, h \in \mathring{C}_2$ die Funktion

$$\chi(t) = \left(\frac{P(v + th) - Pv}{t}, w\right)_{L_2}, \; t \in \mathfrak{R}.$$

Gemäß der Definition I.3.3 müssen wir zeigen, daß der Grenzwert $\chi(0) = (P'(v)\,h, w)_{L_2}$ für jedes $v \in \mathring{C}_2$ einen linearen Operator $P'(v) \in (\mathring{C}_2, L_2)$ definiert. Nach partieller Integration wenden wir auf den Integranden den Mittelwertsatz an, und zwar in jedem Punkt $x \in \bar{\Omega}$. Wir erhalten

$$\chi(t) = \int_\Omega \{\eta(T_\vartheta)\,T[h, w] + 2\eta'(T_\vartheta)\,T[v + \vartheta th, h]\,T[v + \vartheta th, w]\}\,dx \tag{2.17}$$

für $|t| \leqq 1$ mit $T_\vartheta = T[v + \vartheta th, v + \vartheta th]$, $0 \leqq \vartheta(x, t) \leqq 1$. Der Integrand in (2.17) ist auf dem Kompaktum $\bar{\Omega} \times [-1, 1]$ in $\mathfrak{R}^3$ auf Grund der Voraussetzungen stetig. Daher existiert der Grenzwert

$$\chi(0) = \int_\Omega \{\eta(T[v, v])\,T[h, w] + 2\eta'(T[v, v])\,T[v, h]\,T[v, w]\}\,dx. \tag{2.18}$$

Nach nochmaliger partieller Integration finden wir

$$\chi(0) = -\int_\Omega \sum_{i=1}^{2} \frac{\partial}{\partial x_i}\left\{\eta(T[v, v])\,\frac{\partial h}{\partial x_i} + 2\eta'(T[v, v])\,T[v, h]\,\frac{\partial v}{\partial x_i}\right\} w(x)\,dx. \tag{2.19}$$

Die Beziehung (2.19) definiert den gesuchten linearen Operator $P'(v) \in (\mathring{C}_2, L_2)$,

$$P'(v)\,h = -\sum_{i=1}^{2} \frac{\partial}{\partial x_i}\left\{\eta(T[v,v])\,\frac{\partial h}{\partial x_i} + 2\eta'(T[v,v])\,T[v,h]\,\frac{\partial v}{\partial x_i}\right\}, \tag{2.20}$$

dessen Symmetrie sofort aus der Beziehung (2.18) abzulesen ist. Die Stetigkeit dieses Operators in $\mathfrak{R}_2(\mathring{C}_2)$ folgt sofort aus der Stetigkeit des Integranden in

$$\begin{aligned}&\left(P'(v_0 + \tau_1 v_1 + \tau_2 v_2)\,h, w\right)_{L_2}\\ &= \int_\Omega \{\eta(T_{12})T[h,w] + 2\eta'(T_{12})T[v_0 + \tau_1 v_1 + \tau_2 v_2, h]T[v_0 + \tau_1 v_1 + \tau_2 v_2, w]\}dx,\\ &T_{12} = T[v_0 + \tau_1 v_1 + \tau_2 v_2, v_0 + \tau_1 v_1 + \tau_2 v_2],\end{aligned}$$

auf jedem Kompaktum der Form

$$\bar{\Omega} \times [\tau_1{}^0 - 1, \tau_1{}^0 + 1] \times [\tau_2{}^0 - 1, \tau_2{}^0 + 1] \quad \text{in } \mathfrak{R}^4.$$

Wir zeigen nun, daß $P'(v)$ unter den Bedingungen (2.13) positiv definit auf $\mathring{C}_2$ mit einer von $v \in \mathring{C}_2$ unabhängigen unteren Schranke ist. Zu diesem Zweck führen wir die bei fixiertem $v \in \mathring{C}_2$ stetige Funktion

$$\eta'^{(-)}(x) = \min\left\{0, \eta'\left(T[v(x), v(x)]\right)\right\}, \qquad x \in \bar{\Omega},$$

ein. Aus (2.18) erhalten wir unter Ausnutzung der Schwarzschen Ungleichung

$$\left(P'(v)\,h, h\right) \geqq \int_\Omega \{\eta(T[v,v])\,T[h,h] + 2\eta'^{(-)}(x)\,T[v,v]\,T[h,h]\}\,dx.$$

Da die Funktion

$$\eta\left(T[v(x), v(x)]\right) + 2\eta'^{(-)}(x)\,T[v(x), v(x)], \qquad x \in \bar{\Omega},$$

lediglich Werte der Funktionen $\eta(t)$ oder $p'(t)$, $t \geqq 0$, annimmt, gilt die Ungleichung

$$\left(P'(v)\,h, h\right)_{L_2} \geqq \varkappa_0 \int_\Omega T[h,h]\,dx \tag{2.21}$$

mit $\varkappa_0 = \min\{\varphi_0, \psi_0\}$.

Erinnern wir uns schließlich an die Friedrichssche Ungleichung (III.1.34), die wir für Elemente $u \in \mathring{C}_1(\bar{\Omega})$ bewiesen haben, so gilt demnach

$$\|u\|_{L_2}^2 = \int_\Omega u^2(x)\,dx \leqq a^2 \int_\Omega T[u,u]\,dx \tag{2.22}$$

für eine geeignete Konstante a und $u \in \mathring{C}_2$. Zusammen mit (2.21) ergibt sich dann

$$\left(P'(v)\,h, h\right)_{L_2} \geqq \frac{\varkappa_0}{a^2}\,\|h\|_{L_2}^2, \qquad v, h \in \mathring{C}_2.$$

Satz 2.3 ist damit vollständig bewiesen.

Nach Satz 2.2 ist das Ritzsche Verfahren zur Lösung des Minimum-Problems für das Funktional

$$\Psi(u) = \int_{\Omega} \left\{ \int_0^{T[u,u]} \eta(\xi)\, d\xi - 2f(x)\, u(x) \right\} dx \tag{2.23}$$

unter den Bedingungen von Satz 2.3 für $f \in L_2(\Omega)$ auf $\mathring{C}_2(\bar{\Omega})$ anwendbar. Es liefert die (eindeutig bestimmte) verallgemeinerte Variationslösung des Randwertproblems (2.10), (2.11) in $L_2(\Omega)$. Mit spezieller rechter Seite trat dieses Randwertproblem bei der Beschreibung nichtlinear elastischer Torsionsstäbe auf (vgl. (II.3.45), (II.3.46)). Man vergleiche auch mit der Lösung am Schluß des dritten Kapitels.

3. Das Gradientenverfahren

Ähnlich wie das Ritzsche Verfahren dient das Gradientenverfahren, auch *Verfahren des steilsten Abstiegs* genannt, der Erzeugung von Minimalfolgen.

Gegeben sei ein linearer normierter Raum $\mathfrak{X}$, der hemistetige Operator $P \in (\mathfrak{X}, \mathfrak{X}^*)$ sei Gradient des Funktionals $\Phi_P \in (\mathfrak{X}, \mathfrak{R})$,

$$\Phi_P(u) = \int_0^1 \langle P(tu), u\rangle\, dt.$$

Gesucht sei das Minimum des Funktionals

$$\Psi(u) = \Phi_P(u) - \langle f, u\rangle, \qquad u \in \mathfrak{X}, \tag{2.24}$$

bei gegebenem $f \in \mathfrak{X}^*$. Zur Konstruktion einer Minimalfolge gehen wir von einem beliebig fixierten Startelement $u_0 \in \mathfrak{X}$ aus und bestimmen ein $u_1 \in \mathfrak{X}$, $u_1 = u_0 + t_0 z_0$ mit $t_0 > 0$, $z_0 \in \mathfrak{X}$ so, daß $\Psi(u_1) = \Psi(u_0 + t_0 z_0) < \Psi(u_0)$ ist. Wiederholt man diese Konstruktion, so ergibt sich eine Folge

$$u_{n+1} = u_n + t_n z_n, \qquad n = 1, 2, \ldots, \quad \Psi(u_{n+1}) < \Psi(u_n), \tag{2.25}$$

für welche die Werte des Funktionals (2.24) monoton fallen.

Ist Ψ unterhalbbeschränkt auf $\mathfrak{X}$, so konvergiert die Folge $\Psi(u_n)$ für $n \to \infty$ nach einem bekannten Satz der Analysis. Es stellen sich sofort die folgenden Fragen:

(i) Wann gilt für die Folge (2.25)

$$\lim_{n\to\infty} \Psi(u_n) = \inf_{u\in\mathfrak{X}} \Psi(u)$$

oder

$$\lim_{n\to\infty} \Psi(u_n) = \min_{u\in\mathfrak{X}} \Psi(u)$$

und

(ii) wann konvergieren die Folgen $\{u_n\}$ und $\{\Psi(u_n)\}$ in $\mathfrak{X}$ bzw. $\mathfrak{R}$?

Zur Beantwortung dieser Fragen können wir von der Formel (IV.1.79) ausgehen,

$$\varphi(t) \equiv \Psi(u + tz) - \Psi(u) = \int_0^1 \langle P(u + stz), tz\rangle\, ds - \langle f, tz\rangle$$

$$= \int_0^1 \langle P(u + stz) - Pu, tz\rangle\, ds + \langle Pu - f, tz\rangle .$$

Satz 2.4. *Es sei $\mathfrak{U}$ ein unitärer Raum. Ist der Potentialoperator $P \in (\mathfrak{U}, \mathfrak{U})$ stark monoton und Lipschitz-stetig*[1]*, so liefert das Gradientenverfahren* (2.25) *bei geeigneter Wahl der Zahlen t_n und der Elemente z_n Näherungslösungen der Gleichung $Pu = f$;* es gilt $\lim_{n\to\infty} \|Pu_n - f\| = 0$.

Ist $\mathfrak{U} = \mathfrak{H}$ Hilbertraum, so liefert das Gradientenverfahren Minimalfolgen, die gegen die einzige Lösung der Gleichung $Pu = f$ bzw. des Minimum-Problems für Ψ auf $\mathfrak{H}$ konvergieren.

Beweis. Es sei L die Lipschitzkonstante von P. Dann gilt

$$\varphi(t) \leqq \chi(t) \equiv \frac{L}{2}\, t^2\|z\|^2 + t(Pu - f, z), \qquad t \geqq 0.$$

Offenbar ist

$$\varphi(0) = \chi(0) = 0, \qquad \chi'(t) = (Pu - f, z) + Lt\|z\|^2.$$

Ist nun $Pu \neq f$, so ist die Vorschrift des Gradientenverfahrens ausführbar. Speziell für $z = -Pu + f$ finden wir

$$\chi'(t) = -(1 - Lt)\, \|Pu - f\|^2 \quad \text{und daher} \quad \varphi(0) > \varphi(t), \quad t \in (0, 1/L].$$

Mit diesen Werten erhält die Näherungsfolge beispielsweise das Aussehen

$$u_{n+1} = u_n - \frac{1}{L}\,(Pu_n - f), \qquad n = 1, 2, \ldots \tag{2.26}$$

Da P stark monoton ist, ist Ψ auf $\mathfrak{U}$ unterhalbbeschränkt (Lemma I.3.2). Es sei $d_* = \lim_{n\to\infty} \Psi(u_n)$ für die Folge (2.26). Wir bilden wieder das Funktional

$$\Theta_\Psi(u_{n+1}, u_n) = \frac{1}{2}\,\Psi(u_{n+1}) + \frac{1}{2}\,\Psi(u_n) - \Psi\left(\frac{u_{n+1} + u_n}{2}\right)$$

und wählen $n_0(\varepsilon)$ für $\varepsilon > 0$ so groß, daß $\Psi(u_n) < d_* + \varepsilon$ ist für $n \geqq n_0$. Dann ist für $n \geqq n_0$

$$\Theta_\Psi(u_{n+1}, u_n) \leqq \frac{1}{2}\,(d_* + \varepsilon) + \frac{1}{2}\,(d_* + \varepsilon) - \Psi\left(u_n - \frac{1}{2L}\,(Pu_n - f)\right)$$

$$\leqq d_* + \varepsilon - \Psi(u_{n+1}) \leqq \varepsilon,$$

[1]) Wie bisher verstehen wir darunter, daß der Operator $\tilde{P} \in (\mathfrak{U}, \mathfrak{U}^*)$, $\tilde{P}u = (Pu, \cdot)$, Potentialoperator, stark monoton und Lipschitz-stetig ist.

da

$$\Psi\big(u_n - t(Pu_n - f)\big) > \Psi(u_{n+1}) \geqq d_*$$

ist für $t \in [0, 1/L)$. Ist γ die Monotoniekonstante von P, so gilt

$$\Theta_\Psi(u_{n+1}, u_n) \geqq \frac{\gamma}{8} \|u_{n+1} - u_n\|^2,$$

wie wir im Beweis zu Satz I.3.6 vorrechneten. Wiederum aus (2.26) erhalten wir damit

$$\varepsilon \geqq \frac{\gamma}{8} \|u_{n+1} - u_n\|^2 = \frac{\gamma}{8L} \|Pu_n - f\|^2 \quad \text{für } n \geqq n_0. \tag{2.27}$$

Die Folge (2.26) stellt somit eine Folge von Näherungslösungen für die Gleichung $Pu = f$ dar, für die der Defekt $\|Pu_n - f\|$ für $n \to \infty$ gegen Null strebt. Ist $\mathfrak{U} = \mathfrak{H}$ Hilbertraum, so besitzt diese Gleichung genau eine Lösung (Satz I.5.4, Satz IV.1.6). Es sei $Pu_* = f$; dann folgt aus (2.27) mit der Abschätzung (IV.1.64)

$$\|u_n - u_*\|^2 \leqq \frac{1}{\gamma^2} \|Pu_n - Pu_*\|^2 \leqq \frac{8L}{\gamma^3} \varepsilon \quad \text{für } n \geqq n_0.$$

Das Funktional Ψ ist stetig auf $\mathfrak{H}$; da u_* (einziges) Minimalelement von Ψ ist (vgl. Satz I.3.6), gilt dann

$$\lim_{n\to\infty} \Psi(u_n) = \Psi(u_*) = \inf_{u\in\mathfrak{H}} \Psi(u),$$

$\{u_n\}$ ist auch Minimalfolge, q. e. d.

Zwischen dem Ritzschen Verfahren und dem Gradientenverfahren zur Konstruktion von Minimalfolgen besteht ein wesentlicher Unterschied. Um diesen zu verdeutlichen, wenden wir uns wieder dem Beispiel des Randwertproblems (2.10), (2.11) zu. Zunächst bemerken wir, daß der Operator P, durch den Ausdruck (2.14) auf $\mathring{C}_2$ in $L_2(\Omega)$ erklärt, in der Metrik von L_2 nicht stetig ist. Wir ergänzen daher die Bedingungen (2.13) zu

$$\mu \geqq \eta(\tau) \geqq \varphi_0 > 0, \qquad \nu \geqq p'(\tau) \geqq \psi_0 > 0, \qquad \tau \geqq 0. \tag{2.28}$$

Neben der Metrik des L_2-Raumes führen wir sodann auf $\mathring{C}_2$ noch die Metrik des $W_2{}^1$-Raumes mit Hilfe des Skalarprodukts

$$(u, v)_{-\Delta} = \int_\Omega T[u, v]\, dx, \qquad u, v \in \mathring{C}_2, \tag{2.29}$$

ein, vgl. (III.1.39) im Beispiel (i). Nach der Vorschrift

$$(\mathring{P}u, v)_{-\Delta} = (Pu, v)_{L_2}, \qquad u, v \in \mathring{C}_2, \tag{2.30}$$

führen wir dann einen neuen Operator $\mathring{P} \in (\mathring{W}_2{}^1, \mathring{W}_2{}^1)$ auf der Abschließung $\mathring{W}_2{}^1$ des Unterraumes $\mathring{C}_2$ im Sobolev-Raum $W_2{}^1(\Omega)$ ein. Durch partielle Integration erhalten wir unmittelbar die Darstellung

$$(\mathring{P}u, v)_{-\Delta} = \int_{\Omega} \eta(T[u, u])\, T[u, v]\, dx, \qquad u, v \in \mathring{W}_2^1. \tag{2.31}$$

Nach Satz III.1.1 ist $\mathring{P}$ Lipschitz-stetig und stark monoton, nach den Sätzen III.1.2, III.1.3 schwach differenzierbarer Potentialoperator. Ist die rechte Seite in (2.10) durch das Element $f \in L_2(\Omega)$ gegeben und $\mathring{f} \in \mathring{W}_2^1$ mit Hilfe der Relation

$$(f, v)_{L_2} = (\mathring{f}, v)_{-\Delta}, \qquad v \in \mathring{C}_2, \tag{2.32}$$

definiert, so ist die einzige Lösung $u_0 \in \mathring{W}_2^1$ der Gleichung

$$\mathring{P}u = \mathring{f} \tag{2.33}$$

nach den Sätzen I.3.2, I.3.3 auch einzige Lösung des Minimum-Problems für das Funktional

$$\Psi(u) = 2 \int_0^1 (\mathring{P}(tu), u)_{-\Delta}\, dt - 2(\mathring{f}, u)_{-\Delta}, \qquad u \in \mathring{W}_2^1. \tag{2.34}$$

Mit Hilfe der Definitionsgleichungen (2.30) und (2.32) überzeugt man sich leicht von der Identität der Funktionale (2.23), (2.34) auf $\mathring{C}_2$ bzw. auf $\mathring{W}_2^1$ — die verschärften Bedingungen (2.28) vorausgesetzt. Bei der Anwendung des Ritzschen Verfahrens löst man zur Bestimmung des Gliedes u_n der Minimalfolge das Minimum-Problem für Ψ auf $\mathfrak{H}_n$ — einem n-dimensionalen Unterraum in $\mathring{C}_2$, unter den angenommenen Voraussetzungen also ein nichtlineares Gleichungssystem zur Bestimmung des Koeffizientenvektors $\alpha^{(n)} = (\alpha_1^{(n)}, \alpha_2^{(n)}, \ldots, \alpha_n^{(n)})$ (vgl. Korollar 2.1.1).

Bei der Anwendung des Gradientenverfahrens wird zur Berechnung des Gliedes u_n der Minimalfolge (2.26) das Element $\mathring{P}u_{n-1}$ benötigt. Zu gegebenem $u_{n-1} \in \mathring{W}_2^1$ und beliebigem $v \in \mathring{C}_2$ können wir das Funktional auf der rechten Seite in (2.31) berechnen. Wir erhalten dann $\mathring{P}u_{n-1}$, wenn uns ein vollständiges ON-System in $\mathring{W}_2^1$ zur Verfügung steht. Steht uns aber, wie beim Ritzschen Verfahren angenommen, lediglich eine vollständige Folge linear unabhängiger Koordinatenelemente in $L_2(\Omega)$ zur Verfügung, so berechnen wir zunächst Pu_{n-1} und mit Hilfe der Formel

$$(-\Delta u, v)_{L_2} = (u, v)_{-\Delta}, \qquad u, v \in \mathring{C}_2, \tag{2.35}$$

$\mathring{P}u_{n-1} = -\Delta^{-1}Pu_{n-1}$. Zur Berechnung des Gliedes u_n der Minimalfolge des Gradientenverfahrens lösen wir dann eine lineare partielle Differentialgleichung bzw. das äquivalente Minimum-Problem für das Funktional

$$\begin{aligned}\Psi_{-\Delta}(u) &= \int_{\Omega} (T[u, u] - 2uPu_{n-1})\, dx \\ &= \int_{\Omega} T[u, u]\, dx - 2 \int_{\Omega} \eta(T[u_{n-1}, u_{n-1}])\, T[u_{n-1}, u]\, dx \end{aligned} \tag{2.36}$$

auf $\mathring{W}_2^1$. Tatsächlich gilt im Minimalelement w_0 des Funktionals (2.36) grad $\Psi_{-\Delta}(w_0) = 0$ oder

$$(w_0, v)_{-\Delta} = \int_{\Omega} \eta(T[u_{n-1}, u_{n-1}])\, T[u_{n-1}, v]\, dx = 0, \qquad v \in \mathring{W}_2^1.$$

Unter Beachtung von (2.31) bedeutet dies $w_0 = \mathring{P}u_{n-1}$.

Zum Abschluß bemerken wir noch, daß uns die Vorschrift (2.26) an das Lösungsverfahren (I.5.15) in Satz I.5.4 erinnert. Tatsächlich enthält Satz 2.4 die Bedingungen von Satz I.5.4, wenn $\mathfrak{U} = \mathfrak{H}$ Hilbertraum ist. Mit der Monotoniekonstante γ und der Lipschitzkonstante $L = \nu$, $0 < \frac{\gamma}{\nu} \leqq 1$ erkennen wir beim Vergleich der Konvergenzbereiche, daß beim Gradientenverfahren der Defekt der Näherungslösung möglicherweise stärker berücksichtigt werden kann $\left(\text{wenn } \frac{2\gamma}{\nu^2} < \frac{1}{\nu} \text{ ist}\right)$. Dieser Vorteil wird durch die zusätzliche Annahme erkauft, daß P Potentialoperator ist. Ähnlich dem Projektions-Iterationsverfahren (1.40) kann man Ritzsches und Gradientenverfahren zu einem Verfahren kombinieren, das bei jedem Näherungsschritt mit der Lösung eines linearen algebraischen Gleichungssystems auskommt.

4. Das Newtonsche Verfahren

Ursprünglich als Näherungsverfahren zur Bestimmung von Nullstellen reeller Funktionen gedacht, ist das Newtonsche Verfahren auch auf allgemeine Operatorgleichungen anwendbar. Es weist gewisse Parallelen zum Gradientenverfahren auf und sei daher unter vergleichbaren Voraussetzungen beschrieben.

Es sei $P \in (\mathfrak{H}, \mathfrak{H})$ ein schwach differenzierbarer Operator mit der Zerlegung

$$\big(P(u + h) - Pu, g\big) = \big(P'(u)\, h, g\big) + \omega(u, h, g) \tag{2.37}$$

für $u, h \in \mathfrak{H}$ und $g \in \mathfrak{M} \subseteq \mathfrak{H}$, $\overline{\mathfrak{M}} = \mathfrak{H}$ mit

$$\frac{\omega(u, h, g)}{\|h\|} \xrightarrow[\|h\| \to 0]{} 0 \quad \text{bei fixierten } u \in \mathfrak{H} \text{ und } g \in \mathfrak{M} \tag{2.38}$$

Es sei nun u_* Lösung der vorgelegten Operatorgleichung $Pu = f$, u_n eine Näherung für u_*, $u_n + h = u_*$. Dann erhalten wir aus (2.37)

$$(f - Pu_n, g) = \big(P'(u_n)\,(u_* - u_n), g\big) + \omega(u_n, u_* - u_n, g). \tag{2.39}$$

Vernachlässigt man ω in der Zerlegung (2.39), so erhält man eine Gleichung für die Näherung u_{n+1},

$$f - Pu_n = P'(u_n)\,(u_{n+1} - u_n)$$

oder bei Existenz des Inversen $[P'(u_n)]^{-1}$

$$u_{n+1} = u_n - [P'(u_n)]^{-1}\,(Pu_n - f), \qquad n = 1, 2, \ldots, \tag{2.40}$$

mit dem Startelement $u_1 \in \mathfrak{H}$.

Die Vernachlässigung von ω in (2.39) ist um so eher gerechtfertigt, je kleiner $\|u_* - u_n\|$ ist. Man kann daher erwarten, daß die Konvergenz des Iterationsverfahrens (2.40) von der Wahl des Startelementes u_1 nicht unabhängig ist. Versieht man den Defekt $Pu_n - f$ in (2.40) mit einem geeigneten Gewicht $\beta > 0$, so kann man die Konvergenz des Verfahrens unabhängig von der Wahl des Startelementes $u_1 \in \mathfrak{H}$ erreichen. In der beschriebenen Form sind die Näherungsfolgen (2.26) des Gradientenverfahrens und (2.40) des Newtonschen Verfahrens zur Lösung der Gleichung $Pu = f$ mit $P \in (\mathfrak{H}, \mathfrak{H})$ und gegebenem $f \in \mathfrak{H}$ Spezialfälle des Iterationsverfahrens

$$u_{n+1} = u_n - \beta G_n(Pu_n - f), \qquad n = 1, 2, \ldots, \tag{2.41}$$

mit dem Startelement $u_1 \in \mathfrak{H}$, einer Zahl β und einer Folge $\{G_n\} \subseteq [\mathfrak{H}, \mathfrak{H}]$ von beschränkten linearen Operatoren.

Satz 2.5. *Es sei $P \in (\mathfrak{H}, \mathfrak{H})$ ein Lipschitz-stetiger und stark monotoner Potentialoperator, $\{G_n\} \subseteq [\mathfrak{H}, \mathfrak{H}]$ eine Folge von linearen beschränkten positiv definiten Operatoren,*

$$(G_n u, u) \geqq \gamma_1 \|u\|^2 \quad \textit{und} \quad \|G_n\| \leqq \nu_1, \qquad n = 1, 2, \ldots$$

für positive Konstanten γ_1, ν_1 unabhängig von n. Dann konvergiert die Folge der Näherungen $\{u_n\}$ aus (2.41) für ein geeignetes $\beta > 0$ bei beliebigem Startelement $u_1 \in \mathfrak{H}$ gegen die einzige Lösung u_* der Gleichung $Pu = f$.

Beweis. Wir folgen dem Beweis von Satz 2.4, setzen dort jedoch

$$z_n = -G_n(Pu_n + f).$$

Dann finden wir mit

$$\Psi(u_n) = \int_0^1 \big(P(tu_n), u_n\big)\, dt - (f, u_n)$$

und

$$\varphi(t) = \Psi(u_n + tz_n) - \Psi(u_n)$$

wieder

$$\begin{aligned} \varphi(t) &\leqq \frac{L}{2} t^2 \|z_n\|^2 + t(Pu_n - f, z_n) \\ &= \frac{L}{2} t^2 \|G_n(Pu_n - f)\|^2 - t\big(G_n(Pu_n - f), Pu_n - f\big) \\ &\leqq \chi_1(t) \equiv \left(\frac{L\nu_1^2}{2} t^2 - t\gamma_1\right) \|Pu_n - f\|^2, \qquad t \geqq 0. \end{aligned}$$

Wieder ist

$$\varphi(0) = \chi_1(0) = 0,$$

$$\chi_1'(t) = -(\gamma_1 - tL\nu_1^2)\, \|Pu_n - f\|^2 < 0 \quad \text{für } t \in \left[0, \frac{\gamma_1}{L\nu_1^2}\right)$$

und folglich

$$\varphi\left(\frac{\gamma_1}{L\nu_1^2}\right) < \varphi(0).$$

Wenn wir in (2.41) $\beta = \frac{\gamma_1}{L\nu_1^2}$ festsetzen, fällt die Folge $\{\Psi(u_n)\}$ monoton. Daraus ergibt sich wieder für $n \geqq n_1(\varepsilon)$

$$\|G_n(Pu_n - f)\| < \varepsilon$$

und schließlich

$$\|u_n - u_*\| = \|P^{-1}G_n^{-1}G_nPu_n - P^{-1}G_n^{-1}G_nPu_*\|$$
$$\leqq \frac{1}{\gamma\gamma_1}\|G_n(Pu_n - f)\| \leqq \frac{\varepsilon}{\gamma\gamma_1},$$

q. e. d.

Korollar 2.5.1. *Es sei P ein Lipschitz-stetiger und stark monotoner Potentialoperator, besitze überdies die Zerlegung* (2.37) *mit linearem Operator $P'(u) \in (\mathfrak{H}, \mathfrak{H})$ für beliebiges $u \in \mathfrak{H}$ und der Grenzwertbeziehung* (2.38). *Dann konvergieren die modifizierten Newtonschen Näherungsverfahren*

$$u_{n+1} = u_n - \beta[P'(u_n)]^{-1}(Pu_n - f), \qquad n = 1, 2, \ldots, \tag{2.42}$$

und

$$u_{n+1} = u_n - \beta[P'(u_1)]^{-1}(Pu_n - f), \qquad n = 1, 2, \ldots, \tag{2.43}$$

bei beliebigem Startelement $u_1 \in \mathfrak{H}$ für ein geeignetes $\beta > 0$ gegen die einzige Lösung u_* der Gleichung $Pu = f$.

Beweis. Nach Lemma IV.1.1 folgt aus der Zerlegung (2.37), (2.38) und der starken Monotonie von P, daß

$$\big(P'(u)\,h, h\big) \geqq \gamma\|h\|^2, \qquad u, h \in \mathfrak{H},$$

ist, wenn γ die Monotoniekonstante von P ist. Analog beweisen wir, daß

$$\|P'(u)\,h\| \leqq \nu\|h\|, \qquad u, h \in \mathfrak{H}, \tag{2.44}$$

ist, wenn ν die Lipschitzkonstante von P darstellt.

Angenommen, es gelte im Gegenteil für ein $\varepsilon > 0$ und geeignete h_0, $u_0 \in \mathfrak{H}$, $\|h_0\| = 1$,

$$\|P'(u_0)\,h_0\| > \nu + \varepsilon.$$

Es sei $g \in \mathfrak{M}$ beliebig. Aus der Zerlegung (2.37) folgt für $t > 0$

$$\big(P(u_0 + th_0) - Pu_0, g\big) = t\big(P'(u_0)\,h_0, g\big) + \omega(u_0, th_0, g).$$

Da offenbar

$$\|u\| = \sup_{\|v\| \leqq 1}(u, v)$$

ist, wählen wir ein $g \in \mathfrak{M}$, $\|g\| \leqq 1$, derart, daß $\big(P'(u_0)\, h_0, g\big) > \nu + \varepsilon/2$ gilt. Für dieses g erhalten wir

$$\nu + \frac{\varepsilon}{2} < \frac{\big(P(u_0 + th_0) - Pu_0, g\big)}{t} - \frac{\omega(u_0, th_0, g)}{\|th_0\|}.$$

Für hinreichend kleines $\tau > 0$ ist mit (2.38)

$$\frac{|\omega(u_0, \tau h_0, g)|}{\|\tau h_0\|} < \frac{\varepsilon}{4}.$$

Damit hätten wir

$$\nu + \frac{\varepsilon}{4} < \frac{\big(P(u_0 + \tau h_0) - Pu_0, g\big)}{\tau} \leqq \nu.$$

Dieser Widerspruch beweist die Ungleichung (2.44). Die Operatoren $P'(u)$, $u \in \mathfrak{H}$, sind damit gleichmäßig stark monoton und Lipschitz-stetig.

Nach Satz IV.1.6 ist $[P'(u)]^{-1}$ ebenfalls gleichmäßig stark monoton und Lipschitz-stetig. Die Operatoren $[P'(u_1)]^{-1}$ bzw. $[P'(u_n)]^{-1}$ in den Verfahren (2.42), (2.43) erfüllen daher die Bedingungen für G_n in Satz 2.5. Korollar 2.5.1 ist damit bewiesen.

5. Die Methode der kleinsten Fehlerquadrate

Es seien $\mathfrak{X}_1$, $\mathfrak{X}_2$ lineare normierte Räume, $P \in (\mathfrak{X}_1, \mathfrak{X}_2)$. Anstelle der Operatorgleichung $Px_1 = y_2$ lösen wir das Minimum-Problem

$$\|Px_1 - y_2\|_2{}^2 \geqq \|Px_1{}^* - y_2\|_2{}^2 \qquad \text{für alle } x_1 \in \mathfrak{X}_1. \tag{2.45}$$

Das Minimum-Problem (2.45) ist der Ausgangsgleichung in offensichtlicher Weise äquivalent, wenn das Minimum Null angenommen wird, ohne daß P Potentialoperator zu sein braucht. Überdies kann das Minimum auch größer als Null zugelassen werden. In jedem Fall bezeichnen wir die Aufgabe (2.45) als *Defektminimisierung*. Da der Defekt nie negativ ist, existieren immer Minimalfolgen. Die Sätze 2.4 und 2.5 mit dem Korollar 2.5.1 zeigen Möglichkeiten auf, solche Minimalfolgen zu konstruieren. Andere Möglichkeiten bieten die Iterations-, Projektions- und Projektions-Iterationsverfahren, die wir in § 1 beschrieben haben. Speziell für den identischen Operator und $\mathfrak{X}_1 = \mathfrak{X}_2 = \mathfrak{U}$ abgeschlossener unitärer Unterraum im Hilbertraum $\mathfrak{H}$ stellt das Problem der Defektminimisierung einen Spezialfall der konvexen Projektion dar und wurde in Kapitel I gelöst (Satz I.4.1). Immerhin gelten die aufgezeigten Lösungs- und Konstruktionsverfahren nur unter recht erheblichen Einschränkungen, so daß diese Fragestellung noch keineswegs befriedigend beantwortet ist. Wir beschränken uns weiterhin auf den Fall $\mathfrak{X}_1 = \mathfrak{X}$, $\mathfrak{X}_2 = \mathfrak{X}^*$.

Satz 2.6. *Es sei $P \in (\mathfrak{X}, \mathfrak{X}^*)$ stark monoton,*

$$\langle Px_1 - Px_2, x_1 - x_2\rangle \geqq \gamma\|x_1 - x_2\|^2, \qquad x_1, x_2 \in \mathfrak{X},\ \gamma = \text{const} > 0. \tag{2.46}$$

Überdies sei der Wertebereich $P(\mathfrak{X})$ dicht in $\mathfrak{X}^*$. Dann ist jede Minimalfolge des Defektes auch Fundamentalfolge in $\mathfrak{X}$.

Beweis. Definitionsgemäß gilt

$$\langle Px_{n+p} - Px_n, x_{n+p} - x_n\rangle \leqq \|Px_{n+p} - Px_n\| \, \|x_{n+p} - x_n\| .$$

Da nach Voraussetzung bei fixiertem $f \in \mathfrak{X}^*$ zu jedem $\varepsilon > 0$ ein $x_\varepsilon \in \mathfrak{X}$ mit $\|Px_\varepsilon - f\| < \varepsilon$ existiert, ist $\inf\limits_{x\in\mathfrak{X}} \|Px - f\| = 0$. Ist nun $\{x_n\} \subseteq \mathfrak{X}$ eine Minimalfolge und $\|Px_n - f\| < \varepsilon$ für $n \geqq n_0(\varepsilon)$, so haben wir mit (2.46)

$$\begin{aligned}\gamma\|x_{n+p} - x_n\|^2 &\leqq \langle Px_{n+p} - Px_n, x_{n+p} - x_n\rangle \leqq \|Px_{n+p} - Px_n\| \, \|x_{n+p} - x_n\| \\ &\leqq 2\varepsilon\|x_{n+p} - x_n\| ,\end{aligned}$$

q. e. d.

In den Fällen, in denen die Gleichung $Pu = f$ nicht lösbar oder $f \in \mathfrak{X}^*$ empirisch, also mit einer gewissen Ungenauigkeit gegeben ist, stellt die Aussage von Satz 2.6 zusammen mit den Voraussetzungen eine praktisch brauchbare Verallgemeinerung des Lösungsbegriffs für die Operatorgleichung dar, ein Ersatz für die verallgemeinerte Variationslösung bei Gleichungen mit Potentialoperatoren (Definition I.3.9).

Die Voraussetzung, daß $P(\mathfrak{X})$ dicht in $\mathfrak{X}^*$ ist (P^{-1} dicht definiert), unterstreicht die Verwendbarkeit „klassischer" Ergebnisse, in denen hinreichend glatte Vorgaben gefordert werden.

Wir beschäftigen uns nun mit der Konstruktion von Minimalfolgen des Defektes. Dazu nehmen wir wie beim Ritzschen Verfahren an, daß in $\mathfrak{X}$ eine Folge $\{h_k\}$ linear unabhängiger Koordinatenelemente mit der Eigenschaft

$$\overline{\mathfrak{L}\{h_k\}} = \mathfrak{X} \tag{2.47}$$

existiert, und bilden die Folge von Unterräumen $\mathfrak{X}_n = \mathfrak{L}\{h_1, h_2, \ldots, h_n\}$, $n = 1, 2, \ldots$ Dazu betrachten wir die Folge von Minimum-Problemen

$$\|Pu^{(n)} - f\|^2 \leqq \|Pu - f\|^2 \qquad \text{für alle } u \in \mathfrak{X}_n . \tag{2.48}$$

Satz 2.7. *Der Operator $P \in (\mathfrak{X}, \mathfrak{X}^*)$ genüge den Bedingungen von Satz 2.6. Überdies sei P stetig auf $\mathfrak{X}$. Dann bilden die Lösungen $u^{(n)}$, $n = 1, 2, \ldots$, der Minimum-Probleme (2.48) eine Minimalfolge des Defektes und gleichzeitig eine Fundamentalfolge in $\mathfrak{X}$.*

Beweis. Wir zeigen die Existenz der Lösungen $u^{(n)}$. Zunächst finden wir mit der Bedingung (2.46)

$$\|Pu - f\| \geqq \|Pu - P\theta\| - \|P\theta - f\| \geqq \gamma\|u\| - \|P\theta - f\| ,$$

der Defekt ist daher ein koerzives Funktional (Definition 2.1), und folglich finden wir ein $R > 0$ derart, daß $\|Pu - f\| \geqq \|P\theta\|$ ist, falls $u \notin \overline{\mathfrak{K}}(\theta, R) = \{x \in \mathfrak{X};\ \|x\| \leqq R\}$ ist.

Wir können uns daher bei der Lösung der Minimum-Probleme (2.48) auf die Kugeln $\overline{\mathfrak{K}}_n = \overline{\mathfrak{K}}(\theta, R) \cap \mathfrak{X}_n$ einschränken. Die Kugeln $\overline{\mathfrak{K}}_n$, $n = 1, 2, \ldots$, sind aber kompakt und der Defekt auf ihnen stetig; die Minimalelemente $u^{(n)}$ existieren also. Zu vorgegebenem $\varepsilon > 0$ finden wir ein $v \in \mathfrak{X}$ mit $\|Pv - f\| < \varepsilon/2$, da $P(\mathfrak{X})$ dicht in $\mathfrak{X}^*$ ist. Schließlich gibt es eine Folge $\{v_n\} \subseteq \mathfrak{X}$, $v_n \in \mathfrak{X}_n$, derart, daß $\lim_{n\to\infty} v_n = v$, $\lim_{n\to\infty} Pv_n = Pv$ ist. Für ein $v_m \in \mathfrak{X}_m$ gilt daher $\|Pv_m - f\| < \varepsilon$, erst recht also $\|Pu^{(m)} - f\| < \varepsilon$. Mit Satz 2.6 vollenden wir nun den Beweis.

Genauere Aussagen über diese Methode treffen wir für Operatoren im Hilbertraum. $P \in (\mathfrak{U}, \mathfrak{U}^*)$ sei auf dem Unterraum $\mathfrak{U} \subseteq \mathfrak{H}$ definiert, $\overline{\mathfrak{U}} = \mathfrak{H}$. Dann ist $\mathfrak{U}^* = \mathfrak{H}^*$, und wir identifizieren $\mathfrak{U}^*$ mit $\mathfrak{H}$; damit kommen wir zu einem neuen Operator $\tilde{P} \in (\mathfrak{U}, \mathfrak{H})$.

Satz 2.8. *Es sei $\mathfrak{U}$ ein Unterraum im Hilbertraum $\mathfrak{H}$, $P \in (\mathfrak{U}, \mathfrak{H})$ stark monoton auf $\mathfrak{U}$ sowie stetig und schwach differenzierbar auf dem Unterraum $\mathfrak{H}_n = \mathfrak{L}\{h_1, h_2, \ldots, h_n\} \subseteq \mathfrak{U}$. Dann genügen die Lösungen des Minimum-Problems*

$$\|Pu^{(n)} - f\|^2 \leqq \|Pu - f\|^2 \qquad \text{für alle } u \in \mathfrak{H}_n$$

dem Gleichungssystem

$$\left(P'(u^{(n)})\, h_k, Pu^{(n)} - f\right) = 0, \qquad k = 1, 2, \ldots, n. \tag{2.49}$$

Beweis. Die Existenz der Lösung $u^{(n)}$ des Minimum-Problems folgt wie in Satz 2.7 aus der starken Monotonie des Operators P und der Stetigkeit des Defektes auf $\mathfrak{H}_n$. Es sei

$$u^{(n)} = \sum_{k=1}^{n} a_k h_k, \qquad F(a) = \|Pu^{(n)} - f\|^2, \qquad a = (a_1, a_2, \ldots, a_n).$$

Die Funktion $F(a)$ ist auf $\mathfrak{R}^n$ definiert und dort differenzierbar, nimmt überdies ihr Minimum an. Es gilt im Minimum

$$\begin{aligned}
0 &= \frac{\partial}{\partial a_k} F(a) \\
&= \lim_{\Delta a_k \to 0} \frac{1}{\Delta a_k} \Bigg\{\left(P\left(\sum_{i=1}^{n} a_i h_i + \Delta a_k h_k\right) - f,\ P\left(\sum_{j=1}^{n} a_j h_j + \Delta a_k h_k\right) - f\right) \\
&\qquad - \left(P\left(\sum_{i=1}^{n} a_i h_i\right) - f,\ P\left(\sum_{j=1}^{n} a_j h_j\right) - f\right)\Bigg\} \\
&= \lim_{\Delta a_k \to 0} \left(\frac{P\left(\sum_{i=1}^{n} a_i h_i + \Delta a_k h_k\right) - P\left(\sum_{i=1}^{n} a_i h_i\right)}{\Delta a_k},\ P\left(\sum_{j=1}^{n} a_j h_j\right) - f\right) \\
&\quad + \lim_{\Delta a_k \to 0} \left(\frac{P\left(\sum_{j=1}^{n} a_j h_j + \Delta a_k h_k\right) - P\left(\sum_{j=1}^{n} a_j h_j\right)}{\Delta a_k},\ P\left(\sum_{i=1}^{n} a_i h_i + \Delta a_k h_k\right) - f\right) \\
&= 2\left(P'(u^{(n)})\, h_k, Pu^{(hn)} - f\right),
\end{aligned}$$

q. e. d.

Korollar 2.8.1. *Es sei $P \in (\mathfrak{H}, \mathfrak{H})$ ein auf dem separablen Hilbertraum $\mathfrak{H}$ schwach differenzierbarer stetiger Operator, $P'(u)$ stetig auf $\mathfrak{R}_2(\mathfrak{H})$, gleichmäßig positiv definit und symmetrisch auf $\mathfrak{H}$ für alle u. Dann definiert die Methode der Defektminimisierung eine Folge $\{u^{(n)}\} \subseteq \mathfrak{H}$, die gegen die einzige Lösung der Gleichung $Pu = f$ konvergiert. Die Elemente $u^{(n)}$ sind eindeutig bestimmt und genau die Galerkin-Näherungen für die Gleichung*

$$P'(u)\, Pu = P'(u) f. \tag{2.50}$$

Beweis. Nach Satz I.3.1 und Lemma I.3.1 ist $P \in (\mathfrak{H}, \mathfrak{H})$ ein stetiger und stark monotoner Potentialoperator, nach Satz I.3.6, (iii), besitzt die Gleichung $Pu = f$ für jedes $f \in \mathfrak{H}$ genau eine Lösung. Es sei $f \in \mathfrak{H}$ fixiert und u_* die entsprechende Lösung. Wir wenden zunächst Satz 2.7 an, dessen Bedingungen nunmehr nachgewiesen sind. Die Methode der Defektminimisierung vermittelt uns demnach eine Minimalfolge $\{u^{(n)}\}$; wegen der Stetigkeit sowohl von P wie von P^{-1} gilt

$$\lim_{n\to\infty} \|Pu^{(n)} - f\| = \lim_{n\to\infty} \|Pu^{(n)} - Pu_*\| = \lim_{n\to\infty} \|u^{(n)} - u_*\| = 0.$$

Nach Satz 2.8 genügen die Näherungen $u^{(n)}$ dem Gleichungssystem (2.49). Da $P'(u)$ symmetrisch auf $\mathfrak{H}$ für jedes $u \in \mathfrak{H}$ ist, schreiben wir dieses System in der Form

$$\big(P'(u^{(n)})\,(Pu^{(n)} - f), h_k\big) = 0, \qquad k = 1, 2, \ldots, n. \tag{2.51}$$

Mit $\mathfrak{H}_n = \mathfrak{L}\{h_1, h_2, \ldots, h_n\}$ und den orthogonalen Projektoren $P_n^0 \in (\mathfrak{H}, \mathfrak{H}_n)$ schreiben wir (2.51) wieder als Operatorgleichung um,

$$P_n^0 P'(u^{(n)})\,(Pu^{(n)} - f) = \theta, \qquad n = 1, 2, \ldots; \tag{2.52}$$

das sind aber die Näherungsgleichungen des Galerkin-Verfahrens für die Gleichung (2.50)[1]), q. e. d.

Die Defektminimisierung wird häufig auch *Methode der kleinsten Fehlerquadrate* genannt.

§ 3. Modelle mit Nebenbedingungen

1. Torsion nichtlinear elastischer Stäbe mit vorgegebenem Moment

Folgen wir der Beschreibung des Problems in Kap. II, § 3, mit Hilfe der Prandtlschen Spannungsfunktion, so ist im beschränkten Gebiet $\Omega \subseteq \mathfrak{R}^2$, welches einen beliebigen Stabquerschnitt darstellt, eine Funktion $U = u(x_1, x_2)$ zu bestimmen, welche der Variationsgleichung (II.3.45), der Randbedingung (II.3.46) und der Nebenbedingung (II.3.47) genügt.

[1]) Die Bedingungen des Korollars 1.1.2 über die Konvergenz des Galerkin-Verfahrens sind denen in Korollar 2.8.1 ähnlich, jedoch bezüglich $A \in (\mathfrak{H}, \mathfrak{H})$, $Au = P'(u)\,(Pu - f)$, keineswegs einfach nachprüfbar. Die Konvergenz des Galerkin-Verfahrens (2.52) ergibt sich daher erst aus dem Konvergenzbeweis für die Methode der kleinsten Fehlerquadrate in Korollar 2.8.1.

Ohne Nebenbedingung haben wir diese Gleichung schon einmal in Kap. III, § 4, funktionalanalytisch modelliert; vgl. (III.4.46). Wir übernehmen die Variationsgleichung

$$\int_\Omega \eta(T[u, u])\, T[u, h]\, dx = \omega \int_\Omega h(x)\, dx \tag{3.1}$$

für $u \in \mathring{W}_2^1$, $\omega \in \mathfrak{R}$ und alle $h \in \mathring{W}_2^1$, die unter den Bedingungen von Satz III.1.1,

$$0 < \varphi_0 \leqq \eta(t) \leqq \mu, \qquad t \geqq 0, \tag{3.2}$$

$$0 < \psi_0 \leqq \frac{d[\eta(t^2)\, t]}{dt} \leqq \nu, \qquad t \geqq 0, \tag{3.3}$$

für die stetig differenzierbare Funktion $\eta(t)$ und

$$T[u, v] = \frac{\partial u}{\partial x_1}\frac{\partial v}{\partial x_1} + \frac{\partial u}{\partial x_2}\frac{\partial v}{\partial x_2} \tag{3.4}$$

einen stark monotonen und Lipschitz-stetigen Operator $A \in \left(\mathring{W}_2^1, \mathring{W}_2^1\right)$ definiert,

$$(Au, w) = \int_\Omega \eta(T[u, u])\, T[u, w]\, dx. \tag{3.5}$$

Dabei wählen wir das Skalarprodukt auf $\mathring{W}_2^1(\Omega)$ in der Form des Beispiels (i) in Kap. III, § 1,

$$(u, v) = \int_\Omega T[u, v]\, dx, \qquad u, v \in \mathring{W}_2^1(\Omega). \tag{3.6}$$

Mit der Darstellung

$$(f, h) = \int_\Omega h(x)\, dx \tag{3.7}$$

für ein (gegebenes) $f \in \mathring{W}_2^1$ erhalten wir schließlich die gewünschte Operatorgleichung zur Bestimmung der Prandtlschen Spannungsfunktion $u \in \mathring{W}_2^1$ und des Torsionswinkels $\omega \in \mathfrak{R}$,

$$Au = \omega f \tag{3.8}$$

mit der Nebenbedingung (II.3.47) oder

$$(f, u) = m \tag{3.9}$$

bei gegebenem Moment M und $m = M/2$.

2. Gleichungen mit Nebenbedingungen

Wir betrachten die allgemeinere Gleichung

$$Au = \omega f + g \tag{3.10}$$

mit $A \in (\mathfrak{H}, \mathfrak{H})$ zu vorgegebenen Elementen $f, g \in \mathfrak{H}$ mit der Nebenbedingung (3.9).

Satz 3.1. *Der Operator* $A \in (\mathfrak{H}, \mathfrak{H})$ *in der Gleichung* (3.10) *sei stark monoton und Lipschitz-stetig,*

$$(Pu - Pv, u - v) \geqq \gamma \|u - v\|^2, \tag{3.11}$$

$$\|Pu - Pv\| \leqq \nu \|u - v\| \tag{3.12}$$

für $u, v \in \mathfrak{H}$. *Dann besitzt das durch* (3.10), (3.9) *gegebene Problem genau eine Lösung* $(u_*, \omega_*) \in \mathfrak{H} \times \mathfrak{R}$. *Für fixierte* $f, g \in \mathfrak{H}$ *gelten folgende Abschätzungen für die Abhängigkeit von* m:

$$\frac{\gamma}{\nu} \frac{1}{\|f\|} |m_1 - m_2| \leqq \|u_*(m_1) - u_*(m_2)\| \leqq \frac{\nu^2}{\gamma^2} \frac{1}{\|f\|} |m_1 - m_2|, \tag{3.13}$$

$$\gamma \frac{1}{\|f\|^2} |m_1 - m_2| \leqq |\omega_*(m_1) - \omega_*(m_2)| \leqq \frac{\nu^2}{\gamma} \frac{1}{\|f\|^2} |m_1 - m_2|. \tag{3.14}$$

Überdies wächst $\omega_*(m)$ *monoton mit* m.

Beweis. Wir betrachten die Gleichung (3.10) als implizite Operatorfunktion

$$Au = K(\omega), \qquad K(\omega) = \omega f + g, \qquad \omega \in \mathfrak{R}. \tag{3.15}$$

Nach Satz IV.1.6 und Korollar IV.1.6.1 definiert die Gleichung (3.15) genau einen Weg

$$u(\omega) = A^{-1}(\omega f + g). \tag{3.16}$$

Dabei ist A^{-1} selbst stark monoton und Lipschitz-stetig mit der Monotoniekonstante γ/ν^2 und der Lipschitzkonstante $1/\gamma$. Daraus erhalten wir

$$\frac{1}{\nu} \|v - w\| \leqq \|A^{-1}v - A^{-1}w\| \leqq \frac{1}{\gamma} \|v - w\|, \qquad v, w \in \mathfrak{H}, \tag{3.17}$$

und speziell mit $v = \omega_1 f + g$, $w = \omega_2 f + g$

$$\frac{\|f\|}{\nu} |\omega_1 - \omega_2| \leqq \|u(\omega_1) - u(\omega_2)\| \leqq \frac{\|f\|}{\gamma} |\omega_1 - \omega_2|. \tag{3.18}$$

Mit der Bezeichnung $L(\omega) = \big(f, A^{-1}(\omega f + g) - A^{-1}g\big)$ leiten wir die Gleichung

$$L(\omega) = m - (f, A^{-1}g) \tag{3.19}$$

aus der Nebenbedingung (3.9) zur Bestimmung von $\omega \in \mathfrak{R}$ her. Wir finden $L(0) = 0$,

$$\begin{aligned} &[L(\omega_1) - L(\omega_2)]\,(\omega_1 - \omega_2) \\ &= \big(f, A^{-1}(\omega_1 f + g) - A^{-1}(\omega_2 f + g)\big)\,(\omega_1 - \omega_2) \\ &= \big(A^{-1}(\omega_1 f + g) - A^{-1}(\omega_2 f + g), \omega_1 f - \omega_2 f\big) \\ &\geqq \frac{\gamma}{\nu^2} \|f\|^2 (\omega_1 - \omega_2)^2 \end{aligned} \tag{3.20}$$

und

$$|L(\omega_1) - L(\omega_2)| \leqq \|f\| \, \|A^{-1}(\omega_1 f + g) - A^{-1}(\omega_2 f + g)\|$$
$$\leqq \frac{1}{\gamma} \|f\|^2 \, |\omega_1 - \omega_2| , \tag{3.21}$$

so daß $L \in (\Re, \Re)$ stark monoton und Lipschitz-stetig ist. Die Gleichung (3.19) besitzt damit für jedes $m_* \in \Re$ genau eine Lösung $\omega_* \in \Re$. Aus (3.20) erhalten wir dann $(m_1 - m_2)\left(\omega_*(m_1) - \omega_*(m_2)\right) > 0$ für $m_1 \neq m_2$, so daß $\omega_*(m)$ streng monoton wächst.

Nochmals aus (3.20) erhält man

$$|m_1 - m_2| \geqq \frac{\gamma}{\nu^2} \|f\|^2 \, |\omega_*(m_1) - \omega_*(m_2)| ,$$

während aus (3.21)

$$|m_1 - m_2| \leqq \frac{1}{\gamma} \|f\|^2 \, |\omega_*(m_1) - \omega_*(m_2)|$$

folgt, so daß sich insgesamt (3.14) ergibt. Schließlich folgt (3.13) aus (3.18) und (3.14), q. e. d.

Die in Satz 3.1 festgestellten Monotonie- und Stetigkeitseigenschaften gestatten die Formulierung eines Näherungsverfahrens für Gleichungen mit Nebenbedingungen.

Satz 3.2. *Bedingungen wie in Satz* 3.1. *Dann ist die Lösung* (u_*, ω_*) *der Gleichung* (3.10) *mit der Nebenbedingung* (3.9) *Grenzwert des folgenden Näherungsverfahrens:*

$$\left.\begin{aligned} \omega_{n+1} &= \omega_n - \beta\left[\left(f, A^{-1}(\omega_n f + g)\right) - m\right], \\ u_n &= A^{-1}(\omega_n f + g) \end{aligned}\right\} \tag{3.22}$$

bei beliebigem Startelement ω_1 *mit* $\beta \in \left(\frac{\gamma^3}{\nu^2\|f\|^2}, \frac{2\gamma^3}{\nu^2\|f\|^2}\right)$, $n = 1, 2, \ldots$

Beweis. Wir definieren den Operator $T \in (\Re, \Re)$,

$$T(\omega) = \omega - \beta[L(\omega) - m + (f, A^{-1}g)] . \tag{3.23}$$

Offenbar ist der Operator $\hat{L} \in (\Re, \Re)$,

$$\hat{L}(\omega) = L(\omega) - m + (f, A^{-1}g) ,$$

wegen (3.20), (3.21) stark monoton und Lipschitz-stetig mit der Monotoniekonstante $\gamma_1 = \frac{\gamma}{\nu^2} \|f\|^2$ und der Lipschitzkonstante $\nu_1 = \frac{1}{\gamma} \|f\|^2$. Nach Satz I.5.4 ist T strikt kontraktiv für

$$\beta \in \left(\frac{\gamma_1}{\nu_1^2}, \frac{2\gamma_1}{\nu_1^2}\right) = \left(\frac{\gamma^3}{\nu^2\|f\|^2}, \frac{2\gamma^3}{\nu^2\|f\|^2}\right).$$

Folglich konvergiert die Folge $\{\omega_n\}$ aus dem Iterationsverfahren

$$\omega_{n+1} = T\omega_n = \omega_n - \beta\big[\big(f, A^{-1}(\omega_n f + g)\big) - m\big], \qquad n = 1, 2, \ldots,$$

bei beliebigem Startelement $\omega_1 \in \mathfrak{R}$ gegen die Lösung ω_+ der Gleichung (3.19). Es sei ferner

$$u_+ = A^{-1}(\omega_+ f + g), \qquad u_n = A^{-1}(\omega_n f + g).$$

Dann gilt wegen (3.17)

$$\|u_n - u_+\| = \|A^{-1}(\omega_+ f + g) - A^{-1}(\omega_n f + g)\| \leqq \frac{1}{\gamma}\, \|f\|\, |\omega_n - \omega_+|;$$

die Norm der Differenz strebt also gegen Null für $n \to \infty$. Die Gleichungen (3.19) bzw.

$$\big(f, A^{-1}(\omega_+ f + g)\big) = m \quad \text{und} \quad u_+ = A^{-1}(\omega_+ f + g)$$

sind aber dem Ausgangsproblem (3.9), (3.10) offenbar äquivalent, so daß wegen der in Satz 3.1 festgestellten Einzigkeit der Lösung $u_* = u_+$, $\omega_* = \omega_+$ ist, q. e. d.

Die Anwendung der Sätze 3.1, 3.2 auf das Torsionsproblem ist direkt möglich. Zur Berechnung der Elemente u_n der Näherungsfolge in (3.22) können wiederum Näherungsverfahren der §§ 1, 2 Verwendung finden, um mit Approximationen in endlichdimensionalen Räumen auszukommen.

3. Das Variationsprinzip von Haar und von Kármán

Das in Kap. II, § 5, formulierte Variationsprinzip für elastisch-idealplastische Körper mit dem Volumen $\Omega \subseteq \mathfrak{R}^3$ sagt aus, daß der gesuchte symmetrische Spannungstensor $\hat{S}(x) = \{\hat{\sigma}_{ik}(x)\}$, $x \in \Omega$, Minimalelement des Funktionals

$$\Psi(\hat{S}) = \frac{1}{2} \int\limits_{\Omega} E^{-1}_{ijkl} \hat{\sigma}_{ij}(x)\, \hat{\sigma}_{kl}(x)\, dx \tag{3.24}$$

auf der Menge $\mathfrak{G}$ aller statisch zulässigen Felder von Spannungstensoren ist.[1]) Ein Feld $\hat{S}(x)$, $x \in \Omega$, heißt *statisch zulässig*, wenn es die Gleichgewichtsbedingungen

$$\hat{\sigma}_{ik,k}(x) + X_i(x) = 0, \qquad x \in \Omega, \tag{3.25}$$

die statischen Randbedingungen

$$\hat{\sigma}_{ik}(x)\, n_k(x) = T_i(x), \qquad x \in \partial\Omega'', \tag{3.26}$$

[1]) Wir erinnern daran, daß die Randbedingungen bei der Herleitung des Variationsprinzips von Haar und von Kármán in der gemischten Form $u_k(x) = 0$, $x \in \partial\Omega'$, für die Verschiebungen u_k und $\sigma_{ik}(x) n_k(x) = T_k(x)$, $x \in \partial\Omega''$, für den Spannungstensor $\{\sigma_{ik}\}$, $\partial\Omega = \partial\Omega' \cup \partial\Omega''$, $\partial\Omega' \cap \partial\Omega'' = \emptyset$, vorgegeben wurden.

und die elastisch-idealplastische Zustandsbedingung

$$f(\hat{S}) = \frac{1}{2}\,\hat{s}_{ij}(x)\,\hat{s}_{ij}(x) - s_0{}^2 \leqq 0 \tag{3.27}$$

mit dem Spannungsdeviatorfeld

$$\hat{s}_{ij}(x) = \left(\delta_{ijkl} - \frac{1}{3}\,\delta_{ij}\delta_{kl}\right)\hat{\sigma}_{kl}$$

und der konstanten Fließgrenze $s_0 > 0$ erfüllt. Weiterhin nehmen wir an, daß Ω ein normales Gebiet ist und $\hat{S} \in \left(C_1(\bar{\Omega})\right)^6$, so daß die Bedingungen (3.25) bis (3.27) für zulässige Spannungsfelder punktweise gelten. Wichtig ist ferner die Annahme, daß überhaupt ein statisch zulässiges Feld $S^0(x) = \{\sigma^0_{ik}(x)\}$, $x \in \Omega$, mit $S^0 \in \left(C_1(\bar{\Omega})\right)^6$ existiert. Dies bedeutet nach dem Traglastprinzip (vgl. Kap. II, § 5), daß die äußeren Kräfte noch nicht zu unbegrenzt wachsenden Verschiebungen führen, bei denen ein quasistatisches Gleichgewicht unmöglich würde. Wir setzen dann $\hat{S} = S + S^0$ und suchen im Variationsprinzip von HAAR und VON KÁRMÁN ein Feld $S \in \left(C_1(\bar{\Omega})\right)^6$, welches den Bedingungen

$$\begin{aligned} \sigma_{ik,k}(x) &= 0, \qquad x \in \Omega, \\ \sigma_{ik}(x)\,n_k(x) &= 0, \qquad x \in \partial\Omega'', \end{aligned} \tag{3.28}$$

genügt, die Fließbedingung (3.27) erfüllt und dem Funktional $\Psi(S) = \hat{\Psi}(S + S^0)$ einen minimalen Wert erteilt.

Die Form $E^{-1}_{ijkl}t'_{ij}t'_{kl}$ stellt eine positive Bilinearform auf dem Raum $\mathfrak{R}^6$ dar, vgl. Satz IV.5.4. Damit definieren wir auf $\left(C_1(\bar{\Omega})\right)^6$ das Skalarprodukt

$$(S', S'') = \frac{1}{2}\int\limits_{\Omega} E^{-1}_{ijkl}\sigma'_{ij}(x)\,\sigma''_{kl}(x)\,dx. \tag{3.29}$$

Wir gelangen so zu einer funktionalanalytischen Formulierung des Variationsprinzips von HAAR und VON KÁRMÁN.

Satz 3.3 *Auf dem unitären Raum* $\mathfrak{U}_{\mathfrak{H}} = \left(C_1(\bar{\Omega})\right)^6$ *mit dem Skalarprodukt* (3.29) *definieren die Bedingungen* (3.28), (3.27) *eine konvexe Teilmenge* $\mathfrak{G}$. *Das Variationsprinzip von Haar und von Kármán erfordert die Bestimmung eines Elementes* $S^* \in \mathfrak{G}$, *welches zum vorgegebenen Element* $-S^0$ *den geringsten Abstand besitzt.*

Beweis. Offensichtlich definieren die Bedingungen (3.28) einen linearen Unterraum in $\mathfrak{U}_{\mathfrak{H}}$. Genügen S' und S'' der Bedingung (3.27), so finden wir mit $\alpha \in [0, 1]$ und

$$s^0_{ij} = \left(\delta_{ijkl} - \frac{1}{3}\,\delta_{ij}\delta_{kl}\right)\sigma^0_{kl}, \qquad s'_{ij} = \left(\delta_{ijkl} - \frac{1}{3}\,\delta_{ij}\delta_{kl}\right)\sigma'_{kl} \quad \text{usw.},$$

$$\hat{s}_{ij} = s_{ij} + s^0_{ij},$$

die Abschätzung

$$\frac{1}{2}\left(\alpha s'_{ij} + (1-\alpha)\, s''_{ij} + s^0_{ij}\right)\left(\alpha s'_{ij} + (1-\alpha)\, s''_{ij} + s^0_{ij}\right)$$

$$= \frac{1}{2}\left(\alpha(s'_{ij} + s^0_{ij}) + (1-\alpha)\,(s''_{ij} + s^0_{ij})\right)\left(\alpha(s'_{ij} + s^0_{ij}) + (1-\alpha)\,(s''_{ij} + s^0_{ij})\right)$$

$$= \frac{1}{2}\,\{\alpha^2(s'_{ij} + s^0_{ij})\,(s'_{ij} + s^0_{ij}) + 2\alpha(1-\alpha)\,(s'_{ij} + s^0_{ij})\,(s''_{ij} + s^0_{ij})$$

$$+ (1-\alpha)^2\,(s''_{ij} + s^0_{ij})\,(s''_{ij} + s^0_{ij})\}$$

$$\leqq \alpha^2 s_0{}^2 + 2\alpha(1-\alpha)\, s_0{}^2 + (1-\alpha)^2\, s_0{}^2 = s_0{}^2;$$

das Feld $\alpha S' + (1-\alpha)\, S''$ genügt dann ebenfalls der Bedingung (3.27). Damit definieren die Bedingungen (3.27), (3.28) eine konvexe Teilmenge $\mathfrak{G}$ von $\mathfrak{U}_{\mathfrak{H}}$. Das gesuchte Element $S^* \in \mathfrak{G}$ soll das Funktional Ψ aus (3.24) auf $\mathfrak{G}$ minimisieren, nach (3.29) ist also

$$\|S^* - (-S^0)\|^2 \leqq \|S - (-S^0)\|^2, \qquad S \in \mathfrak{G}, \tag{3.30}$$

q. e. d.

Da $\theta \in \mathfrak{G}$ ist, ist die Menge $\mathfrak{G}$ nicht leer; Satz 3.3 führt das Variationsprinzip von Haar und von Kármán auf einen Spezialfall der konvexen Projektion zurück. Satz I.4.1 sichert die Existenz eines eindeutig bestimmten Minimalelementes, wenn die Menge $\mathfrak{G}$ vollständig in $\mathfrak{U}_{\mathfrak{H}}$ ist. Dies ist jedoch im allgemeinen nicht zu erwarten, so daß die Menge der zulässigen Spannungsfelder möglicherweise erweitert werden muß. Bevor wir diese Erweiterung für spezielle Probleme vornehmen, wollen wir Lösungsverfahren und insbesondere Näherungsverfahren für das allgemeine Problem der konvexen Projektion als einem für Anwendungen wichtigen Minimum-Problem mit Nebenbedingungen erörtern.

4. Die konvexe Projektion

Im Hilbertraum $\mathfrak{H}$ seien eine konvexe abgeschlossene Menge $\mathfrak{G}$ und ein Element w gegeben. Dann gibt es nach Satz I.4.1 genau ein Element $g \in \mathfrak{G}$ mit der Eigenschaft

$$\|g - w\|^2 \leqq \|u - w\|^2 \quad \text{für alle } u \in \mathfrak{G}. \tag{3.31}$$

Ein Verfahren zur Konstruktion des Minimalelementes g wurde in Kap. I, § 5, aufgezeigt. Aus Korollar I.5.2.1 wissen wir, daß die Fixpunktmenge $\mathfrak{F}_T$ eines kontraktiven Operators $T \in (\mathfrak{H}, \mathfrak{H})$ (Definition I.5.1) konvex und abgeschlossen ist. Wir nehmen daher an, $\mathfrak{G}$ sei in der Fixpunktmenge des kontraktiven Operators $U \in (\mathfrak{H}, \mathfrak{H})$ enthalten,

$$Ux = x \quad \text{für alle } x \in \mathfrak{G}. \tag{3.32}$$

Ist $\mathfrak{G}$ überdies beschränkt, so können wir nach Satz I.5.3 eine Folge von strikt kontraktiven Operatoren $U_n \in (\mathfrak{H}, \mathfrak{H})$ bilden,

$$U_n u = k_n U u + (1 - k_n) w, \qquad n = 1, 2, \ldots, \tag{3.33}$$
$$\{k_n\} \subseteq (0, 1), \qquad \lim_{n\to\infty} k_n = 1,$$

deren eindeutig bestimmte Fixpunkte u_n, $n = 1, 2, \ldots$, gegen die Lösung g des Problems (3.31) konvergieren. Mit dem Verfahren aus § 1 zur Konstruktion von Fixpunkten strikt kontraktiver Operatoren im Hilbertraum erhalten wir dann konstruktive Verfahren zur Lösung des Problems (3.31).

Wir stellen uns daher die Aufgabe, zu einer beschränkten abgeschlossenen und konvexen Menge $\mathfrak{G} \subseteq \mathfrak{H}$ einen kontraktiven Operator $U \in (\mathfrak{H}, \mathfrak{H})$ so zu konstruieren, daß U die Bedingung (3.32) erfüllt.

Im folgenden sei $\mathfrak{G} \subseteq \mathfrak{H} \subseteq W_2{}^l(\Omega)$, $\Omega \subseteq \mathfrak{R}^m$ ein beschränktes normales Gebiet. Auf dem Unterraum $\mathfrak{H} \subseteq W_2{}^l(\Omega)$ sei das Skalarprodukt wie in Kap. III, § 1, mit Hilfe einer positiven Bilinearform erklärt,

$$(u, v) = \int_\Omega T[u, v]\, dx, \tag{3.34}$$

die auf $\mathfrak{H}$ eine zur Norm des $W_2{}^l$-Raumes äquivalente Norm erzeugt. (Als Beispiel sei auf (III.1.7), (III.1.8) verwiesen.) Zu einem vorgegebenen $w \in W_2{}^l(\Omega)$ und einem $\tau > 0$ bilden wir nun die Menge

$$\mathfrak{G} = \{u \in \mathfrak{H}\,;\, T[u + w, u + w] \leqq \tau^2 \text{ fast überall in } \Omega\}.^{1)} \tag{3.35}$$

Lemma 3.1. *Im Hilbertraum $\mathfrak{H} \subseteq W_2{}^l(\Omega)$ mit dem Skalarprodukt* (3.34) *ist die Menge $\mathfrak{G}$ aus* (3.35) *abgeschlossen, konvex und beschränkt.*

Beweis. (i) Es sei $\{u_n\} \subseteq \mathfrak{G}$ eine Folge, $\lim_{n\to\infty} u_n = u$. Dann gilt

$$\lim_{n\to\infty} \int_\Omega \left(\sqrt{T[u_n + w, u_n + w]} - \sqrt{T[u + w, u + w]}\right)^2 dx$$
$$\leqq \lim_{n\to\infty} \int_\Omega T[u_n - u, u_n - u]\, dx = \lim_{n\to\infty} \|u_n - u\|^2 = 0,$$

da T eine positive Bilinearform ist. Die Folge $\{T[u_n + w, u_n + w]\}$ summierbarer Funktionen konvergiert also in $L_1(\Omega)$ gegen die summierbare Funktion $T[u + w, u + w]$. Dann gibt es eine Teilfolge $\{u_{n_k}\} \subseteq \{u_n\}$, für die

$$\lim_{k\to\infty} T[u_{n_k}(x) + w(x), u_{n_k}(x) + w(x)] = T[u(x) + w(x), u(x) + w(x)]$$

fast überall in Ω ist. Aus dieser Grenzwertbeziehung folgt unmittelbar

$$\tau^2 \geqq \lim_{k\to\infty} T[u_{n_k}(x) + w(x), u_{n_k}(x) + w(x)] = T[u(x) + w(x), u(x) + w(x)]$$

für fast alle $x \in \Omega$, also $u \in \mathfrak{G}$. Damit ist $\mathfrak{G}$ abgeschlossen.

---

1) Nach den Voraussetzungen ist die Funktion $T[u(x) + w(x), u(x) + w(x)]$ für beliebiges $u \in \mathfrak{H}$ summierbar und daher für fast alle $x \in \Omega$ erklärt und endlich, die Bedingung (3.35) also sinnvoll.

(ii) Sind $u_1, u_2 \in \mathfrak{G}$ und $\alpha \in [0, 1]$, so gilt für fast alle $x \in \Omega$ mit der Schwarzschen Ungleichung für positive Bilinearformen

$$\begin{aligned} &T[\alpha u_1 + (1-\alpha)\, u_2, \alpha u_1 + (1-\alpha)\, u_2] \\ &= \alpha^2 T[u_1, u_1] + 2\alpha(1-\alpha)\, T[u_1, u_2] + (1-\alpha)^2\, T[u_2, u_2] \\ &\leqq \alpha^2\tau^2 - 2\alpha(1-\alpha)\, \tau^2 + (1-\alpha)^2\, \tau^2 = \tau^2, \end{aligned}$$

also

$$\alpha u_1 + (1-\alpha)\, u_2 \in \mathfrak{G}.$$

(iii) Es sei $u \in \mathfrak{G}$ beliebig fixiert; dann gilt wegen der Normeigenschaften positiver Bilinearformen

$$\begin{aligned} \|u\|^2 &= \int_\Omega \left(\sqrt{T[u, u]}\right)^2 dx \leqq \int_\Omega \left(\sqrt{T[u + w, u + w]} + \sqrt{T[w, w]}\right)^2 dx \\ &\leqq \int_\Omega \left(\tau + \sqrt{T[w, w]}\right)^2 dx \leqq \left(\tau \sqrt{\operatorname{mes} \Omega} + \sqrt{\int_\Omega T[w, w]\, dx}\right)^2 = \varkappa^2. \end{aligned}$$

$\mathfrak{G}$ ist also in der Kugel $\bar{\mathfrak{K}}(\theta, \varkappa) \subseteq \mathfrak{H}$ enthalten,

$$\bar{\mathfrak{K}}(\theta, \varkappa) = \{x \in \mathfrak{H};\ \|x\| \leqq \varkappa\}.$$

Lemma 3.1 ist damit vollständig bewiesen.

Wir definieren nun für ein $\tau > 0$ die Funktion $f_\tau(t)$, $t \geqq 0$,

$$f_\tau(t) = \begin{cases} 0 & \text{für } t \leqq \tau^2, \\ \dfrac{\left(\tau - \sqrt{t}\right)^2}{t} & \text{für } \tau^2 \leqq t. \end{cases} \tag{3.36}$$

Lemma 3.2. *Die Funktion $f_\tau(t)$, $t \geqq 0$, ist stetig differenzierbar, und es gilt*

$$0 \leqq f_\tau(t), \qquad \frac{d[f_\tau(t^2)\, t]}{dt} \leqq 1, \qquad 0 \leqq f_\tau'(t), \qquad t \geqq 0. \tag{3.37}$$

Beweis. Da

$$\lim_{t \to \tau^2 -} f_\tau(t) = 0 = \lim_{t \to \tau^2 +} f_\tau(t)$$

ist, ist die Stetigkeit offensichtlich. Für die Ableitung errechnen wir

$$f_\tau'(t) = \begin{cases} 0 & \text{für } t < \tau^2, \\ \dfrac{\tau\left(\sqrt{t} - \tau\right)}{t^2} & \text{für } \tau^2 < t, \end{cases} \tag{3.38}$$

so daß

$$\lim_{t \to \tau^2 -} f_\tau'(t) = 0 = \lim_{t \to \tau^2 +} f_\tau'(t)$$

und $f_\tau'(t)$ stetig ist. Die Eigenschaften (3.37) von $f_\tau(t)$, $f_\tau'(t)$ und

$$\frac{d[f_\tau'(t^2)\,t]}{dt} = f_\tau(t^2) + 2f_\tau'(t^2)\,t^2$$

ersieht man unmittelbar aus der Definition (3.36) und der Formel (3.38). Insbesondere gilt

$$\frac{d[f_\tau(t^2)\,t]}{dt} = \begin{cases} 0 & \text{für } t \leqq \tau, \\ 1 - \dfrac{\tau^2}{t^2} & \text{für } \tau \leqq t. \end{cases} \tag{3.39}$$

Lemma 3.2 ist damit bewiesen.

Lemma 3.3. *Mit der Funktion $f_\tau(t)$, $t \geqq 0$, aus Lemma 3.2 und festem $w \in W_2^l(\Omega)$ ist der Operator $U = E - V \in (\mathfrak{H}, \mathfrak{H})$ mit dem identischen Operator E und*

$$(Vu, h) = \int_\Omega f_\tau(T[u + w, u + w])\, T[u + w, h]\, dx, \qquad h \in \mathfrak{H}, \tag{3.40}$$

kontraktiv.

Beweis. Wir zeigen zunächst, daß die rechte Seite in (3.40) einen Operator $V \in (\mathfrak{H}, \mathfrak{H})$ definiert. Offensichtlich definiert die rechte Seite ein lineares Funktional bezüglich h auf $\mathfrak{H}$. Mit den Abschätzungen (3.37) finden wir

$$\begin{aligned} |(Vu, h)| &= \left| \int_\Omega f_\tau(T[u + w, u + w])\, T[u + w, h]\, dx \right| \\ &\leqq \left(\|u\| + \int_\Omega \sqrt{T[w, w]}\, dx \right) \|h\|, \end{aligned}$$

das lineare Funktional ist also beschränkt für jedes $u \in \mathfrak{H}$ und definiert über den Rieszschen Darstellungssatz I.2.6 den Operator V.

Mit den Ungleichungen (3.37) sind für den Operator $\hat{V} \in (\mathfrak{H}, \mathfrak{H}^*)$, $\langle \hat{V}u, h\rangle = (Vu, h)$, die Bedingungen von Satz III.1.2 erfüllt. Damit ist V schwach differenzierbar auf $\mathfrak{H}$ und

$$\big(V'(u)\,v, h\big) = \int_\Omega \{f_\tau(T[u, u])\, T[v, h] + 2f_\tau'(T[u, u])\, T[u, v]\, T[u, h]\}\, dx.$$

Unter Berücksichtigung von (3.37) gilt ferner

$$\begin{aligned} \big(U'(u)\,v, v\big) &= \big([E - V'(u)]\,v, v\big) \\ &= \int_\Omega \Big\{\big[1 - f_\tau(T[u, u])\big]\, T[v, v] - 2f_\tau'(T[u, u])\, (T[u, v])^2\Big\}\, dx \\ &\geqq \int_\Omega \{1 - f_\tau(T[u, u]) - 2f_\tau'(T[u, u])\, T[u, u]\}\, T[v, v]\, dx \geqq 0 \end{aligned}$$

und

$$\big(U'(u)\,v, v\big) \leqq \int_\Omega \{1 - f_\tau(T[u, u])\}\, T[v, v]\, dx \leqq \|v\|^2,$$

insgesamt also

$$\left|\left(U'(u)\, v, v\right)\right| \leqq \|v\|^2. \tag{3.41}$$

Schließlich finden wir mit (3.41)

$$\left|\left(U'(u)\, g_1, g_2\right)\right| = \frac{1}{4}\left|\left(U'(u)\,(g_1 + g_1), g_1 + g_2\right) - \left(U'(u)\,(g_1 - g_2), g_1 - g_2\right)\right|$$

$$\leqq \frac{1}{4}\,(\|g_1 + g_2\|^2 + \|g_1 - g_2\|^2) \leqq \frac{1}{2}\,(\|g_1\|^2 + \|g_2\|^2).$$

Wir setzen nun für beliebiges $h \in \mathfrak{H}$, $h \neq \theta$, $U'(u)\,h \neq \theta$,

$$g_1 = \frac{h}{\|h\|}, \qquad g_2 = \frac{U'(u)\,h}{\|U'(u)\,h\|}$$

und erhalten die Ungleichung $\|U'(u)\,h\| \leqq \|h\|$ für alle $h \in \mathfrak{H}$, also $\|U'(u)\| \leqq 1$ für alle $u \in \mathfrak{H}$. Nach Lemma III.1.1 sind V' und damit U' stetig in $\mathfrak{R}_2(\mathfrak{H})$. Mit der Formel

$$(Uu_1 - Uu_2, h) = \int_0^1 \left(U'(tu_1 + (1-t)\,u_2)\,(u_1 - u_2), h\right) dt$$

erhalten wir dann endgültig $|(Uu_1 - Uu_2, h)| \leqq \|u_1 - u_2\|\,\|h\|$, also

$$\|Uu_1 - Uu_2\| \leqq \|u_1 - u_2\|,$$

q. e. d.

Satz 3.4. *Ist* $\mathfrak{G} \subseteq \mathfrak{H}$ *—die Menge* (3.35) *— nicht leer und* $U \in (\mathfrak{H}, \mathfrak{H})$ *der in Lemma* 3.3 *erklärte Kontraktionsoperator, so ist* $\mathfrak{G}$ *genau die Fixpunktmenge von* U.

Beweis. (i) Es sei $v^* = Uv^*$ und $v_0 \in \mathfrak{G}$ ein fixiertes Element. Dann ist $(Vv^*, h) = ([E - U]\,v^*, h) = 0$ für alle $h \in \mathfrak{H}$, speziell für $h = v^* + w - (w + v_0)$ ist also nach (3.40)

$$0 = \int_\Omega f_\tau(T[v^* + w, v^* + w])\, T[v^* + w, v^* + w - w - v_0]\, dx$$

$$= \int_\Omega f_\tau(T[v^* + w, v^* + w])\,(T[v^* + w, v^* + w] - T[v^* + w, v_0 + w])\, dx$$

$$\geqq \int_\Omega f_\tau(T[v^* + w, v^* + w])\,\Big(T[v^* + w, v^* + w]$$

$$- \sqrt{T[v^* + w, v^* + w]}\,\sqrt{T[v_0 + w, v_0 + w]}\Big)\, dx$$

$$\geqq \int_\Omega \sqrt{T[v^* + w, v^* + w]}\, f_\tau(T[v^* + w, v^* + w])\left(\sqrt{T[v^* + w, v^* + w]} - \tau\right) dx.$$

Da andererseits immer

$$\sqrt{T[v^* + w, v^* + w]}\, f_\tau(T[v^* + w, v^* + w])\,\left(\sqrt{T[v^* + w, v^* + w]} - \tau\right) \geqq 0$$

ist, wie aus der Definition von f_τ ersichtlich, ist

$$\sqrt{T[v^*(x) + w(x), v^*(x) + w(x)]}\, f_\tau\big(T[v^*(x) + w(x), v^*(x) + w(x)]\big)$$
$$\times \left(\sqrt{T[v^*(x) + w(x), v^*(x) + w(x)]} - \tau\right) = 0 \quad \text{fast überall in } \Omega,$$

daher

$$T[v^*(x) + w(x), v^*(x) + w(x)] \leqq \tau \quad \text{fast überall in } \Omega,$$

d. h. $v^* \in \mathfrak{G}$.

(ii) Es sei $v_0 \in \mathfrak{G}$ und daher definitionsgemäß

$$\int_\Omega f_\tau(T[v_0 + w, v_0 + w])\, T[v_0 + w, h]\, dx = 0 \quad \text{für alle } h \in \mathfrak{H}.$$

Damit ist offensichtlich $Vv_0 = \theta = [E - U]\, v_0$, $v_0 \in \mathfrak{G}$ also Fixpunkt von U. Satz 3.4 ist damit bewiesen.

Aus Korollar I.5.2.1 und dem bewiesenen Satz 3.4 erhalten wir noch einmal die Beweispunkte (i), (ii) in Lemma 3.1.

Satz 3.5. *Ist* $\mathfrak{G} \subseteq \mathfrak{H}$ *— die Menge* (3.35) *— nicht leer und* $v_0 \in \mathfrak{H}$ *ein beliebiges Element, so besitzt das Minimum-Problem*

$$\|g - v_0\| \leqq \|u - v_0\| \quad \textit{für alle } u \in \mathfrak{G}$$

genau eine Lösung $g \in \mathfrak{G}$. *Es gilt* $g = \lim_{k \to 1-} u_k$; *dabei ist* u_k *der (einzige) Fixpunkt des strikt kontraktiven Operators* $U_k \in (\mathfrak{H}, \mathfrak{H})$, $U_k u = kUu + (1 - k)\, v_0$.

Beweis. Da $\mathfrak{G}$ die Fixpunktmenge des kontraktiven Operators $U \in (\mathfrak{H}, \mathfrak{H})$ ist, gilt trivialerweise $U(\mathfrak{G}) \subseteq \mathfrak{G}$.
Somit sind die Voraussetzungen in Satz I.5.3 erfüllt, als dessen Folgerung sich damit Satz 3.5 erweist.

5. Die Torsion elastisch-idealplastischer Stäbe

Zur Anwendung des Variationsprinzips von Haar und von Kármán ist es zunächst erforderlich, die statisch zulässigen Spannungstensoren $\hat{\sigma}_{ik}(x)$, $x \in \Omega_2 \times (0, l)$, für den Torsionszustand eines Stabes zu beschreiben. Wir übernehmen die Beschreibung (II.3.35) bis (II.3.40). Demnach können die einzigen nicht verschwindenden Spannungen

$$\hat{\sigma}_{13}(x) = \hat{\sigma}_{13}(x_1, x_2), \qquad \hat{\sigma}_{23}(x) = \hat{\sigma}_{23}(x_1, x_2), \qquad (x_1, x_2) \in \Omega_2,$$

durch die Prandtlsche Spannungsfunktion $U(x_1, x_2)$ ausgedrückt werden,

$$\hat{\sigma}_{13} = \frac{\partial \hat{U}}{\partial x_2}, \qquad \hat{\sigma}_{23} = -\frac{\partial \hat{U}}{\partial x_1}. \tag{3.42}$$

Mit den Werten (II.4.10) für den Tensor E_{ijkl}^{-1} im Funktional (3.24), insbesondere

$$E_{1313}^{-1} = E_{3131}^{-1} = E_{1331}^{-1} = E_{3113}^{-1} = \frac{1}{4G}, \quad E_{2323}^{-1} = \cdots = E_{3223}^{-1} = \frac{1}{4G}$$

kann die Variationsaufgabe dann so formuliert werden:

Unter allen zulässigen Spannungsfunktionen beschreibt diejenige den gesuchten elastisch-idealplastischen Spannungszustand, die das Funktional

$$\hat{\Psi}(\hat{U}) = \int_{\Omega_2} T[\hat{U}, \hat{U}]\, dx_1\, dx_2, \qquad T[\hat{U}, \hat{V}] = \frac{\partial \hat{U}}{\partial x_1}\frac{\partial \hat{V}}{\partial x_1} + \frac{\partial \hat{U}}{\partial x_2}\frac{\partial \hat{V}}{\partial x_2}, \tag{3.43}$$

minimisiert.[1])

Die zulässigen Spannungsfunktionen genügen der elastisch-idealplastischen Zustandsbedingung (Fließbedingung) (3.27) oder

$$T[\hat{U}(x_1, x_2), \hat{U}(x_1, x_2)] \leqq s_0^2, \qquad (x_1, x_2) \in \Omega_2. \tag{3.44}$$

Die Konstante $s_0 > 0$ bezeichnet darin die Fließgrenze. Wir setzen voraus, daß Ω_2 einfach zusammenhängend ist, und übernehmen die Randbedingung (II.3.40) oder

$$\hat{U}(x_1, x_2) = 0, \qquad (x_1, x_2) \in \partial\Omega_2. \tag{3.45}$$

Das statisch vorgegebene Moment M der äußeren Kräfte erfordert schließlich die Bedingung (II.3.47) oder

$$M = 2 \int_{\Omega_2} \hat{U}(x_1, x_2)\, dx_1\, dx_2. \tag{3.46}$$

Außer den Bedingungen (3.44) bis (3.46) muß $\hat{U}$ gewisse natürliche Stetigkeitsforderungen erfüllen. Wenn wir nun als Definitionsbereich der zulässigen Spannungsfunktionen den Hilbertraum $\mathring{W}_2^1(\Omega)$ wählen (vgl. Kap. III, § 1, Beispiel (i)), so bleiben wir zwar unter diesen Forderungen; die eindeutige Lösbarkeit der Aufgabe rechtfertigt jedoch diese Wahl.

Entsprechend den allgemeinen Überlegungen zur Herleitung des Variationsprinzips von Haar und von Kármán fordern wir zunächst, daß eine statisch zulässige Funktion w existiert (Bedingung (A)):

(A) Es gebe ein $w \in \mathring{W}_2^1(\Omega_2)$ derart, daß folgendes gilt:

(i) $M = 2 \int_{\Omega_2} w(x_1, x_2)\, dx_1\, dx_2$,

(ii) $T[w(x_1, x_2), w(x_1, x_2)] \leqq s_0^2$ fast überall in Ω_2.

---

[1]) Im betrachteten Torsionsproblem sind die Voraussetzungen, unter denen das Variationsprinzip von Haar und von Kármán hergeleitet wurde, nicht vollständig erfüllt, so daß im Prinzip der virtuellen Änderungen des Spannungszustandes (II.3.24) noch der Term

$$\int_{\partial\Omega'} \hat{\sigma}_{kl}(x)\, n_l(x)\, u_k(x)\, d\partial\Omega'$$

mit $\partial\Omega' = (\bar{\Omega}_2 \times \{0\}) \cup (\bar{\Omega}_2 \times \{l\})$ auftreten müßte. In der gewählten Beschreibung verschwindet dieser Term jedoch bei vorgegebenem Moment M.

Alsdann setzen wir $U = u + w$ und formulieren das folgende Minimum-Problem: Es sei

$$H_0 = \left\{ u \in \mathring{W}_2^1(\Omega_2);\ \int_{\Omega_2} u(x_1, x_2)\, dx_1\, dx_2 = 0 \right\}, \tag{3.47}$$

$$\mathfrak{G} = \{u \in H_0;\ T[u(x_1, x_2) + w(x_1, x_2), u(x_1, x_2) + w(x_1, x_2)] \leqq s_0^2 \text{ fast überall auf } \Omega_2\}. \tag{3.48}$$

Gesucht ist die Lösung des Minimum-Problems

$$\int_{\Omega_2} T[g + w, g + w]\, dx_1\, dx_2 \leqq \int_{\Omega_2} T[u + w, u + w]\, dx_1\, dx_2 \quad \text{für alle } u \in \mathfrak{G}. \tag{3.49}$$

Satz 3.6. *Unter der Bedingung* (A) *besitzt das Problem* (3.49) *genau eine Lösung.*

Beweis. Das Funktional $l \in (\mathring{W}_2^1, \mathfrak{R})$, $lu = \int_{\Omega_2} u(x)\, dx$, ist offenbar stetig, H_0 daher abgeschlossen. Nach Lemma 3.1 ist dann $\mathfrak{G} + \{w\}$ abgeschlossen in $\mathring{W}_2^1$, konvex und beschränkt. $\mathfrak{G} + \{w\}$ ist gewiß nicht leer, da $\theta \in \mathfrak{G}$ ist. Die nach Satz I.4.1 existierende konvexe Projektion des Nullelementes $\theta \in \mathring{W}_2^1$ auf $\mathfrak{G} + \{w\}$ sei $g + w$. Dann ist g die Lösung des Problems (3.49), q. e. d.

Korollar 3.6.1. *Bedingungen wie in Satz* 3.6. *Es sei* $P^0 \in (\mathring{W}_2^1, H_0)$ *der orthogonale Projektor auf* H_0. *Dann ist die Lösung* $g \in \mathfrak{G}$ des *Problems* (3.49) *Grenzwert der Folge* $\{u_{k_n}\} \subseteq H_0$,

$$U_{k_n} u_{k_n} = u_{k_n}, \qquad U_{k_n} u = k_n U u - (1 - k_n) P^0 w, \qquad k_n \xrightarrow[n\to\infty]{} 1 - \tag{3.50}$$

mit dem Operator $U = (E - V) \in (H_0, H_0)$ *und* V *aus* (3.40) (*mit der Funktion* $f_{s_0}(t)$ *aus* (3.36)) *für das spezielle Skalarprodukt* (3.34) *des Raumes* $\mathring{W}_2^1$.

Beweis. In Satz 3.5 setzen wir $\mathfrak{H} = H_0$ und betrachten die Fixpunktmenge $\tilde{\mathfrak{G}}$ des Operators U. Nach Satz 3.4 ist $\tilde{\mathfrak{G}} = \{u \in H_0;\ T[u + w, u + w] \leqq s_0^2$ fast überall$\}$ $= \mathfrak{G}$ ($\tilde{\mathfrak{G}}$ ist nicht leer, da $\theta \in \tilde{\mathfrak{G}}$ ist).

Es sei g die nach Satz 3.6 existierende Lösung des Minimum-Problems (3.49). Mit der orthogonalen Zerlegung $w = P^0 w + P^1 w$ haben wir

$$\|g + P^0 w\|^2 \leqq \|u + P^0 w\|^2 \quad \text{für alle } u \in \mathfrak{G}.$$

g ist daher die konvexe Projektion des Elementes $-P^0 w \in H_0$ auf $\mathfrak{G}$. Satz 3.5 bestätigt dann, daß g Grenzwert der Folge (3.50) ist, q. e. d.

6. Der elastisch-idealplastische Torsionszustand als Grenzwert nichtlinear elastischer Torsionszustände

Wir betrachten das Element u_k der approximierenden Folge (3.50). u_k genügt der Gleichung

$$(u_k, h) - k(U u_k, h) = -(1 - k)\,(w, h) \quad \text{für alle } h \in H_0$$

oder nach der Definitionsgleichung (3.40)

$$\int_{\Omega_1} \left\{T[u_k, h] + \frac{k}{1-k} f_{s_0}(T[u_k + w, u_k + w])\, T[u_k + w, h]\right\} dx$$

$$+ \int_{\Omega_1} T[w, h]\, dx = 0. \tag{3.51}$$

Mit der „Materialfunktion“ $\varphi_k(t) = 1 + \frac{k}{1-k} f_{s_0}(t)$ definiert die linke Seite einen stark monotonen und Lipschitz-stetigen Operator. Zum Beweis kann man Lemma I.5.1 heranziehen, nach welchem $E - T$ stark monoton ist, falls T strikt kontraktiv ist, da $E - T$ überdies offensichtlich Lipschitz-stetig ist. Interessant ist auch der Vergleich mit Satz III.2.1, aus dem das gleiche Resultat direkt ablesbar ist, da $\varphi_k(t)$, $t \geqq 0$, wegen der Eigenschaften (3.37) von f_{s_0} die Bedingungen

$$1 \leqq \varphi_k(t) \leqq \frac{1}{1-k}, \quad 1 \leqq \frac{d[\varphi_k(t^2)\, t]}{dt} \leqq \frac{1}{1-k} \tag{3.52}$$

erfüllt. Das der Abb. 1 in Kap. II, § 3, entsprechende Spannungs-Dehnungsdiagramm errechnen wir analog zu den Betrachtungen im Anschluß an die Formeln (II.3.32). Insbesondere für den Grenzwert $k \to 1-$ erhalten wir das Diagramm

$$t(\xi) = \begin{cases} \xi & \text{für } \xi \leqq s_0, \\ s_0 & \text{für } \xi \geqq s_0 \end{cases} \quad \text{(Abb. 4)}.$$

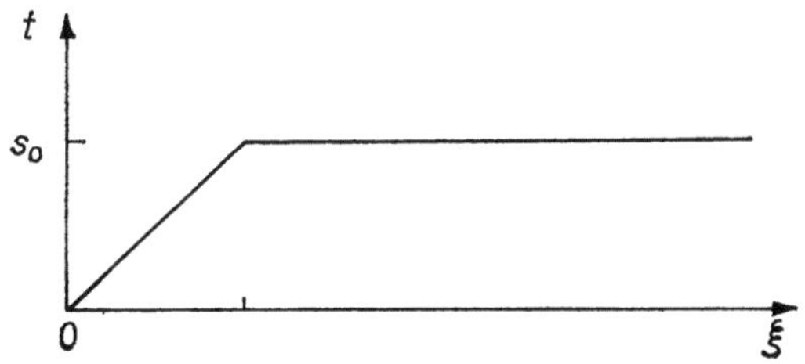

Abb. 4

Abb. 4 zeigt das typische Spannungs-Dehnungsdiagramm eines elastisch-idealplastischen Körpers.

Wir vergleichen nun die Variationsgleichung (3.51) oder

$$\int_{\Omega_1} \varphi_k(T[u + w, u + w])\, T[u + w, h]\, dx = 0, \qquad h \in H_0, \tag{3.53}$$

mit der Variationsgleichung (II.3.45) oder ($\Psi = T$)

$$\int_{\Omega_1} \eta(T[U, U])\, T[U, \delta U]\, dx = 6G\omega \int_{\Omega_1} \delta U\, dx. \tag{3.54}$$

Wenn wir in der letzten Gleichung das Moment M vorgeben, verschwindet die Variation

$$\delta M = 2\delta \int_{\Omega_1} U(x)\, dx ,$$

und wir erhalten mit der statisch zulässigen Funktion w, $U = u + w$ und $\delta U = \delta u = h \in H_0$ die Gleichung (3.53), wenn wir $\eta = \varphi_k$ setzen. Die Gleichungen (3.50) beschreiben daher für jedes $k = 1, 2, \ldots$ einen nichtlinear elastischen (elastisch-plastischen) Torsionszustand mit dem vorgegebenen Moment M und der Materialfunktion

$$\varphi_k(t) = 1 + \frac{k}{1-k} f_{s_0}(t), \qquad t \geqq 0 .$$

7. Das Traglastprinzip und die Konstruktion statisch zulässiger Spannungsfelder

Die Existenz eines statisch zulässigen Feldes von Spannungstensoren ist nach dem Traglastprinzip Voraussetzung für das elastisch-idealplastische Gleichgewicht. Nach (II.5.17) erfüllen die statisch zulässigen Spannungstensoren $\hat{\sigma}_{ik}(x)$ im Gebiet $\Omega \subseteq \Re^3$, das wir mit dem Volumen des Körpers identifizieren, die statischen Randbedingungen

$$\hat{\sigma}_{ik}(x)\, n_k(x) = T_i(x), \qquad x \in \partial\Omega'' \subseteq \partial\Omega,^{1)} \tag{3.55}$$

die homogenen Gleichgewichtsbedingungen

$$\hat{\sigma}_{ik,k}(x) = 0, \qquad x \in \Omega, \tag{3.56}$$

und die elastisch-idealplastische Zustandsbedingung

$$\frac{1}{2}\, \hat{s}_{ij}(x)\, \hat{s}_{ij}(x) \leqq s_0^2, \qquad x \in \Omega, \qquad \hat{s}_{ij} = \hat{\sigma}_{ij} - \frac{1}{3}\, \delta_{ij} \hat{\sigma}_{kk} . \tag{3.57}$$

Die Menge aller symmetrischen Spannungstensoren denken wir uns eingebettet in den Hilbertraum $\big(L_2(\Omega)\big)^6$ mit dem Skalarprodukt

$$\frac{1}{2} \int_{\Omega} \hat{\sigma}_{jk}(x)\, \hat{\sigma}_{ik}(x)\, dx \tag{3.58}$$

und nehmen an, daß die äußere Belastung durch ein Element $S^0 = \{\sigma^0_{ik}\}$ repräsentiert ist,

$$\sigma^0_{ik}(x)\, n_k(x) = T_i(x), \qquad x \in \partial\Omega'' .$$

S^0 möge den Gleichgewichtsbedingungen (3.56) genügen.

[1]) Auf $\partial\Omega' = \partial\Omega \setminus \partial\Omega''$ verschwinden den Voraussetzungen des Traglastprinzips entsprechend die Verschiebungen u_k.

In $(L_2(\Omega))^6$ zeichnen wir die Menge M_0 der stetig differenzierbaren Tensorfelder S aus, die die Bedingungen

$$\left.\begin{aligned} \sigma_{ik}(x)\, n_k(x) &= 0, \qquad x \in \partial\Omega'', \\ \sigma_{jk,k}(x) &= 0, \qquad x \in \Omega, \end{aligned}\right\} \tag{M$_0$}$$

erfüllen. Es sei

$$S_d^0 = \{s_{ij}^0\}, \qquad s_{ij}^0 = \sigma_{ij}^0 - \delta_{ij}\sigma_{kk}^0,$$

$$N_0 = \left\{S_d \in (L_2(\Omega))^6;\, S_d = \{\sigma_{ij} - \delta_{ij}\sigma_{kk}\},\, \{\sigma_{ij}\} \in M_0\right\},$$

H_0 die Abschließung von N_0 in $(L_2(\Omega))^6$, $T \in (\mathfrak{R}^6 \times \mathfrak{R}^6, \mathfrak{R})$ die positive Bilinearform, die das Skalarprodukt (3.58) auf $(L_2(\Omega))^6$ definiert:

$$T[S, S]\,(x) = \frac{1}{2}\, \sigma_{ij}(x)\, \sigma_{ij}(x).$$

Zur Feststellung der Existenz eines Feldes statisch zulässiger Spannungstensoren $\hat{\sigma}_{ij}(x)$, $x \in \Omega$, haben wir ein Element $S_d \in N_0$ so zu bestimmen, daß

$$T[S_d + S_d^0, S_d + S_d^0]\,(x) \leqq s_0^2, \qquad x \in \Omega,$$

ist.

In Verallgemeinerung der ursprünglichen Aufgabenstellung nennen wir ein Element $u \in H_0$ *statisch bedingt zulässiges Deviatorfeld* zu S^0, wenn

$$T[u(x) + S_d^0(x), u(x) + S_d^0(x)] \leqq s_0^2 \quad \text{für fast alle } x \in \Omega \tag{3.59}$$

ist. Mit der Funktion (3.36) für $\tau \in s_0$ führen wir nun das Funktional $\Phi \in (H_0, \mathfrak{R})$ ein,

$$\Phi(u) = \int_\Omega \int_0^{T[u+S_d^0, u+S_d^0]} f_{s_0}(\xi)\, d\xi\, dx, \qquad u \in H_0. \tag{3.60}$$

Zu S^0 gibt es dann und nur dann ein statisch bedingt zulässiges Deviatorfeld, wenn ein $u \in H_0$ mit $\Phi(u) = 0$ existiert.

Wir untersuchen daher das Minimum-Problem für das Funktional (3.60).

Lemma 3.4. *Die Menge* $\mathfrak{G}_0 = \{u \in H_0;\, \Phi(u) \leqq \Phi(\theta)\}$ *ist beschränkt.*

Beweis. Es sei $u \in \mathfrak{G}_0$. Wir bemerken, daß

$$\int_0^T f_{s_0}(\xi)\, d\xi - \frac{T}{2} = \left[s_0^2 \ln \xi - 4 s_0 \sqrt{\xi} + \xi\right]_{s_0^2}^T - \frac{T}{2}$$

$$= s_0^2 \ln \frac{T}{s_0^2} - 4 s_0 \left(\sqrt{T} - s_0\right) + T - s_0^2 - \frac{T}{2} \geqq 0$$

ist für $T \geqq (8s_0)^2$; daher ist sicher

$$\frac{1}{2}\,T[u + S_d^0, u + S_d^0] \leqq \frac{1}{2}\,(8s_0)^2 + \int\limits_0^{T[u+S_d^0,u+S_d^0]} f_{s_0}(\xi)\,d\xi .$$

Nach Integration erhalten wir daraus

$$\frac{1}{2}\int\limits_\Omega T[u + S_d^0, u + S_d^0]\,dx \leqq \frac{1}{2}\,(8s_0)^2 \operatorname{mes}\Omega + \int\limits_\Omega \int\limits_0^{T[u+S_d^0,u+S_d^0]} f_{s_0}(\xi)\,d\xi\,dx$$

$$\leqq \frac{1}{2}\,(8s_0)^2 \operatorname{mes}\Omega + \int\limits_\Omega \int\limits_0^{T[S_d^0,S_d^0]} f_{s_0}(\xi)\,d\xi\,dx = \varkappa ,$$

da nach Voraussetzung $\Phi(u) \leqq \Phi(\theta)$ ist. Schließlich ist

$$\|u\|^2 = \int\limits_\Omega T[u, u]\,dx \leqq 2 \int\limits_\Omega (T[u + S_d^0, u + S_d^0] + T[S_d^0, S_d^0])\,dx \leqq 8\varkappa ,$$

falls $u \in \mathfrak{G}_0$ ist, q. e. d.

Satz 3.7. *Zu der durch S^0 repräsentierten Belastung gibt es genau dann ein statisch bedingt zulässiges Deviatorfeld, wenn*

$$\inf_{u\in H_0} \Phi(u) = 0 \tag{3.61}$$

ist.

Beweis. Die Notwendigkeit der Bedingung (3.61) ist offensichtlich. Wir beweisen die Hinlänglichkeit. Das Funktional Φ aus (3.60) ist Potential des Operators $A \in (H_0, H_0)$,

$$(Au, h) = \int\limits_\Omega f_{s_0}(T[u + S_d^0, u + S_d^0])\,T[u + S_d^0, h]\,dx, \qquad h \in H_0. \tag{3.62}$$

Man kommt zu diesem Ergebnis, wenn man Satz III.1.2 und Lemma III.1.1 anwendet, denen zufolge der Operator A schwach differenzierbar und A' stetig in $\mathfrak{R}_2(H_0)$ ist. Aus der dort erhaltenen Darstellung (III.1.27) folgt auch die Symmetrie von A', so daß Satz I.3.1 anwendbar ist.[1]) Ferner folgt aus (III.1.27)

$$\big(A'(u)\,h, h\big) = \int\limits_\Omega \{f_{s_0}(T[u + S_d^0, u + S_d^0])\,T[u + S_d^0, h]$$
$$+ 2f'_{s_0}(T[u + S_d^0, u + S_d^0])\,(T[u + S_d^0, h])^2\}\,dx, \qquad h \in H_0,$$

und mit den Eigenschaften (3.37) der Funktion $f_{s_0}(t)$, $t \geqq 0$, ergibt sich $\big(A'(u)\,h, h\big) \geqq 0$, $h \in H_0$, so daß $A \in (H_0, H_0)$ monoton ist (vgl. Formel (I.3.13) in Lemma I.3.1).

[1]) Die Modifizierung der Sätze für den Fall $A\theta \neq \theta$ ist unproblematisch; man kann den Operator A auch auf $(L_2)^6$ erweitern und nach der Feststellung seiner Potentialeigenschaft wieder einschränken.

Wir lösen nun das Minimum-Problem für das Funktional Φ auf $\overline{\mathfrak{K}}(\theta, 8\varkappa) = \{x \in H_0; \|x\| \leqq 8\varkappa\}$. Eine Lösung u_0 existiert nach Satz IV.2.1, da Φ einen monotonen (und Lipschitz-stetigen) Gradienten besitzt. (Wir setzen in jedem Satz $Ku \equiv \theta$.) Aus der Bedingung (3.61) folgt nun $\Phi(u_0) = 0$, q. e. d.

Unsere nächste Aufgabe ist die Konstruktion einer Minimalfolge für das Funktional Φ aus (3.60). Wir verwenden dazu ein Verfahren, das der Approximation der konvexen Projektion in Satz 3.5 ähnlich ist.

Satz 3.8. *Zu S^0 existiere ein statisch bedingt zulässiges Deviatorfeld. Zum Funktional Φ aus* (3.60) *sei die Folge* $\{\Phi_n\} \subseteq (H_0, \mathfrak{R})$ *gegeben,*

$$\left.\begin{aligned} \Phi_n(u) &= \int_\Omega \int_0^{T[u+S_d^0,\, u+S_d^0]} f_n(\xi)\, d\xi\, dx, \\ f_n(t) &= n\left(\frac{1}{n} + f_{s_0}(t)\right), \quad t \geqq 0, \qquad n = 1, 2, \ldots \end{aligned}\right\} \tag{3.63}$$

Dann bilden die (eindeutig bestimmten) Minimalelemente u_n von Φ_n auf H_0 eine Minimalfolge von Φ; es gilt

$$\lim_{n\to\infty} u_n = u_0, \qquad \Phi(u_0) = \inf_{u \in H_0} \Phi(u) = 0.$$

Beweis. Wie im Beweis zu Satz 3.7 zeigt man: Der Operator $A_n \in (H_0, H_0)$,

$$(A_n u, h) = \int_\Omega f_n(T[u + S_d^0, u + S_d^0])\, T[u + S_d^0, h]\, dx, \qquad n = 1, 2, \ldots, \tag{3.64}$$

ist Gradient des Funktionals Φ_n, A_n ist überdies Lipschitz-stetig und stark monoton. Φ_n besitzt daher auf H_0 genau ein Minimalelement u_n.

Zunächst zeigen wir

$$\int_\Omega T[u_n + S_d^0, u_n + S_d^0]\, dx \leqq \Phi_n(u_n) \leqq \varkappa = \text{const}, \qquad n = 1, 2, \ldots \tag{3.65}$$

Es gibt nach Voraussetzung eine Folge $\{x_i\} \subseteq H_0$,

$$\lim_{i\to\infty} \Phi(x_i) = 0 = \inf_{u \in H_0} \Phi(u).$$

Dann gilt

$$\Phi_n(u_n) \leqq \Phi_n(x_i) = \int_\Omega T[x_i + S_d^0, x_i + S_d^0]\, dx + n\Phi(x_i) \quad \text{für } i, n = 1, 2, \ldots$$

Wir können sicher annehmen, daß $\{x_i\} \subseteq \mathfrak{G}_0$, d. h. $\Phi(x_i) \leqq \Phi(\theta)$, $i = 1, 2, \ldots$, ist, so daß

$$\int_\Omega T[x_i + S_d^0, x_i + S_d^0]\, dx \leqq \varkappa$$

gilt (vgl. Lemma 3.4). Demnach gilt $\Phi_n(u_n) \leqq \varkappa$, $n = 1, 2, \ldots$, im Grenzwert für $i \to \infty$. Andererseits folgt aus (3.63) und $f_{s_0}(t) \geqq 0$, $t \geqq 0$,

$$\Phi_n(u_n) = \int_\Omega \int_0^{T[u_n+S_d{}^0,\, u_n+S_d{}^0]} f_n(\xi)\, d\xi\, dx \geqq \int_\Omega T[u_n + S_d{}^0, u_n + S_d{}^0]\, dx,$$

insgesamt also (3.65).

Da nun $f_{n+1}(t) \geqq f_n(t)$, $t \geqq 0$, $n = 1, 2, \ldots$, ist, ist die Folge $\Phi_n(u_n)$ monoton wachsend[1]) und besitzt wegen (3.65) einen Grenzwert

$$\lim_{n\to\infty} \Phi_n(u_n) = d. \tag{3.66}$$

Aus (3.66) leiten wir nun die Konvergenz der Folge $\{u_n\}$ her. Zu jedem $\varepsilon > 0$ finden wir ein $n_0(\varepsilon)$ derart, daß $\varepsilon \geqq \Phi_{n+m}(u_{n+m}) - \Phi_n(u_n) \geqq 0$ für $n \geqq n_0$ und $m \geqq 0$ ist. Da $\Phi_{n+m}(u_{n+m}) \geqq \Phi_n(u_{n+m}) \geqq \Phi_n(u_n)$ ist, folgt erst recht

$$\varepsilon \geqq \Phi_n(u_{n+m}) - \Phi_n(u_n) \geqq 0$$

und mit $d_n = \Phi_n(u_n)$

$$\begin{aligned} \frac{\varepsilon}{2} &= \frac{1}{2}(d_n + \varepsilon) + \frac{1}{2} d_n - d_n \\ &\geqq \frac{1}{2}\Phi_n(u_{n+m}) + \frac{1}{2}\Phi_n(u_n) - \Phi_n\left(\frac{u_{n+m} + u_n}{2}\right) \\ &= \Theta_{\Phi_n}(u_{n+m}, u_n). \end{aligned}$$

Für Funktionale Φ mit stark monotonem Gradienten haben wir in Satz I.3.5 die starke Konvexität hergeleitet,

$$\Theta_{\Phi_n}(u_{n+m}, u_n) \geqq \gamma \|u_{n+m} - u_n\|^2, \qquad \gamma = \text{const} > 0,$$

so daß $\{u_n\}$ Fundamentalfolge im vollständigen Raum H_0 ist und folglich gegen ein $u_0 \in H_0$ konvergiert.

Wegen

$$\Phi(u_n) = \frac{1}{n}\left(\Phi_n(u_n) - \int_\Omega T[u_n + S_d{}^0, u_n + S_d{}^0]\, dx\right)$$

und der Stetigkeit von Φ auf H_0 gilt mit (3.65)

$$0 \leqq \Phi(u_0) = \lim_{n\to\infty} \Phi(u_n) \leqq \lim_{n\to\infty} \frac{\varkappa}{n} = 0,$$

q. e. d.

Die Minimalelemente u_n sind Lösungen der Gleichungen $A_n u = \theta$ mit den stark monotonen und Lipschitz-stetigen Potentialoperatoren $A_n \in (H_0, H_0)$ und können

[1]) Diese Eigenschaft beweist man zweckmäßig rückwärts: Wenn $\Phi_{n-1}(u_n) \leqq \Phi_n(u_n)$ ist, gilt erst recht $\Phi_{n-1}(u_{n-1}) \leqq \Phi_n(u_n)$, da u_{n-1} Minimalelement von Φ_{n-1} ist.

sowohl nach den Verfahren in § 1 zur Konstruktion von Näherungslösungen wie auch mit den Methoden in § 2 zur Konstruktion von Minimalfolgen berechnet werden. In Übereinstimmung mit dem Traglastprinzip erhält man auf diese Weise gute Approximationen für statisch zulässige Deviatorfelder (bei geeigneter Wahl der Koordinatenelemente in N_0), wenn der Abstand zur Grenzlast noch hinreichend groß ist.

§ 4. Kommentare

Zur Entwicklung der Iterations- und Projektionsmethoden im Zusammenhang mit monotonen Operatoren gibt es einen ausführlichen Übersichtsartikel von Gajewski und Kluge [15]. Die Verknüpfung von Iterations- und Projektionsverfahren zur vollständigen Linearisierung der Näherungsgleichungen geht auf die Arbeit Gajewski und Langenbach [9] zurück, der wir auch das Anwendungsbeispiel des ebenen elastisch-plastischen Spannungszustandes entnommen haben. Gajewski hat dieses Verfahren später mit Erfolg zur Berechnung von Kerbfaktoren gezogener Scheiben in der nichtlinearen Elastizitätstheorie angewandt [11]. Eine umfassende Untersuchung über die Stabilität von Iterations- und Projektionsverfahren zur Lösung von Minimum-Problemen stammt ebenfalls von Gajewski [14]. In § 1 stützen wir uns überdies auf eine Untersuchung von Kluge [35]. Lesern, die über die in § 1 gegebenen Beispiele hinaus an der Approximation von zeit- oder parameterabhängigen Gleichungen interessiert sind, empfehlen wir das Buch von Gajewski, Gröger und Zacharias [16].

Eine Theorie der Verfahren zur Konstruktion von Minimalfolgen mit zahlreichen numerischen Beispielen findet man in dem Buch von Michlin [69]. Insbesondere das Ritzsche Verfahren wird dort ausführlich behandelt. Das Gradientenverfahren geht in seiner funktionalanalytischen Formulierung auf Kantorovič [28] zurück. Man findet seine Beschreibung nebst Anwendung auf eine lineare partielle Differentialgleichung auch in dem Buch von Kantorowitsch und Akilow [29]. Auf eine nichtlineare partielle Differentialgleichung wurde es von Langenbach [47] angewandt. Zur Entwicklung des Gradientenverfahrens für nichtquadratische Funktionale siehe auch Vajnberg [88]. Das Newtonsche Verfahren geht in seiner funktionalanalytischen Formulierung ebenfalls auf Kantorovič [27] zurück, und wir können auf Beschreibungen in den Büchern von Kantorowitsch und Akilow [29] und Vajnberg [88] verweisen.

Zur Lösung linearer partieller Differentialgleichungen hatte Michlin [65] der Methode der kleinsten Fehlerquadrate ein Kapitel seines Buches gewidmet. Langenbach [44] übertrug einige Resultate auf nichtlineare Gleichungen. Heute wird diese Methode kaum noch als eigenständiges Lösungsverfahren angesehen. Als Defektoptimierung, bei Strafmethoden oder als Bestandteil zusammengesetzter Verfahren tritt sie jedoch immer wieder in Erscheinung.

Gleichungen im Hilbertraum mit linearen Nebenbedingungen wurden von Hünlich [25] untersucht, der auch Näherungsverfahren zur Lösung entwickelte und erprobte. Auf diese Untersuchung stützen wir uns beim Beispiel des Torsionsstabes mit vorgegebenem Moment in § 3. Die Deutung des Variationsprinzips von Haar und von Kármán als konvexe Projektion geht auf Gajewski [13] zurück. Seine Arbeit [12] benutzen wir bei der Lösung des Torsionsproblems für elastisch-idealplastische Stäbe in § 3. Die funktionalanalytische Formulierung des Traglastprinzips finden wir ebenfalls bei Gajewski [10], an dessen Arbeit wir uns beim letzten Bespiel für ein Minimum-Problem mit Nebenbedingung orientierten. Aus der Vielzahl von Arbeiten, die sich mit Verfahren zur konstruktiven Lösung von Operatorgleichungen und Minimum-Problemen mit konvexen Nebenbedingungen befassen, nennen wir hier nur noch Hünlich [24], Kluge [33] und [36].

Literatur

[1] ALDARWISH, A., und A. LANGENBACH, Lösung des asymptotischen Bifurkationsproblems für parametrische Gleichungen, Math. Nachr. 65 (1975), 47–58.

[2] BERGER, M. S., On von Kármáns equations and the buckling of a thin elastic plate I. The clamped plate, Comm. Pure Appl. Math. **20** (1967), 687–719.

[3] BREZIS, H., Équations et inéquations non-linéaires dans les espaces vectoriels en dualité, Ann. Inst. Fourier 18 (1968), 115–176.

[4] BROWDER, F. E., Nonexpansive nonlinear operators in Banach spaces, Proc. Nat. Acad. Sci. USA **54** (1965), 1041–1044.

[5] BROWDER, F. E., Convergence of approximants to fixed points of nonexpansive nonlinear mappings in Banach spaces, Arch. Rat. Mech. Anal. **24** (1967), 82–90.

[6] BROWDER, F. E., and W. V. PETRYSHYN, Construction of fixed points of nonlinear mappings in Hilbert space, J. Math. Anal. Appl. **20** (1967), 197–228.

[7] DRUCKER, D. C., H. J. GREENBERG and W. PRAGER, The safety factor of an elastic body in plane strain, J. Appl. Mech. 18 (1951), 371–378.

[8] FUČÍK, S., and J. NEČAS, Ljusternik-Schnirelman Theorem and nonlinear eigenvalue problems, Math. Nachr. **53** (1972), 277–289.

[9] GAJEWSKI, H., und A. LANGENBACH, Zur Konstruktion von Minimalfolgen für das Funktional des ebenen elastisch-plastischen Spannungszustandes, Math. Nachr. **30** (1965), 165–180.

[10] GAJEWSKI, H., Ein Verfahren zur Konstruktion statisch zulässiger Spannungsfelder, ZAMM **47** (1967), 19–30.

[11] GAJEWSKI, H., Berechnung von Kerbfaktoren gezogener Scheiben bei nichtlinearem Elastizitätsgesetz, ZAMM **47** (1967), 399–408.

[12] GAJEWSKI, H., Ein konstruktiver Existenz- und Einzigkeitsnachweis der Lösung des elastisch-plastischen Torsionsproblems für prismatische Stäbe, Math. Nachr. **35** (1967), 153–168.

[13] GAJEWSKI, H., Zur Lösung einer Klasse konvexer Minimum-Probleme der Plastizitätstheorie, ZAMM **49** (1969), 83–89.

[14] GAJEWSKI, H., Zur numerischen Behandlung von Minimum-Problemen für konvexe differenzierbare Funktionale, Diss. Humboldt-Univ. Berlin 1970.

[15] GAJEWSKI, H., und R. KLUGE, Projektions-Iterationsverfahren und nichtlineare Probleme mit monotonen Operatoren, Mber. Dt. Akad. Wiss. **12** (1970), 98–115.

[16] Gajewski, H., K. Gröger und K. Zacharias, Nichtlineare Operatorgleichungen und Operatordifferentialgleichungen, Berlin 1974.
[17] Gröger, K., Nichtlineare ausgeartete elliptische Differentialgleichungen, Math. Nachr. **28** (1965), 181—205.
[18] Gröger, K., Einbettungssätze für die Sobolewschen Räume in unbeschränkten Gebieten, Math. Nachr. **31** (1966), 74—88.
[19] Gröger, K., Eine Verallgemeinerung der Sobolewschen Räume und ihre Anwendung zur Lösung von Variationsproblemen, Math. Nachr. **32** (1966), 115—130.
[20] Haar, A., und Th. v. Kármán, Zur Theorie der Spannungszustände in plastischen und sandartigen Medien, Gött. Nachr., Math.-phys. Kl. 1909, 208—218.
[21] Hencky, H., Zur Theorie plastischer Deformationen und der hierdurch im Material hervorgerufenen Nachspannungen, ZAMM **4** (1924), 323—334.
[22] Hill, R., The mathematical Theory of Plasticity, Oxford 1950.
Хилл, Р., Математическая теория пластичности, Москва 1956.
[23] Hünlich, R., Existenzsätze und Näherungsverfahren in der plastischen Fließtheorie, Diss. Humboldt-Univ. Berlin 1970.
[24] Hünlich, R., Über einige Näherungsverfahren zur Lösung nichtlinearer Variationsungleichungen, Wiss. Z. Humboldt-Univ. Berlin, Math.-Nat. R., XIX (1970), 617 bis 627.
[25] Hünlich, R., Über einige Näherungsverfahren zur Lösung nichtlinearer Funktionalgleichungen mit Nebenbedingungen, Math. Nachr. **47** (1970), 171—182.
[26] Илюшин, А. А., Пластичность, Москва — Ленинград 1948.
[27] Канторович, Л. В., Об одном новом методе решения уравнений в частных производных, ДАН СССР **8/9** (1934), 532—536.
[28] Канторович, Л. В., Об одном эффективном методе решения экстремальных задач для квадратичного функционала, ДАН СССР **48** (1945), 483—487.
[29] Kantorowitsch, L. W., und G. P. Akilow, Funktionalanalysis in normierten Räumen, Berlin 1964 (Übersetzung aus dem Russischen).
[30] Качанов, Л. М., Механика пластических сред, Москва — Ленинград 1948.
[31] Качуровский, Р. И., О монотонных операторах и выпуклых функционалах, Успехи мат. наук **15** (**94**) (1960), 213—215.
[32] Kauderer, H., Nichtlineare Mechanik, Berlin—Göttingen—Heidelberg 1958.
[33] Kluge, R., Zur approximativen Lösung nichtlinearer Variationsungleichungen, Diss. Humboldt-Univ. Berlin 1970.
[34] Kluge, R., Zur Lösung eines Bifurkationsproblems für die Kármánschen Gleichungen im Fall der rechteckigen Platte, Math. Nachr. **44** (1970), 29—54.
[35] Kluge, R., Zur Konvergenz und asymptotischen Stabilität einiger Näherungsverfahren bei mehrdeutig lösbaren nichtlinearen Operatorgleichungen, Mber. Dt. Akad. Wiss. **12** (1970), 237—249.
[36] Kluge, R., Zur approximativen Lösung konvexer Minimum-Probleme mit Nebenbedingungen und nichtlinearer Variationsungleichungen über Folgen linearer algebraischer Gleichungssysteme, Math. Nachr. **48** (1971), 341—352.
[37] Кошелев, А. И., Существование обобщённого решения упруго-пластической задачи кручения, ДАН СССР **99** (1954), 357—360.
[38] Красносельский, М. А., Топологические методы в теории нелинейных интегральных уравнений, Москва 1956.
[39] Krauss, E., Zur Steuerung mit Operatorgleichungen, Theory of Nonlinear Operators Berlin 1974, S. 169—176.
[40] Ладыженская, О. А., и Н. Н. Уральцева, Квазилинейные эллиптические уравнения и вариационные задачи с многими независимыми переменными, Успехи мат. наук **16** (**97**) (1961), 19—90.

[41] Ладыженская, О. А., и Н. Н. Уральцева, Линейные и квазилинейные уравнения эллиптического типа, Москва 1973.
[42] Langenbach, A., Variationsmethoden in der nichtlinearen Elastizitäts- und Plastizitätstheorie, Wiss. Z. Humboldt-Univ. Berlin, Math.-Nat. R., IX (1959/60), 145—164.
[43] Langenbach, A., Elastisch-plastische Deformationen von Platten, ZAMM **41** (1961), 126—134.
[44] Лангенбах, А., О применении метода наименьших квадратов к нелинейным уравнениям, ДАН СССР **143** (1962), 31—34.
[45] Langenbach, A., Die Regularisierung nichtlinearer Gleichungen, Math. Nachr. **24** (1962), 33—51.
[46] Langenbach, A., Verallgemeinerte und exakte Lösungen des Problems der elastisch-plastischen Torsion von Stäben, Math. Nachr. **28** (1965), 219—234.
[47] Langenbach, A., Über Gleichungen mit Potentialoperatoren und Minimalfolgen nichtquadratischer Funktionale, Math. Nachr. **32** (1966), 9—24.
[48] Langenbach, A., Über nichtlineare Gleichungen mit differenzierbaren Regularisatoren und Verzweigungsprobleme, Math. Nachr. **34** (1967), 1—18.
[49] Langenbach, A., Über Lösungsverzweigungen bei Potentialoperatoren, Math. Nachr. **42** (1969), 61—77.
[50] Langenbach, A., Stabile Bereiche und Bifurkationselemente nichtlinearer Gleichungen, Mber. Dt. Akad. Wiss. **11** (1969), 798—811.
[51] Langenbach, A., Zur Parametrisierung des Projektionsverfahrens, Mber. Dt. Akad. Wiss. **12** (1970), 14—20.
[52] Langenbach, A., Über Potentialoperatoren und ihre Inversen, Mber. Dt. Akad. Wiss. **12** (1970), 565—570.
[53] Langenbach, A., Stetig differenzierbare Trajektorien rheologischer Platten, Math. Nachr. **49** (1971), 359—368.
[54] Langenbach, A., Über implizite Funktionen im Hilbertraum, Mber. Dt. Akad. Wiss. **13** (1971), 648—655.
[55] Langenbach, A., Parameterabhängige Gleichungen, Beiträge zur Analysis **4** (1972), 9—15.
[56] Langenbach, A., Bifurkation und differenzierbare Zweige von Eigenfunktionen in der Theorie der Kármánschen Platten, Math. Nachr. **61** (1974), 181—199.
[57] Langenbach, A., B. Wegner und K. Wiedemann, Differenzierbare Eigenfunktionen im Bifurkationselement, Theory of Nonlinear Operators, Berlin 1974, S. 177—198.
[58] Langenbach, A., Lösungsbifurkation bei Gleichungen mit schwach differenzierbaren Operatoren, Math. Nachr. **64** (1974), 105—117.
[59] Lê-Ngọc-Lăng, Anwendung von Deformationsmethoden zur konstruktiven Lösung von Operatorgleichungen, Diss. Humboldt-Univ. Berlin 1971.
[60] Lê-Ngọc-Lăng, Schwach differenzierbare Trajektorien monotoner Operatorfamilien, Mber. Dt. Akad. Wiss. **13** (1971), 633—640.
[61] Lions, J. L., Quelques méthodes de résolution des problèmes aux limites non linéaires, Paris 1969.
Лионс, Ж. Л., Некоторые методы решения нелинейных краевых задач, Москва 1972.
[62] Lions, J. L., Contrôle optimal de systèmes gouvernés par des équations aux dérivées partielles, Paris 1968.
Лионс, Ж. Л., Оптимальное управление системами, описываемыми уравнениями с частными производными, Москва 1972.
[63] Люстерник, Л. А., Об условных экстремумах функционалов, Матем. сборник **41**: 3 (1934), 390—401.
[64] Ljusternik, L. A., und W. I. Sobolew, Elemente der Funktionalanalysis, Berlin 1968 (Übersetzung aus dem Russischen).

[65] Михлин, С. Г., Прямые методы в математической физике, Москва — Ленинград 1950.
[66] Михлин, С. Г., Проблема минимума квадратичного функционала, Москва—Ленинград 1952.
[67] Михлин, С. Г., Вырождающиеся эллиптические уравнения, Вестн. ленингр. унив. **9**: 8 (1954), 19—48.
[68] Michlin, S. G., Variationsmethoden in der mathematischen Physik, Berlin 1962 (Übersetzung aus dem Russischen).
[69] Michlin, S. G., Numerische Realisation von Variationsverfahren, Berlin 1969 (Übersetzung aus dem Russischen).
[70] Minty, G. J., Monotone (non linear) operators in Hilbert space, Duke Math. J. **29** (1962), 341—346.
[71] Мусхелишвили, Н. И., Некоторые основные задачи математической теории упругости, Москва 1954.
[72] Naumann, J., Bifurkation bei Gleichungen mit Potentialoperatoren, Wiss. Z. Humboldt-Univ. Berlin, Math.-Nat. R., XIX (1970), 599—607.
[73] Naumann, J., Ljusternik-Schnirelman-Theorie und nichtlineare Eigenwertprobleme, Math. Nachr. **53** (1972), 303—336.
[74] Naumann, J., Variationsmethoden für Existenz und Bifurkation von Lösungen nichtlinearer Eigenwertprobleme I, II, Math. Nachr. **54** (1972), 285—296; **55** (1973), 325—344.
[75] Новожилов, В. В., Основы нелинейной теории упругости, Ленинград — Москва 1948.
[76] Поляк, Б. Т., Теоремы существования и сходимость минимизирующих последовательностей для задач на экстремум при наличии ограничений, ДАН СССР **166** (1966), 287—290.
[77] Prager, W., und Ph. G. Hodge, Theory of Perfectly Plastic Solids, New York—London 1951.
Прагер, В., и Ф. Г. Ходж, Теория идеально пластических тел, Москва 1956.
[78] Prager, W., und P. G. Hodge, Theorie idealplastischer Körper, Wien 1954.
[79] Prager, W., Probleme der Plastizitätstheorie, Basel—Stuttgart 1955.
[80] Prager, W., Einführung in die Kontinuumsmechanik, Basel—Stuttgart 1961.
[81] Сахаров, В. К., Теоремы вложения для пространства с метрикой, вырождающейся на прямолинейном участке границы области, ДАН СССР **114** (1957), 468—471.
[82] Smirnow, W. I., Lehrgang der höheren Mathematik, Teil V, 6. Aufl., Berlin 1974 (Übersetzung aus dem Russischen).
[83] Sneddon, I. N., and D. S. Berry, The classical theory of elasticity, Handbuch der Physik, Bd. VI, Berlin—Göttingen—Heidelberg 1958, S. 1—126.
[84] Sobolew, S. L., Einige Anwendungen der Funktionalanalysis auf Gleichungen der mathematischen Physik, Berlin 1964 (Übersetzung aus dem Russischen).
[85] Соколовский, В. В., Теория пластичности, Москва—Ленинград 1950.
[86] Trefftz, E., Mathematische Elastizitätstheorie, Handbuch der Physik, Bd. VI, Berlin 1928, S. 47—140.
[87] Вайнберг, М. М., Вариационные методы исследования нелинейных операторов, Москва 1956.
[88] Вайнберг, М. М., Вариационный метод и метод монотонных операторов, Москва 1972.
[89] Wegner, B., und K. Wiedemann, Differenzierbare Zweige von Eigenfunktionen, Diss. Humboldt-Univ. Berlin 1974.
[90] Вишик, В. И., Краевые задачи для эллиптических уравнений, вырождающихся на границе области, Мат. сборник, н. сер., **35** (77) (1954), 513—568.
[91] Wlassow, W. S., Allgemeine Schalentheorie und ihre Anwendungen in der Technik, Berlin 1958 (Übersetzung aus dem Russischen).

[92] Вольмир, А. С., Устойчивость деформируемых систем, Москва 1967.
[93] Ворович, И. И., О существовании решений в нелинейной теории оболочек, Известия АН СССР, сер. мат., **19**:4 (1955), 173—186.
[94] Ворович, И. И., О некоторых прямых методах в нелинейной теории слабо изогнутых пластин, Прикл. мат. и мех. **20** (1956), 449—474.
[95] Yosida, K., Functional Analysis, Berlin—Heidelberg—New York 1967.
Йосида, К., Функциональный анализ, Москва 1967.
[96] Zaanen, A. C., Linear Analysis, Amsterdam 1956.
[97] Zeidler, G., Minimum-Probleme für nichtreguläre mehrdimensionale Funktionale, die schneller als jede Potenz wachsen bzw. auch vertikale Asymptoten besitzen können, Diss. Humboldt-Univ. Berlin 1966.

Namen- und Sachverzeichnis

MIX
Papier aus verantwortungsvollen Quellen
Paper from responsible sources
FSC® C105338

If you have any concerns about our products,
you can contact us on
ProductSafety@springernature.com

In case Publisher is established outside the EU,
the EU authorized representative is:
Springer Nature Customer Service Center GmbH
Europaplatz 3, 69115 Heidelberg, Germany

Printed by Libri Plureos GmbH
in Hamburg, Germany